命理生活新智慧・叢書31

《命理家專用》

http://www.venusco555.com

E-mail: venusco555@163.com

法雲居士⊙編

國家圖書館出版品預行編目資料

新世紀中原標準萬年曆《命理家專用》／法雲居士著，--第1版.--臺北市：金星出版：紅螞蟻總經銷，2000[民89]
冊；　公分--（命理生活新智慧叢書；31）

ISBN 957-8270-14-3 （平裝）

1.萬年曆
327.49　　88017813

新世紀中原標準萬年曆《命理家專用》

作　者：法雲居士
發行人：袁光明
社　長：袁靜石
編　輯：王璟琪
總經理：袁玉成
出版部主任：劉鴻溥
出版者：金星出版社
社　地址：台北市南京東路3段201號3樓
電　電話：886-2--25630620●886-2-2362-6655
址已變更
電　FAX：886-2365-2425
郵政劃撥：18912942金星出版社帳戶
總經銷：紅螞蟻圖書有限公司
地　址：台北市內湖區舊宗路二段121巷28・32號4樓
電　話：(02)27953656(代表號)
網　址：http://www.venusco555.com
E-mail：venusco555@163.com

版　次：2000年1月第1版　2004年9月新刷
登記證：行政院新聞局局版北市業字第653號
法律顧問：郭啟疆律師
定　價：300 元

行政院新聞局局版北字業字第653號
(本書遇有缺頁、破損倒裝請寄回更換)

ISBN：957-8270-14-3 (平裝)

（因掛號郵資漲價，凡郵購五冊以上，九折優惠。本社負擔掛號寄書郵資。單冊及二、三、四冊郵購，恕無折扣，敬請諒察！）

序言

萬年曆即是一本曆書，舊時稱做『通書』或『通勝』。這本書不但是每個人該居家常備的書。同時也是研究命理、學習命理時所無法缺少的必備工具。它像一部字典，是天文、曆學的字典。在這本『新世紀中原標準萬年曆』中，紀錄了前後一百四十年的年、月、日干支和節氣發生的時間。不但方便讀者查閱前古至今的陰曆及陽曆對照的正確時日，更將未來年份的節氣也精確的算出，這些資料都是根據天文台實際測出的結果，因此非常正確。本書是以東經一百二十度經緯線台灣地區內的中原時區為標準的萬年曆。起自民國前二十年（光緒十八年），也就是西元一八九二年，一直到民國一百二十年（西元二〇三一）止。在這前後一百四十年的曆書中，我們以陽曆和陰曆對照，將年、月、日的天干地支逐日對照排列，並且農曆每月份的初五、初十、十五、二十、二十五日用灰色加以間隔標示，讓讀者便查看，不會有跳行的困擾。更為了方便海外讀者慣用西曆的人，特將西元年以阿拉伯數字加之於書眉之上，在翻閱時，更可快速的翻到所須查察的年份。這是我為讀者所做的小設計，希望讀者會喜歡。

此外，在本萬年曆的前面部份，我把精簡快速演算紫微斗數的方法，以及流年、流月、流日、流時的精算法加入。還有大家喜歡知道的進財日算法，由干支預測股票法、賺錢風水、各種生肖屬相的財方，喜用神吉方、喜用神選用法等等，有關命理DIY的資料加入，以便讀者方便應用。

法雲居士　謹識

命理生活叢書31

序

(一)年柱的排法：

年柱的換算，通常在農民曆或萬年曆上可以找到。但是有些人是在年尾或年初出生的。錯誤往往發生在這裡。

※中國命理上，是以『立春』為一年的交接點。立春以前屬於上一年。立春以後屬於下一年的年支。

由於『立春』這個『節』，有時會在農曆的十二月，有時會在農曆的正月，所以排年柱時要特別注意當事人的生日在『立春』之前還是之後。

(二)月柱的排法

月柱的排法，讀者也需注意的是，在命理學上，是以『節』為一個月的開始，並不是農曆的初一為一月之始的。

十二個月的名稱及開始點如下：

正月月支『寅』——由立春開始。
二月月支『卯』——由驚蟄開始。
三月月支『辰』——由清明開始。
四月月支『巳』——由立夏開始。
五月月支『午』——由芒種開始。
六月月支『未』——由小暑開始。
七月月支『申』——由立秋開始。
八月月支『酉』——由白露開始。
九月月支『戌』——由寒露開始。
十月月支『亥』——由立冬開始。
十一月月支『子』——由大雪開始。
十二月月支『丑』——由小寒開始。

命理上的一月，由立春開始到驚蟄，都是一月。驚蟄以後到清明為二月，清明以後是三月，以此類推。

※閏年、閏月生的人，也是以『節』為準來分的。如此便不會錯誤了。

月干簡易表：

年干／月支	甲己	乙庚	丙辛	丁壬	戊癸
寅	丙	戊	庚	壬	甲
卯	丁	己	辛	癸	乙
辰	戊	庚	壬	甲	丙
巳	己	辛	癸	乙	丁
午	庚	壬	甲	丙	戊
未	辛	癸	乙	丁	己
申	壬	甲	丙	戊	庚
酉	癸	乙	丁	己	辛
戌	甲	丙	戊	庚	壬
亥	乙	丁	己	辛	癸
子	丙	戊	庚	壬	甲
丑	丁	己	辛	癸	乙

(三)日柱的排法，可從萬年曆上查出日干支，即可。

(四)時柱的排法：

子時——自晚間十一時至凌晨一時止。
丑時——自凌晨一時至凌晨三時止。
寅時——自凌晨三時至清晨五時止。
卯時——自清晨五時至上午七時止。
辰時——自上午七時至上午九時止。
巳時——自上午九時至中午十一時止。
午時——自中午十一時至下午一時止。
未時——自下午一時至下午三時止。
申時——自下午三時至下午五時止。
酉時——自下午五時至晚間七時止。
戌時——自晚間七時至晚間九時止。
亥時——自晚間九時至晚間十一時止。

時干速求簡易表：

時支＼日干	甲己	乙庚	丙辛	丁壬	戊癸
子	甲	丙	戊	庚	壬
丑	乙	丁	己	辛	癸
寅	丙	戊	庚	壬	甲
卯	丁	己	辛	癸	乙
辰	戊	庚	壬	甲	丙
巳	己	辛	癸	乙	丁
午	庚	壬	甲	丙	戊
未	辛	癸	乙	丁	己
申	壬	甲	丙	戊	庚
酉	癸	乙	丁	己	辛
戌	甲	丙	戊	庚	壬
亥	乙	丁	己	辛	癸

※夜子時與早子時的問題：

夜子時亦稱晚子時，是夜間十二時正以前的時候出生的。也就是夜間十一時至十二時正所出生的人。

早子時是稱夜晚十二時以後出生，亦是第二日清晨零時至一時出生者，稱為早子時。

命理上仍以中原標準時間二十四時正為一日的起點及終點。因此，夜子時生的人是前一天生的人，早子時生的人是後一天生的人。

因此在日柱天干方面，夜子時生的人是當日的日柱天干。而早子時生的人則是翌日的日柱天干了。

而時柱天干的求法，則是不論是早子時或夜子時，皆以次日的日柱天干，與子時這個時支來求得時柱天干的。

讀者一定要謹記這個法則，如此就不會發生夜子時生的人用當日日干來排時干，會變成再推前一日的生辰，如此就算不準了。

命宮、身宮速求簡易表：

生時	命身	正月	二月	三月	四月	五月	六月	七月	八月	九月	十月	十一月	十二月
子	命身	寅	卯	辰	巳	午	未	申	酉	戌	亥	子	丑
丑	命	丑	寅	卯	辰	巳	午	未	申	酉	戌	亥	子
	身	卯	辰	巳	午	未	申	酉	戌	亥	子	丑	寅
寅	命	子	丑	寅	卯	辰	巳	午	未	申	酉	戌	亥
	身	辰	巳	午	未	申	酉	戌	亥	子	丑	寅	卯
卯	命	亥	子	丑	寅	卯	辰	巳	午	未	申	酉	戌
	身	巳	午	未	申	酉	戌	亥	子	丑	寅	卯	辰
辰	命	戌	亥	子	丑	寅	卯	辰	巳	午	未	申	酉
	身	午	未	申	酉	戌	亥	子	丑	寅	卯	辰	巳
巳	命	酉	戌	亥	子	丑	寅	卯	辰	巳	午	未	申
	身	未	申	酉	戌	亥	子	丑	寅	卯	辰	巳	午
午	命身	申	酉	戌	亥	子	丑	寅	卯	辰	巳	午	未
未	命	未	申	酉	戌	亥	子	丑	寅	卯	辰	巳	午
	身	酉	戌	亥	子	丑	寅	卯	辰	巳	午	未	申
申	命	午	未	申	酉	戌	亥	子	丑	寅	卯	辰	巳
	身	戌	亥	子	丑	寅	卯	辰	巳	午	未	申	酉
酉	命	巳	午	未	申	酉	戌	亥	子	丑	寅	卯	辰
	身	亥	子	丑	寅	卯	辰	巳	午	未	申	酉	戌
戌	命	辰	巳	午	未	申	酉	戌	亥	子	丑	寅	卯
	身	子	丑	寅	卯	辰	巳	午	未	申	酉	戌	亥
亥	命	卯	辰	巳	午	未	申	酉	戌	亥	子	丑	寅
	身	丑	寅	卯	辰	巳	午	未	申	酉	戌	亥	子

*請注意，凡閏月生的人，請查萬年曆，以『節』為準，才可得知是算幾月生的人。

十二宮表：

命宮＼餘宮	兄弟	夫妻	子女	財帛	疾厄	遷移	僕役	官祿	田宅	福德	父母
子	亥	戌	酉	申	未	午	巳	辰	卯	寅	丑
丑	子	亥	戌	酉	申	未	午	巳	辰	卯	寅
寅	丑	子	亥	戌	酉	申	未	午	巳	辰	卯
卯	寅	丑	子	亥	戌	酉	申	未	午	巳	辰
辰	卯	寅	丑	子	亥	戌	酉	申	未	午	巳
巳	辰	卯	寅	丑	子	亥	戌	酉	申	未	午
午	巳	辰	卯	寅	丑	子	亥	戌	酉	申	未
未	午	巳	辰	卯	寅	丑	子	亥	戌	酉	申
申	未	午	巳	辰	卯	寅	丑	子	亥	戌	酉
酉	申	未	午	巳	辰	卯	寅	丑	子	亥	戌
戌	酉	申	未	午	巳	辰	卯	寅	丑	子	亥
亥	戌	酉	申	未	午	巳	辰	卯	寅	丑	子

例如：西元一九七八年（民國六十七年戊午年）七月初十日午時生的男子，其十二宮的排列法如左圖：

田宅宮 巳	官祿宮 午	僕役宮 未	遷移宮 申
福德宮 辰	丙丁庚戊 午未甲午		疾厄宮 酉
父母宮 卯			財帛宮 戌
命宮 <身宮> 寅	兄弟宮 丑	夫妻宮 子	子女宮 亥

定命宮天干

請查表

十二天干表

十二宮地支＼本生年干（十二宮天干）	甲己	乙庚	丙辛	丁壬	戊癸
寅	丙	戊	庚	壬	甲
卯	丁	己	辛	癸	乙
辰	戊	庚	壬	甲	丙
巳	己	辛	癸	乙	丁
午	庚	壬	甲	丙	戊
未	辛	癸	乙	丁	己
申	壬	甲	丙	戊	庚
酉	癸	乙	丁	己	辛
戌	甲	丙	戊	庚	壬
亥	乙	丁	己	辛	癸
子	丙	戊	庚	壬	甲
丑	丁	己	辛	癸	乙

定五行局

五行局表

命宮＼本生年干	甲己	乙庚	丙辛	丁壬	戊癸
子丑	水二局	火六局	土五局	木三局	金四局
寅卯	火六局	土五局	木三局	金四局	水二局
辰巳	木三局	金四局	水二局	火六局	土五局
午未	土五局	木三局	金四局	水二局	火六局
申酉	金四局	水二局	火六局	土五局	木三局
戌亥	火六局	土五局	木三局	金四局	水二局

紫微星的求法

起紫微星簡易圖表

生日／五行局	水二局	木三局	金四局	土五局	火六局
初一	丑	辰	亥	午	酉
初二	寅	丑	辰	亥	午
初三	寅	寅	丑	辰	亥
初四	卯	巳	寅	丑	辰
初五	卯	寅	子	寅	丑
初六	辰	卯	巳	未	寅
初七	辰	午	寅	子	戌
初八	巳	卯	卯	巳	未
初九	巳	辰	丑	寅	子
初十	午	未	午	卯	巳
十一	午	辰	卯	申	寅
十二	未	巳	辰	丑	卯
十三	未	申	寅	午	亥
十四	申	巳	未	卯	申
十五	申	午	辰	辰	丑
十六	酉	酉	巳	酉	午
十七	酉	午	卯	寅	卯
十八	戌	未	申	未	辰
十九	戌	戌	巳	辰	子
二十	亥	未	午	巳	酉
廿一	亥	申	辰	戌	寅
廿二	子	亥	酉	卯	未
廿三	子	申	午	申	辰
廿四	丑	酉	未	巳	巳
廿五	丑	子	巳	午	丑
廿六	寅	酉	戌	亥	戌
廿七	寅	戌	未	辰	卯
廿八	卯	丑	申	酉	申
廿九	卯	戌	午	午	巳
三十	辰	亥	亥	未	午

紫微諸星的排列法

星級	甲				
諸星／紫微	天機	太陽	武曲	天同	廉貞
子	亥	酉	申	未	辰
丑	子	戌	酉	申	巳
寅	丑	亥	戌	酉	午
卯	寅	子	亥	戌	未
辰	卯	丑	子	亥	申
巳	辰	寅	丑	子	酉
午	巳	卯	寅	丑	戌
未	午	辰	卯	寅	亥
申	未	巳	辰	卯	子
酉	申	午	巳	辰	丑
戌	酉	未	午	巳	寅
亥	戌	申	未	午	卯

起天府星

星級 諸星 紫微	甲 天府
子	辰
丑	卯
寅	寅
卯	丑
辰	子
巳	亥
午	戌
未	酉
申	申
酉	未
戌	午
亥	巳

天府諸星的排法

星級	甲						
諸星 天府	太陰	貪狼	巨門	天相	天梁	七殺	破軍
子	丑	寅	卯	辰	巳	午	戌
丑	寅	卯	辰	巳	午	未	亥
寅	卯	辰	巳	午	未	申	子
卯	辰	巳	午	未	申	酉	丑
辰	巳	午	未	申	酉	戌	寅
巳	午	未	申	酉	戌	亥	卯
午	未	申	酉	戌	亥	子	辰
未	申	酉	戌	亥	子	丑	巳
申	酉	戌	亥	子	丑	寅	午
酉	戌	亥	子	丑	寅	卯	未
戌	亥	子	丑	寅	卯	辰	申
亥	子	丑	寅	卯	辰	巳	酉

十二種基本命盤格式

①紫微在子

太陰 巳	貪狼 午	天同 巨門 未	武曲 天相 申
廉貞 天府 辰			太陽 天梁 酉
卯			七殺 戌
破軍 寅	丑	紫微 子	天機 亥

②紫微在丑

廉貞 貪狼 巳	巨門 午	天相 未	天同 天梁 申
太陰 辰			武曲 七殺 酉
天府 卯			太陽 戌
寅	紫微 破軍 丑	天機 子	亥

③紫微在寅

巨門 巳	廉貞 天相 午	天梁 未	七殺 申
貪狼 辰			天同 酉
太陰 卯			武曲 戌
紫微 天府 寅	天機 丑	破軍 子	太陽 亥

④紫微在卯

天相 巳	天梁 午	廉貞 七殺 未	申
巨門 辰			酉
紫微 貪狼 卯			天同 戌
天機 太陰 寅	天府 丑	太陽 子	武曲 破軍 亥

⑤紫微在辰

天梁 巳	七殺 午	未	廉貞 申
紫微 天相 辰			酉
天機 巨門 卯			破軍 戌
貪狼 寅	太陽 太陰 丑	武曲 天府 子	天同 亥

⑥紫微在巳

紫微 七殺 巳	午	未	申
天機 天梁 辰			廉貞 破軍 酉
天相 卯			戌
太陽 巨門 寅	武曲 貪狼 丑	天同 太陰 子	天府 亥

⑦紫微在午

天機 巳	紫微 午	未	破軍 申
七殺 辰			酉
太陽 天梁 卯			廉貞 天府 戌
武曲 天相 寅	天同 巨門 丑	貪狼 子	太陰 亥

⑧紫微在未

巳	天機 午	紫微 破軍 未	申
太陽 辰			天府 酉
武曲 七殺 卯			太陰 戌
天同 天梁 寅	天相 丑	巨門 子	廉貞 貪狼 亥

⑨紫微在申

太陽 巳	破軍 午	天機 未	紫微 天府 申
武曲 辰			太陰 酉
天同 卯			貪狼 戌
七殺 寅	天梁 丑	廉貞 天相 子	巨門 亥

⑩紫微在酉

武曲 破軍 巳	太陽 午	天府 未	天機 太陰 申
天同 辰			紫微 貪狼 酉
卯			巨門 戌
寅	廉貞 七殺 丑	天梁 子	天相 亥

⑪紫微在戌

天同 巳	武曲 天府 午	太陽 太陰 未	貪狼 申
破軍 辰			天機 巨門 酉
卯			紫微 天相 戌
廉貞 寅	丑	七殺 子	天梁 亥

⑫紫微在亥

天府 巳	天同 太陰 午	武曲 貪狼 未	太陽 巨門 申
辰			天相 酉
廉貞 破軍 卯			天機 天梁 戌
寅	丑	子	紫微 七殺 亥

時系諸星的排列

乙		甲								甲		星級 本生年支 諸星 本生時
		亥卯未		巳酉丑		申子辰		寅午戌				
天空	地劫	鈴星	火星	鈴星	火星	鈴星	火星	鈴星	火星	文曲	文昌	
亥	亥	戌	酉	戌	卯	戌	寅	卯	丑	辰	戌	子
戌	子	亥	戌	亥	辰	亥	卯	辰	寅	巳	酉	丑
酉	丑	子	亥	子	巳	子	辰	巳	卯	午	申	寅
申	寅	丑	子	丑	午	丑	巳	午	辰	未	未	卯
未	卯	寅	丑	寅	未	寅	午	未	巳	申	午	辰
午	辰	卯	寅	卯	申	卯	未	申	午	酉	巳	巳
巳	巳	辰	卯	辰	酉	辰	申	酉	未	戌	辰	午
辰	午	巳	辰	巳	戌	巳	酉	戌	申	亥	卯	未
卯	未	午	巳	午	亥	午	戌	亥	酉	子	寅	申
寅	申	未	午	未	子	未	亥	子	戌	丑	丑	酉
丑	酉	申	未	申	丑	申	子	丑	亥	寅	子	戌
子	戌	酉	申	酉	寅	酉	丑	寅	子	卯	亥	亥

月系諸星的排法

星級	甲		乙		
本生月 \ 諸星	左輔	右弼	天刑	天姚	天馬
正月	辰	戌	酉	丑	申
二月	巳	酉	戌	寅	巳
三月	午	申	亥	卯	寅
四月	未	未	子	辰	亥
五月	申	午	丑	巳	申
六月	酉	巳	寅	午	巳
七月	戌	辰	卯	未	寅
八月	亥	卯	辰	申	亥
九月	子	寅	巳	酉	申
十月	丑	丑	午	戌	巳
十一月	寅	子	未	亥	寅
十二月	卯	亥	申	子	亥

干系諸星的排法

星級 諸星 年干	甲			甲		甲			
	祿存	擎羊	陀羅	天魁	天鉞	化祿	化權	化科	化忌
甲	寅	卯	丑	丑	未	廉貞	破軍	武曲	太陽
乙	卯	辰	寅	子	申	天機	天梁	紫微	太陰
丙	巳	午	辰	亥	酉	天同	天機	文昌	廉貞
丁	午	未	巳	亥	酉	太陰	天同	天機	巨門
戊	巳	午	辰	丑	未	貪狼	太陰	右弼	天機
己	午	未	巳	子	申	武曲	貪狼	天梁	文曲
庚	申	酉	未	丑	未	太陽	武曲	天同	太陰
辛	酉	戌	申	午	寅	巨門	太陽	文曲	文昌
壬	亥	子	戌	卯	巳	天梁	紫微	左輔	武曲
癸	子	丑	亥	卯	巳	破軍	巨門	太陰	貪狼

支系諸星的排法

本生年支＼諸星	紅鸞	天喜	孤辰	寡宿	天才	天壽
星級	乙		乙		乙	
子	卯	酉	寅	戌	命宮	由身宮起子順行，數至本生年支，即安天壽星。
丑	寅	申	寅	戌	父母	
寅	丑	未	巳	丑	福德	
卯	子	午	巳	丑	田宅	
辰	亥	巳	巳	丑	官祿	
巳	戌	辰	申	辰	僕役	
午	酉	卯	申	辰	遷移	
未	申	寅	申	辰	疾厄	
申	未	丑	亥	未	財帛	
酉	午	子	亥	未	子女	
戌	巳	亥	亥	未	夫妻	
亥	辰	戌	寅	戌	兄弟	

截空的排法

本生年干＼星名	截空
星級	丙
甲	申
己	酉
乙	午
庚	未
丙	辰
辛	巳
丁	寅
壬	卯
戊	子
癸	丑

旬空的排法

重點：按照本生年的干支來排，若是陽干（甲、丙、戊、庚、壬年生的人為陽干）安陽位（子、寅、辰、午、申、戌等宮位）。若是陰干（乙、丁、己、辛、癸年生的人為陰干）安陰位（丑、卯、巳、未、酉、亥等宮位）。

年干＼年支＼旬空位置	戌 亥	申 酉	午 未	辰 巳	寅 卯	子 丑
甲	子	戌	申	午	辰	寅
乙	丑	亥	酉	未	巳	卯
丙	寅	子	戌	申	午	辰
丁	卯	丑	亥	酉	未	巳
戊	辰	寅	子	戌	申	午
己	巳	卯	丑	亥	酉	未
庚	午	辰	寅	子	戌	申
辛	未	巳	卯	丑	亥	酉
壬	申	午	辰	寅	子	戌
癸	酉	未	巳	卯	丑	亥

命主的排法

命宮	命主（星名）
子	貪狼
丑	巨門
寅	祿存
卯	文曲
辰	廉貞
巳	武曲
午	破軍
未	武曲
申	廉貞
酉	文曲
戌	祿存
亥	巨門

身主的排法

本生年支	身主（星名）
子	火星
丑	天相
寅	天梁
卯	天同
辰	文昌
巳	天機
午	火星
未	天相
申	天梁
酉	天同
戌	文昌
亥	天機

大限簡易表

父母	福德	田宅	官祿	僕役	遷移	疾厄	財帛	子女	夫妻	兄弟	命宮	大限宮／生年	五行局
12－21	22－31	32－41	42－51	52－61	62－71	72－81	82－91	92－101	102－111	112－121	2－11	陽男 陰女	水二局
112－121	102－111	92－101	82－91	72－81	62－71	52－61	42－51	32－41	22－31	12－21	2－11	陰男 陽女	
13－22	23－32	33－42	43－52	53－62	63－72	73－82	83－92	93－102	103－112	113－122	3－12	陽男 陰女	木三局
113－122	103－112	93－102	83－92	73－82	63－72	53－62	43－52	33－42	23－32	13－22	3－12	陰男 陽女	
14－23	24－33	34－43	44－53	54－63	64－73	74－83	84－93	94－103	104－113	114－123	4－13	陽男 陰女	金四局
114－123	104－113	94－103	84－93	74－83	64－73	54－63	44－53	34－43	24－33	14－23	4－13	陰男 陽女	
15－24	25－34	35－44	45－54	55－64	65－74	75－84	85－94	95－104	105－114	115－124	5－14	陽男 陰女	土五局
115－124	105－114	95－104	85－94	75－84	65－74	55－64	45－54	35－44	25－34	15－24	5－14	陰男 陽女	
16－25	26－35	36－45	46－55	56－65	66－75	76－85	86－95	96－105	106－115	116－125	6－15	陽男 陰女	火六局
116－125	106－115	96－105	86－95	76－85	66－75	56－65	46－55	36－45	26－35	16－25	6－15	陰男 陽女	

小限簡易表

本生年支	小限值宮 ／ 小限之歲											
		一	二	三	四	五	六	七	八	九	一〇	一一	一二
		一三	一四	一五	一六	一七	一八	一九	二〇	二一	二二	二三	二四
		二五	二六	二七	二八	二九	三〇	三一	三二	三三	三四	三五	三六
		三七	三八	三九	四〇	四一	四二	四三	四四	四五	四六	四七	四八
		四九	五〇	五一	五二	五三	五四	五五	五六	五七	五八	五九	六〇
		六一	六二	六三	六四	六五	六六	六七	六八	六九	七〇	七一	七二
		七三	七四	七五	七六	七七	七八	七九	八〇	八一	八二	八三	八四
		八五	八六	八七	八八	八九	九〇	九一	九二	九三	九四	九五	九六
		九七	九八	九九	一〇〇	一〇一	一〇二	一〇三	一〇四	一〇五	一〇六	一〇七	一〇八
		一〇九	一一〇	一一一	一一二	一一三	一一四	一一五	一一六	一一七	一一八	一一九	一二〇
寅午戌	男	辰	巳	午	未	申	酉	戌	亥	子	丑	寅	卯
	女	辰	卯	寅	丑	子	亥	戌	酉	申	未	午	巳
申子辰	男	戌	亥	子	丑	寅	卯	辰	巳	午	未	申	酉
	女	戌	酉	申	未	午	巳	辰	卯	寅	丑	子	亥
巳酉丑	男	未	申	酉	戌	亥	子	丑	寅	卯	辰	巳	午
	女	未	午	巳	辰	卯	寅	丑	子	亥	戌	酉	申
亥卯未	男	丑	寅	卯	辰	巳	午	未	申	酉	戌	亥	子
	女	丑	子	亥	戌	酉	申	未	午	巳	辰	卯	寅

諸星在十二宮之旺度表

十二宮＼旺度	廟	旺	得地	平	陷
子	天機、天府、太陰、天相、天梁、破軍、祿存	武曲、天同、貪狼、巨門、七殺	文昌、文曲	紫微、廉貞	太陽、擎羊、火星、鈴星
丑	紫微、武曲、天府、太陰、貪狼、天相、七殺、文昌、文曲、擎羊、陀羅	天梁、破軍	火星、鈴星	廉貞	太陽、天同、巨門、天機
寅	廉貞、天府、巨門、天相、天梁、七殺、祿存、火星、鈴星	紫微、太陽、太陰	天機、武曲、破軍	天同、貪狼、文曲	文昌、陀羅
卯	太陽、巨門、天梁、祿存	紫微、天機、七殺、文曲	天府	武曲、貪狼、文昌、火星、鈴星、天同、廉貞	太陰、天相、破軍、擎羊
辰	武曲、天府、貪狼、天梁、七殺、擎羊、陀羅	太陽、破軍	紫微、天相、文昌、文曲	天機、廉貞、天同	太陰、巨門、火星、鈴星
巳	天同、文昌、文曲、祿存	紫微、太陽、巨門	天府、天相、火星、鈴星	天機、武曲、七殺、破軍	廉貞、太陰、貪狼、天梁、陀羅
午	紫微、天機、天相、天梁、破軍、祿存、火星、鈴星	太陽、武曲、天府、貪狼、巨門、七殺		廉貞、太陰	天同、文昌、文曲、擎羊
未	紫微、武曲、天府、貪狼、七殺、擎羊、陀羅	天梁、破軍、文曲	太陽、天相	廉貞、文昌、火星、鈴星	天同、太陰、巨門、天機
申	廉貞、巨門、天相、七殺、祿存	紫微、天同	天機、太陽、武曲、天府、破軍、文昌、文曲	太陰、貪狼	天梁、陀羅、火星、鈴星
酉	巨門、文昌、文曲、祿存	紫微、天機、天府、太陰、七殺	天梁、火星、鈴星	武曲、貪狼、太陽、天同、廉貞	天相、破軍、擎羊
戌	武曲、天府、貪狼、天梁、七殺、擎羊、陀羅、火星、鈴星	太陰、破軍	紫微、天相	天機、廉貞、天同	太陽、巨門、文昌、文曲
亥	天同、太陰、祿存	紫微、巨門、文曲	天府、天相	文昌、火星、鈴星、天機、七殺、武曲、破軍	太陽、廉貞、貪狼、天梁、陀羅

流年、流月、流日的看法

流年的看法：

流年是指當年一整年的運氣。子年時就以『子』宮為當年的流年。以『子』宮中的主星為該年的流年命宮的主星。倘若是丑年，就以『丑宮』為流年命宮，宮中的主星就是流年運氣了。以此類推。

辰年時，以『辰宮』為流年命宮，卯宮為流年兄弟宮、寅宮為流年夫妻宮，丑宮為流年子女宮，子宮為流年財帛宮，亥宮為流年疾厄宮，戌宮為流年遷移宮，酉宮為流年僕役宮（朋友宮），申宮為流年官祿宮（事業宮），未宮為流年田宅宮，午宮為流年福德宮，巳宮為流年父母宮。如此就可觀看你辰年一年當中與六親的關係，及進財、事業的行運吉凶了。

流月的看法：

流月是指一個月中的運氣。

要算流月，要先找出流年命宮（例如辰年以辰宮為流年命宮），再由流年命宮逆算（逆時針方向數）自己的生月，再利用自己的生時，從生月之處順數回來的那個宮，就是你該年流年的一月（正月）。

舉例：某人是生在五月寅時。辰年時正月在寅宮（從辰逆數五個宮，再順數三個宮那就是正月）

＊幾月生就逆數幾個宮，幾時生就順數幾個宮，就是該年流月的正月，再順時針方向算2月、3月……

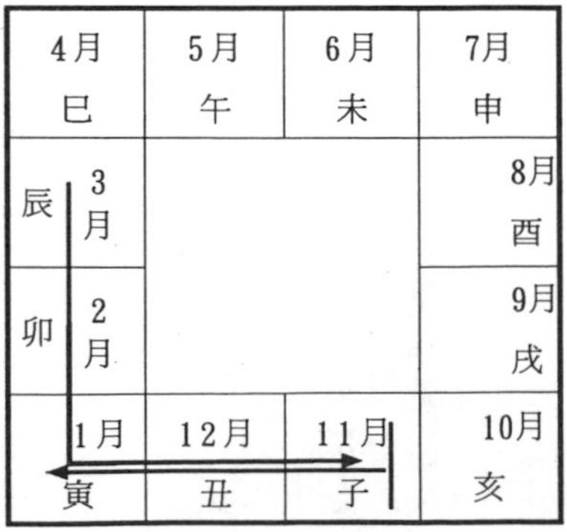

4月 巳	5月 午	6月 未	7月 申
辰 3月			8月 酉
卯 2月			9月 戌
1月 寅	12月 丑	11月 子	10月 亥

流日的算法：

流日的算法更簡單，先找出流月當月的宮位，此宮即是初一，順時針方向數，次一宮位為初二，再次一宮為初三……以此順數下去，至本月最後一天為止。

流時的看法：

流時的看法更不必傷腦筋了！子時就看子宮。丑時就看丑宮、寅時看寅宮中的星曜……以此類推來斷吉凶。

如何算出自己的進財日

我們在命盤上訂出當年流年、與流月的一月時，再順時針方向依次算出二月、三月、四月……。在每一個月的宮位裡觀看有沒有財星？有財星居旺的日子，便知當月會進財。沒有財星的日子，就要看是否屬於安泰的星曜，亦或是破耗、是非、血光的星曜，如羊陀、火鈴之流。

進財日的剋星

1. 有擎羊、陀羅同宮或相照的日子，金錢運會受到剋害，有擎羊會破耗，有陀羅會拖延。
2. 財星落陷，金錢運會不佳。如太陰星落陷及武曲居平位時，財運不佳。
3. 運星落陷，運氣不佳，財運也會受到影響。如天機陷落、天梁陷落、太陽陷落、貪狼陷落等，財運都會不好。
4. 運逢劫空，財運不佳。天空、地劫，不可在流年、流月的當值宮位出現或相照，都會有財來財去一場空的狀況。
5. 耗星、暗星逢流年運、流月運程，都會財運不濟。破軍是耗星，有破財之憂。暗星是巨門，主是非糾纏，財運不順，例如武殺、武破同宮。

6.殺星不可與財星同宮，或相照會，會有『因財被劫』的困擾、賺錢辛苦，又賺不到錢。例如武殺、武破同宮。

7.破軍不可和文昌、文曲同宮或照會，主窮困，財運不佳，且有水厄。

8.財星、祿存、化祿，不可與羊陀、劫空、化忌同宮或相照，稱為『祿逢沖破』，『財與劫仇』財星與劫星同位，吉處藏凶。

利用流日的算法算出流日之後，檢查其中的星曜是否是財星當旺的日子，便知道此日是進財日了。

神奇的賺錢日

由干支日預測股票、大盤漲跌

⊙本表是以台灣目前現行每日交易時間上午九時至十二時的交易狀況而訂。

日干支

甲子日：是開低走低的局勢，大跌。
子丑日：是開高走高的局勢，會漲。
丙寅日：是先跌後漲的局勢。
丁卯日：是小漲的局面。
戊辰日：是上漲局勢。
己巳日：是平盤、尾盤漲跌很小。
庚午日：終場大跌。
辛未日：先漲後跌成平盤。
壬由日：是平盤，漲跌很小。
癸酉日：是先漲後跌。
甲戌日：是開高走高的局勢，會漲。
乙亥日：是終盤小漲的局勢。
丙子日：是下跌局勢。
丁丑日：是平盤、漲跌很小。
戊寅日：是先大跌後回升的局勢，終場小跌。
己卯日：是先大漲後跌，終盤呈小漲局勢。
庚辰日：是大漲的局勢。
辛巳日：是先漲後跌的局勢。
壬午日：是大漲的局勢。
癸未日：是下跌的局勢。
甲申日：是上漲的局勢。
乙酉日：是先跌後漲的局勢。

丙戌日：是開高走高，大漲的局勢。
丁亥日：是開低走跌的局勢。
戊子日：是大跌的局勢。
己丑日：是上漲的局勢。
庚寅日：是先跌後拉回成平盤的局勢。
辛卯日：是先漲後小跌的局勢。
壬辰日：是開高走高的局勢會漲。
癸巳日：是先漲後跌的局勢。
甲午日：是開低再拉回，終場會跌。
乙未日：是先跌後漲的局勢。
丙申日：是先跌後拉回成平盤。
丁酉日：是下跌的局勢。
戊戌日：是小跌的局勢。
己亥日：是下跌的局勢。
庚子日：是終場小跌的局勢。
壬寅日：是上漲的局勢。
癸卯日：是開高，終場小漲的局勢。
甲辰日：是上漲的局勢。
乙巳日：是先跌後漲的局勢。

丙午日：是下跌後漲的局勢。
丁未日：是上漲的局勢。
戊申日：是下跌的局勢。
己酉日：是上漲的局勢。
庚戌日：是上漲的局勢。
辛亥日：是先跌後漲，終場小跌的局勢。
壬子日：是先漲後跌的局勢。
癸丑日：是上漲的局勢。
甲寅日：是先跌後漲的局勢。
乙卯日：是先跌後大漲的局勢。
丙辰日：是上漲的局勢。
丁巳日：是下跌的局勢。
戊午日：是小漲的局勢。
己未日：是大跌的局勢。
庚申日：是上漲的局勢。
辛酉日：是先漲後跌的局勢。
壬戌日：是盤中升高、盤尾下落的局勢。
癸亥日：是先漲後跌的局勢。

財方與吉方

財方通常都是最利於我們的吉方，這不但是利於我們求財的方向，同時也是我們生活最舒適的方向。因此我們在找工作，做生意時，在我們所屬的財方方向最為容易並且順利自在。通常我們稱做吉方的方位，寬容度較大，甚至其方位可能大到180度左右，而財方方位的範圍較小，只有45度；因此認真的說只有財方才是我們真正的吉方。

財方的應用大至做生意選店鋪門面方向、住家宅第、甚至於辦公桌椅的方向、睡覺時床頭的朝向都可包括在內。它會幫助我們頭腦清楚、睡眠安穩、精神穩定，有定神的作用。倘若再能配合個人的八字喜用神的吉方，更是相得益彰，使你的命理格局真正達到與旺合格的境地。

生肖屬相	**年命財方**
屬鼠的人	甲子年生的人財方為東北方
	丙子年生的人財方為正東方
	戊子年生的人財方為正南方

屬牛的人

庚子年生的人財方為正西方
壬子年生的人財方為西北方
乙丑年生的人財方為西北方
丁丑年生的人財方為正東方
己丑年生的人財方為正南方
辛丑年生的人財方為西南方
癸丑年生的人財方為正北方

屬虎的人

甲寅年生的人財方為東北方
丙寅年生的人財方為正東方
戊寅年生的人財方為正西方
庚寅年生的人財方為正西方
壬寅年生的人財方為正北方

屬兔的人

乙卯年生的人財方為西北方
丁卯年生的人財方為東北方
己卯年生的人財方為正南方
辛卯年生的人財方為正西方

癸卯年生的人財方為正北方

屬龍的人

甲辰年生的人財方為正東方
丙辰年生的人財方為正南方
戊辰年生的人財方為正南方
庚辰年生的人財方為正西方
壬辰年生的人財方為西北方

屬蛇的人

乙己年生的人財方為東北方
丁己年生的人財方為正東方
己巳年生的人財方為正南方
辛己年生的人財方為西北方
癸己年生的人財方為正北方

屬馬的人

甲午年生的人財方為東北方
丙午年生的人財方為正東方
戊午年生的人財方為正南方
庚午年生的人財方為正西方
壬午年生的人財方為正北方

屬羊的人

乙未年生的人財方為東北方
丁未年生的人財方為東南方
己未年生的人財方為正南方
辛未年生的人財方為正北方
癸未年生的人財方為正北方

屬猴的人

甲申年生的人財方為東北方
丙申年生的人財方為正東方
戊申年生的人財方為正南方
庚申年生的人財方為正西方
壬申年生的人財方為西北方

屬雞的人

乙酉年生的人財方為西北方
丁酉年生的人財方為正東方
己酉年生的人財方為正南方
辛酉年生的人財方為西北方
癸酉年生的人財方為正北方

屬狗的人

甲戌年生的人財方為東北方

屬豬的人

丙戌年生的人財方為正東方
戊戌年生的人財方為正南方
庚戌年生的人財方為西北方
壬戌年生的人財方為正北方
乙亥年生的人財方為東北方
丁亥年生的人財方為東南方
己亥年生的人財方為正南方
辛亥年生的人財方為正西方
癸亥年生的人財方為正北方

紫微命宮坐星所代表的吉方

命宮為紫微——屬陰、屬土，代表吉方為中部、中央地帶。
命宮為紫府——屬土，代表吉方為中部、中央地帶。
命宮為紫貪——屬土，帶水木。代表吉方為中部或中央偏東北方。
命宮為紫相——屬土，帶水。代表吉方為中部或中央偏北方。

命宮為紫破——屬土，帶水。代表吉方為中部或中央偏北方。

命宮為紫殺——屬土，帶火金。代表吉方為中部或中央偏西南方。

命宮為天機——屬木，代表吉方為東方。

命宮為機陰——屬木，帶水。代表吉方為東北方。

命宮為機巨——屬木，帶水。代表吉方為東北方。

命宮為機梁——屬木，帶土。代表吉方為東方偏中央的地帶。

命宮為太陽——屬火，代表吉方為南方。

命宮為日月——屬火，帶水。吉方為南方偏北的地帶。

命宮為陽巨——屬火，帶水。代表吉方為南方偏北的地帶。

命宮為陽梁——屬火，帶土。代表吉方為南方近中央的地帶。

命宮為武曲——屬金。代表吉方為西方。

命宮為武府——屬金，帶土。代表吉方為西方近中土的地帶。

命宮為武貪——屬金，帶水木。代表吉方為西北方。

命宮為武殺——屬金。代表吉方為西方。

命宮為武相——屬金，帶水木。代表吉方為西北方。

命宮為武破——屬金，帶水。代表吉方為西北方。

命宮為天同——屬水。代表吉方為北方。
命宮為同陰——屬水。代表吉方為北方。
命宮為同梁——屬水，帶土。代表吉為北方近中土地帶。
命宮為同巨——屬水，代表吉方為北方。
命宮為廉貞——屬木火，代表吉方為東南方。
命宮為廉府——屬木火，帶土。代表吉方為東南方近中土地帶。
命宮為廉相——屬木火，帶水。代表吉方為東南方。
命宮為廉殺——屬木火，帶火金。代表吉方為東南方。
命宮為廉破——屬木火，帶水。代表吉方為東南方。
命宮為廉貪——屬木火。代表吉方為東南方。
命宮為天府——屬土。代表吉方為中土地帶。
命宮為太陰——屬水。代表吉方為北方。
命宮為貪狼——屬木水。代表吉方為東北方。
命宮為巨門——屬水。代表吉方為北方。
命宮為天相——屬水。代表吉方為北方。
命宮為天梁——屬土。代表吉方為中土地帶。

命宮為七殺——屬金。代表吉方為西方。
命宮為破軍——屬水。代表吉方為北方。
命宮為擎羊——屬火金。代表吉方為西方，偏南地帶。
命宮為陀羅——屬金。代表吉方為西方。
命宮為火星——屬火。代表吉方為南方。
命宮為鈴星——屬火。代表吉方為南方。
命宮為文昌——屬金。代表吉方為西方。
命宮為文曲——屬水。代表吉方為北方。
命宮為祿存——屬土。代表吉方為中土地帶、中部。
命宮為左輔——屬土。代表吉方為中土地帶、中部。
命宮為右弼——屬水。代表吉方為北方。
命宮為天魁——屬火。代表吉方為南方。
命宮為天鉞——屬火。代表吉方為南方。

※倘若你所找的吉方從年命、喜用神到紫微命宮的吉方都相同，則你可確定此吉方一定是你命理的吉方。若稍有不同者，應先以喜用神的吉方為最優先，紫微命宮的吉方次之。年命的吉方為最次之。

喜用神：在命理學裡，它算是藥，可以醫治你八字中不足的部份，並綜合你八字中太過的部份。例如有人，八字中土多，就必須用木疏土，而『甲木』便是此人的喜用神。它是調和命理，使其中和興旺的。

下列是喜用神的方位：

喜用神為『甲木』者——吉方為東方

喜用神為『乙木』者——吉方為東方、東南方

喜用神為『木火』者——吉方為東南方

喜用神為『丙火』者——吉方為南方

喜用神為『丁火』者——吉方為南方、西南方

喜用神為『戊土』者——吉方為中部

喜用神為『巳土』者——吉方為中部

喜用神為『火土』者——吉方為中部、南部

喜用神為『庚金』者——吉方為西方

喜用神為『辛金』者——吉方為西方

喜用神為『金水』者——吉方為西北方

喜用神為『壬水』者——吉方為北方
喜用神為『癸水』者——吉方為北方

住宅和商店的賺錢風水

1. 住宅的賺錢風水座向，要以住宅所屬主人的『喜用神』為主而測定。住宅房舍在誰的名下，就是以他為住宅主人。
住宅的賺錢風水座向以大門為准，若是公寓樓層的房舍，則以樓下大門為主。其大門的方向必須要與住宅主人的喜用神、財方（吉方）相合才行。否則必有不利，也住不長久。
大門代表財氣進入的方式，人們在門內穿梭，代表財氣流通。若方向不好，則少人進入，錢財難聚，這是住宅與店舖最害怕的事了。

賺錢風水上大門方向所代表的吉凶

①門向東方為吉

東方是草木旺盛，太陽初升之地，屬於朝氣澎勃，有開拓精神的方向。不過門向最好不要在90度正東，稍偏較佳。

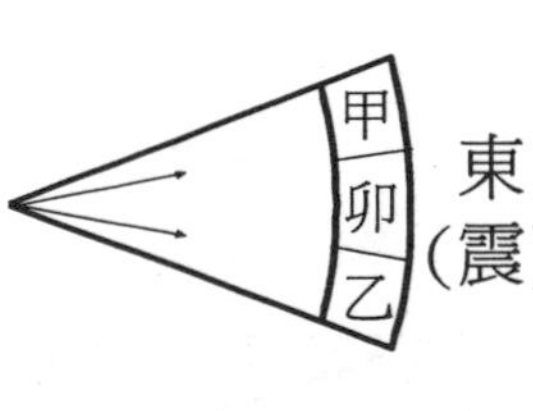

②門向東南為吉

東南方為巽位，屬於吉方。東南方通常都被認為是蓄養、生長的地方，生氣勃勃。因此是個吉利的好方向。在東南方做大門時，門不可太凸出，或形狀怪異，否則也有不吉。

③門向南方為普通

一般人都喜歡『向陽門第』可以多留一些陽光，改變屋內的明暗度，但南方是陽氣最盛的地方，太陽剛而處事會有不周全的影響。而且陽盛已極，陰氣會入侵，在一種陰陽交錯的時候，很多事物會起伏不定。因此這個方向的運氣只能算是普通。門開在這個方向要向『巳』開設，『午』和『丁』的方向都不好。

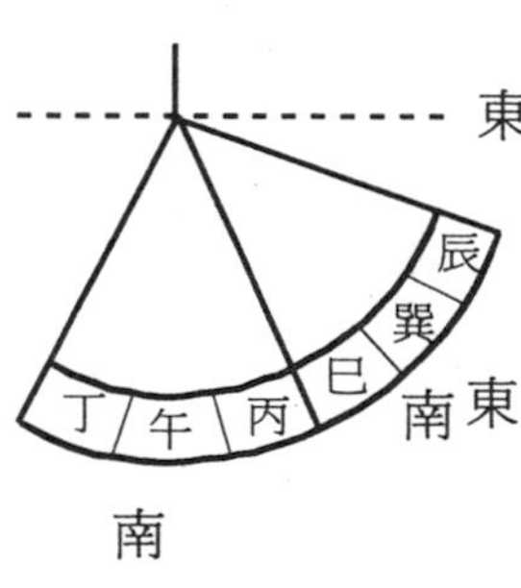

④門向西南為凶

西南方在『方向學』裡稱鬼門方，這裡是陰影較多，陽氣未盡的地方，容易造成事物無法進展和拖延，也容易破敗，因此門向設向西南為凶。如果門向已設此位，最好靠近『申』位，以減少凶象。

⑤門向西方為吉

西方屬金，代表財方，由其利於用神為金水的人。目前在台灣，也以門向西方為最吉，可以多接受陽光，增加乾燥度。但是要注意不要把門正對正西『酉』這個方向，偏向『庚』或『辛』會更好。

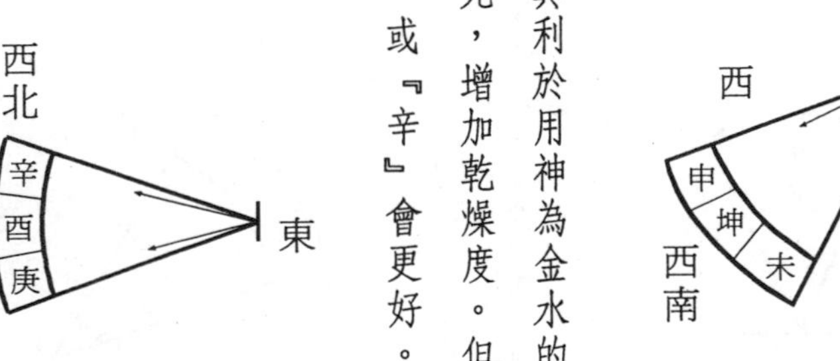

⑥門向西北方為凶

西北方自古以來便是凶方，對家中長者不利，也對男性家長、主事者皆不利，容易生病遭遇不測而死亡。因此西北方最好不要開門。若已開門時要偏向『戌』位。

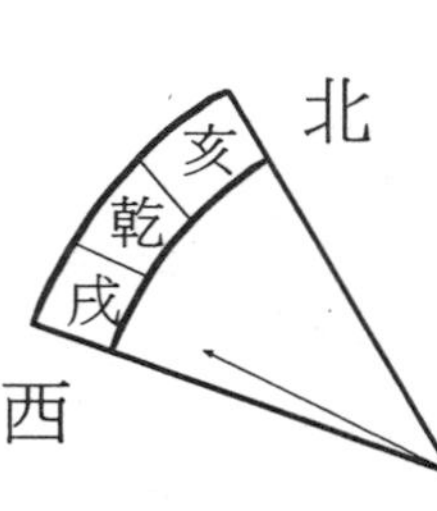

⑦門向北方為普通

北方在中國是極為寒冷的地帶，萬物百獸都喜歡隱藏在洞穴之中，因此北方屬於暗藏有隱蔽性的方位。利於思考或儲蓄。對錢財有暗藏積富的象徵意義。

在此方開設大門時，以『壬』位較佳。『子』位不宜。

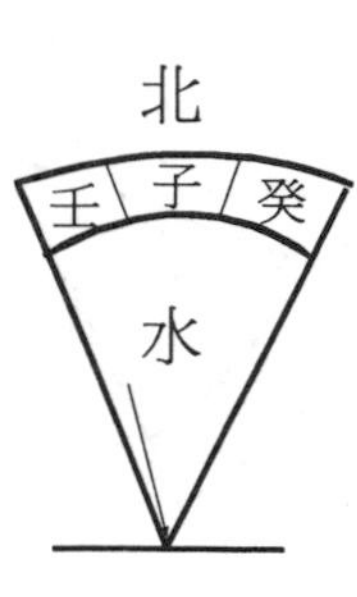

⑧門向東北為凶

東北方俗稱『鬼門方』，遇事有暴起暴落之嫌，中國人講究平穩安泰，因此不喜歡此方位。喜歡偏財運的人則可利用此方位，不過運氣向來以三個月為一限，隨即就會暴落，通常也沒有人會三個月變更一下門向的，因此多半不會以此做門向。

倘若已在此方位做門向的，必須偏向東邊，偏到震位方向去較吉。

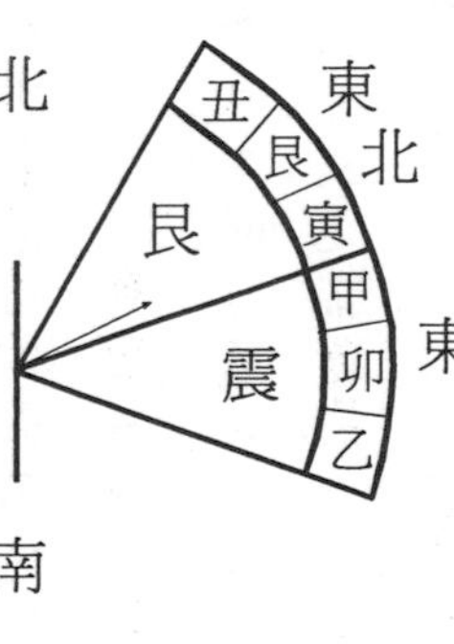

2. 住宅的西邊，或西邊來路最好比東邊或東邊來路高，這是後天有財氣的房子，容易發富。

3. 賺錢風水的住宅，一定不會是在容易淹水、雨水泛濫成災的地區。

4. 地勢平坦的住宅區是最佳的住宅區。住宅區若處於山坡地，則宜是東邊低，西邊高的地勢。如此的地區，會有名利皆宜，財氣亨通的氣勢。

5. 賺錢風水的住宅，一定不會在死路、死巷、窄巷裡，此類的宅第容易有是非、爭訟、盜竊之事。也不宜在三叉路口或有路沖的地方，會有劫煞。亦要注意宅第對面的屋脊角、牆角等不可面對自己的大門。

6. 賺錢風水的住宅，也不會在神前廟後的孤煞之地。

7. 賺錢風水的住宅，不可面對橋樑、會形成鐮刀煞、刀煞，有凶險。

8. 賺錢風水的住宅，不可面對大片的水面（如海面、大河面）。水雖為財，但汪洋無制，破耗更快。而且是歲運當運的一方有大塊水面，是不吉的。

9. 賺錢風水的住宅，不宜旁有破爛屋舍，或空屋。也不宜孤高成『木』形樓宇，此為容易遇不吉煞事或敗財相的房舍。

10. 賺錢風水的住宅和店舖不宜被夾在兩棟高樓大廈之間。也不宜面對很高的高樓，以防承受不好的迴旋氣。最好的方式是至少要與高樓大廈相距一百公尺，才可避免。

11. 賺錢風水的住宅和店舖不宜在門前或近旁有電線纏繞散落的電線桿，和發電措施，會產生電磁效應，影響『氣』的流動。

12 賺錢風水的住宅不宜在空亡位

空亡位通常稱為『出卦』，即不在卦上之意。空亡位的房舍會遭破耗、血光凶事。即使是睡床床頭方向朝向空亡位的人，也會頭腦昏昏、意識不清、糊里糊塗，因此空亡位是凶位。

空亡位圖

13. 賺錢風水的住宅和辦公室選擇樓層時應以主人和公司老闆的年命為主，來選擇與其氣運相合助旺者為佳。

樓層屬性

第一、六、十一、十六、二十一、二十六層的樓層，屬性為『水』。

第二、七、十二、十七、二十二、二十七層的樓層，屬性為『火』。

第三、八、十三、十八、二十三、二十八層的樓層，屬性為『木』。

第四、九、十四、十九、二十四、二十九層的樓層，屬性為『金』。

第五、十、十五、二十、二十五、三十層的樓層，屬性為『土』。

每甲子共分五個運程，要看住宅主人或公司老闆屬那一個運程。

甲子——水運

為：甲子、乙丑、丙寅、丁卯、戊辰、己巳、庚午、辛未、壬申、癸酉、甲戌、乙亥。

丙子——火運

為：丙子、丁丑、戊寅、乙卯、庚辰、辛巳、壬午、癸未、甲申、乙酉、丙戌、丁亥。

戊子——木運

為：戊子、己丑、庚寅、辛卯、壬辰、癸巳、甲午、乙未、丙申、丁酉、戊戌、己亥。

庚子——金運

為：庚子、辛丑、壬寅、癸卯、甲辰、乙巳、丙午、丁未、戊申、己酉、庚戌、辛亥。

壬子——土運

為：壬子、癸丑、甲寅、乙卯、丙辰、丁巳、戊午、己未、庚申、辛酉、壬戌、癸亥。

14. 賺錢風水的住宅和店舖要看主人和公司負責人的卦命為何？再做決定。房舍宅第要首先訂出『八宅』。

八宅為：震宅、巽宅、離宅、坎宅、乾宅、兌宅、艮宅、坤宅

卦命分為：東四命與西四命。

東四命的人，要住門朝東方、東南、南方、北方方向的房子。

西四命的人，要住門朝向西方、西北、西南、東北的房子為吉。

下列是卦命表：

公元	民國	干支	男	女	公元	民國	干支	男	女
1931	20	辛未	乾	離	1967	56	丁未	乾	離
1932	21	壬申	坤	坎	1968	57	戊申	坤	坎
1933	22	癸酉	巽	坤	1969	58	己酉	巽	坤
1934	23	甲戌	震	震	1970	59	庚戌	震	震
1935	24	乙亥	坤	巽	1971	60	辛亥	坤	巽
1936	25	丙子	坎	艮	1972	61	壬子	坎	艮
1937	26	丁丑	離	乾	1973	62	癸丑	離	坤
1938	27	戊寅	艮	兌	1974	63	甲寅	艮	兌
1939	28	己卯	兌	艮	1975	64	乙卯	兌	艮
1940	29	庚辰	乾	離	1976	65	丙辰	乾	離
1941	30	辛巳	坤	坎	1977	66	丁巳	坤	坎
1942	31	壬午	巽	坤	1978	67	戊午	巽	坤
1943	32	癸未	震	震	1979	68	己未	震	震
1944	33	甲申	坤	巽	1980	69	庚申	坤	巽
1945	34	乙酉	坎	艮	1981	70	辛酉	坎	艮
1946	35	丙戌	離	乾	1982	71	壬戌	離	乾
1947	36	丁亥	艮	兌	1983	72	癸亥	艮	兌
1948	37	戊子	兌	艮	1984	73	甲子	兌	艮
1949	38	己丑	乾	離	1985	74	乙丑	乾	離
1950	39	庚寅	坤	坎	1986	75	丙寅	坤	坎
1951	40	辛卯	巽	坤	1987	76	丁卯	巽	坤
1952	41	壬辰	震	震	1988	77	戊辰	震	震
1953	42	癸巳	坤	巽	1989	78	己巳	坤	巽
1954	43	甲午	坎	艮	1990	79	庚午	坎	艮
1955	44	乙未	離	乾	1991	80	辛未	離	乾
1956	45	丙申	艮	兌	1992	81	壬申	艮	兌
1957	46	丁酉	兌	艮	1993	82	癸酉	兌	艮
1958	47	戊戌	乾	離	1994	83	甲戌	乾	離
1959	48	己亥	坤	坎	1995	84	乙亥	坤	坎
1960	49	庚子	巽	坤	1996	85	丙子	巽	坤
1961	50	辛丑	震	震	1997	86	丁丑	震	震
1962	51	壬寅	坤	巽	1998	87	戊寅	坤	巽
1963	52	癸卯	坎	艮	1999	88	己卯	坎	艮
1964	53	甲辰	離	乾	2000	89	庚辰	離	乾
1965	54	乙巳	艮	兌	2001	90	辛巳	艮	兌
1966	55	丙午	兌	艮					

15. 賺錢風水的宅第與店舖，首重官祿位與文昌位。文昌位在古代與官祿是相連的，今日則引申為賺錢之路。文昌位和賺錢有關，當然不得不重視，因此每

一個宅第的文昌位是不可錯置的，若置於廁所、廚房等凶煞之地，則浪費了文昌位，且有不進財、破耗很大等問題。首先來看宅第的屬相與文昌位。

宅第屬向

①**震宅**——坐向是『甲卯乙』，門向是『庚酉辛』的房舍，也就坐東向西的房舍。適合東四命的人居住。文昌位在西北方、正東方。

②**巽宅**——坐向是『辰巽巳』，門向是『戌乾亥』的房舍，也就是坐東南面向西北的房舍。適合東四命的人居住。文昌位在西南方。

③**離宅**——坐向是『丙午丁』，門向是『壬子癸』的房舍，也就是坐南朝北的房舍，適合東四命的人居住。文昌位在正南方或西北方。

④**坤宅**——坐向是『未坤申』、門向是『丑艮寅』的房舍，也就是坐西南朝東北的房舍，適合西四命的人居住。文昌位在正西方或東南方。

⑤**兌宅**——坐向是『庚酉辛』，門向是『甲卯乙』的房舍，也就是坐西朝東的房舍。適合西四命的人居住。文昌位在西南方或東北方。

⑥**乾宅**——坐向是『戌乾亥』，門向是『辰巽巳』的房舍。也就是坐西北，面向東南的房子。適合西四命的人居住。文昌位在正東方或正南方。

⑦**艮宅**——坐向是『丑艮寅』，門向是『未坤申』的房子。也就是坐東北面朝西南的房子。適合西四命的人居住。文昌位在西南方或東北方。

⑧**坎宅**——坐向是『壬子癸』，門向是『丙午丁』的房子，也就是坐北朝南的房子。適合東四命的人居住。文昌位在東北方。

例如：一個主人或老闆的生辰年份是一九六三年生的(民國五十一年次)歲次癸卯。癸卯屬於金運。應該選取水運樓和金運樓為最吉。金水相得益彰，為旺氣。金屬西，為『兌宅』，水屬北為『坎宅』

選『兌』宅的方位是位處西方，要選的層次是四樓、九樓、十四樓、十九樓、二十四樓、二十九樓層為吉。

選『坎宅』的方位是地處北方。要選的樓層是一樓、六樓、十一樓、十六樓、二十一樓、二十六樓為最吉。

紫微vs.土象星座(第一集)
(處女・金牛・摩羯)

紫微vs.火象星座(第二集)
(獅子・牡羊・射手)

紫微vs.風象星座(第三集)
(雙子・寶瓶・天平)

紫微vs.水象星座(第四集)
(雙魚・天蠍・巨蟹)

這是四本讓你等了很久的星座書
西洋星座終於和紫微斗數相遇了
法雲居士在這本書中讓你嚐到學貫中西的準確度,
帶給你每一星座與紫微命理更有趣的相合點,
星座探秘單元更揭露個性與運勢的精彩演出,
不僅帶給你無限驚奇與趣味,
也提供給你指引和啟發,
讓你更能把握人生!

偏財運的命理格式

世界上有三分之一的人具有偏財運命格。舉凡世界上所有的事業成功的人士和家財萬貫的富翁，大多具有偏財運格。偏財運格不但是時勢造英雄，更是英雄造時勢！歷史也常被這些具有偏財運格的人所改變。在你的紫微命盤格局裡是否也具有下述的格局？你是不是也具有改變自己的一生或更具有改變時勢的特殊原動力？立刻在下列偏財運命格組合中找出類似的命理格局來，你就會知道自己原來具有這麼與眾不同的超級法寶了！《欲知偏財運之詳情，請看法雲居士所著『如何算出你的偏財運』和『驚爆偏財運』二書》

偏財運命理格式的組合如下：

辰戌武貪格

『辰戌武貪格』是以命盤格式『紫微在寅』、『紫微在申』這兩個命盤組合的人為主的。共有二十四種不同的命宮人士會擁有這等好運。

紫微在寅

巨門 巳	廉貞天相 午	天梁 未	七殺 申
貪狼 辰			天同 酉
太陰 卯			**武曲** 戌
紫微天府 寅	天機 丑	破軍 子	太陽 亥

紫微在申

太陽 巳	破軍 午	天機 未	紫微天府 申
武曲 辰			太陰 酉
天同 卯			**貪狼** 戌
七殺 寅	天梁 丑	廉貞天相 子	巨門 亥

※命盤格局中有武曲、貪狼分別在辰宮、戌宮出現者即是『辰戌武貪格』的命格。

丑未武貪格

『丑未武貪格』是『紫微在巳』、『紫微在亥』這兩個命盤格式的人所擁有的暴發運型式。共有二十四種不同的命宮人士會擁有這種暴發運。

紫微在巳

紫微七殺 巳	午	未	申
天機天梁 辰			廉貞破軍 酉
天相 卯			戌
太陽巨門 寅	**武曲貪狼** 丑	天同太陰 子	天府 亥

紫微在亥

天府 巳	天同太陰 午	**武曲貪狼** 未	太陽巨門 申
辰			天相 酉
廉貞破軍 卯			天機天梁 戌
寅	丑	子	紫微七殺 亥

※丑、未宮有武貪同宮的命格即是『丑未武貪格』的命格。

子午火貪（鈴貪）格

『紫微在子』命盤格式中

火星、鈴星與貪狼同在午宮時，在子午火（鈴）貪格中，偏財運最旺。

紫微在子

太陰 巳	貪狼 火星（鈴） 午	天同 巨門 未	武曲 天相 申
廉貞 天府 辰			太陽 天梁 酉
卯			七殺 戌
破軍 寅	丑	紫微 子	天機 亥

『紫微在午』命盤格式中

火星與鈴星同在午宮時、貪狼居子宮時，在『子午火（鈴）貪格』中，偏財運為次旺。

紫微在午

天機 巳	紫微 火星（鈴） 午	未	破軍 申
七殺 辰			酉
太陽 天梁 卯			廉貞 天府 戌
武曲 天相 寅	天同 巨門 丑	貪狼 子	太陰 亥

命盤格式『紫微在子』、『紫微在午』

在『紫微在子』、『紫微在午』命盤格式中：

寅、午、戌年生的人，

又生在巳時、亥時的人有『火貪格』。

生在卯時、酉時的人有『鈴貪格』。

申、子、辰年生的人，

又生在辰時、戌時的人有『火貪格』。

生在寅時、申時的人有『鈴貪格』。

巳、酉、丑年生的人，

又生在卯時、酉時的人有『火貪格』。

生在寅時、申時的人有『鈴貪格』。

亥、卯、未年生的人，

又生在卯時、酉時的人有『火貪格』。

生在寅時、申時的人有『鈴貪格』。

巳亥火（鈴貪）格

『紫微在丑』命盤格式中

火星、鈴星與廉貪同在巳宮時，是『巳亥火（鈴）貪格』中，偏財運較旺

紫微在丑

廉貞 貪狼 火星（鈴） 巳	巨門 午	天相 未	天同 天梁 申
太陰 辰			武曲 七殺 酉
天府 卯			太陽 戌
寅	紫微 破軍 丑	天機 子	亥

『紫微在未』命盤格式中

火星與鈴星在巳宮時、廉貪居亥宮時，彼此為相照關係。是『巳亥火（鈴）貪格』中，偏財運次旺。

紫微在未

火星（鈴） 巳	天機 午	紫微 破軍 未	申
太陽 辰			天府 酉
武曲 七殺 卯			太陰 戌
天同 天梁 寅	天相 丑	巨門 子	廉貞 貪狼 亥

命盤格式『紫微在丑』、『紫微在未』

在『紫微在丑』、『紫微在未』命盤格式中：

寅、午、戌年生的人，

又生在辰時、戌時的人有『火貪格』。

生在寅時、申時的人有『鈴貪格』。

申、子、辰年生的人，

又生在卯時、酉時的人有『火貪格』。

生在丑時、未時的人有『鈴貪格』。

巳、酉、丑年生的人，

又生在寅時、申時的人有『火貪格』。

生在丑時、未時的人有『鈴貪格』。

亥、卯、未年生的人，

又生在寅時、申時的人有『火貪格』。

生在丑時、未時的人有『鈴貪格』。

卯酉火貪（鈴貪）格

『紫微在酉』命盤格式中

以火星、鈴星和紫貪同在酉宮時，在『卯酉火（鈴）貪格』中，偏財運最強

紫微在酉

武曲 破軍 巳	太陽 午	天府 未	天機 太陰 申
天同 辰			紫微 貪狼 火星（鈴） 酉
卯			巨門 戌
寅	廉貞 七殺 丑	天梁 子	天相 亥

『紫微在卯』命盤格式中

火星與鈴星在酉宮時、紫貪居卯宮時，在『卯酉火（鈴）貪格』中，偏財運為次強

紫微在卯

天相 巳	天梁 午	廉貞 七殺 未	申
巨門 辰			火星（鈴） 酉
紫微 貪狼 卯			天同 戌
天機 太陰 寅	天府 丑	太陽 子	武曲 破軍 亥

命盤格式『紫微在卯』、『紫微在酉』

在『紫微在卯』、『紫微在酉』命盤格式中：

寅、午、戌年生的人，

又生在寅時、申時的人有『火貪格』。

生在子時、午時的人有『鈴貪格』。

申、子、辰年生的人，

又生在丑時、未時的人有『火貪格』。

生在巳時、亥時的人有『鈴貪格』。

巳、酉、丑年生的人，

又生在子時、午時的人有『火貪格』。

生在巳時、亥時的人有『鈴貪格』。

亥、卯、未年生的人，

又生在子時、午時的人有『火貪格』。

生在巳時、亥時的人有『鈴貪格』。

寅申火貪（鈴貪）格

『紫微在辰』命盤格式中

火星、鈴星與貪狼同在寅宮時，為『寅申火（鈴）貪格』中，偏財運最強之運勢。

紫微在辰

天梁 巳	七殺 午	未	**廉貞** 申
紫微 天相 辰			酉
天機 巨門 卯			破軍 戌
貪狼 火星(鈴) 寅	太陽 太陰 丑	武曲 天府 子	天同 亥

『紫微在戌』命盤格式中

火星與鈴星與廉貞同在寅宮時、貪狼居申宮時，為『寅申火(鈴)貪格』中，偏財運為次強之運勢

紫微在戌

天同 巳	武曲 天府 午	太陽 太陰 未	**貪狼** 申
破軍 辰			天機 巨門 酉
卯			紫微 天相 戌
廉貞 火星(鈴) 寅	丑	七殺 子	天梁 亥

命盤格式『紫微在辰』、『紫微在戌』

在『紫微在辰』、『紫微在戌』命盤格式中：

寅、午、戌年生的人，
又生在丑時、未時的人有『火貪格』。
生在巳時、亥時的人有『鈴貪格』。

申、子、辰年生的人，
又生在子時、午時的人有『火貪格』。
生在辰時、戌時的人有『鈴貪格』。

巳、酉、丑年生的人，
又生在巳時、亥時的人有『火貪格』。
生在辰時、戌時的人有『鈴貪格』。

亥、卯、未年生的人，
又生在巳時、亥時的人有『火貪格』。
生在辰時、戌時的人有『鈴貪格』。

『火貪格』、『鈴貪格』的偏財運強弱的排名次序

1. **最　強：**（第一級）『子午火貪格、鈴貪格』中，火星、鈴星、貪狼同居午宮時為等一等偏財運。

2. **次　強：**（第二級）『子午火貪格、鈴貪格』中，火星、鈴星居午宮，而貪狼居子宮時為第二等偏財運。

3. **第三級：**『寅申火貪格、鈴貪格』中，火星、鈴星貪狼同在寅宮，為第三級偏財運強度。

4. **第四級：**『寅申火貪格、鈴貪格』中，火星、鈴星與廉貞在寅宮，貪狼在申宮為第四級偏財運強度。

5. **第五級：**『卯酉火貪格、鈴貪格』中，火星、鈴星、貪狼、紫微同在酉宮，以及『子午火貪格、鈴貪格』中，火、鈴、貪同在子宮為第五級偏財運強度。

6. **第六級：**『巳亥火貪格、鈴貪格』中，火星、鈴星、廉貪在巳宮同宮為第六級偏財運強度。

7. **第七級：**『寅申火貪格、鈴貪格』中，貪狼在寅宮、火星、鈴星與廉貞在申宮時，為第七級的偏財運強度。

第七級以下因火星、鈴星、貪狼等星都居平陷之位，偏財運極弱了，而不予再列出。

如何選取喜用神

(上冊)選取喜用神的方法與步驟
(中冊)日元甲、乙、丙、丁選取喜用神的重點與舉例說明
(下冊)日元戊、己、庚、辛、壬、癸選取喜用神的重點與舉例說明

每一個人不管命好、命壞，都會有一個用神和忌神。
喜用神是人生活在地球上磁場的方位。
喜用神也是所有命理知識的基礎。
及早成功、生活舒適的人，都是生活在喜用神方位的人。
運蹇不順、夭折的人，都是進入忌神死門方位的人。
門向、桌向、床向、財方、吉方、忌方，全來自於喜用神的方位。
用神和忌神是相對的兩極。
一個趨吉，一個是敗地、死門。
兩者都是人類生命中最重要的部份。
你算過無數的命，但是不知道喜用神，還是枉然。
法雲居士特別用簡易明瞭的方式教你選取喜用神的方法，
並且幫助你找出自己大運的方向。

如何選取喜用神

整個的命局八字四柱中，以日元（日主）為最重要。日元就是日的天干。以日元這一個字，和八字四柱中其餘七個字的關係，相互發生是生是剋的現象，我們將這些現象以六神（官煞、印綬、財、食傷、比劫）標在四柱上八個字的旁邊，作為提醒我們之用。

官煞分為正官、偏官（七殺）。印綬分為正印、偏印。食傷分為食神、傷官。財分為正財、偏財。比劫分為比肩、劫財，合稱十神。這些資料，讀者必須熟記。並且也要將『天干、地支的陰陽生剋及財官印檢查表』的內容也必須熟記，如此才能在辨生剋、定格局時運用自如。

天干陰陽生剋及財官印檢查表（以日干為主，橫列來看）

日干	傷官	食神	正官	偏官（七殺）	正財	偏財	正印	偏印（梟神）	劫財	比肩
甲	丁	丙	辛	庚	己	戊	癸	壬	乙	甲
乙	丙	丁	庚	辛	戊	己	壬	癸	甲	乙
丙	己	戊	癸	壬	辛	庚	乙	甲	丁	丙
丁	戊	己	壬	癸	庚	辛	甲	乙	丙	丁
戊	辛	庚	乙	甲	癸	壬	丁	丙	己	戊
己	庚	辛	甲	乙	壬	癸	丙	丁	戊	己
庚	癸	壬	丁	丙	乙	甲	己	戊	辛	庚
辛	壬	癸	丙	丁	甲	乙	戊	己	庚	辛
壬	乙	甲	己	戊	丁	丙	辛	庚	癸	壬
癸	甲	乙	戊	己	丙	丁	庚	辛	壬	癸

地支陰陽生剋及財官印檢查表（以日干為主，橫列來看）

日干	傷官	食神	正官	偏官（七殺）	正財	偏財	正印	偏印（梟神）	劫財	比肩
甲	午	巳	酉	申	丑未	辰戌	子	亥	卯	寅
乙	巳	午	申	酉	辰戌	丑未	亥	子	寅	卯
丙	丑未	辰戌	子	亥	酉	申	卯	寅	午	巳
丁	辰戌	丑未	亥	子	申	酉	寅	卯	巳	午
戊	酉	申	卯	寅	子	亥	午	巳	丑未	辰戌
己	申	酉	寅	卯	亥	子	巳	午	辰戌	丑未
庚	子	亥	午	巳	卯	寅	丑未	辰戌	酉	申
辛	亥	子	巳	午	寅	卯	辰戌	丑未	申	酉
壬	卯	寅	丑未	辰戌	午	巳	酉	申	子	亥
癸	寅	卯	辰戌	丑未	巳	午	申	酉	亥	子

十二地支中藏五行支用

巳 庚戊丙 金生 戊丙祿	午 己丁 祿己丁	未 乙丁己 墓木	申 戊壬庚 庚祿 水生
辰 癸乙戊 墓 水	人元地支藏用圖		酉 辛 祿 辛
卯 乙 祿 乙			戌 辛丁戊 墓 火
寅 戊丙甲 甲祿 土火生	丑 辛癸己 墓 金	子 癸 祿 癸	亥 甲壬 木生 壬祿

子中藏癸水。子宮為癸水之祿地。

丑中藏己土、辛金、癸水。丑宮為金之墓地。

寅中藏甲木、丙火、戊土。寅宮為甲木之祿地，為火、土長生之地。

卯中藏乙木。卯宮為乙木之祿地。

辰中藏乙木、癸水、戊土。辰宮為水之墓地。

巳中藏丙火、戊土、庚金。巳宮為丙火、戊土之祿地，亦為金之長生之地。

午中藏丁火、己土。午宮為丁、己之祿地。
未中藏乙木、己土、丁火。未宮為木之墓地。
申中藏庚金、壬水、戊土。申宮為壬水長生之地，亦為庚金之祿地。
酉中藏辛金。酉宮為辛之祿地。
戌中藏辛金、丁火、戊土。戌宮為火之墓地。
亥中藏壬水、甲木。亥宮為壬水祿地，亦為甲木長生之地。

八格格局的名稱：

一、正官格。
二、偏官格，又名七殺格。
三、正財格。
四、偏財格。
五、正印格。
六、偏印格。
七、食傷格。
八、祿刃格（又分為建祿格與陽刃格）

八格格局是以日干和月令的氣候交織而成的。格局以月令而定，用神則不限於只取用月令之神。倘若剛好月令中之支用就是用神，則稱為『真神得用』。但並不是命局用神都要以月令之支用為用神的。

現在為將日干與所生月令所歸類的格局分列如後，這是利於某些命局較難找到用神時，即可依此根據尋找用神。

八格歸類表

八格歸類表	
格局名稱	日主與月令類別
正官格	甲木八月。乙木七月。丙火十一月，丁火十月。戊土二月。己土正月。庚金五月。辛金四月。壬水六、十二月。癸水三、九月。
偏官格（七殺格）	甲木七月。乙木八月。丙火十月。丁火十一月。戊土正月。己土二月。庚金四月。辛金五月。壬水辰戌月。癸水未丑月。
正偏才格	甲乙木四季月。丙丁火七、八月。戊己土十、十一月。庚辛金正、二月。壬癸水四、五月。
正偏印格	甲乙木拾十一月。丙丁火正、二月。戊己土七、八月。庚辛金四季月。壬癸水七、八月。
食傷格	甲乙木四、五月。丙丁火四季月。戊己土七、八月。庚辛金十、十一月。壬癸水正、二月。
祿刃格	甲乙木正、二月。丙丁火四、五月。戊己土四季月。庚辛金七、八月。壬癸水十、十一月。

※偏官格又名七殺格。食傷格分為食神格與傷官格。祿刃格分為建祿格與陽刃格。

以四時體性，細分各類所屬格局

尋找八字四柱中的喜用神，必須以月令為主。以日干配合月令地支，再來查看四柱中的生剋，而分格局，格局清楚了以後，自然可以定出用神。

從月令中來推測用神的方法就是：例如甲木生於七月（申月），是秋金當旺的時期，為偏官格。七月的甲木就是秋木，體性衰弱，木被金剋，若有比劫幫身，身旺煞高尚有制，為上格。偏官格又名七殺格。有食傷制煞，和用印化煞兩種方法來使命格中五行中和平衡。而印與食傷就是用神。每一種格局會有很多種方法來選用神，因此要先辨明命局的體性，才好定格局、選用神。

日主甲、乙木之體用格局

月令	日元	體	格局
正月	甲木乙木	春木	建祿
二月	甲木乙木	春木	陽刃、建祿
三月	甲木乙木	春木	偏財、正財
四月	甲木乙木	夏木	食神、傷官
五月	甲木乙木	夏木	傷官、食神
六月	甲木乙木	夏木	正財、偏財
七月	甲木乙木	秋木	偏官、正官
八月	甲木乙木	秋木	正官、偏官
九月	甲木乙木	秋木	偏才、正財
十月	甲木乙木	冬木	偏印、正印
十一月	甲木乙木	冬木	正印、偏印
十二月	甲木乙木	冬木	正財、偏才

日主丙、丁火之體用格局

月令	日元	體	格局
正月	丙火丁火	春火	偏印、正印
二月	丙火丁火	春火	正印、偏印
三月	丙火丁火	春火	食神、傷官
四月	丙火丁火	夏火	建祿
五月	丙火丁火	夏火	陽刃、建祿
六月	丙火丁火	夏火	傷官、食神
七月	丙火丁火	秋火	偏才、正財
八月	丙火丁火	秋火	正財、偏才
九月	丙火丁火	秋火	食神、傷官
十月	丙火丁火	冬火	偏官、正官
十一月	丙火丁火	冬火	正官、偏官
十二月	丙火丁火	冬火	食神、傷官

日主戊、己土之體用格局

月令	日元	體	格局
正月	戊土己土	春土	偏官、正官
二月	戊土己土	春土	正官、偏官
三月	戊土己土	春土	
四月	戊土己土	夏土	建祿
五月	戊土己土	夏土	陽刃、建祿
六月	戊土己土	夏土	
七月	戊土己土	秋土	食神、傷官
八月	戊土己土	秋土	傷官、食神
九月	戊土己土	秋土	
十月	戊土己土	冬土	偏才、正財
十一月	戊土己土	冬土	正財、偏才
十二月	戊土己土	冬木	

◎四季月為三月、六月、九月、十二月。土旺秉令，故不專屬於任何一個格局。三月辰宮土旺秉令，但春土氣虛不作旺論。一定要支上有辰、戌、丑、未四庫俱全。以及比劫透干才可做旺論。

◎月份以節為主，春分（卯正）、夏至（午正）、秋分（酉正）、冬至（子正）。

在『節』之前，仍以上個月的氣與月令之神司令。『節』以後，才是以本月的氣和月令之神司令，必須分清楚。

◎春季以木氣為主。夏季以火氣為主。秋季以金氣為主。冬季以水氣為主。四季月以土氣為主。

日主庚、辛金之體用格局

月令	正月	二月	三月	四月	五月	六月	七月	八月	九月	十月	十一月	十二月
日元	庚金 辛金	庚金 辛金	庚金 辛金	庚金 辛金	庚金 辛金	庚金 辛金	庚金 辛金	庚金 辛金	庚金 辛金	庚金 辛金	庚金 辛金	庚金 辛金
體	春金	春金	春金	夏金	夏金	夏金	秋金	秋金	秋金	冬金	冬金	冬金
格局	偏才 正財	正財 偏才	偏印 正印	偏官 正官	正官 偏官	正印 偏印	建祿	陽刃 建祿	偏印 正印	食神 傷官	傷官 食神	正印 偏印

日主壬、癸水之體用格局

月令	正月	二月	三月	四月	五月	六月	七月	八月	九月	十月	十一月	十二月
日元	壬水 癸水	壬水 癸水	壬水 癸水	壬水 癸水	壬水 癸水	壬水 癸水	壬水 癸水	壬水 癸水	壬水 癸水	壬水 癸水	壬水 癸水	壬水 癸水
體	春水	春水	春水	夏水	夏水	夏水	秋水	秋水	秋水	冬水	冬水	冬水
格局	食神 傷官	傷官 食神	偏官 正官	偏才 正財	正財 偏才	正官 偏官	偏印 正印	正印 偏印	偏官 正官	建祿	陽刃 建祿	正官 偏官

以日主及生月取格局之簡易法則

日主甲木的人

寅月　為建祿格。寅為甲祿。

卯月　為陽刃格。卯為甲刃。

辰月　四柱中干透戊土，為偏財格。干透癸水，為正印格。若四柱干上無戊癸，則可從偏財格、正印格中任取一格。

巳月　四柱中干透丙火為食神格。干透庚金為七殺格。干透戊土為偏財格。若干上無丙戊庚，則選支上人元藏用較多，較偏向那一格的為格局。

午月　四柱中干透丁火為傷官格。干透己土為正財格。若干上沒有丁己的人，則選支上人元藏用較多及較偏向上述二格之一的一格為格局。

未月　四柱中干透己土為正財格。干透丁火為傷官格。若二者都沒有，則看支上人元支用何者較多，較偏向上述二格之一的格局為格局。

申月　四柱中干透庚金為七殺格。干透戊土為偏財格，干透壬水為偏印格。若庚壬戊都不在干上，則在地支人元支用中看何者較多，較偏向上述格局中之那一格，則以其為格局。

酉月　四柱中干透辛金為正官格。無辛金透干也可為正官格。

戌月　四柱中干透戊土為偏財格。干透辛金為正官格。干透丁火為傷官格。若辛丁戊皆不在干上，可從地支人元支用中找何者最多，最偏上述格局中的那一格，則以其為格局。

亥月　四柱中干透壬水為偏印格。干上沒有壬水也可為偏印格。

子月　四柱中干透癸水為正印格。干上沒有癸水也可為正印格。

丑月　四柱中干透己土為正財格。干透癸水為正印格。干透辛金為正官格。若三者皆不在干上，則從地支人元支用中找何者最多，最偏向上述格局中的那一格，即以其為格局。

日主乙木的人

寅月　四柱中干透戊土為正財格。干透丙火為傷官格。若丙戊都不在干上，則從上述二格中任選一格為格局。

卯月　為建祿格，卯為乙祿。

辰月　四柱中干透戊土為正財格。干透癸水為偏印格。若戊癸都不在干上，則從上述二格中任選一格為格局。

巳月　四柱中干透丙火為傷官格。干透庚金為正官格。干透戊土為正財格。若丙戊庚都不在干上，則從四柱地支人元支用中找何者最多，最偏向上述格局中的那一格，即為其為格局。

午月　四柱中干透丁火為食神格。干透己土為偏財格。若丁己皆不在干上，則在地支人元支用中找最多、最偏向那一格的為格局。

未月　四柱中干透己土為偏財格。干透丁火為食神格。若丁己皆不在干上，則任選上述二格之一為格局。

申月　四柱中，有庚金出干為正官格。有戊土出干為正財格。有壬水出干為正印格。若四柱干上庚壬戊皆透干，或皆不透干，可酌取其一。

酉月　四柱中有辛金透干為七殺格。無辛金透干也可做七殺格。

戌月　四柱中有戊土出干為正財格。有辛金出干為七殺格。有丁火出干為食神格。若四柱干上辛丁戊全有或全無，亦可選其中之一種為格局。

亥月　四柱中有壬水出干為正印格。亥中自有壬水，四柱無壬水透干亦可做正印格。

子月　四柱中有癸水出干為偏印格。子為癸祿，縱使四柱無癸水出干亦可做偏印格。

丑月　四柱中有己土出干為偏財格。有辛金出干為七殺格。有癸水出干為偏財格。若四柱中干上己癸辛全有或全無的人，可酌取其中一個為格局。

日主丙火的人

寅月　四柱中有甲木出干，為偏印格。有戊土出干為食神格。若四柱干上甲戊全有或全無，可酌選其中之一為格局。

卯月　四柱中有乙木出干為正印格。干上無乙木也可取為正印格。

辰月　四柱中有戊土出干為食神格。有乙木出干為正印格。有癸水出干為正官格。若四柱中干上戊乙癸全有或全無，皆可酌取上述之一為格局。

巳月　四月生丙火為外格中的建祿格。巳為丙祿。

午月　五月生丙火為外格中的陽刃格。午為劫刃。

未月　四柱中有己土出干為傷官格。有乙木出干為正印格。若四柱干上乙己皆有或全無，取其一為格局。

申月　四柱中有庚金出干為偏財格。有戊土出干為食神格。有壬水出干為七殺格。若四柱干上庚壬戊全有或全無，從上述格局中取其一為格局。

酉月　四柱中有辛金出干為正財格。無辛金出干的也可做正財格。

戌月　四柱中有戊土出干為食神格。有辛金出干為正財格。若四柱干上戊辛全有或全無，可以上述格局中酌取其一為格局。

亥月　四柱中有壬水出干為七殺格。有甲木出干為偏印格。若四柱干上壬甲全有或全無，則以上述格局中酌選其一為格局。

子月　四柱中有癸水出干為正官格。若無癸水出干也可做正官格。因子月中有癸水。

丑月　四柱中有己土出干為傷官格。有辛金出干為正財格。有癸水出干為正官格。若四柱干上己癸辛全有或全無，可以上述格局選其中之一為格局。

日主丁火的人

寅月　四柱中有甲木出干為正印格。有戊土出干為傷官格。若四柱干上甲戊全有或全無，以上述格局中選其一為格局。

卯月　四柱中有乙木出干為偏印格。沒有乙木也可做偏印格。因卯月為乙之祿地。

辰月　四柱中有戊土出干為傷官格。有乙木出干為偏印格。有癸水出干為七殺格。若四柱中干上乙戊癸全有或全無，則可從上述格局中酌取其一為格局。

巳月　四柱中有庚金出干為正財格。有戊土出干為傷官格。若四柱干上戊庚全有或全無，以上述格局中選其一為格局。

午月　午為丁祿，故丁火生五月為外格中之建祿格。

未月　四柱中有己土出干為食神格。有乙木出干為偏印格。若四柱干上乙己都有或全無，可以上述二格中取其一為格局。

申月　四柱中有庚金出干，為正財格。有壬水出干為正官格。有戊土出干為傷官格。若四柱干上庚壬戊全有或全無，可以上述格局中選其一為格局。

酉月　四柱中有辛金出干為偏財格。酉為辛祿，故沒有辛金出干的也可做偏財格。

戌月　四柱中有戊土出干的是傷官格。有辛金出干為偏財格。若四柱干上戊辛金有或全無，可以上述二格中選其一為格局。

亥月　四柱中有壬水出干為正官格。有甲木出干為正印格。若四柱干上壬甲全有或全無，可選其一為格局。

子月　四柱中有癸水出干為七殺格。沒有癸水出干，亦可做七殺格。

丑月　四柱中有己土出干為食神格。有辛金出干為偏財格。有癸水出干為七殺格。若四柱干上己癸辛全有或全無，可選其一為格局。

日主戊土的人

寅月　四柱中有甲木出干為七殺格。有丙火出干為偏印格。若四柱干上甲丙全有或全無，可以上述二格中選取一格為格局。

卯月　四柱中有乙木出干為正官格。沒有乙木出干亦可取為正官格。

辰月　四柱中有乙木出干為正官格。有癸水出干為正財格。若四柱干上乙癸全有或全無，可選用其一為格局。

巳月　戊祿在巳，故四月生戊土之人為外格中之建祿格。

午月　午為劫刃，故五月生戊土之人為外格中之陽刃格。

未月　四柱中有丁火出干為正印格。有乙木出干為正官格。若四柱干上乙丁全有或全無，則選其中之一為格局。

申月　四柱中有庚金出干為食神格。有壬水出干為偏財格。若四柱干上庚壬全有或全無，則選其中之一為格局。

酉月　四柱中有辛金出干為傷官格。辛祿在酉，無辛金出干也可做傷官格。

戌月　四柱中有辛金出干為傷官格。有丁火出干為正印格。若四柱干上辛丁全有或全無，亦可以上述二格中選一種為格局。

亥月　四柱中有壬水出干為偏財格。有甲木出干為七殺格。若四柱干上壬甲全有或全無，則以上述二格中選一種為格局。

子月　四柱中有癸水出干為正財格。子為癸祿，無癸水出干，也可做正財格。

丑月　四柱中有癸水出干為正財格。有辛金出干為傷官格，若四柱干上辛癸全有或全無，亦可以上述二格中選其一為格局。

日主己土的人

寅月　四柱中有甲木出干為正官格。有丙火出干盡正印格。若四柱干上甲丙全有或全無，則以上述格局中選其一為格局。

卯月　四柱中有乙木出干為七殺格。乙祿在卯，故無乙木出干，也可取為七殺格。

辰月　四柱中乙木出干為七殺格。有癸水出干為偏財格。若四柱干上乙癸全有或全無，則以上述二格中選其一為格局。

巳月　四柱中有丙火出干為正印格。有庚金出干為傷官格。若四柱干上丙庚全有或全無，則以上述二格中選其一為格局。

午月　午為己祿，故五月生己土之人為外格中之建祿格。

未月　四柱中有乙木出干為七殺格。有丁火出干為偏財格。若四柱干上乙丁全有或全無，則以上述二格中選其一為格局。

申月　四柱中有庚金出干為傷官格，有壬水出干為正財格。若四柱干上庚壬全有或全無，則以上述二格中選取其一為格局。

酉月　四柱中有辛金出干為食神格。酉為辛祿，若四柱干上無辛金，也可做食神格。

戌月　四柱中有丁火出干為偏印格。有辛金出干為食神格。若四柱干上丁辛全有或全無，則可以上述二格中選其一為格局。

亥月　四柱中有壬水出干為正財格。有甲木出干為正官格。若四柱干上壬甲全有或全無，則以上述二格中選其一為格局。

子月　四柱中有癸水出干為偏財格。子為癸祿，故干上無癸水者亦可做偏財格。

丑月　四柱中有辛金出干為食神格。有癸水出干為偏財格。若四柱干上辛癸全有或全無，則以上述二格中選其一為格局。

日主庚金的人

寅月　四柱中有甲木出干為偏財格。有丙火出干為七殺格。有戊土出干為偏印格。若四柱干上甲丙戊全有或全無，則以上述二格中選其一為格局。

卯月　四柱中有乙木出干為正財格。無乙木亦可取正財格。因乙祿在卯。

辰月　四柱中有戊土出干為偏印格。有乙木出干為正財格。有癸水出干為傷官格。若四柱干上乙戊癸全有或全無，則以上述三格中選其一為格局。

巳月　四柱中丙火出干為七殺格。有戊土出干為偏印格。若四柱干上丙戊全有或全無，則以上述二格中選其一為格局。

午月　四柱中有丁火出干為正官格。有己土出干為正印格。若四柱干上丁己全有或全無，則以上述二格中選其一為格局。

未月　四柱中有己土出干為正印格。有乙木出干為正財格。有丁火出干為正官格。若四柱干上乙己丁全有或全無，則以上述格局中選其一為格局。

申月　申為庚祿，故七月生庚金之人，為外格中之建祿格。

酉月　酉為劫刃，故八月生庚金之人，為外格中之劫刃格。

戌月　四柱中有戊土出干為偏印格。有丁火出干為正官格。若四柱干上丁戊全有或全無，則以上述二格中選其一為格局。

亥月　四柱中有壬水出干為食神格。有甲木出干為偏財格。若四柱干上壬甲全有或全無，則以上述二格中選其一為格局。

子月　四柱中有癸水出干為傷官格。子中有癸祿，故無癸水出干，亦可做傷官格。

丑月　四柱中有己土出干為正印格。有癸水出干為傷官格。若四柱干上己癸全有或全無，則以上述二格中選其一為格局。

日主辛金的人

寅月　四柱中有甲木出干為正財格。有丙火出干為正官格。有戊土出干為正印格。若四柱干上甲丙戊全有或全無，則以上述格局中選其一為格局。

卯月　四柱中有乙木出干為偏財格。乙祿在卯，故乙木不出干，亦可做偏財格。

辰月　四柱中有戊土出干為正印格。有乙木出干為偏財格。有癸水出干為食神格。若四柱干上乙戊癸全有或全無，則以上述三格中選其一為格局。

巳月　四柱中有丙火出干為正官格。有戊土出干為正印格。若四柱干上丙戊全有或全無，則以上述二格中選其一為格局。

午月　四柱中有丁火出干為七殺格。有己土出干為偏印格。若四柱干上丁己全有或全無，則以上述二格中選其一為格局。

未月　四柱中有己土出干為偏印格。有丁火出干為七殺格。有乙木出干為偏財格。若四柱干上乙己丁全有或全無，則以上述三格中選其一為格局。

申月　四柱中有壬水出干為傷官格。有戊土出干為偏印格。若四柱干上戊壬全有或全無，則以上述二格中選其一為格局。

酉月　酉為辛祿，八月生辛金之人，其格局為外格中的建祿格。

戌月　四柱中有戊土出干為正印格。有丁火出干為七殺格。若四柱干上丁戊全有或全無，則以上述二格中選其一為格局。

亥月　四柱中有壬水出干為傷官格。有甲木出干為正財格。若四柱干上壬甲全有或全無，則以上述二格中選其一為格局。

子月　四柱中有癸水出干為食神格。子為癸祿，故無癸水出干亦可選為食神格。

丑月　四柱中有己土出干為偏印格。有癸水出干為食神格。若四柱干上己癸全有或全無，則以上述二格中選其一為格局。

日主壬水的人

寅月　四柱中有甲木出干為食神格。有丙火出干為偏財格。有戊土出干為七殺格。若四柱干上甲丙戊全有或全無，則以上述三格中選其一為格局。

卯月　四柱中干上有乙木為傷官格。乙祿在卯，故無乙木出干亦可選為傷官格。

辰月　四柱中有戊土出干為七殺格。有乙木出干為傷官格。若四柱干上乙戊全有或全無，則以上述二格中選其一為格局。

巳月　四柱中有丙火出干為偏財格。有庚金為偏印格。有戊土出干為七殺格。若四柱干上丙庚戊全有或全無，則以上述三格中選其一為格局。

午月　四柱中有丁火出干為正財格。有己土出干為正官格。若四柱干上丁己全有或全無，則以上述二格中選其一為格局。

未月　四柱中有己土出干為正官格。有丁火出干為正財格。有乙木出干為傷官格。若四柱干上乙己丁全有或全無，則以上述三格中選其一為格局。

申月　四柱中有庚金出干為偏印格。有戊土出干為七殺格。若四柱干上戊庚全有或全無，則以上述二格中選其一為格局。

酉月　四柱中有辛金出干為正印格。辛祿在酉，故四柱無辛金出干，亦可為正印格。

戌月　四柱中有戊土出干為七殺格。有丁火出干為正財格。有辛金出干為正印格。若四柱干上戊丁辛全有或全無，則以上述三格中選其一為格局。

亥月　亥為壬祿，故十月生壬水之人，其格局為外格中之建祿格。

子月　子為劫刃，故十一月壬水之人，其格局為外格中之陽刃格。

丑月　四柱中有己土出干為正官格。有辛金出干為正印格。若四柱干上己辛全有或全無，則以上述二格中選其一為格局。

日主癸水的人

寅月　四柱中有甲木出干為傷官格。有丙火出干為正財格。有戊土出干為正官格。若四柱干上甲丙戊全有或全無，則以上述三格中選其一為格局。

卯月　四柱干上有乙木出干為食神格。乙祿在卯，故無乙木出干，亦可取為食神格。

辰月　四柱中有戊土出干為正官格。有乙木出干為食神格。若四柱干上乙戊全有或全無，則以上述二格中選其一為格局。

巳月　四柱中有丙火出干為正財格。有戊土出干為正官格。有庚金出干為正印格。若四柱干上丙戊庚全有或全無，則以上述三格中選其一為格局。

午月　四柱中有丁火出干為偏財格。有己土出干為七殺格。若四柱干上丁己全有或全無，則以上述二格中選其一為格局。

未月　四柱中有己土出干為七殺格。有丁火出干為偏財格。有乙木出干為食神格。若四柱干上乙丁己全有或全無，則以上述三格中選其一為格局。

申月　四柱中有庚金出干為正印格。有戊土出干為正官格。若四柱干上庚戊全有或全無，則以上述二格中選其一為格局。

酉月　四柱中有辛金出干為偏印格。辛祿在酉，故八月生癸水之人，四柱干上無辛金出干亦可為偏印格。

戌月　四柱中有戊土出干為正官格。有丁火出干為偏財格。有辛金出干為偏印格。若四柱干上戊丁辛全有或全無，則以上述三格中選其一為格局。

亥月　四柱中有甲木出干為傷官格。四柱無甲木亦可為傷官格。

子月　子為癸祿，故十一月生癸水之人為建祿格。

丑月　四柱中有己土出干為七殺格。有辛金出干為偏印格。若四柱干上己辛全有或全無，則以上述二格中選其一為格局。

八格用神取法

正官格

①在日干與月令形成『正官格』時，倘若日干強，四柱印多，以『財』為用神。

②在日干與月令形成『正官格』時，倘若日干強，四柱上食傷多，則最好以『財』為神。

③在日干與月令形成『正官格』時，倘若日干較弱，而四柱上財星較重（較多

），則以『比劫』為用神。若無比劫就用『印』做用神。

④在日干與月令形成『正官格』時，倘若日干弱，四柱上食傷較多，則以『印』做為為用神。

⑤在日干與月令形成『正官格』時，倘若日干弱，四柱上官殺多而重，則以『印』做為用神。

⑥在日干與月令形成『正官格』時倘若日干弱，四柱上比劫較多，則以『官煞』為用神。

正、偏財格

①在日干與月令形成『正、偏財格』時，倘若日干強、日主旺，若四柱中比劫多，重重出現在干上，用『食傷』為用神最好。用『官殺』做用神也可以。

②在日干與月令形成『正、偏格』時，倘若日干強，日主旺，若四柱中多有印，則用『財』為用神最好。

③在日干與月令形成『正、偏財格』時，倘若日主弱，四柱食傷較多，則以『印』為用神。

④在日干與月令形成『正、偏印格』的，倘若日主強，四柱印多則要以『財

』為用神。

正、偏印格

①在日干與月令形成『正、偏印格』的，倘若日主強，四柱印多則要以『財』為用神。

②在日干與日令形成『正、偏印格』時，倘若日干強，四柱財多，則以『官殺』為用神。

③在日干與月令形成『正、偏印格』時，倘若日主強，四柱比劫重重，則選用在命局中有官殺，則以『官殺』為用神。若沒有官殺，則以『食傷』做用神。

④在日干與月令形成『正、偏印格』時，倘若日主弱，而四柱出現的官殺多，最好以『印』為神。

⑤在日干與月令形成『正、偏印格』時，倘若日主弱，而四柱食傷多，最好以『印』為用神。

⑥在日干與月令形成『正、偏印格』時，倘若日主弱，四柱財多，則以『比劫』為用神。

食神格

①在日干與月令形成『食神格』時，倘若日干強，四柱財多，則以『七殺』為用神。

②在日干與月令形成『食神格』時，倘若日干強，四柱多比劫，則以『食傷』為用神。

③在日干與月令形成『食神格』時，倘若日主強，四柱印多，則以『財』為用神。

④在日干與月令形成『食神格』時，倘若日主弱，而四柱出現的官殺多，最好以『印』為用神。

⑤在日干與月令形成『食神格』時，倘若日主弱，而四柱財多，最好以『比劫』為用神。

⑥在日干與月令形成『食神格』時，倘若日主弱，四柱食傷太多，則以『印』為用神。

傷官格

①在日干與月令形成『傷官格』時，倘若日主強，四柱印多，則以『財』為用

神。

②在日干與月令形成『傷官格』時，倘若日主強，四柱比劫多，則以『七殺』為用神。

③在日干與月令形成『傷官格』時，倘若日主弱，四柱財多，則以『比劫』為用神。

④在日干與月令形成『傷官格』時，倘若日主弱，四柱官殺多，則以『印』為用神。

⑤在日干與月令形成『傷官格』時，倘若日主弱，四柱食傷多，則以『印』為用神。

偏官格（又稱七殺格）

①在日干與月令形成『偏官格』（七殺格）時，倘若日主強，四柱印多，則以『財』為用神。

②在日干與月令形成『偏官格』（七殺格）時，倘若日主強，四柱上比劫多，則以『官煞』為用神。

③在日干與月令形成『偏官格』（七殺格）時，倘若日主強，四柱官殺重重，

則取『食傷』為用神。

④在日干與月令形成『偏官格』（七殺格）時，倘若日主弱，而四柱財多，則以『比劫』為用神。

⑤在日干與月令形成『偏官格』（七殺格）時，倘若日主弱，四柱上食傷多，則以『印』為用神。

⑥在日干與月令形成『偏官格』（七殺格）時，倘若日主弱，四柱上官殺多，則以『印』為用神。

《欲詳細研究喜用神之取法，請參考法雲居士所著『如何選取喜用神』一套上、中、下三冊書》

用神及大運方位所顯示出的吉方、財方與忌方

甲木類

◎用神為甲木，行木運為吉者。其吉方是東方。財方也是東方。忌方（凶方）為西方。忌運為庚辛金運、西方運。

◎用神為甲木，行木火運為吉者，即是以行東南運為吉。其吉方為東方、東南

方。財方是東南。忌方是西方。忌運是西北運程。

◎用神為甲木，行火運為吉者，即是大運和流年以行南方丙、丁運程為吉。吉方為南方。財方也是南方。忌方是北方。忌運是水運（年干壬癸的年運大運）。

◎用神為甲木，行水木運為吉者，即是大運和流年行亥運為吉，其吉方為東方、東北方。財方為東北方（癸向）。忌方為西方、西南方。忌運是火金運。

乙木類

◎用神為乙木，行木運為吉者，即是行東方運為吉。其吉方為東方。財方亦為東方。忌方為西方。忌運為金運。

◎用神為乙木，行火運為吉者，即是行南方運為吉。其吉方為南方、東南方。財方為南方。忌方為北方。忌運為北方運、水運。

丙火類

◎用神為丙火，行火運為吉者，即是行南方運為吉。其吉方為南方。財方亦為南方。忌方為北方。忌運為壬癸水運。

◎用神為丙火，行東南木火運為吉者。其吉方為南方、東南方。財方為東南方。忌方為北方、西方、西北方。忌運為西方運、金水運。申、酉運。

丁火類

◎用神為丁火，行火運為吉者，即是以南方運為吉。其吉方為南方。財方亦為南方。忌方為北方。忌運為北方壬癸水運。

◎用神為丁火，行木火運為吉者。其吉方為南方、東南方。財方為東南方。忌方為西方、西北方、北方。忌運為西北金水運。

戊土類

◎用神為戊土，行火運為吉者，即是以南方運為吉。其吉方為南方。財方為南方。忌方為北方。忌運為北方水運。

◎用神為戊土，行土金運為吉者。其吉運為金水運。喜庚辛、壬癸年。其吉方為西方。財方為西方。忌方為東方。忌運為木運、火運。忌甲乙、丙丁年。

己土類

◎用神為己土，行木火運為吉者，以東南運為吉。其吉方為東南方、南方。財方為東南方。忌方為西北方。忌運為西北金水運，忌庚辛、壬癸年。

◎用神為己土，行金水運為吉者，以西北運為吉。其吉方為北方、西北方、西方。財方為西北方。忌方為南方、東南方、東方。忌運為木火運以甲乙、丙丁年為忌運。

庚金類

◎用神為庚金，行金運為吉者，即以西方運為吉。其吉方為西方。財方為西方。忌方為東方。忌運為甲、乙、丙、丁木火運。

◎用神為庚金，行水運為吉者，即以北方運為吉。其吉方為北方。財方為北方。

◎用神為庚金，行土金運為吉者。其吉方為西方。財方為西方。忌方為東方。忌運為木運（年干為甲、乙皆不吉）。

辛金類

◎用神為辛金，行金運為吉者，即以行西方運為吉。其吉方為西方。其財方為西方。忌方為東方。忌運為年干甲、乙木運之年。

◎用神為辛金，行水運為吉者。其吉方為北方、西北方。財方為西北方。忌方為東方、東南方。忌運為丙、丁運、火運。

◎用神為辛金，行土金運為吉者。其吉方為西方。財方為西方。忌方為東方。忌運為丙寅、丁卯年。

壬水類

◎用神為壬水，行北方運為吉者，即為行水運為吉。其吉方為北方、西北方。其財方為北方。忌方為南方。忌運為年干丙、丁之火運年。火土運也不吉。

◎用神為壬水，行金水運為吉者。其吉方為西方、西北方、北方。其財方為西北方。其忌方為東南方、南方。忌運為木火運、火土運。

◎用神為壬水，行東北運（水木運）為吉者。其吉方為北方、東北方。其財方為東北方。忌方為西南方。忌運為土金運。

癸水類

◎用神為癸水，行北方運為吉者，即為行水運為吉。其吉方為北方。其財方也為北方。忌方為南方。忌運為火運。

◎用神為癸水，行東北運（水木運）為吉者。其吉方為北方、東北方。其財方為東北方。忌方為西南方。忌運為土金運。

◎用神為癸水，行金水運為吉者，即為行西北運為吉。其吉方為西方、西北方、北方。財方為西北方。忌方為東南方、東方。忌運為甲乙、丙丁年。

每一種用神所代表的吉利顏色

用神為甲木——綠色、深綠色。

乙木——綠色、淺綠色、檸檬黃。

丙火——大紅色、橘紅色。

丁火——淺紅色、粉紅色。

戊土——土色、深咖啡色。

己土——米色、淺土色。

庚金——金色、銀色、重金屬色、白色。

辛金——淺金色、銀白色、象牙白色、水色。

壬水——水藍色、海洋色、海軍藍、黑色。
癸水——淺粉藍色、淺藍綠色、水色、透明色、灰黑色。

每一種用神所代表的吉祥形狀

用神為甲木——高直的矩形。
乙木——比前者略矮的高直矩形。
丙火——頂尖的三角形、錐形。
丁火——底較圓胖比前者略矮的三角形、底寬的錐形。
戊土——高大的梯形。
己土——比前者略矮的梯形。底寬的梯形。
庚金——外表亮麗，有反光或金屬的圓柱形。
辛金——外表較柔和，有反光或金屬的圓柱形，比前者略矮。
壬水——橫向的矩形或平平的向橫發展的形狀。或波浪形。
癸水——橫向的矩形，或平橫發展的形狀。或波浪形。

這種所談的『用神所代表的形狀』，主要是提供讀者，在選用物品與住宅時的建物形狀。例如用神為甲木、乙木的人，宜住瘦高型的大樓以及綠色的房子。用神為丙火及丁火宜住有特殊形狀的造型房屋，而且宜住紅色的、屋頂尖型的房屋。用神為庚金、辛金的人，宜住有玻璃帷幕的大樓，或有金屬牆的大樓以及白色的大樓、房子。用神為壬水、癸水的人，宜住平房，或房頂為波浪型的房屋，以及黑色的房屋。

我國應用『日光節約時』歷年起迄日期（國曆）

年代	名稱	起迄日期
民國三十四年至四十年	夏令時間	五月一日至九月三十日
民國四十一年	日光節約時間	三月一日至十月卅一日
民國四十二年至四十三年	日光節約時間	四月一日至九月三十日
民國四十四年至四十五年	日光節約時間	四月一日至九月三十日
民國四十六年至四十八年	夏令時間	四月一日至九月三十日
民國四十九年至五十年	夏令時間	六月一日至九月三十日
民國五十一年至六十二年	停止夏令時間	
民國六十三年至六十四年	日光節約時間	四月一日至九月三十日
民國六十五年至六十七年	停止日光節約時間	
民國六十八年	日光節約時間	七月一日至九月三十日
民國六十九年至今	停止日光節約時間	

※凡在日光節約時間出生者，以國曆（西曆）減去一小時為準，再將國曆（西曆）的正確時間查閱有無過節氣的時間。命理以『節』為主。故在當月『節』之前出生者，為前一個月所生之人。在當月『節』之後出生者，為當月出生者。

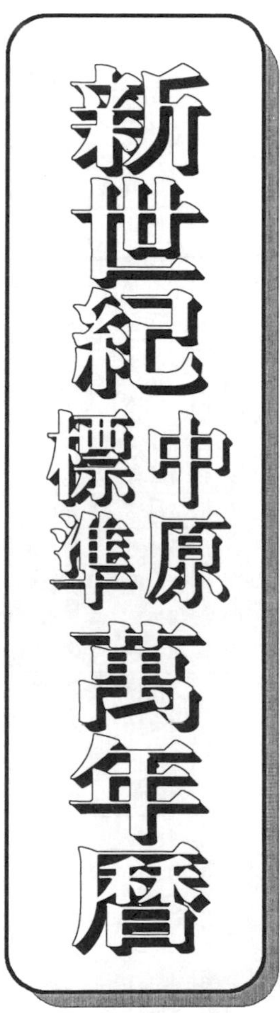
新世紀
中原標準
萬年曆

民國前二十年（光緒十八）歲次 壬辰《龍》

西元一八九二年 太歲 姓彭名泰

月別	農曆正月		農曆二月		農曆三月		農曆四月		農曆五月		農曆六月	
干支	壬寅		癸卯		甲辰		乙巳		丙午		丁未	
節	立春	雨水	驚蟄	春分	清明	穀雨	立夏	小滿	芒種	夏至	小暑	大暑
氣	初六申時 16時32分	廿一午時 12時37分	初七巳時 10時58分	廿二午時 12時10分	初八申時 16時25分	廿三夜子 23時54分	初九巳時 10時23分	廿四夜子 23時41分	十一申時 15時4分	廿七辰時 8時2分	十四丑時 1時33分	廿九酉時 18時57分
農曆	干支	國曆	干支	國曆	干支	國曆	干支	國曆	干支	國曆	干支	國曆
初一	辛酉	1月30	庚寅	2月28	己未	3月28	己丑	4月27	戊午	5月26	丁亥	6月24
初二	壬戌	1月31	辛卯	2月29	庚申	3月29	庚寅	4月28	己未	5月27	戊子	6月25
初三	癸亥	2月 1	壬辰	3月 1	辛酉	3月30	辛卯	4月29	庚申	5月28	己丑	6月26
初四	甲子	2月 2	癸巳	3月 2	壬戌	3月31	壬辰	4月30	辛酉	5月29	庚寅	6月27
初五	乙丑	2月 3	甲午	3月 3	癸亥	4月 1	癸巳	5月 1	壬戌	5月30	辛卯	6月28
初六	丙寅	2月 4	乙未	3月 4	甲子	4月 2	甲午	5月 2	癸亥	5月31	壬辰	6月29
初七	丁卯	2月 5	丙申	3月 5	乙丑	4月 3	乙未	5月 3	甲子	6月 1	癸巳	6月30
初八	戊辰	2月 6	丁酉	3月 6	丙寅	4月 4	丙申	5月 4	乙丑	6月 2	甲午	7月 1
初九	己巳	2月 7	戊戌	3月 7	丁卯	4月 5	丁酉	5月 5	丙寅	6月 3	乙未	7月 2
初十	庚午	2月 8	己亥	3月 8	戊辰	4月 6	戊戌	5月 6	丁卯	6月 4	丙申	7月 3
十一	辛未	2月 9	庚子	3月 9	己巳	4月 7	己亥	5月 7	戊辰	6月 5	丁酉	7月 4
十二	壬申	2月10	辛丑	3月10	庚午	4月 8	庚子	5月 8	己巳	6月 6	戊戌	7月 5
十三	癸酉	2月11	壬寅	3月11	辛未	4月 9	辛丑	5月 9	庚午	6月 7	己亥	7月 6
十四	甲戌	2月12	癸卯	3月12	壬申	4月10	壬寅	5月10	辛未	6月 8	庚子	7月 7
十五	乙亥	2月13	甲辰	3月13	癸酉	4月11	癸卯	5月11	壬申	6月 9	辛丑	7月 8
十六	丙子	2月14	乙巳	3月14	甲戌	4月12	甲辰	5月12	癸酉	6月10	壬寅	7月 9
十七	丁丑	2月15	丙午	3月15	乙亥	4月13	乙巳	5月13	甲戌	6月11	癸卯	7月10
十八	戊寅	2月16	丁未	3月16	丙子	4月14	丙午	5月14	乙亥	6月12	甲辰	7月11
十九	己卯	2月17	戊申	3月17	丁丑	4月15	丁未	5月15	丙子	6月13	乙巳	7月12
二十	庚辰	2月18	己酉	3月18	戊寅	4月16	戊申	5月16	丁丑	6月14	丙午	7月13
廿一	辛巳	2月19	庚戌	3月19	己卯	4月17	己酉	5月17	戊寅	6月15	丁未	7月14
廿二	壬午	2月20	辛亥	3月20	庚辰	4月18	庚戌	5月18	己卯	6月16	戊申	7月15
廿三	癸未	2月21	壬子	3月21	辛巳	4月19	辛亥	5月19	庚辰	6月17	己酉	7月16
廿四	甲申	2月22	癸丑	3月22	壬午	4月20	壬子	5月20	辛巳	6月18	庚戌	7月17
廿五	乙酉	2月23	甲寅	3月23	癸未	4月21	癸丑	5月21	壬午	6月19	辛亥	7月18
廿六	丙戌	2月24	乙卯	3月24	甲申	4月22	甲寅	5月22	癸未	6月20	壬子	7月19
廿七	丁亥	2月25	丙辰	3月25	乙酉	4月23	乙卯	5月23	甲申	6月21	癸丑	7月20
廿八	戊子	2月26	丁巳	3月26	丙戌	4月24	丙辰	5月24	乙酉	6月22	甲寅	7月21
廿九	己丑	2月27	戊午	3月27	丁亥	4月25	丁巳	5月25	丙戌	6月23	乙卯	7月22
三十					戊子	4月26					丙辰	7月23

西元1892年

月別	月二十曆農		月一十曆農		月十曆農		月九曆農		月八曆農		月七曆農		月六閏曆農	
干支	丑	癸	子	壬	亥	辛	戌	庚	酉	己	申	戊		
節	春立	寒大	寒小	至冬	雪大	雪小	冬立	降霜	露寒	分秋	露白	暑處	秋立	
氣	22時20分 十七亥時	3時58分 初三寅時	10時30分 十八巳時	17時19分 初三酉時	23時29分 十八夜子	4時20分 初四寅時	7時7分 十八辰時	7時22分 初三辰時	4時36分 十八寅時	22時42分 初二亥時	13時18分 十七未時	1時40分 初七丑時	11時12分 十五午時	
農曆	曆國	支干	曆國	支干	曆國	支干	曆國	支干	曆國	支干	曆國	支干	曆國	支干
初一	1月18	卯乙	12月19	酉乙	11月19	卯乙	10月21	戌丙	9月21	辰丙	8月22	戌丙	7月24	巳丁
初二	1月19	辰丙	12月20	戌丙	11月20	辰丙	10月22	亥丁	9月22	巳丁	8月23	亥丁	7月25	午戊
初三	1月20	巳丁	12月21	亥丁	11月21	巳丁	10月23	子戊	9月23	午戊	8月24	子戊	7月26	未己
初四	1月21	午戊	12月22	子戊	11月22	午戊	10月24	丑己	9月24	未己	8月25	丑己	7月27	申庚
初五	1月22	未己	12月23	丑己	11月23	未己	10月25	寅庚	9月25	申庚	8月26	寅庚	7月28	酉辛
初六	1月23	申庚	12月24	寅庚	11月24	申庚	10月26	卯辛	9月26	酉辛	8月27	卯辛	7月29	戌壬
初七	1月24	酉辛	12月25	卯辛	11月25	酉辛	10月27	辰壬	9月27	戌壬	8月28	辰壬	7月30	亥癸
初八	1月25	戌壬	12月26	辰壬	11月26	戌壬	10月28	巳癸	9月28	亥癸	8月29	巳癸	7月31	子甲
初九	1月26	亥癸	12月27	巳癸	11月27	亥癸	10月29	午甲	9月29	子甲	8月30	午甲	8月 1	丑乙
初十	1月27	子甲	12月28	午甲	11月28	子甲	10月30	未乙	9月30	丑乙	8月31	未乙	8月 2	寅丙
十一	1月28	丑乙	12月29	未乙	11月29	丑乙	10月31	申丙	10月 1	寅丙	9月 1	申丙	8月 3	卯丁
十二	1月29	寅丙	12月30	申丙	11月30	寅丙	11月 1	酉丁	10月 2	卯丁	9月 2	酉丁	8月 4	辰戊
十三	1月30	卯丁	12月31	酉丁	12月 1	卯丁	11月 2	戌戊	10月 3	辰戊	9月 3	戌戊	8月 5	巳己
十四	1月31	辰戊	1月 1	戌戊	12月 2	辰戊	11月 3	亥己	10月 4	巳己	9月 4	亥己	8月 6	午庚
十五	2月 1	巳己	1月 2	亥己	12月 3	巳己	11月 4	子庚	10月 5	午庚	9月 5	子庚	8月 7	未辛
十六	2月 2	午庚	1月 3	子庚	12月 4	午庚	11月 5	丑辛	10月 6	未辛	9月 6	丑辛	8月 8	申壬
十七	2月 3	未辛	1月 4	丑辛	12月 5	未辛	11月 6	寅壬	10月 7	申壬	9月 7	寅壬	8月 9	酉癸
十八	2月 4	申壬	1月 5	寅壬	12月 6	申壬	11月 7	卯癸	10月 8	酉癸	9月 8	卯癸	8月10	戌甲
十九	2月 5	酉癸	1月 6	卯癸	12月 7	酉癸	11月 8	辰甲	10月 9	戌甲	9月 9	辰甲	8月11	亥乙
二十	2月 6	戌甲	1月 7	辰甲	12月 8	戌甲	11月 9	巳乙	10月10	亥乙	9月10	巳乙	8月12	子丙
廿一	2月 7	亥乙	1月 8	巳乙	12月 9	亥乙	11月10	午丙	10月11	子丙	9月11	午丙	8月13	丑丁
廿二	2月 8	子丙	1月 9	午丙	12月10	子丙	11月11	未丁	10月12	丑丁	9月12	未丁	8月14	寅戊
廿三	2月 9	丑丁	1月10	未丁	12月11	丑丁	11月12	申戊	10月13	寅戊	9月13	申戊	8月15	卯己
廿四	2月10	寅戊	1月11	申戊	12月12	寅戊	11月13	酉己	10月14	卯己	9月14	酉己	8月16	辰庚
廿五	2月11	卯己	1月12	酉己	12月13	卯己	11月14	戌庚	10月15	辰庚	9月15	戌庚	8月17	巳辛
廿六	2月12	辰庚	1月13	戌庚	12月14	辰庚	11月15	亥辛	10月16	巳辛	9月16	亥辛	8月18	午壬
廿七	2月13	巳辛	1月14	亥辛	12月15	巳辛	11月16	子壬	10月17	午壬	9月17	子壬	8月19	未癸
廿八	2月14	午壬	1月15	子壬	12月16	午壬	11月17	丑癸	10月18	未癸	9月18	丑癸	8月20	申甲
廿九	2月15	未癸	1月16	丑癸	12月17	未癸	11月18	寅甲	10月19	申甲	9月19	寅甲	8月21	酉乙
三十	2月16	申甲	1月17	寅甲	12月18	申甲			10月20	酉乙	9月20	卯乙		

民國前十九年（光緒十九）歲次 癸巳《蛇》

西元一八九三年 太歲 姓徐名舜

月六曆農		月五曆農		月四曆農		月三曆農		月二曆農		月正曆農		別月
未	己	午	戊	巳	丁	辰	丙	卯	乙	寅	甲	支干
秋立	暑大	暑小	至夏	種芒	滿小	夏立	雨穀	明清	分春	蟄驚	水雨	節
16時58分 廿六申時	0時46分 十一子時	7時21分 廿四辰時	13時51分 初八未時	20時52分 廿一戌時	5時30分 初六卯時	16時11分 二十申時	5時43分 初五卯時	22時13分 十八亥時	17時49分 初三酉時	16時47分 十七申時	18時26分 初二酉時	氣
曆國	支干	曆國	支干	曆國	支干	曆國	支干	曆國	支干	曆國	支干	曆農
7月13	亥辛	6月14	午壬	5月16	丑癸	4月16	未癸	3月18	寅甲	2月17	酉乙	一初
7月14	子壬	6月15	未癸	5月17	寅甲	4月17	申甲	3月19	卯乙	2月18	戌丙	二初
7月15	丑癸	6月16	申甲	5月18	卯乙	4月18	酉乙	3月20	辰丙	2月19	亥丁	三初
7月16	寅甲	6月17	酉乙	5月19	辰丙	4月19	戌丙	3月21	巳丁	2月20	子戊	四初
7月17	卯乙	6月18	戌丙	5月20	巳丁	4月20	亥丁	3月22	午戊	2月21	丑己	五初
7月18	辰丙	6月19	亥丁	5月21	午戊	4月21	子戊	3月23	未己	2月22	寅庚	六初
7月19	巳丁	6月20	子戊	5月22	未己	4月22	丑己	3月24	申庚	2月23	卯辛	七初
7月20	午戊	6月21	丑己	5月23	申庚	4月23	寅庚	3月25	酉辛	2月24	辰壬	八初
7月21	未己	6月22	寅庚	5月24	酉辛	4月24	卯辛	3月26	戌壬	2月25	巳癸	九初
7月22	申庚	6月23	卯辛	5月25	戌壬	4月25	辰壬	3月27	亥癸	2月26	午甲	十初
7月23	酉辛	6月24	辰壬	5月26	亥癸	4月26	巳癸	3月28	子甲	2月27	未乙	一十
7月24	戌壬	6月25	巳癸	5月27	子甲	4月27	午甲	3月29	丑乙	2月28	申丙	二十
7月25	亥癸	6月26	午甲	5月28	丑乙	4月28	未乙	3月30	寅丙	3月 1	酉丁	三十
7月26	子甲	6月27	未乙	5月29	寅丙	4月29	申丙	3月31	卯丁	3月 2	戌戊	四十
7月27	丑乙	6月28	申丙	5月30	卯丁	4月30	酉丁	4月 1	辰戊	3月 3	亥己	五十
7月28	寅丙	6月29	酉丁	5月31	辰戊	5月 1	戌戊	4月 2	巳己	3月 4	子庚	六十
7月29	卯丁	6月30	戌戊	6月 1	巳己	5月 2	亥己	4月 3	午庚	3月 5	丑辛	七十
7月30	辰戊	7月 1	亥己	6月 2	午庚	5月 3	子庚	4月 4	未辛	3月 6	寅壬	八十
7月31	巳己	7月 2	子庚	6月 3	未辛	5月 4	丑辛	4月 5	申壬	3月 7	卯癸	九十
8月 1	午庚	7月 3	丑辛	6月 4	申壬	5月 5	寅壬	4月 6	酉癸	3月 8	辰甲	十二
8月 2	未辛	7月 4	寅壬	6月 5	酉癸	5月 6	卯癸	4月 7	戌甲	3月 9	巳乙	一廿
8月 3	申壬	7月 5	卯癸	6月 6	戌甲	5月 7	辰甲	4月 8	亥乙	3月10	午丙	二廿
8月 4	酉癸	7月 6	辰甲	6月 7	亥乙	5月 8	巳乙	4月 9	子丙	3月11	未丁	三廿
8月 5	戌甲	7月 7	巳乙	6月 8	子丙	5月 9	午丙	4月10	丑丁	3月12	申戊	四廿
8月 6	亥乙	7月 8	午丙	6月 9	丑丁	5月10	未丁	4月11	寅戊	3月13	酉己	五廿
8月 7	子丙	7月 9	未丁	6月10	寅戊	5月11	申戊	4月12	卯己	3月14	戌庚	六廿
8月 8	丑丁	7月10	申戊	6月11	卯己	5月12	酉己	4月13	辰庚	3月15	亥辛	七廿
8月 9	寅戊	7月11	酉己	6月12	辰庚	5月13	戌庚	4月14	巳辛	3月16	子壬	八廿
8月10	卯己	7月12	戌庚	6月13	巳辛	5月14	亥辛	4月15	午壬	3月17	丑癸	九廿
8月11	辰庚					5月15	子壬					十三

西元1893年

月別	月二十曆農		月一十曆農		月十曆農		月九曆農		月八曆農		月七曆農	
干支	丑	乙	子	甲	亥	癸	戌	壬	酉	辛	申	庚
節	春立	寒大	寒小	至多	雪大	雪小	冬立	降霜	露寒	分秋	露白	暑處
氣	4時8分 廿九寅時	9時45分 十四巳時	16時18分 廿九申時	23時6分 十四夜子	5時17分 三十卯時	10時7分 十五巳時	12時55分 廿九午時	13時9分 十四未時	10時24分 廿九巳時	4時31分 十四寅時	19時26分 廿七戌時	7時29分 十二辰時
農曆	曆國	支干	曆國	支干	曆國	支干	曆國	支干	曆國	支干	曆國	支干
初一	1月 7	酉己	12月 8	卯己	11月 8	酉己	10月10	辰庚	9月10	戌庚	8月12	巳辛
初二	1月 8	戌庚	12月 9	辰庚	11月 9	戌庚	10月11	巳辛	9月11	亥辛	8月13	午壬
初三	1月 9	亥辛	12月10	巳辛	11月10	亥辛	10月12	午壬	9月12	子壬	8月14	未癸
初四	1月10	子壬	12月11	午壬	11月11	子壬	10月13	未癸	9月13	丑癸	8月15	申甲
初五	1月11	丑癸	12月12	未癸	11月12	丑癸	10月14	申甲	9月14	寅甲	8月16	酉乙
初六	1月12	寅甲	12月13	申甲	11月13	寅甲	10月15	酉乙	9月15	卯乙	8月17	戌丙
初七	1月13	卯乙	12月14	酉乙	11月14	卯乙	10月16	戌丙	9月16	辰丙	8月18	亥丁
初八	1月14	辰丙	12月15	戌丙	11月15	辰丙	10月17	亥丁	9月17	巳丁	8月19	子戊
初九	1月15	巳丁	12月16	亥丁	11月16	巳丁	10月18	子戊	9月18	午戊	8月20	丑己
初十	1月16	午戊	12月17	子戊	11月17	午戊	10月19	丑己	9月19	未己	8月21	寅庚
十一	1月17	未己	12月18	丑己	11月18	未己	10月20	寅庚	9月20	申庚	8月22	卯辛
十二	1月18	申庚	12月19	寅庚	11月19	申庚	10月21	卯辛	9月21	酉辛	8月23	辰壬
十三	1月19	酉辛	12月20	卯辛	11月20	酉辛	10月22	辰壬	9月22	戌壬	8月24	巳癸
十四	1月20	戌壬	12月21	辰壬	11月21	戌壬	10月23	巳癸	9月23	亥癸	8月25	午甲
十五	1月21	亥癸	12月22	巳癸	11月22	亥癸	10月24	午甲	9月24	子甲	8月26	未乙
十六	1月22	子甲	12月23	午甲	11月23	子甲	10月25	未乙	9月25	丑乙	8月27	申丙
十七	1月23	丑乙	12月24	未乙	11月24	丑乙	10月26	申丙	9月26	寅丙	8月28	酉丁
十八	1月24	寅丙	12月25	申丙	11月25	寅丙	10月27	酉丁	9月27	卯丁	8月29	戌戊
十九	1月25	卯丁	12月26	酉丁	11月26	卯丁	10月28	戌戊	9月28	辰戊	8月30	亥己
二十	1月26	辰戊	12月27	戌戊	11月27	辰戊	10月29	亥己	9月29	巳己	8月31	子庚
廿一	1月27	巳己	12月28	亥己	11月28	巳己	10月30	子庚	9月30	午庚	9月 1	丑辛
廿二	1月28	午庚	12月29	子庚	11月29	午庚	10月31	丑辛	10月 1	未辛	9月 2	寅壬
廿三	1月29	未辛	12月30	丑辛	11月30	未辛	11月 1	寅壬	10月 2	申壬	9月 3	卯癸
廿四	1月30	申壬	12月31	寅壬	12月 1	申壬	11月 2	卯癸	10月 3	酉癸	9月 4	辰甲
廿五	1月31	酉癸	1月 1	卯癸	12月 2	酉癸	11月 3	辰甲	10月 4	戌甲	9月 5	巳乙
廿六	2月 1	戌甲	1月 2	辰甲	12月 3	戌甲	11月 4	巳乙	10月 5	亥乙	9月 6	午丙
廿七	2月 2	亥乙	1月 3	巳乙	12月 4	亥乙	11月 5	午丙	10月 6	子丙	9月 7	未丁
廿八	2月 3	子丙	1月 4	午丙	12月 5	子丙	11月 6	未丁	10月 7	丑丁	9月 8	申戊
廿九	2月 4	丑丁	1月 5	未丁	12月 6	丑丁	11月 7	申戊	10月 8	寅戊	9月 9	酉己
三十	2月 5	寅戊	1月 6	申戊	12月 7	寅戊			10月 9	卯己		

民國前十八年（光緒二十）歲次 甲午《馬》

西元一八九四年 太歲 姓張名詞

月六曆農		月五曆農		月四曆農		月三曆農		月二曆農		月正曆農		別月
未	辛	午	庚	巳	己	辰	戊	卯	丁	寅	丙	支干
暑大	暑小	至夏	種芒	滿小	夏立	雨穀		明清	分春	蟄驚	水雨	節氣
廿一卯時 6時33分	初五未時 13時9分	十八戌時 19時38分	初二丑時 2時40分	十七午時 11時17分	初一亥時 21時59分	十五午時 11時30分		十三寅時 4時1分	十四夜子 23時46分	廿八亥時 22時35分	十四子時 0時13分	
曆國	支干	曆國	支干	曆國	支干	曆國	支干	曆國	支干	曆國	支干	曆農
7月 3	午丙	6月 4	丑丁	5月 5	未丁	4月 6	寅戊	3月 7	申戊	2月 6	卯己	一初
7月 4	未丁	6月 5	寅戊	5月 6	申戊	4月 7	卯己	3月 8	酉己	2月 7	辰庚	二初
7月 5	申戊	6月 6	卯己	5月 7	酉己	4月 8	辰庚	3月 9	戌庚	2月 8	巳辛	三初
7月 6	酉己	6月 7	辰庚	5月 8	戌庚	4月 9	巳辛	3月10	亥辛	2月 9	午壬	四初
7月 7	戌庚	6月 8	巳辛	5月 9	亥辛	4月10	午壬	3月11	子壬	2月10	未癸	五初
7月 8	亥辛	6月 9	午壬	5月10	子壬	4月11	未癸	3月12	丑癸	2月11	申甲	六初
7月 9	子壬	6月10	未癸	5月11	丑癸	4月12	申甲	3月13	寅甲	2月12	酉乙	七初
7月10	丑癸	6月11	申甲	5月12	寅甲	4月13	酉乙	3月14	卯乙	2月13	戌丙	八初
7月11	寅甲	6月12	酉乙	5月13	卯乙	4月14	戌丙	3月15	辰丙	2月14	亥丁	九初
7月12	卯乙	6月13	戌丙	5月14	辰丙	4月15	亥丁	3月16	巳丁	2月15	子戊	十初
7月13	辰丙	6月14	亥丁	5月15	巳丁	4月16	子戊	3月17	午戊	2月16	丑己	一十
7月14	巳丁	6月15	子戊	5月16	午戊	4月17	丑己	3月18	未己	2月17	寅庚	二十
7月15	午戊	6月16	丑己	5月17	未己	4月18	寅庚	3月19	申庚	2月18	卯辛	三十
7月16	未己	6月17	寅庚	5月18	申庚	4月19	卯辛	3月20	酉辛	2月19	辰壬	四十
7月17	申庚	6月18	卯辛	5月19	酉辛	4月20	辰壬	3月21	戌壬	2月20	巳癸	五十
7月18	酉辛	6月19	辰壬	5月20	戌壬	4月21	巳癸	3月22	亥癸	2月21	午甲	六十
7月19	戌壬	6月20	巳癸	5月21	亥癸	4月22	午甲	3月23	子甲	2月22	未乙	七十
7月20	亥癸	6月21	午甲	5月22	子甲	4月23	未乙	3月24	丑乙	2月23	申丙	八十
7月21	子甲	6月22	未乙	5月23	丑乙	4月24	申丙	3月25	寅丙	2月24	酉丁	九十
7月22	丑乙	6月23	申丙	5月24	寅丙	4月25	酉丁	3月26	卯丁	2月25	戌戊	十二
7月23	寅丙	6月24	酉丁	5月25	卯丁	4月26	戌戊	3月27	辰戊	2月26	亥己	一廿
7月24	卯丁	6月25	戌戊	5月26	辰戊	4月27	亥己	3月28	巳己	2月27	子庚	二廿
7月25	辰戊	6月26	亥己	5月27	巳己	4月28	子庚	3月29	午庚	2月28	丑辛	三廿
7月26	巳己	6月27	子庚	5月28	午庚	4月29	丑辛	3月30	未辛	3月 1	寅壬	四廿
7月27	午庚	6月28	丑辛	5月29	未辛	4月30	寅壬	3月31	申壬	3月 2	卯癸	五廿
7月28	未辛	6月29	寅壬	5月30	申壬	5月 1	卯癸	4月 1	酉癸	3月 3	辰甲	六廿
7月29	申壬	6月30	卯癸	5月31	酉癸	5月 2	辰甲	4月 2	戌甲	3月 4	巳乙	七廿
7月30	酉癸	7月 1	辰甲	6月 1	戌甲	5月 3	巳乙	4月 3	亥乙	3月 5	午丙	八廿
7月31	戌甲	7月 2	巳乙	6月 2	亥乙	5月 4	午丙	4月 4	子丙	3月 6	未丁	九廿
				6月 3	子丙			4月 5	丑丁			十三

西元1894年

月別	月二十曆農		月一十曆農		月十曆農		月九曆農		月八曆農		月七曆農	
干支	丑	丁	子	丙	亥	乙	戌	甲	酉	癸	申	壬
節	寒大	寒小	至冬	雪大	雪小	冬立	降霜	露寒	分秋	露白	暑處	秋立
氣	15 廿 時 五 35 申 分 時	22 初 時 十 6 亥 分 時	4 廿 時 六 56 寅 分 時	10 十 時 一 57 巳 分 時	15 廿 時 五 56 申 分 時	18 初 時 十 43 酉 分 時	18 廿 時 五 56 酉 分 時	16 初 時 十 12 申 分 時	10 廿 時 四 18 巳 分 時	1 初 時 九 14 丑 分 時	13 廿 時 三 16 未 分 時	22 初 時 七 48 亥 分 時
農曆	曆國	支干	曆國	支干	曆國	支干	曆國	支干	曆國	支干	曆國	支干
初一	12月27	卯癸	11月27	酉癸	10月29	辰甲	9月29	戌甲	8月31	巳乙	8月 1	亥乙
初二	12月28	辰甲	11月28	戌甲	10月30	巳乙	9月30	亥乙	9月 1	午丙	8月 2	子丙
初三	12月29	巳乙	11月29	亥乙	10月31	午丙	10月 1	子丙	9月 2	未丁	8月 3	丑丁
初四	12月30	午丙	11月30	子丙	11月 1	未丁	10月 2	丑丁	9月 3	申戊	8月 4	寅戊
初五	12月31	未丁	12月 1	丑丁	11月 2	申戊	10月 3	寅戊	9月 4	酉己	8月 5	卯己
初六	1月 1	申戊	12月 2	寅戊	11月 3	酉己	10月 4	卯己	9月 5	戌庚	8月 6	辰庚
初七	1月 2	酉己	12月 3	卯己	11月 4	戌庚	10月 5	辰庚	9月 6	亥辛	8月 7	巳辛
初八	1月 3	戌庚	12月 4	辰庚	11月 5	亥辛	10月 6	巳辛	9月 7	子壬	8月 8	午壬
初九	1月 4	亥辛	12月 5	巳辛	11月 6	子壬	10月 7	午壬	9月 8	丑癸	8月 9	未癸
初十	1月 5	子壬	12月 6	午壬	11月 7	丑癸	10月 8	未癸	9月 9	寅甲	8月10	申甲
十一	1月 6	丑癸	12月 7	未癸	11月 8	寅甲	10月 9	申甲	9月10	卯乙	8月11	酉乙
十二	1月 7	寅甲	12月 8	申甲	11月 9	卯乙	10月10	酉乙	9月11	辰丙	8月12	戌丙
十三	1月 8	卯乙	12月 9	酉乙	11月10	辰丙	10月11	戌丙	9月12	巳丁	8月13	亥丁
十四	1月 9	辰丙	12月10	戌丙	11月11	巳丁	10月12	亥丁	9月13	午戊	8月14	子戊
十五	1月10	巳丁	12月11	亥丁	11月12	午戊	10月13	子戊	9月14	未己	8月15	丑己
十六	1月11	午戊	12月12	子戊	11月13	未己	10月14	丑己	9月15	申庚	8月16	寅庚
十七	1月12	未己	12月13	丑己	11月14	申庚	10月15	寅庚	9月16	酉辛	8月17	卯辛
十八	1月13	申庚	12月14	寅庚	11月15	酉辛	10月16	卯辛	9月17	戌壬	8月18	辰壬
十九	1月14	酉辛	12月15	卯辛	11月16	戌壬	10月17	辰壬	9月18	亥癸	8月19	巳癸
二十	1月15	戌壬	12月16	辰壬	11月17	亥癸	10月18	巳癸	9月19	子甲	8月20	午甲
廿一	1月16	亥癸	12月17	巳癸	11月18	子甲	10月19	午甲	9月20	丑乙	8月21	未乙
廿二	1月17	子甲	12月18	午甲	11月19	丑乙	10月20	未乙	9月21	寅丙	8月22	申丙
廿三	1月18	丑乙	12月19	未乙	11月20	寅丙	10月21	申丙	9月22	卯丁	8月23	酉丁
廿四	1月19	寅丙	12月20	申丙	11月21	卯丁	10月22	酉丁	9月23	辰戊	8月24	戌戊
廿五	1月20	卯丁	12月21	酉丁	11月22	辰戊	10月23	戌戊	9月24	巳己	8月25	亥己
廿六	1月21	辰戊	12月22	戌戊	11月23	巳己	10月24	亥己	9月25	午庚	8月26	子庚
廿七	1月22	巳己	12月23	亥己	11月24	午庚	10月25	子庚	9月26	未辛	8月27	丑辛
廿八	1月23	午庚	12月24	子庚	11月25	未辛	10月26	丑辛	9月27	申壬	8月28	寅壬
廿九	1月24	未辛	12月25	丑辛	11月26	申壬	10月27	寅壬	9月28	酉癸	8月29	卯癸
三十	1月25	申壬	12月26	寅壬			10月28	卯癸			8月30	辰甲

民國前十七年（光緒廿一）歲次 乙未《羊》

西元一八九五年 太歲 姓楊名賢

月六曆農		月五閏曆農		月五曆農		月四曆農		月三曆農		月二曆農		月正曆農		別月
未	癸			午	壬	巳	辛	辰	庚	卯	己	寅	戊	支干
秋立	暑大	暑小		至夏	種芒	滿小	夏立	雨穀	明清	分春	蟄驚	水雨	春立	節氣
4時35分 廿八寅時	12時23分 初二午時	18時58分 十五酉時		1時28分 十三丑時	8時29分 十四辰時	16時57分 廿七申時	3時48分 十二寅時	17時20分 廿六酉時	9時50分 十一巳時	5時36分 廿五卯時	4時24分 初十寅時	6時3分 廿五卯時	9時56分 初十巳時	
曆國	支干	曆國	支干	曆國	支干	曆國	支干	曆國	支干	曆國	支干	曆國	支干	曆農
7月22	午庚	6月23	丑辛	5月24	未辛	4月25	寅壬	3月26	申壬	2月25	卯癸	1月26	酉癸	一初
7月23	未辛	6月24	寅壬	5月25	申壬	4月26	卯癸	3月27	酉癸	2月26	辰甲	1月27	戌甲	二初
7月24	申壬	6月25	卯癸	5月26	酉癸	4月27	辰甲	3月28	戌甲	2月27	巳乙	1月28	亥乙	三初
7月25	酉癸	6月26	辰甲	5月27	戌甲	4月28	巳乙	3月29	亥乙	2月28	午丙	1月29	子丙	四初
7月26	戌甲	6月27	巳乙	5月28	亥乙	4月29	午丙	3月30	子丙	3月 1	未丁	1月30	丑丁	五初
7月27	亥乙	6月28	午丙	5月29	子丙	4月30	未丁	3月31	丑丁	3月 2	申戊	1月31	寅戊	六初
7月28	子丙	6月29	未丁	5月30	丑丁	5月 1	申戊	4月 1	寅戊	3月 3	酉己	2月 1	卯己	七初
7月29	丑丁	6月30	申戊	5月31	寅戊	5月 2	酉己	4月 2	卯己	3月 4	戌庚	2月 2	辰庚	八初
7月30	寅戊	7月 1	酉己	6月 1	卯己	5月 3	戌庚	4月 3	辰庚	3月 5	亥辛	2月 3	巳辛	九初
7月31	卯己	7月 2	戌庚	6月 2	辰庚	5月 4	亥辛	4月 4	巳辛	3月 6	子壬	2月 4	午壬	十初
8月 1	辰庚	7月 3	亥辛	6月 3	巳辛	5月 5	子壬	4月 5	午壬	3月 7	丑癸	2月 5	未癸	一十
8月 2	巳辛	7月 4	子壬	6月 4	午壬	5月 6	丑癸	4月 6	未癸	3月 8	寅甲	2月 6	申甲	二十
8月 3	午壬	7月 5	丑癸	6月 5	未癸	5月 7	寅甲	4月 7	申甲	3月 9	卯乙	2月 7	酉乙	三十
8月 4	未癸	7月 6	寅甲	6月 6	申甲	5月 8	卯乙	4月 8	酉乙	3月10	辰丙	2月 8	戌丙	四十
8月 5	申甲	7月 7	卯乙	6月 7	酉乙	5月 9	辰丙	4月 9	戌丙	3月11	巳丁	2月 9	亥丁	五十
8月 6	酉乙	7月 8	辰丙	6月 8	戌丙	5月10	巳丁	4月10	亥丁	3月12	午戊	2月10	子戊	六十
8月 7	戌丙	7月 9	巳丁	6月 9	亥丁	5月11	午戊	4月11	子戊	3月13	未己	2月11	丑己	七十
8月 8	亥丁	7月10	午戊	6月10	子戊	5月12	未己	4月12	丑己	3月14	申庚	2月12	寅庚	八十
8月 9	子戊	7月11	未己	6月11	丑己	5月13	申庚	4月13	寅庚	3月15	酉辛	2月13	卯辛	九十
8月10	丑己	7月12	申庚	6月12	寅庚	5月14	酉辛	4月14	卯辛	3月16	戌壬	2月14	辰壬	十二
8月11	寅庚	7月13	酉辛	6月13	卯辛	5月15	戌壬	4月15	辰壬	3月17	亥癸	2月15	巳癸	一廿
8月12	卯辛	7月14	戌壬	6月14	辰壬	5月16	亥癸	4月16	巳癸	3月18	子甲	2月16	午甲	二廿
8月13	辰壬	7月15	亥癸	6月15	巳癸	5月17	子甲	4月17	午甲	3月19	丑乙	2月17	未乙	三廿
8月14	巳癸	7月16	子甲	6月16	午甲	5月18	丑乙	4月18	未乙	3月20	寅丙	2月18	申丙	四廿
8月15	午甲	7月17	丑乙	6月17	未乙	5月19	寅丙	4月19	申丙	3月21	卯丁	2月19	酉丁	五廿
8月16	未乙	7月18	寅丙	6月18	申丙	5月20	卯丁	4月20	酉丁	3月22	辰戊	2月20	戌戊	六廿
8月17	申丙	7月19	卯丁	6月19	酉丁	5月21	辰戊	4月21	戌戊	3月23	巳己	2月21	亥己	七廿
8月18	酉丁	7月20	辰戊	6月20	戌戊	5月22	巳己	4月22	亥己	3月24	午庚	2月22	子庚	八廿
8月19	戌戊	7月21	巳己	6月21	亥己	5月23	午庚	4月23	子庚	3月25	未辛	2月23	丑辛	九廿
				6月22	子庚			4月24	丑辛			2月24	寅壬	十三

西元1895年

月別	月二十曆農		月一十曆農		月十曆農		月九曆農		月八曆農		月七曆農	
干支	丑	己	子	戊	亥	丁	戌	丙	酉	乙	申	甲
節	春立	寒大	寒小	至冬	雪大	雪小	冬立	降霜	露寒	分秋	露白	暑處
氣	15時45分 廿一申時	21時24分 初六亥時	3時57分 廿二寅時	10時44分 初七巳時	16時56分 廿一申時	21時45分 初六亥時	0時34分 廿二子時	0時46分 初七子時	22時3分 二十亥時	16時8分 初五申時	7時5分 二十辰時	18時51分 初四酉時
農曆	曆國	支干	曆國	支干	曆國	支干	曆國	支干	曆國	支干	曆國	支干
初一	1月15	卯丁	12月16	酉丁	11月17	辰戊	10月18	戌戊	9月19	巳己	8月20	亥己
初二	1月16	辰戊	12月17	戌戊	11月18	巳己	10月19	亥己	9月20	午庚	8月21	子庚
初三	1月17	巳己	12月18	亥己	11月19	午庚	10月20	子庚	9月21	未辛	8月22	丑辛
初四	1月18	午庚	12月19	子庚	11月20	未辛	10月21	丑辛	9月22	申壬	8月23	寅壬
初五	1月19	未辛	12月20	丑辛	11月21	申壬	10月22	寅壬	9月23	酉癸	8月24	卯癸
初六	1月20	申壬	12月21	寅壬	11月22	酉癸	10月23	卯癸	9月24	戌甲	8月25	辰甲
初七	1月21	酉癸	12月22	卯癸	11月23	戌甲	10月24	辰甲	9月25	亥乙	8月26	巳乙
初八	1月22	戌甲	12月23	辰甲	11月24	亥乙	10月25	巳乙	9月26	子丙	8月27	午丙
初九	1月23	亥乙	12月24	巳乙	11月25	子丙	10月26	午丙	9月27	丑丁	8月28	未丁
初十	1月24	子丙	12月25	午丙	11月26	丑丁	10月27	未丁	9月28	寅戊	8月29	申戊
十一	1月25	丑丁	12月26	未丁	11月27	寅戊	10月28	申戊	9月29	卯己	8月30	酉己
十二	1月26	寅戊	12月27	申戊	11月28	卯己	10月29	酉己	9月30	辰庚	8月31	戌庚
十三	1月27	卯己	12月28	酉己	11月29	辰庚	10月30	戌庚	10月 1	巳辛	9月 1	亥辛
十四	1月28	辰庚	12月29	戌庚	11月30	巳辛	10月31	亥辛	10月 2	午壬	9月 2	子壬
十五	1月29	巳辛	12月30	亥辛	12月 1	午壬	11月 1	子壬	10月 3	未癸	9月 3	丑癸
十六	1月30	午壬	12月31	子壬	12月 2	未癸	11月 2	丑癸	10月 4	申甲	9月 4	寅甲
十七	1月31	未癸	1月 1	丑癸	12月 3	申甲	11月 3	寅甲	10月 5	酉乙	9月 5	卯乙
十八	2月 1	申甲	1月 2	寅甲	12月 4	酉乙	11月 4	卯乙	10月 6	戌丙	9月 6	辰丙
十九	2月 2	酉乙	1月 3	卯乙	12月 5	戌丙	11月 5	辰丙	10月 7	亥丁	9月 7	巳丁
二十	2月 3	戌丙	1月 4	辰丙	12月 6	亥丁	11月 6	巳丁	10月 8	子戊	9月 8	午戊
廿一	2月 4	亥丁	1月 5	巳丁	12月 7	子戊	11月 7	午戊	10月 9	丑己	9月 9	未己
廿二	2月 5	子戊	1月 6	午戊	12月 8	丑己	11月 8	未己	10月10	寅庚	9月10	申庚
廿三	2月 6	丑己	1月 7	未己	12月 9	寅庚	11月 9	申庚	10月11	卯辛	9月11	酉辛
廿四	2月 7	寅庚	1月 8	申庚	12月10	卯辛	11月10	酉辛	10月12	辰壬	9月12	戌壬
廿五	2月 8	卯辛	1月 9	酉辛	12月11	辰壬	11月11	戌壬	10月13	巳癸	9月13	亥癸
廿六	2月 9	辰壬	1月10	戌壬	12月12	巳癸	11月12	亥癸	10月14	午甲	9月14	子甲
廿七	2月10	巳癸	1月11	亥癸	12月13	午甲	11月13	子甲	10月15	未乙	9月15	丑乙
廿八	2月11	午甲	1月12	子甲	12月14	未乙	11月14	丑乙	10月16	申丙	9月16	寅丙
廿九	2月12	未乙	1月13	丑乙	12月15	申丙	11月15	寅丙	10月17	酉丁	9月17	卯丁
三十			1月14	寅丙			11月16	卯丁			9月18	辰戊

民國前十六年（光緒廿二）歲次 丙申《猴》

西元一八九六年 太歲 姓管名仲

月六曆農		月五曆農		月四曆農		月三曆農		月二曆農		月正曆農		別月
未	乙	午	甲	巳	癸	辰	壬	卯	辛	寅	庚	支干
秋立	暑大	暑小	至夏	種芒	滿小	夏立	雨穀	明清	分春	蟄驚	水雨	節
10時25分 廿八巳時	18時12分 十二酉時	0時46分 廿七子時	7時17分 十一辰時	14時17分 廿四未時	22時56分 初八亥時	9時36分 廿三巳時	22時58分 初七亥時	15時38分 廿二申時	11時25分 初七午時	10時12分 廿二巳時	11時52分 初七午時	氣
曆國	支干	曆國	支干	曆國	支干	曆國	支干	曆國	支干	曆國	支干	曆農
7月11	丑乙	6月11	未乙	5月13	寅丙	4月13	申丙	3月14	寅丙	2月13	申丙	一初
7月12	寅丙	6月12	申丙	5月14	卯丁	4月14	酉丁	3月15	卯丁	2月14	酉丁	二初
7月13	卯丁	6月13	酉丁	5月15	辰戊	4月15	戌戊	3月16	辰戊	2月15	戌戊	三初
7月14	辰戊	6月14	戌戊	5月16	巳己	4月16	亥己	3月17	巳己	2月16	亥己	四初
7月15	巳己	6月15	亥己	5月17	午庚	4月17	子庚	3月18	午庚	2月17	子庚	五初
7月16	午庚	6月16	子庚	5月18	未辛	4月18	丑辛	3月19	未辛	2月18	丑辛	六初
7月17	未辛	6月17	丑辛	5月19	申壬	4月19	寅壬	3月20	申壬	2月19	寅壬	七初
7月18	申壬	6月18	寅壬	5月20	酉癸	4月20	卯癸	3月21	酉癸	2月20	卯癸	八初
7月19	酉癸	6月19	卯癸	5月21	戌甲	4月21	辰甲	3月22	戌甲	2月21	辰甲	九初
7月20	戌甲	6月20	辰甲	5月22	亥乙	4月22	巳乙	3月23	亥乙	2月22	巳乙	十初
7月21	亥乙	6月21	巳乙	5月23	子丙	4月23	午丙	3月24	子丙	2月23	午丙	一十
7月22	子丙	6月22	午丙	5月24	丑丁	4月24	未丁	3月25	丑丁	2月24	未丁	二十
7月23	丑丁	6月23	未丁	5月25	寅戊	4月25	申戊	3月26	寅戊	2月25	申戊	三十
7月24	寅戊	6月24	申戊	5月26	卯己	4月26	酉己	3月27	卯己	2月26	酉己	四十
7月25	卯己	6月25	酉己	5月27	辰庚	4月27	戌庚	3月28	辰庚	2月27	戌庚	五十
7月26	辰庚	6月26	戌庚	5月28	巳辛	4月28	亥辛	3月29	巳辛	2月28	亥辛	六十
7月27	巳辛	6月27	亥辛	5月29	午壬	4月29	子壬	3月30	午壬	2月29	子壬	七十
7月28	午壬	6月28	子壬	5月30	未癸	4月30	丑癸	3月31	未癸	3月 1	丑癸	八十
7月29	未癸	6月29	丑癸	5月31	申甲	5月 1	寅甲	4月 1	申甲	3月 2	寅甲	九十
7月30	申甲	6月30	寅甲	6月 1	酉乙	5月 2	卯乙	4月 2	酉乙	3月 3	卯乙	十二
7月31	酉乙	7月 1	卯乙	6月 2	戌丙	5月 3	辰丙	4月 3	戌丙	3月 4	辰丙	一廿
8月 1	戌丙	7月 2	辰丙	6月 3	亥丁	5月 4	巳丁	4月 4	亥丁	3月 5	巳丁	二廿
8月 2	亥丁	7月 3	巳丁	6月 4	子戊	5月 5	午戊	4月 5	子戊	3月 6	午戊	三廿
8月 3	子戊	7月 4	午戊	6月 5	丑己	5月 6	未己	4月 6	丑己	3月 7	未己	四廿
8月 4	丑己	7月 5	未己	6月 6	寅庚	5月 7	申庚	4月 7	寅庚	3月 8	申庚	五廿
8月 5	寅庚	7月 6	申庚	6月 7	卯辛	5月 8	酉辛	4月 8	卯辛	3月 9	酉辛	六廿
8月 6	卯辛	7月 7	酉辛	6月 8	辰壬	5月 9	戌壬	4月 9	辰壬	3月10	戌壬	七廿
8月 7	辰壬	7月 8	戌壬	6月 9	巳癸	5月10	亥癸	4月10	巳癸	3月11	亥癸	八廿
8月 8	巳癸	7月 9	亥癸	6月10	午甲	5月11	子甲	4月11	午甲	3月12	子甲	九廿
		7月10	子甲			5月12	丑乙	4月12	未乙	3月13	丑乙	十三

西元1896年

月別	月二十曆農		月一十曆農		月十曆農		月九曆農		月八曆農		月七曆農	
干支	丑	辛	子	庚	亥	己	戌	戊	酉	丁	申	丙
節	寒大	寒小	至冬	雪大	雪小	冬立	降霜	露寒	分秋	露白	暑處	
氣	3時9分 十八寅時	9時43分 初三巳時	16時32分 十七申時	22時42分 初二亥時	3時33分 十八寅時	6時20分 初三卯時	6時35分 十七卯時	3時49分 初二寅時	21時57分 十六亥時	12時51分 初一午時	0時55分 十五子時	
農曆	曆國	支干	曆國	支干	曆國	支干	曆國	支干	曆國	支干	曆國	支干
初一	1月3	酉辛	12月5	辰壬	11月5	戌壬	10月7	巳癸	9月7	亥癸	8月9	午甲
初二	1月4	戌壬	12月6	巳癸	11月6	亥癸	10月8	午甲	9月8	子甲	8月10	未乙
初三	1月5	亥癸	12月7	午甲	11月7	子甲	10月9	未乙	9月9	丑乙	8月11	申丙
初四	1月6	子甲	12月8	未乙	11月8	丑乙	10月10	申丙	9月10	寅丙	8月12	酉丁
初五	1月7	丑乙	12月9	申丙	11月9	寅丙	10月11	酉丁	9月11	卯丁	8月13	戌戊
初六	1月8	寅丙	12月10	酉丁	11月10	卯丁	10月12	戌戊	9月12	辰戊	8月14	亥己
初七	1月9	卯丁	12月11	戌戊	11月11	辰戊	10月13	亥己	9月13	巳己	8月15	子庚
初八	1月10	辰戊	12月12	亥己	11月12	巳己	10月14	子庚	9月14	午庚	8月16	丑辛
初九	1月11	巳己	12月13	子庚	11月13	午庚	10月15	丑辛	9月15	未辛	8月17	寅壬
初十	1月12	午庚	12月14	丑辛	11月14	未辛	10月16	寅壬	9月16	申壬	8月18	卯癸
十一	1月13	未辛	12月15	寅壬	11月15	申壬	10月17	卯癸	9月17	酉癸	8月19	辰甲
十二	1月14	申壬	12月16	卯癸	11月16	酉癸	10月18	辰甲	9月18	戌甲	8月20	巳乙
十三	1月15	酉癸	12月17	辰甲	11月17	戌甲	10月19	巳乙	9月19	亥乙	8月21	午丙
十四	1月16	戌甲	12月18	巳乙	11月18	亥乙	10月20	午丙	9月20	子丙	8月22	未丁
十五	1月17	亥乙	12月19	午丙	11月19	子丙	10月21	未丁	9月21	丑丁	8月23	申戊
十六	1月18	子丙	12月20	未丁	11月20	丑丁	10月22	申戊	9月22	寅戊	8月24	酉己
十七	1月19	丑丁	12月21	申戊	11月21	寅戊	10月23	酉己	9月23	卯己	8月25	戌庚
十八	1月20	寅戊	12月22	酉己	11月22	卯己	10月24	戌庚	9月24	辰庚	8月26	亥辛
十九	1月21	卯己	12月23	戌庚	11月23	辰庚	10月25	亥辛	9月25	巳辛	8月27	子壬
二十	1月22	辰庚	12月24	亥辛	11月24	巳辛	10月26	子壬	9月26	午壬	8月28	丑癸
廿一	1月23	巳辛	12月25	子壬	11月25	午壬	10月27	丑癸	9月27	未癸	8月29	寅甲
廿二	1月24	午壬	12月26	丑癸	11月26	未癸	10月28	寅甲	9月28	申甲	8月30	卯乙
廿三	1月25	未癸	12月27	寅甲	11月27	申甲	10月29	卯乙	9月29	酉乙	8月31	辰丙
廿四	1月26	申甲	12月28	卯乙	11月28	酉乙	10月30	辰丙	9月30	戌丙	9月1	巳丁
廿五	1月27	酉乙	12月29	辰丙	11月29	戌丙	10月31	巳丁	10月1	亥丁	9月2	午戊
廿六	1月28	戌丙	12月30	巳丁	11月30	亥丁	11月1	午戊	10月2	子戊	9月3	未己
廿七	1月29	亥丁	12月31	午戊	12月1	子戊	11月2	未己	10月3	丑己	9月4	申庚
廿八	1月30	子戊	1月1	未己	12月2	丑己	11月3	申庚	10月4	寅庚	9月5	酉辛
廿九	1月31	丑己	1月2	申庚	12月3	寅庚	11月4	酉辛	10月5	卯辛	9月6	戌壬
三十	2月1	寅庚			12月4	卯辛			10月6	辰壬		

民國前十五年（光緒廿三） 歲次 丁酉《雞》

西元一八九七年 太歲 姓康名傑

月六曆農		月五曆農		月四曆農		月三曆農		月二曆農		月正曆農		別月
未	丁	午	丙	巳	乙	辰	甲	卯	癸	寅	壬	支干
暑大	暑小	至夏	種芒	滿小	夏立	雨穀	明清	分春	蟄驚	水雨	春立	節
23時53分 廿三夜子	6時32分 初八卯時	13時58分 廿二午時	20時3分 初六戌時	4時41分 二十寅時	15時22分 初四申時	4時54分 十九寅時	21時24分 初三亥時	17時10分 十八酉時	15時58分 初三申時	17時37分 十七酉時	21時31分 初二亥時	氣
曆國	支干	曆國	支干	曆國	支干	曆國	支干	曆國	支干	曆國	支干	曆農
6月30	未己	5月31	丑己	5月 2	申庚	4月 2	寅庚	3月 3	申庚	2月 2	卯辛	一初
7月 1	申庚	6月 1	寅庚	5月 3	酉辛	4月 3	卯辛	3月 4	酉辛	2月 3	辰壬	二初
7月 2	酉辛	6月 2	卯辛	5月 4	戌壬	4月 4	辰壬	3月 5	戌壬	2月 4	巳癸	三初
7月 3	戌壬	6月 3	辰壬	5月 5	亥癸	4月 5	巳癸	3月 6	亥癸	2月 5	午甲	四初
7月 4	亥癸	6月 4	巳癸	5月 6	子甲	4月 6	午甲	3月 7	子甲	2月 6	未乙	五初
7月 5	子甲	6月 5	午甲	5月 7	丑乙	4月 7	未乙	3月 8	丑乙	2月 7	申丙	六初
7月 6	丑乙	6月 6	未乙	5月 8	寅丙	4月 8	申丙	3月 9	寅丙	2月 8	酉丁	七初
7月 7	寅丙	6月 7	申丙	5月 9	卯丁	4月 9	酉丁	3月10	卯丁	2月 9	戌戊	八初
7月 8	卯丁	6月 8	酉丁	5月10	辰戊	4月10	戌戊	3月11	辰戊	2月10	亥己	九初
7月 9	辰戊	6月 9	戌戊	5月11	巳己	4月11	亥己	3月12	巳己	2月11	子庚	十初
7月10	巳己	6月10	亥己	5月12	午庚	4月12	子庚	3月13	午庚	2月12	丑辛	一十
7月11	午庚	6月11	子庚	5月13	未辛	4月13	丑辛	3月14	未辛	2月13	寅壬	二十
7月12	未辛	6月12	丑辛	5月14	申壬	4月14	寅壬	3月15	申壬	2月14	卯癸	三十
7月13	申壬	6月13	寅壬	5月15	酉癸	4月15	卯癸	3月16	酉癸	2月15	辰甲	四十
7月14	酉癸	6月14	卯癸	5月16	戌甲	4月16	辰甲	3月17	戌甲	2月16	巳乙	五十
7月15	戌甲	6月15	辰甲	5月17	亥乙	4月17	巳乙	3月18	亥乙	2月17	午丙	六十
7月16	亥乙	6月16	巳乙	5月18	子丙	4月18	午丙	3月19	子丙	2月18	未丁	七十
7月17	子丙	6月17	午丙	5月19	丑丁	4月19	未丁	3月20	丑丁	2月19	申戊	八十
7月18	丑丁	6月18	未丁	5月20	寅戊	4月20	申戊	3月21	寅戊	2月20	酉己	九十
7月19	寅戊	6月19	申戊	5月21	卯己	4月21	酉己	3月22	卯己	2月21	戌庚	十二
7月20	卯己	6月20	酉己	5月22	辰庚	4月22	戌庚	3月23	辰庚	2月22	亥辛	一廿
7月21	辰庚	6月21	戌庚	5月23	巳辛	4月23	亥辛	3月24	巳辛	2月23	子壬	二廿
7月22	巳辛	6月22	亥辛	5月24	午壬	4月24	子壬	3月25	午壬	2月24	丑癸	三廿
7月23	午壬	6月23	子壬	5月25	未癸	4月25	丑癸	3月26	未癸	2月25	寅甲	四廿
7月24	未癸	6月24	丑癸	5月26	申甲	4月26	寅甲	3月27	申甲	2月26	卯乙	五廿
7月25	申甲	6月25	寅甲	5月27	酉乙	4月27	卯乙	3月28	酉乙	2月27	辰丙	六廿
7月26	酉乙	6月26	卯乙	5月28	戌丙	4月28	辰丙	3月29	戌丙	2月28	巳丁	七廿
7月27	戌丙	6月27	辰丙	5月29	亥丁	4月29	巳丁	3月30	亥丁	3月 1	午戊	八廿
7月28	亥丁	6月28	巳丁	5月30	子戊	4月30	午戊	3月31	子戊	3月 2	未己	九廿
		6月29	午戊			5月 1	未己	4月 1	丑己			十三

西元1897年

月別	月二十曆農		月一十曆農		月十曆農		月九曆農		月八曆農		月七曆農	
干支	丑	癸	子	壬	亥	辛	戌	庚	酉	己	申	戊
節	寒大	寒小	至冬	雪大	雪小	冬立	降霜	露寒	分秋	露白	暑處	秋立
氣	廿八巳時 9時3分	十三申時 15時32分	廿八亥時 2時17分	十四寅時 4時31分	廿八巳時 9時19分	十三午時 12時9分	廿八午時 12時20分	十三巳時 9時38分	廿七寅時 3時42分	初一酉時 18時37分	廿六卯時 6時40分	初十申時 16時11分
農曆	曆國	支干	曆國	支干	曆國	支干	曆國	支干	曆國	支干	曆國	支干
初一	12月24	辰丙	11月24	戌丙	10月26	巳丁	9月26	亥丁	8月28	午戊	7月29	子戊
初二	12月25	巳丁	11月25	亥丁	10月27	午戊	9月27	子戊	8月29	未己	7月30	丑己
初三	12月26	午戊	11月26	子戊	10月28	未己	9月28	丑己	8月30	申庚	7月31	寅庚
初四	12月27	未己	11月27	丑己	10月29	申庚	9月29	寅庚	8月31	酉辛	8月 1	卯辛
初五	12月28	申庚	11月28	寅庚	10月30	酉辛	9月30	卯辛	9月 1	戌壬	8月 2	辰壬
初六	12月29	酉辛	11月29	卯辛	10月31	戌壬	10月 1	辰壬	9月 2	亥癸	8月 3	巳癸
初七	12月30	戌壬	11月30	辰壬	11月 1	亥癸	10月 2	巳癸	9月 3	子甲	8月 4	午甲
初八	12月31	亥癸	12月 1	巳癸	11月 2	子甲	10月 3	午甲	9月 4	丑乙	8月 5	未乙
初九	1月 1	子甲	12月 2	午甲	11月 3	丑乙	10月 4	未乙	9月 5	寅丙	8月 6	申丙
初十	1月 2	丑乙	12月 3	未乙	11月 4	寅丙	10月 5	申丙	9月 6	卯丁	8月 7	酉丁
十一	1月 3	寅丙	12月 4	申丙	11月 5	卯丁	10月 6	酉丁	9月 7	辰戊	8月 8	戌戊
十二	1月 4	卯丁	12月 5	酉丁	11月 6	辰戊	10月 7	戌戊	9月 8	巳己	8月 9	亥己
十三	1月 5	辰戊	12月 6	戌戊	11月 7	巳己	10月 8	亥己	9月 9	午庚	8月10	子庚
十四	1月 6	巳己	12月 7	亥己	11月 8	午庚	10月 9	子庚	9月10	未辛	8月11	丑辛
十五	1月 7	午庚	12月 8	子庚	11月 9	未辛	10月10	丑辛	9月11	申壬	8月12	寅壬
十六	1月 8	未辛	12月 9	丑辛	11月10	申壬	10月11	寅壬	9月12	酉癸	8月13	卯癸
十七	1月 9	申壬	12月10	寅壬	11月11	酉癸	10月12	卯癸	9月13	戌甲	8月14	辰甲
十八	1月10	酉癸	12月11	卯癸	11月12	戌甲	10月13	辰甲	9月14	亥乙	8月15	巳乙
十九	1月11	戌甲	12月12	辰甲	11月13	亥乙	10月14	巳乙	9月15	子丙	8月16	午丙
二十	1月12	亥乙	12月13	巳乙	11月14	子丙	10月15	午丙	9月16	丑丁	8月17	未丁
廿一	1月13	子丙	12月14	午丙	11月15	丑丁	10月16	未丁	9月17	寅戊	8月18	申戊
廿二	1月14	丑丁	12月15	未丁	11月16	寅戊	10月17	申戊	9月18	卯己	8月19	酉己
廿三	1月15	寅戊	12月16	申戊	11月17	卯己	10月18	酉己	9月19	辰庚	8月20	戌庚
廿四	1月16	卯己	12月17	酉己	11月18	辰庚	10月19	戌庚	9月20	巳辛	8月21	亥辛
廿五	1月17	辰庚	12月18	戌庚	11月19	巳辛	10月20	亥辛	9月21	午壬	8月22	子壬
廿六	1月18	巳辛	12月19	亥辛	11月20	午壬	10月21	子壬	9月22	未癸	8月23	丑癸
廿七	1月19	午壬	12月20	子壬	11月21	未癸	10月22	丑癸	9月23	申甲	8月24	寅甲
廿八	1月20	未癸	12月21	丑癸	11月22	申甲	10月23	寅甲	9月24	酉乙	8月25	卯乙
廿九	1月21	申甲	12月22	寅甲	11月23	酉乙	10月24	卯乙	9月25	戌丙	8月26	辰丙
三十			12月23	卯乙			10月25	辰丙			8月27	巳丁

民國前十四年（光緒廿四）歲次 戊戌《狗》

西元一八九八年 太歲 姓姜名武

月六曆農		月五曆農		月四曆農		月三閏曆農		月三曆農		月二曆農		月正曆農		別月
未	己	午	戊	巳	丁			辰	丙	卯	乙	寅	甲	支干
秋立	暑大	暑小	至夏	種芒	滿小	夏立		雨穀	明清	分春	蟄驚	水雨	春立	節
22時2分 二十亥時	5時46分 初五卯時	12時21分 十九午時	18時50分 初三酉時	1時52分 十八丑時	10時29分 初二巳時	21時11分 十五亥時		10時41分 三十巳時	3時13分 十五寅時	22時57分 廿八亥時	21時47分 十三亥時	23時25分 廿八夜子	3時20分 十四寅時	氣
曆國	支干	曆國	支干	曆國	支干	曆國	支干	曆國	支干	曆國	支干	曆國	支干	曆農
7月19	未癸	6月19	丑癸	5月20	未癸	4月21	寅甲	3月22	申甲	2月21	卯乙	1月22	酉乙	一初
7月20	申甲	6月20	寅甲	5月21	申甲	4月22	卯乙	3月23	酉乙	2月22	辰丙	1月23	戌丙	二初
7月21	酉乙	6月21	卯乙	5月22	酉乙	4月23	辰丙	3月24	戌丙	2月23	巳丁	1月24	亥丁	三初
7月22	戌丙	6月22	辰丙	5月23	戌丙	4月24	巳丁	3月25	亥丁	2月24	午戊	1月25	子戊	四初
7月23	亥丁	6月23	巳丁	5月24	亥丁	4月25	午戊	3月26	子戊	2月25	未己	1月26	丑己	五初
7月24	子戊	6月24	午戊	5月25	子戊	4月26	未己	3月27	丑己	2月26	申庚	1月27	寅庚	六初
7月25	丑己	6月25	未己	5月26	丑己	4月27	申庚	3月28	寅庚	2月27	酉辛	1月28	卯辛	七初
7月26	寅庚	6月26	申庚	5月27	寅庚	4月28	酉辛	3月29	卯辛	2月28	戌壬	1月29	辰壬	八初
7月27	卯辛	6月27	酉辛	5月28	卯辛	4月29	戌壬	3月30	辰壬	3月1	亥癸	1月30	巳癸	九初
7月28	辰壬	6月28	戌壬	5月29	辰壬	4月30	亥癸	3月31	巳癸	3月2	子甲	1月31	午甲	十初
7月29	巳癸	6月29	亥癸	5月30	巳癸	5月1	子甲	4月1	午甲	3月3	丑乙	2月1	未乙	一十
7月30	午甲	6月30	子甲	5月31	午甲	5月2	丑乙	4月2	未乙	3月4	寅丙	2月2	申丙	二十
7月31	未乙	7月1	丑乙	6月1	未乙	5月3	寅丙	4月3	申丙	3月5	卯丁	2月3	酉丁	三十
8月1	申丙	7月2	寅丙	6月2	申丙	5月4	卯丁	4月4	酉丁	3月6	辰戊	2月4	戌戊	四十
8月2	酉丁	7月3	卯丁	6月3	酉丁	5月5	辰戊	4月5	戌戊	3月7	巳己	2月5	亥己	五十
8月3	戌戊	7月4	辰戊	6月4	戌戊	5月6	巳己	4月6	亥己	3月8	午庚	2月6	子庚	六十
8月4	亥己	7月5	巳己	6月5	亥己	5月7	午庚	4月7	子庚	3月9	未辛	2月7	丑辛	七十
8月5	子庚	7月6	午庚	6月6	子庚	5月8	未辛	4月8	丑辛	3月10	申壬	2月8	寅壬	八十
8月6	丑辛	7月7	未辛	6月7	丑辛	5月9	申壬	4月9	寅壬	3月11	酉癸	2月9	卯癸	九十
8月7	寅壬	7月8	申壬	6月8	寅壬	5月10	酉癸	4月10	卯癸	3月12	戌甲	2月10	辰甲	十二
8月8	卯癸	7月9	酉癸	6月9	卯癸	5月11	戌甲	4月11	辰甲	3月13	亥乙	2月11	巳乙	一廿
8月9	辰甲	7月10	戌甲	6月10	辰甲	5月12	亥乙	4月12	巳乙	3月14	子丙	2月12	午丙	二廿
8月10	巳乙	7月11	亥乙	6月11	巳乙	5月13	子丙	4月13	午丙	3月15	丑丁	2月13	未丁	三廿
8月11	午丙	7月12	子丙	6月12	午丙	5月14	丑丁	4月14	未丁	3月16	寅戊	2月14	申戊	四廿
8月12	未丁	7月13	丑丁	6月13	未丁	5月15	寅戊	4月15	申戊	3月17	卯己	2月15	酉己	五廿
8月13	申戊	7月14	寅戊	6月14	申戊	5月16	卯己	4月16	酉己	3月18	辰庚	2月16	戌庚	六廿
8月14	酉己	7月15	卯己	6月15	酉己	5月17	辰庚	4月17	戌庚	3月19	巳辛	2月17	亥辛	七廿
8月15	戌庚	7月16	辰庚	6月16	戌庚	5月18	巳辛	4月18	亥辛	3月20	午壬	2月18	子壬	八廿
8月16	亥辛	7月17	巳辛	6月17	亥辛	5月19	午壬	4月19	子壬	3月21	未癸	2月19	丑癸	九廿
		7月18	午壬	6月18	子壬			4月20	丑癸			2月20	寅甲	十三

西元1898年

月別	月二十曆農		月一十曆農		月十曆農		月九曆農		月八曆農		月七曆農	
干支	丑	乙	子	甲	亥	癸	戌	壬	酉	辛	申	庚
節	春立	寒大	寒小	至冬	雪大	雪小	冬立	降霜	露寒	分秋	露白	暑處
氣	9時9分 廿四辰時	14時47分 初九未時	21時21分 廿四亥時	4時10分 初十寅時	10時19分 廿四巳時	15時11分 初九申時	17時57分 廿四酉時	18時9分 初九酉時	15時26分 廿三申時	9時39分 初八巳時	0時28分 廿三子時	12時29分 初七午時
農曆	曆國	支干	曆國	支干	曆國	支干	曆國	支干	曆國	支干	曆國	支干
初一	1月12	辰庚	12月13	戌庚	11月14	巳辛	10月15	亥辛	9月16	午壬	8月17	子壬
初二	1月13	巳辛	12月14	亥辛	11月15	午壬	10月16	子壬	9月17	未癸	8月18	丑癸
初三	1月14	午壬	12月15	子壬	11月16	未癸	10月17	丑癸	9月18	申甲	8月19	寅甲
初四	1月15	未癸	12月16	丑癸	11月17	申甲	10月18	寅甲	9月19	酉乙	8月20	卯乙
初五	1月16	申甲	12月17	寅甲	11月18	酉乙	10月19	卯乙	9月20	戌丙	8月21	辰丙
初六	1月17	酉乙	12月18	卯乙	11月19	戌丙	10月20	辰丙	9月21	亥丁	8月22	巳丁
初七	1月18	戌丙	12月19	辰丙	11月20	亥丁	10月21	巳丁	9月22	子戊	8月23	午戊
初八	1月19	亥丁	12月20	巳丁	11月21	子戊	10月22	午戊	9月23	丑己	8月24	未己
初九	1月20	子戊	12月21	午戊	11月22	丑己	10月23	未己	9月24	寅庚	8月25	申庚
初十	1月21	丑己	12月22	未己	11月23	寅庚	10月24	申庚	9月25	卯辛	8月26	酉辛
十一	1月22	寅庚	12月23	申庚	11月24	卯辛	10月25	酉辛	9月26	辰壬	8月27	戌壬
十二	1月23	卯辛	12月24	酉辛	11月25	辰壬	10月26	戌壬	9月27	巳癸	8月28	亥癸
十三	1月24	辰壬	12月25	戌壬	11月26	巳癸	10月27	亥癸	9月28	午甲	8月29	子甲
十四	1月25	巳癸	12月26	亥癸	11月27	午甲	10月28	子甲	9月29	未乙	8月30	丑乙
十五	1月26	午甲	12月27	子甲	11月28	未乙	10月29	丑乙	9月30	申丙	8月31	寅丙
十六	1月27	未乙	12月28	丑乙	11月29	申丙	10月30	寅丙	10月 1	酉丁	9月 1	卯丁
十七	1月28	申丙	12月29	寅丙	11月30	酉丁	10月31	卯丁	10月 2	戌戊	9月 2	辰戊
十八	1月29	酉丁	12月30	卯丁	12月 1	戌戊	11月 1	辰戊	10月 3	亥己	9月 3	巳己
十九	1月30	戌戊	12月31	辰戊	12月 2	亥己	11月 2	巳己	10月 4	子庚	9月 4	午庚
二十	1月31	亥己	1月 1	巳己	12月 3	子庚	11月 3	午庚	10月 5	丑辛	9月 5	未辛
廿一	2月 1	子庚	1月 2	午庚	12月 4	丑辛	11月 4	未辛	10月 6	寅壬	9月 6	申壬
廿二	2月 2	丑辛	1月 3	未辛	12月 5	寅壬	11月 5	申壬	10月 7	卯癸	9月 7	酉癸
廿三	2月 3	寅壬	1月 4	申壬	12月 6	卯癸	11月 6	酉癸	10月 8	辰甲	9月 8	戌甲
廿四	2月 4	卯癸	1月 5	酉癸	12月 7	辰甲	11月 7	戌甲	10月 9	巳乙	9月 9	亥乙
廿五	2月 5	辰甲	1月 6	戌甲	12月 8	巳乙	11月 8	亥乙	10月10	午丙	9月10	子丙
廿六	2月 6	巳乙	1月 7	亥乙	12月 9	午丙	11月 9	子丙	10月11	未丁	9月11	丑丁
廿七	2月 7	午丙	1月 8	子丙	12月10	未丁	11月10	丑丁	10月12	申戊	9月12	寅戊
廿八	2月 8	未丁	1月 9	丑丁	12月11	申戊	11月11	寅戊	10月13	酉己	9月13	卯己
廿九	2月 9	申戊	1月10	寅戊	12月12	酉己	11月12	卯己	10月14	戌庚	9月14	辰庚
三十			1月11	卯己			11月13	辰庚			9月15	巳辛

民國前十三年（光緒廿五）歲次 己亥《豬》

西元一八九九年　太歲　姓謝名壽

月六曆農		月五曆農		月四曆農		月三曆農		月二曆農		月正曆農		別月
未　辛		午　庚		巳　己		辰　戊		卯　丁		寅　丙		支干
暑大		暑小	至夏	種芒	滿小	夏立	雨穀	明清	分春	蟄驚	水雨	節
十六午時 11時35分		三十酉時 18時10分	十五子時 0時40分	廿八辰時 7時41分	十二申時 16時19分	廿七寅時 3時0分	十一申時 16時32分	廿五辰時 9時2分	初十寅時 4時48分	廿五寅時 3時36分	初十卯時 5時15分	氣
曆國	支干	曆國	支干	曆國	支干	曆國	支干	曆國	支干	曆國	支干	曆農
7月 8	丑丁	6月 8	未丁	5月10	寅戊	4月10	申戊	3月12	卯己	2月10	酉己	一初
7月 9	寅戊	6月 9	申戊	5月11	卯己	4月11	酉己	3月13	辰庚	2月11	戌庚	二初
7月10	卯己	6月10	酉己	5月12	辰庚	4月12	戌庚	3月14	巳辛	2月12	亥辛	三初
7月11	辰庚	6月11	戌庚	5月13	巳辛	4月13	亥辛	3月15	午壬	2月13	子壬	四初
7月12	巳辛	6月12	亥辛	5月14	午壬	4月14	子壬	3月16	未癸	2月14	丑癸	五初
7月13	午壬	6月13	子壬	5月15	未癸	4月15	丑癸	3月17	申甲	2月15	寅甲	六初
7月14	未癸	6月14	丑癸	5月16	申甲	4月16	寅甲	3月18	酉乙	2月16	卯乙	七初
7月15	申甲	6月15	寅甲	5月17	酉乙	4月17	卯乙	3月19	戌丙	2月17	辰丙	八初
7月16	酉乙	6月16	卯乙	5月18	戌丙	4月18	辰丙	3月20	亥丁	2月18	巳丁	九初
7月17	戌丙	6月17	辰丙	5月19	亥丁	4月19	巳丁	3月21	子戊	2月19	午戊	十初
7月18	亥丁	6月18	巳丁	5月20	子戊	4月20	午戊	3月22	丑己	2月20	未己	一十
7月19	子戊	6月19	午戊	5月21	丑己	4月21	未己	3月23	寅庚	2月21	申庚	二十
7月20	丑己	6月20	未己	5月22	寅庚	4月22	申庚	3月24	卯辛	2月22	酉辛	三十
7月21	寅庚	6月21	申庚	5月23	卯辛	4月23	酉辛	3月25	辰壬	2月23	戌壬	四十
7月22	卯辛	6月22	酉辛	5月24	辰壬	4月24	戌壬	3月26	巳癸	2月24	亥癸	五十
7月23	辰壬	6月23	戌壬	5月25	巳癸	4月25	亥癸	3月27	午甲	2月25	子甲	六十
7月24	巳癸	6月24	亥癸	5月26	午甲	4月26	子甲	3月28	未乙	2月26	丑乙	七十
7月25	午甲	6月25	子甲	5月27	未乙	4月27	丑乙	3月29	申丙	2月27	寅丙	八十
7月26	未乙	6月26	丑乙	5月28	申丙	4月28	寅丙	3月30	酉丁	2月28	卯丁	九十
7月27	申丙	6月27	寅丙	5月29	酉丁	4月29	卯丁	3月31	戌戊	3月 1	辰戊	十二
7月28	酉丁	6月28	卯丁	5月30	戌戊	4月30	辰戊	4月 1	亥己	3月 2	巳己	一廿
7月29	戌戊	6月29	辰戊	5月31	亥己	5月 1	巳己	4月 2	子庚	3月 3	午庚	二廿
7月30	亥己	6月30	巳己	6月 1	子庚	5月 2	午庚	4月 3	丑辛	3月 4	未辛	三廿
7月31	子庚	7月 1	午庚	6月 2	丑辛	5月 3	未辛	4月 4	寅壬	3月 5	申壬	四廿
8月 1	丑辛	7月 2	未辛	6月 3	寅壬	5月 4	申壬	4月 5	卯癸	3月 6	酉癸	五廿
8月 2	寅壬	7月 3	申壬	6月 4	卯癸	5月 5	酉癸	4月 6	辰甲	3月 7	戌甲	六廿
8月 3	卯癸	7月 4	酉癸	6月 5	辰甲	5月 6	戌甲	4月 7	巳乙	3月 8	亥乙	七廿
8月 4	辰甲	7月 5	戌甲	6月 6	巳乙	5月 7	亥乙	4月 8	午丙	3月 9	子丙	八廿
8月 5	巳乙	7月 6	亥乙	6月 7	午丙	5月 8	子丙	4月 9	未丁	3月10	丑丁	九廿
		7月 7	子丙			5月 9	丑丁			3月11	寅戊	十三

西元1899年

月別	月二十曆農		月一十曆農		月十曆農		月九曆農		月八曆農		月七曆農	
干支	丑	丁	子	丙	亥	乙	戌	甲	酉	癸	申	壬
節	寒大	寒小	至冬	雪大	雪小	冬立	降霜	露寒	分秋	露白	暑處	秋立
氣	20時32分 二十寅時	3時8分 初六寅時	9時55分 二十巳時	16時6分 初五申時	20時56分 二十戌時	23時44分 初五夜子	23時58分 十九夜子	21時13分 初四亥時	15時20分 十九申時	6時15分 初四卯時	18時18分 十八酉時	3時49分 初三寅時
農曆	曆國	支干	曆國	支干	曆國	支干	曆國	支干	曆國	支干	曆國	支干
初一	1月 1	戌甲	12月 3	巳乙	11月 3	亥乙	10月 5	午丙	9月 5	子丙	8月 6	午丙
初二	1月 2	亥乙	12月 4	午丙	11月 4	子丙	10月 6	未丁	9月 6	丑丁	8月 7	未丁
初三	1月 3	子丙	12月 5	未丁	11月 5	丑丁	10月 7	申戊	9月 7	寅戊	8月 8	申戊
初四	1月 4	丑丁	12月 6	申戊	11月 6	寅戊	10月 8	酉己	9月 8	卯己	8月 9	酉己
初五	1月 5	寅戊	12月 7	酉己	11月 7	卯己	10月 9	戌庚	9月 9	辰庚	8月10	戌庚
初六	1月 6	卯己	12月 8	戌庚	11月 8	辰庚	10月10	亥辛	9月10	巳辛	8月11	亥辛
初七	1月 7	辰庚	12月 9	亥辛	11月 9	巳辛	10月11	子壬	9月11	午壬	8月12	子壬
初八	1月 8	巳辛	12月10	子壬	11月10	午壬	10月12	丑癸	9月12	未癸	8月13	丑癸
初九	1月 9	午壬	12月11	丑癸	11月11	未癸	10月13	寅甲	9月13	申甲	8月14	寅甲
初十	1月10	未癸	12月12	寅甲	11月12	申甲	10月14	卯乙	9月14	酉乙	8月15	卯乙
十一	1月11	申甲	12月13	卯乙	11月13	酉乙	10月15	辰丙	9月15	戌丙	8月16	辰丙
十二	1月12	酉乙	12月14	辰丙	11月14	戌丙	10月16	巳丁	9月16	亥丁	8月17	巳丁
十三	1月13	戌丙	12月15	巳丁	11月15	亥丁	10月17	午戊	9月17	子戊	8月18	午戊
十四	1月14	亥丁	12月16	午戊	11月16	子戊	10月18	未己	9月18	丑己	8月19	未己
十五	1月15	子戊	12月17	未己	11月17	丑己	10月19	申庚	9月19	寅庚	8月20	申庚
十六	1月16	丑己	12月18	申庚	11月18	寅庚	10月20	酉辛	9月20	卯辛	8月21	酉辛
十七	1月17	寅庚	12月19	酉辛	11月19	卯辛	10月21	戌壬	9月21	辰壬	8月22	戌壬
十八	1月18	卯辛	12月20	戌壬	11月20	辰壬	10月22	亥癸	9月22	巳癸	8月23	亥癸
十九	1月19	辰壬	12月21	亥癸	11月21	巳癸	10月23	子甲	9月23	午甲	8月24	子甲
二十	1月20	巳癸	12月22	子甲	11月22	午甲	10月24	丑乙	9月24	未乙	8月25	丑乙
廿一	1月21	午甲	12月23	丑乙	11月23	未乙	10月25	寅丙	9月25	申丙	8月26	寅丙
廿二	1月22	未乙	12月24	寅丙	11月24	申丙	10月26	卯丁	9月26	酉丁	8月27	卯丁
廿三	1月23	申丙	12月25	卯丁	11月25	酉丁	10月27	辰戊	9月27	戌戊	8月28	辰戊
廿四	1月24	酉丁	12月26	辰戊	11月26	戌戊	10月28	巳己	9月28	亥己	8月29	巳己
廿五	1月25	戌戊	12月27	巳己	11月27	亥己	10月29	午庚	9月29	子庚	8月30	午庚
廿六	1月26	亥己	12月28	午庚	11月28	子庚	10月30	未辛	9月30	丑辛	8月31	未辛
廿七	1月27	子庚	12月29	未辛	11月29	丑辛	10月31	申壬	10月 1	寅壬	9月 1	申壬
廿八	1月28	丑辛	12月30	申壬	11月30	寅壬	11月 1	酉癸	10月 2	卯癸	9月 2	酉癸
廿九	1月29	寅壬	12月31	酉癸	12月 1	卯癸	11月 2	戌甲	10月 3	辰甲	9月 3	戌甲
三十	1月30	卯癸			12月 2	辰甲			10月 4	巳乙	9月 4	亥乙

民國前十二年（光緒廿六）歲次 庚子《鼠》

西元一九〇〇年 太歲 姓虞名紀

月六曆農		月五曆農		月四曆農		月三曆農		月二曆農		月正曆農		別月
未	癸	午	壬	巳	辛	辰	庚	卯	己	寅	戊	支干
暑大	暑小	至夏	種芒	滿小	夏立	雨穀	明清	分春	蟄驚	水雨	春立	節
廿七酉時 17時20分	十二子時 0時1分	廿六卯時 6時25分	初十未時 13時32分	廿三亥時 22時4分	初八辰時 8時51分	廿一亥時 22時17分	初六未時 14時53分	廿一巳時 10時33分	初六巳時 9時27分	二十午時 11時0分	初五未時 14時58分	氣
曆國	支干	曆國	支干	曆國	支干	曆國	支干	曆國	支干	曆國	支干	曆農
6月27	未辛	5月28	丑辛	4月29	申壬	3月31	卯癸	3月1	酉癸	1月31	辰甲	一初
6月28	申壬	5月29	寅壬	4月30	酉癸	4月1	辰甲	3月2	戌甲	2月1	巳乙	二初
6月29	酉癸	5月30	卯癸	5月1	戌甲	4月2	巳乙	3月3	亥乙	2月2	午丙	三初
6月30	戌甲	5月31	辰甲	5月2	亥乙	4月3	午丙	3月4	子丙	2月3	未丁	四初
7月1	亥乙	6月1	巳乙	5月3	子丙	4月4	未丁	3月5	丑丁	2月4	申戊	五初
7月2	子丙	6月2	午丙	5月4	丑丁	4月5	申戊	3月6	寅戊	2月5	酉己	六初
7月3	丑丁	6月3	未丁	5月5	寅戊	4月6	酉己	3月7	卯己	2月6	戌庚	七初
7月4	寅戊	6月4	申戊	5月6	卯己	4月7	戌庚	3月8	辰庚	2月7	亥辛	八初
7月5	卯己	6月5	酉己	5月7	辰庚	4月8	亥辛	3月9	巳辛	2月8	子壬	九初
7月6	辰庚	6月6	戌庚	5月8	巳辛	4月9	子壬	3月10	午壬	2月9	丑癸	十初
7月7	巳辛	6月7	亥辛	5月9	午壬	4月10	丑癸	3月11	未癸	2月10	寅甲	一十
7月8	午壬	6月8	子壬	5月10	未癸	4月11	寅甲	3月12	申甲	2月11	卯乙	二十
7月9	未癸	6月9	丑癸	5月11	申甲	4月12	卯乙	3月13	酉乙	2月12	辰丙	三十
7月10	申甲	6月10	寅甲	5月12	酉乙	4月13	辰丙	3月14	戌丙	2月13	巳丁	四十
7月11	酉乙	6月11	卯乙	5月13	戌丙	4月14	巳丁	3月15	亥丁	2月14	午戊	五十
7月12	戌丙	6月12	辰丙	5月14	亥丁	4月15	午戊	3月16	子戊	2月15	未己	六十
7月13	亥丁	6月13	巳丁	5月15	子戊	4月16	未己	3月17	丑己	2月16	申庚	七十
7月14	子戊	6月14	午戊	5月16	丑己	4月17	申庚	3月18	寅庚	2月17	酉辛	八十
7月15	丑己	6月15	未己	5月17	寅庚	4月18	酉辛	3月19	卯辛	2月18	戌壬	九十
7月16	寅庚	6月16	申庚	5月18	卯辛	4月19	戌壬	3月20	辰壬	2月19	亥癸	十二
7月17	卯辛	6月17	酉辛	5月19	辰壬	4月20	亥癸	3月21	巳癸	2月20	子甲	一廿
7月18	辰壬	6月18	戌壬	5月20	巳癸	4月21	子甲	3月22	午甲	2月21	丑乙	二廿
7月19	巳癸	6月19	亥癸	5月21	午甲	4月22	丑乙	3月23	未乙	2月22	寅丙	三廿
7月20	午甲	6月20	子甲	5月22	未乙	4月23	寅丙	3月24	申丙	2月23	卯丁	四廿
7月21	未乙	6月21	丑乙	5月23	申丙	4月24	卯丁	3月25	酉丁	2月24	辰戊	五廿
7月22	申丙	6月22	寅丙	5月24	酉丁	4月25	辰戊	3月26	戌戊	2月25	巳己	六廿
7月23	酉丁	6月23	卯丁	5月25	戌戊	4月26	巳己	3月27	亥己	2月26	午庚	七廿
7月24	戌戊	6月24	辰戊	5月26	亥己	4月27	午庚	3月28	子庚	2月27	未辛	八廿
7月25	亥己	6月25	巳己	5月27	子庚	4月28	未辛	3月29	丑辛	2月28	申壬	九廿
		6月26	午庚					3月30	寅壬			十三

西元1900年

月別	月二十曆農		月一十曆農		月十曆農		月九曆農		月八閏曆農		月八曆農		月七曆農	
干支	丑	己	子	戊	亥	丁	戌	丙			酉	乙	申	甲
節	春立	寒大	寒小	至冬	雪大	雪小	冬立	降霜	露寒		分秋	露白	暑處	秋立
氣	20時46分 十六戌時	2時17分 初二丑時	8時58分 十六辰時	15時40分 初一申時	21時57分 十六亥時	2時41分 初二丑時	5時35分 十七卯時	5時43分 初二卯時	3時4分 十六丑時		21時5分 三十亥時	12時6分 十五午時	0時3分 三十子時	9時40分 十四巳時
農曆	曆國	支干	曆國	支干	曆國	支干	曆國	支干	曆國	支干	曆國	支干	曆國	支干
初一	1月20	戌戊	12月22	巳己	11月22	亥己	10月23	巳己	9月24	子庚	8月25	午庚	7月26	子庚
初二	1月21	亥己	12月23	午庚	11月23	子庚	10月24	午庚	9月25	丑辛	8月26	未辛	7月27	丑辛
初三	1月22	子庚	12月24	未辛	11月24	丑辛	10月25	未辛	9月26	寅壬	8月27	申壬	7月28	寅壬
初四	1月23	丑辛	12月25	申壬	11月25	寅壬	10月26	申壬	9月27	卯癸	8月28	酉癸	7月29	卯癸
初五	1月24	寅壬	12月26	酉癸	11月26	卯癸	10月27	酉癸	9月28	辰甲	8月29	戌甲	7月30	辰甲
初六	1月25	卯癸	12月27	戌甲	11月27	辰甲	10月28	戌甲	9月29	巳乙	8月30	亥乙	7月31	巳乙
初七	1月26	辰甲	12月28	亥乙	11月28	巳乙	10月29	亥乙	9月30	午丙	8月31	子丙	8月 1	午丙
初八	1月27	巳乙	12月29	子丙	11月29	午丙	10月30	子丙	10月 1	未丁	9月 1	丑丁	8月 2	未丁
初九	1月28	午丙	12月30	丑丁	11月30	未丁	10月31	丑丁	10月 2	申戊	9月 2	寅戊	8月 3	申戊
初十	1月29	未丁	12月31	寅戊	12月 1	申戊	11月 1	寅戊	10月 3	酉己	9月 3	卯己	8月 4	酉己
十一	1月30	申戊	1月 1	卯己	12月 2	酉己	11月 2	卯己	10月 4	戌庚	9月 4	辰庚	8月 5	戌庚
十二	1月31	酉己	1月 2	辰庚	12月 3	戌庚	11月 3	辰庚	10月 5	亥辛	9月 5	巳辛	8月 6	亥辛
十三	2月 1	戌庚	1月 3	巳辛	12月 4	亥辛	11月 4	巳辛	10月 6	子壬	9月 6	午壬	8月 7	子壬
十四	2月 2	亥辛	1月 4	午壬	12月 5	子壬	11月 5	午壬	10月 7	丑癸	9月 7	未癸	8月 8	丑癸
十五	2月 3	子壬	1月 5	未癸	12月 6	丑癸	11月 6	未癸	10月 8	寅甲	9月 8	申甲	8月 9	寅甲
十六	2月 4	丑癸	1月 6	申甲	12月 7	寅甲	11月 7	申甲	10月 9	卯乙	9月 9	酉乙	8月10	卯乙
十七	2月 5	寅甲	1月 7	酉乙	12月 8	卯乙	11月 8	酉乙	10月10	辰丙	9月10	戌丙	8月11	辰丙
十八	2月 6	卯乙	1月 8	戌丙	12月 9	辰丙	11月 9	戌丙	10月11	巳丁	9月11	亥丁	8月12	巳丁
十九	2月 7	辰丙	1月 9	亥丁	12月10	巳丁	11月10	亥丁	10月12	午戊	9月12	子戊	8月13	午戊
二十	2月 8	巳丁	1月10	子戊	12月11	午戊	11月11	子戊	10月13	未己	9月13	丑己	8月14	未己
廿一	2月 9	午戊	1月11	丑己	12月12	未己	11月12	丑己	10月14	申庚	9月14	寅庚	8月15	申庚
廿二	2月10	未己	1月12	寅庚	12月13	申庚	11月13	寅庚	10月15	酉辛	9月15	卯辛	8月16	酉辛
廿三	2月11	申庚	1月13	卯辛	12月14	酉辛	11月14	卯辛	10月16	戌壬	9月16	辰壬	8月17	戌壬
廿四	2月12	酉辛	1月14	辰壬	12月15	戌壬	11月15	辰壬	10月17	亥癸	9月17	巳癸	8月18	亥癸
廿五	2月13	戌壬	1月15	巳癸	12月16	亥癸	11月16	巳癸	10月18	子甲	9月18	午甲	8月19	子甲
廿六	2月14	亥癸	1月16	午甲	12月17	子甲	11月17	午甲	10月19	丑乙	9月19	未乙	8月20	丑乙
廿七	2月15	子甲	1月17	未乙	12月18	丑乙	11月18	未乙	10月20	寅丙	9月20	申丙	8月21	寅丙
廿八	2月16	丑乙	1月18	申丙	12月19	寅丙	11月19	申丙	10月21	卯丁	9月21	酉丁	8月22	卯丁
廿九	2月17	寅丙	1月19	酉丁	12月20	卯丁	11月20	酉丁	10月22	辰戊	9月22	戌戊	8月23	辰戊
三十	2月18	卯丁			12月21	辰戊	11月21	戌戊			9月23	亥己	8月24	巳己

民國前十一年（光緒廿七）歲次 辛丑《牛》

西元一九〇一年 太歲 姓湯名信

月六曆農		月五曆農		月四曆農		月三曆農		月二曆農		月正曆農		別月
未	乙	午	甲	巳	癸	辰	壬	卯	辛	寅	庚	支干
秋立	暑大	暑小	至夏	種芒	滿小	夏立	雨穀	明清	分春	蟄驚	水雨	節氣
15時25分 廿四申時	23時5分 初八亥時	5時46分 廿三卯時	12時10分 初七午時	19時17分 二十戌時	3時49分 初五寅時	14時36分 十八未時	4時2分 初三寅時	20時38分 廿七戌時	16時18分 初二申時	15時13分 十六申時	16時45分 初一申時	
曆國	支干	曆國	支干	曆國	支干	曆國	支干	曆國	支干	曆國	支干	曆農
7月16	未乙	6月16	丑乙	5月18	申丙	4月19	卯丁	3月20	酉丁	2月19	辰戊	一初
7月17	申丙	6月17	寅丙	5月19	酉丁	4月20	辰戊	3月21	戌戊	2月20	巳己	二初
7月18	酉丁	6月18	卯丁	5月20	戌戊	4月21	巳己	3月22	亥己	2月21	午庚	三初
7月19	戌戊	6月19	辰戊	5月21	亥己	4月22	午庚	3月23	子庚	2月22	未辛	四初
7月20	亥己	6月20	巳己	5月22	子庚	4月23	未辛	3月24	丑辛	2月23	申壬	五初
7月21	子庚	6月21	午庚	5月23	丑辛	4月24	申壬	3月25	寅壬	2月24	酉癸	六初
7月22	丑辛	6月22	未辛	5月24	寅壬	4月25	酉癸	3月26	卯癸	2月25	戌甲	七初
7月23	寅壬	6月23	申壬	5月25	卯癸	4月26	戌甲	3月27	辰甲	2月26	亥乙	八初
7月24	卯癸	6月24	酉癸	5月26	辰甲	4月27	亥乙	3月28	巳乙	2月27	子丙	九初
7月25	辰甲	6月25	戌甲	5月27	巳乙	4月28	子丙	3月29	午丙	2月28	丑丁	十初
7月26	巳乙	6月26	亥乙	5月28	午丙	4月29	丑丁	3月30	未丁	3月 1	寅戊	一十
7月27	午丙	6月27	子丙	5月29	未丁	4月30	寅戊	3月31	申戊	3月 2	卯己	二十
7月28	未丁	6月28	丑丁	5月30	申戊	5月 1	卯己	4月 1	酉己	3月 3	辰庚	三十
7月29	申戊	6月29	寅戊	5月31	酉己	5月 2	辰庚	4月 2	戌庚	3月 4	巳辛	四十
7月30	酉己	6月30	卯己	6月 1	戌庚	5月 3	巳辛	4月 3	亥辛	3月 5	午壬	五十
7月31	戌庚	7月 1	辰庚	6月 2	亥辛	5月 4	午壬	4月 4	子壬	3月 6	未癸	六十
8月 1	亥辛	7月 2	巳辛	6月 3	子壬	5月 5	未癸	4月 5	丑癸	3月 7	申甲	七十
8月 2	子壬	7月 3	午壬	6月 4	丑癸	5月 6	申甲	4月 6	寅甲	3月 8	酉乙	八十
8月 3	丑癸	7月 4	未癸	6月 5	寅甲	5月 7	酉乙	4月 7	卯乙	3月 9	戌丙	九十
8月 4	寅甲	7月 5	申甲	6月 6	卯乙	5月 8	戌丙	4月 8	辰丙	3月10	亥丁	十二
8月 5	卯乙	7月 6	酉乙	6月 7	辰丙	5月 9	亥丁	4月 9	巳丁	3月11	子戊	一廿
8月 6	辰丙	7月 7	戌丙	6月 8	巳丁	5月10	子戊	4月10	午戊	3月12	丑己	二廿
8月 7	巳丁	7月 8	亥丁	6月 9	午戊	5月11	丑己	4月11	未己	3月13	寅庚	三廿
8月 8	午戊	7月 9	子戊	6月10	未己	5月12	寅庚	4月12	申庚	3月14	卯辛	四廿
8月 9	未己	7月10	丑己	6月11	申庚	5月13	卯辛	4月13	酉辛	3月15	辰壬	五廿
8月10	申庚	7月11	寅庚	6月12	酉辛	5月14	辰壬	4月14	戌壬	3月16	巳癸	六廿
8月11	酉辛	7月12	卯辛	6月13	戌壬	5月15	巳癸	4月15	亥癸	3月17	午甲	七廿
8月12	戌壬	7月13	辰壬	6月14	亥癸	5月16	午甲	4月16	子甲	3月18	未乙	八廿
8月13	亥癸	7月14	巳癸	6月15	子甲	5月17	未乙	4月17	丑乙	3月19	申丙	九廿
		7月15	午甲					4月18	寅丙			十三

西元1901年

月別	月二十曆農		月一十曆農		月十曆農		月九曆農		月八曆農		月七曆農	
干支	丑	辛	子	庚	亥	己	戌	戊	酉	丁	申	丙
節	春立	寒大	寒小	至冬	雪大	雪小	冬立	降霜	露寒	分秋	露白	暑處
氣	廿七丑時 2時31分	十二辰時 8時4分	廿七未時 14時43分	十二亥時 21時25分	廿八寅時 3時42分	十三辰時 8時26分	廿八午時 11時20分	十三午時 11時28分	廿七辰時 8時49分	十二丑時 2時50分	廿六酉時 17時51分	十一卯時 5時48分
農曆	曆國	支干	曆國	支干	曆國	支干	曆國	支干	曆國	支干	曆國	支干
初一	1月10	巳癸	12月11	亥癸	11月11	巳癸	10月12	亥癸	9月13	午甲	8月14	子甲
初二	1月11	午甲	12月12	子甲	11月12	午甲	10月13	子甲	9月14	未乙	8月15	丑乙
初三	1月12	未乙	12月13	丑乙	11月13	未乙	10月14	丑乙	9月15	申丙	8月16	寅丙
初四	1月13	申丙	12月14	寅丙	11月14	申丙	10月15	寅丙	9月16	酉丁	8月17	卯丁
初五	1月14	酉丁	12月15	卯丁	11月15	酉丁	10月16	卯丁	9月17	戌戊	8月18	辰戊
初六	1月15	戌戊	12月16	辰戊	11月16	戌戊	10月17	辰戊	9月18	亥己	8月19	巳己
初七	1月16	亥己	12月17	巳己	11月17	亥己	10月18	巳己	9月19	子庚	8月20	午庚
初八	1月17	子庚	12月18	午庚	11月18	子庚	10月19	午庚	9月20	丑辛	8月21	未辛
初九	1月18	丑辛	12月19	未辛	11月19	丑辛	10月20	未辛	9月21	寅壬	8月22	申壬
初十	1月19	寅壬	12月20	申壬	11月20	寅壬	10月21	申壬	9月22	卯癸	8月23	酉癸
十一	1月20	卯癸	12月21	酉癸	11月21	卯癸	10月22	酉癸	9月23	辰甲	8月24	戌甲
十二	1月21	辰甲	12月22	戌甲	11月22	辰甲	10月23	戌甲	9月24	巳乙	8月25	亥乙
十三	1月22	巳乙	12月23	亥乙	11月23	巳乙	10月24	亥乙	9月25	午丙	8月26	子丙
十四	1月23	午丙	12月24	子丙	11月24	午丙	10月25	子丙	9月26	未丁	8月27	丑丁
十五	1月24	未丁	12月25	丑丁	11月25	未丁	10月26	丑丁	9月27	申戊	8月28	寅戊
十六	1月25	申戊	12月26	寅戊	11月26	申戊	10月27	寅戊	9月28	酉己	8月29	卯己
十七	1月26	酉己	12月27	卯己	11月27	酉己	10月28	卯己	9月29	戌庚	8月30	辰庚
十八	1月27	戌庚	12月28	辰庚	11月28	戌庚	10月29	辰庚	9月30	亥辛	8月31	巳辛
十九	1月28	亥辛	12月29	巳辛	11月29	亥辛	10月30	巳辛	10月 1	子壬	9月 1	午壬
二十	1月29	子壬	12月30	午壬	11月30	子壬	10月31	午壬	10月 2	丑癸	9月 2	未癸
廿一	1月30	丑癸	12月31	未癸	12月 1	丑癸	11月 1	未癸	10月 3	寅甲	9月 3	申甲
廿二	1月31	寅甲	1月 1	申甲	12月 2	寅甲	11月 2	申甲	10月 4	卯乙	9月 4	酉乙
廿三	2月 1	卯乙	1月 2	酉乙	12月 3	卯乙	11月 3	酉乙	10月 5	辰丙	9月 5	戌丙
廿四	2月 2	辰丙	1月 3	戌丙	12月 4	辰丙	11月 4	戌丙	10月 6	巳丁	9月 6	亥丁
廿五	2月 3	巳丁	1月 4	亥丁	12月 5	巳丁	11月 5	亥丁	10月 7	午戊	9月 7	子戊
廿六	2月 4	午戊	1月 5	子戊	12月 6	午戊	11月 6	子戊	10月 8	未己	9月 8	丑己
廿七	2月 5	未己	1月 6	丑己	12月 7	未己	11月 7	丑己	10月 9	申庚	9月 9	寅庚
廿八	2月 6	申庚	1月 7	寅庚	12月 8	申庚	11月 8	寅庚	10月10	酉辛	9月10	卯辛
廿九	2月 7	酉辛	1月 8	卯辛	12月 9	酉辛	11月 9	卯辛	10月11	戌壬	9月11	辰壬
三十			1月 9	辰壬	12月10	戌壬	11月10	辰壬			9月12	巳癸

民國前十年（光緒廿八）歲次 壬寅《虎》

西元一九〇二年 太歲 姓賀名諤

月別	農曆正月		農曆二月		農曆三月		農曆四月		農曆五月		農曆六月	
干支	壬寅		癸卯		甲辰		乙巳		丙午		丁未	
節	雨水	驚蟄	春分	清明	穀雨	立夏	小滿		芒種	夏至	小暑	大暑
氣	十二亥時 22時32分	廿七戌時 20時58分	十二亥時 22時5分	廿八丑時 2時24分	十四巳時 9時49分	廿九戌時 20時22分	十五巳時 9時36分		初二丑時 1時3分	十七酉時 17時57分	初四午時 11時32分	二十寅時 4時52分
農曆	干支	國曆	干支	國曆	干支	國曆	干支	國曆	干支	國曆	干支	國曆
初一	壬戌	2月8	壬辰	3月10	辛酉	4月8	辛卯	5月8	庚申	6月6	己丑	7月5
初二	癸亥	2月9	癸巳	3月11	壬戌	4月9	壬辰	5月9	辛酉	6月7	庚寅	7月6
初三	甲子	2月10	甲午	3月12	癸亥	4月10	癸巳	5月10	壬戌	6月8	辛卯	7月7
初四	乙丑	2月11	乙未	3月13	甲子	4月11	甲午	5月11	癸亥	6月9	壬辰	7月8
初五	丙寅	2月12	丙申	3月14	乙丑	4月12	乙未	5月12	甲子	6月10	癸巳	7月9
初六	丁卯	2月13	丁酉	3月15	丙寅	4月13	丙申	5月13	乙丑	6月11	甲午	7月10
初七	戊辰	2月14	戊戌	3月16	丁卯	4月14	丁酉	5月14	丙寅	6月12	乙未	7月11
初八	己巳	2月15	己亥	3月17	戊辰	4月15	戊戌	5月15	丁卯	6月13	丙申	7月12
初九	庚午	2月16	庚子	3月18	己巳	4月16	己亥	5月16	戊辰	6月14	丁酉	7月13
初十	辛未	2月17	辛丑	3月19	庚午	4月17	庚子	5月17	己巳	6月15	戊戌	7月14
十一	壬申	2月18	壬寅	3月20	辛未	4月18	辛丑	5月18	庚午	6月16	己亥	7月15
十二	癸酉	2月19	癸卯	3月21	壬申	4月19	壬寅	5月19	辛未	6月17	庚子	7月16
十三	甲戌	2月20	甲辰	3月22	癸酉	4月20	癸卯	5月20	壬申	6月18	辛丑	7月17
十四	乙亥	2月21	乙巳	3月23	甲戌	4月21	甲辰	5月21	癸酉	6月19	壬寅	7月18
十五	丙子	2月22	丙午	3月24	乙亥	4月22	乙巳	5月22	甲戌	6月20	癸卯	7月19
十六	丁丑	2月23	丁未	3月25	丙子	4月23	丙午	5月23	乙亥	6月21	甲辰	7月20
十七	戊寅	2月24	戊申	3月26	丁丑	4月24	丁未	5月24	丙子	6月22	乙巳	7月21
十八	己卯	2月25	己酉	3月27	戊寅	4月25	戊申	5月25	丁丑	6月23	丙午	7月22
十九	庚辰	2月26	庚戌	3月28	己卯	4月26	己酉	5月26	戊寅	6月24	丁未	7月23
二十	辛巳	2月27	辛亥	3月29	庚辰	4月27	庚戌	5月27	己卯	6月25	戊申	7月24
廿一	壬午	2月28	壬子	3月30	辛巳	4月28	辛亥	5月28	庚辰	6月26	己酉	7月25
廿二	癸未	3月1	癸丑	3月31	壬午	4月29	壬子	5月29	辛巳	6月27	庚戌	7月26
廿三	甲申	3月2	甲寅	4月1	癸未	4月30	癸丑	5月30	壬午	6月28	辛亥	7月27
廿四	乙酉	3月3	乙卯	4月2	甲申	5月1	甲寅	5月31	癸未	6月29	壬子	7月28
廿五	丙戌	3月4	丙辰	4月3	乙酉	5月2	乙卯	6月1	甲申	6月30	癸丑	7月29
廿六	丁亥	3月5	丁巳	4月4	丙戌	5月3	丙辰	6月2	乙酉	7月1	甲寅	7月30
廿七	戊子	3月6	戊午	4月5	丁亥	5月4	丁巳	6月3	丙戌	7月2	乙卯	7月31
廿八	己丑	3月7	己未	4月6	戊子	5月5	戊午	6月4	丁亥	7月3	丙辰	8月1
廿九	庚寅	3月8	庚申	4月7	己丑	5月6	己未	6月5	戊子	7月4	丁巳	8月2
三十	辛卯	3月9			庚寅	5月7					戊午	8月3

西元1902年

月別	月二十曆農		月一十曆農		月十曆農		月九曆農		月八曆農		月七曆農	
干支	丑	癸	子	壬	亥	辛	戌	庚	酉	己	申	戊
節	寒大	寒小	至冬	雪大	雪小	冬立	降霜	露寒	分秋	露白	暑處	秋立
氣	13時49分 廿三未時	20時29分 初八戌時	3時12分 廿四寅時	9時28分 初九巳時	14時13分 廿四未時	17時6分 初九酉時	17時15分 廿三酉時	14時35分 初八未時	8時37分 廿三辰時	23時37分 初七夜子	11時35分 廿一午時	21時11分 初五亥時
農曆	曆國	支干	曆國	支干	曆國	支干	曆國	支干	曆國	支干	曆國	支干
初一	12月30	亥丁	11月30	巳丁	10月31	亥丁	10月 2	午戊	9月 2	子戊	8月 4	未己
初二	12月31	子戊	12月 1	午戊	11月 1	子戊	10月 3	未己	9月 3	丑己	8月 5	申庚
初三	1月 1	丑己	12月 2	未己	11月 2	丑己	10月 4	申庚	9月 4	寅庚	8月 6	酉辛
初四	1月 2	寅庚	12月 3	申庚	11月 3	寅庚	10月 5	酉辛	9月 5	卯辛	8月 7	戌壬
初五	1月 3	卯辛	12月 4	酉辛	11月 4	卯辛	10月 6	戌壬	9月 6	辰壬	8月 8	亥癸
初六	1月 4	辰壬	12月 5	戌壬	11月 5	辰壬	10月 7	亥癸	9月 7	巳癸	8月 9	子甲
初七	1月 5	巳癸	12月 6	亥癸	11月 6	巳癸	10月 8	子甲	9月 8	午甲	8月10	丑乙
初八	1月 6	午甲	12月 7	子甲	11月 7	午甲	10月 9	丑乙	9月 9	未乙	8月11	寅丙
初九	1月 7	未乙	12月 8	丑乙	11月 8	未乙	10月10	寅丙	9月10	申丙	8月12	卯丁
初十	1月 8	申丙	12月 9	寅丙	11月 9	申丙	10月11	卯丁	9月11	酉丁	8月13	辰戊
十一	1月 9	酉丁	12月10	卯丁	11月10	酉丁	10月12	辰戊	9月12	戌戊	8月14	巳己
十二	1月10	戌戊	12月11	辰戊	11月11	戌戊	10月13	巳己	9月13	亥己	8月15	午庚
十三	1月11	亥己	12月12	巳己	11月12	亥己	10月14	午庚	9月14	子庚	8月16	未辛
十四	1月12	子庚	12月13	午庚	11月13	子庚	10月15	未辛	9月15	丑辛	8月17	申壬
十五	1月13	丑辛	12月14	未辛	11月14	丑辛	10月16	申壬	9月16	寅壬	8月18	酉癸
十六	1月14	寅壬	12月15	申壬	11月15	寅壬	10月17	酉癸	9月17	卯癸	8月19	戌甲
十七	1月15	卯癸	12月16	酉癸	11月16	卯癸	10月18	戌甲	9月18	辰甲	8月20	亥乙
十八	1月16	辰甲	12月17	戌甲	11月17	辰甲	10月19	亥乙	9月19	巳乙	8月21	子丙
十九	1月17	巳乙	12月18	亥乙	11月18	巳乙	10月20	子丙	9月20	午丙	8月22	丑丁
二十	1月18	午丙	12月19	子丙	11月19	午丙	10月21	丑丁	9月21	未丁	8月23	寅戊
廿一	1月19	未丁	12月20	丑丁	11月20	未丁	10月22	寅戊	9月22	申戊	8月24	卯己
廿二	1月20	申戊	12月21	寅戊	11月21	申戊	10月23	卯己	9月23	酉己	8月25	辰庚
廿三	1月21	酉己	12月22	卯己	11月22	酉己	10月24	辰庚	9月24	戌庚	8月26	巳辛
廿四	1月22	戌庚	12月23	辰庚	11月23	戌庚	10月25	巳辛	9月25	亥辛	8月27	午壬
廿五	1月23	亥辛	12月24	巳辛	11月24	亥辛	10月26	午壬	9月26	子壬	8月28	未癸
廿六	1月24	子壬	12月25	午壬	11月25	子壬	10月27	未癸	9月27	丑癸	8月29	申甲
廿七	1月25	丑癸	12月26	未癸	11月26	丑癸	10月28	申甲	9月28	寅甲	8月30	酉乙
廿八	1月26	寅甲	12月27	申甲	11月27	寅甲	10月29	酉乙	9月29	卯乙	8月31	戌丙
廿九	1月27	卯乙	12月28	酉乙	11月28	卯乙	10月30	戌丙	9月30	辰丙	9月 1	亥丁
三十	1月28	辰丙	12月29	戌丙	11月29	辰丙			10月 1	巳丁		

民國前九年（光緒廿九）歲次 癸卯《兔》

西元一九〇三年 太歲 姓皮名時

月六曆農		月五閏曆農		月五曆農		月四曆農		月三曆農		月二曆農		月正曆農		別月
未	己			午	戊	巳	丁	辰	丙	卯	乙	寅	甲	支干
秋立	暑大	暑小		至夏	種芒	滿小	夏立	雨穀	明清	分春	蟄驚	水雨	春立	節
2時57分 十七丑時	10時37分 初一巳時	17時18分 十四酉時		23時42分 廿七夜子	6時49分 十二卯時	15時21分 廿六申時	2時8分 十一丑時	15時34分 廿四申時	8時10分 初九辰時	3時50分 廿四寅時	2時44分 初九丑時	4時17分 廿三寅時	8時17分 初八辰時	氣
曆國	支干	曆國	支干	曆國	支干	曆國	支干	曆國	支干	曆國	支干	曆國	支干	曆農
7月24	丑癸	6月25	申甲	5月27	卯乙	4月27	酉乙	3月29	辰丙	2月27	戌丙	1月29	巳丁	一初
7月25	寅甲	6月26	酉乙	5月28	辰丙	4月28	戌丙	3月30	巳丁	2月28	亥丁	1月30	午戊	二初
7月26	卯乙	6月27	戌丙	5月29	巳丁	4月29	亥丁	3月31	午戊	3月 1	子戊	1月31	未己	三初
7月27	辰丙	6月28	亥丁	5月30	午戊	4月30	子戊	4月 1	未己	3月 2	丑己	2月 1	申庚	四初
7月28	巳丁	6月29	子戊	5月31	未己	5月 1	丑己	4月 2	申庚	3月 3	寅庚	2月 2	酉辛	五初
7月29	午戊	6月30	丑己	6月 1	申庚	5月 2	寅庚	4月 3	酉辛	3月 4	卯辛	2月 3	戌壬	六初
7月30	未己	7月 1	寅庚	6月 2	酉辛	5月 3	卯辛	4月 4	戌壬	3月 5	辰壬	2月 4	亥癸	七初
7月31	申庚	7月 2	卯辛	6月 3	戌壬	5月 4	辰壬	4月 5	亥癸	3月 6	巳癸	2月 5	子甲	八初
8月 1	酉辛	7月 3	辰壬	6月 4	亥癸	5月 5	巳癸	4月 6	子甲	3月 7	午甲	2月 6	丑乙	九初
8月 2	戌壬	7月 4	巳癸	6月 5	子甲	5月 6	午甲	4月 7	丑乙	3月 8	未乙	2月 7	寅丙	十初
8月 3	亥癸	7月 5	午甲	6月 6	丑乙	5月 7	未乙	4月 8	寅丙	3月 9	申丙	2月 8	卯丁	一十
8月 4	子甲	7月 6	未乙	6月 7	寅丙	5月 8	申丙	4月 9	卯丁	3月10	酉丁	2月 9	辰戊	二十
8月 5	丑乙	7月 7	申丙	6月 8	卯丁	5月 9	酉丁	4月10	辰戊	3月11	戌戊	2月10	巳己	三十
8月 6	寅丙	7月 8	酉丁	6月 9	辰戊	5月10	戌戊	4月11	巳己	3月12	亥己	2月11	午庚	四十
8月 7	卯丁	7月 9	戌戊	6月10	巳己	5月11	亥己	4月12	午庚	3月13	子庚	2月12	未辛	五十
8月 8	辰戊	7月10	亥己	6月11	午庚	5月12	子庚	4月13	未辛	3月14	丑辛	2月13	申壬	六十
8月 9	巳己	7月11	子庚	6月12	未辛	5月13	丑辛	4月14	申壬	3月15	寅壬	2月14	酉癸	七十
8月10	午庚	7月12	丑辛	6月13	申壬	5月14	寅壬	4月15	酉癸	3月16	卯癸	2月15	戌甲	八十
8月11	未辛	7月13	寅壬	6月14	酉癸	5月15	卯癸	4月16	戌甲	3月17	辰甲	2月16	亥乙	九十
8月12	申壬	7月14	卯癸	6月15	戌甲	5月16	辰甲	4月17	亥乙	3月18	巳乙	2月17	子丙	十二
8月13	酉癸	7月15	辰甲	6月16	亥乙	5月17	巳乙	4月18	子丙	3月19	午丙	2月18	丑丁	一廿
8月14	戌甲	7月16	巳乙	6月17	子丙	5月18	午丙	4月19	丑丁	3月20	未丁	2月19	寅戊	二廿
8月15	亥乙	7月17	午丙	6月18	丑丁	5月19	未丁	4月20	寅戊	3月21	申戊	2月20	卯己	三廿
8月16	子丙	7月18	未丁	6月19	寅戊	5月20	申戊	4月21	卯己	3月22	酉己	2月21	辰庚	四廿
8月17	丑丁	7月19	申戊	6月20	卯己	5月21	酉己	4月22	辰庚	3月23	戌庚	2月22	巳辛	五廿
8月18	寅戊	7月20	酉己	6月21	辰庚	5月22	戌庚	4月23	巳辛	3月24	亥辛	2月23	午壬	六廿
8月19	卯己	7月21	戌庚	6月22	巳辛	5月23	亥辛	4月24	午壬	3月25	子壬	2月24	未癸	七廿
8月20	辰庚	7月22	亥辛	6月23	午壬	5月24	子壬	4月25	未癸	3月26	丑癸	2月25	申甲	八廿
8月21	巳辛	7月23	子壬	6月24	未癸	5月25	丑癸	4月26	申甲	3月27	寅甲	2月26	酉乙	九廿
8月22	午壬					5月26	寅甲			3月28	卯乙			十三

西元1903年

月別	月二十曆農		月一十曆農		月十曆農		月九曆農		月八曆農		月七曆農	
干支	丑	乙	子	甲	亥	癸	戌	壬	酉	辛	申	庚
節	春立	寒大	寒小	至冬	雪大	雪小	冬立	降霜	露寒	分秋	露白	暑處
氣	14時3分 二十未時	19時34分 初五戌時	2時15分 二十丑時	8時57分 初五辰時	15時14分 二十申時	19時58分 初五戌時	22時52分 二十亥時	23時1分 初五夜子	20時21分 十九戌時	14時22分 初四未時	5時23分 十八卯時	17時20分 初二酉時
農曆	曆國	支干	曆國	支干	曆國	支干	曆國	支干	曆國	支干	曆國	支干
初一	1月17	戌庚	12月19	巳辛	11月19	亥辛	10月20	巳辛	9月21	子壬	8月23	未癸
初二	1月18	亥辛	12月20	午壬	11月20	子壬	10月21	午壬	9月22	丑癸	8月24	申甲
初三	1月19	子壬	12月21	未癸	11月21	丑癸	10月22	未癸	9月23	寅甲	8月25	酉乙
初四	1月20	丑癸	12月22	申甲	11月22	寅甲	10月23	申甲	9月24	卯乙	8月26	戌丙
初五	1月21	寅甲	12月23	酉乙	11月23	卯乙	10月24	酉乙	9月25	辰丙	8月27	亥丁
初六	1月22	卯乙	12月24	戌丙	11月24	辰丙	10月25	戌丙	9月26	巳丁	8月28	子戊
初七	1月23	辰丙	12月25	亥丁	11月25	巳丁	10月26	亥丁	9月27	午戊	8月29	丑己
初八	1月24	巳丁	12月26	子戊	11月26	午戊	10月27	子戊	9月28	未己	8月30	寅庚
初九	1月25	午戊	12月27	丑己	11月27	未己	10月28	丑己	9月29	申庚	8月31	卯辛
初十	1月26	未己	12月28	寅庚	11月28	申庚	10月29	寅庚	9月30	酉辛	9月 1	辰壬
十一	1月27	申庚	12月29	卯辛	11月29	酉辛	10月30	卯辛	10月 1	戌壬	9月 2	巳癸
十二	1月28	酉辛	12月30	辰壬	11月30	戌壬	10月31	辰壬	10月 2	亥癸	9月 3	午甲
十三	1月29	戌壬	12月31	巳癸	12月 1	亥癸	11月 1	巳癸	10月 3	子甲	9月 4	未乙
十四	1月30	亥癸	1月 1	午甲	12月 2	子甲	11月 2	午甲	10月 4	丑乙	9月 5	申丙
十五	1月31	子甲	1月 2	未乙	12月 3	丑乙	11月 3	未乙	10月 5	寅丙	9月 6	酉丁
十六	2月 1	丑乙	1月 3	申丙	12月 4	寅丙	11月 4	申丙	10月 6	卯丁	9月 7	戌戊
十七	2月 2	寅丙	1月 4	酉丁	12月 5	卯丁	11月 5	酉丁	10月 7	辰戊	9月 8	亥己
十八	2月 3	卯丁	1月 5	戌戊	12月 6	辰戊	11月 6	戌戊	10月 8	巳己	9月 9	子庚
十九	2月 4	辰戊	1月 6	亥己	12月 7	巳己	11月 7	亥己	10月 9	午庚	9月10	丑辛
二十	2月 5	巳己	1月 7	子庚	12月 8	午庚	11月 8	子庚	10月10	未辛	9月11	寅壬
廿一	2月 6	午庚	1月 8	丑辛	12月 9	未辛	11月 9	丑辛	10月11	申壬	9月12	卯癸
廿二	2月 7	未辛	1月 9	寅壬	12月10	申壬	11月10	寅壬	10月12	酉癸	9月13	辰甲
廿三	2月 8	申壬	1月10	卯癸	12月11	酉癸	11月11	卯癸	10月13	戌甲	9月14	巳乙
廿四	2月 9	酉癸	1月11	辰甲	12月12	戌甲	11月12	辰甲	10月14	亥乙	9月15	午丙
廿五	2月10	戌甲	1月12	巳乙	12月13	亥乙	11月13	巳乙	10月15	子丙	9月16	未丁
廿六	2月11	亥乙	1月13	午丙	12月14	子丙	11月14	午丙	10月16	丑丁	9月17	申戊
廿七	2月12	子丙	1月14	未丁	12月15	丑丁	11月15	未丁	10月17	寅戊	9月18	酉己
廿八	2月13	丑丁	1月15	申戊	12月16	寅戊	11月16	申戊	10月18	卯己	9月19	戌庚
廿九	2月14	寅戊	1月16	酉己	12月17	卯己	11月17	酉己	10月19	辰庚	9月20	亥辛
三十	2月15	卯己			12月18	辰庚	11月18	戌庚				

民國前八年（光緒三十）歲次 甲辰《龍》

西元一九〇四年 太歲 姓李名成

月六曆農		月五曆農		月四曆農		月三曆農		月二曆農		月正曆農		別月
未	辛	午	庚	巳	己	辰	戊	卯	丁	寅	丙	支干
秋立	暑大	暑小	至夏	種芒	滿小	夏立	雨穀	明清	分春	蟄驚	水雨	節
廿七辰時 8時43分	十一申時 16時22分	廿四亥時 23時4分	初九卯時 5時27分	廿三午時 12時35分	初七戌時 21時6分	廿一辰時 7時54分	初五亥時 21時19分	二十未時 13時56分	初五巳時 9時35分	二十辰時 8時30分	初五巳時 10時2分	氣
曆國	支干	曆國	支干	曆國	支干	曆國	支干	曆國	支干	曆國	支干	曆農
7月13	申戊	6月14	卯己	5月15	酉己	4月16	辰庚	3月17	戌庚	2月16	辰庚	一初
7月14	酉己	6月15	辰庚	5月16	戌庚	4月17	巳辛	3月18	亥辛	2月17	巳辛	二初
7月15	戌庚	6月16	巳辛	5月17	亥辛	4月18	午壬	3月19	子壬	2月18	午壬	三初
7月16	亥辛	6月17	午壬	5月18	子壬	4月19	未癸	3月20	丑癸	2月19	未癸	四初
7月17	子壬	6月18	未癸	5月19	丑癸	4月20	申甲	3月21	寅甲	2月20	申甲	五初
7月18	丑癸	6月19	申甲	5月20	寅甲	4月21	酉乙	3月22	卯乙	2月21	酉乙	六初
7月19	寅甲	6月20	酉乙	5月21	卯乙	4月22	戌丙	3月23	辰丙	2月22	戌丙	七初
7月20	卯乙	6月21	戌丙	5月22	辰丙	4月23	亥丁	3月24	巳丁	2月23	亥丁	八初
7月21	辰丙	6月22	亥丁	5月23	巳丁	4月24	子戊	3月25	午戊	2月24	子戊	九初
7月22	巳丁	6月23	子戊	5月24	午戊	4月25	丑己	3月26	未己	2月25	丑己	十初
7月23	午戊	6月24	丑己	5月25	未己	4月26	寅庚	3月27	申庚	2月26	寅庚	一十
7月24	未己	6月25	寅庚	5月26	申庚	4月27	卯辛	3月28	酉辛	2月27	卯辛	二十
7月25	申庚	6月26	卯辛	5月27	酉辛	4月28	辰壬	3月29	戌壬	2月28	辰壬	三十
7月26	酉辛	6月27	辰壬	5月28	戌壬	4月29	巳癸	3月30	亥癸	2月29	巳癸	四十
7月27	戌壬	6月28	巳癸	5月29	亥癸	4月30	午甲	3月31	子甲	3月 1	午甲	五十
7月28	亥癸	6月29	午甲	5月30	子甲	5月 1	未乙	4月 1	丑乙	3月 2	未乙	六十
7月29	子甲	6月30	未乙	5月31	丑乙	5月 2	申丙	4月 2	寅丙	3月 3	申丙	七十
7月30	丑乙	7月 1	申丙	6月 1	寅丙	5月 3	酉丁	4月 3	卯丁	3月 4	酉丁	八十
7月31	寅丙	7月 2	酉丁	6月 2	卯丁	5月 4	戌戊	4月 4	辰戊	3月 5	戌戊	九十
8月 1	卯丁	7月 3	戌戊	6月 3	辰戊	5月 5	亥己	4月 5	巳己	3月 6	亥己	十二
8月 2	辰戊	7月 4	亥己	6月 4	巳己	5月 6	子庚	4月 6	午庚	3月 7	子庚	一廿
8月 3	巳己	7月 5	子庚	6月 5	午庚	5月 7	丑辛	4月 7	未辛	3月 8	丑辛	二廿
8月 4	午庚	7月 6	丑辛	6月 6	未辛	5月 8	寅壬	4月 8	申壬	3月 9	寅壬	三廿
8月 5	未辛	7月 7	寅壬	6月 7	申壬	5月 9	卯癸	4月 9	酉癸	3月10	卯癸	四廿
8月 6	申壬	7月 8	卯癸	6月 8	酉癸	5月10	辰甲	4月10	戌甲	3月11	辰甲	五廿
8月 7	酉癸	7月 9	辰甲	6月 9	戌甲	5月11	巳乙	4月11	亥乙	3月12	巳乙	六廿
8月 8	戌甲	7月10	巳乙	6月10	亥乙	5月12	午丙	4月12	子丙	3月13	午丙	七廿
8月 9	亥乙	7月11	午丙	6月11	子丙	5月13	未丁	4月13	丑丁	3月14	未丁	八廿
8月10	子丙	7月12	未丁	6月12	丑丁	5月14	申戊	4月14	寅戊	3月15	申戊	九廿
				6月13	寅戊			4月15	卯己	3月16	酉己	十三

西元1904年

月別	月二十曆農		月一十曆農		月十曆農		月九曆農		月八曆農		月七曆農	
干支	丑	丁	子	丙	亥	乙	戌	甲	酉	癸	申	壬
節	寒大	寒小	至冬	雪大	雪小	冬立	降霜	露寒	分秋		露白	暑處
氣	十六丑時 1時19分	初一辰時 8時1分	十六未時 14時42分	初一戌時 21時0分	十七丑時 1時43分	初二寅時 4時38分	十六寅時 4時45分	初一丑時 2時7分	十四戌時 20時7分		廿九午時 11時9分	十三夜子 23時5分
農曆	曆國	支干	曆國	支干	曆國	支干	曆國	支干	曆國	支干	曆國	支干
初一	1月6	巳乙	12月7	亥乙	11月7	巳乙	10月9	子丙	9月10	未丁	8月11	丑丁
初二	1月7	午丙	12月8	子丙	11月8	午丙	10月10	丑丁	9月11	申戊	8月12	寅戊
初三	1月8	未丁	12月9	丑丁	11月9	未丁	10月11	寅戊	9月12	酉己	8月13	卯己
初四	1月9	申戊	12月10	寅戊	11月10	申戊	10月12	卯己	9月13	戌庚	8月14	辰庚
初五	1月10	酉己	12月11	卯己	11月11	酉己	10月13	辰庚	9月14	亥辛	8月15	巳辛
初六	1月11	戌庚	12月12	辰庚	11月12	戌庚	10月14	巳辛	9月15	子壬	8月16	午壬
初七	1月12	亥辛	12月13	巳辛	11月13	亥辛	10月15	午壬	9月16	丑癸	8月17	未癸
初八	1月13	子壬	12月14	午壬	11月14	子壬	10月16	未癸	9月17	寅甲	8月18	申甲
初九	1月14	丑癸	12月15	未癸	11月15	丑癸	10月17	申甲	9月18	卯乙	8月19	酉乙
初十	1月15	寅甲	12月16	申甲	11月16	寅甲	10月18	酉乙	9月19	辰丙	8月20	戌丙
十一	1月16	卯乙	12月17	酉乙	11月17	卯乙	10月19	戌丙	9月20	巳丁	8月21	亥丁
十二	1月17	辰丙	12月18	戌丙	11月18	辰丙	10月20	亥丁	9月21	午戊	8月22	子戊
十三	1月18	巳丁	12月19	亥丁	11月19	巳丁	10月21	子戊	9月22	未己	8月23	丑己
十四	1月19	午戊	12月20	子戊	11月20	午戊	10月22	丑己	9月23	申庚	8月24	寅庚
十五	1月20	未己	12月21	丑己	11月21	未己	10月23	寅庚	9月24	酉辛	8月25	卯辛
十六	1月21	申庚	12月22	寅庚	11月22	申庚	10月24	卯辛	9月25	戌壬	8月26	辰壬
十七	1月22	酉辛	12月23	卯辛	11月23	酉辛	10月25	辰壬	9月26	亥癸	8月27	巳癸
十八	1月23	戌壬	12月24	辰壬	11月24	戌壬	10月26	巳癸	9月27	子甲	8月28	午甲
十九	1月24	亥癸	12月25	巳癸	11月25	亥癸	10月27	午甲	9月28	丑乙	8月29	未乙
二十	1月25	子甲	12月26	午甲	11月26	子甲	10月28	未乙	9月29	寅丙	8月30	申丙
廿一	1月26	丑乙	12月27	未乙	11月27	丑乙	10月29	申丙	9月30	卯丁	8月31	酉丁
廿二	1月27	寅丙	12月28	申丙	11月28	寅丙	10月30	酉丁	10月1	辰戊	9月1	戌戊
廿三	1月28	卯丁	12月29	酉丁	11月29	卯丁	10月31	戌戊	10月2	巳己	9月2	亥己
廿四	1月29	辰戊	12月30	戌戊	11月30	辰戊	11月1	亥己	10月3	午庚	9月3	子庚
廿五	1月30	巳己	12月31	亥己	12月1	巳己	11月2	子庚	10月4	未辛	9月4	丑辛
廿六	1月31	午庚	1月1	子庚	12月2	午庚	11月3	丑辛	10月5	申壬	9月5	寅壬
廿七	2月1	未辛	1月2	丑辛	12月3	未辛	11月4	寅壬	10月6	酉癸	9月6	卯癸
廿八	2月2	申壬	1月3	寅壬	12月4	申壬	11月5	卯癸	10月7	戌甲	9月7	辰甲
廿九	2月3	酉癸	1月4	卯癸	12月5	酉癸	11月6	辰甲	10月8	亥乙	9月8	巳乙
三十			1月5	辰甲	12月6	戌甲					9月9	午丙

民國前七年（光緒卅一）歲次 乙巳《蛇》

西元一九〇五年 太歲 姓吳名逐

月六曆農		月五曆農		月四曆農		月三曆農		月二曆農		月正曆農		別月
未	癸	午	壬	巳	辛	辰	庚	卯	己	寅	戊	支干
暑大	暑小	至夏	種芒	滿小	夏立	雨穀	明清	分春	蟄驚	水雨	春立	節
22時7分 廿一亥時	4時50分 初六寅時	11時12分 二十午時	18時21分 初四酉時	2時51分 十九丑時	13時40分 初三未時	3時4分 十七丑時	19時42分 初一戌時	15時20分 十六申時	14時16分 初一未時	15時47分 十六申時	19時49分 初一戌時	氣
曆國	支干	曆國	支干	曆國	支干	曆國	支干	曆國	支干	曆國	支干	曆農
7月 3	卯癸	6月 3	酉癸	5月 4	卯癸	4月 5	戌甲	3月 6	辰甲	2月 4	戌甲	一初
7月 4	辰甲	6月 4	戌甲	5月 5	辰甲	4月 6	亥乙	3月 7	巳乙	2月 5	亥乙	二初
7月 5	巳乙	6月 5	亥乙	5月 6	巳乙	4月 7	子丙	3月 8	午丙	2月 6	子丙	三初
7月 6	午丙	6月 6	子丙	5月 7	午丙	4月 8	丑丁	3月 9	未丁	2月 7	丑丁	四初
7月 7	未丁	6月 7	丑丁	5月 8	未丁	4月 9	寅戊	3月10	申戊	2月 8	寅戊	五初
7月 8	申戊	6月 8	寅戊	5月 9	申戊	4月10	卯己	3月11	酉己	2月 9	卯己	六初
7月 9	酉己	6月 9	卯己	5月10	酉己	4月11	辰庚	3月12	戌庚	2月10	辰庚	七初
7月10	戌庚	6月10	辰庚	5月11	戌庚	4月12	巳辛	3月13	亥辛	2月11	巳辛	八初
7月11	亥辛	6月11	巳辛	5月12	亥辛	4月13	午壬	3月14	子壬	2月12	午壬	九初
7月12	子壬	6月12	午壬	5月13	子壬	4月14	未癸	3月15	丑癸	2月13	未癸	十初
7月13	丑癸	6月13	未癸	5月14	丑癸	4月15	申甲	3月16	寅甲	2月14	申甲	一十
7月14	寅甲	6月14	申甲	5月15	寅甲	4月16	酉乙	3月17	卯乙	2月15	酉乙	二十
7月15	卯乙	6月15	酉乙	5月16	卯乙	4月17	戌丙	3月18	辰丙	2月16	戌丙	三十
7月16	辰丙	6月16	戌丙	5月17	辰丙	4月18	亥丁	3月19	巳丁	2月17	亥丁	四十
7月17	巳丁	6月17	亥丁	5月18	巳丁	4月19	子戊	3月20	午戊	2月18	子戊	五十
7月18	午戊	6月18	子戊	5月19	午戊	4月20	丑己	3月21	未己	2月19	丑己	六十
7月19	未己	6月19	丑己	5月20	未己	4月21	寅庚	3月22	申庚	2月20	寅庚	七十
7月20	申庚	6月20	寅庚	5月21	申庚	4月22	卯辛	3月23	酉辛	2月21	卯辛	八十
7月21	酉辛	6月21	卯辛	5月22	酉辛	4月23	辰壬	3月24	戌壬	2月22	辰壬	九十
7月22	戌壬	6月22	辰壬	5月23	戌壬	4月24	巳癸	3月25	亥癸	2月23	巳癸	十二
7月23	亥癸	6月23	巳癸	5月24	亥癸	4月25	午甲	3月26	子甲	2月24	午甲	一廿
7月24	子甲	6月24	午甲	5月25	子甲	4月26	未乙	3月27	丑乙	2月25	未乙	二廿
7月25	丑乙	6月25	未乙	5月26	丑乙	4月27	申丙	3月28	寅丙	2月26	申丙	三廿
7月26	寅丙	6月26	申丙	5月27	寅丙	4月28	酉丁	3月29	卯丁	2月27	酉丁	四廿
7月27	卯丁	6月27	酉丁	5月28	卯丁	4月29	戌戊	3月30	辰戊	2月28	戌戊	五廿
7月28	辰戊	6月28	戌戊	5月29	辰戊	4月30	亥己	3月31	巳己	3月 1	亥己	六廿
7月29	巳己	6月29	亥己	5月30	巳己	5月 1	子庚	4月 1	午庚	3月 2	子庚	七廿
7月30	午庚	6月30	子庚	5月31	午庚	5月 2	丑辛	4月 2	未辛	3月 3	丑辛	八廿
7月31	未辛	7月 1	丑辛	6月 1	未辛	5月 3	寅壬	4月 3	申壬	3月 4	寅壬	九廿
		7月 2	寅壬	6月 2	申壬			4月 4	酉癸	3月 5	卯癸	十三

西元1905年

月別	月二十曆農		月一十曆農		月十曆農		月九曆農		月八曆農		月七曆農	
干支	丑	己	子	戊	亥	丁	戌	丙	酉	乙	申	甲
節	寒大	寒小	至冬	雪大	雪小	冬立	降霜	露寒	分秋	露白	暑處	秋立
氣	廿七辰時 7時4分	十二未時 13時47分	廿六戌時 20時27分	十二丑時 2時46分	廿二辰時 23時35分	十二巳時 10時23分	廿六巳時 10時30分	十一辰時 7時53分	廿六丑時 1時52分	初十申時 16時55分	廿四寅時 4時50分	初八未時 14時29分
農曆	曆國	支干	曆國	支干	曆國	支干	曆國	支干	曆國	支干	曆國	支干
初一	12月26	亥己	11月27	午庚	10月28	子庚	9月29	未辛	8月30	丑辛	8月 1	申壬
初二	12月27	子庚	11月28	未辛	10月29	丑辛	9月30	申壬	8月31	寅壬	8月 2	酉癸
初三	12月28	丑辛	11月29	申壬	10月30	寅壬	10月 1	酉癸	9月 1	卯癸	8月 3	戌甲
初四	12月29	寅壬	11月30	酉癸	10月31	卯癸	10月 2	戌甲	9月 2	辰甲	8月 4	亥乙
初五	12月30	卯癸	12月 1	戌甲	11月 1	辰甲	10月 3	亥乙	9月 3	巳乙	8月 5	子丙
初六	12月31	辰甲	12月 2	亥乙	11月 2	巳乙	10月 4	子丙	9月 4	午丙	8月 6	丑丁
初七	1月 1	巳乙	12月 3	子丙	11月 3	午丙	10月 5	丑丁	9月 5	未丁	8月 7	寅戊
初八	1月 2	午丙	12月 4	丑丁	11月 4	未丁	10月 6	寅戊	9月 6	申戊	8月 8	卯己
初九	1月 3	未丁	12月 5	寅戊	11月 5	申戊	10月 7	卯己	9月 7	酉己	8月 9	辰庚
初十	1月 4	申戊	12月 6	卯己	11月 6	酉己	10月 8	辰庚	9月 8	戌庚	8月10	巳辛
十一	1月 5	酉己	12月 7	辰庚	11月 7	戌庚	10月 9	巳辛	9月 9	亥辛	8月11	午壬
十二	1月 6	戌庚	12月 8	巳辛	11月 8	亥辛	10月10	午壬	9月10	子壬	8月12	未癸
十三	1月 7	亥辛	12月 9	午壬	11月 9	子壬	10月11	未癸	9月11	丑癸	8月13	申甲
十四	1月 8	子壬	12月10	未癸	11月10	丑癸	10月12	申甲	9月12	寅甲	8月14	酉乙
十五	1月 9	丑癸	12月11	申甲	11月11	寅甲	10月13	酉乙	9月13	卯乙	8月15	戌丙
十六	1月10	寅甲	12月12	酉乙	11月12	卯乙	10月14	戌丙	9月14	辰丙	8月16	亥丁
十七	1月11	卯乙	12月13	戌丙	11月13	辰丙	10月15	亥丁	9月15	巳丁	8月17	子戊
十八	1月12	辰丙	12月14	亥丁	11月14	巳丁	10月16	子戊	9月16	午戊	8月18	丑己
十九	1月13	巳丁	12月15	子戊	11月15	午戊	10月17	丑己	9月17	未己	8月19	寅庚
二十	1月14	午戊	12月16	丑己	11月16	未己	10月18	寅庚	9月18	申庚	8月20	卯辛
廿一	1月15	未己	12月17	寅庚	11月17	申庚	10月19	卯辛	9月19	酉辛	8月21	辰壬
廿二	1月16	申庚	12月18	卯辛	11月18	酉辛	10月20	辰壬	9月20	戌壬	8月22	巳癸
廿三	1月17	酉辛	12月19	辰壬	11月19	戌壬	10月21	巳癸	9月21	亥癸	8月23	午甲
廿四	1月18	戌壬	12月20	巳癸	11月20	亥癸	10月22	午甲	9月22	子甲	8月24	未乙
廿五	1月19	亥癸	12月21	午甲	11月21	子甲	10月23	未乙	9月23	丑乙	8月25	申丙
廿六	1月20	子甲	12月22	未乙	11月22	丑乙	10月24	申丙	9月24	寅丙	8月26	酉丁
廿七	1月21	丑乙	12月23	申丙	11月23	寅丙	10月25	酉丁	9月25	卯丁	8月27	戌戊
廿八	1月22	寅丙	12月24	酉丁	11月24	卯丁	10月26	戌戊	9月26	辰戊	8月28	亥己
廿九	1月23	卯丁	12月25	戌戊	11月25	辰戊	10月27	亥己	9月27	巳己	8月29	子庚
三十	1月24	辰戊			11月26	巳己			9月28	午庚		

民國前六年（光緒卅二）歲次 丙午《馬》

西元一九〇六年 太歲 姓文名折

月六曆農		月五曆農		月四閏曆農		月四曆農		月三曆農		月二曆農		月正曆農		別月
未	乙	午	甲			巳	癸	辰	壬	卯	辛	寅	庚	支干
秋立	暑大	暑小	至夏	種芒		滿小	夏立	雨穀	明清	分春	蟄驚	水雨	春立	節
十九戌時 20時6分	初四寅時 3時42分	十七巳時 10時26分	初一申時 16時47分	十五夜子 23時57分		廿九辰時 8時26分	十三戌時 19時16分	廿八辰時 8時39分	十三丑時 1時18分	廿七戌時 20時55分	十二戌時 19時52分	廿六亥時 21時22分	十二丑時 1時25分	氣
曆國	支干	曆國	支干	曆國	支干	曆國	支干	曆國	支干	曆國	支干	曆國	支干	曆農
7月21	寅丙	6月22	酉丁	5月23	卯丁	4月24	戌戊	3月25	辰戊	2月23	戌戊	1月25	巳己	一初
7月22	卯丁	6月23	戌戊	5月24	辰戊	4月25	亥己	3月26	巳己	2月24	亥己	1月26	午庚	二初
7月23	辰戊	6月24	亥己	5月25	巳己	4月26	子庚	3月27	午庚	2月25	子庚	1月27	未辛	三初
7月24	巳己	6月25	子庚	5月26	午庚	4月27	丑辛	3月28	未辛	2月26	丑辛	1月28	申壬	四初
7月25	午庚	6月26	丑辛	5月27	未辛	4月28	寅壬	3月29	申壬	2月27	寅壬	1月29	酉癸	五初
7月26	未辛	6月27	寅壬	5月28	申壬	4月29	卯癸	3月30	酉癸	2月28	卯癸	1月30	戌甲	六初
7月27	申壬	6月28	卯癸	5月29	酉癸	4月30	辰甲	3月31	戌甲	3月 1	辰甲	1月31	亥乙	七初
7月28	酉癸	6月29	辰甲	5月30	戌甲	5月 1	巳乙	4月 1	亥乙	3月 2	巳乙	2月 1	子丙	八初
7月29	戌甲	6月30	巳乙	5月31	亥乙	5月 2	午丙	4月 2	子丙	3月 3	午丙	2月 2	丑丁	九初
7月30	亥乙	7月 1	午丙	6月 1	子丙	5月 3	未丁	4月 3	丑丁	3月 4	未丁	2月 3	寅戊	十初
7月31	子丙	7月 2	未丁	6月 2	丑丁	5月 4	申戊	4月 4	寅戊	3月 5	申戊	2月 4	卯己	一十
8月 1	丑丁	7月 3	申戊	6月 3	寅戊	5月 5	酉己	4月 5	卯己	3月 6	酉己	2月 5	辰庚	二十
8月 2	寅戊	7月 4	酉己	6月 4	卯己	5月 6	戌庚	4月 6	辰庚	3月 7	戌庚	2月 6	巳辛	三十
8月 3	卯己	7月 5	戌庚	6月 5	辰庚	5月 7	亥辛	4月 7	巳辛	3月 8	亥辛	2月 7	午壬	四十
8月 4	辰庚	7月 6	亥辛	6月 6	巳辛	5月 8	子壬	4月 8	午壬	3月 9	子壬	2月 8	未癸	五十
8月 5	巳辛	7月 7	子壬	6月 7	午壬	5月 9	丑癸	4月 9	未癸	3月10	丑癸	2月 9	申甲	六十
8月 6	午壬	7月 8	丑癸	6月 8	未癸	5月10	寅甲	4月10	申甲	3月11	寅甲	2月10	酉乙	七十
8月 7	未癸	7月 9	寅甲	6月 9	申甲	5月11	卯乙	4月11	酉乙	3月12	卯乙	2月11	戌丙	八十
8月 8	申甲	7月10	卯乙	6月10	酉乙	5月12	辰丙	4月12	戌丙	3月13	辰丙	2月12	亥丁	九十
8月 9	酉乙	7月11	辰丙	6月11	戌丙	5月13	巳丁	4月13	亥丁	3月14	巳丁	2月13	子戊	十二
8月10	戌丙	7月12	巳丁	6月12	亥丁	5月14	午戊	4月14	子戊	3月15	午戊	2月14	丑己	一廿
8月11	亥丁	7月13	午戊	6月13	子戊	5月15	未己	4月15	丑己	3月16	未己	2月15	寅庚	二廿
8月12	子戊	7月14	未己	6月14	丑己	5月16	申庚	4月16	寅庚	3月17	申庚	2月16	卯辛	三廿
8月13	丑己	7月15	申庚	6月15	寅庚	5月17	酉辛	4月17	卯辛	3月18	酉辛	2月17	辰壬	四廿
8月14	寅庚	7月16	酉辛	6月16	卯辛	5月18	戌壬	4月18	辰壬	3月19	戌壬	2月18	巳癸	五廿
8月15	卯辛	7月17	戌壬	6月17	辰壬	5月19	亥癸	4月19	巳癸	3月20	亥癸	2月19	午甲	六廿
8月16	辰壬	7月18	亥癸	6月18	巳癸	5月20	子甲	4月20	午甲	3月21	子甲	2月20	未乙	七廿
8月17	巳癸	7月19	子甲	6月19	午甲	5月21	丑乙	4月21	未乙	3月22	丑乙	2月21	申丙	八廿
8月18	午甲	7月20	丑乙	6月20	未乙	5月22	寅丙	4月22	申丙	3月23	寅丙	2月22	酉丁	九廿
8月19	未乙			6月21	申丙			4月23	酉丁	3月24	卯丁			十三

西元1906年

月別	月二十曆農		月一十曆農		月十曆農		月九曆農		月八曆農		月七曆農	
干支	丑	辛	子	庚	亥	己	戌	戊	酉	丁	申	丙
節	春立	寒大	寒小	至冬	雪大	雪小	冬立	降霜	露寒	分秋	露白	暑處
氣	廿三辰時 7時1分	初八午時 12時40分	廿二戌時 19時15分	初八丑時 2時3分	廿三辰時 8時13分	初八未時 13時3分	廿三申時 15時51分	初七申時 16時5分	廿二未時 13時20分	初七辰時 7時27分	二十亥時 22時32分	初五巳時 10時25分
農曆	曆國	支干	曆國	支干	曆國	支干	曆國	支干	曆國	支干	曆國	支干
初一	1月14	亥癸	12月16	午甲	11月16	子甲	10月18	未乙	9月18	丑乙	8月20	申丙
初二	1月15	子甲	12月17	未乙	11月17	丑乙	10月19	申丙	9月19	寅丙	8月21	酉丁
初三	1月16	丑乙	12月18	申丙	11月18	寅丙	10月20	酉丁	9月20	卯丁	8月22	戌戊
初四	1月17	寅丙	12月19	酉丁	11月19	卯丁	10月21	戌戊	9月21	辰戊	8月23	亥己
初五	1月18	卯丁	12月20	戌戊	11月20	辰戊	10月22	亥己	9月22	巳己	8月24	子庚
初六	1月19	辰戊	12月21	亥己	11月21	巳己	10月23	子庚	9月23	午庚	8月25	丑辛
初七	1月20	巳己	12月22	子庚	11月22	午庚	10月24	丑辛	9月24	未辛	8月26	寅壬
初八	1月21	午庚	12月23	丑辛	11月23	未辛	10月25	寅壬	9月25	申壬	8月27	卯癸
初九	1月22	未辛	12月24	寅壬	11月24	申壬	10月26	卯癸	9月26	酉癸	8月28	辰甲
初十	1月23	申壬	12月25	卯癸	11月25	酉癸	10月27	辰甲	9月27	戌甲	8月29	巳乙
十一	1月24	酉癸	12月26	辰甲	11月26	戌甲	10月28	巳乙	9月28	亥乙	8月30	午丙
十二	1月25	戌甲	12月27	巳乙	11月27	亥乙	10月29	午丙	9月29	子丙	8月31	未丁
十三	1月26	亥乙	12月28	午丙	11月28	子丙	10月30	未丁	9月30	丑丁	9月 1	申戊
十四	1月27	子丙	12月29	未丁	11月29	丑丁	10月31	申戊	10月 1	寅戊	9月 2	酉己
十五	1月28	丑丁	12月30	申戊	11月30	寅戊	11月 1	酉己	10月 2	卯己	9月 3	戌庚
十六	1月29	寅戊	12月31	酉己	12月 1	卯己	11月 2	戌庚	10月 3	辰庚	9月 4	亥辛
十七	1月30	卯己	1月 1	戌庚	12月 2	辰庚	11月 3	亥辛	10月 4	巳辛	9月 5	子壬
十八	1月31	辰庚	1月 2	亥辛	12月 3	巳辛	11月 4	子壬	10月 5	午壬	9月 6	丑癸
十九	2月 1	巳辛	1月 3	子壬	12月 4	午壬	11月 5	丑癸	10月 6	未癸	9月 7	寅甲
二十	2月 2	午壬	1月 4	丑癸	12月 5	未癸	11月 6	寅甲	10月 7	申甲	9月 8	卯乙
廿一	2月 3	未癸	1月 5	寅甲	12月 6	申甲	11月 7	卯乙	10月 8	酉乙	9月 9	辰丙
廿二	2月 4	申甲	1月 6	卯乙	12月 7	酉乙	11月 8	辰丙	10月 9	戌丙	9月10	巳丁
廿三	2月 5	酉乙	1月 7	辰丙	12月 8	戌丙	11月 9	巳丁	10月10	亥丁	9月11	午戊
廿四	2月 6	戌丙	1月 8	巳丁	12月 9	亥丁	11月10	午戊	10月11	子戊	9月12	未己
廿五	2月 7	亥丁	1月 9	午戊	12月10	子戊	11月11	未己	10月12	丑己	9月13	申庚
廿六	2月 8	子戊	1月10	未己	12月11	丑己	11月12	申庚	10月13	寅庚	9月14	酉辛
廿七	2月 9	丑己	1月11	申庚	12月12	寅庚	11月13	酉辛	10月14	卯辛	9月15	戌壬
廿八	2月10	寅庚	1月12	酉辛	12月13	卯辛	11月14	戌壬	10月15	辰壬	9月16	亥癸
廿九	2月11	卯辛	1月13	戌壬	12月14	辰壬	11月15	亥癸	10月16	巳癸	9月17	子甲
三十	2月12	辰壬			12月15	巳癸			10月17	午甲		

民國前五年（光緒卅三）歲次 丁未《羊》

西元一九〇七年 太歲 姓廖名丙

月六曆農		月五曆農		月四曆農		月三曆農		月二曆農		月正曆農		別月
未 丁		午 丙		巳 乙		辰 甲		卯 癸		寅 壬		支干
暑 大		暑小	至夏	種芒	滿小	夏立	雨穀	明清	分春	蟄驚	水雨	節
9時28分 十五巳時		16時2分 廿八申時	22時32分 十二亥時	5時33分 廿七卯時	14時11分 十一未時	0時52分 廿五子時	14時24分 初九未時	6時54分 廿四卯時	2時39分 初九丑時	1時28分 廿三丑時	3時6分 初八寅時	氣
曆國	支干	曆國	支干	曆國	支干	曆國	支干	曆國	支干	曆國	支干	曆農
7月10	申庚	6月11	卯辛	5月12	酉辛	4月13	辰壬	3月14	戌壬	2月13	巳癸	一初
7月11	酉辛	6月12	辰壬	5月13	戌壬	4月14	巳癸	3月15	亥癸	2月14	午甲	二初
7月12	戌壬	6月13	巳癸	5月14	亥癸	4月15	午甲	3月16	子甲	2月15	未乙	三初
7月13	亥癸	6月14	午甲	5月15	子甲	4月16	未乙	3月17	丑乙	2月16	申丙	四初
7月14	子甲	6月15	未乙	5月16	丑乙	4月17	申丙	3月18	寅丙	2月17	酉丁	五初
7月15	丑乙	6月16	申丙	5月17	寅丙	4月18	酉丁	3月19	卯丁	2月18	戌戊	六初
7月16	寅丙	6月17	酉丁	5月18	卯丁	4月19	戌戊	3月20	辰戊	2月19	亥己	七初
7月17	卯丁	6月18	戌戊	5月19	辰戊	4月20	亥己	3月21	巳己	2月20	子庚	八初
7月18	辰戊	6月19	亥己	5月20	巳己	4月21	子庚	3月22	午庚	2月21	丑辛	九初
7月19	巳己	6月20	子庚	5月21	午庚	4月22	丑辛	3月23	未辛	2月22	寅壬	十初
7月20	午庚	6月21	丑辛	5月22	未辛	4月23	寅壬	3月24	申壬	2月23	卯癸	一十
7月21	未辛	6月22	寅壬	5月23	申壬	4月24	卯癸	3月25	酉癸	2月24	辰甲	二十
7月22	申壬	6月23	卯癸	5月24	酉癸	4月25	辰甲	3月26	戌甲	2月25	巳乙	三十
7月23	酉癸	6月24	辰甲	5月25	戌甲	4月26	巳乙	3月27	亥乙	2月26	午丙	四十
7月24	戌甲	6月25	巳乙	5月26	亥乙	4月27	午丙	3月28	子丙	2月27	未丁	五十
7月25	亥乙	6月26	午丙	5月27	子丙	4月28	未丁	3月29	丑丁	2月28	申戊	六十
7月26	子丙	6月27	未丁	5月28	丑丁	4月29	申戊	3月30	寅戊	3月 1	酉己	七十
7月27	丑丁	6月28	申戊	5月29	寅戊	4月30	酉己	3月31	卯己	3月 2	戌庚	八十
7月28	寅戊	6月29	酉己	5月30	卯己	5月 1	戌庚	4月 1	辰庚	3月 3	亥辛	九十
7月29	卯己	6月30	戌庚	5月31	辰庚	5月 2	亥辛	4月 2	巳辛	3月 4	子壬	十二
7月30	辰庚	7月 1	亥辛	6月 1	巳辛	5月 3	子壬	4月 3	午壬	3月 5	丑癸	一廿
7月31	巳辛	7月 2	子壬	6月 2	午壬	5月 4	丑癸	4月 4	未癸	3月 6	寅甲	二廿
8月 1	午壬	7月 3	丑癸	6月 3	未癸	5月 5	寅甲	4月 5	申甲	3月 7	卯乙	三廿
8月 2	未癸	7月 4	寅甲	6月 4	申甲	5月 6	卯乙	4月 6	酉乙	3月 8	辰丙	四廿
8月 3	申甲	7月 5	卯乙	6月 5	酉乙	5月 7	辰丙	4月 7	戌丙	3月 9	巳丁	五廿
8月 4	酉乙	7月 6	辰丙	6月 6	戌丙	5月 8	巳丁	4月 8	亥丁	3月10	午戊	六廿
8月 5	戌丙	7月 7	巳丁	6月 7	亥丁	5月 9	午戊	4月 9	子戊	3月11	未己	七廿
8月 6	亥丁	7月 8	午戊	6月 8	子戊	5月10	未己	4月10	丑己	3月12	申庚	八廿
8月 7	子戊	7月 9	未己	6月 9	丑己	5月11	申庚	4月11	寅庚	3月13	酉辛	九廿
8月 8	丑己			6月10	寅庚			4月12	卯辛			十三

西元1907年

月別	月二十曆農		月一十曆農		月十曆農		月九曆農		月八曆農		月七曆農	
干支	丑	癸	子	壬	亥	辛	戌	庚	酉	己	申	戊
節	寒大	寒小	至冬	雪大	雪小	冬立	降霜	露寒	分秋	露白	暑處	秋立
氣	18時28分 十八酉時	1時1分 初四丑時	7時50分 十九辰時	13時58分 初四未時	18時50分 十八酉時	21時36分 初三亥時	21時52分 十八亥時	19時5分 初三戌時	13時14分 十七未時	4時7分 初二寅時	16時12分 十六申時	1時41分 初一丑時
農曆	曆國	支干	曆國	支干	曆國	支干	曆國	支干	曆國	支干	曆國	支干
初一	1月 4	午戊	12月 5	子戊	11月 6	未己	10月 7	丑己	9月 8	申庚	8月 9	寅庚
初二	1月 5	未己	12月 6	丑己	11月 7	申庚	10月 8	寅庚	9月 9	酉辛	8月10	卯辛
初三	1月 6	申庚	12月 7	寅庚	11月 8	酉辛	10月 9	卯辛	9月10	戌壬	8月11	辰壬
初四	1月 7	酉辛	12月 8	卯辛	11月 9	戌壬	10月10	辰壬	9月11	亥癸	8月12	巳癸
初五	1月 8	戌壬	12月 9	辰壬	11月10	亥癸	10月11	巳癸	9月12	子甲	8月13	午甲
初六	1月 9	亥癸	12月10	巳癸	11月11	子甲	10月12	午甲	9月13	丑乙	8月14	未乙
初七	1月10	子甲	12月11	午甲	11月12	丑乙	10月13	未乙	9月14	寅丙	8月15	申丙
初八	1月11	丑乙	12月12	未乙	11月13	寅丙	10月14	申丙	9月15	卯丁	8月16	酉丁
初九	1月12	寅丙	12月13	申丙	11月14	卯丁	10月15	酉丁	9月16	辰戊	8月17	戌戊
初十	1月13	卯丁	12月14	酉丁	11月15	辰戊	10月16	戌戊	9月17	巳己	8月18	亥己
十一	1月14	辰戊	12月15	戌戊	11月16	巳己	10月17	亥己	9月18	午庚	8月19	子庚
十二	1月15	巳己	12月16	亥己	11月17	午庚	10月18	子庚	9月19	未辛	8月20	丑辛
十三	1月16	午庚	12月17	子庚	11月18	未辛	10月19	丑辛	9月20	申壬	8月21	寅壬
十四	1月17	未辛	12月18	丑辛	11月19	申壬	10月20	寅壬	9月21	酉癸	8月22	卯癸
十五	1月18	申壬	12月19	寅壬	11月20	酉癸	10月21	卯癸	9月22	戌甲	8月23	辰甲
十六	1月19	酉癸	12月20	卯癸	11月21	戌甲	10月22	辰甲	9月23	亥乙	8月24	巳乙
十七	1月20	戌甲	12月21	辰甲	11月22	亥乙	10月23	巳乙	9月24	子丙	8月25	午丙
十八	1月21	亥乙	12月22	巳乙	11月23	子丙	10月24	午丙	9月25	丑丁	8月26	未丁
十九	1月22	子丙	12月23	午丙	11月24	丑丁	10月25	未丁	9月26	寅戊	8月27	申戊
二十	1月23	丑丁	12月24	未丁	11月25	寅戊	10月26	申戊	9月27	卯己	8月28	酉己
廿一	1月24	寅戊	12月25	申戊	11月26	卯己	10月27	酉己	9月28	辰庚	8月29	戌庚
廿二	1月25	卯己	12月26	酉己	11月27	辰庚	10月28	戌庚	9月29	巳辛	8月30	亥辛
廿三	1月26	辰庚	12月27	戌庚	11月28	巳辛	10月29	亥辛	9月30	午壬	8月31	子壬
廿四	1月27	巳辛	12月28	亥辛	11月29	午壬	10月30	子壬	10月 1	未癸	9月 1	丑癸
廿五	1月28	午壬	12月29	子壬	11月30	未癸	10月31	丑癸	10月 2	申甲	9月 2	寅甲
廿六	1月29	未癸	12月30	丑癸	12月 1	申甲	11月 1	寅甲	10月 3	酉乙	9月 3	卯乙
廿七	1月30	申甲	12月31	寅甲	12月 2	酉乙	11月 2	卯乙	10月 4	戌丙	9月 4	辰丙
廿八	1月31	酉乙	1月 1	卯乙	12月 3	戌丙	11月 3	辰丙	10月 5	亥丁	9月 5	巳丁
廿九	2月 1	戌丙	1月 2	辰丙	12月 4	亥丁	11月 4	巳丁	10月 6	子戊	9月 6	午戊
三十			1月 3	巳丁			11月 5	午戊			9月 7	未己

民國前四年（光緒卅四）歲次 戊申《猴》

西元一九〇八年 太歲 姓兪名志

月六曆農		月五曆農		月四曆農		月三曆農		月二曆農		月正曆農		別月
未	己	午	戊	巳	丁	辰	丙	卯	乙	寅	甲	支干
暑大	暑小	至夏	種芒	滿小	夏立	雨穀	明清	分春	蟄驚	水雨	春立	節
廿五申時 15時14分	初九亥時 21時48分	廿四寅時 4時19分	初八午時 11時19分	廿二戌時 19時58分	初七卯時 6時38分	二十戌時 20時11分	初五午時 12時40分	十九辰時 8時54分	初四辰時 7時14分	十九辰時 8時54分	初四午時 12時47分	氣
曆國	支干	曆國	支干	曆國	支干	曆國	支干	曆國	支干	曆國	支干	曆農
6月29	卯乙	5月30	酉乙	4月30	卯乙	4月 1	戌丙	3月 3	巳丁	2月 2	亥丁	一初
6月30	辰丙	5月31	戌丙	5月 1	辰丙	4月 2	亥丁	3月 4	午戊	2月 3	子戊	二初
7月 1	巳丁	6月 1	亥丁	5月 2	巳丁	4月 3	子戊	3月 5	未己	2月 4	丑己	三初
7月 2	午戊	6月 2	子戊	5月 3	午戊	4月 4	丑己	3月 6	申庚	2月 5	寅庚	四初
7月 3	未己	6月 3	丑己	5月 4	未己	4月 5	寅庚	3月 7	酉辛	2月 6	卯辛	五初
7月 4	申庚	6月 4	寅庚	5月 5	申庚	4月 6	卯辛	3月 8	戌壬	2月 7	辰壬	六初
7月 5	酉辛	6月 5	卯辛	5月 6	酉辛	4月 7	辰壬	3月 9	亥癸	2月 8	巳癸	七初
7月 6	戌壬	6月 6	辰壬	5月 7	戌壬	4月 8	巳癸	3月10	子甲	2月 9	午甲	八初
7月 7	亥癸	6月 7	巳癸	5月 8	亥癸	4月 9	午甲	3月11	丑乙	2月10	未乙	九初
7月 8	子甲	6月 8	午甲	5月 9	子甲	4月10	未乙	3月12	寅丙	2月11	申丙	十初
7月 9	丑乙	6月 9	未乙	5月10	丑乙	4月11	申丙	3月13	卯丁	2月12	酉丁	一十
7月10	寅丙	6月10	申丙	5月11	寅丙	4月12	酉丁	3月14	辰戊	2月13	戌戊	二十
7月11	卯丁	6月11	酉丁	5月12	卯丁	4月13	戌戊	3月15	巳己	2月14	亥己	三十
7月12	辰戊	6月12	戌戊	5月13	辰戊	4月14	亥己	3月16	午庚	2月15	子庚	四十
7月13	巳己	6月13	亥己	5月14	巳己	4月15	子庚	3月17	未辛	2月16	丑辛	五十
7月14	午庚	6月14	子庚	5月15	午庚	4月16	丑辛	3月18	申壬	2月17	寅壬	六十
7月15	未辛	6月15	丑辛	5月16	未辛	4月17	寅壬	3月19	酉癸	2月18	卯癸	七十
7月16	申壬	6月16	寅壬	5月17	申壬	4月18	卯癸	3月20	戌甲	2月19	辰甲	八十
7月17	酉癸	6月17	卯癸	5月18	酉癸	4月19	辰甲	3月21	亥乙	2月20	巳乙	九十
7月18	戌甲	6月18	辰甲	5月19	戌甲	4月20	巳乙	3月22	子丙	2月21	午丙	十二
7月19	亥乙	6月19	巳乙	5月20	亥乙	4月21	午丙	3月23	丑丁	2月22	未丁	一廿
7月20	子丙	6月20	午丙	5月21	子丙	4月22	未丁	3月24	寅戊	2月23	申戊	二廿
7月21	丑丁	6月21	未丁	5月22	丑丁	4月23	申戊	3月25	卯己	2月24	酉己	三廿
7月22	寅戊	6月22	申戊	5月23	寅戊	4月24	酉己	3月26	辰庚	2月25	戌庚	四廿
7月23	卯己	6月23	酉己	5月24	卯己	4月25	戌庚	3月27	巳辛	2月26	亥辛	五廿
7月24	辰庚	6月24	戌庚	5月25	辰庚	4月26	亥辛	3月28	午壬	2月27	子壬	六廿
7月25	巳辛	6月25	亥辛	5月26	巳辛	4月27	子壬	3月29	未癸	2月28	丑癸	七廿
7月26	午壬	6月26	子壬	5月27	午壬	4月28	丑癸	3月30	申甲	2月29	寅甲	八廿
7月27	未癸	6月27	丑癸	5月28	未癸	4月29	寅甲	3月31	酉乙	3月 1	卯乙	九廿
		6月28	寅甲	5月29	申甲					3月 2	辰丙	十三

西元1908年

月別	月二十曆農		月一十曆農		月十曆農		月九曆農		月八曆農		月七曆農	
干支	丑	乙	子	甲	亥	癸	戌	壬	酉	辛	申	庚
節	寒大	寒小	至冬	雪大	雪小	冬立	降霜	露寒	分秋	露白	暑處	秋立
氣	0時11分 三十子時	6時45分 十五卯時	13時34分 廿九未時	19時44分 十四戌時	0時35分 三十子時	3時22分 十五寅時	3時37分 十三寅時	0時51分 十五子時	18時59分 廿八酉時	9時53分 十三巳時	21時57分 廿七亥時	7時27分 十二辰時
農曆	曆國	支干	曆國	支干	曆國	支干	曆國	支干	曆國	支干	曆國	支干
初一	12月23	子壬	11月24	未癸	10月25	丑癸	9月25	未癸	8月27	寅甲	7月28	申甲
初二	12月24	丑癸	11月25	申甲	10月26	寅甲	9月26	申甲	8月28	卯乙	7月29	酉乙
初三	12月25	寅甲	11月26	酉乙	10月27	卯乙	9月27	酉乙	8月29	辰丙	7月30	戌丙
初四	12月26	卯乙	11月27	戌丙	10月28	辰丙	9月28	戌丙	8月30	巳丁	7月31	亥丁
初五	12月27	辰丙	11月28	亥丁	10月29	巳丁	9月29	亥丁	8月31	午戊	8月 1	子戊
初六	12月28	巳丁	11月29	子戊	10月30	午戊	9月30	子戊	9月 1	未己	8月 2	丑己
初七	12月29	午戊	11月30	丑己	10月31	未己	10月 1	丑己	9月 2	申庚	8月 3	寅庚
初八	12月30	未己	12月 1	寅庚	11月 1	申庚	10月 2	寅庚	9月 3	酉辛	8月 4	卯辛
初九	12月31	申庚	12月 2	卯辛	11月 2	酉辛	10月 3	卯辛	9月 4	戌壬	8月 5	辰壬
初十	1月 1	酉辛	12月 3	辰壬	11月 3	戌壬	10月 4	辰壬	9月 5	亥癸	8月 6	巳癸
十一	1月 2	戌壬	12月 4	巳癸	11月 4	亥癸	10月 5	巳癸	9月 6	子甲	8月 7	午甲
十二	1月 3	亥癸	12月 5	午甲	11月 5	子甲	10月 6	午甲	9月 7	丑乙	8月 8	未乙
十三	1月 4	子甲	12月 6	未乙	11月 6	丑乙	10月 7	未乙	9月 8	寅丙	8月 9	申丙
十四	1月 5	丑乙	12月 7	申丙	11月 7	寅丙	10月 8	申丙	9月 9	卯丁	8月10	酉丁
十五	1月 6	寅丙	12月 8	酉丁	11月 8	卯丁	10月 9	酉丁	9月10	辰戊	8月11	戌戊
十六	1月 7	卯丁	12月 9	戌戊	11月 9	辰戊	10月10	戌戊	9月11	巳己	8月12	亥己
十七	1月 8	辰戊	12月10	亥己	11月10	巳己	10月11	亥己	9月12	午庚	8月13	子庚
十八	1月 9	巳己	12月11	子庚	11月11	午庚	10月12	子庚	9月13	未辛	8月14	丑辛
十九	1月10	午庚	12月12	丑辛	11月12	未辛	10月13	丑辛	9月14	申壬	8月15	寅壬
二十	1月11	未辛	12月13	寅壬	11月13	申壬	10月14	寅壬	9月15	酉癸	8月16	卯癸
廿一	1月12	申壬	12月14	卯癸	11月14	酉癸	10月15	卯癸	9月16	戌甲	8月17	辰甲
廿二	1月13	酉癸	12月15	辰甲	11月15	戌甲	10月16	辰甲	9月17	亥乙	8月18	巳乙
廿三	1月14	戌甲	12月16	巳乙	11月16	亥乙	10月17	巳乙	9月18	子丙	8月19	午丙
廿四	1月15	亥乙	12月17	午丙	11月17	子丙	10月18	午丙	9月19	丑丁	8月20	未丁
廿五	1月16	子丙	12月18	未丁	11月18	丑丁	10月19	未丁	9月20	寅戊	8月21	申戊
廿六	1月17	丑丁	12月19	申戊	11月19	寅戊	10月20	申戊	9月21	卯己	8月22	酉己
廿七	1月18	寅戊	12月20	酉己	11月20	卯己	10月21	酉己	9月22	辰庚	8月23	戌庚
廿八	1月19	卯己	12月21	戌庚	11月21	辰庚	10月22	戌庚	9月23	巳辛	8月24	亥辛
廿九	1月20	辰庚	12月22	亥辛	11月22	巳辛	10月23	亥辛	9月24	午壬	8月25	子壬
三十	1月21	巳辛			11月23	午壬	10月24	子壬			8月26	丑癸

民國前三年（宣統元年） 歲次 己酉《雞》

西元一九〇九年 太歲 姓程名寅

月六曆農		月五曆農		月四曆農		月三曆農		月二閏曆農		月二曆農		月正曆農		別月
未	辛	午	庚	巳	己	辰	戊			卯	丁	寅	丙	支干
秋立	暑大	暑小	至夏	種芒	滿小	夏立	雨穀	明	清	分春	蟄驚	水雨	春立	節
13時23分 廿三未時	21時1分 初七亥時	3時44分 廿一寅時	10時6分 初五巳時	17時14分 十九酉時	1時45分 初四丑時	12時31分 十七午時	1時58分 初二子時	18時29分 十五酉時		14時13分 三十未時	13時1分 十五未時	14時39分 廿九未時	18時33分 十四酉時	氣
曆國	支干	曆國	支干	曆國	支干	曆國	支干	曆國	支干	曆國	支干	曆國	支干	曆農
7月17	寅戊	6月18	酉己	5月19	卯己	4月20	戌庚	3月22	巳辛	2月20	亥辛	1月22	午壬	一初
7月18	卯己	6月19	戌庚	5月20	辰庚	4月21	亥辛	3月23	午壬	2月21	子壬	1月23	未癸	二初
7月19	辰庚	6月20	亥辛	5月21	巳辛	4月22	子壬	3月24	未癸	2月22	丑癸	1月24	申甲	三初
7月20	巳辛	6月21	子壬	5月22	午壬	4月23	丑癸	3月25	申甲	2月23	寅甲	1月25	酉乙	四初
7月21	午壬	6月22	丑癸	5月23	未癸	4月24	寅甲	3月26	酉乙	2月24	卯乙	1月26	戌丙	五初
7月22	未癸	6月23	寅甲	5月24	申甲	4月25	卯乙	3月27	戌丙	2月25	辰丙	1月27	亥丁	六初
7月23	申甲	6月24	卯乙	5月25	酉乙	4月26	辰丙	3月28	亥丁	2月26	巳丁	1月28	子戊	七初
7月24	酉乙	6月25	辰丙	5月26	戌丙	4月27	巳丁	3月29	子戊	2月27	午戊	1月29	丑己	八初
7月25	戌丙	6月26	巳丁	5月27	亥丁	4月28	午戊	3月30	丑己	2月28	未己	1月30	寅庚	九初
7月26	亥丁	6月27	午戊	5月28	子戊	4月29	未己	3月31	寅庚	3月 1	申庚	1月31	卯辛	十初
7月27	子戊	6月28	未己	5月29	丑己	4月30	申庚	4月 1	卯辛	3月 2	酉辛	2月 1	辰壬	一十
7月28	丑己	6月29	申庚	5月30	寅庚	5月 1	酉辛	4月 2	辰壬	3月 3	戌壬	2月 2	巳癸	二十
7月29	寅庚	6月30	酉辛	5月31	卯辛	5月 2	戌壬	4月 3	巳癸	3月 4	亥癸	2月 3	午甲	三十
7月30	卯辛	7月 1	戌壬	6月 1	辰壬	5月 3	亥癸	4月 4	午甲	3月 5	子甲	2月 4	未乙	四十
7月31	辰壬	7月 2	亥癸	6月 2	巳癸	5月 4	子甲	4月 5	未乙	3月 6	丑乙	2月 5	申丙	五十
8月 1	巳癸	7月 3	子甲	6月 3	午甲	5月 5	丑乙	4月 6	申丙	3月 7	寅丙	2月 6	酉丁	六十
8月 2	午甲	7月 4	丑乙	6月 4	未乙	5月 6	寅丙	4月 7	酉丁	3月 8	卯丁	2月 7	戌戊	七十
8月 3	未乙	7月 5	寅丙	6月 5	申丙	5月 7	卯丁	4月 8	戌戊	3月 9	辰戊	2月 8	亥己	八十
8月 4	申丙	7月 6	卯丁	6月 6	酉丁	5月 8	辰戊	4月 9	亥己	3月10	巳己	2月 9	子庚	九十
8月 5	酉丁	7月 7	辰戊	6月 7	戌戊	5月 9	巳己	4月10	子庚	3月11	午庚	2月10	丑辛	十二
8月 6	戌戊	7月 8	巳己	6月 8	亥己	5月10	午庚	4月11	丑辛	3月12	未辛	2月11	寅壬	一廿
8月 7	亥己	7月 9	午庚	6月 9	子庚	5月11	未辛	4月12	寅壬	3月13	申壬	2月12	卯癸	二廿
8月 8	子庚	7月10	未辛	6月10	丑辛	5月12	申壬	4月13	卯癸	3月14	酉癸	2月13	辰甲	三廿
8月 9	丑辛	7月11	申壬	6月11	寅壬	5月13	酉癸	4月14	辰甲	3月15	戌甲	2月14	巳乙	四廿
8月10	寅壬	7月12	酉癸	6月12	卯癸	5月14	戌甲	4月15	巳乙	3月16	亥乙	2月15	午丙	五廿
8月11	卯癸	7月13	戌甲	6月13	辰甲	5月15	亥乙	4月16	午丙	3月17	子丙	2月16	未丁	六廿
8月12	辰甲	7月14	亥乙	6月14	巳乙	5月16	子丙	4月17	未丁	3月18	丑丁	2月17	申戊	七廿
8月13	巳乙	7月15	子丙	6月15	午丙	5月17	丑丁	4月18	申戊	3月19	寅戊	2月18	酉己	八廿
8月14	午丙	7月16	丑丁	6月16	未丁	5月18	寅戊	4月19	酉己	3月20	卯己	2月19	戌庚	九廿
8月15	未丁			6月17	申戊					3月21	辰庚			十三

西元1909年

月別	月二十曆農		月一十曆農		月十曆農		月九曆農		月八曆農		月七曆農	
干支	丑	丁	子	丙	亥	乙	戌	甲	酉	癸	申	壬
節	春立	寒大	寒小	至冬	雪大	雪小	冬立	降霜	露寒	分秋	露白	暑處
氣	0時28分 廿三子時	5時59分 十一卯時	12時38分 廿五午時	19時20分 初十戌時	1時35分 廿六丑時	6時21分 十一卯時	9時13分 廿六巳時	9時23分 十一巳時	6時43分 廿六卯時	0時45分 十一子時	15時47分 廿四申時	3時44分 初九寅時
農曆	曆國	支干	曆國	支干	曆國	支干	曆國	支干	曆國	支干	曆國	支干
初一	1月11	子丙	12月13	未丁	11月13	丑丁	10月14	未丁	9月14	丑丁	8月16	申戊
初二	1月12	丑丁	12月14	申戊	11月14	寅戊	10月15	申戊	9月15	寅戊	8月17	酉己
初三	1月13	寅戊	12月15	酉己	11月15	卯己	10月16	酉己	9月16	卯己	8月18	戌庚
初四	1月14	卯己	12月16	戌庚	11月16	辰庚	10月17	戌庚	9月17	辰庚	8月19	亥辛
初五	1月15	辰庚	12月17	亥辛	11月17	巳辛	10月18	亥辛	9月18	巳辛	8月20	子壬
初六	1月16	巳辛	12月18	子壬	11月18	午壬	10月19	子壬	9月19	午壬	8月21	丑癸
初七	1月17	午壬	12月19	丑癸	11月19	未癸	10月20	丑癸	9月20	未癸	8月22	寅甲
初八	1月18	未癸	12月20	寅甲	11月20	申甲	10月21	寅甲	9月21	申甲	8月23	卯乙
初九	1月19	申甲	12月21	卯乙	11月21	酉乙	10月22	卯乙	9月22	酉乙	8月24	辰丙
初十	1月20	酉乙	12月22	辰丙	11月22	戌丙	10月23	辰丙	9月23	戌丙	8月25	巳丁
十一	1月21	戌丙	12月23	巳丁	11月23	亥丁	10月24	巳丁	9月24	亥丁	8月26	午戊
十二	1月22	亥丁	12月24	午戊	11月24	子戊	10月25	午戊	9月25	子戊	8月27	未己
十三	1月23	子戊	12月25	未己	11月25	丑己	10月26	未己	9月26	丑己	8月28	申庚
十四	1月24	丑己	12月26	申庚	11月26	寅庚	10月27	申庚	9月27	寅庚	8月29	酉辛
十五	1月25	寅庚	12月27	酉辛	11月27	卯辛	10月28	酉辛	9月28	卯辛	8月30	戌壬
十六	1月26	卯辛	12月28	戌壬	11月28	辰壬	10月29	戌壬	9月29	辰壬	8月31	亥癸
十七	1月27	辰壬	12月29	亥癸	11月29	巳癸	10月30	亥癸	9月30	巳癸	9月 1	子甲
十八	1月28	巳癸	12月30	子甲	11月30	午甲	10月31	子甲	10月 1	午甲	9月 2	丑乙
十九	1月29	午甲	12月31	丑乙	12月 1	未乙	11月 1	丑乙	10月 2	未乙	9月 3	寅丙
二十	1月30	未乙	1月 1	寅丙	12月 2	申丙	11月 2	寅丙	10月 3	申丙	9月 4	卯丁
廿一	1月31	申丙	1月 2	卯丁	12月 3	酉丁	11月 3	卯丁	10月 4	酉丁	9月 5	辰戊
廿二	2月 1	酉丁	1月 3	辰戊	12月 4	戌戊	11月 4	辰戊	10月 5	戌戊	9月 6	巳己
廿三	2月 2	戌戊	1月 4	巳己	12月 5	亥己	11月 5	巳己	10月 6	亥己	9月 7	午庚
廿四	2月 3	亥己	1月 5	午庚	12月 6	子庚	11月 6	午庚	10月 7	子庚	9月 8	未辛
廿五	2月 4	子庚	1月 6	未辛	12月 7	丑辛	11月 7	未辛	10月 8	丑辛	9月 9	申壬
廿六	2月 5	丑辛	1月 7	申壬	12月 8	寅壬	11月 8	申壬	10月 9	寅壬	9月10	酉癸
廿七	2月 6	寅壬	1月 8	酉癸	12月 9	卯癸	11月 9	酉癸	10月10	卯癸	9月11	戌甲
廿八	2月 7	卯癸	1月 9	戌甲	12月10	辰甲	11月10	戌甲	10月11	辰甲	9月12	亥乙
廿九	2月 8	辰甲	1月10	亥乙	12月11	巳乙	11月11	亥乙	10月12	巳乙	9月13	子丙
三十	2月 9	巳乙			12月12	午丙	11月12	子丙	10月13	午丙		

民國前二年（宣統二年）歲次 庚戌《狗》

西元一九一〇年 太歲 姓化名秋

月六曆農		月五曆農		月四曆農		月三曆農		月二曆農		月正曆農		別月
未	癸	午	壬	巳	辛	辰	庚	卯	己	寅	戊	支干
暑大	暑小	至夏		種芒	滿小	夏立	雨穀	明清	分春	蟄驚	水雨	節
2時43分 十八丑時	9時21分 初二巳時	15時49分 十六申時		22時56分 廿九亥時	7時30分 十四辰時	18時19分 廿七酉時	7時46分 十二辰時	0時23分 廿七子時	20時3分 十一戌時	18時57分 廿五酉時	20時28分 初十戌時	氣
曆國	支干	曆國	支干	曆國	支干	曆國	支干	曆國	支干	曆國	支干	曆農
7月 7	酉癸	6月 7	卯癸	5月 9	戌甲	4月10	巳乙	3月11	亥乙	2月10	午丙	一初
7月 8	戌甲	6月 8	辰甲	5月10	亥乙	4月11	午丙	3月12	子丙	2月11	未丁	二初
7月 9	亥乙	6月 9	巳乙	5月11	子丙	4月12	未丁	3月13	丑丁	2月12	申戊	三初
7月10	子丙	6月10	午丙	5月12	丑丁	4月13	申戊	3月14	寅戊	2月13	酉己	四初
7月11	丑丁	6月11	未丁	5月13	寅戊	4月14	酉己	3月15	卯己	2月14	戌庚	五初
7月12	寅戊	6月12	申戊	5月14	卯己	4月15	戌庚	3月16	辰庚	2月15	亥辛	六初
7月13	卯己	6月13	酉己	5月15	辰庚	4月16	亥辛	3月17	巳辛	2月16	子壬	七初
7月14	辰庚	6月14	戌庚	5月16	巳辛	4月17	子壬	3月18	午壬	2月17	丑癸	八初
7月15	巳辛	6月15	亥辛	5月17	午壬	4月18	丑癸	3月19	未癸	2月18	寅甲	九初
7月16	午壬	6月16	子壬	5月18	未癸	4月19	寅甲	3月20	申甲	2月19	卯乙	十初
7月17	未癸	6月17	丑癸	5月19	申甲	4月20	卯乙	3月21	酉乙	2月20	辰丙	一十
7月18	申甲	6月18	寅甲	5月20	酉乙	4月21	辰丙	3月22	戌丙	2月21	巳丁	二十
7月19	酉乙	6月19	卯乙	5月21	戌丙	4月22	巳丁	3月23	亥丁	2月22	午戊	三十
7月20	戌丙	6月20	辰丙	5月22	亥丁	4月23	午戊	3月24	子戊	2月23	未己	四十
7月21	亥丁	6月21	巳丁	5月23	子戊	4月24	未己	3月25	丑己	2月24	申庚	五十
7月22	子戊	6月22	午戊	5月24	丑己	4月25	申庚	3月26	寅庚	2月25	酉辛	六十
7月23	丑己	6月23	未己	5月25	寅庚	4月26	酉辛	3月27	卯辛	2月26	戌壬	七十
7月24	寅庚	6月24	申庚	5月26	卯辛	4月27	戌壬	3月28	辰壬	2月27	亥癸	八十
7月25	卯辛	6月25	酉辛	5月27	辰壬	4月28	亥癸	3月29	巳癸	2月28	子甲	九十
7月26	辰壬	6月26	戌壬	5月28	巳癸	4月29	子甲	3月30	午甲	3月 1	丑乙	十二
7月27	巳癸	6月27	亥癸	5月29	午甲	4月30	丑乙	3月31	未乙	3月 2	寅丙	一廿
7月28	午甲	6月28	子甲	5月30	未乙	5月 1	寅丙	4月 1	申丙	3月 3	卯丁	二廿
7月29	未乙	6月29	丑乙	5月31	申丙	5月 2	卯丁	4月 2	酉丁	3月 4	辰戊	三廿
7月30	申丙	6月30	寅丙	6月 1	酉丁	5月 3	辰戊	4月 3	戌戊	3月 5	巳己	四廿
7月31	酉丁	7月 1	卯丁	6月 2	戌戊	5月 4	巳己	4月 4	亥己	3月 6	午庚	五廿
8月 1	戌戊	7月 2	辰戊	6月 3	亥己	5月 5	午庚	4月 5	子庚	3月 7	未辛	六廿
8月 2	亥己	7月 3	巳己	6月 4	子庚	5月 6	未辛	4月 6	丑辛	3月 8	申壬	七廿
8月 3	子庚	7月 4	午庚	6月 5	丑辛	5月 7	申壬	4月 7	寅壬	3月 9	酉癸	八廿
8月 4	丑辛	7月 5	未辛	6月 6	寅壬	5月 8	酉癸	4月 8	卯癸	3月10	戌甲	九廿
		7月 6	申壬					4月 9	辰甲			十三

西元1910年

月別	月二十曆農		月一十曆農		月十曆農		月九曆農		月八曆農		月七曆農	
干支	丑	己	子	戊	亥	丁	戌	丙	酉	乙	申	甲
節	寒大	寒小	至冬	雪大	雪小	冬立	降霜	露寒	分秋	露白	暑處	秋立
氣	11時52分 廿一午時	18時21分 初六酉時	1時12分 廿二丑時	7時17分 初七辰時	12時11分 廿二午時	14時54分 初七未時	15時11分 廿二申時	12時21分 初七午時	6時31分 廿一卯時	21時22分 初五亥時	9時27分 二十巳時	18時57分 初四酉時
農曆	曆國	支干	曆國	支干	曆國	支干	曆國	支干	曆國	支干	曆國	支干
初一	1月 1	未辛	12月 2	丑辛	11月 2	未辛	10月 3	丑辛	9月 4	申壬	8月 5	寅壬
初二	1月 2	申壬	12月 3	寅壬	11月 3	申壬	10月 4	寅壬	9月 5	酉癸	8月 6	卯癸
初三	1月 3	酉癸	12月 4	卯癸	11月 4	酉癸	10月 5	卯癸	9月 6	戌甲	8月 7	辰甲
初四	1月 4	戌甲	12月 5	辰甲	11月 5	戌甲	10月 6	辰甲	9月 7	亥乙	8月 8	巳乙
初五	1月 5	亥乙	12月 6	巳乙	11月 6	亥乙	10月 7	巳乙	9月 8	子丙	8月 9	午丙
初六	1月 6	子丙	12月 7	午丙	11月 7	子丙	10月 8	午丙	9月 9	丑丁	8月10	未丁
初七	1月 7	丑丁	12月 8	未丁	11月 8	丑丁	10月 9	未丁	9月10	寅戊	8月11	申戊
初八	1月 8	寅戊	12月 9	申戊	11月 9	寅戊	10月10	申戊	9月11	卯己	8月12	酉己
初九	1月 9	卯己	12月10	酉己	11月10	卯己	10月11	酉己	9月12	辰庚	8月13	戌庚
初十	1月10	辰庚	12月11	戌庚	11月11	辰庚	10月12	戌庚	9月13	巳辛	8月14	亥辛
十一	1月11	巳辛	12月12	亥辛	11月12	巳辛	10月13	亥辛	9月14	午壬	8月15	子壬
十二	1月12	午壬	12月13	子壬	11月13	午壬	10月14	子壬	9月15	未癸	8月16	丑癸
十三	1月13	未癸	12月14	丑癸	11月14	未癸	10月15	丑癸	9月16	申甲	8月17	寅甲
十四	1月14	申甲	12月15	寅甲	11月15	申甲	10月16	寅甲	9月17	酉乙	8月18	卯乙
十五	1月15	酉乙	12月16	卯乙	11月16	酉乙	10月17	卯乙	9月18	戌丙	8月19	辰丙
十六	1月16	戌丙	12月17	辰丙	11月17	戌丙	10月18	辰丙	9月19	亥丁	8月20	巳丁
十七	1月17	亥丁	12月18	巳丁	11月18	亥丁	10月19	巳丁	9月20	子戊	8月21	午戊
十八	1月18	子戊	12月19	午戊	11月19	子戊	10月20	午戊	9月21	丑己	8月22	未己
十九	1月19	丑己	12月20	未己	11月20	丑己	10月21	未己	9月22	寅庚	8月23	申庚
二十	1月20	寅庚	12月21	申庚	11月21	寅庚	10月22	申庚	9月23	卯辛	8月24	酉辛
廿一	1月21	卯辛	12月22	酉辛	11月22	卯辛	10月23	酉辛	9月24	辰壬	8月25	戌壬
廿二	1月22	辰壬	12月23	戌壬	11月23	辰壬	10月24	戌壬	9月25	巳癸	8月26	亥癸
廿三	1月23	巳癸	12月24	亥癸	11月24	巳癸	10月25	亥癸	9月26	午甲	8月27	子甲
廿四	1月24	午甲	12月25	子甲	11月25	午甲	10月26	子甲	9月27	未乙	8月28	丑乙
廿五	1月25	未乙	12月26	丑乙	11月26	未乙	10月27	丑乙	9月28	申丙	8月29	寅丙
廿六	1月26	申丙	12月27	寅丙	11月27	申丙	10月28	寅丙	9月29	酉丁	8月30	卯丁
廿七	1月27	酉丁	12月28	卯丁	11月28	酉丁	10月29	卯丁	9月30	戌戊	8月31	辰戊
廿八	1月28	戌戊	12月29	辰戊	11月29	戌戊	10月30	辰戊	10月 1	亥己	9月 1	巳己
廿九	1月29	亥己	12月30	巳己	11月30	亥己	10月31	巳己	10月 2	子庚	9月 2	午庚
三十			12月31	午庚	12月 1	子庚	11月 1	午庚			9月 3	未辛

民國前一年（宣統三年）歲次 辛亥《豬》

西元一九一一年 太歲 姓葉名堅

月別	農曆正月		農曆二月		農曆三月		農曆四月		農曆五月		農曆六月		農曆閏六月	
干支	庚寅		辛卯		壬辰		癸巳		甲午		乙未			
節	立春	雨水	驚蟄	春分	清明	穀雨	立夏	小滿	芒種	夏至	小暑	大暑	立秋	
氣	初七卯時 6時11分	廿二丑時 2時20分	初七子時 0時39分	廿二丑時 1時55分	初八卯時 6時5分	廿三未時 13時36分	初九子時 0時1分	廿四未時 13時19分	十一寅時 4時38分	廿六亥時 21時35分	十三申時 15時5分	廿九辰時 8時29分	十五子時 0時45分	
農曆	干支	國曆	干支	國曆	干支	國曆	干支	國曆	干支	國曆	干支	國曆	干支	國曆
初一	庚子	1月30	庚午	3月1	己亥	3月30	己巳	4月29	戊戌	5月28	丁卯	6月26	丁酉	7月26
初二	辛丑	1月31	辛未	3月2	庚子	3月31	庚午	4月30	己亥	5月29	戊辰	6月27	戊戌	7月27
初三	壬寅	2月1	壬申	3月3	辛丑	4月1	辛未	5月1	庚子	5月30	己巳	6月28	己亥	7月28
初四	癸卯	2月2	癸酉	3月4	壬寅	4月2	壬申	5月2	辛丑	5月31	庚午	6月29	庚子	7月29
初五	甲辰	2月3	甲戌	3月5	癸卯	4月3	癸酉	5月3	壬寅	6月1	辛未	6月30	辛丑	7月30
初六	乙巳	2月4	乙亥	3月6	甲辰	4月4	甲戌	5月4	癸卯	6月2	壬申	7月1	壬寅	7月31
初七	丙午	2月5	丙子	3月7	乙巳	4月5	乙亥	5月5	甲辰	6月3	癸酉	7月2	癸卯	8月1
初八	丁未	2月6	丁丑	3月8	丙午	4月6	丙子	5月6	乙巳	6月4	甲戌	7月3	甲辰	8月2
初九	戊申	2月7	戊寅	3月9	丁未	4月7	丁丑	5月7	丙午	6月5	乙亥	7月4	乙巳	8月3
初十	己酉	2月8	己卯	3月10	戊申	4月8	戊寅	5月8	丁未	6月6	丙子	7月5	丙午	8月4
十一	庚戌	2月9	庚辰	3月11	己酉	4月9	己卯	5月9	戊申	6月7	丁丑	7月6	丁未	8月5
十二	辛亥	2月10	辛巳	3月12	庚戌	4月10	庚辰	5月10	己酉	6月8	戊寅	7月7	戊申	8月6
十三	壬子	2月11	壬午	3月13	辛亥	4月11	辛巳	5月11	庚戌	6月9	己卯	7月8	己酉	8月7
十四	癸丑	2月12	癸未	3月14	壬子	4月12	壬午	5月12	辛亥	6月10	庚辰	7月9	庚戌	8月8
十五	甲寅	2月13	甲申	3月15	癸丑	4月13	癸未	5月13	壬子	6月11	辛巳	7月10	辛亥	8月9
十六	乙卯	2月14	乙酉	3月16	甲寅	4月14	甲申	5月14	癸丑	6月12	壬午	7月11	壬子	8月10
十七	丙辰	2月15	丙戌	3月17	乙卯	4月15	乙酉	5月15	甲寅	6月13	癸未	7月12	癸丑	8月11
十八	丁巳	2月16	丁亥	3月18	丙辰	4月16	丙戌	5月16	乙卯	6月14	甲申	7月13	甲寅	8月12
十九	戊午	2月17	戊子	3月19	丁巳	4月17	丁亥	5月17	丙辰	6月15	乙酉	7月14	乙卯	8月13
二十	己未	2月18	己丑	3月20	戊午	4月18	戊子	5月18	丁巳	6月16	丙戌	7月15	丙辰	8月14
廿一	庚申	2月19	庚寅	3月21	己未	4月19	己丑	5月19	戊午	6月17	丁亥	7月16	丁巳	8月15
廿二	辛酉	2月20	辛卯	3月22	庚申	4月20	庚寅	5月20	己未	6月18	戊子	7月17	戊午	8月16
廿三	壬戌	2月21	壬辰	3月23	辛酉	4月21	辛卯	5月21	庚申	6月19	己丑	7月18	己未	8月17
廿四	癸亥	2月22	癸巳	3月24	壬戌	4月22	壬辰	5月22	辛酉	6月20	庚寅	7月19	庚申	8月18
廿五	甲子	2月23	甲午	3月25	癸亥	4月23	癸巳	5月23	壬戌	6月21	辛卯	7月20	辛酉	8月19
廿六	乙丑	2月24	乙未	3月26	甲子	4月24	甲午	5月24	癸亥	6月22	壬辰	7月21	壬戌	8月20
廿七	丙寅	2月25	丙申	3月27	乙丑	4月25	乙未	5月25	甲子	6月23	癸巳	7月22	癸亥	8月21
廿八	丁卯	2月26	丁酉	3月28	丙寅	4月26	丙申	5月26	乙丑	6月24	甲午	7月23	甲子	8月22
廿九	戊辰	2月27	戊戌	3月29	丁卯	4月27	丁酉	5月27	丙寅	6月25	乙未	7月24	乙丑	8月23
三十	己巳	2月28			戊辰	4月28					丙申	7月25		

西元1911年

月別	月二十曆農		月一十曆農		月十曆農		月九曆農		月八曆農		月七曆農	
干支	丑	辛	子	庚	亥	己	戌	戊	酉	丁	申	丙
節	春立	寒大	寒小	至冬	雪大	雪小	冬立	降霜	露寒	分秋	露白	暑處
氣	11時54分 十八午時	17時29分 初三酉時	0時8分 十九子時	6時54分 初四卯時	13時8分 十八未時	17時56分 初三酉時	20時47分 十八戌時	20時58分 初三戌時	18時15分 十八酉時	12時18分 初三午時	3時13分 十七寅時	15時13分 初一申時
農曆	曆國	支干	曆國	支干	曆國	支干	曆國	支干	曆國	支干	曆國	支干
初一	1月19	午甲	12月20	子甲	11月21	未乙	10月22	丑乙	9月22	未乙	8月24	寅丙
初二	1月20	未乙	12月21	丑乙	11月22	申丙	10月23	寅丙	9月23	申丙	8月25	卯丁
初三	1月21	申丙	12月22	寅丙	11月23	酉丁	10月24	卯丁	9月24	酉丁	8月26	辰戊
初四	1月22	酉丁	12月23	卯丁	11月24	戌戊	10月25	辰戊	9月25	戌戊	8月27	巳己
初五	1月23	戌戊	12月24	辰戊	11月25	亥己	10月26	巳己	9月26	亥己	8月28	午庚
初六	1月24	亥己	12月25	巳己	11月26	子庚	10月27	午庚	9月27	子庚	8月29	未辛
初七	1月25	子庚	12月26	午庚	11月27	丑辛	10月28	未辛	9月28	丑辛	8月30	申壬
初八	1月26	丑辛	12月27	未辛	11月28	寅壬	10月29	申壬	9月29	寅壬	8月31	酉癸
初九	1月27	寅壬	12月28	申壬	11月29	卯癸	10月30	酉癸	9月30	卯癸	9月 1	戌甲
初十	1月28	卯癸	12月29	酉癸	11月30	辰甲	10月31	戌甲	10月 1	辰甲	9月 2	亥乙
十一	1月29	辰甲	12月30	戌甲	12月 1	巳乙	11月 1	亥乙	10月 2	巳乙	9月 3	子丙
十二	1月30	巳乙	12月31	亥乙	12月 2	午丙	11月 2	子丙	10月 3	午丙	9月 4	丑丁
十三	1月31	午丙	1月 1	子丙	12月 3	未丁	11月 3	丑丁	10月 4	未丁	9月 5	寅戊
十四	2月 1	未丁	1月 2	丑丁	12月 4	申戊	11月 4	寅戊	10月 5	申戊	9月 6	卯己
十五	2月 2	申戊	1月 3	寅戊	12月 5	酉己	11月 5	卯己	10月 6	酉己	9月 7	辰庚
十六	2月 3	酉己	1月 4	卯己	12月 6	戌庚	11月 6	辰庚	10月 7	戌庚	9月 8	巳辛
十七	2月 4	戌庚	1月 5	辰庚	12月 7	亥辛	11月 7	巳辛	10月 8	亥辛	9月 9	午壬
十八	2月 5	亥辛	1月 6	巳辛	12月 8	子壬	11月 8	午壬	10月 9	子壬	9月10	未癸
十九	2月 6	子壬	1月 7	午壬	12月 9	丑癸	11月 9	未癸	10月10	丑癸	9月11	申甲
二十	2月 7	丑癸	1月 8	未癸	12月10	寅甲	11月10	申甲	10月11	寅甲	9月12	酉乙
廿一	2月 8	寅甲	1月 9	申甲	12月11	卯乙	11月11	酉乙	10月12	卯乙	9月13	戌丙
廿二	2月 9	卯乙	1月10	酉乙	12月12	辰丙	11月12	戌丙	10月13	辰丙	9月14	亥丁
廿三	2月10	辰丙	1月11	戌丙	12月13	巳丁	11月13	亥丁	10月14	巳丁	9月15	子戊
廿四	2月11	巳丁	1月12	亥丁	12月14	午戊	11月14	子戊	10月15	午戊	9月16	丑己
廿五	2月12	午戊	1月13	子戊	12月15	未己	11月15	丑己	10月16	未己	9月17	寅庚
廿六	2月13	未己	1月14	丑己	12月16	申庚	11月16	寅庚	10月17	申庚	9月18	卯辛
廿七	2月14	申庚	1月15	寅庚	12月17	酉辛	11月17	卯辛	10月18	酉辛	9月19	辰壬
廿八	2月15	酉辛	1月16	卯辛	12月18	戌壬	11月18	辰壬	10月19	戌壬	9月20	巳癸
廿九	2月16	戌壬	1月17	辰壬	12月19	亥癸	11月19	巳癸	10月20	亥癸	9月21	午甲
三十	2月17	亥癸	1月18	巳癸			11月20	午甲	10月21	子甲		

中華民國元年 歲次壬子《鼠》

西元一九一二年 太歲姓邱名德

月六曆農		月五曆農		月四曆農		月三曆農		月二曆農		月正曆農		別月
未	丁	午	丙	巳	乙	辰	甲	卯	癸	寅	壬	支干
秋立	暑大	暑小	至夏	種芒	滿小	夏立	雨穀	明清	分春	蟄驚	水雨	節氣
6時37分 廿六卯時	14時14分 初十未時	20時57分 廿三戌時	3時17分 初八寅時	10時28分 廿一巳時	18時57分 初五酉時	5時47分 二十卯時	19時19分 初四戌時	11時48分 十八午時	7時29分 初三辰時	6時21分 十八卯時	7時56分 初三辰時	
曆國	支干	曆國	支干	曆國	支干	曆國	支干	曆國	支干	曆國	支干	曆農
7月14	卯辛	6月15	戌壬	5月17	巳癸	4月17	亥癸	3月19	午甲	2月18	子甲	一初
7月15	辰壬	6月16	亥癸	5月18	午甲	4月18	子甲	3月20	未乙	2月19	丑乙	二初
7月16	巳癸	6月17	子甲	5月19	未乙	4月19	丑乙	3月21	申丙	2月20	寅丙	三初
7月17	午甲	6月18	丑乙	5月20	申丙	4月20	寅丙	3月22	酉丁	2月21	卯丁	四初
7月18	未乙	6月19	寅丙	5月21	酉丁	4月21	卯丁	3月23	戌戊	2月22	辰戊	五初
7月19	申丙	6月20	卯丁	5月22	戌戊	4月22	辰戊	3月24	亥己	2月23	巳己	六初
7月20	酉丁	6月21	辰戊	5月23	亥己	4月23	巳己	3月25	子庚	2月24	午庚	七初
7月21	戌戊	6月22	巳己	5月24	子庚	4月24	午庚	3月26	丑辛	2月25	未辛	八初
7月22	亥己	6月23	午庚	5月25	丑辛	4月25	未辛	3月27	寅壬	2月26	申壬	九初
7月23	子庚	6月24	未辛	5月26	寅壬	4月26	申壬	3月28	卯癸	2月27	酉癸	十初
7月24	丑辛	6月25	申壬	5月27	卯癸	4月27	酉癸	3月29	辰甲	2月28	戌甲	一十
7月25	寅壬	6月26	酉癸	5月28	辰甲	4月28	戌甲	3月30	巳乙	2月29	亥乙	二十
7月26	卯癸	6月27	戌甲	5月29	巳乙	4月29	亥乙	3月31	午丙	3月 1	子丙	三十
7月27	辰甲	6月28	亥乙	5月30	午丙	4月30	子丙	4月 1	未丁	3月 2	丑丁	四十
7月28	巳乙	6月29	子丙	5月31	未丁	5月 1	丑丁	4月 2	申戊	3月 3	寅戊	五十
7月29	午丙	6月30	丑丁	6月 1	申戊	5月 2	寅戊	4月 3	酉己	3月 4	卯己	六十
7月30	未丁	7月 1	寅戊	6月 2	酉己	5月 3	卯己	4月 4	戌庚	3月 5	辰庚	七十
7月31	申戊	7月 2	卯己	6月 3	戌庚	5月 4	辰庚	4月 5	亥辛	3月 6	巳辛	八十
8月 1	酉己	7月 3	辰庚	6月 4	亥辛	5月 5	巳辛	4月 6	子壬	3月 7	午壬	九十
8月 2	戌庚	7月 4	巳辛	6月 5	子壬	5月 6	午壬	4月 7	丑癸	3月 8	未癸	十二
8月 3	亥辛	7月 5	午壬	6月 6	丑癸	5月 7	未癸	4月 8	寅甲	3月 9	申甲	一廿
8月 4	子壬	7月 6	未癸	6月 7	寅甲	5月 8	申甲	4月 9	卯乙	3月10	酉乙	二廿
8月 5	丑癸	7月 7	申甲	6月 8	卯乙	5月 9	酉乙	4月10	辰丙	3月11	戌丙	三廿
8月 6	寅甲	7月 8	酉乙	6月 9	辰丙	5月10	戌丙	4月11	巳丁	3月12	亥丁	四廿
8月 7	卯乙	7月 9	戌丙	6月10	巳丁	5月11	亥丁	4月12	午戊	3月13	子戊	五廿
8月 8	辰丙	7月10	亥丁	6月11	午戊	5月12	子戊	4月13	未己	3月14	丑己	六廿
8月 9	巳丁	7月11	子戊	6月12	未己	5月13	丑己	4月14	申庚	3月15	寅庚	七廿
8月10	午戊	7月12	丑己	6月13	申庚	5月14	寅庚	4月15	酉辛	3月16	卯辛	八廿
8月11	未己	7月13	寅庚	6月14	酉辛	5月15	卯辛	4月16	戌壬	3月17	辰壬	九廿
8月12	申庚					5月16	辰壬			3月18	巳癸	十三

西元1912年

月別	月二十曆農		月一十曆農		月十曆農		月九曆農		月八曆農		月七曆農	
干支	丑	癸	子	壬	亥	辛	戌	庚	酉	己	申	戊
節	春立	寒大	寒小	至冬	雪大	雪小	冬立	降霜	露寒	分秋	露白	暑處
氣	廿九酉時 17時43分	十四夜子 23時19分	廿九卯時 5時58分	十四午時 12時45分	廿九酉時 18時59分	十四夜子 23時48分	三十丑時 2時39分	十五丑時 2時50分	廿九子時 0時7分	十三酉時 18時8分	廿七巳時 9時6分	十一亥時 21時2分
農曆	曆國	支干	曆國	支干	曆國	支干	曆國	支干	曆國	支干	曆國	支干
初一	1月 7	子戊	12月 9	未己	11月 9	丑己	10月10	未己	9月11	寅庚	8月13	酉辛
初二	1月 8	丑己	12月10	申庚	11月10	寅庚	10月11	申庚	9月12	卯辛	8月14	戌壬
初三	1月 9	寅庚	12月11	酉辛	11月11	卯辛	10月12	酉辛	9月13	辰壬	8月15	亥癸
初四	1月10	卯辛	12月12	戌壬	11月12	辰壬	10月13	戌壬	9月14	巳癸	8月16	子甲
初五	1月11	辰壬	12月13	亥癸	11月13	巳癸	10月14	亥癸	9月15	午甲	8月17	丑乙
初六	1月12	巳癸	12月14	子甲	11月14	午甲	10月15	子甲	9月16	未乙	8月18	寅丙
初七	1月13	午甲	12月15	丑乙	11月15	未乙	10月16	丑乙	9月17	申丙	8月19	卯丁
初八	1月14	未乙	12月16	寅丙	11月16	申丙	10月17	寅丙	9月18	酉丁	8月20	辰戊
初九	1月15	申丙	12月17	卯丁	11月17	酉丁	10月18	卯丁	9月19	戌戊	8月21	巳己
初十	1月16	酉丁	12月18	辰戊	11月18	戌戊	10月19	辰戊	9月20	亥己	8月22	午庚
十一	1月17	戌戊	12月19	巳己	11月19	亥己	10月20	巳己	9月21	子庚	8月23	未辛
十二	1月18	亥己	12月20	午庚	11月20	子庚	10月21	午庚	9月22	丑辛	8月24	申壬
十三	1月19	子庚	12月21	未辛	11月21	丑辛	10月22	未辛	9月23	寅壬	8月25	酉癸
十四	1月20	丑辛	12月22	申壬	11月22	寅壬	10月23	申壬	9月24	卯癸	8月26	戌甲
十五	1月21	寅壬	12月23	酉癸	11月23	卯癸	10月24	酉癸	9月25	辰甲	8月27	亥乙
十六	1月22	卯癸	12月24	戌甲	11月24	辰甲	10月25	戌甲	9月26	巳乙	8月28	子丙
十七	1月23	辰甲	12月25	亥乙	11月25	巳乙	10月26	亥乙	9月27	午丙	8月29	丑丁
十八	1月24	巳乙	12月26	子丙	11月26	午丙	10月27	子丙	9月28	未丁	8月30	寅戊
十九	1月25	午丙	12月27	丑丁	11月27	未丁	10月28	丑丁	9月29	申戊	8月31	卯己
二十	1月26	未丁	12月28	寅戊	11月28	申戊	10月29	寅戊	9月30	酉己	9月 1	辰庚
廿一	1月27	申戊	12月29	卯己	11月29	酉己	10月30	卯己	10月 1	戌庚	9月 2	巳辛
廿二	1月28	酉己	12月30	辰庚	11月30	戌庚	10月31	辰庚	10月 2	亥辛	9月 3	午壬
廿三	1月29	戌庚	12月31	巳辛	12月 1	亥辛	11月 1	巳辛	10月 3	子壬	9月 4	未癸
廿四	1月30	亥辛	1月 1	午壬	12月 2	子壬	11月 2	午壬	10月 4	丑癸	9月 5	申甲
廿五	1月31	子壬	1月 2	未癸	12月 3	丑癸	11月 3	未癸	10月 5	寅甲	9月 6	酉乙
廿六	2月 1	丑癸	1月 3	申甲	12月 4	寅甲	11月 4	申甲	10月 6	卯乙	9月 7	戌丙
廿七	2月 2	寅甲	1月 4	酉乙	12月 5	卯乙	11月 5	酉乙	10月 7	辰丙	9月 8	亥丁
廿八	2月 3	卯乙	1月 5	戌丙	12月 6	辰丙	11月 6	戌丙	10月 8	巳丁	9月 9	子戊
廿九	2月 4	辰丙	1月 6	亥丁	12月 7	巳丁	11月 7	亥丁	10月 9	午戊	9月10	丑己
三十	2月 5	巳丁			12月 8	午戊	11月 8	子戊				

中華民國二年 歲次 癸丑《牛》

西元一九一三年 太歲 姓林名簿

月六曆農		月五曆農		月四曆農		月三曆農		月二曆農		月正曆農		別月
未	己	午	戊	巳	丁	辰	丙	卯	乙	寅	甲	支干
暑大	暑小	至夏	種芒	滿小	夏立	雨穀		明清	分春	蟄驚	水雨	節氣
二十戌時 20時4分	初五丑時 2時39分	十八巳時 9時10分	初二申時 16時14分	十七子時 0時50分	初一午時 11時35分	十五丑時 1時5分		廿九酉時 17時36分	十四未時 13時18分	廿九午時 12時9分	十四未時 13時45分	
曆國	支干	曆國	支干	曆國	支干	曆國	支干	曆國	支干	曆國	支干	曆農
7月 4	戌丙	6月 5	巳丁	5月 6	亥丁	4月 7	午戊	3月 8	子戊	2月 6	午戊	一初
7月 5	亥丁	6月 6	午戊	5月 7	子戊	4月 8	未己	3月 9	丑己	2月 7	未己	二初
7月 6	子戊	6月 7	未己	5月 8	丑己	4月 9	申庚	3月10	寅庚	2月 8	申庚	三初
7月 7	丑己	6月 8	申庚	5月 9	寅庚	4月10	酉辛	3月11	卯辛	2月 9	酉辛	四初
7月 8	寅庚	6月 9	酉辛	5月10	卯辛	4月11	戌壬	3月12	辰壬	2月10	戌壬	五初
7月 9	卯辛	6月10	戌壬	5月11	辰壬	4月12	亥癸	3月13	巳癸	2月11	亥癸	六初
7月10	辰壬	6月11	亥癸	5月12	巳癸	4月13	子甲	3月14	午甲	2月12	子甲	七初
7月11	巳癸	6月12	子甲	5月13	午甲	4月14	丑乙	3月15	未乙	2月13	丑乙	八初
7月12	午甲	6月13	丑乙	5月14	未乙	4月15	寅丙	3月16	申丙	2月14	寅丙	九初
7月13	未乙	6月14	寅丙	5月15	申丙	4月16	卯丁	3月17	酉丁	2月15	卯丁	十初
7月14	申丙	6月15	卯丁	5月16	酉丁	4月17	辰戊	3月18	戌戊	2月16	辰戊	一十
7月15	酉丁	6月16	辰戊	5月17	戌戊	4月18	巳己	3月19	亥己	2月17	巳己	二十
7月16	戌戊	6月17	巳己	5月18	亥己	4月19	午庚	3月20	子庚	2月18	午庚	三十
7月17	亥己	6月18	午庚	5月19	子庚	4月20	未辛	3月21	丑辛	2月19	未辛	四十
7月18	子庚	6月19	未辛	5月20	丑辛	4月21	申壬	3月22	寅壬	2月20	申壬	五十
7月19	丑辛	6月20	申壬	5月21	寅壬	4月22	酉癸	3月23	卯癸	2月21	酉癸	六十
7月20	寅壬	6月21	酉癸	5月22	卯癸	4月23	戌甲	3月24	辰甲	2月22	戌甲	七十
7月21	卯癸	6月22	戌甲	5月23	辰甲	4月24	亥乙	3月25	巳乙	2月23	亥乙	八十
7月22	辰甲	6月23	亥乙	5月24	巳乙	4月25	子丙	3月26	午丙	2月24	子丙	九十
7月23	巳乙	6月24	子丙	5月25	午丙	4月26	丑丁	3月27	未丁	2月25	丑丁	十二
7月24	午丙	6月25	丑丁	5月26	未丁	4月27	寅戊	3月28	申戊	2月26	寅戊	一廿
7月25	未丁	6月26	寅戊	5月27	申戊	4月28	卯己	3月29	酉己	2月27	卯己	二廿
7月26	申戊	6月27	卯己	5月28	酉己	4月29	辰庚	3月30	戌庚	2月28	辰庚	三廿
7月27	酉己	6月28	辰庚	5月29	戌庚	4月30	巳辛	3月31	亥辛	3月 1	巳辛	四廿
7月28	戌庚	6月29	巳辛	5月30	亥辛	5月 1	午壬	4月 1	子壬	3月 2	午壬	五廿
7月29	亥辛	6月30	午壬	5月31	子壬	5月 2	未癸	4月 2	丑癸	3月 3	未癸	六廿
7月30	子壬	7月 1	未癸	6月 1	丑癸	5月 3	申甲	4月 3	寅甲	3月 4	申甲	七廿
7月31	丑癸	7月 2	申甲	6月 2	寅甲	5月 4	酉乙	4月 4	卯乙	3月 5	酉乙	八廿
8月 1	寅甲	7月 3	酉乙	6月 3	卯乙	5月 5	戌丙	4月 5	辰丙	3月 6	戌丙	九廿
				6月 4	辰丙			4月 6	巳丁	3月 7	亥丁	十三

西元1913年

月別	月二十曆農		月一十曆農		月十曆農		月九曆農		月八曆農		月七曆農	
干支	丑	乙	子	甲	亥	癸	戌	壬	酉	辛	申	庚
節	寒大	寒小	至冬	雪大	雪小	冬立	降霜	露寒	分秋	露白	暑處	秋立
氣	5時12分 廿六卯時	11時43分 十一午時	18時35分 廿五酉時	0時41分 十一子時	5時35分 廿六卯時	8時18分 十一辰時	8時35分 廿五辰時	5時44分 初十卯時	23時53分 廿三夜子	14時43分 初八未時	2時48分 廿三丑時	12時16分 初七午時
農曆	曆國	支干	曆國	支干	曆國	支干	曆國	支干	曆國	支干	曆國	支干
初一	12月27	午壬	11月28	丑癸	10月29	未癸	9月30	寅甲	9月 1	酉乙	8月 2	卯乙
初二	12月28	未癸	11月29	寅甲	10月30	申甲	10月 1	卯乙	9月 2	戌丙	8月 3	辰丙
初三	12月29	申甲	11月30	卯乙	10月31	酉乙	10月 2	辰丙	9月 3	亥丁	8月 4	巳丁
初四	12月30	酉乙	12月 1	辰丙	11月 1	戌丙	10月 3	巳丁	9月 4	子戊	8月 5	午戊
初五	12月31	戌丙	12月 2	巳丁	11月 2	亥丁	10月 4	午戊	9月 5	丑己	8月 6	未己
初六	1月 1	亥丁	12月 3	午戊	11月 3	子戊	10月 5	未己	9月 6	寅庚	8月 7	申庚
初七	1月 2	子戊	12月 4	未己	11月 4	丑己	10月 6	申庚	9月 7	卯辛	8月 8	酉辛
初八	1月 3	丑己	12月 5	申庚	11月 5	寅庚	10月 7	酉辛	9月 8	辰壬	8月 9	戌壬
初九	1月 4	寅庚	12月 6	酉辛	11月 6	卯辛	10月 8	戌壬	9月 9	巳癸	8月10	亥癸
初十	1月 5	卯辛	12月 7	戌壬	11月 7	辰壬	10月 9	亥癸	9月10	午甲	8月11	子甲
十一	1月 6	辰壬	12月 8	亥癸	11月 8	巳癸	10月10	子甲	9月11	未乙	8月12	丑乙
十二	1月 7	巳癸	12月 9	子甲	11月 9	午甲	10月11	丑乙	9月12	申丙	8月13	寅丙
十三	1月 8	午甲	12月10	丑乙	11月10	未乙	10月12	寅丙	9月13	酉丁	8月14	卯丁
十四	1月 9	未乙	12月11	寅丙	11月11	申丙	10月13	卯丁	9月14	戌戊	8月15	辰戊
十五	1月10	申丙	12月12	卯丁	11月12	酉丁	10月14	辰戊	9月15	亥己	8月16	巳己
十六	1月11	酉丁	12月13	辰戊	11月13	戌戊	10月15	巳己	9月16	子庚	8月17	午庚
十七	1月12	戌戊	12月14	巳己	11月14	亥己	10月16	午庚	9月17	丑辛	8月18	未辛
十八	1月13	亥己	12月15	午庚	11月15	子庚	10月17	未辛	9月18	寅壬	8月19	申壬
十九	1月14	子庚	12月16	未辛	11月16	丑辛	10月18	申壬	9月19	卯癸	8月20	酉癸
二十	1月15	丑辛	12月17	申壬	11月17	寅壬	10月19	酉癸	9月20	辰甲	8月21	戌甲
廿一	1月16	寅壬	12月18	酉癸	11月18	卯癸	10月20	戌甲	9月21	巳乙	8月22	亥乙
廿二	1月17	卯癸	12月19	戌甲	11月19	辰甲	10月21	亥乙	9月22	午丙	8月23	子丙
廿三	1月18	辰甲	12月20	亥乙	11月20	巳乙	10月22	子丙	9月23	未丁	8月24	丑丁
廿四	1月19	巳乙	12月21	子丙	11月21	午丙	10月23	丑丁	9月24	申戊	8月25	寅戊
廿五	1月20	午丙	12月22	丑丁	11月22	未丁	10月24	寅戊	9月25	酉己	8月26	卯己
廿六	1月21	未丁	12月23	寅戊	11月23	申戊	10月25	卯己	9月26	戌庚	8月27	辰庚
廿七	1月22	申戊	12月24	卯己	11月24	酉己	10月26	辰庚	9月27	亥辛	8月28	巳辛
廿八	1月23	酉己	12月25	辰庚	11月25	戌庚	10月27	巳辛	9月28	子壬	8月29	午壬
廿九	1月24	戌庚	12月26	巳辛	11月26	亥辛	10月28	午壬	9月29	丑癸	8月30	未癸
三十	1月25	亥辛			11月27	子壬					8月31	申甲

中華民國三年 歲次 甲寅《虎》

月六曆農		月五閏曆農		月五曆農		月四曆農		月三曆農		月二曆農		月正曆農		別月
未	辛			午	庚	巳	己	辰	戊	卯	丁	寅	丙	支干
秋立	暑大	暑 小		至夏	種芒	滿小	夏立	雨穀	明清	分春	蟄驚	水雨	春立	節
18時6分 十七酉時	1時47分 初二丑時	8時28分 十六辰時		14時55分 廿九未時	22時0分 十三亥時	6時38分 廿八卯時	17時20分 十二酉時	6時53分 廿六卯時	23時22分 初十夜子	19時11分 廿五戌時	17時56分 初十酉時	19時38分 廿五戌時	23時29分 初十夜子	氣
曆國	支干	曆國	支干	曆國	支干	曆國	支干	曆國	支干	曆國	支干	曆國	支干	曆農
7月23	戌庚	6月23	辰庚	5月25	亥辛	4月25	巳辛	3月27	子壬	2月25	午壬	1月26	子壬	一初
7月24	亥辛	6月24	巳辛	5月26	子壬	4月26	午壬	3月28	丑癸	2月26	未癸	1月27	丑癸	二初
7月25	子壬	6月25	午壬	5月27	丑癸	4月27	未癸	3月29	寅甲	2月27	申甲	1月28	寅甲	三初
7月26	丑癸	6月26	未癸	5月28	寅甲	4月28	申甲	3月30	卯乙	2月28	酉乙	1月29	卯乙	四初
7月27	寅甲	6月27	申甲	5月29	卯乙	4月29	酉乙	3月31	辰丙	3月 1	戌丙	1月30	辰丙	五初
7月28	卯乙	6月28	酉乙	5月30	辰丙	4月30	戌丙	4月 1	巳丁	3月 2	亥丁	1月31	巳丁	六初
7月29	辰丙	6月29	戌丙	5月31	巳丁	5月 1	亥丁	4月 2	午戊	3月 3	子戊	2月 1	午戊	七初
7月30	巳丁	6月30	亥丁	6月 1	午戊	5月 2	子戊	4月 3	未己	3月 4	丑己	2月 2	未己	八初
7月31	午戊	7月 1	子戊	6月 2	未己	5月 3	丑己	4月 4	申庚	3月 5	寅庚	2月 3	申庚	九初
8月 1	未己	7月 2	丑己	6月 3	申庚	5月 4	寅庚	4月 5	酉辛	3月 6	卯辛	2月 4	酉辛	十初
8月 2	申庚	7月 3	寅庚	6月 4	酉辛	5月 5	卯辛	4月 6	戌壬	3月 7	辰壬	2月 5	戌壬	一十
8月 3	酉辛	7月 4	卯辛	6月 5	戌壬	5月 6	辰壬	4月 7	亥癸	3月 8	巳癸	2月 6	亥癸	二十
8月 4	戌壬	7月 5	辰壬	6月 6	亥癸	5月 7	巳癸	4月 8	子甲	3月 9	午甲	2月 7	子甲	三十
8月 5	亥癸	7月 6	巳癸	6月 7	子甲	5月 8	午甲	4月 9	丑乙	3月10	未乙	2月 8	丑乙	四十
8月 6	子甲	7月 7	午甲	6月 8	丑乙	5月 9	未乙	4月10	寅丙	3月11	申丙	2月 9	寅丙	五十
8月 7	丑乙	7月 8	未乙	6月 9	寅丙	5月10	申丙	4月11	卯丁	3月12	酉丁	2月10	卯丁	六十
8月 8	寅丙	7月 9	申丙	6月10	卯丁	5月11	酉丁	4月12	辰戊	3月13	戌戊	2月11	辰戊	七十
8月 9	卯丁	7月10	酉丁	6月11	辰戊	5月12	戌戊	4月13	巳己	3月14	亥己	2月12	巳己	八十
8月10	辰戊	7月11	戌戊	6月12	巳己	5月13	亥己	4月14	午庚	3月15	子庚	2月13	午庚	九十
8月11	巳己	7月12	亥己	6月13	午庚	5月14	子庚	4月15	未辛	3月16	丑辛	2月14	未辛	十二
8月12	午庚	7月13	子庚	6月14	未辛	5月15	丑辛	4月16	申壬	3月17	寅壬	2月15	申壬	一廿
8月13	未辛	7月14	丑辛	6月15	申壬	5月16	寅壬	4月17	酉癸	3月18	卯癸	2月16	酉癸	二廿
8月14	申壬	7月15	寅壬	6月16	酉癸	5月17	卯癸	4月18	戌甲	3月19	辰甲	2月17	戌甲	三廿
8月15	酉癸	7月16	卯癸	6月17	戌甲	5月18	辰甲	4月19	亥乙	3月20	巳乙	2月18	亥乙	四廿
8月16	戌甲	7月17	辰甲	6月18	亥乙	5月19	巳乙	4月20	子丙	3月21	午丙	2月19	子丙	五廿
8月17	亥乙	7月18	巳乙	6月19	子丙	5月20	午丙	4月21	丑丁	3月22	未丁	2月20	丑丁	六廿
8月18	子丙	7月19	午丙	6月20	丑丁	5月21	未丁	4月22	寅戊	3月23	申戊	2月21	寅戊	七廿
8月19	丑丁	7月20	未丁	6月21	寅戊	5月22	申戊	4月23	卯己	3月24	酉己	2月22	卯己	八廿
8月20	寅戊	7月21	申戊	6月22	卯己	5月23	酉己	4月24	辰庚	3月25	戌庚	2月23	辰庚	九廿
		7月22	酉己			5月24	戌庚			3月26	亥辛	2月24	巳辛	十三

西元一九一四年 太歲 姓張名朝

西元1914年

月別	月二十曆農		月一十曆農		月十曆農		月九曆農		月八曆農		月七曆農	
干支	丑	丁	子	丙	亥	乙	戌	甲	酉	癸	申	壬
節	春立	寒大	寒小	至冬	雪大	雪小	冬立	降霜	露寒	分秋	露白	暑處
氣	5時26分 廿二卯時	11時0分 初七午時	17時41分 廿一酉時	0時23分 初七子時	6時37分 廿一卯時	11時21分 初六午時	14時11分 廿一未時	14時18分 初六未時	11時35分 二十午時	5時34分 初五卯時	20時33分 十九戌時	8時30分 初四辰時
農曆	曆國	支干	曆國	支干	曆國	支干	曆國	支干	曆國	支干	曆國	支干
初一	1月15	午丙	12月17	丑丁	11月18	申戊	10月19	寅戊	9月20	酉己	8月21	卯己
初二	1月16	未丁	12月18	寅戊	11月19	酉己	10月20	卯己	9月21	戌庚	8月22	辰庚
初三	1月17	申戊	12月19	卯己	11月20	戌庚	10月21	辰庚	9月22	亥辛	8月23	巳辛
初四	1月18	酉己	12月20	辰庚	11月21	亥辛	10月22	巳辛	9月23	子壬	8月24	午壬
初五	1月19	戌庚	12月21	巳辛	11月22	子壬	10月23	午壬	9月24	丑癸	8月25	未癸
初六	1月20	亥辛	12月22	午壬	11月23	丑癸	10月24	未癸	9月25	寅甲	8月26	申甲
初七	1月21	子壬	12月23	未癸	11月24	寅甲	10月25	申甲	9月26	卯乙	8月27	酉乙
初八	1月22	丑癸	12月24	申甲	11月25	卯乙	10月26	酉乙	9月27	辰丙	8月28	戌丙
初九	1月23	寅甲	12月25	酉乙	11月26	辰丙	10月27	戌丙	9月28	巳丁	8月29	亥丁
初十	1月24	卯乙	12月26	戌丙	11月27	巳丁	10月28	亥丁	9月29	午戊	8月30	子戊
十一	1月25	辰丙	12月27	亥丁	11月28	午戊	10月29	子戊	9月30	未己	8月31	丑己
十二	1月26	巳丁	12月28	子戊	11月29	未己	10月30	丑己	10月 1	申庚	9月 1	寅庚
十三	1月27	午戊	12月29	丑己	11月30	申庚	10月31	寅庚	10月 2	酉辛	9月 2	卯辛
十四	1月28	未己	12月30	寅庚	12月 1	酉辛	11月 1	卯辛	10月 3	戌壬	9月 3	辰壬
十五	1月29	申庚	12月31	卯辛	12月 2	戌壬	11月 2	辰壬	10月 4	亥癸	9月 4	巳癸
十六	1月30	酉辛	1月 1	辰壬	12月 3	亥癸	11月 3	巳癸	10月 5	子甲	9月 5	午甲
十七	1月31	戌壬	1月 2	巳癸	12月 4	子甲	11月 4	午甲	10月 6	丑乙	9月 6	未乙
十八	2月 1	亥癸	1月 3	午甲	12月 5	丑乙	11月 5	未乙	10月 7	寅丙	9月 7	申丙
十九	2月 2	子甲	1月 4	未乙	12月 6	寅丙	11月 6	申丙	10月 8	卯丁	9月 8	酉丁
二十	2月 3	丑乙	1月 5	申丙	12月 7	卯丁	11月 7	酉丁	10月 9	辰戊	9月 9	戌戊
廿一	2月 4	寅丙	1月 6	酉丁	12月 8	辰戊	11月 8	戌戊	10月10	巳己	9月10	亥己
廿二	2月 5	卯丁	1月 7	戌戊	12月 9	巳己	11月 9	亥己	10月11	午庚	9月11	子庚
廿三	2月 6	辰戊	1月 8	亥己	12月10	午庚	11月10	子庚	10月12	未辛	9月12	丑辛
廿四	2月 7	巳己	1月 9	子庚	12月11	未辛	11月11	丑辛	10月13	申壬	9月13	寅壬
廿五	2月 8	午庚	1月10	丑辛	12月12	申壬	11月12	寅壬	10月14	酉癸	9月14	卯癸
廿六	2月 9	未辛	1月11	寅壬	12月13	酉癸	11月13	卯癸	10月15	戌甲	9月15	辰甲
廿七	2月10	申壬	1月12	卯癸	12月14	戌甲	11月14	辰甲	10月16	亥乙	9月16	巳乙
廿八	2月11	酉癸	1月13	辰甲	12月15	亥乙	11月15	巳乙	10月17	子丙	9月17	午丙
廿九	2月12	戌甲	1月14	巳乙	12月16	子丙	11月16	午丙	10月18	丑丁	9月18	未丁
三十	2月13	亥乙					11月17	未丁			9月19	申戊

中華民國四年 歲次 乙卯《兔》

西元一九一五年 太歲 姓方名清

月六曆農		月五曆農		月四曆農		月三曆農		月二曆農		月正曆農		別月
未	癸	午	壬	巳	辛	辰	庚	卯	己	寅	戊	支干
秋立	暑大	暑小	至夏	種芒	滿小	夏立	雨穀	明清	分春	蟄驚	水雨	節
廿八夜子 23時48分	十三辰時 7時27分	廿六未時 14時8分	初十戌時 20時29分	廿五寅時 3時40分	初九午時 12時11分	廿三夜子 23時3分	初八午時 12時29分	廿二卯時 5時10分	初七子時 0時51分	廿一夜子 23時48分	初七丑時 1時23分	氣
曆國	支干	曆國	支干	曆國	支干	曆國	支干	曆國	支干	曆國	支干	曆農
7月12	辰甲	6月13	亥乙	5月14	巳乙	4月14	亥乙	3月16	午丙	2月14	子丙	一初
7月13	巳乙	6月14	子丙	5月15	午丙	4月15	子丙	3月17	未丁	2月15	丑丁	二初
7月14	午丙	6月15	丑丁	5月16	未丁	4月16	丑丁	3月18	申戊	2月16	寅戊	三初
7月15	未丁	6月16	寅戊	5月17	申戊	4月17	寅戊	3月19	酉己	2月17	卯己	四初
7月16	申戊	6月17	卯己	5月18	酉己	4月18	卯己	3月20	戌庚	2月18	辰庚	五初
7月17	酉己	6月18	辰庚	5月19	戌庚	4月19	辰庚	3月21	亥辛	2月19	巳辛	六初
7月18	戌庚	6月19	巳辛	5月20	亥辛	4月20	巳辛	3月22	子壬	2月20	午壬	七初
7月19	亥辛	6月20	午壬	5月21	子壬	4月21	午壬	3月23	丑癸	2月21	未癸	八初
7月20	子壬	6月21	未癸	5月22	丑癸	4月22	未癸	3月24	寅甲	2月22	申甲	九初
7月21	丑癸	6月22	申甲	5月23	寅甲	4月23	申甲	3月25	卯乙	2月23	酉乙	十初
7月22	寅甲	6月23	酉乙	5月24	卯乙	4月24	酉乙	3月26	辰丙	2月24	戌丙	一十
7月23	卯乙	6月24	戌丙	5月25	辰丙	4月25	戌丙	3月27	巳丁	2月25	亥丁	二十
7月24	辰丙	6月25	亥丁	5月26	巳丁	4月26	亥丁	3月28	午戊	2月26	子戊	三十
7月25	巳丁	6月26	子戊	5月27	午戊	4月27	子戊	3月29	未己	2月27	丑己	四十
7月26	午戊	6月27	丑己	5月28	未己	4月28	丑己	3月30	申庚	2月28	寅庚	五十
7月27	未己	6月28	寅庚	5月29	申庚	4月29	寅庚	3月31	酉辛	3月 1	卯辛	六十
7月28	申庚	6月29	卯辛	5月30	酉辛	4月30	卯辛	4月 1	戌壬	3月 2	辰壬	七十
7月29	酉辛	6月30	辰壬	5月31	戌壬	5月 1	辰壬	4月 2	亥癸	3月 3	巳癸	八十
7月30	戌壬	7月 1	巳癸	6月 1	亥癸	5月 2	巳癸	4月 3	子甲	3月 4	午甲	九十
7月31	亥癸	7月 2	午甲	6月 2	子甲	5月 3	午甲	4月 4	丑乙	3月 5	未乙	十二
8月 1	子甲	7月 3	未乙	6月 3	丑乙	5月 4	未乙	4月 5	寅丙	3月 6	申丙	一廿
8月 2	丑乙	7月 4	申丙	6月 4	寅丙	5月 5	申丙	4月 6	卯丁	3月 7	酉丁	二廿
8月 3	寅丙	7月 5	酉丁	6月 5	卯丁	5月 6	酉丁	4月 7	辰戊	3月 8	戌戊	三廿
8月 4	卯丁	7月 6	戌戊	6月 6	辰戊	5月 7	戌戊	4月 8	巳己	3月 9	亥己	四廿
8月 5	辰戊	7月 7	亥己	6月 7	巳己	5月 8	亥己	4月 9	午庚	3月10	子庚	五廿
8月 6	巳己	7月 8	子庚	6月 8	午庚	5月 9	子庚	4月10	未辛	3月11	丑辛	六廿
8月 7	午庚	7月 9	丑辛	6月 9	未辛	5月10	丑辛	4月11	申壬	3月12	寅壬	七廿
8月 8	未辛	7月10	寅壬	6月10	申壬	5月11	寅壬	4月12	酉癸	3月13	卯癸	八廿
8月 9	申壬	7月11	卯癸	6月11	酉癸	5月12	卯癸	4月13	戌甲	3月14	辰甲	九廿
8月10	酉癸			6月12	戌甲	5月13	辰甲			3月15	巳乙	十三

西元1915年

月別	月二十曆農		月一十曆農		月十曆農		月九曆農		月八曆農		月七曆農	
干支	丑己		子戊		亥丁		戌丙		酉乙		申甲	
節	寒大	寒小	至冬	雪大	雪小	冬立	降霜	露寒	分秋	露白	暑處	
氣	十七申時 16時54分	初二夜子時 23時28分	十七卯時 6時16分	初二午時 12時24分	十七酉時 17時14分	初二戌時 19時58分	十六戌時 20時10分	初一酉時 17時21分	十六午時 11時24分	初一丑時 2時17分	十四未時 14時15分	
農曆	曆國	支干	曆國	支干	曆國	支干	曆國	支干	曆國	支干	曆國	支干
初一	1月 5	丑辛	12月 7	申壬	11月 7	寅壬	10月 9	酉癸	9月 9	卯癸	8月11	戌甲
初二	1月 6	寅壬	12月 8	酉癸	11月 8	卯癸	10月10	戌甲	9月10	辰甲	8月12	亥乙
初三	1月 7	卯癸	12月 9	戌甲	11月 9	辰甲	10月11	亥乙	9月11	巳乙	8月13	子丙
初四	1月 8	辰甲	12月10	亥乙	11月10	巳乙	10月12	子丙	9月12	午丙	8月14	丑丁
初五	1月 9	巳乙	12月11	子丙	11月11	午丙	10月13	丑丁	9月13	未丁	8月15	寅戊
初六	1月10	午丙	12月12	丑丁	11月12	未丁	10月14	寅戊	9月14	申戊	8月16	卯己
初七	1月11	未丁	12月13	寅戊	11月13	申戊	10月15	卯己	9月15	酉己	8月17	辰庚
初八	1月12	申戊	12月14	卯己	11月14	酉己	10月16	辰庚	9月16	戌庚	8月18	巳辛
初九	1月13	酉己	12月15	辰庚	11月15	戌庚	10月17	巳辛	9月17	亥辛	8月19	午壬
初十	1月14	戌庚	12月16	巳辛	11月16	亥辛	10月18	午壬	9月18	子壬	8月20	未癸
十一	1月15	亥辛	12月17	午壬	11月17	子壬	10月19	未癸	9月19	丑癸	8月21	申甲
十二	1月16	子壬	12月18	未癸	11月18	丑癸	10月20	申甲	9月20	寅甲	8月22	酉乙
十三	1月17	丑癸	12月19	申甲	11月19	寅甲	10月21	酉乙	9月21	卯乙	8月23	戌丙
十四	1月18	寅甲	12月20	酉乙	11月20	卯乙	10月22	戌丙	9月22	辰丙	8月24	亥丁
十五	1月19	卯乙	12月21	戌丙	11月21	辰丙	10月23	亥丁	9月23	巳丁	8月25	子戊
十六	1月20	辰丙	12月22	亥丁	11月22	巳丁	10月24	子戊	9月24	午戊	8月26	丑己
十七	1月21	巳丁	12月23	子戊	11月23	午戊	10月25	丑己	9月25	未己	8月27	寅庚
十八	1月22	午戊	12月24	丑己	11月24	未己	10月26	寅庚	9月26	申庚	8月28	卯辛
十九	1月23	未己	12月25	寅庚	11月25	申庚	10月27	卯辛	9月27	酉辛	8月29	辰壬
二十	1月24	申庚	12月26	卯辛	11月26	酉辛	10月28	辰壬	9月28	戌壬	8月30	巳癸
廿一	1月25	酉辛	12月27	辰壬	11月27	戌壬	10月29	巳癸	9月29	亥癸	8月31	午甲
廿二	1月26	戌壬	12月28	巳癸	11月28	亥癸	10月30	午甲	9月30	子甲	9月 1	未乙
廿三	1月27	亥癸	12月29	午甲	11月29	子甲	10月31	未乙	10月 1	丑乙	9月 2	申丙
廿四	1月28	子甲	12月30	未乙	11月30	丑乙	11月 1	申丙	10月 2	寅丙	9月 3	酉丁
廿五	1月29	丑乙	12月31	申丙	12月 1	寅丙	11月 2	酉丁	10月 3	卯丁	9月 4	戌戊
廿六	1月30	寅丙	1月 1	酉丁	12月 2	卯丁	11月 3	戌戊	10月 4	辰戊	9月 5	亥己
廿七	1月31	卯丁	1月 2	戌戊	12月 3	辰戊	11月 4	亥己	10月 5	巳己	9月 6	子庚
廿八	2月 1	辰戊	1月 3	亥己	12月 4	巳己	11月 5	子庚	10月 6	午庚	9月 7	丑辛
廿九	2月 2	巳己	1月 4	子庚	12月 5	午庚	11月 6	丑辛	10月 7	未辛	9月 8	寅壬
三十	2月 3	午庚			12月 6	未辛			10月 8	申壬		

中華民國五年 歲次 丙辰《龍》

西元一九一六年 太歲 姓辛名亞

月六曆農		月五曆農		月四曆農		月三曆農		月二曆農		月正曆農		別月
未	乙	午	甲	巳	癸	辰	壬	卯	辛	寅	庚	支干
暑大	暑小	至夏	種芒	滿小	夏立	雨穀	明清	分春	蟄驚	水雨	春立	節
13時21分 廿四未時	19時54分 初八戌時	2時25分 廿二丑時	9時26分 初六巳時	18時6分 二十酉時	4時50分 初五寅時	18時25分 十八酉時	10時58分 初三巳時	6時47分 十八卯時	5時38分 初三卯時	7時18分 廿七辰時	11時14分 初二午時	氣
曆國	支干	曆國	支干	曆國	支干	曆國	支干	曆國	支干	曆國	支干	曆農
6月30	戊戊	6月 1	巳己	5月 2	亥己	4月 3	午庚	3月 4	子庚	2月 4	未辛	一初
7月 1	亥己	6月 2	午庚	5月 3	子庚	4月 4	未辛	3月 5	丑辛	2月 5	申壬	二初
7月 2	子庚	6月 3	未辛	5月 4	丑辛	4月 5	申壬	3月 6	寅壬	2月 6	酉癸	三初
7月 3	丑辛	6月 4	申壬	5月 5	寅壬	4月 6	酉癸	3月 7	卯癸	2月 7	戌甲	四初
7月 4	寅壬	6月 5	酉癸	5月 6	卯癸	4月 7	戌甲	3月 8	辰甲	2月 8	亥乙	五初
7月 5	卯癸	6月 6	戌甲	5月 7	辰甲	4月 8	亥乙	3月 9	巳乙	2月 9	子丙	六初
7月 6	辰甲	6月 7	亥乙	5月 8	巳乙	4月 9	子丙	3月10	午丙	2月10	丑丁	七初
7月 7	巳乙	6月 8	子丙	5月 9	午丙	4月10	丑丁	3月11	未丁	2月11	寅戊	八初
7月 8	午丙	6月 9	丑丁	5月10	未丁	4月11	寅戊	3月12	申戊	2月12	卯己	九初
7月 9	未丁	6月10	寅戊	5月11	申戊	4月12	卯己	3月13	酉己	2月13	辰庚	十初
7月10	申戊	6月11	卯己	5月12	酉己	4月13	辰庚	3月14	戌庚	2月14	巳辛	一十
7月11	酉己	6月12	辰庚	5月13	戌庚	4月14	巳辛	3月15	亥辛	2月15	午壬	二十
7月12	戌庚	6月13	巳辛	5月14	亥辛	4月15	午壬	3月16	子壬	2月16	未癸	三十
7月13	亥辛	6月14	午壬	5月15	子壬	4月16	未癸	3月17	丑癸	2月17	申甲	四十
7月14	子壬	6月15	未癸	5月16	丑癸	4月17	申甲	3月18	寅甲	2月18	酉乙	五十
7月15	丑癸	6月16	申甲	5月17	寅甲	4月18	酉乙	3月19	卯乙	2月19	戌丙	六十
7月16	寅甲	6月17	酉乙	5月18	卯乙	4月19	戌丙	3月20	辰丙	2月20	亥丁	七十
7月17	卯乙	6月18	戌丙	5月19	辰丙	4月20	亥丁	3月21	巳丁	2月21	子戊	八十
7月18	辰丙	6月19	亥丁	5月20	巳丁	4月21	子戊	3月22	午戊	2月22	丑己	九十
7月19	巳丁	6月20	子戊	5月21	午戊	4月22	丑己	3月23	未己	2月23	寅庚	十二
7月20	午戊	6月21	丑己	5月22	未己	4月23	寅庚	3月24	申庚	2月24	卯辛	一廿
7月21	未己	6月22	寅庚	5月23	申庚	4月24	卯辛	3月25	酉辛	2月25	辰壬	二廿
7月22	申庚	6月23	卯辛	5月24	酉辛	4月25	辰壬	3月26	戌壬	2月26	巳癸	三廿
7月23	酉辛	6月24	辰壬	5月25	戌壬	4月26	巳癸	3月27	亥癸	2月27	午甲	四廿
7月24	戌壬	6月25	巳癸	5月26	亥癸	4月27	午甲	3月28	子甲	2月28	未乙	五廿
7月25	亥癸	6月26	午甲	5月27	子甲	4月28	未乙	3月29	丑乙	2月29	申丙	六廿
7月26	子甲	6月27	未乙	5月28	丑乙	4月29	申丙	3月30	寅丙	3月 1	酉丁	七廿
7月27	丑乙	6月28	申丙	5月29	寅丙	4月30	酉丁	3月31	卯丁	3月 2	戌戊	八廿
7月28	寅丙	6月29	酉丁	5月30	卯丁	5月 1	戌戊	4月 1	辰戊	3月 3	亥己	九廿
7月29	卯丁			5月31	辰戊			4月 2	巳己			十三

西元1916年

月別	月二十曆農		月一十曆農		月十曆農		月九曆農		月八曆農		月七曆農	
干支	丑	辛	子	庚	亥	己	戌	戊	酉	丁	申	丙
節	寒大	寒小	至冬	雪大	雪小	冬立	降霜	露寒	分秋	露白	暑處	秋立
氣	22時38分 廿七亥時	5時10分 十三卯時	11時59分 廿八午時	18時6分 十二酉時	22時58分 廿七亥時	1時43分 十三丑時	1時57分 廿八丑時	23時8分 十二夜子時	17時15分 廿六酉時	8時5分 十一辰時	20時9分 廿五戌時	5時35分 初十卯時
農曆	曆國	支干	曆國	支干	曆國	支干	曆國	支干	曆國	支干	曆國	支干
初一	12月25	申丙	11月25	寅丙	10月27	酉丁	9月27	卯丁	8月29	戌戊	7月30	辰戊
初二	12月26	酉丁	11月26	卯丁	10月28	戌戊	9月28	辰戊	8月30	亥己	7月31	巳己
初三	12月27	戌戊	11月27	辰戊	10月29	亥己	9月29	巳己	8月31	子庚	8月 1	午庚
初四	12月28	亥己	11月28	巳己	10月30	子庚	9月30	午庚	9月 1	丑辛	8月 2	未辛
初五	12月29	子庚	11月29	午庚	10月31	丑辛	10月 1	未辛	9月 2	寅壬	8月 3	申壬
初六	12月30	丑辛	11月30	未辛	11月 1	寅壬	10月 2	申壬	9月 3	卯癸	8月 4	酉癸
初七	12月31	寅壬	12月 1	申壬	11月 2	卯癸	10月 3	酉癸	9月 4	辰甲	8月 5	戌甲
初八	1月 1	卯癸	12月 2	酉癸	11月 3	辰甲	10月 4	戌甲	9月 5	巳乙	8月 6	亥乙
初九	1月 2	辰甲	12月 3	戌甲	11月 4	巳乙	10月 5	亥乙	9月 6	午丙	8月 7	子丙
初十	1月 3	巳乙	12月 4	亥乙	11月 5	午丙	10月 6	子丙	9月 7	未丁	8月 8	丑丁
十一	1月 4	午丙	12月 5	子丙	11月 6	未丁	10月 7	丑丁	9月 8	申戊	8月 9	寅戊
十二	1月 5	未丁	12月 6	丑丁	11月 7	申戊	10月 8	寅戊	9月 9	酉己	8月10	卯己
十三	1月 6	申戊	12月 7	寅戊	11月 8	酉己	10月 9	卯己	9月10	戌庚	8月11	辰庚
十四	1月 7	酉己	12月 8	卯己	11月 9	戌庚	10月10	辰庚	9月11	亥辛	8月12	巳辛
十五	1月 8	戌庚	12月 9	辰庚	11月10	亥辛	10月11	巳辛	9月12	子壬	8月13	午壬
十六	1月 9	亥辛	12月10	巳辛	11月11	子壬	10月12	午壬	9月13	丑癸	8月14	未癸
十七	1月10	子壬	12月11	午壬	11月12	丑癸	10月13	未癸	9月14	寅甲	8月15	申甲
十八	1月11	丑癸	12月12	未癸	11月13	寅甲	10月14	申甲	9月15	卯乙	8月16	酉乙
十九	1月12	寅甲	12月13	申甲	11月14	卯乙	10月15	酉乙	9月16	辰丙	8月17	戌丙
二十	1月13	卯乙	12月14	酉乙	11月15	辰丙	10月16	戌丙	9月17	巳丁	8月18	亥丁
廿一	1月14	辰丙	12月15	戌丙	11月16	巳丁	10月17	亥丁	9月18	午戊	8月19	子戊
廿二	1月15	巳丁	12月16	亥丁	11月17	午戊	10月18	子戊	9月19	未己	8月20	丑己
廿三	1月16	午戊	12月17	子戊	11月18	未己	10月19	丑己	9月20	申庚	8月21	寅庚
廿四	1月17	未己	12月18	丑己	11月19	申庚	10月20	寅庚	9月21	酉辛	8月22	卯辛
廿五	1月18	申庚	12月19	寅庚	11月20	酉辛	10月21	卯辛	9月22	戌壬	8月23	辰壬
廿六	1月19	酉辛	12月20	卯辛	11月21	戌壬	10月22	辰壬	9月23	亥癸	8月24	巳癸
廿七	1月20	戌壬	12月21	辰壬	11月22	亥癸	10月23	巳癸	9月24	子甲	8月25	午甲
廿八	1月21	亥癸	12月22	巳癸	11月23	子甲	10月24	午甲	9月25	丑乙	8月26	未乙
廿九	1月22	子甲	12月23	午甲	11月24	丑乙	10月25	未乙	9月26	寅丙	8月27	申丙
三十			12月24	未乙			10月26	申丙			8月28	酉丁

中華民國六年 歲次丁巳《蛇》

西元一九一七年 太歲姓易名彥

月六曆農		月五曆農		月四曆農		月三曆農		月二閏曆農		月二曆農		月正曆農		別月
未	丁	午	丙	巳	乙	辰	甲			卯	癸	寅	壬	支干
秋立	暑大	暑小	至夏	種芒	滿小	夏立	雨穀	明清		分春	蟄驚	水雨	春立	節
11時30分 廿一午時	19時8分 初五戌時	1時51分 二十丑時	8時15分 初四辰時	15時23分 十七申時	23時59分 初一夜子時	10時46分 十六巳時	0時18分 初一子時	16時50分 十四申時		12時38分 廿八午時	11時25分 十三午時	13時5分 廿八未時	16時58分 十三申時	氣
曆國	支干	曆國	支干	曆國	支干	曆國	支干	曆國	支干	曆國	支干	曆國	支干	曆農
7月19	戌壬	6月19	辰壬	5月21	亥癸	4月21	巳癸	3月23	子甲	2月22	未乙	1月23	丑乙	一初
7月20	亥癸	6月20	巳癸	5月22	子甲	4月22	午甲	3月24	丑乙	2月23	申丙	1月24	寅丙	二初
7月21	子甲	6月21	午甲	5月23	丑乙	4月23	未乙	3月25	寅丙	2月24	酉丁	1月25	卯丁	三初
7月22	丑乙	6月22	未乙	5月24	寅丙	4月24	申丙	3月26	卯丁	2月25	戌戊	1月26	辰戊	四初
7月23	寅丙	6月23	申丙	5月25	卯丁	4月25	酉丁	3月27	辰戊	2月26	亥己	1月27	巳己	五初
7月24	卯丁	6月24	酉丁	5月26	辰戊	4月26	戌戊	3月28	巳己	2月27	子庚	1月28	午庚	六初
7月25	辰戊	6月25	戌戊	5月27	巳己	4月27	亥己	3月29	午庚	2月28	丑辛	1月29	未辛	七初
7月26	巳己	6月26	亥己	5月28	午庚	4月28	子庚	3月30	未辛	3月 1	寅壬	1月30	申壬	八初
7月27	午庚	6月27	子庚	5月29	未辛	4月29	丑辛	3月31	申壬	3月 2	卯癸	1月31	酉癸	九初
7月28	未辛	6月28	丑辛	5月30	申壬	4月30	寅壬	4月 1	酉癸	3月 3	辰甲	2月 1	戌甲	十初
7月29	申壬	6月29	寅壬	5月31	酉癸	5月 1	卯癸	4月 2	戌甲	3月 4	巳乙	2月 2	亥乙	一十
7月30	酉癸	6月30	卯癸	6月 1	戌甲	5月 2	辰甲	4月 3	亥乙	3月 5	午丙	2月 3	子丙	二十
7月31	戌甲	7月 1	辰甲	6月 2	亥乙	5月 3	巳乙	4月 4	子丙	3月 6	未丁	2月 4	丑丁	三十
8月 1	亥乙	7月 2	巳乙	6月 3	子丙	5月 4	午丙	4月 5	丑丁	3月 7	申戊	2月 5	寅戊	四十
8月 2	子丙	7月 3	午丙	6月 4	丑丁	5月 5	未丁	4月 6	寅戊	3月 8	酉己	2月 6	卯己	五十
8月 3	丑丁	7月 4	未丁	6月 5	寅戊	5月 6	申戊	4月 7	卯己	3月 9	戌庚	2月 7	辰庚	六十
8月 4	寅戊	7月 5	申戊	6月 6	卯己	5月 7	酉己	4月 8	辰庚	3月10	亥辛	2月 8	巳辛	七十
8月 5	卯己	7月 6	酉己	6月 7	辰庚	5月 8	戌庚	4月 9	巳辛	3月11	子壬	2月 9	午壬	八十
8月 6	辰庚	7月 7	戌庚	6月 8	巳辛	5月 9	亥辛	4月10	午壬	3月12	丑癸	2月10	未癸	九十
8月 7	巳辛	7月 8	亥辛	6月 9	午壬	5月10	子壬	4月11	未癸	3月13	寅甲	2月11	申甲	十二
8月 8	午壬	7月 9	子壬	6月10	未癸	5月11	丑癸	4月12	申甲	3月14	卯乙	2月12	酉乙	一廿
8月 9	未癸	7月10	丑癸	6月11	申甲	5月12	寅甲	4月13	酉乙	3月15	辰丙	2月13	戌丙	二廿
8月10	申甲	7月11	寅甲	6月12	酉乙	5月13	卯乙	4月14	戌丙	3月16	巳丁	2月14	亥丁	三廿
8月11	酉乙	7月12	卯乙	6月13	戌丙	5月14	辰丙	4月15	亥丁	3月17	午戊	2月15	子戊	四廿
8月12	戌丙	7月13	辰丙	6月14	亥丁	5月15	巳丁	4月16	子戊	3月18	未己	2月16	丑己	五廿
8月13	亥丁	7月14	巳丁	6月15	子戊	5月16	午戊	4月17	丑己	3月19	申庚	2月17	寅庚	六廿
8月14	子戊	7月15	午戊	6月16	丑己	5月17	未己	4月18	寅庚	3月20	酉辛	2月18	卯辛	七廿
8月15	丑己	7月16	未己	6月17	寅庚	5月18	申庚	4月19	卯辛	3月21	戌壬	2月19	辰壬	八廿
8月16	寅庚	7月17	申庚	6月18	卯辛	5月19	酉辛	4月20	辰壬	3月22	亥癸	2月20	巳癸	九廿
8月17	卯辛	7月18	酉辛			5月20	戌壬					2月21	午甲	十三

西元1917年

月別	月二十曆農		月一十曆農		月十曆農		月九曆農		月八曆農		月七曆農	
干支	丑	癸	子	壬	亥	辛	戌	庚	酉	己	申	戊
節	春立	寒大	寒小	至冬	雪大	雪小	冬立	降霜	露寒	分秋	露白	暑處
氣	22時53分 廿三亥時	4時25分 初九寅時	11時5分 廿四午時	17時46分 初九酉時	0時1分 廿四子時	4時45分 初九寅時	7時37分 廿四辰時	7時44分 初九辰時	5時3分 廿四卯時	23時0分 初八夜子	14時0分 廿二未時	1時54分 初七丑時
農曆	曆國	支干	曆國	支干	曆國	支干	曆國	支干	曆國	支干	曆國	支干
初一	1月13	申庚	12月14	寅庚	11月15	酉辛	10月16	卯辛	9月16	酉辛	8月18	辰壬
初二	1月14	酉辛	12月15	卯辛	11月16	戌壬	10月17	辰壬	9月17	戌壬	8月19	巳癸
初三	1月15	戌壬	12月16	辰壬	11月17	亥癸	10月18	巳癸	9月18	亥癸	8月20	午甲
初四	1月16	亥癸	12月17	巳癸	11月18	子甲	10月19	午甲	9月19	子甲	8月21	未乙
初五	1月17	子甲	12月18	午甲	11月19	丑乙	10月20	未乙	9月20	丑乙	8月22	申丙
初六	1月18	丑乙	12月19	未乙	11月20	寅丙	10月21	申丙	9月21	寅丙	8月23	酉丁
初七	1月19	寅丙	12月20	申丙	11月21	卯丁	10月22	酉丁	9月22	卯丁	8月24	戌戊
初八	1月20	卯丁	12月21	酉丁	11月22	辰戊	10月23	戌戊	9月23	辰戊	8月25	亥己
初九	1月21	辰戊	12月22	戌戊	11月23	巳己	10月24	亥己	9月24	巳己	8月26	子庚
初十	1月22	巳己	12月23	亥己	11月24	午庚	10月25	子庚	9月25	午庚	8月27	丑辛
十一	1月23	午庚	12月24	子庚	11月25	未辛	10月26	丑辛	9月26	未辛	8月28	寅壬
十二	1月24	未辛	12月25	丑辛	11月26	申壬	10月27	寅壬	9月27	申壬	8月29	卯癸
十三	1月25	申壬	12月26	寅壬	11月27	酉癸	10月28	卯癸	9月28	酉癸	8月30	辰甲
十四	1月26	酉癸	12月27	卯癸	11月28	戌甲	10月29	辰甲	9月29	戌甲	8月31	巳乙
十五	1月27	戌甲	12月28	辰甲	11月29	亥乙	10月30	巳乙	9月30	亥乙	9月 1	午丙
十六	1月28	亥乙	12月29	巳乙	11月30	子丙	10月31	午丙	10月 1	子丙	9月 2	未丁
十七	1月29	子丙	12月30	午丙	12月 1	丑丁	11月 1	未丁	10月 2	丑丁	9月 3	申戊
十八	1月30	丑丁	12月31	未丁	12月 2	寅戊	11月 2	申戊	10月 3	寅戊	9月 4	酉己
十九	1月31	寅戊	1月 1	申戊	12月 3	卯己	11月 3	酉己	10月 4	卯己	9月 5	戌庚
二十	2月 1	卯己	1月 2	酉己	12月 4	辰庚	11月 4	戌庚	10月 5	辰庚	9月 6	亥辛
廿一	2月 2	辰庚	1月 3	戌庚	12月 5	巳辛	11月 5	亥辛	10月 6	巳辛	9月 7	子壬
廿二	2月 3	巳辛	1月 4	亥辛	12月 6	午壬	11月 6	子壬	10月 7	午壬	9月 8	丑癸
廿三	2月 4	午壬	1月 5	子壬	12月 7	未癸	11月 7	丑癸	10月 8	未癸	9月 9	寅甲
廿四	2月 5	未癸	1月 6	丑癸	12月 8	申甲	11月 8	寅甲	10月 9	申甲	9月10	卯乙
廿五	2月 6	申甲	1月 7	寅甲	12月 9	酉乙	11月 9	卯乙	10月10	酉乙	9月11	辰丙
廿六	2月 7	酉乙	1月 8	卯乙	12月10	戌丙	11月10	辰丙	10月11	戌丙	9月12	巳丁
廿七	2月 8	戌丙	1月 9	辰丙	12月11	亥丁	11月11	巳丁	10月12	亥丁	9月13	午戊
廿八	2月 9	亥丁	1月10	巳丁	12月12	子戊	11月12	午戊	10月13	子戊	9月14	未己
廿九	2月10	子戊	1月11	午戊	12月13	丑己	11月13	未己	10月14	丑己	9月15	申庚
三十			1月12	未己			11月14	申庚	10月15	寅庚		

中華民國七年 歲次戊午《馬》

西元一九一八年 太歲姓姚名黎

農曆六月		農曆五月		農曆四月		農曆三月		農曆二月		農曆正月		月別
己未		戊午		丁巳		丙辰		乙卯		甲寅		干支
大暑	小暑	夏至		芒種	小滿	立夏	穀雨	清明	春分	驚蟄	雨水	節
十七子時 0時52分	初一辰時 7時32分	十四未時 14時0分		廿八亥時 21時11分	十三卯時 5時46分	廿六申時 16時38分	十一卯時 6時6分	廿四亥時 22時46分	初九酉時 18時26分	廿四酉時 17時21分	初九酉時 18時53分	氣
國曆	干支	國曆	干支	國曆	干支	國曆	干支	國曆	干支	國曆	干支	農曆
7月 8	丙辰	6月 9	丁亥	5月10	丁巳	4月11	戊子	3月13	己未	2月11	己丑	初一
7月 9	丁巳	6月10	戊子	5月11	戊午	4月12	己丑	3月14	庚申	2月12	庚寅	初二
7月10	戊午	6月11	己丑	5月12	己未	4月13	庚寅	3月15	辛酉	2月13	辛卯	初三
7月11	己未	6月12	庚寅	5月13	庚申	4月14	辛卯	3月16	壬戌	2月14	壬辰	初四
7月12	庚申	6月13	辛卯	5月14	辛酉	4月15	壬辰	3月17	癸亥	2月15	癸巳	初五
7月13	辛酉	6月14	壬辰	5月15	壬戌	4月16	癸巳	3月18	甲子	2月16	甲午	初六
7月14	壬戌	6月15	癸巳	5月16	癸亥	4月17	甲午	3月19	乙丑	2月17	乙未	初七
7月15	癸亥	6月16	甲午	5月17	甲子	4月18	乙未	3月20	丙寅	2月18	丙申	初八
7月16	甲子	6月17	乙未	5月18	乙丑	4月19	丙申	3月21	丁卯	2月19	丁酉	初九
7月17	乙丑	6月18	丙申	5月19	丙寅	4月20	丁酉	3月22	戊辰	2月20	戊戌	初十
7月18	丙寅	6月19	丁酉	5月20	丁卯	4月21	戊戌	3月23	己巳	2月21	己亥	十一
7月19	丁卯	6月20	戊戌	5月21	戊辰	4月22	己亥	3月24	庚午	2月22	庚子	十二
7月20	戊辰	6月21	己亥	5月22	己巳	4月23	庚子	3月25	辛未	2月23	辛丑	十三
7月21	己巳	6月22	庚子	5月23	庚午	4月24	辛丑	3月26	壬申	2月24	壬寅	十四
7月22	庚午	6月23	辛丑	5月24	辛未	4月25	壬寅	3月27	癸酉	2月25	癸卯	十五
7月23	辛未	6月24	壬寅	5月25	壬申	4月26	癸卯	3月28	甲戌	2月26	甲辰	十六
7月24	壬申	6月25	癸卯	5月26	癸酉	4月27	甲辰	3月29	乙亥	2月27	乙巳	十七
7月25	癸酉	6月26	甲辰	5月27	甲戌	4月28	乙巳	3月30	丙子	2月28	丙午	十八
7月26	甲戌	6月27	乙巳	5月28	乙亥	4月29	丙午	3月31	丁丑	3月 1	丁未	十九
7月27	乙亥	6月28	丙午	5月29	丙子	4月30	丁未	4月 1	戊寅	3月 2	戊申	二十
7月28	丙子	6月29	丁未	5月30	丁丑	5月 1	戊申	4月 2	己卯	3月 3	己酉	廿一
7月29	丁丑	6月30	戊申	5月31	戊寅	5月 2	己酉	4月 3	庚辰	3月 4	庚戌	廿二
7月30	戊寅	7月 1	己酉	6月 1	己卯	5月 3	庚戌	4月 4	辛巳	3月 5	辛亥	廿三
7月31	己卯	7月 2	庚戌	6月 2	庚辰	5月 4	辛亥	4月 5	壬午	3月 6	壬子	廿四
8月 1	庚辰	7月 3	辛亥	6月 3	辛巳	5月 5	壬子	4月 6	癸未	3月 7	癸丑	廿五
8月 2	辛巳	7月 4	壬子	6月 4	壬午	5月 6	癸丑	4月 7	甲申	3月 8	甲寅	廿六
8月 3	壬午	7月 5	癸丑	6月 5	癸未	5月 7	甲寅	4月 8	乙酉	3月 9	乙卯	廿七
8月 4	癸未	7月 6	甲寅	6月 6	甲申	5月 8	乙卯	4月 9	丙戌	3月10	丙辰	廿八
8月 5	甲申	7月 7	乙卯	6月 7	乙酉	5月 9	丙辰	4月10	丁亥	3月11	丁巳	廿九
8月 6	乙酉			6月 8	丙戌					3月12	戊午	三十

西元1918年

月別	月二十曆農		月一十曆農		月十曆農		月九曆農		月八曆農		月七曆農	
干支	丑	乙	子	甲	亥	癸	戌	壬	酉	辛	申	庚
節	寒大	寒小	至冬	雪大	雪小	冬立	降霜	露寒	分秋	露白	暑處	秋立
氣	10時21分 二十巳時	16時52分 初五申時	23時42分 二十夜子	5時47分 初六卯時	10時39分 二十巳時	13時19分 初五未時	13時33分 二十未時	10時41分 初五巳時	4時46分 二十寅時	19時36分 初四戌時	7時37分 十八辰時	17時8分 初二酉時
農曆	曆國	支干	曆國	支干	曆國	支干	曆國	支干	曆國	支干	曆國	支干
初一	1月 2	寅甲	12月 3	申甲	11月 4	卯乙	10月 5	酉乙	9月 5	卯乙	8月 7	戌丙
初二	1月 3	卯乙	12月 4	酉乙	11月 5	辰丙	10月 6	戌丙	9月 6	辰丙	8月 8	亥丁
初三	1月 4	辰丙	12月 5	戌丙	11月 6	巳丁	10月 7	亥丁	9月 7	巳丁	8月 9	子戊
初四	1月 5	巳丁	12月 6	亥丁	11月 7	午戊	10月 8	子戊	9月 8	午戊	8月10	丑己
初五	1月 6	午戊	12月 7	子戊	11月 8	未己	10月 9	丑己	9月 9	未己	8月11	寅庚
初六	1月 7	未己	12月 8	丑己	11月 9	申庚	10月10	寅庚	9月10	申庚	8月12	卯辛
初七	1月 8	申庚	12月 9	寅庚	11月10	酉辛	10月11	卯辛	9月11	酉辛	8月13	辰壬
初八	1月 9	酉辛	12月10	卯辛	11月11	戌壬	10月12	辰壬	9月12	戌壬	8月14	巳癸
初九	1月10	戌壬	12月11	辰壬	11月12	亥癸	10月13	巳癸	9月13	亥癸	8月15	午甲
初十	1月11	亥癸	12月12	巳癸	11月13	子甲	10月14	午甲	9月14	子甲	8月16	未乙
十一	1月12	子甲	12月13	午甲	11月14	丑乙	10月15	未乙	9月15	丑乙	8月17	申丙
十二	1月13	丑乙	12月14	未乙	11月15	寅丙	10月16	申丙	9月16	寅丙	8月18	酉丁
十三	1月14	寅丙	12月15	申丙	11月16	卯丁	10月17	酉丁	9月17	卯丁	8月19	戌戊
十四	1月15	卯丁	12月16	酉丁	11月17	辰戊	10月18	戌戊	9月18	辰戊	8月20	亥己
十五	1月16	辰戊	12月17	戌戊	11月18	巳己	10月19	亥己	9月19	巳己	8月21	子庚
十六	1月17	巳己	12月18	亥己	11月19	午庚	10月20	子庚	9月20	午庚	8月22	丑辛
十七	1月18	午庚	12月19	子庚	11月20	未辛	10月21	丑辛	9月21	未辛	8月23	寅壬
十八	1月19	未辛	12月20	丑辛	11月21	申壬	10月22	寅壬	9月22	申壬	8月24	卯癸
十九	1月20	申壬	12月21	寅壬	11月22	酉癸	10月23	卯癸	9月23	酉癸	8月25	辰甲
二十	1月21	酉癸	12月22	卯癸	11月23	戌甲	10月24	辰甲	9月24	戌甲	8月26	巳乙
廿一	1月22	戌甲	12月23	辰甲	11月24	亥乙	10月25	巳乙	9月25	亥乙	8月27	午丙
廿二	1月23	亥乙	12月24	巳乙	11月25	子丙	10月26	午丙	9月26	子丙	8月28	未丁
廿三	1月24	子丙	12月25	午丙	11月26	丑丁	10月27	未丁	9月27	丑丁	8月29	申戊
廿四	1月25	丑丁	12月26	未丁	11月27	寅戊	10月28	申戊	9月28	寅戊	8月30	酉己
廿五	1月26	寅戊	12月27	申戊	11月28	卯己	10月29	酉己	9月29	卯己	8月31	戌庚
廿六	1月27	卯己	12月28	酉己	11月29	辰庚	10月30	戌庚	9月30	辰庚	9月 1	亥辛
廿七	1月28	辰庚	12月29	戌庚	11月30	巳辛	10月31	亥辛	10月 1	巳辛	9月 2	子壬
廿八	1月29	巳辛	12月30	亥辛	12月 1	午壬	11月 1	子壬	10月 2	午壬	9月 3	丑癸
廿九	1月30	午壬	12月31	子壬	12月 2	未癸	11月 2	丑癸	10月 3	未癸	9月 4	寅甲
三十	1月31	未癸	1月 1	丑癸			11月 3	寅甲	10月 4	申甲		

中華民國八年 歲次己未《羊》

西元一九一九年 太歲姓傅名稅

月六曆農		月五曆農		月四曆農		月三曆農		月二曆農		月正曆農		別月
未	辛	午	庚	巳	己	辰	戊	卯	丁	寅	丙	支干
暑大	暑小	至夏	種芒	滿小	夏立	雨穀	明清	分春	蟄驚	水雨	春立	節氣
廿七卯時 6時45分	十一未時 13時21分	廿五戌時 19時54分	初十丑時 2時57分	廿三午時 11時39分	初七亥時 22時22分	廿一午時 11時59分	初六寅時 4時29分	廿一子時 0時19分	初五夜子 23時6分	二十子時 0時48分	初五寅時 4時40分	
曆國	支干	曆國	支干	曆國	支干	曆國	支干	曆國	支干	曆國	支干	曆農
6月28	亥辛	5月29	巳辛	4月30	子壬	4月1	未癸	3月2	丑癸	2月1	申甲	一初
6月29	子壬	5月30	午壬	5月1	丑癸	4月2	申甲	3月3	寅甲	2月2	酉乙	二初
6月30	丑癸	5月31	未癸	5月2	寅甲	4月3	酉乙	3月4	卯乙	2月3	戌丙	三初
7月1	寅甲	6月1	申甲	5月3	卯乙	4月4	戌丙	3月5	辰丙	2月4	亥丁	四初
7月2	卯乙	6月2	酉乙	5月4	辰丙	4月5	亥丁	3月6	巳丁	2月5	子戊	五初
7月3	辰丙	6月3	戌丙	5月5	巳丁	4月6	子戊	3月7	午戊	2月6	丑己	六初
7月4	巳丁	6月4	亥丁	5月6	午戊	4月7	丑己	3月8	未己	2月7	寅庚	七初
7月5	午戊	6月5	子戊	5月7	未己	4月8	寅庚	3月9	申庚	2月8	卯辛	八初
7月6	未己	6月6	丑己	5月8	申庚	4月9	卯辛	3月10	酉辛	2月9	辰壬	九初
7月7	申庚	6月7	寅庚	5月9	酉辛	4月10	辰壬	3月11	戌壬	2月10	巳癸	十初
7月8	酉辛	6月8	卯辛	5月10	戌壬	4月11	巳癸	3月12	亥癸	2月11	午甲	一十
7月9	戌壬	6月9	辰壬	5月11	亥癸	4月12	午甲	3月13	子甲	2月12	未乙	二十
7月10	亥癸	6月10	巳癸	5月12	子甲	4月13	未乙	3月14	丑乙	2月13	申丙	三十
7月11	子甲	6月11	午甲	5月13	丑乙	4月14	申丙	3月15	寅丙	2月14	酉丁	四十
7月12	丑乙	6月12	未乙	5月14	寅丙	4月15	酉丁	3月16	卯丁	2月15	戌戊	五十
7月13	寅丙	6月13	申丙	5月15	卯丁	4月16	戌戊	3月17	辰戊	2月16	亥己	六十
7月14	卯丁	6月14	酉丁	5月16	辰戊	4月17	亥己	3月18	巳己	2月17	子庚	七十
7月15	辰戊	6月15	戌戊	5月17	巳己	4月18	子庚	3月19	午庚	2月18	丑辛	八十
7月16	巳己	6月16	亥己	5月18	午庚	4月19	丑辛	3月20	未辛	2月19	寅壬	九十
7月17	午庚	6月17	子庚	5月19	未辛	4月20	寅壬	3月21	申壬	2月20	卯癸	十二
7月18	未辛	6月18	丑辛	5月20	申壬	4月21	卯癸	3月22	酉癸	2月21	辰甲	一廿
7月19	申壬	6月19	寅壬	5月21	酉癸	4月22	辰甲	3月23	戌甲	2月22	巳乙	二廿
7月20	酉癸	6月20	卯癸	5月22	戌甲	4月23	巳乙	3月24	亥乙	2月23	午丙	三廿
7月21	戌甲	6月21	辰甲	5月23	亥乙	4月24	午丙	3月25	子丙	2月24	未丁	四廿
7月22	亥乙	6月22	巳乙	5月24	子丙	4月25	未丁	3月26	丑丁	2月25	申戊	五廿
7月23	子丙	6月23	午丙	5月25	丑丁	4月26	申戊	3月27	寅戊	2月26	酉己	六廿
7月24	丑丁	6月24	未丁	5月26	寅戊	4月27	酉己	3月28	卯己	2月27	戌庚	七廿
7月25	寅戊	6月25	申戊	5月27	卯己	4月28	戌庚	3月29	辰庚	2月28	亥辛	八廿
7月26	卯己	6月26	酉己	5月28	辰庚	4月29	亥辛	3月30	巳辛	3月1	子壬	九廿
		6月27	戌庚					3月31	午壬			十三

西元1919年

月別	月二十曆農		月一十曆農		月十曆農		月九曆農		月八曆農		月七閏曆農		月七曆農	
干支	丑	丁	子	丙	亥	乙	戌	甲	酉	癸			申	壬
節	春立	寒大	寒小	至冬	雪大	雪小	冬立	降霜	露寒	分秋	露白		暑處	秋立
氣	10時27分 十六巳時	16時5分 初一申時	22時41分 十六亥時	5時27分 初二卯時	11時38分 十七午時	16時26分 初二申時	19時12分 十六戌時	19時22分 初一戌時	16時34分 十六申時	10時36分 初一巳時	1時28分 十六丑時		13時29分 廿九未時	22時58分 十三亥時
農曆	曆國	支干	曆國	支干	曆國	支干	曆國	支干	曆國	支干	曆國	支干	曆國	支干
初一	1月21	寅戊	12月22	申戊	11月22	寅戊	10月24	酉己	9月24	卯己	8月25	酉己	7月27	辰庚
初二	1月22	卯己	12月23	酉己	11月23	卯己	10月25	戌庚	9月25	辰庚	8月26	戌庚	7月28	巳辛
初三	1月23	辰庚	12月24	戌庚	11月24	辰庚	10月26	亥辛	9月26	巳辛	8月27	亥辛	7月29	午壬
初四	1月24	巳辛	12月25	亥辛	11月25	巳辛	10月27	子壬	9月27	午壬	8月28	子壬	7月30	未癸
初五	1月25	午壬	12月26	子壬	11月26	午壬	10月28	丑癸	9月28	未癸	8月29	丑癸	7月31	申甲
初六	1月26	未癸	12月27	丑癸	11月27	未癸	10月29	寅甲	9月29	申甲	8月30	寅甲	8月 1	酉乙
初七	1月27	申甲	12月28	寅甲	11月28	申甲	10月30	卯乙	9月30	酉乙	8月31	卯乙	8月 2	戌丙
初八	1月28	酉乙	12月29	卯乙	11月29	酉乙	10月31	辰丙	10月 1	戌丙	9月 1	辰丙	8月 3	亥丁
初九	1月29	戌丙	12月30	辰丙	11月30	戌丙	11月 1	巳丁	10月 2	亥丁	9月 2	巳丁	8月 4	子戊
初十	1月30	亥丁	12月31	巳丁	12月 1	亥丁	11月 2	午戊	10月 3	子戊	9月 3	午戊	8月 5	丑己
十一	1月31	子戊	1月 1	午戊	12月 2	子戊	11月 3	未己	10月 4	丑己	9月 4	未己	8月 6	寅庚
十二	2月 1	丑己	1月 2	未己	12月 3	丑己	11月 4	申庚	10月 5	寅庚	9月 5	申庚	8月 7	卯辛
十三	2月 2	寅庚	1月 3	申庚	12月 4	寅庚	11月 5	酉辛	10月 6	卯辛	9月 6	酉辛	8月 8	辰壬
十四	2月 3	卯辛	1月 4	酉辛	12月 5	卯辛	11月 6	戌壬	10月 7	辰壬	9月 7	戌壬	8月 9	巳癸
十五	2月 4	辰壬	1月 5	戌壬	12月 6	辰壬	11月 7	亥癸	10月 8	巳癸	9月 8	亥癸	8月10	午甲
十六	2月 5	巳癸	1月 6	亥癸	12月 7	巳癸	11月 8	子甲	10月 9	午甲	9月 9	子甲	8月11	未乙
十七	2月 6	午甲	1月 7	子甲	12月 8	午甲	11月 9	丑乙	10月10	未乙	9月10	丑乙	8月12	申丙
十八	2月 7	未乙	1月 8	丑乙	12月 9	未乙	11月10	寅丙	10月11	申丙	9月11	寅丙	8月13	酉丁
十九	2月 8	申丙	1月 9	寅丙	12月10	申丙	11月11	卯丁	10月12	酉丁	9月12	卯丁	8月14	戌戊
二十	2月 9	酉丁	1月10	卯丁	12月11	酉丁	11月12	辰戊	10月13	戌戊	9月13	辰戊	8月15	亥己
廿一	2月10	戌戊	1月11	辰戊	12月12	戌戊	11月13	巳己	10月14	亥己	9月14	巳己	8月16	子庚
廿二	2月11	亥己	1月12	巳己	12月13	亥己	11月14	午庚	10月15	子庚	9月15	午庚	8月17	丑辛
廿三	2月12	子庚	1月13	午庚	12月14	子庚	11月15	未辛	10月16	丑辛	9月16	未辛	8月18	寅壬
廿四	2月13	丑辛	1月14	未辛	12月15	丑辛	11月16	申壬	10月17	寅壬	9月17	申壬	8月19	卯癸
廿五	2月14	寅壬	1月15	申壬	12月16	寅壬	11月17	酉癸	10月18	卯癸	9月18	酉癸	8月20	辰甲
廿六	2月15	卯癸	1月16	酉癸	12月17	卯癸	11月18	戌甲	10月19	辰甲	9月19	戌甲	8月21	巳乙
廿七	2月16	辰甲	1月17	戌甲	12月18	辰甲	11月19	亥乙	10月20	巳乙	9月20	亥乙	8月22	午丙
廿八	2月17	巳乙	1月18	亥乙	12月19	巳乙	11月20	子丙	10月21	午丙	9月21	子丙	8月23	未丁
廿九	2月18	午丙	1月19	子丙	12月20	午丙	11月21	丑丁	10月22	未丁	9月22	丑丁	8月24	申戊
三十	2月19	未丁	1月20	丑丁	12月21	未丁			10月23	申戊	9月23	寅戊		

西元1920年

中華民國九年 歲次庚申《猴》

月六曆農		月五曆農		月四曆農		月三曆農		月二曆農		月正曆農		別月
未	癸	午	壬	巳	辛	辰	庚	卯	己	寅	戊	支干
秋立	暑大	暑小	至夏	種芒	滿小	夏立	雨穀	明清	分春	蟄驚	水雨	節
廿四寅時 4時58分	初八午時 12時35分	廿二戌時 19時19分	初七丑時 1時40分	二十辰時 8時51分	初四酉時 17時22分	十八寅時 4時12分	初二酉時 17時39分	十七巳時 10時15分	初二卯時 6時0分	十六寅時 4時51分	初一卯時 6時29分	氣
曆國	支干	曆國	支干	曆國	支干	曆國	支干	曆國	支干	曆國	支干	曆農
7月16	亥乙	6月16	巳乙	5月18	子丙	4月19	未丁	3月20	丑丁	2月20	申戊	一初
7月17	子丙	6月17	午丙	5月19	丑丁	4月20	申戊	3月21	寅戊	2月21	酉己	二初
7月18	丑丁	6月18	未丁	5月20	寅戊	4月21	酉己	3月22	卯己	2月22	戌庚	三初
7月19	寅戊	6月19	申戊	5月21	卯己	4月22	戌庚	3月23	辰庚	2月23	亥辛	四初
7月20	卯己	6月20	酉己	5月22	辰庚	4月23	亥辛	3月24	巳辛	2月24	子壬	五初
7月21	辰庚	6月21	戌庚	5月23	巳辛	4月24	子壬	3月25	午壬	2月25	丑癸	六初
7月22	巳辛	6月22	亥辛	5月24	午壬	4月25	丑癸	3月26	未癸	2月26	寅甲	七初
7月23	午壬	6月23	子壬	5月25	未癸	4月26	寅甲	3月27	申甲	2月27	卯乙	八初
7月24	未癸	6月24	丑癸	5月26	申甲	4月27	卯乙	3月28	酉乙	2月28	辰丙	九初
7月25	申甲	6月25	寅甲	5月27	酉乙	4月28	辰丙	3月29	戌丙	2月29	巳丁	十初
7月26	酉乙	6月26	卯乙	5月28	戌丙	4月29	巳丁	3月30	亥丁	3月 1	午戊	一十
7月27	戌丙	6月27	辰丙	5月29	亥丁	4月30	午戊	3月31	子戊	3月 2	未己	二十
7月28	亥丁	6月28	巳丁	5月30	子戊	5月 1	未己	4月 1	丑己	3月 3	申庚	三十
7月29	子戊	6月29	午戊	5月31	丑己	5月 2	申庚	4月 2	寅庚	3月 4	酉辛	四十
7月30	丑己	6月30	未己	6月 1	寅庚	5月 3	酉辛	4月 3	卯辛	3月 5	戌壬	五十
7月31	寅庚	7月 1	申庚	6月 2	卯辛	5月 4	戌壬	4月 4	辰壬	3月 6	亥癸	六十
8月 1	卯辛	7月 2	酉辛	6月 3	辰壬	5月 5	亥癸	4月 5	巳癸	3月 7	子甲	七十
8月 2	辰壬	7月 3	戌壬	6月 4	巳癸	5月 6	子甲	4月 6	午甲	3月 8	丑乙	八十
8月 3	巳癸	7月 4	亥癸	6月 5	午甲	5月 7	丑乙	4月 7	未乙	3月 9	寅丙	九十
8月 4	午甲	7月 5	子甲	6月 6	未乙	5月 8	寅丙	4月 8	申丙	3月10	卯丁	十二
8月 5	未乙	7月 6	丑乙	6月 7	申丙	5月 9	卯丁	4月 9	酉丁	3月11	辰戊	一廿
8月 6	申丙	7月 7	寅丙	6月 8	酉丁	5月10	辰戊	4月10	戌戊	3月12	巳己	二廿
8月 7	酉丁	7月 8	卯丁	6月 9	戌戊	5月11	巳己	4月11	亥己	3月13	午庚	三廿
8月 8	戌戊	7月 9	辰戊	6月10	亥己	5月12	午庚	4月12	子庚	3月14	未辛	四廿
8月 9	亥己	7月10	巳己	6月11	子庚	5月13	未辛	4月13	丑辛	3月15	申壬	五廿
8月10	子庚	7月11	午庚	6月12	丑辛	5月14	申壬	4月14	寅壬	3月16	酉癸	六廿
8月11	丑辛	7月12	未辛	6月13	寅壬	5月15	酉癸	4月15	卯癸	3月17	戌甲	七廿
8月12	寅壬	7月13	申壬	6月14	卯癸	5月16	戌甲	4月16	辰甲	3月18	亥乙	八廿
8月13	卯癸	7月14	酉癸	6月15	辰甲	5月17	亥乙	4月17	巳乙	3月19	子丙	九廿
		7月15	戌甲					4月18	午丙			十三

西元一九二〇年 太歲 姓毛名偉

西元1920年

月別	月二十曆農		月一十曆農		月十曆農		月九曆農		月八曆農		月七曆農	
干支	丑	己	子	戊	亥	丁	戌	丙	酉	乙	申	甲
節	春立	寒大	寒小	至冬	雪大	雪小	冬立	降霜	露寒	分秋	露白	暑處
氣	廿七申時 16時21分	十二亥時 21時55分	廿八寅時 4時34分	十三午時 11時17分	廿七酉時 17時31分	十二亥時 22時16分	廿八丑時 1時5分	十三丑時 1時13分	廿七亥時 22時30分	十二申時 16時29分	廿六辰時 7時27分	初十戌時 19時22分
農曆	曆國	支干	曆國	支干	曆國	支干	曆國	支干	曆國	支干	曆國	支干
初一	1月 9	申壬	12月10	寅壬	11月11	酉癸	10月12	卯癸	9月12	酉癸	8月14	辰甲
初二	1月10	酉癸	12月11	卯癸	11月12	戌甲	10月13	辰甲	9月13	戌甲	8月15	巳乙
初三	1月11	戌甲	12月12	辰甲	11月13	亥乙	10月14	巳乙	9月14	亥乙	8月16	午丙
初四	1月12	亥乙	12月13	巳乙	11月14	子丙	10月15	午丙	9月15	子丙	8月17	未丁
初五	1月13	子丙	12月14	午丙	11月15	丑丁	10月16	未丁	9月16	丑丁	8月18	申戊
初六	1月14	丑丁	12月15	未丁	11月16	寅戊	10月17	申戊	9月17	寅戊	8月19	酉己
初七	1月15	寅戊	12月16	申戊	11月17	卯己	10月18	酉己	9月18	卯己	8月20	戌庚
初八	1月16	卯己	12月17	酉己	11月18	辰庚	10月19	戌庚	9月19	辰庚	8月21	亥辛
初九	1月17	辰庚	12月18	戌庚	11月19	巳辛	10月20	亥辛	9月20	巳辛	8月22	子壬
初十	1月18	巳辛	12月19	亥辛	11月20	午壬	10月21	子壬	9月21	午壬	8月23	丑癸
十一	1月19	午壬	12月20	子壬	11月21	未癸	10月22	丑癸	9月22	未癸	8月24	寅甲
十二	1月20	未癸	12月21	丑癸	11月22	申甲	10月23	寅甲	9月23	申甲	8月25	卯乙
十三	1月21	申甲	12月22	寅甲	11月23	酉乙	10月24	卯乙	9月24	酉乙	8月26	辰丙
十四	1月22	酉乙	12月23	卯乙	11月24	戌丙	10月25	辰丙	9月25	戌丙	8月27	巳丁
十五	1月23	戌丙	12月24	辰丙	11月25	亥丁	10月26	巳丁	9月26	亥丁	8月28	午戊
十六	1月24	亥丁	12月25	巳丁	11月26	子戊	10月27	午戊	9月27	子戊	8月29	未己
十七	1月25	子戊	12月26	午戊	11月27	丑己	10月28	未己	9月28	丑己	8月30	申庚
十八	1月26	丑己	12月27	未己	11月28	寅庚	10月29	申庚	9月29	寅庚	8月31	酉辛
十九	1月27	寅庚	12月28	申庚	11月29	卯辛	10月30	酉辛	9月30	卯辛	9月 1	戌壬
二十	1月28	卯辛	12月29	酉辛	11月30	辰壬	10月31	戌壬	10月 1	辰壬	9月 2	亥癸
廿一	1月29	辰壬	12月30	戌壬	12月 1	巳癸	11月 1	亥癸	10月 2	巳癸	9月 3	子甲
廿二	1月30	巳癸	12月31	亥癸	12月 2	午甲	11月 2	子甲	10月 3	午甲	9月 4	丑乙
廿三	1月31	午甲	1月 1	子甲	12月 3	未乙	11月 3	丑乙	10月 4	未乙	9月 5	寅丙
廿四	2月 1	未乙	1月 2	丑乙	12月 4	申丙	11月 4	寅丙	10月 5	申丙	9月 6	卯丁
廿五	2月 2	申丙	1月 3	寅丙	12月 5	酉丁	11月 5	卯丁	10月 6	酉丁	9月 7	辰戊
廿六	2月 3	酉丁	1月 4	卯丁	12月 6	戌戊	11月 6	辰戊	10月 7	戌戊	9月 8	巳己
廿七	2月 4	戌戊	1月 5	辰戊	12月 7	亥己	11月 7	巳己	10月 8	亥己	9月 9	午庚
廿八	2月 5	亥己	1月 6	巳己	12月 8	子庚	11月 8	午庚	10月 9	子庚	9月10	未辛
廿九	2月 6	子庚	1月 7	午庚	12月 9	丑辛	11月 9	未辛	10月10	丑辛	9月11	申壬
三十	2月 7	丑辛	1月 8	未辛			11月10	申壬	10月11	寅壬		

西元1921年

中華民國十年 歲次 辛酉《雞》

月六曆農		月五曆農		月四曆農		月三曆農		月二曆農		月正曆農		別月
未	乙	午	甲	巳	癸	辰	壬	卯	辛	寅	庚	支干
暑大	暑小	至夏	種芒	滿小		夏立	雨穀	明清	分春	蟄驚	水雨	節
十九酉時 18時31分	初四丑時 1時7分	十七辰時 7時36分	初一未時 14時42分	十四夜子 23時17分		廿九巳時 10時5分	十三夜子 23時33分	廿七申時 16時9分	十二午時 11時51分	廿七巳時 10時46分	十二午時 12時20分	氣
曆國	支干	曆國	支干	曆國	支干	曆國	支干	曆國	支干	曆國	支干	曆農
7月 5	巳己	6月 6	子庚	5月 8	未辛	4月 8	丑辛	3月10	申壬	2月 8	寅壬	一初
7月 6	午庚	6月 7	丑辛	5月 9	申壬	4月 9	寅壬	3月11	酉癸	2月 9	卯癸	二初
7月 7	未辛	6月 8	寅壬	5月10	酉癸	4月10	卯癸	3月12	戌甲	2月10	辰甲	三初
7月 8	申壬	6月 9	卯癸	5月11	戌甲	4月11	辰甲	3月13	亥乙	2月11	巳乙	四初
7月 9	酉癸	6月10	辰甲	5月12	亥乙	4月12	巳乙	3月14	子丙	2月12	午丙	五初
7月10	戌甲	6月11	巳乙	5月13	子丙	4月13	午丙	3月15	丑丁	2月13	未丁	六初
7月11	亥乙	6月12	午丙	5月14	丑丁	4月14	未丁	3月16	寅戊	2月14	申戊	七初
7月12	子丙	6月13	未丁	5月15	寅戊	4月15	申戊	3月17	卯己	2月15	酉己	八初
7月13	丑丁	6月14	申戊	5月16	卯己	4月16	酉己	3月18	辰庚	2月16	戌庚	九初
7月14	寅戊	6月15	酉己	5月17	辰庚	4月17	戌庚	3月19	巳辛	2月17	亥辛	十初
7月15	卯己	6月16	戌庚	5月18	巳辛	4月18	亥辛	3月20	午壬	2月18	子壬	一十
7月16	辰庚	6月17	亥辛	5月19	午壬	4月19	子壬	3月21	未癸	2月19	丑癸	二十
7月17	巳辛	6月18	子壬	5月20	未癸	4月20	丑癸	3月22	申甲	2月20	寅甲	三十
7月18	午壬	6月19	丑癸	5月21	申甲	4月21	寅甲	3月23	酉乙	2月21	卯乙	四十
7月19	未癸	6月20	寅甲	5月22	酉乙	4月22	卯乙	3月24	戌丙	2月22	辰丙	五十
7月20	申甲	6月21	卯乙	5月23	戌丙	4月23	辰丙	3月25	亥丁	2月23	巳丁	六十
7月21	酉乙	6月22	辰丙	5月24	亥丁	4月24	巳丁	3月26	子戊	2月24	午戊	七十
7月22	戌丙	6月23	巳丁	5月25	子戊	4月25	午戊	3月27	丑己	2月25	未己	八十
7月23	亥丁	6月24	午戊	5月26	丑己	4月26	未己	3月28	寅庚	2月26	申庚	九十
7月24	子戊	6月25	未己	5月27	寅庚	4月27	申庚	3月29	卯辛	2月27	酉辛	十二
7月25	丑己	6月26	申庚	5月28	卯辛	4月28	酉辛	3月30	辰壬	2月28	戌壬	一廿
7月26	寅庚	6月27	酉辛	5月29	辰壬	4月29	戌壬	3月31	巳癸	3月 1	亥癸	二廿
7月27	卯辛	6月28	戌壬	5月30	巳癸	4月30	亥癸	4月 1	午甲	3月 2	子甲	三廿
7月28	辰壬	6月29	亥癸	5月31	午甲	5月 1	子甲	4月 2	未乙	3月 3	丑乙	四廿
7月29	巳癸	6月30	子甲	6月 1	未乙	5月 2	丑乙	4月 3	申丙	3月 4	寅丙	五廿
7月30	午甲	7月 1	丑乙	6月 2	申丙	5月 3	寅丙	4月 4	酉丁	3月 5	卯丁	六廿
7月31	未乙	7月 2	寅丙	6月 3	酉丁	5月 4	卯丁	4月 5	戌戊	3月 6	辰戊	七廿
8月 1	申丙	7月 3	卯丁	6月 4	戌戊	5月 5	辰戊	4月 6	亥己	3月 7	巳己	八廿
8月 2	酉丁	7月 4	辰戊	6月 5	亥己	5月 6	巳己	4月 7	子庚	3月 8	午庚	九廿
8月 3	戌戊					5月 7	午庚			3月 9	未辛	十三

西元一九二一年 太歲 姓文名政

西元1921年

月別	月二十曆農		月一十曆農		月十曆農		月九曆農		月八曆農		月七曆農	
干支	丑	辛	子	庚	亥	己	戌	戊	酉	丁	申	丙
節	寒大	寒小	至冬	雪大	雪小	冬立	降霜	露寒	分秋	露白	暑處	秋立
氣	廿四寅時 3時48分	初九巳時 10時17分	廿四酉時 17時8分	初九夜子 23時12分	廿四寅時 4時5分	初九卯時 6時46分	廿四辰時 7時3分	初九寅時 4時11分	廿二亥時 22時20分	初七未時 13時10分	廿一丑時 1時15分	初五巳時 10時44分
農曆	曆國	支干	曆國	支干	曆國	支干	曆國	支干	曆國	支干	曆國	支干
初一	12月29	寅丙	11月29	申丙	10月31	卯丁	10月 1	酉丁	9月 2	辰戊	8月 4	亥己
初二	12月30	卯丁	11月30	酉丁	11月 1	辰戊	10月 2	戌戊	9月 3	巳己	8月 5	子庚
初三	12月31	辰戊	12月 1	戌戊	11月 2	巳己	10月 3	亥己	9月 4	午庚	8月 6	丑辛
初四	1月 1	巳己	12月 2	亥己	11月 3	午庚	10月 4	子庚	9月 5	未辛	8月 7	寅壬
初五	1月 2	午庚	12月 3	子庚	11月 4	未辛	10月 5	丑辛	9月 6	申壬	8月 8	卯癸
初六	1月 3	未辛	12月 4	丑辛	11月 5	申壬	10月 6	寅壬	9月 7	酉癸	8月 9	辰甲
初七	1月 4	申壬	12月 5	寅壬	11月 6	酉癸	10月 7	卯癸	9月 8	戌甲	8月10	巳乙
初八	1月 5	酉癸	12月 6	卯癸	11月 7	戌甲	10月 8	辰甲	9月 9	亥乙	8月11	午丙
初九	1月 6	戌甲	12月 7	辰甲	11月 8	亥乙	10月 9	巳乙	9月10	子丙	8月12	未丁
初十	1月 7	亥乙	12月 8	巳乙	11月 9	子丙	10月10	午丙	9月11	丑丁	8月13	申戊
十一	1月 8	子丙	12月 9	午丙	11月10	丑丁	10月11	未丁	9月12	寅戊	8月14	酉己
十二	1月 9	丑丁	12月10	未丁	11月11	寅戊	10月12	申戊	9月13	卯己	8月15	戌庚
十三	1月10	寅戊	12月11	申戊	11月12	卯己	10月13	酉己	9月14	辰庚	8月16	亥辛
十四	1月11	卯己	12月12	酉己	11月13	辰庚	10月14	戌庚	9月15	巳辛	8月17	子壬
十五	1月12	辰庚	12月13	戌庚	11月14	巳辛	10月15	亥辛	9月16	午壬	8月18	丑癸
十六	1月13	巳辛	12月14	亥辛	11月15	午壬	10月16	子壬	9月17	未癸	8月19	寅甲
十七	1月14	午壬	12月15	子壬	11月16	未癸	10月17	丑癸	9月18	申甲	8月20	卯乙
十八	1月15	未癸	12月16	丑癸	11月17	中甲	10月18	寅甲	9月19	酉乙	8月21	辰丙
十九	1月16	申甲	12月17	寅甲	11月18	酉乙	10月19	卯乙	9月20	戌丙	8月22	巳丁
二十	1月17	酉乙	12月18	卯乙	11月19	戌丙	10月20	辰丙	9月21	亥丁	8月23	午戊
廿一	1月18	戌丙	12月19	辰丙	11月20	亥丁	10月21	巳丁	9月22	子戊	8月24	未己
廿二	1月19	亥丁	12月20	巳丁	11月21	子戊	10月22	午戊	9月23	丑己	8月25	申庚
廿三	1月20	子戊	12月21	午戊	11月22	丑己	10月23	未己	9月24	寅庚	8月26	酉辛
廿四	1月21	丑己	12月22	未己	11月23	寅庚	10月24	申庚	9月25	卯辛	8月27	戌壬
廿五	1月22	寅庚	12月23	申庚	11月24	卯辛	10月25	酉辛	9月26	辰壬	8月28	亥癸
廿六	1月23	卯辛	12月24	酉辛	11月25	辰壬	10月26	戌壬	9月27	巳癸	8月29	子甲
廿七	1月24	辰壬	12月25	戌壬	11月26	巳癸	10月27	亥癸	9月28	午甲	8月30	丑乙
廿八	1月25	巳癸	12月26	亥癸	11月27	午甲	10月28	子甲	9月29	未乙	8月31	寅丙
廿九	1月26	午甲	12月27	子甲	11月28	未乙	10月29	丑乙	9月30	申丙	9月 1	卯丁
三十	1月27	未乙	12月28	丑乙			10月30	寅丙				

中華民國十一年 歲次 庚戌《狗》

西元一九二二年 太歲 姓洪名范

月六曆農		月五閏曆農		月五曆農		月四曆農		月三曆農		月二曆農		月正曆農		別月
未	丁			午	丙	巳	乙	辰	甲	卯	癸	寅	壬	支干
秋立	暑大	暑小		至夏	種芒	滿小	夏立	雨穀	明清	分春	蟄驚	水雨	春立	節
16時38分 十六申時	0時20分 初一子時	6時58分 十四卯時		13時27分 廿七未時	20時30分 十一戌時	5時10分 廿六卯時	15時53分 初十申時	5時29分 廿五卯時	21時58分 初九亥時	17時49分 廿三酉時	16時34分 初八申時	18時16分 廿三酉時	22時7分 初八亥時	氣
曆國	支干	曆國	支干	曆國	支干	曆國	支干	曆國	支干	曆國	支干	曆國	支干	曆農
7月24	巳癸	6月25	子甲	5月27	未乙	4月27	丑乙	3月28	未乙	2月27	寅丙	1月28	申丙	一初
7月25	午甲	6月26	丑乙	5月28	申丙	4月28	寅丙	3月29	申丙	2月28	卯丁	1月29	酉丁	二初
7月26	未乙	6月27	寅丙	5月29	酉丁	4月29	卯丁	3月30	酉丁	3月 1	辰戊	1月30	戌戊	三初
7月27	申丙	6月28	卯丁	5月30	戌戊	4月30	辰戊	3月31	戌戊	3月 2	巳己	1月31	亥己	四初
7月28	酉丁	6月29	辰戊	5月31	亥己	5月 1	巳己	4月 1	亥己	3月 3	午庚	2月 1	子庚	五初
7月29	戌戊	6月30	巳己	6月 1	子庚	5月 2	午庚	4月 2	子庚	3月 4	未辛	2月 2	丑辛	六初
7月30	亥己	7月 1	午庚	6月 2	丑辛	5月 3	未辛	4月 3	丑辛	3月 5	申壬	2月 3	寅壬	七初
7月31	子庚	7月 2	未辛	6月 3	寅壬	5月 4	申壬	4月 4	寅壬	3月 6	酉癸	2月 4	卯癸	八初
8月 1	丑辛	7月 3	申壬	6月 4	卯癸	5月 5	酉癸	4月 5	卯癸	3月 7	戌甲	2月 5	辰甲	九初
8月 2	寅壬	7月 4	酉癸	6月 5	辰甲	5月 6	戌甲	4月 6	辰甲	3月 8	亥乙	2月 6	巳乙	十初
8月 3	卯癸	7月 5	戌甲	6月 6	巳乙	5月 7	亥乙	4月 7	巳乙	3月 9	子丙	2月 7	午丙	一十
8月 4	辰甲	7月 6	亥乙	6月 7	午丙	5月 8	子丙	4月 8	午丙	3月10	丑丁	2月 8	未丁	二十
8月 5	巳乙	7月 7	子丙	6月 8	未丁	5月 9	丑丁	4月 9	未丁	3月11	寅戊	2月 9	申戊	三十
8月 6	午丙	7月 8	丑丁	6月 9	申戊	5月10	寅戊	4月10	申戊	3月12	卯己	2月10	酉己	四十
8月 7	未丁	7月 9	寅戊	6月10	酉己	5月11	卯己	4月11	酉己	3月13	辰庚	2月11	戌庚	五十
8月 8	申戊	7月10	卯己	6月11	戌庚	5月12	辰庚	4月12	戌庚	3月14	巳辛	2月12	亥辛	六十
8月 9	酉己	7月11	辰庚	6月12	亥辛	5月13	巳辛	4月13	亥辛	3月15	午壬	2月13	子壬	七十
8月10	戌庚	7月12	巳辛	6月13	子壬	5月14	午壬	4月14	子壬	3月16	未癸	2月14	丑癸	八十
8月11	亥辛	7月13	午壬	6月14	丑癸	5月15	未癸	4月15	丑癸	3月17	申甲	2月15	寅甲	九十
8月12	子壬	7月14	未癸	6月15	寅甲	5月16	申甲	4月16	寅甲	3月18	酉乙	2月16	卯乙	十二
8月13	丑癸	7月15	申甲	6月16	卯乙	5月17	酉乙	4月17	卯乙	3月19	戌丙	2月17	辰丙	一廿
8月14	寅甲	7月16	酉乙	6月17	辰丙	5月18	戌丙	4月18	辰丙	3月20	亥丁	2月18	巳丁	二廿
8月15	卯乙	7月17	戌丙	6月18	巳丁	5月19	亥丁	4月19	巳丁	3月21	子戊	2月19	午戊	三廿
8月16	辰丙	7月18	亥丁	6月19	午戊	5月20	子戊	4月20	午戊	3月22	丑己	2月20	未己	四廿
8月17	巳丁	7月19	子戊	6月20	未己	5月21	丑己	4月21	未己	3月23	寅庚	2月21	申庚	五廿
8月18	午戊	7月20	丑己	6月21	申庚	5月22	寅庚	4月22	申庚	3月24	卯辛	2月22	酉辛	六廿
8月19	未己	7月21	寅庚	6月22	酉辛	5月23	卯辛	4月23	酉辛	3月25	辰壬	2月23	戌壬	七廿
8月20	申庚	7月22	卯辛	6月23	戌壬	5月24	辰壬	4月24	戌壬	3月26	巳癸	2月24	亥癸	八廿
8月21	酉辛	7月23	辰壬	6月24	亥癸	5月25	巳癸	4月25	亥癸	3月27	午甲	2月25	子甲	九廿
8月22	戌壬					5月26	午甲	4月26	子甲			2月26	丑乙	十三

西元1922年

月別	月二十曆農		月一十曆農		月十曆農		月九曆農		月八曆農		月七曆農	
干支	丑	癸	子	壬	亥	辛	戌	庚	酉	己	申	戊
節	春立	寒大	寒小	至冬	雪大	雪小	冬立	降霜	露寒	分秋	露白	暑處
氣	4時1分 二十寅時	9時35分 初五巳時	16時15分 二十申時	22時57分 初五亥時	5時11分 二十卯時	9時56分 初五巳時	12時46分 二十午時	12時53分 初五午時	10時10分 十九巳時	4時10分 初四寅時	19時7分 十七戌時	7時5分 初二辰時
農曆	曆國	支干	曆國	支干	曆國	支干	曆國	支干	曆國	支干	曆國	支干
初一	1月17	寅庚	12月18	申庚	11月19	卯辛	10月20	酉辛	9月21	辰壬	8月23	亥癸
初二	1月18	卯辛	12月19	酉辛	11月20	辰壬	10月21	戌壬	9月22	巳癸	8月24	子甲
初三	1月19	辰壬	12月20	戌壬	11月21	巳癸	10月22	亥癸	9月23	午甲	8月25	丑乙
初四	1月20	巳癸	12月21	亥癸	11月22	午甲	10月23	子甲	9月24	未乙	8月26	寅丙
初五	1月21	午甲	12月22	子甲	11月23	未乙	10月24	丑乙	9月25	申丙	8月27	卯丁
初六	1月22	未乙	12月23	丑乙	11月24	申丙	10月25	寅丙	9月26	酉丁	8月28	辰戊
初七	1月23	申丙	12月24	寅丙	11月25	酉丁	10月26	卯丁	9月27	戌戊	8月29	巳己
初八	1月24	酉丁	12月25	卯丁	11月26	戌戊	10月27	辰戊	9月28	亥己	8月30	午庚
初九	1月25	戌戊	12月26	辰戊	11月27	亥己	10月28	巳己	9月29	子庚	8月31	未辛
初十	1月26	亥己	12月27	巳己	11月28	子庚	10月29	午庚	9月30	丑辛	9月1	申壬
十一	1月27	子庚	12月28	午庚	11月29	丑辛	10月30	未辛	10月1	寅壬	9月2	酉癸
十二	1月28	丑辛	12月29	未辛	11月30	寅壬	10月31	申壬	10月2	卯癸	9月3	戌甲
十三	1月29	寅壬	12月30	申壬	12月1	卯癸	11月1	酉癸	10月3	辰甲	9月4	亥乙
十四	1月30	卯癸	12月31	酉癸	12月2	辰甲	11月2	戌甲	10月4	巳乙	9月5	子丙
十五	1月31	辰甲	1月1	戌甲	12月3	巳乙	11月3	亥乙	10月5	午丙	9月6	丑丁
十六	2月1	巳乙	1月2	亥乙	12月4	午丙	11月4	子丙	10月6	未丁	9月7	寅戊
十七	2月2	午丙	1月3	子丙	12月5	未丁	11月5	丑丁	10月7	申戊	9月8	卯己
十八	2月3	未丁	1月4	丑丁	12月6	申戊	11月6	寅戊	10月8	酉己	9月9	辰庚
十九	2月4	申戊	1月5	寅戊	12月7	酉己	11月7	卯己	10月9	戌庚	9月10	巳辛
二十	2月5	酉己	1月6	卯己	12月8	戌庚	11月8	辰庚	10月10	亥辛	9月11	午壬
廿一	2月6	戌庚	1月7	辰庚	12月9	亥辛	11月9	巳辛	10月11	子壬	9月12	未癸
廿二	2月7	亥辛	1月8	巳辛	12月10	子壬	11月10	午壬	10月12	丑癸	9月13	申甲
廿三	2月8	子壬	1月9	午壬	12月11	丑癸	11月11	未癸	10月13	寅甲	9月14	酉乙
廿四	2月9	丑癸	1月10	未癸	12月12	寅甲	11月12	申甲	10月14	卯乙	9月15	戌丙
廿五	2月10	寅甲	1月11	申甲	12月13	卯乙	11月13	酉乙	10月15	辰丙	9月16	亥丁
廿六	2月11	卯乙	1月12	酉乙	12月14	辰丙	11月14	戌丙	10月16	巳丁	9月17	子戊
廿七	2月12	辰丙	1月13	戌丙	12月15	巳丁	11月15	亥丁	10月17	午戊	9月18	丑己
廿八	2月13	巳丁	1月14	亥丁	12月16	午戊	11月16	子戊	10月18	未己	9月19	寅庚
廿九	2月14	午戊	1月15	子戊	12月17	未己	11月17	丑己	10月19	申庚	9月20	卯辛
三十	2月15	未己	1月16	丑己			11月18	寅庚				

中華民國十二年 歲次 癸亥《豬》

西元一九二三年 太歲 姓虞名程

月六曆農		月五曆農		月四曆農		月三曆農		月二曆農		月正曆農		別月
未	己	午	戊	巳	丁	辰	丙	卯	乙	寅	甲	支干
秋立	暑大	暑小	至夏	種芒	滿小	夏立	雨穀	明清	分春	蟄驚	水雨	節
22時25分 廿六亥時	6時1分 十一卯時	12時42分 廿五午時	19時3分 初九戌時	2時15分 廿三丑時	10時46分 初七巳時	21時39分 廿一亥時	11時6分 初六午時	3時46分 廿一寅時	23時29分 初五夜子	22時25分 十九亥時	0時0分 初五子時	氣
曆國	支干	曆國	支干	曆國	支干	曆國	支干	曆國	支干	曆國	支干	曆農
7月14	子戊	6月14	午戊	5月16	丑己	4月16	未己	3月17	丑己	2月16	申庚	一初
7月15	丑己	6月15	未己	5月17	寅庚	4月17	申庚	3月18	寅庚	2月17	酉辛	二初
7月16	寅庚	6月16	申庚	5月18	卯辛	4月18	酉辛	3月19	卯辛	2月18	戌壬	三初
7月17	卯辛	6月17	酉辛	5月19	辰壬	4月19	戌壬	3月20	辰壬	2月19	亥癸	四初
7月18	辰壬	6月18	戌壬	5月20	巳癸	4月20	亥癸	3月21	巳癸	2月20	子甲	五初
7月19	巳癸	6月19	亥癸	5月21	午甲	4月21	子甲	3月22	午甲	2月21	丑乙	六初
7月20	午甲	6月20	子甲	5月22	未乙	4月22	丑乙	3月23	未乙	2月22	寅丙	七初
7月21	未乙	6月21	丑乙	5月23	申丙	4月23	寅丙	3月24	申丙	2月23	卯丁	八初
7月22	申丙	6月22	寅丙	5月24	酉丁	4月24	卯丁	3月25	酉丁	2月24	辰戊	九初
7月23	酉丁	6月23	卯丁	5月25	戌戊	4月25	辰戊	3月26	戌戊	2月25	巳己	十初
7月24	戌戊	6月24	辰戊	5月26	亥己	4月26	巳己	3月27	亥己	2月26	午庚	一十
7月25	亥己	6月25	巳己	5月27	子庚	4月27	午庚	3月28	子庚	2月27	未辛	二十
7月26	子庚	6月26	午庚	5月28	丑辛	4月28	未辛	3月29	丑辛	2月28	申壬	三十
7月27	丑辛	6月27	未辛	5月29	寅壬	4月29	申壬	3月30	寅壬	3月 1	酉癸	四十
7月28	寅壬	6月28	申壬	5月30	卯癸	4月30	酉癸	3月31	卯癸	3月 2	戌甲	五十
7月29	卯癸	6月29	酉癸	5月31	辰甲	5月 1	戌甲	4月 1	辰甲	3月 3	亥乙	六十
7月30	辰甲	6月30	戌甲	6月 1	巳乙	5月 2	亥乙	4月 2	巳乙	3月 4	子丙	七十
7月31	巳乙	7月 1	亥乙	6月 2	午丙	5月 3	子丙	4月 3	午丙	3月 5	丑丁	八十
8月 1	午丙	7月 2	子丙	6月 3	未丁	5月 4	丑丁	4月 4	未丁	3月 6	寅戊	九十
8月 2	未丁	7月 3	丑丁	6月 4	申戊	5月 5	寅戊	4月 5	申戊	3月 7	卯己	十二
8月 3	申戊	7月 4	寅戊	6月 5	酉己	5月 6	卯己	4月 6	酉己	3月 8	辰庚	一廿
8月 4	酉己	7月 5	卯己	6月 6	戌庚	5月 7	辰庚	4月 7	戌庚	3月 9	巳辛	二廿
8月 5	戌庚	7月 6	辰庚	6月 7	亥辛	5月 8	巳辛	4月 8	亥辛	3月10	午壬	三廿
8月 6	亥辛	7月 7	巳辛	6月 8	子壬	5月 9	午壬	4月 9	子壬	3月11	未癸	四廿
8月 7	子壬	7月 8	午壬	6月 9	丑癸	5月10	未癸	4月10	丑癸	3月12	申甲	五廿
8月 8	丑癸	7月 9	未癸	6月10	寅甲	5月11	申甲	4月11	寅甲	3月13	酉乙	六廿
8月 9	寅甲	7月10	申甲	6月11	卯乙	5月12	酉乙	4月12	卯乙	3月14	戌丙	七廿
8月10	卯乙	7月11	酉乙	6月12	辰丙	5月13	戌丙	4月13	辰丙	3月15	亥丁	八廿
8月11	辰丙	7月12	戌丙	6月13	巳丁	5月14	亥丁	4月14	巳丁	3月16	子戊	九廿
		7月13	亥丁			5月15	子戊	4月15	午戊			十三

西元1923年

月別	月二十曆農		月一十曆農		月十曆農		月九曆農		月八曆農		月七曆農	
干支	丑	乙	子	甲	亥	癸	戌	壬	酉	辛	申	庚
節	寒大	寒小	至冬	雪大	雪小	冬立	降霜		露寒	分秋	露白	暑處
氣	十六申時 15時29分	初一亥時 22時6分	十六寅時 4時54分	初一午時 11時5分	十六申時 15時54分	初一酉時 18時41分	十五酉時 18時51分		廿九申時 16時4分	十四巳時 10時4分	廿九子時 0時58分	十三午時 12時52分
農曆	曆國	支干	曆國	支干	曆國	支干	曆國	支干	曆國	支干	曆國	支干
初一	1月 6	申甲	12月 8	卯乙	11月 8	酉乙	10月10	辰丙	9月11	亥丁	8月12	巳丁
初二	1月 7	酉乙	12月 9	辰丙	11月 9	戌丙	10月11	巳丁	9月12	子戊	8月13	午戊
初三	1月 8	戌丙	12月10	巳丁	11月10	亥丁	10月12	午戊	9月13	丑己	8月14	未己
初四	1月 9	亥丁	12月11	午戊	11月11	子戊	10月13	未己	9月14	寅庚	8月15	申庚
初五	1月10	子戊	12月12	未己	11月12	丑己	10月14	申庚	9月15	卯辛	8月16	酉辛
初六	1月11	丑己	12月13	申庚	11月13	寅庚	10月15	酉辛	9月16	辰壬	8月17	戌壬
初七	1月12	寅庚	12月14	酉辛	11月14	卯辛	10月16	戌壬	9月17	巳癸	8月18	亥癸
初八	1月13	卯辛	12月15	戌壬	11月15	辰壬	10月17	亥癸	9月18	午甲	8月19	子甲
初九	1月14	辰壬	12月16	亥癸	11月16	巳癸	10月18	子甲	9月19	未乙	8月20	丑乙
初十	1月15	巳癸	12月17	子甲	11月17	午甲	10月19	丑乙	9月20	申丙	8月21	寅丙
十一	1月16	午甲	12月18	丑乙	11月18	未乙	10月20	寅丙	9月21	酉丁	8月22	卯丁
十二	1月17	未乙	12月19	寅丙	11月19	申丙	10月21	卯丁	9月22	戌戊	8月23	辰戊
十三	1月18	申丙	12月20	卯丁	11月20	酉丁	10月22	辰戊	9月23	亥己	8月24	巳己
十四	1月19	酉丁	12月21	辰戊	11月21	戌戊	10月23	巳己	9月24	子庚	8月25	午庚
十五	1月20	戌戊	12月22	巳己	11月22	亥己	10月24	午庚	9月25	丑辛	8月26	未辛
十六	1月21	亥己	12月23	午庚	11月23	子庚	10月25	未辛	9月26	寅壬	8月27	申壬
十七	1月22	子庚	12月24	未辛	11月24	丑辛	10月26	申壬	9月27	卯癸	8月28	酉癸
十八	1月23	丑辛	12月25	申壬	11月25	寅壬	10月27	酉癸	9月28	辰甲	8月29	戌甲
十九	1月24	寅壬	12月26	酉癸	11月26	卯癸	10月28	戌甲	9月29	巳乙	8月30	亥乙
二十	1月25	卯癸	12月27	戌甲	11月27	辰甲	10月29	亥乙	9月30	午丙	8月31	子丙
廿一	1月26	辰甲	12月28	亥乙	11月28	巳乙	10月30	子丙	10月 1	未丁	9月 1	丑丁
廿二	1月27	巳乙	12月29	子丙	11月29	午丙	10月31	丑丁	10月 2	申戊	9月 2	寅戊
廿三	1月28	午丙	12月30	丑丁	11月30	未丁	11月 1	寅戊	10月 3	酉己	9月 3	卯己
廿四	1月29	未丁	12月31	寅戊	12月 1	申戊	11月 2	卯己	10月 4	戌庚	9月 4	辰庚
廿五	1月30	申戊	1月 1	卯己	12月 2	酉己	11月 3	辰庚	10月 5	亥辛	9月 5	巳辛
廿六	1月31	酉己	1月 2	辰庚	12月 3	戌庚	11月 4	巳辛	10月 6	子壬	9月 6	午壬
廿七	2月 1	戌庚	1月 3	巳辛	12月 4	亥辛	11月 5	午壬	10月 7	丑癸	9月 7	未癸
廿八	2月 2	亥辛	1月 4	午壬	12月 5	子壬	11月 6	未癸	10月 8	寅甲	9月 8	申甲
廿九	2月 3	子壬	1月 5	未癸	12月 6	丑癸	11月 7	申甲	10月 9	卯乙	9月 9	酉乙
三十	2月 4	丑癸			12月 7	寅甲					9月10	戌丙

中華民國十三年 歲次 甲子《鼠》

西元一九二四年 太歲 姓金名赤

月六曆農		月五曆農		月四曆農		月三曆農		月二曆農		月正曆農		別月
未	辛	午	庚	巳	己	辰	戊	卯	丁	寅	丙	支干
暑大	暑小	至夏	種芒	滿小	夏立	雨穀	明清	分春	蟄驚	水雨	春立	節
廿二午時 11時58分	初六酉時 18時30分	廿一丑時 1時0分	初五辰時 8時2分	十八申時 16時41分	初三寅時 3時26分	十七申時 16時59分	初二巳時 9時34分	十七卯時 5時21分	初二寅時 4時13分	十六卯時 5時52分	初一巳時 9時50分	氣
曆國	支干	曆國	支干	曆國	支干	曆國	支干	曆國	支干	曆國	支干	曆農
7月 2	午壬	6月 2	子壬	5月 4	未癸	4月 4	丑癸	3月 5	未癸	2月 5	寅甲	一初
7月 3	未癸	6月 3	丑癸	5月 5	申甲	4月 5	寅甲	3月 6	申甲	2月 6	卯乙	二初
7月 4	申甲	6月 4	寅甲	5月 6	酉乙	4月 6	卯乙	3月 7	酉乙	2月 7	辰丙	三初
7月 5	酉乙	6月 5	卯乙	5月 7	戌丙	4月 7	辰丙	3月 8	戌丙	2月 8	巳丁	四初
7月 6	戌丙	6月 6	辰丙	5月 8	亥丁	4月 8	巳丁	3月 9	亥丁	2月 9	午戊	五初
7月 7	亥丁	6月 7	巳丁	5月 9	子戊	4月 9	午戊	3月10	子戊	2月10	未己	六初
7月 8	子戊	6月 8	午戊	5月10	丑己	4月10	未己	3月11	丑己	2月11	申庚	七初
7月 9	丑己	6月 9	未己	5月11	寅庚	4月11	申庚	3月12	寅庚	2月12	酉辛	八初
7月10	寅庚	6月10	申庚	5月12	卯辛	4月12	酉辛	3月13	卯辛	2月13	戌壬	九初
7月11	卯辛	6月11	酉辛	5月13	辰壬	4月13	戌壬	3月14	辰壬	2月14	亥癸	十初
7月12	辰壬	6月12	戌壬	5月14	巳癸	4月14	亥癸	3月15	巳癸	2月15	子甲	一十
7月13	巳癸	6月13	亥癸	5月15	午甲	4月15	子甲	3月16	午甲	2月16	丑乙	二十
7月14	午甲	6月14	子甲	5月16	未乙	4月16	丑乙	3月17	未乙	2月17	寅丙	三十
7月15	未乙	6月15	丑乙	5月17	申丙	4月17	寅丙	3月18	申丙	2月18	卯丁	四十
7月16	申丙	6月16	寅丙	5月18	酉丁	4月18	卯丁	3月19	酉丁	2月19	辰戊	五十
7月17	酉丁	6月17	卯丁	5月19	戌戊	4月19	辰戊	3月20	戌戊	2月20	巳己	六十
7月18	戌戊	6月18	辰戊	5月20	亥己	4月20	巳己	3月21	亥己	2月21	午庚	七十
7月19	亥己	6月19	巳己	5月21	子庚	4月21	午庚	3月22	子庚	2月22	未辛	八十
7月20	子庚	6月20	午庚	5月22	丑辛	4月22	未辛	3月23	丑辛	2月23	申壬	九十
7月21	丑辛	6月21	未辛	5月23	寅壬	4月23	申壬	3月24	寅壬	2月24	酉癸	十二
7月22	寅壬	6月22	申壬	5月24	卯癸	4月24	酉癸	3月25	卯癸	2月25	戌甲	一廿
7月23	卯癸	6月23	酉癸	5月25	辰甲	4月25	戌甲	3月26	辰甲	2月26	亥乙	二廿
7月24	辰甲	6月24	戌甲	5月26	巳乙	4月26	亥乙	3月27	巳乙	2月27	子丙	三廿
7月25	巳乙	6月25	亥乙	5月27	午丙	4月27	子丙	3月28	午丙	2月28	丑丁	四廿
7月26	午丙	6月26	子丙	5月28	未丁	4月28	丑丁	3月29	未丁	2月29	寅戊	五廿
7月27	未丁	6月27	丑丁	5月29	申戊	4月29	寅戊	3月30	申戊	3月 1	卯己	六廿
7月28	申戊	6月28	寅戊	5月30	酉己	4月30	卯己	3月31	酉己	3月 2	辰庚	七廿
7月29	酉己	6月29	卯己	5月31	戌庚	5月 1	辰庚	4月 1	戌庚	3月 3	巳辛	八廿
7月30	戌庚	6月30	辰庚	6月 1	亥辛	5月 2	巳辛	4月 2	亥辛	3月 4	午壬	九廿
7月31	亥辛	7月 1	巳辛			5月 3	午壬	4月 3	子壬			十三

西元1924年

月別	農曆十二月		農曆十一月		農曆十月		農曆九月		農曆八月		農曆七月	
干支	丁丑		丙子		乙亥		甲戌		癸酉		壬申	
節氣	大寒	小寒	冬至	大雪	小雪	立冬	霜降	寒露	秋分	白露	處暑	立秋
	廿六亥時 21時21分	十二寅時 3時54分	廿六巳時 10時46分	十一申時 16時54分	廿六亥時 21時47分	十二子時 0時30分	廿六子時 0時45分	初十亥時 21時53分	廿五申時 15時59分	初十卯時 6時46分	廿三酉時 18時48分	初八寅時 4時13分
農曆	國曆	干支	國曆	干支	國曆	干支	國曆	干支	國曆	干支	國曆	干支
初一	12月26	己卯	11月27	庚戌	10月28	庚辰	9月29	辛亥	8月30	辛巳	8月1	壬子
初二	12月27	庚辰	11月28	辛亥	10月29	辛巳	9月30	壬子	8月31	壬午	8月2	癸丑
初三	12月28	辛巳	11月29	壬子	10月30	壬午	10月1	癸丑	9月1	癸未	8月3	甲寅
初四	12月29	壬午	11月30	癸丑	10月31	癸未	10月2	甲寅	9月2	甲申	8月4	乙卯
初五	12月30	癸未	12月1	甲寅	11月1	甲申	10月3	乙卯	9月3	乙酉	8月5	丙辰
初六	12月31	甲申	12月2	乙卯	11月2	乙酉	10月4	丙辰	9月4	丙戌	8月6	丁巳
初七	1月1	乙酉	12月3	丙辰	11月3	丙戌	10月5	丁巳	9月5	丁亥	8月7	戊午
初八	1月2	丙戌	12月4	丁巳	11月4	丁亥	10月6	戊午	9月6	戊子	8月8	己未
初九	1月3	丁亥	12月5	戊午	11月5	戊子	10月7	己未	9月7	己丑	8月9	庚申
初十	1月4	戊子	12月6	己未	11月6	己丑	10月8	庚申	9月8	庚寅	8月10	辛酉
十一	1月5	己丑	12月7	庚申	11月7	庚寅	10月9	辛酉	9月9	辛卯	8月11	壬戌
十二	1月6	庚寅	12月8	辛酉	11月8	辛卯	10月10	壬戌	9月10	壬辰	8月12	癸亥
十三	1月7	辛卯	12月9	壬戌	11月9	壬辰	10月11	癸亥	9月11	癸巳	8月13	甲子
十四	1月8	壬辰	12月10	癸亥	11月10	癸巳	10月12	甲子	9月12	甲午	8月14	乙丑
十五	1月9	癸巳	12月11	甲子	11月11	甲午	10月13	乙丑	9月13	乙未	8月15	丙寅
十六	1月10	甲午	12月12	乙丑	11月12	乙未	10月14	丙寅	9月14	丙申	8月16	丁卯
十七	1月11	乙未	12月13	丙寅	11月13	丙申	10月15	丁卯	9月15	丁酉	8月17	戊辰
十八	1月12	丙申	12月14	丁卯	11月14	丁酉	10月16	戊辰	9月16	戊戌	8月18	己巳
十九	1月13	丁酉	12月15	戊辰	11月15	戊戌	10月17	己巳	9月17	己亥	8月19	庚午
二十	1月14	戊戌	12月16	己巳	11月16	己亥	10月18	庚午	9月18	庚子	8月20	辛未
廿一	1月15	己亥	12月17	庚午	11月17	庚子	10月19	辛未	9月19	辛丑	8月21	壬申
廿二	1月16	庚子	12月18	辛未	11月18	辛丑	10月20	壬申	9月20	壬寅	8月22	癸酉
廿三	1月17	辛丑	12月19	壬申	11月19	壬寅	10月21	癸酉	9月21	癸卯	8月23	甲戌
廿四	1月18	壬寅	12月20	癸酉	11月20	癸卯	10月22	甲戌	9月22	甲辰	8月24	乙亥
廿五	1月19	癸卯	12月21	甲戌	11月21	甲辰	10月23	乙亥	9月23	乙巳	8月25	丙子
廿六	1月20	甲辰	12月22	乙亥	11月22	乙巳	10月24	丙子	9月24	丙午	8月26	丁丑
廿七	1月21	乙巳	12月23	丙子	11月23	丙午	10月25	丁丑	9月25	丁未	8月27	戊寅
廿八	1月22	丙午	12月24	丁丑	11月24	丁未	10月26	戊寅	9月26	戊申	8月28	己卯
廿九	1月23	丁未	12月25	戊寅	11月25	戊申	10月27	己卯	9月27	己酉	8月29	庚辰
三十					11月26	己酉			9月28	庚戌		

中華民國十四年 歲次 乙丑《牛》

西元一九二五年 太歲 姓陳名泰

月六曆農		月五曆農		月四閏曆農		月四曆農		月三曆農		月二曆農		月正曆農		別月
未	癸	午	壬			巳	辛	辰	庚	卯	己	寅	戊	支干
秋立	暑大	暑小	至夏	種芒		滿小	夏立	雨穀	明清	分春	蟄驚	水雨	春立	節
10時8分 十九巳時	17時45分 初三酉時	0時25分 十八子時	6時50分 初二卯時	13時57分 十六未時		22時33分 廿九亥時	9時18分 十四巳時	22時52分 廿八亥時	15時23分 十三申時	11時13分 廿七午時	10時0分 十二巳時	11時43分 廿七午時	15時37分 十二申時	氣
曆國	支干	曆國	支干	曆國	支干	曆國	支干	曆國	支干	曆國	支干	曆國	支干	曆農
7月21	午丙	6月21	子丙	5月22	午丙	4月23	丑丁	3月24	未丁	2月23	寅戊	1月24	申戊	一初
7月22	未丁	6月22	丑丁	5月23	未丁	4月24	寅戊	3月25	申戊	2月24	卯己	1月25	酉己	二初
7月23	申戊	6月23	寅戊	5月24	申戊	4月25	卯己	3月26	酉己	2月25	辰庚	1月26	戌庚	三初
7月24	酉己	6月24	卯己	5月25	酉己	4月26	辰庚	3月27	戌庚	2月26	巳辛	1月27	亥辛	四初
7月25	戌庚	6月25	辰庚	5月26	戌庚	4月27	巳辛	3月28	亥辛	2月27	午壬	1月28	子壬	五初
7月26	亥辛	6月26	巳辛	5月27	亥辛	4月28	午壬	3月29	子壬	2月28	未癸	1月29	丑癸	六初
7月27	子壬	6月27	午壬	5月28	子壬	4月29	未癸	3月30	丑癸	3月 1	申甲	1月30	寅甲	七初
7月28	丑癸	6月28	未癸	5月29	丑癸	4月30	申甲	3月31	寅甲	3月 2	酉乙	1月31	卯乙	八初
7月29	寅甲	6月29	申甲	5月30	寅甲	5月 1	酉乙	4月 1	卯乙	3月 3	戌丙	2月 1	辰丙	九初
7月30	卯乙	6月30	酉乙	5月31	卯乙	5月 2	戌丙	4月 2	辰丙	3月 4	亥丁	2月 2	巳丁	十初
7月31	辰丙	7月 1	戌丙	6月 1	辰丙	5月 3	亥丁	4月 3	巳丁	3月 5	子戊	2月 3	午戊	一十
8月 1	巳丁	7月 2	亥丁	6月 2	巳丁	5月 4	子戊	4月 4	午戊	3月 6	丑己	2月 4	未己	二十
8月 2	午戊	7月 3	子戊	6月 3	午戊	5月 5	丑己	4月 5	未己	3月 7	寅庚	2月 5	申庚	三十
8月 3	未己	7月 4	丑己	6月 4	未己	5月 6	寅庚	4月 6	申庚	3月 8	卯辛	2月 6	酉辛	四十
8月 4	申庚	7月 5	寅庚	6月 5	申庚	5月 7	卯辛	4月 7	酉辛	3月 9	辰壬	2月 7	戌壬	五十
8月 5	酉辛	7月 6	卯辛	6月 6	酉辛	5月 8	辰壬	4月 8	戌壬	3月10	巳癸	2月 8	亥癸	六十
8月 6	戌壬	7月 7	辰壬	6月 7	戌壬	5月 9	巳癸	4月 9	亥癸	3月11	午甲	2月 9	子甲	七十
8月 7	亥癸	7月 8	巳癸	6月 8	亥癸	5月10	午甲	4月10	子甲	3月12	未乙	2月10	丑乙	八十
8月 8	子甲	7月 9	午甲	6月 9	子甲	5月11	未乙	4月11	丑乙	3月13	申丙	2月11	寅丙	九十
8月 9	丑乙	7月10	未乙	6月10	丑乙	5月12	申丙	4月12	寅丙	3月14	酉丁	2月12	卯丁	十二
8月10	寅丙	7月11	申丙	6月11	寅丙	5月13	酉丁	4月13	卯丁	3月15	戌戊	2月13	辰戊	一廿
8月11	卯丁	7月12	酉丁	6月12	卯丁	5月14	戌戊	4月14	辰戊	3月16	亥己	2月14	巳己	二廿
8月12	辰戊	7月13	戌戊	6月13	辰戊	5月15	亥己	4月15	巳己	3月17	子庚	2月15	午庚	三廿
8月13	巳己	7月14	亥己	6月14	巳己	5月16	子庚	4月16	午庚	3月18	丑辛	2月16	未辛	四廿
8月14	午庚	7月15	子庚	6月15	午庚	5月17	丑辛	4月17	未辛	3月19	寅壬	2月17	申壬	五廿
8月15	未辛	7月16	丑辛	6月16	未辛	5月18	寅壬	4月18	申壬	3月20	卯癸	2月18	酉癸	六廿
8月16	申壬	7月17	寅壬	6月17	申壬	5月19	卯癸	4月19	酉癸	3月21	辰甲	2月19	戌甲	七廿
8月17	酉癸	7月18	卯癸	6月18	酉癸	5月20	辰甲	4月20	戌甲	3月22	巳乙	2月20	亥乙	八廿
8月18	戌甲	7月19	辰甲	6月19	戌甲	5月21	巳乙	4月21	亥乙	3月23	午丙	2月21	子丙	九廿
		7月20	巳乙	6月20	亥乙			4月22	子丙			2月22	丑丁	十三

西元1925年

月別	月二十曆農		月一十曆農		月十曆農		月九曆農		月八曆農		月七曆農	
干支	丑	己	子	戊	亥	丁	戌	丙	酉	乙	申	甲
節	春立	寒大	寒小	至冬	雪大	雪小	冬立	降霜	露寒	分秋	露白	暑處
氣	21時39分 廿二亥時	3時13分 初八寅時	9時55分 廿二巳時	16時37分 初七申時	22時53分 廿二亥時	3時36分 初八寅時	6時27分 廿二卯時	6時32分 初七卯時	3時48分 廿二寅時	21時44分 初六亥時	12時40分 廿一午時	0時33分 初六子時
農曆	曆國	支干	曆國	支干	曆國	支干	曆國	支干	曆國	支干	曆國	支干
初一	1月14	卯癸	12月16	戌甲	11月16	辰甲	10月18	亥乙	9月18	巳乙	8月19	亥乙
初二	1月15	辰甲	12月17	亥乙	11月17	巳乙	10月19	子丙	9月19	午丙	8月20	子丙
初三	1月16	巳乙	12月18	子丙	11月18	午丙	10月20	丑丁	9月20	未丁	8月21	丑丁
初四	1月17	午丙	12月19	丑丁	11月19	未丁	10月21	寅戊	9月21	申戊	8月22	寅戊
初五	1月18	未丁	12月20	寅戊	11月20	申戊	10月22	卯己	9月22	酉己	8月23	卯己
初六	1月19	申戊	12月21	卯己	11月21	酉己	10月23	辰庚	9月23	戌庚	8月24	辰庚
初七	1月20	酉己	12月22	辰庚	11月22	戌庚	10月24	巳辛	9月24	亥辛	8月25	巳辛
初八	1月21	戌庚	12月23	巳辛	11月23	亥辛	10月25	午壬	9月25	子壬	8月26	午壬
初九	1月22	亥辛	12月24	午壬	11月24	子壬	10月26	未癸	9月26	丑癸	8月27	未癸
初十	1月23	子壬	12月25	未癸	11月25	丑癸	10月27	申甲	9月27	寅甲	8月28	申甲
十一	1月24	丑癸	12月26	申甲	11月26	寅甲	10月28	酉乙	9月28	卯乙	8月29	酉乙
十二	1月25	寅甲	12月27	酉乙	11月27	卯乙	10月29	戌丙	9月29	辰丙	8月30	戌丙
十三	1月26	卯乙	12月28	戌丙	11月28	辰丙	10月30	亥丁	9月30	巳丁	8月31	亥丁
十四	1月27	辰丙	12月29	亥丁	11月29	巳丁	10月31	子戊	10月 1	午戊	9月 1	子戊
十五	1月28	巳丁	12月30	子戊	11月30	午戊	11月 1	丑己	10月 2	未己	9月 2	丑己
十六	1月29	午戊	12月31	丑己	12月 1	未己	11月 2	寅庚	10月 3	申庚	9月 3	寅庚
十七	1月30	未己	1月 1	寅庚	12月 2	申庚	11月 3	卯辛	10月 4	酉辛	9月 4	卯辛
十八	1月31	申庚	1月 2	卯辛	12月 3	酉辛	11月 4	辰壬	10月 5	戌壬	9月 5	辰壬
十九	2月 1	酉辛	1月 3	辰壬	12月 4	戌壬	11月 5	巳癸	10月 6	亥癸	9月 6	巳癸
二十	2月 2	戌壬	1月 4	巳癸	12月 5	亥癸	11月 6	午甲	10月 7	子甲	9月 7	午甲
廿一	2月 3	亥癸	1月 5	午甲	12月 6	子甲	11月 7	未乙	10月 8	丑乙	9月 8	未乙
廿二	2月 4	子甲	1月 6	未乙	12月 7	丑乙	11月 8	申丙	10月 9	寅丙	9月 9	申丙
廿三	2月 5	丑乙	1月 7	申丙	12月 8	寅丙	11月 9	酉丁	10月10	卯丁	9月10	酉丁
廿四	2月 6	寅丙	1月 8	酉丁	12月 9	卯丁	11月10	戌戊	10月11	辰戊	9月11	戌戊
廿五	2月 7	卯丁	1月 9	戌戊	12月10	辰戊	11月11	亥己	10月12	巳己	9月12	亥己
廿六	2月 8	辰戊	1月10	亥己	12月11	巳己	11月12	子庚	10月13	午庚	9月13	子庚
廿七	2月 9	巳己	1月11	子庚	12月12	午庚	11月13	丑辛	10月14	未辛	9月14	丑辛
廿八	2月10	午庚	1月12	丑辛	12月13	未辛	11月14	寅壬	10月15	申壬	9月15	寅壬
廿九	2月11	未辛	1月13	寅壬	12月14	申壬	11月15	卯癸	10月16	酉癸	9月16	卯癸
三十	2月12	申壬			12月15	酉癸			10月17	戌甲	9月17	辰甲

西元1926年

中華民國十五年 歲次丙寅《虎》

西元一九二六年 太歲姓沈名興

月六曆農		月五曆農		月四曆農		月三曆農		月二曆農		月正曆農		別月
未	乙	午	甲	巳	癸	辰	壬	卯	辛	寅	庚	支干
暑大		暑小	至夏	種芒	滿小	夏立	雨穀	明清	分春	蟄驚	水雨	節
23時25分 十四夜子		6時6分 廿九卯時	12時30分 十三午時	19時42分 廿六戌時	4時15分 十一寅時	15時9分 廿五申時	4時37分 初十寅時	21時19分 廿三亥時	17時2分 初八酉時	16時0分 廿二申時	17時35分 初七酉時	氣
曆國	支干	曆國	支干	曆國	支干	曆國	支干	曆國	支干	曆國	支干	曆農
7月10	子庚	6月10	午庚	5月12	丑辛	4月12	未辛	3月14	寅壬	2月13	酉癸	一初
7月11	丑辛	6月11	未辛	5月13	寅壬	4月13	申壬	3月15	卯癸	2月14	戌甲	二初
7月12	寅壬	6月12	申壬	5月14	卯癸	4月14	酉癸	3月16	辰甲	2月15	亥乙	三初
7月13	卯癸	6月13	酉癸	5月15	辰甲	4月15	戌甲	3月17	巳乙	2月16	子丙	四初
7月14	辰甲	6月14	戌甲	5月16	巳乙	4月16	亥乙	3月18	午丙	2月17	丑丁	五初
7月15	巳乙	6月15	亥乙	5月17	午丙	4月17	子丙	3月19	未丁	2月18	寅戊	六初
7月16	午丙	6月16	子丙	5月18	未丁	4月18	丑丁	3月20	申戊	2月19	卯己	七初
7月17	未丁	6月17	丑丁	5月19	申戊	4月19	寅戊	3月21	酉己	2月20	辰庚	八初
7月18	申戊	6月18	寅戊	5月20	酉己	4月20	卯己	3月22	戌庚	2月21	巳辛	九初
7月19	酉己	6月19	卯己	5月21	戌庚	4月21	辰庚	3月23	亥辛	2月22	午壬	十初
7月20	戌庚	6月20	辰庚	5月22	亥辛	4月22	巳辛	3月24	子壬	2月23	未癸	一十
7月21	亥辛	6月21	巳辛	5月23	子壬	4月23	午壬	3月25	丑癸	2月24	申甲	二十
7月22	子壬	6月22	午壬	5月24	丑癸	4月24	未癸	3月26	寅甲	2月25	酉乙	三十
7月23	丑癸	6月23	未癸	5月25	寅甲	4月25	申甲	3月27	卯乙	2月26	戌丙	四十
7月24	寅甲	6月24	申甲	5月26	卯乙	4月26	酉乙	3月28	辰丙	2月27	亥丁	五十
7月25	卯乙	6月25	酉乙	5月27	辰丙	4月27	戌丙	3月29	巳丁	2月28	子戊	六十
7月26	辰丙	6月26	戌丙	5月28	巳丁	4月28	亥丁	3月30	午戊	3月 1	丑己	七十
7月27	巳丁	6月27	亥丁	5月29	午戊	4月29	子戊	3月31	未己	3月 2	寅庚	八十
7月28	午戊	6月28	子戊	5月30	未己	4月30	丑己	4月 1	申庚	3月 3	卯辛	九十
7月29	未己	6月29	丑己	5月31	申庚	5月 1	寅庚	4月 2	酉辛	3月 4	辰壬	十二
7月30	申庚	6月30	寅庚	6月 1	酉辛	5月 2	卯辛	4月 3	戌壬	3月 5	巳癸	一廿
7月31	酉辛	7月 1	卯辛	6月 2	戌壬	5月 3	辰壬	4月 4	亥癸	3月 6	午甲	二廿
8月 1	戌壬	7月 2	辰壬	6月 3	亥癸	5月 4	巳癸	4月 5	子甲	3月 7	未乙	三廿
8月 2	亥癸	7月 3	巳癸	6月 4	子甲	5月 5	午甲	4月 6	丑乙	3月 8	申丙	四廿
8月 3	子甲	7月 4	午甲	6月 5	丑乙	5月 6	未乙	4月 7	寅丙	3月 9	酉丁	五廿
8月 4	丑乙	7月 5	未乙	6月 6	寅丙	5月 7	申丙	4月 8	卯丁	3月10	戌戊	六廿
8月 5	寅丙	7月 6	申丙	6月 7	卯丁	5月 8	酉丁	4月 9	辰戊	3月11	亥己	七廿
8月 6	卯丁	7月 7	酉丁	6月 8	辰戊	5月 9	戌戊	4月10	巳己	3月12	子庚	八廿
8月 7	辰戊	7月 8	戌戊	6月 9	巳己	5月10	亥己	4月11	午庚	3月13	丑辛	九廿
		7月 9	亥己			5月11	子庚					十三

西元1926年

月別	月二十曆農		月一十曆農		月十曆農		月九曆農		月八曆農		月七曆農	
干支	丑	辛	子	庚	亥	己	戌	戊	酉	丁	申	丙
節	寒大	寒小	至多	雪大	雪小	冬立	降霜	露寒	分秋	露白	暑處	秋立
氣	9時12分 十八巳時	15時45分 初三申時	22時34分 十八亥時	4時39分 初四寅時	9時28分 十九巳時	12時8分 初四午時	12時19分 十八午時	9時25分 初三巳時	3時27分 十八寅時	18時16分 初二酉時	6時14分 十七卯時	15時45分 初一申時
農曆	曆國	支干	曆國	支干	曆國	支干	曆國	支干	曆國	支干	曆國	支干
初一	1月 4	戌戊	12月 5	辰戊	11月 5	戌戊	10月 7	巳己	9月 7	亥己	8月 8	巳己
初二	1月 5	亥己	12月 6	巳己	11月 6	亥己	10月 8	午庚	9月 8	子庚	8月 9	午庚
初三	1月 6	子庚	12月 7	午庚	11月 7	子庚	10月 9	未辛	9月 9	丑辛	8月10	未辛
初四	1月 7	丑辛	12月 8	未辛	11月 8	丑辛	10月10	申壬	9月10	寅壬	8月11	申壬
初五	1月 8	寅壬	12月 9	申壬	11月 9	寅壬	10月11	酉癸	9月11	卯癸	8月12	酉癸
初六	1月 9	卯癸	12月10	酉癸	11月10	卯癸	10月12	戌甲	9月12	辰甲	8月13	戌甲
初七	1月10	辰甲	12月11	戌甲	11月11	辰甲	10月13	亥乙	9月13	巳乙	8月14	亥乙
初八	1月11	巳乙	12月12	亥乙	11月12	巳乙	10月14	子丙	9月14	午丙	8月15	子丙
初九	1月12	午丙	12月13	子丙	11月13	午丙	10月15	丑丁	9月15	未丁	8月16	丑丁
初十	1月13	未丁	12月14	丑丁	11月14	未丁	10月16	寅戊	9月16	申戊	8月17	寅戊
十一	1月14	申戊	12月15	寅戊	11月15	申戊	10月17	卯己	9月17	酉己	8月18	卯己
十二	1月15	酉己	12月16	卯己	11月16	酉己	10月18	辰庚	9月18	戌庚	8月19	辰庚
十三	1月16	戌庚	12月17	辰庚	11月17	戌庚	10月19	巳辛	9月19	亥辛	8月20	巳辛
十四	1月17	亥辛	12月18	巳辛	11月18	亥辛	10月20	午壬	9月20	子壬	8月21	午壬
十五	1月18	子壬	12月19	午壬	11月19	子壬	10月21	未癸	9月21	丑癸	8月22	未癸
十六	1月19	丑癸	12月20	未癸	11月20	丑癸	10月22	申甲	9月22	寅甲	8月23	申甲
十七	1月20	寅甲	12月21	申甲	11月21	寅甲	10月23	酉乙	9月23	卯乙	8月24	酉乙
十八	1月21	卯乙	12月22	酉乙	11月22	卯乙	10月24	戌丙	9月24	辰丙	8月25	戌丙
十九	1月22	辰丙	12月23	戌丙	11月23	辰丙	10月25	亥丁	9月25	巳丁	8月26	亥丁
二十	1月23	巳丁	12月24	亥丁	11月24	巳丁	10月26	子戊	9月26	午戊	8月27	子戊
廿一	1月24	午戊	12月25	子戊	11月25	午戊	10月27	丑己	9月27	未己	8月28	丑己
廿二	1月25	未己	12月26	丑己	11月26	未己	10月28	寅庚	9月28	申庚	8月29	寅庚
廿三	1月26	申庚	12月27	寅庚	11月27	申庚	10月29	卯辛	9月29	酉辛	8月30	卯辛
廿四	1月27	酉辛	12月28	卯辛	11月28	酉辛	10月30	辰壬	9月30	戌壬	8月31	辰壬
廿五	1月28	戌壬	12月29	辰壬	11月29	戌壬	10月31	巳癸	10月 1	亥癸	9月 1	巳癸
廿六	1月29	亥癸	12月30	巳癸	11月30	亥癸	11月 1	午甲	10月 2	子甲	9月 2	午甲
廿七	1月30	子甲	12月31	午甲	12月 1	子甲	11月 2	未乙	10月 3	丑乙	9月 3	未乙
廿八	1月31	丑乙	1月 1	未乙	12月 2	丑乙	11月 3	申丙	10月 4	寅丙	9月 4	申丙
廿九	2月 1	寅丙	1月 2	申丙	12月 3	寅丙	11月 4	酉丁	10月 5	卯丁	9月 5	酉丁
三十			1月 3	酉丁	12月 4	卯丁			10月 6	辰戊	9月 6	戌戊

西元1927年

中華民國十六年 歲次丁卯《兔》

西元一九二七年 太歲 姓耿名章

月六曆農		月五曆農		月四曆農		月三曆農		月二曆農		月正曆農		別月
未	丁	午	丙	巳	乙	辰	甲	卯	癸	寅	壬	支干
暑大	暑小	至夏	種芒	滿小	夏立	雨穀	明清	分春	蟄驚	水雨	春立	節
5時17分 廿六卯時	11時50分 初十午時	18時23分 廿三酉時	1時25分 初八丑時	10時8分 廿二巳時	20時54分 初六戌時	10時32分 二十巳時	3時7分 初五寅時	22時59分 十八亥時	21時51分 初三亥時	23時35分 十八夜子	3時31分 初四寅時	氣
曆國	支干	曆國	支干	曆國	支干	曆國	支干	曆國	支干	曆國	支干	曆農
6月29	午甲	5月31	丑乙	5月 1	未乙	4月 2	寅丙	3月 4	酉丁	2月 2	卯丁	一初
6月30	未乙	6月 1	寅丙	5月 2	申丙	4月 3	卯丁	3月 5	戌戊	2月 3	辰戊	二初
7月 1	申丙	6月 2	卯丁	5月 3	酉丁	4月 4	辰戊	3月 6	亥己	2月 4	巳己	三初
7月 2	酉丁	6月 3	辰戊	5月 4	戌戊	4月 5	巳己	3月 7	子庚	2月 5	午庚	四初
7月 3	戌戊	6月 4	巳己	5月 5	亥己	4月 6	午庚	3月 8	丑辛	2月 6	未辛	五初
7月 4	亥己	6月 5	午庚	5月 6	子庚	4月 7	未辛	3月 9	寅壬	2月 7	申壬	六初
7月 5	子庚	6月 6	未辛	5月 7	丑辛	4月 8	申壬	3月10	卯癸	2月 8	酉癸	七初
7月 6	丑辛	6月 7	申壬	5月 8	寅壬	4月 9	酉癸	3月11	辰甲	2月 9	戌甲	八初
7月 7	寅壬	6月 8	酉癸	5月 9	卯癸	4月10	戌甲	3月12	巳乙	2月10	亥乙	九初
7月 8	卯癸	6月 9	戌甲	5月10	辰甲	4月11	亥乙	3月13	午丙	2月11	子丙	十初
7月 9	辰甲	6月10	亥乙	5月11	巳乙	4月12	子丙	3月14	未丁	2月12	丑丁	一十
7月10	巳乙	6月11	子丙	5月12	午丙	4月13	丑丁	3月15	申戊	2月13	寅戊	二十
7月11	午丙	6月12	丑丁	5月13	未丁	4月14	寅戊	3月16	酉己	2月14	卯己	三十
7月12	未丁	6月13	寅戊	5月14	申戊	4月15	卯己	3月17	戌庚	2月15	辰庚	四十
7月13	申戊	6月14	卯己	5月15	酉己	4月16	辰庚	3月18	亥辛	2月16	巳辛	五十
7月14	酉己	6月15	辰庚	5月16	戌庚	4月17	巳辛	3月19	子壬	2月17	午壬	六十
7月15	戌庚	6月16	巳辛	5月17	亥辛	4月18	午壬	3月20	丑癸	2月18	未癸	七十
7月16	亥辛	6月17	午壬	5月18	子壬	4月19	未癸	3月21	寅甲	2月19	申甲	八十
7月17	子壬	6月18	未癸	5月19	丑癸	4月20	申甲	3月22	卯乙	2月20	酉乙	九十
7月18	丑癸	6月19	申甲	5月20	寅甲	4月21	酉乙	3月23	辰丙	2月21	戌丙	十二
7月19	寅甲	6月20	酉乙	5月21	卯乙	4月22	戌丙	3月24	巳丁	2月22	亥丁	一廿
7月20	卯乙	6月21	戌丙	5月22	辰丙	4月23	亥丁	3月25	午戊	2月23	子戊	二廿
7月21	辰丙	6月22	亥丁	5月23	巳丁	4月24	子戊	3月26	未己	2月24	丑己	三廿
7月22	巳丁	6月23	子戊	5月24	午戊	4月25	丑己	3月27	申庚	2月25	寅庚	四廿
7月23	午戊	6月24	丑己	5月25	未己	4月26	寅庚	3月28	酉辛	2月26	卯辛	五廿
7月24	未己	6月25	寅庚	5月26	申庚	4月27	卯辛	3月29	戌壬	2月27	辰壬	六廿
7月25	申庚	6月26	卯辛	5月27	酉辛	4月28	辰壬	3月30	亥癸	2月28	巳癸	七廿
7月26	酉辛	6月27	辰壬	5月28	戌壬	4月29	巳癸	3月31	子甲	3月 1	午甲	八廿
7月27	戌壬	6月28	巳癸	5月29	亥癸	4月30	午甲	4月 1	丑乙	3月 2	未乙	九廿
7月28	亥癸			5月30	子甲					3月 3	申丙	十三

西元1927年

月別	月二十曆農		月一十曆農		月十曆農		月九曆農		月八曆農		月七曆農	
干支	丑	癸	子	壬	亥	辛	戌	庚	酉	己	申	戊
節	寒大	寒小	至冬	雪大	雪小	冬立	降霜	露寒	分秋	露白	暑處	秋立
氣	14時57分 廿九未時	21時32分 十四亥時	4時19分 三十寅時	10時27分 十五巳時	15時14分 三十申時	17時57分 十五酉時	18時7分 廿九酉時	15時16分 十四申時	9時17分 廿九巳時	0時6分 十四子時	12時6分 廿七午時	21時32分 十一亥時
農曆	曆國	支干	曆國	支干	曆國	支干	曆國	支干	曆國	支干	曆國	支干
初一	12月24	辰壬	11月24	戌壬	10月25	辰壬	9月26	亥癸	8月27	巳癸	7月29	子甲
初二	12月25	巳癸	11月25	亥癸	10月26	巳癸	9月27	子甲	8月28	午甲	7月30	丑乙
初三	12月26	午甲	11月26	子甲	10月27	午甲	9月28	丑乙	8月29	未乙	7月31	寅丙
初四	12月27	未乙	11月27	丑乙	10月28	未乙	9月29	寅丙	8月30	申丙	8月 1	卯丁
初五	12月28	申丙	11月28	寅丙	10月29	申丙	9月30	卯丁	8月31	酉丁	8月 2	辰戊
初六	12月29	酉丁	11月29	卯丁	10月30	酉丁	10月 1	辰戊	9月 1	戌戊	8月 3	巳己
初七	12月30	戌戊	11月30	辰戊	10月31	戌戊	10月 2	巳己	9月 2	亥己	8月 4	午庚
初八	12月31	亥己	12月 1	巳己	11月 1	亥己	10月 3	午庚	9月 3	子庚	8月 5	未辛
初九	1月 1	子庚	12月 2	午庚	11月 2	子庚	10月 4	未辛	9月 4	丑辛	8月 6	申壬
初十	1月 2	丑辛	12月 3	未辛	11月 3	丑辛	10月 5	申壬	9月 5	寅壬	8月 7	酉癸
十一	1月 3	寅壬	12月 4	申壬	11月 4	寅壬	10月 6	酉癸	9月 6	卯癸	8月 8	戌甲
十二	1月 4	卯癸	12月 5	酉癸	11月 5	卯癸	10月 7	戌甲	9月 7	辰甲	8月 9	亥乙
十三	1月 5	辰甲	12月 6	戌甲	11月 6	辰甲	10月 8	亥乙	9月 8	巳乙	8月10	子丙
十四	1月 6	巳乙	12月 7	亥乙	11月 7	巳乙	10月 9	子丙	9月 9	午丙	8月11	丑丁
十五	1月 7	午丙	12月 8	子丙	11月 8	午丙	10月10	丑丁	9月10	未丁	8月12	寅戊
十六	1月 8	未丁	12月 9	丑丁	11月 9	未丁	10月11	寅戊	9月11	申戊	8月13	卯己
十七	1月 9	申戊	12月10	寅戊	11月10	申戊	10月12	卯己	9月12	酉己	8月14	辰庚
十八	1月10	酉己	12月11	卯己	11月11	酉己	10月13	辰庚	9月13	戌庚	8月15	巳辛
十九	1月11	戌庚	12月12	辰庚	11月12	戌庚	10月14	巳辛	9月14	亥辛	8月16	午壬
二十	1月12	亥辛	12月13	巳辛	11月13	亥辛	10月15	午壬	9月15	子壬	8月17	未癸
廿一	1月13	子壬	12月14	午壬	11月14	子壬	10月16	未癸	9月16	丑癸	8月18	申甲
廿二	1月14	丑癸	12月15	未癸	11月15	丑癸	10月17	申甲	9月17	寅甲	8月19	酉乙
廿三	1月15	寅甲	12月16	申甲	11月16	寅甲	10月18	酉乙	9月18	卯乙	8月20	戌丙
廿四	1月16	卯乙	12月17	酉乙	11月17	卯乙	10月19	戌丙	9月19	辰丙	8月21	亥丁
廿五	1月17	辰丙	12月18	戌丙	11月18	辰丙	10月20	亥丁	9月20	巳丁	8月22	子戊
廿六	1月18	巳丁	12月19	亥丁	11月19	巳丁	10月21	子戊	9月21	午戊	8月23	丑己
廿七	1月19	午戊	12月20	子戊	11月20	午戊	10月22	丑己	9月22	未己	8月24	寅庚
廿八	1月20	未己	12月21	丑己	11月21	未己	10月23	寅庚	9月23	申庚	8月25	卯辛
廿九	1月21	申庚	12月22	寅庚	11月22	申庚	10月24	卯辛	9月24	酉辛	8月26	辰壬
三十	1月22	酉辛	12月23	卯辛	11月23	酉辛			9月25	戌壬		

西元1928年

中華民國十七年 歲次戊辰《龍》

西元一九二八年 太歲姓趙名達

月六曆農		月五曆農		月四曆農		月三曆農		月二閏曆農		月二曆農		月正曆農		別月
未	己	午	戊	巳	丁	辰	丙			卯	乙	寅	甲	支干
秋立	暑大	暑小	至夏	種芒	滿小	夏立	雨穀	明清		分春	蟄驚	水雨	春立	節
3時28分 廿三寅時	11時3分 初七午時	17時45分 二十酉時	0時7分 初五子時	7時18分 十九辰時	15時53分 初三申時	2時44分 十七丑時	16時17分 初一申時	8時55分 十五辰時		4時45分 三十寅時	3時38分 十五寅時	5時20分 廿九卯時	9時17分 十四巳時	氣
曆國	支干	曆國	支干	曆國	支干	曆國	支干	曆國	支干	曆國	支干	曆國	支干	曆農
7月17	午戊	6月18	丑己	5月19	未己	4月20	寅庚	3月22	酉辛	2月21	卯辛	1月23	戌壬	一初
7月18	未己	6月19	寅庚	5月20	申庚	4月21	卯辛	3月23	戌壬	2月22	辰壬	1月24	亥癸	二初
7月19	申庚	6月20	卯辛	5月21	酉辛	4月22	辰壬	3月24	亥癸	2月23	巳癸	1月25	子甲	三初
7月20	酉辛	6月21	辰壬	5月22	戌壬	4月23	巳癸	3月25	子甲	2月24	午甲	1月26	丑乙	四初
7月21	戌壬	6月22	巳癸	5月23	亥癸	4月24	午甲	3月26	丑乙	2月25	未乙	1月27	寅丙	五初
7月22	亥癸	6月23	午甲	5月24	子甲	4月25	未乙	3月27	寅丙	2月26	申丙	1月28	卯丁	六初
7月23	子甲	6月24	未乙	5月25	丑乙	4月26	申丙	3月28	卯丁	2月27	酉丁	1月29	辰戊	七初
7月24	丑乙	6月25	申丙	5月26	寅丙	4月27	酉丁	3月29	辰戊	2月28	戌戊	1月30	巳己	八初
7月25	寅丙	6月26	酉丁	5月27	卯丁	4月28	戌戊	3月30	巳己	2月29	亥己	1月31	午庚	九初
7月26	卯丁	6月27	戌戊	5月28	辰戊	4月29	亥己	3月31	午庚	3月 1	子庚	2月 1	未辛	十初
7月27	辰戊	6月28	亥己	5月29	巳己	4月30	子庚	4月 1	未辛	3月 2	丑辛	2月 2	申壬	一十
7月28	巳己	6月29	子庚	5月30	午庚	5月 1	丑辛	4月 2	申壬	3月 3	寅壬	2月 3	酉癸	二十
7月29	午庚	6月30	丑辛	5月31	未辛	5月 2	寅壬	4月 3	酉癸	3月 4	卯癸	2月 4	戌甲	三十
7月30	未辛	7月 1	寅壬	6月 1	申壬	5月 3	卯癸	4月 4	戌甲	3月 5	辰甲	2月 5	亥乙	四十
7月31	申壬	7月 2	卯癸	6月 2	酉癸	5月 4	辰甲	4月 5	亥乙	3月 6	巳乙	2月 6	子丙	五十
8月 1	酉癸	7月 3	辰甲	6月 3	戌甲	5月 5	巳乙	4月 6	子丙	3月 7	午丙	2月 7	丑丁	六十
8月 2	戌甲	7月 4	巳乙	6月 4	亥乙	5月 6	午丙	4月 7	丑丁	3月 8	未丁	2月 8	寅戊	七十
8月 3	亥乙	7月 5	午丙	6月 5	子丙	5月 7	未丁	4月 8	寅戊	3月 9	申戊	2月 9	卯己	八十
8月 4	子丙	7月 6	未丁	6月 6	丑丁	5月 8	申戊	4月 9	卯己	3月10	酉己	2月10	辰庚	九十
8月 5	丑丁	7月 7	申戊	6月 7	寅戊	5月 9	酉己	4月10	辰庚	3月11	戌庚	2月11	巳辛	十二
8月 6	寅戊	7月 8	酉己	6月 8	卯己	5月10	戌庚	4月11	巳辛	3月12	亥辛	2月12	午壬	一廿
8月 7	卯己	7月 9	戌庚	6月 9	辰庚	5月11	亥辛	4月12	午壬	3月13	子壬	2月13	未癸	二廿
8月 8	辰庚	7月10	亥辛	6月10	巳辛	5月12	子壬	4月13	未癸	3月14	丑癸	2月14	申甲	三廿
8月 9	巳辛	7月11	子壬	6月11	午壬	5月13	丑癸	4月14	申甲	3月15	寅甲	2月15	酉乙	四廿
8月10	午壬	7月12	丑癸	6月12	未癸	5月14	寅甲	4月15	酉乙	3月16	卯乙	2月16	戌丙	五廿
8月11	未癸	7月13	寅甲	6月13	申甲	5月15	卯乙	4月16	戌丙	3月17	辰丙	2月17	亥丁	六廿
8月12	申甲	7月14	卯乙	6月14	酉乙	5月16	辰丙	4月17	亥丁	3月18	巳丁	2月18	子戊	七廿
8月13	酉乙	7月15	辰丙	6月15	戌丙	5月17	巳丁	4月18	子戊	3月19	午戊	2月19	丑己	八廿
8月14	戌丙	7月16	巳丁	6月16	亥丁	5月18	午戊	4月19	丑己	3月20	未己	2月20	寅庚	九廿
				6月17	子戊					3月21	申庚			十三

西元1928年

月別	月二十曆農		月一十曆農		月十曆農		月九曆農		月八曆農		月七曆農	
干支	丑	乙	子	甲	亥	癸	戌	壬	酉	辛	申	庚
節	春立	寒大	寒小	至冬	雪大	雪小	冬立	降霜	露寒	分秋	露白	暑處
氣	廿五申時 15時9分	初十戌時 20時43分	廿六寅時 3時23分	十一巳時 10時4分	廿六申時 16時18分	十一亥時 21時10分	廿六夜子 23時50分	十一夜子 23時55分	廿五亥時 21時11分	初十申時 15時6分	廿五卯時 6時2分	初九酉時 17時54分
農曆	曆國	支干	曆國	支干	曆國	支干	曆國	支干	曆國	支干	曆國	支干
初一	1月11	辰丙	12月12	戌丙	11月12	辰丙	10月13	戌丙	9月14	巳丁	8月15	亥丁
初二	1月12	巳丁	12月13	亥丁	11月13	巳丁	10月14	亥丁	9月15	午戊	8月16	子戊
初三	1月13	午戊	12月14	子戊	11月14	午戊	10月15	子戊	9月16	未己	8月17	丑己
初四	1月14	未己	12月15	丑己	11月15	未己	10月16	丑己	9月17	申庚	8月18	寅庚
初五	1月15	申庚	12月16	寅庚	11月16	申庚	10月17	寅庚	9月18	酉辛	8月19	卯辛
初六	1月16	酉辛	12月17	卯辛	11月17	酉辛	10月18	卯辛	9月19	戌壬	8月20	辰壬
初七	1月17	戌壬	12月18	辰壬	11月18	戌壬	10月19	辰壬	9月20	亥癸	8月21	巳癸
初八	1月18	亥癸	12月19	巳癸	11月19	亥癸	10月20	巳癸	9月21	子甲	8月22	午甲
初九	1月19	子甲	12月20	午甲	11月20	子甲	10月21	午甲	9月22	丑乙	8月23	未乙
初十	1月20	丑乙	12月21	未乙	11月21	丑乙	10月22	未乙	9月23	寅丙	8月24	申丙
十一	1月21	寅丙	12月22	申丙	11月22	寅丙	10月23	申丙	9月24	卯丁	8月25	酉丁
十二	1月22	卯丁	12月23	酉丁	11月23	卯丁	10月24	酉丁	9月25	辰戊	8月26	戌戊
十三	1月23	辰戊	12月24	戌戊	11月24	辰戊	10月25	戌戊	9月26	巳己	8月27	亥己
十四	1月24	巳己	12月25	亥己	11月25	巳己	10月26	亥己	9月27	午庚	8月28	子庚
十五	1月25	午庚	12月26	子庚	11月26	午庚	10月27	子庚	9月28	未辛	8月29	丑辛
十六	1月26	未辛	12月27	丑辛	11月27	未辛	10月28	丑辛	9月29	申壬	8月30	寅壬
十七	1月27	申壬	12月28	寅壬	11月28	申壬	10月29	寅壬	9月30	酉癸	8月31	卯癸
十八	1月28	酉癸	12月29	卯癸	11月29	酉癸	10月30	卯癸	10月 1	戌甲	9月 1	辰甲
十九	1月29	戌甲	12月30	辰甲	11月30	戌甲	10月31	辰甲	10月 2	亥乙	9月 2	巳乙
二十	1月30	亥乙	12月31	巳乙	12月 1	亥乙	11月 1	巳乙	10月 3	子丙	9月 3	午丙
廿一	1月31	子丙	1月 1	午丙	12月 2	子丙	11月 2	午丙	10月 4	丑丁	9月 4	未丁
廿二	2月 1	丑丁	1月 2	未丁	12月 3	丑丁	11月 3	未丁	10月 5	寅戊	9月 5	申戊
廿三	2月 2	寅戊	1月 3	申戊	12月 4	寅戊	11月 4	申戊	10月 6	卯己	9月 6	酉己
廿四	2月 3	卯己	1月 4	酉己	12月 5	卯己	11月 5	酉己	10月 7	辰庚	9月 7	戌庚
廿五	2月 4	辰庚	1月 5	戌庚	12月 6	辰庚	11月 6	戌庚	10月 8	巳辛	9月 8	亥辛
廿六	2月 5	巳辛	1月 6	亥辛	12月 7	巳辛	11月 7	亥辛	10月 9	午壬	9月 9	子壬
廿七	2月 6	午壬	1月 7	子壬	12月 8	午壬	11月 8	子壬	10月10	未癸	9月10	丑癸
廿八	2月 7	未癸	1月 8	丑癸	12月 9	未癸	11月 9	丑癸	10月11	申甲	9月11	寅甲
廿九	2月 8	申甲	1月 9	寅甲	12月10	申甲	11月10	寅甲	10月12	酉乙	9月12	卯乙
三十	2月 9	酉乙	1月10	卯乙	12月11	酉乙	11月11	卯乙			9月13	辰丙

中華民國十八年 歲次 己巳《蛇》

西元一九二九年 太歲 姓郭名燦

月六曆農		月五曆農		月四曆農		月三曆農		月二曆農		月正曆農		別月
未	辛	午	庚	巳	己	辰	戊	卯	丁	寅	丙	支干
暑大	暑小	至夏		種芒	滿小	夏立	雨穀	明清	分春	蟄驚	水雨	節氣
16時54分 十七申時	23時32分 初一夜子	6時1分 十六卯時		13時11分 廿九未時	21時48分 十三亥時	8時41分 廿七辰時	22時11分 十一亥時	14時52分 廿六未時	10時35分 十一巳時	9時32分 廿五巳時	11時7分 初十午時	
曆國	支干	曆國	支干	曆國	支干	曆國	支干	曆國	支干	曆國	支干	曆農
7月7	丑癸	6月7	未癸	5月9	寅甲	4月10	酉乙	3月11	卯乙	2月10	戌丙	一初
7月8	寅甲	6月8	申甲	5月10	卯乙	4月11	戌丙	3月12	辰丙	2月11	亥丁	二初
7月9	卯乙	6月9	酉乙	5月11	辰丙	4月12	亥丁	3月13	巳丁	2月12	子戊	三初
7月10	辰丙	6月10	戌丙	5月12	巳丁	4月13	子戊	3月14	午戊	2月13	丑己	四初
7月11	巳丁	6月11	亥丁	5月13	午戊	4月14	丑己	3月15	未己	2月14	寅庚	五初
7月12	午戊	6月12	子戊	5月14	未己	4月15	寅庚	3月16	申庚	2月15	卯辛	六初
7月13	未己	6月13	丑己	5月15	申庚	4月16	卯辛	3月17	酉辛	2月16	辰壬	七初
7月14	申庚	6月14	寅庚	5月16	酉辛	4月17	辰壬	3月18	戌壬	2月17	巳癸	八初
7月15	酉辛	6月15	卯辛	5月17	戌壬	4月18	巳癸	3月19	亥癸	2月18	午甲	九初
7月16	戌壬	6月16	辰壬	5月18	亥癸	4月19	午甲	3月20	子甲	2月19	未乙	十初
7月17	亥癸	6月17	巳癸	5月19	子甲	4月20	未乙	3月21	丑乙	2月20	申丙	一十
7月18	子甲	6月18	午甲	5月20	丑乙	4月21	申丙	3月22	寅丙	2月21	酉丁	二十
7月19	丑乙	6月19	未乙	5月21	寅丙	4月22	酉丁	3月23	卯丁	2月22	戌戊	三十
7月20	寅丙	6月20	申丙	5月22	卯丁	4月23	戌戊	3月24	辰戊	2月23	亥己	四十
7月21	卯丁	6月21	酉丁	5月23	辰戊	4月24	亥己	3月25	巳己	2月24	子庚	五十
7月22	辰戊	6月22	戌戊	5月24	巳己	4月25	子庚	3月26	午庚	2月25	丑辛	六十
7月23	巳己	6月23	亥己	5月25	午庚	4月26	丑辛	3月27	未辛	2月26	寅壬	七十
7月24	午庚	6月24	子庚	5月26	未辛	4月27	寅壬	3月28	申壬	2月27	卯癸	八十
7月25	未辛	6月25	丑辛	5月27	申壬	4月28	卯癸	3月29	酉癸	2月28	辰甲	九十
7月26	申壬	6月26	寅壬	5月28	酉癸	4月29	辰甲	3月30	戌甲	3月1	巳乙	十二
7月27	酉癸	6月27	卯癸	5月29	戌甲	4月30	巳乙	3月31	亥乙	3月2	午丙	一廿
7月28	戌甲	6月28	辰甲	5月30	亥乙	5月1	午丙	4月1	子丙	3月3	未丁	二廿
7月29	亥乙	6月29	巳乙	5月31	子丙	5月2	未丁	4月2	丑丁	3月4	申戊	三廿
7月30	子丙	6月30	午丙	6月1	丑丁	5月3	申戊	4月3	寅戊	3月5	酉己	四廿
7月31	丑丁	7月1	未丁	6月2	寅戊	5月4	酉己	4月4	卯己	3月6	戌庚	五廿
8月1	寅戊	7月2	申戊	6月3	卯己	5月5	戌庚	4月5	辰庚	3月7	亥辛	六廿
8月2	卯己	7月3	酉己	6月4	辰庚	5月6	亥辛	4月6	巳辛	3月8	子壬	七廿
8月3	辰庚	7月4	戌庚	6月5	巳辛	5月7	子壬	4月7	午壬	3月9	丑癸	八廿
8月4	巳辛	7月5	亥辛	6月6	午壬	5月8	丑癸	4月8	未癸	3月10	寅甲	九廿
		7月6	子壬					4月9	申甲			十三

西元1929年

月別	月二十曆農		月一十曆農		月十曆農		月九曆農		月八曆農		月七曆農	
干支	丑	丁	子	丙	亥	乙	戌	甲	酉	癸	申	壬
節	寒大	寒小	至冬	雪大	雪小	冬立	降霜	露寒	分秋	露白	暑處	秋立
氣	2時33分 廿二丑時	9時3分 初七巳時	15時53分 廿二申時	21時57分 初七亥時	2時49分 廿三丑時	6時28分 初八卯時	5時42分 廿二卯時	2時48分 初七丑時	20時53分 廿一戌時	11時40分 初六午時	23時42分 十九夜子	9時9分 初四巳時
農曆	曆國	支干	曆國	支干	曆國	支干	曆國	支干	曆國	支干	曆國	支干
初一	12月31	戌庚	12月1	辰庚	11月1	戌庚	10月3	巳辛	9月3	亥辛	8月5	午壬
初二	1月1	亥辛	12月2	巳辛	11月2	亥辛	10月4	午壬	9月4	子壬	8月6	未癸
初三	1月2	子壬	12月3	午壬	11月3	子壬	10月5	未癸	9月5	丑癸	8月7	申甲
初四	1月3	丑癸	12月4	未癸	11月4	丑癸	10月6	申甲	9月6	寅甲	8月8	酉乙
初五	1月4	寅甲	12月5	申甲	11月5	寅甲	10月7	酉乙	9月7	卯乙	8月9	戌丙
初六	1月5	卯乙	12月6	酉乙	11月6	卯乙	10月8	戌丙	9月8	辰丙	8月10	亥丁
初七	1月6	辰丙	12月7	戌丙	11月7	辰丙	10月9	亥丁	9月9	巳丁	8月11	子戊
初八	1月7	巳丁	12月8	亥丁	11月8	巳丁	10月10	子戊	9月10	午戊	8月12	丑己
初九	1月8	午戊	12月9	子戊	11月9	午戊	10月11	丑己	9月11	未己	8月13	寅庚
初十	1月9	未己	12月10	丑己	11月10	未己	10月12	寅庚	9月12	申庚	8月14	卯辛
十一	1月10	申庚	12月11	寅庚	11月11	申庚	10月13	卯辛	9月13	酉辛	8月15	辰壬
十二	1月11	酉辛	12月12	卯辛	11月12	酉辛	10月14	辰壬	9月14	戌壬	8月16	巳癸
十三	1月12	戌壬	12月13	辰壬	11月13	戌壬	10月15	巳癸	9月15	亥癸	8月17	午甲
十四	1月13	亥癸	12月14	巳癸	11月14	亥癸	10月16	午甲	9月16	子甲	8月18	未乙
十五	1月14	子甲	12月15	午甲	11月15	子甲	10月17	未乙	9月17	丑乙	8月19	申丙
十六	1月15	丑乙	12月16	未乙	11月16	丑乙	10月18	申丙	9月18	寅丙	8月20	酉丁
十七	1月16	寅丙	12月17	申丙	11月17	寅丙	10月19	酉丁	9月19	卯丁	8月21	戌戊
十八	1月17	卯丁	12月18	酉丁	11月18	卯丁	10月20	戌戊	9月20	辰戊	8月22	亥己
十九	1月18	辰戊	12月19	戌戊	11月19	辰戊	10月21	亥己	9月21	巳己	8月23	子庚
二十	1月19	巳己	12月20	亥己	11月20	巳己	10月22	子庚	9月22	午庚	8月24	丑辛
廿一	1月20	午庚	12月21	子庚	11月21	午庚	10月23	丑辛	9月23	未辛	8月25	寅壬
廿二	1月21	未辛	12月22	丑辛	11月22	未辛	10月24	寅壬	9月24	申壬	8月26	卯癸
廿三	1月22	申壬	12月23	寅壬	11月23	申壬	10月25	卯癸	9月25	酉癸	8月27	辰甲
廿四	1月23	酉癸	12月24	卯癸	11月24	酉癸	10月26	辰甲	9月26	戌甲	8月28	巳乙
廿五	1月24	戌甲	12月25	辰甲	11月25	戌甲	10月27	巳乙	9月27	亥乙	8月29	午丙
廿六	1月25	亥乙	12月26	巳乙	11月26	亥乙	10月28	午丙	9月28	子丙	8月30	未丁
廿七	1月26	子丙	12月27	午丙	11月27	子丙	10月29	未丁	9月29	丑丁	8月31	申戊
廿八	1月27	丑丁	12月28	未丁	11月28	丑丁	10月30	申戊	9月30	寅戊	9月1	酉己
廿九	1月28	寅戊	12月29	申戊	11月29	寅戊	10月31	酉己	10月1	卯己	9月2	戌庚
三十	1月29	卯己	12月30	酉己	11月30	卯己			10月2	辰庚		

中華民國十九年 歲次庚午《馬》

西元一九三〇年 太歲姓王名清

月六閏曆農		月六曆農		月五曆農		月四曆農		月三曆農		月二曆農		月正曆農		別月
		未	癸	午	壬	巳	辛	辰	庚	卯	己	寅	戊	支干
秋立		暑大	暑小	至夏	種芒	滿小	夏立	雨穀	明清	分春	蟄驚	水雨	春立	節
14時58分 十四未時		22時42分 廿八亥時	5時20分 十三卯時	11時53分 廿六午時	18時58分 初十酉時	3時42分 廿四寅時	14時28分 初八未時	4時6分 廿三寅時	20時38分 初七戌時	16時30分 廿二申時	15時17分 初七申時	17時0分 廿一酉時	20時52分 初六戌時	氣
曆國	支干	曆國	支干	曆國	支干	曆國	支干	曆國	支干	曆國	支干	曆國	支干	曆農
7月26	丑丁	6月26	未丁	5月28	寅戊	4月29	酉己	3月30	卯己	2月28	酉己	1月30	辰庚	一初
7月27	寅戊	6月27	申戊	5月29	卯己	4月30	戌庚	3月31	辰庚	3月 1	戌庚	1月31	巳辛	二初
7月28	卯己	6月28	酉己	5月30	辰庚	5月 1	亥辛	4月 1	巳辛	3月 2	亥辛	2月 1	午壬	三初
7月29	辰庚	6月29	戌庚	5月31	巳辛	5月 2	子壬	4月 2	午壬	3月 3	子壬	2月 2	未癸	四初
7月30	巳辛	6月30	亥辛	6月 1	午壬	5月 3	丑癸	4月 3	未癸	3月 4	丑癸	2月 3	申甲	五初
7月31	午壬	7月 1	子壬	6月 2	未癸	5月 4	寅甲	4月 4	申甲	3月 5	寅甲	2月 4	酉乙	六初
8月 1	未癸	7月 2	丑癸	6月 3	申甲	5月 5	卯乙	4月 5	酉乙	3月 6	卯乙	2月 5	戌丙	七初
8月 2	申甲	7月 3	寅甲	6月 4	酉乙	5月 6	辰丙	4月 6	戌丙	3月 7	辰丙	2月 6	亥丁	八初
8月 3	酉乙	7月 4	卯乙	6月 5	戌丙	5月 7	巳丁	4月 7	亥丁	3月 8	巳丁	2月 7	子戊	九初
8月 4	戌丙	7月 5	辰丙	6月 6	亥丁	5月 8	午戊	4月 8	子戊	3月 9	午戊	2月 8	丑己	十初
8月 5	亥丁	7月 6	巳丁	6月 7	子戊	5月 9	未己	4月 9	丑己	3月10	未己	2月 9	寅庚	一十
8月 6	子戊	7月 7	午戊	6月 8	丑己	5月10	申庚	4月10	寅庚	3月11	申庚	2月10	卯辛	二十
8月 7	丑己	7月 8	未己	6月 9	寅庚	5月11	酉辛	4月11	卯辛	3月12	酉辛	2月11	辰壬	三十
8月 8	寅庚	7月 9	申庚	6月10	卯辛	5月12	戌壬	4月12	辰壬	3月13	戌壬	2月12	巳癸	四十
8月 9	卯辛	7月10	酉辛	6月11	辰壬	5月13	亥癸	4月13	巳癸	3月14	亥癸	2月13	午甲	五十
8月10	辰壬	7月11	戌壬	6月12	巳癸	5月14	子甲	4月14	午甲	3月15	子甲	2月14	未乙	六十
8月11	巳癸	7月12	亥癸	6月13	午甲	5月15	丑乙	4月15	未乙	3月16	丑乙	2月15	申丙	七十
8月12	午甲	7月13	子甲	6月14	未乙	5月16	寅丙	4月16	申丙	3月17	寅丙	2月16	酉丁	八十
8月13	未乙	7月14	丑乙	6月15	申丙	5月17	卯丁	4月17	酉丁	3月18	卯丁	2月17	戌戊	九十
8月14	申丙	7月15	寅丙	6月16	酉丁	5月18	辰戊	4月18	戌戊	3月19	辰戊	2月18	亥己	十二
8月15	酉丁	7月16	卯丁	6月17	戌戊	5月19	巳己	4月19	亥己	3月20	巳己	2月19	子庚	一廿
8月16	戌戊	7月17	辰戊	6月18	亥己	5月20	午庚	4月20	子庚	3月21	午庚	2月20	丑辛	二廿
8月17	亥己	7月18	巳己	6月19	子庚	5月21	未辛	4月21	丑辛	3月22	未辛	2月21	寅壬	三廿
8月18	子庚	7月19	午庚	6月20	丑辛	5月22	申壬	4月22	寅壬	3月23	申壬	2月22	卯癸	四廿
8月19	丑辛	7月20	未辛	6月21	寅壬	5月23	酉癸	4月23	卯癸	3月24	酉癸	2月23	辰甲	五廿
8月20	寅壬	7月21	申壬	6月22	卯癸	5月24	戌甲	4月24	辰甲	3月25	戌甲	2月24	巳乙	六廿
8月21	卯癸	7月22	酉癸	6月23	辰甲	5月25	亥乙	4月25	巳乙	3月26	亥乙	2月25	午丙	七廿
8月22	辰甲	7月23	戌甲	6月24	巳乙	5月26	子丙	4月26	午丙	3月27	子丙	2月26	未丁	八廿
8月23	巳乙	7月24	亥乙	6月25	午丙	5月27	丑丁	4月27	未丁	3月28	丑丁	2月27	申戊	九廿
		7月25	子丙					4月28	申戊	3月29	寅戊			十三

西元1930年

月別	月二十曆農		月一十曆農		月十曆農		月九曆農		月八曆農		月七曆農	
干支	丑　己		子　戊		亥　丁		戌　丙		酉　乙		申　甲	
節	春立	寒大	寒小	至冬	雪大	雪小	冬立	降霜	露寒	分秋	露白	暑處
氣	十八丑時 2時41分	初三辰時 8時18分	十八未時 14時56分	初三亥時 21時40分	十九寅時 3時51分	初四辰時 8時35分	十八午時 11時21分	初三午時 11時26分	十八辰時 8時38分	初三丑時 2時36分	十六酉時 17時29分	初一卯時 5時27分
農曆	曆國	支干	曆國	支干	曆國	支干	曆國	支干	曆國	支干	曆國	支干
初一	1月19	戌甲	12月20	辰甲	11月20	戌甲	10月22	巳乙	9月22	亥乙	8月24	午丙
初二	1月20	亥乙	12月21	巳乙	11月21	亥乙	10月23	午丙	9月23	子丙	8月25	未丁
初三	1月21	子丙	12月22	午丙	11月22	子丙	10月24	未丁	9月24	丑丁	8月26	申戊
初四	1月22	丑丁	12月23	未丁	11月23	丑丁	10月25	申戊	9月25	寅戊	8月27	酉己
初五	1月23	寅戊	12月24	申戊	11月24	寅戊	10月26	酉己	9月26	卯己	8月28	戌庚
初六	1月24	卯己	12月25	酉己	11月25	卯己	10月27	戌庚	9月27	辰庚	8月29	亥辛
初七	1月25	辰庚	12月26	戌庚	11月26	辰庚	10月28	亥辛	9月28	巳辛	8月30	子壬
初八	1月26	巳辛	12月27	亥辛	11月27	巳辛	10月29	子壬	9月29	午壬	8月31	丑癸
初九	1月27	午壬	12月28	子壬	11月28	午壬	10月30	丑癸	9月30	未癸	9月 1	寅甲
初十	1月28	未癸	12月29	丑癸	11月29	未癸	10月31	寅甲	10月 1	申甲	9月 2	卯乙
十一	1月29	申甲	12月30	寅甲	11月30	申甲	11月 1	卯乙	10月 2	酉乙	9月 3	辰丙
十二	1月30	酉乙	12月31	卯乙	12月 1	酉乙	11月 2	辰丙	10月 3	戌丙	9月 4	巳丁
十三	1月31	戌丙	1月 1	辰丙	12月 2	戌丙	11月 3	巳丁	10月 4	亥丁	9月 5	午戊
十四	2月 1	亥丁	1月 2	巳丁	12月 3	亥丁	11月 4	午戊	10月 5	子戊	9月 6	未己
十五	2月 2	子戊	1月 3	午戊	12月 4	子戊	11月 5	未己	10月 6	丑己	9月 7	申庚
十六	2月 3	丑己	1月 4	未己	12月 5	丑己	11月 6	申庚	10月 7	寅庚	9月 8	酉辛
十七	2月 4	寅庚	1月 5	申庚	12月 6	寅庚	11月 7	酉辛	10月 8	卯辛	9月 9	戌壬
十八	2月 5	卯辛	1月 6	酉辛	12月 7	卯辛	11月 8	戌壬	10月 9	辰壬	9月10	亥癸
十九	2月 6	辰壬	1月 7	戌壬	12月 8	辰壬	11月 9	亥癸	10月10	巳癸	9月11	子甲
二十	2月 7	巳癸	1月 8	亥癸	12月 9	巳癸	11月10	子甲	10月11	午甲	9月12	丑乙
廿一	2月 8	午甲	1月 9	子甲	12月10	午甲	11月11	丑乙	10月12	未乙	9月13	寅丙
廿二	2月 9	未乙	1月10	丑乙	12月11	未乙	11月12	寅丙	10月13	申丙	9月14	卯丁
廿三	2月10	申丙	1月11	寅丙	12月12	申丙	11月13	卯丁	10月14	酉丁	9月15	辰戊
廿四	2月11	酉丁	1月12	卯丁	12月13	酉丁	11月14	辰戊	10月15	戌戊	9月16	巳己
廿五	2月12	戌戊	1月13	辰戊	12月14	戌戊	11月15	巳己	10月16	亥己	9月17	午庚
廿六	2月13	亥己	1月14	巳己	12月15	亥己	11月16	午庚	10月17	子庚	9月18	未辛
廿七	2月14	子庚	1月15	午庚	12月16	子庚	11月17	未辛	10月18	丑辛	9月19	申壬
廿八	2月15	丑辛	1月16	未辛	12月17	丑辛	11月18	申壬	10月19	寅壬	9月20	酉癸
廿九	2月16	寅壬	1月17	申壬	12月18	寅壬	11月19	酉癸	10月20	卯癸	9月21	戌甲
三十			1月18	酉癸	12月19	卯癸			10月21	辰甲		

中華民國二十年 歲次 辛未《羊》

西元一九三一年 太歲姓李名素

月六曆農		月五曆農		月四曆農		月三曆農		月二曆農		月正曆農		別月
未	乙	午	甲	巳	癸	辰	壬	卯	辛	寅	庚	支干
秋立	暑大	暑小	至夏	種芒	滿小	夏立	雨穀	明清	分春	蟄驚	水雨	節氣
20時45分 廿五戌時	4時22分 初十寅時	11時6分 廿三午時	17時28分 初七酉時	0時42分 廿二子時	9時16分 初六巳時	20時10分 十九戌時	9時40分 初四巳時	2時21分 十九丑時	22時7分 初三亥時	21時3分 十八亥時	22時41分 初三亥時	
曆國	支干	曆國	支干	曆國	支干	曆國	支干	曆國	支干	曆國	支干	曆農
7月15	未辛	6月16	寅壬	5月17	申壬	4月18	卯癸	3月19	酉癸	2月17	卯癸	一初
7月16	申壬	6月17	卯癸	5月18	酉癸	4月19	辰甲	3月20	戌甲	2月18	辰甲	二初
7月17	酉癸	6月18	辰甲	5月19	戌甲	4月20	巳乙	3月21	亥乙	2月19	巳乙	三初
7月18	戌甲	6月19	巳乙	5月20	亥乙	4月21	午丙	3月22	子丙	2月20	午丙	四初
7月19	亥乙	6月20	午丙	5月21	子丙	4月22	未丁	3月23	丑丁	2月21	未丁	五初
7月20	子丙	6月21	未丁	5月22	丑丁	4月23	申戊	3月24	寅戊	2月22	申戊	六初
7月21	丑丁	6月22	申戊	5月23	寅戊	4月24	酉己	3月25	卯己	2月23	酉己	七初
7月22	寅戊	6月23	酉己	5月24	卯己	4月25	戌庚	3月26	辰庚	2月24	戌庚	八初
7月23	卯己	6月24	戌庚	5月25	辰庚	4月26	亥辛	3月27	巳辛	2月25	亥辛	九初
7月24	辰庚	6月25	亥辛	5月26	巳辛	4月27	子壬	3月28	午壬	2月26	子壬	十初
7月25	巳辛	6月26	子壬	5月27	午壬	4月28	丑癸	3月29	未癸	2月27	丑癸	一十
7月26	午壬	6月27	丑癸	5月28	未癸	4月29	寅甲	3月30	申甲	2月28	寅甲	二十
7月27	未癸	6月28	寅甲	5月29	申甲	4月30	卯乙	3月31	酉乙	3月 1	卯乙	三十
7月28	申甲	6月29	卯乙	5月30	酉乙	5月 1	辰丙	4月 1	戌丙	3月 2	辰丙	四十
7月29	酉乙	6月30	辰丙	5月31	戌丙	5月 2	巳丁	4月 2	亥丁	3月 3	巳丁	五十
7月30	戌丙	7月 1	巳丁	6月 1	亥丁	5月 3	午戊	4月 3	子戊	3月 4	午戊	六十
7月31	亥丁	7月 2	午戊	6月 2	子戊	5月 4	未己	4月 4	丑己	3月 5	未己	七十
8月 1	子戊	7月 3	未己	6月 3	丑己	5月 5	申庚	4月 5	寅庚	3月 6	申庚	八十
8月 2	丑己	7月 4	申庚	6月 4	寅庚	5月 6	酉辛	4月 6	卯辛	3月 7	酉辛	九十
8月 3	寅庚	7月 5	酉辛	6月 5	卯辛	5月 7	戌壬	4月 7	辰壬	3月 8	戌壬	十二
8月 4	卯辛	7月 6	戌壬	6月 6	辰壬	5月 8	亥癸	4月 8	巳癸	3月 9	亥癸	一廿
8月 5	辰壬	7月 7	亥癸	6月 7	巳癸	5月 9	子甲	4月 9	午甲	3月10	子甲	二廿
8月 6	巳癸	7月 8	子甲	6月 8	午甲	5月10	丑乙	4月10	未乙	3月11	丑乙	三廿
8月 7	午甲	7月 9	丑乙	6月 9	未乙	5月11	寅丙	4月11	申丙	3月12	寅丙	四廿
8月 8	未乙	7月10	寅丙	6月10	申丙	5月12	卯丁	4月12	酉丁	3月13	卯丁	五廿
8月 9	申丙	7月11	卯丁	6月11	酉丁	5月13	辰戊	4月13	戌戊	3月14	辰戊	六廿
8月10	酉丁	7月12	辰戊	6月12	戌戊	5月14	巳己	4月14	亥己	3月15	巳己	七廿
8月11	戌戊	7月13	巳己	6月13	亥己	5月15	午庚	4月15	子庚	3月16	午庚	八廿
8月12	亥己	7月14	午庚	6月14	子庚	5月16	未辛	4月16	丑辛	3月17	未辛	九廿
8月13	子庚			6月15	丑辛			4月17	寅壬	3月18	申壬	十三

西元1931年

月別	月二十曆農		月一十曆農		月十曆農		月九曆農		月八曆農		月七曆農	
干支	丑	辛	子	庚	亥	己	戌	戊	酉	丁	申	丙
節	春立	寒大	寒小	至冬	雪大	雪小	冬立	降霜	露寒	分秋	露白	暑處
氣	廿九辰時 8時30分	十四未時 14時7分	廿九戌時 20時46分	十五寅時 3時30分	廿九巳時 9時41分	十四未時 14時25分	廿九酉時 17時10分	十四酉時 17時16分	廿八未時 14時27分	十三辰時 8時24分	廿六夜子 23時18分	十一午時 11時11分
農曆	曆國	支干	曆國	支干	曆國	支干	曆國	支干	曆國	支干	曆國	支干
初一	1月 8	辰戊	12月 9	戌戊	11月10	巳己	10月11	亥己	9月12	午庚	8月14	丑辛
初二	1月 9	巳己	12月10	亥己	11月11	午庚	10月12	子庚	9月13	未辛	8月15	寅壬
初三	1月10	午庚	12月11	子庚	11月12	未辛	10月13	丑辛	9月14	申壬	8月16	卯癸
初四	1月11	未辛	12月12	丑辛	11月13	申壬	10月14	寅壬	9月15	酉癸	8月17	辰甲
初五	1月12	申壬	12月13	寅壬	11月14	酉癸	10月15	卯癸	9月16	戌甲	8月18	巳乙
初六	1月13	酉癸	12月14	卯癸	11月15	戌甲	10月16	辰甲	9月17	亥乙	8月19	午丙
初七	1月14	戌甲	12月15	辰甲	11月16	亥乙	10月17	巳乙	9月18	子丙	8月20	未丁
初八	1月15	亥乙	12月16	巳乙	11月17	子丙	10月18	午丙	9月19	丑丁	8月21	申戊
初九	1月16	子丙	12月17	午丙	11月18	丑丁	10月19	未丁	9月20	寅戊	8月22	酉己
初十	1月17	丑丁	12月18	未丁	11月19	寅戊	10月20	申戊	9月21	卯己	8月23	戌庚
十一	1月18	寅戊	12月19	申戊	11月20	卯己	10月21	酉己	9月22	辰庚	8月24	亥辛
十二	1月19	卯己	12月20	酉己	11月21	辰庚	10月22	戌庚	9月23	巳辛	8月25	子壬
十三	1月20	辰庚	12月21	戌庚	11月22	巳辛	10月23	亥辛	9月24	午壬	8月26	丑癸
十四	1月21	巳辛	12月22	亥辛	11月23	午壬	10月24	子壬	9月25	未癸	8月27	寅甲
十五	1月22	午壬	12月23	子壬	11月24	未癸	10月25	丑癸	9月26	申甲	8月28	卯乙
十六	1月23	未癸	12月24	丑癸	11月25	申甲	10月26	寅甲	9月27	酉乙	8月29	辰丙
十七	1月24	申甲	12月25	寅甲	11月26	酉乙	10月27	卯乙	9月28	戌丙	8月30	巳丁
十八	1月25	酉乙	12月26	卯乙	11月27	戌丙	10月28	辰丙	9月29	亥丁	8月31	午戊
十九	1月26	戌丙	12月27	辰丙	11月28	亥丁	10月29	巳丁	9月30	子戊	9月 1	未己
二十	1月27	亥丁	12月28	巳丁	11月29	子戊	10月30	午戊	10月 1	丑己	9月 2	申庚
廿一	1月28	子戊	12月29	午戊	11月30	丑己	10月31	未己	10月 2	寅庚	9月 3	酉辛
廿二	1月29	丑己	12月30	未己	12月 1	寅庚	11月 1	申庚	10月 3	卯辛	9月 4	戌壬
廿三	1月30	寅庚	12月31	申庚	12月 2	卯辛	11月 2	酉辛	10月 4	辰壬	9月 5	亥癸
廿四	1月31	卯辛	1月 1	酉辛	12月 3	辰壬	11月 3	戌壬	10月 5	巳癸	9月 6	子甲
廿五	2月 1	辰壬	1月 2	戌壬	12月 4	巳癸	11月 4	亥癸	10月 6	午甲	9月 7	丑乙
廿六	2月 2	巳癸	1月 3	亥癸	12月 5	午甲	11月 5	子甲	10月 7	未乙	9月 8	寅丙
廿七	2月 3	午甲	1月 4	子甲	12月 6	未乙	11月 6	丑乙	10月 8	申丙	9月 9	卯丁
廿八	2月 4	未乙	1月 5	丑乙	12月 7	申丙	11月 7	寅丙	10月 9	酉丁	9月10	辰戊
廿九	2月 5	申丙	1月 6	寅丙	12月 8	酉丁	11月 8	卯丁	10月10	戌戊	9月11	巳己
三十			1月 7	卯丁			11月 9	辰戊				

中華民國廿一年 歲次 壬申《猴》

西元一九三二年 太歲 姓劉名旺

月六曆農		月五曆農		月四曆農		月三曆農		月二曆農		月正曆農		別月
未	丁	午	丙	巳	乙	辰	甲	卯	癸	寅	壬	支干
暑大	暑小	至夏	種芒	滿小	夏立	雨穀		明清	分春	蟄驚	水雨	節
二十巳時 10時18分	初四申時 16時53分	十八夜子 23時23分	初三卯時 6時28分	十六申時 15時7分	初一丑時 1時55分	十五申時 15時28分		三十辰時 8時7分	十五寅時 3時54分	三十丑時 2時50分	十五寅時 4時29分	氣
曆國	支干	曆國	支干	曆國	支干	曆國	支干	曆國	支干	曆國	支干	曆農
7月 4	寅丙	6月 4	申丙	5月 6	卯丁	4月 6	酉丁	3月 7	卯丁	2月 6	酉丁	一初
7月 5	卯丁	6月 5	酉丁	5月 7	辰戊	4月 7	戌戊	3月 8	辰戊	2月 7	戌戊	二初
7月 6	辰戊	6月 6	戌戊	5月 8	巳己	4月 8	亥己	3月 9	巳己	2月 8	亥己	三初
7月 7	巳己	6月 7	亥己	5月 9	午庚	4月 9	子庚	3月10	午庚	2月 9	子庚	四初
7月 8	午庚	6月 8	子庚	5月10	未辛	4月10	丑辛	3月11	未辛	2月10	丑辛	五初
7月 9	未辛	6月 9	丑辛	5月11	申壬	4月11	寅壬	3月12	申壬	2月11	寅壬	六初
7月10	申壬	6月10	寅壬	5月12	酉癸	4月12	卯癸	3月13	酉癸	2月12	卯癸	七初
7月11	酉癸	6月11	卯癸	5月13	戌甲	4月13	辰甲	3月14	戌甲	2月13	辰甲	八初
7月12	戌甲	6月12	辰甲	5月14	亥乙	4月14	巳乙	3月15	亥乙	2月14	巳乙	九初
7月13	亥乙	6月13	巳乙	5月15	子丙	4月15	午丙	3月16	子丙	2月15	午丙	十初
7月14	子丙	6月14	午丙	5月16	丑丁	4月16	未丁	3月17	丑丁	2月16	未丁	一十
7月15	丑丁	6月15	未丁	5月17	寅戊	4月17	申戊	3月18	寅戊	2月17	申戊	二十
7月16	寅戊	6月16	申戊	5月18	卯己	4月18	酉己	3月19	卯己	2月18	酉己	三十
7月17	卯己	6月17	酉己	5月19	辰庚	4月19	戌庚	3月20	辰庚	2月19	戌庚	四十
7月18	辰庚	6月18	戌庚	5月20	巳辛	4月20	亥辛	3月21	巳辛	2月20	亥辛	五十
7月19	巳辛	6月19	亥辛	5月21	午壬	4月21	子壬	3月22	午壬	2月21	子壬	六十
7月20	午壬	6月20	子壬	5月22	未癸	4月22	丑癸	3月23	未癸	2月22	丑癸	七十
7月21	未癸	6月21	丑癸	5月23	申甲	4月23	寅甲	3月24	申甲	2月23	寅甲	八十
7月22	申甲	6月22	寅甲	5月24	酉乙	4月24	卯乙	3月25	酉乙	2月24	卯乙	九十
7月23	酉乙	6月23	卯乙	5月25	戌丙	4月25	辰丙	3月26	戌丙	2月25	辰丙	十二
7月24	戌丙	6月24	辰丙	5月26	亥丁	4月26	巳丁	3月27	亥丁	2月26	巳丁	一廿
7月25	亥丁	6月25	巳丁	5月27	子戊	4月27	午戊	3月28	子戊	2月27	午戊	二廿
7月26	子戊	6月26	午戊	5月28	丑己	4月28	未己	3月29	丑己	2月28	未己	三廿
7月27	丑己	6月27	未己	5月29	寅庚	4月29	申庚	3月30	寅庚	2月29	申庚	四廿
7月28	寅庚	6月28	申庚	5月30	卯辛	4月30	酉辛	3月31	卯辛	3月 1	酉辛	五廿
7月29	卯辛	6月29	酉辛	5月31	辰壬	5月 1	戌壬	4月 1	辰壬	3月 2	戌壬	六廿
7月30	辰壬	6月30	戌壬	6月 1	巳癸	5月 2	亥癸	4月 2	巳癸	3月 3	亥癸	七廿
7月31	巳癸	7月 1	亥癸	6月 2	午甲	5月 3	子甲	4月 3	午甲	3月 4	子甲	八廿
8月 1	午甲	7月 2	子甲	6月 3	未乙	5月 4	丑乙	4月 4	未乙	3月 5	丑乙	九廿
		7月 3	丑乙			5月 5	寅丙	4月 5	申丙	3月 6	寅丙	十三

西元1932年

月別	月二十曆農		月一十曆農		月十曆農		月九曆農		月八曆農		月七曆農	
干支	丑	癸	子	壬	亥	辛	戌	庚	酉	己	申	戊
節	寒大	寒小	至冬	雪大	雪小	冬立	降霜	露寒	分秋	露白	暑處	秋立
氣	廿五戌時 19時53分	十一丑時 2時24分	廿五巳時 9時15分	初十申時 15時19分	廿五戌時 20時11分	初十亥時 22時50分	廿四夜子 23時4分	初九戌時 20時10分	廿三未時 14時16分	初八卯時 5時3分	廿二酉時 17時6分	初七丑時 2時32分
農曆	曆國	支干	曆國	支干	曆國	支干	曆國	支干	曆國	支干	曆國	支干
初一	12月27	戌壬	11月28	巳癸	10月29	亥癸	9月30	午甲	9月 1	丑乙	8月 2	未乙
初二	12月28	亥癸	11月29	午甲	10月30	子甲	10月 1	未乙	9月 2	寅丙	8月 3	申丙
初三	12月29	子甲	11月30	未乙	10月31	丑乙	10月 2	申丙	9月 3	卯丁	8月 4	酉丁
初四	12月30	丑乙	12月 1	申丙	11月 1	寅丙	10月 3	酉丁	9月 4	辰戊	8月 5	戌戊
初五	12月31	寅丙	12月 2	酉丁	11月 2	卯丁	10月 4	戌戊	9月 5	巳己	8月 6	亥己
初六	1月 1	卯丁	12月 3	戌戊	11月 3	辰戊	10月 5	亥己	9月 6	午庚	8月 7	子庚
初七	1月 2	辰戊	12月 4	亥己	11月 4	巳己	10月 6	子庚	9月 7	未辛	8月 8	丑辛
初八	1月 3	巳己	12月 5	子庚	11月 5	午庚	10月 7	丑辛	9月 8	申壬	8月 9	寅壬
初九	1月 4	午庚	12月 6	丑辛	11月 6	未辛	10月 8	寅壬	9月 9	酉癸	8月10	卯癸
初十	1月 5	未辛	12月 7	寅壬	11月 7	申壬	10月 9	卯癸	9月10	戌甲	8月11	辰甲
十一	1月 6	申壬	12月 8	卯癸	11月 8	酉癸	10月10	辰甲	9月11	亥乙	8月12	巳乙
十二	1月 7	酉癸	12月 9	辰甲	11月 9	戌甲	10月11	巳乙	9月12	子丙	8月13	午丙
十三	1月 8	戌甲	12月10	巳乙	11月10	亥乙	10月12	午丙	9月13	丑丁	8月14	未丁
十四	1月 9	亥乙	12月11	午丙	11月11	子丙	10月13	未丁	9月14	寅戊	8月15	申戊
十五	1月10	子丙	12月12	未丁	11月12	丑丁	10月14	申戊	9月15	卯己	8月16	酉己
十六	1月11	丑丁	12月13	申戊	11月13	寅戊	10月15	酉己	9月16	辰庚	8月17	戌庚
十七	1月12	寅戊	12月14	酉己	11月14	卯己	10月16	戌庚	9月17	巳辛	8月18	亥辛
十八	1月13	卯己	12月15	戌庚	11月15	辰庚	10月17	亥辛	9月18	午壬	8月19	子壬
十九	1月14	辰庚	12月16	亥辛	11月16	巳辛	10月18	子壬	9月19	未癸	8月20	丑癸
二十	1月15	巳辛	12月17	子壬	11月17	午壬	10月19	丑癸	9月20	申甲	8月21	寅甲
廿一	1月16	午壬	12月18	丑癸	11月18	未癸	10月20	寅甲	9月21	酉乙	8月22	卯乙
廿二	1月17	未癸	12月19	寅甲	11月19	申甲	10月21	卯乙	9月22	戌丙	8月23	辰丙
廿三	1月18	申甲	12月20	卯乙	11月20	酉乙	10月22	辰丙	9月23	亥丁	8月24	巳丁
廿四	1月19	酉乙	12月21	辰丙	11月21	戌丙	10月23	巳丁	9月24	子戊	8月25	午戊
廿五	1月20	戌丙	12月22	巳丁	11月22	亥丁	10月24	午戊	9月25	丑己	8月26	未己
廿六	1月21	亥丁	12月23	午戊	11月23	子戊	10月25	未己	9月26	寅庚	8月27	申庚
廿七	1月22	子戊	12月24	未己	11月24	丑己	10月26	申庚	9月27	卯辛	8月28	酉辛
廿八	1月23	丑己	12月25	申庚	11月25	寅庚	10月27	酉辛	9月28	辰壬	8月29	戌壬
廿九	1月24	寅庚	12月26	酉辛	11月26	卯辛	10月28	戌壬	9月29	巳癸	8月30	亥癸
三十	1月25	卯辛			11月27	辰壬					8月31	子甲

西元1933年

中華民國廿二年 歲次癸酉《雞》

西元一九三三年 太歲姓康名忠

月六曆農		月五閏曆農		月五曆農		月四曆農		月三曆農		月二曆農		月正曆農		別月
未	己			午	戊	巳	丁	辰	丙	卯	乙	寅	甲	支干
秋立	暑大	暑小		至夏	種芒	滿小	夏立	雨穀	明清	分春	蟄驚	水雨	春立	節
十八辰時 8時26分	初一申時 16時6分	十五亥時 22時45分		三十卯時 5時12分	十四午時 12時18分	廿七戌時 20時57分	十二辰時 7時42分	廿六亥時 21時19分	十一未時 13時51分	廿六巳時 9時44分	十一辰時 8時32分	廿五巳時 10時17分	初十未時 14時10分	氣
曆國	支干	曆國	支干	曆國	支干	曆國	支干	曆國	支干	曆國	支干	曆國	支干	曆農
7月23	寅庚	6月23	申庚	5月24	寅庚	4月25	酉辛	3月26	卯辛	2月24	酉辛	1月26	辰壬	一初
7月24	卯辛	6月24	酉辛	5月25	卯辛	4月26	戌壬	3月27	辰壬	2月25	戌壬	1月27	巳癸	二初
7月25	辰壬	6月25	戌壬	5月26	辰壬	4月27	亥癸	3月28	巳癸	2月26	亥癸	1月28	午甲	三初
7月26	巳癸	6月26	亥癸	5月27	巳癸	4月28	子甲	3月29	午甲	2月27	子甲	1月29	未乙	四初
7月27	午甲	6月27	子甲	5月28	午甲	4月29	丑乙	3月30	未乙	2月28	丑乙	1月30	申丙	五初
7月28	未乙	6月28	丑乙	5月29	未乙	4月30	寅丙	3月31	申丙	3月 1	寅丙	1月31	酉丁	六初
7月29	申丙	6月29	寅丙	5月30	申丙	5月 1	卯丁	4月 1	酉丁	3月 2	卯丁	2月 1	戌戊	七初
7月30	酉丁	6月30	卯丁	5月31	酉丁	5月 2	辰戊	4月 2	戌戊	3月 3	辰戊	2月 2	亥己	八初
7月31	戌戊	7月 1	辰戊	6月 1	戌戊	5月 3	巳己	4月 3	亥己	3月 4	巳己	2月 3	子庚	九初
8月 1	亥己	7月 2	巳己	6月 2	亥己	5月 4	午庚	4月 4	子庚	3月 5	午庚	2月 4	丑辛	十初
8月 2	子庚	7月 3	午庚	6月 3	子庚	5月 5	未辛	4月 5	丑辛	3月 6	未辛	2月 5	寅壬	一十
8月 3	丑辛	7月 4	未辛	6月 4	丑辛	5月 6	申壬	4月 6	寅壬	3月 7	申壬	2月 6	卯癸	二十
8月 4	寅壬	7月 5	申壬	6月 5	寅壬	5月 7	酉癸	4月 7	卯癸	3月 8	酉癸	2月 7	辰甲	三十
8月 5	卯癸	7月 6	酉癸	6月 6	卯癸	5月 8	戌甲	4月 8	辰甲	3月 9	戌甲	2月 8	巳乙	四十
8月 6	辰甲	7月 7	戌甲	6月 7	辰甲	5月 9	亥乙	4月 9	巳乙	3月10	亥乙	2月 9	午丙	五十
8月 7	巳乙	7月 8	亥乙	6月 8	巳乙	5月10	子丙	4月10	午丙	3月11	子丙	2月10	未丁	六十
8月 8	午丙	7月 9	子丙	6月 9	午丙	5月11	丑丁	4月11	未丁	3月12	丑丁	2月11	申戊	七十
8月 9	未丁	7月10	丑丁	6月10	未丁	5月12	寅戊	4月12	申戊	3月13	寅戊	2月12	酉己	八十
8月10	申戊	7月11	寅戊	6月11	申戊	5月13	卯己	4月13	酉己	3月14	卯己	2月13	戌庚	九十
8月11	酉己	7月12	卯己	6月12	酉己	5月14	辰庚	4月14	戌庚	3月15	辰庚	2月14	亥辛	十二
8月12	戌庚	7月13	辰庚	6月13	戌庚	5月15	巳辛	4月15	亥辛	3月16	巳辛	2月15	子壬	一廿
8月13	亥辛	7月14	巳辛	6月14	亥辛	5月16	午壬	4月16	子壬	3月17	午壬	2月16	丑癸	二廿
8月14	子壬	7月15	午壬	6月15	子壬	5月17	未癸	4月17	丑癸	3月18	未癸	2月17	寅甲	三廿
8月15	丑癸	7月16	未癸	6月16	丑癸	5月18	申甲	4月18	寅甲	3月19	申甲	2月18	卯乙	四廿
8月16	寅甲	7月17	申甲	6月17	寅甲	5月19	酉乙	4月19	卯乙	3月20	酉乙	2月19	辰丙	五廿
8月17	卯乙	7月18	酉乙	6月18	卯乙	5月20	戌丙	4月20	辰丙	3月21	戌丙	2月20	巳丁	六廿
8月18	辰丙	7月19	戌丙	6月19	辰丙	5月21	亥丁	4月21	巳丁	3月22	亥丁	2月21	午戊	七廿
8月19	巳丁	7月20	亥丁	6月20	巳丁	5月22	子戊	4月22	午戊	3月23	子戊	2月22	未己	八廿
8月20	午戊	7月21	子戊	6月21	午戊	5月23	丑己	4月23	未己	3月24	丑己	2月23	申庚	九廿
		7月22	丑己	6月22	未己			4月24	申庚	3月25	寅庚			十三

西元1933年

月別	月二十曆農		月一十曆農		月十曆農		月九曆農		月八曆農		月七曆農	
干支	丑	乙	子	甲	亥	癸	戌	壬	酉	辛	申	庚
節	春立	寒大	寒小	至冬	雪大	雪小	冬立	降霜	露寒	分秋	露白	暑處
氣	20時4分 廿一戌時	1時37分 初七丑時	8時17分 廿一辰時	14時58分 初六未時	21時12分 二十亥時	1時55分 初六丑時	4時44分 廿一寅時	4時49分 初六寅時	2時8分 二十丑時	20時1分 初四戌時	10時58分 十九巳時	22時53分 初三亥時
農曆	曆國	支干	曆國	支干	曆國	支干	曆國	支干	曆國	支干	曆國	支干
初一	1月15	戌丙	12月17	巳丁	11月18	子戊	10月19	午戊	9月20	丑己	8月21	未己
初二	1月16	亥丁	12月18	午戊	11月19	丑己	10月20	未己	9月21	寅庚	8月22	申庚
初三	1月17	子戊	12月19	未己	11月20	寅庚	10月21	申庚	9月22	卯辛	8月23	酉辛
初四	1月18	丑己	12月20	申庚	11月21	卯辛	10月22	酉辛	9月23	辰壬	8月24	戌壬
初五	1月19	寅庚	12月21	酉辛	11月22	辰壬	10月23	戌壬	9月24	巳癸	8月25	亥癸
初六	1月20	卯辛	12月22	戌壬	11月23	巳癸	10月24	亥癸	9月25	午甲	8月26	子甲
初七	1月21	辰壬	12月23	亥癸	11月24	午甲	10月25	子甲	9月26	未乙	8月27	丑乙
初八	1月22	巳癸	12月24	子甲	11月25	未乙	10月26	丑乙	9月27	申丙	8月28	寅丙
初九	1月23	午甲	12月25	丑乙	11月26	申丙	10月27	寅丙	9月28	酉丁	8月29	卯丁
初十	1月24	未乙	12月26	寅丙	11月27	酉丁	10月28	卯丁	9月29	戌戊	8月30	辰戊
十一	1月25	申丙	12月27	卯丁	11月28	戌戊	10月29	辰戊	9月30	亥己	8月31	巳己
十二	1月26	酉丁	12月28	辰戊	11月29	亥己	10月30	巳己	10月 1	子庚	9月 1	午庚
十三	1月27	戌戊	12月29	巳己	11月30	子庚	10月31	午庚	10月 2	丑辛	9月 2	未辛
十四	1月28	亥己	12月30	午庚	12月 1	丑辛	11月 1	未辛	10月 3	寅壬	9月 3	申壬
十五	1月29	子庚	12月31	未辛	12月 2	寅壬	11月 2	申壬	10月 4	卯癸	9月 4	酉癸
十六	1月30	丑辛	1月 1	申壬	12月 3	卯癸	11月 3	酉癸	10月 5	辰甲	9月 5	戌甲
十七	1月31	寅壬	1月 2	酉癸	12月 4	辰甲	11月 4	戌甲	10月 6	巳乙	9月 6	亥乙
十八	2月 1	卯癸	1月 3	戌甲	12月 5	巳乙	11月 5	亥乙	10月 7	午丙	9月 7	子丙
十九	2月 2	辰甲	1月 4	亥乙	12月 6	午丙	11月 6	子丙	10月 8	未丁	9月 8	丑丁
二十	2月 3	巳乙	1月 5	子丙	12月 7	未丁	11月 7	丑丁	10月 9	申戊	9月 9	寅戊
廿一	2月 4	午丙	1月 6	丑丁	12月 8	申戊	11月 8	寅戊	10月10	酉己	9月10	卯己
廿二	2月 5	未丁	1月 7	寅戊	12月 9	酉己	11月 9	卯己	10月11	戌庚	9月11	辰庚
廿三	2月 6	申戊	1月 8	卯己	12月10	戌庚	11月10	辰庚	10月12	亥辛	9月12	巳辛
廿四	2月 7	酉己	1月 9	辰庚	12月11	亥辛	11月11	巳辛	10月13	子壬	9月13	午壬
廿五	2月 8	戌庚	1月10	巳辛	12月12	子壬	11月12	午壬	10月14	丑癸	9月14	未癸
廿六	2月 9	亥辛	1月11	午壬	12月13	丑癸	11月13	未癸	10月15	寅甲	9月15	申甲
廿七	2月10	子壬	1月12	未癸	12月14	寅甲	11月14	申甲	10月16	卯乙	9月16	酉乙
廿八	2月11	丑癸	1月13	申甲	12月15	卯乙	11月15	酉乙	10月17	辰丙	9月17	戌丙
廿九	2月12	寅甲	1月14	酉乙	12月16	辰丙	11月16	戌丙	10月18	巳丁	9月18	亥丁
三十	2月13	卯乙					11月17	亥丁			9月19	子戊

中華民國廿三年 歲次甲戌《狗》

西元一九三四年 太歲 姓誓名廣

月六曆農		月五曆農		月四曆農		月三曆農		月二曆農		月正曆農		別月
未	辛	午	庚	巳	己	辰	戊	卯	丁	寅	丙	支干
秋立	暑大	暑小	至夏	種芒	滿小	夏立	雨穀	明清	分春	蟄驚	水雨	節
廿八未時 14時4分	十二亥時 21時44分	廿七寅時 4時25分	十一巳時 10時48分	廿五酉時 18時2分	初十丑時 2時35分	廿三未時 13時31分	初八寅時 3時1分	廿二戌時 19時44分	初七申時 15時28分	廿一未時 14時27分	初六申時 16時2分	氣
曆國	支干	曆國	支干	曆國	支干	曆國	支干	曆國	支干	曆國	支干	曆農
7月12	申甲	6月12	寅甲	5月13	申甲	4月14	卯乙	3月15	酉乙	2月14	辰丙	一初
7月13	酉乙	6月13	卯乙	5月14	酉乙	4月15	辰丙	3月16	戌丙	2月15	巳丁	二初
7月14	戌丙	6月14	辰丙	5月15	戌丙	4月16	巳丁	3月17	亥丁	2月16	午戊	三初
7月15	亥丁	6月15	巳丁	5月16	亥丁	4月17	午戊	3月18	子戊	2月17	未己	四初
7月16	子戊	6月16	午戊	5月17	子戊	4月18	未己	3月19	丑己	2月18	申庚	五初
7月17	丑己	6月17	未己	5月18	丑己	4月19	申庚	3月20	寅庚	2月19	酉辛	六初
7月18	寅庚	6月18	申庚	5月19	寅庚	4月20	酉辛	3月21	卯辛	2月20	戌壬	七初
7月19	卯辛	6月19	酉辛	5月20	卯辛	4月21	戌壬	3月22	辰壬	2月21	亥癸	八初
7月20	辰壬	6月20	戌壬	5月21	辰壬	4月22	亥癸	3月23	巳癸	2月22	子甲	九初
7月21	巳癸	6月21	亥癸	5月22	巳癸	4月23	子甲	3月24	午甲	2月23	丑乙	十初
7月22	午甲	6月22	子甲	5月23	午甲	4月24	丑乙	3月25	未乙	2月24	寅丙	一十
7月23	未乙	6月23	丑乙	5月24	未乙	4月25	寅丙	3月26	申丙	2月25	卯丁	二十
7月24	申丙	6月24	寅丙	5月25	申丙	4月26	卯丁	3月27	酉丁	2月26	辰戊	三十
7月25	酉丁	6月25	卯丁	5月26	酉丁	4月27	辰戊	3月28	戌戊	2月27	巳己	四十
7月26	戌戊	6月26	辰戊	5月27	戌戊	4月28	巳己	3月29	亥己	2月28	午庚	五十
7月27	亥己	6月27	巳己	5月28	亥己	4月29	午庚	3月30	子庚	3月 1	未辛	六十
7月28	子庚	6月28	午庚	5月29	子庚	4月30	未辛	3月31	丑辛	3月 2	申壬	七十
7月29	丑辛	6月29	未辛	5月30	丑辛	5月 1	申壬	4月 1	寅壬	3月 3	酉癸	八十
7月30	寅壬	6月30	申壬	5月31	寅壬	5月 2	酉癸	4月 2	卯癸	3月 4	戌甲	九十
7月31	卯癸	7月 1	酉癸	6月 1	卯癸	5月 3	戌甲	4月 3	辰甲	3月 5	亥乙	十二
8月 1	辰甲	7月 2	戌甲	6月 2	辰甲	5月 4	亥乙	4月 4	巳乙	3月 6	子丙	一廿
8月 2	巳乙	7月 3	亥乙	6月 3	巳乙	5月 5	子丙	4月 5	午丙	3月 7	丑丁	二廿
8月 3	午丙	7月 4	子丙	6月 4	午丙	5月 6	丑丁	4月 6	未丁	3月 8	寅戊	三廿
8月 4	未丁	7月 5	丑丁	6月 5	未丁	5月 7	寅戊	4月 7	申戊	3月 9	卯己	四廿
8月 5	申戊	7月 6	寅戊	6月 6	申戊	5月 8	卯己	4月 8	酉己	3月10	辰庚	五廿
8月 6	酉己	7月 7	卯己	6月 7	酉己	5月 9	辰庚	4月 9	戌庚	3月11	巳辛	六廿
8月 7	戌庚	7月 8	辰庚	6月 8	戌庚	5月10	巳辛	4月10	亥辛	3月12	午壬	七廿
8月 8	亥辛	7月 9	巳辛	6月 9	亥辛	5月11	午壬	4月11	子壬	3月13	未癸	八廿
8月 9	子壬	7月10	午壬	6月10	子壬	5月12	未癸	4月12	丑癸	3月14	申甲	九廿
		7月11	未癸	6月11	丑癸			4月13	寅甲			十三

西元1934年

月別	月二十曆農		月一十曆農		月十曆農		月九曆農		月八曆農		月七曆農	
干支	丑	丁	子	丙	亥	乙	戌	甲	酉	癸	申	壬
節	寒大	寒小	至冬	雪大	雪小	冬立	降霜	露寒	分秋		露白	暑處
氣	十七辰時 7時29分	初二未時 14時3分	十六戌時 20時50分	初二丑時 2時57分	十七辰時 7時45分	初二巳時 10時27分	十七巳時 10時37分	初二辰時 7時45分	十六丑時 1時46分		三十申時 16時37分	十五寅時 4時33分
農曆	曆國	支干	曆國	支干	曆國	支干	曆國	支干	曆國	支干	曆國	支干
初一	1月5	巳辛	12月7	子壬	11月7	午壬	10月8	子壬	9月9	未癸	8月10	丑癸
初二	1月6	午壬	12月8	丑癸	11月8	未癸	10月9	丑癸	9月10	申甲	8月11	寅甲
初三	1月7	未癸	12月9	寅甲	11月9	申甲	10月10	寅甲	9月11	酉乙	8月12	卯乙
初四	1月8	申甲	12月10	卯乙	11月10	酉乙	10月11	卯乙	9月12	戌丙	8月13	辰丙
初五	1月9	酉乙	12月11	辰丙	11月11	戌丙	10月12	辰丙	9月13	亥丁	8月14	巳丁
初六	1月10	戌丙	12月12	巳丁	11月12	亥丁	10月13	巳丁	9月14	子戊	8月15	午戊
初七	1月11	亥丁	12月13	午戊	11月13	子戊	10月14	午戊	9月15	丑己	8月16	未己
初八	1月12	子戊	12月14	未己	11月14	丑己	10月15	未己	9月16	寅庚	8月17	申庚
初九	1月13	丑己	12月15	申庚	11月15	寅庚	10月16	申庚	9月17	卯辛	8月18	酉辛
初十	1月14	寅庚	12月16	酉辛	11月16	卯辛	10月17	酉辛	9月18	辰壬	8月19	戌壬
十一	1月15	卯辛	12月17	戌壬	11月17	辰壬	10月18	戌壬	9月19	巳癸	8月20	亥癸
十二	1月16	辰壬	12月18	亥癸	11月18	巳癸	10月19	亥癸	9月20	午甲	8月21	子甲
十三	1月17	巳癸	12月19	子甲	11月19	午甲	10月20	子甲	9月21	未乙	8月22	丑乙
十四	1月18	午甲	12月20	丑乙	11月20	未乙	10月21	丑乙	9月22	申丙	8月23	寅丙
十五	1月19	未乙	12月21	寅丙	11月21	申丙	10月22	寅丙	9月23	酉丁	8月24	卯丁
十六	1月20	申丙	12月22	卯丁	11月22	酉丁	10月23	卯丁	9月24	戌戊	8月25	辰戊
十七	1月21	酉丁	12月23	辰戊	11月23	戌戊	10月24	辰戊	9月25	亥己	8月26	巳己
十八	1月22	戌戊	12月24	巳己	11月24	亥己	10月25	巳己	9月26	子庚	8月27	午庚
十九	1月23	亥己	12月25	午庚	11月25	子庚	10月26	午庚	9月27	丑辛	8月28	未辛
二十	1月24	子庚	12月26	未辛	11月26	丑辛	10月27	未辛	9月28	寅壬	8月29	申壬
廿一	1月25	丑辛	12月27	申壬	11月27	寅壬	10月28	申壬	9月29	卯癸	8月30	酉癸
廿二	1月26	寅壬	12月28	酉癸	11月28	卯癸	10月29	酉癸	9月30	辰甲	8月31	戌甲
廿三	1月27	卯癸	12月29	戌甲	11月29	辰甲	10月30	戌甲	10月1	巳乙	9月1	亥乙
廿四	1月28	辰甲	12月30	亥乙	11月30	巳乙	10月31	亥乙	10月2	午丙	9月2	子丙
廿五	1月29	巳乙	12月31	子丙	12月1	午丙	11月1	子丙	10月3	未丁	9月3	丑丁
廿六	1月30	午丙	1月1	丑丁	12月2	未丁	11月2	丑丁	10月4	申戊	9月4	寅戊
廿七	1月31	未丁	1月2	寅戊	12月3	申戊	11月3	寅戊	10月5	酉己	9月5	卯己
廿八	2月1	申戊	1月3	卯己	12月4	酉己	11月4	卯己	10月6	戌庚	9月6	辰庚
廿九	2月2	酉己	1月4	辰庚	12月5	戌庚	11月5	辰庚	10月7	亥辛	9月7	巳辛
三十	2月3	戌庚			12月6	亥辛	11月6	巳辛			9月8	午壬

西元1935年

中華民國廿四年 歲次乙亥《豬》

西元一九三五年 太歲姓伍名保

月六曆農		月五曆農		月四曆農		月三曆農		月二曆農		月正曆農		別月
未	癸	午	壬	巳	辛	辰	庚	卯	己	寅	戊	支干
暑大	暑小	至夏	種芒	滿小	夏立	雨穀	明清	分春	蟄驚	水雨	春立	節氣
3時33分 廿四寅時	10時6分 初八巳時	16時38分 廿二申時	23時42分 初六夜子	8時25分 二十辰時	19時12分 初四戌時	8時50分 十九辰時	1時27分 初四丑時	21時18分 十七亥時	20時11分 初二戌時	21時52分 十六亥時	1時49分 初二丑時	
曆國	支干	曆國	支干	曆國	支干	曆國	支干	曆國	支干	曆國	支干	曆農
7月 1	寅戊	6月 1	申戊	5月 3	卯己	4月 3	酉己	3月 5	辰庚	2月 4	亥辛	一初
7月 2	卯己	6月 2	酉己	5月 4	辰庚	4月 4	戌庚	3月 6	巳辛	2月 5	子壬	二初
7月 3	辰庚	6月 3	戌庚	5月 5	巳辛	4月 5	亥辛	3月 7	午壬	2月 6	丑癸	三初
7月 4	巳辛	6月 4	亥辛	5月 6	午壬	4月 6	子壬	3月 8	未癸	2月 7	寅甲	四初
7月 5	午壬	6月 5	子壬	5月 7	未癸	4月 7	丑癸	3月 9	申甲	2月 8	卯乙	五初
7月 6	未癸	6月 6	丑癸	5月 8	申甲	4月 8	寅甲	3月10	酉乙	2月 9	辰丙	六初
7月 7	申甲	6月 7	寅甲	5月 9	酉乙	4月 9	卯乙	3月11	戌丙	2月10	巳丁	七初
7月 8	酉乙	6月 8	卯乙	5月10	戌丙	4月10	辰丙	3月12	亥丁	2月11	午戊	八初
7月 9	戌丙	6月 9	辰丙	5月11	亥丁	4月11	巳丁	3月13	子戊	2月12	未己	九初
7月10	亥丁	6月10	巳丁	5月12	子戊	4月12	午戊	3月14	丑己	2月13	申庚	十初
7月11	子戊	6月11	午戊	5月13	丑己	4月13	未己	3月15	寅庚	2月14	酉辛	一十
7月12	丑己	6月12	未己	5月14	寅庚	4月14	申庚	3月16	卯辛	2月15	戌壬	二十
7月13	寅庚	6月13	申庚	5月15	卯辛	4月15	酉辛	3月17	辰壬	2月16	亥癸	三十
7月14	卯辛	6月14	酉辛	5月16	辰壬	4月16	戌壬	3月18	巳癸	2月17	子甲	四十
7月15	辰壬	6月15	戌壬	5月17	巳癸	4月17	亥癸	3月19	午甲	2月18	丑乙	五十
7月16	巳癸	6月16	亥癸	5月18	午甲	4月18	子甲	3月20	未乙	2月19	寅丙	六十
7月17	午甲	6月17	子甲	5月19	未乙	4月19	丑乙	3月21	申丙	2月20	卯丁	七十
7月18	未乙	6月18	丑乙	5月20	申丙	4月20	寅丙	3月22	酉丁	2月21	辰戊	八十
7月19	申丙	6月19	寅丙	5月21	酉丁	4月21	卯丁	3月23	戌戊	2月22	巳己	九十
7月20	酉丁	6月20	卯丁	5月22	戌戊	4月22	辰戊	3月24	亥己	2月23	午庚	十二
7月21	戌戊	6月21	辰戊	5月23	亥己	4月23	巳己	3月25	子庚	2月24	未辛	一廿
7月22	亥己	6月22	巳己	5月24	子庚	4月24	午庚	3月26	丑辛	2月25	申壬	二廿
7月23	子庚	6月23	午庚	5月25	丑辛	4月25	未辛	3月27	寅壬	2月26	酉癸	三廿
7月24	丑辛	6月24	未辛	5月26	寅壬	4月26	申壬	3月28	卯癸	2月27	戌甲	四廿
7月25	寅壬	6月25	申壬	5月27	卯癸	4月27	酉癸	3月29	辰甲	2月28	亥乙	五廿
7月26	卯癸	6月26	酉癸	5月28	辰甲	4月28	戌甲	3月30	巳乙	3月 1	子丙	六廿
7月27	辰甲	6月27	戌甲	5月29	巳乙	4月29	亥乙	3月31	午丙	3月 2	丑丁	七廿
7月28	巳乙	6月28	亥乙	5月30	午丙	4月30	子丙	4月 1	未丁	3月 3	寅戊	八廿
7月29	午丙	6月29	子丙	5月31	未丁	5月 1	丑丁	4月 2	申戊	3月 4	卯己	九廿
		6月30	丑丁			5月 2	寅戊					十三

西元1935年

月別	月二十曆農		月一十曆農		月十曆農		月九曆農		月八曆農		月七曆農	
干支	丑	己	子	戊	亥	丁	戌	丙	酉	乙	申	甲
節	寒大	寒小	至冬	雪大	雪小	冬立	降霜	露寒	分秋	露白	暑處	秋立
氣	13時13分 廿七未時	19時47分 十二戌時	2時37分 廿八丑時	8時45分 十三辰時	13時36分 廿八未時	16時18分 十三申時	16時30分 廿七申時	13時36分 十二未時	7時39分 廿七辰時	22時25分 十一亥時	10時24分 廿六巳時	19時48分 初十戌時
農曆	曆國	支干	曆國	支干	曆國	支干	曆國	支干	曆國	支干	曆國	支干
初一	12月26	子丙	11月26	午丙	10月27	子丙	9月28	未丁	8月29	丑丁	7月30	未丁
初二	12月27	丑丁	11月27	未丁	10月28	丑丁	9月29	申戊	8月30	寅戊	7月31	申戊
初三	12月28	寅戊	11月28	申戊	10月29	寅戊	9月30	酉己	8月31	卯己	8月 1	酉己
初四	12月29	卯己	11月29	酉己	10月30	卯己	10月 1	戌庚	9月 1	辰庚	8月 2	戌庚
初五	12月30	辰庚	11月30	戌庚	10月31	辰庚	10月 2	亥辛	9月 2	巳辛	8月 3	亥辛
初六	12月31	巳辛	12月 1	亥辛	11月 1	巳辛	10月 3	子壬	9月 3	午壬	8月 4	子壬
初七	1月 1	午壬	12月 2	子壬	11月 2	午壬	10月 4	丑癸	9月 4	未癸	8月 5	丑癸
初八	1月 2	未癸	12月 3	丑癸	11月 3	未癸	10月 5	寅甲	9月 5	申甲	8月 6	寅甲
初九	1月 3	申甲	12月 4	寅甲	11月 4	申甲	10月 6	卯乙	9月 6	酉乙	8月 7	卯乙
初十	1月 4	酉乙	12月 5	卯乙	11月 5	酉乙	10月 7	辰丙	9月 7	戌丙	8月 8	辰丙
十一	1月 5	戌丙	12月 6	辰丙	11月 6	戌丙	10月 8	巳丁	9月 8	亥丁	8月 9	巳丁
十二	1月 6	亥丁	12月 7	巳丁	11月 7	亥丁	10月 9	午戊	9月 9	子戊	8月10	午戊
十三	1月 7	子戊	12月 8	午戊	11月 8	子戊	10月10	未己	9月10	丑己	8月11	未己
十四	1月 8	丑己	12月 9	未己	11月 9	丑己	10月11	申庚	9月11	寅庚	8月12	申庚
十五	1月 9	寅庚	12月10	申庚	11月10	寅庚	10月12	酉辛	9月12	卯辛	8月13	酉辛
十六	1月10	卯辛	12月11	酉辛	11月11	卯辛	10月13	戌壬	9月13	辰壬	8月14	戌壬
十七	1月11	辰壬	12月12	戌壬	11月12	辰壬	10月14	亥癸	9月14	巳癸	8月15	亥癸
十八	1月12	巳癸	12月13	亥癸	11月13	巳癸	10月15	子甲	9月15	午甲	8月16	子甲
十九	1月13	午甲	12月14	子甲	11月14	午甲	10月16	丑乙	9月16	未乙	8月17	丑乙
二十	1月14	未乙	12月15	丑乙	11月15	未乙	10月17	寅丙	9月17	申丙	8月18	寅丙
廿一	1月15	申丙	12月16	寅丙	11月16	申丙	10月18	卯丁	9月18	酉丁	8月19	卯丁
廿二	1月16	酉丁	12月17	卯丁	11月17	酉丁	10月19	辰戊	9月19	戌戊	8月20	辰戊
廿三	1月17	戌戊	12月18	辰戊	11月18	戌戊	10月20	巳己	9月20	亥己	8月21	巳己
廿四	1月18	亥己	12月19	巳己	11月19	亥己	10月21	午庚	9月21	子庚	8月22	午庚
廿五	1月19	子庚	12月20	午庚	11月20	子庚	10月22	未辛	9月22	丑辛	8月23	未辛
廿六	1月20	丑辛	12月21	未辛	11月21	丑辛	10月23	申壬	9月23	寅壬	8月24	申壬
廿七	1月21	寅壬	12月22	申壬	11月22	寅壬	10月24	酉癸	9月24	卯癸	8月25	酉癸
廿八	1月22	卯癸	12月23	酉癸	11月23	卯癸	10月25	戌甲	9月25	辰甲	8月26	戌甲
廿九	1月23	辰甲	12月24	戌甲	11月24	辰甲	10月26	亥乙	9月26	巳乙	8月27	亥乙
三十			12月25	亥乙	11月25	巳乙			9月27	午丙	8月28	子丙

中華民國 廿五年 歲次 丙子《鼠》

西元一九三六年 太歲 姓郭名嘉

月六曆農		月五曆農		月四曆農		月三閏曆農		月三曆農		月二曆農		月正曆農		別月
未	乙	午	甲	巳	癸			辰	壬	卯	辛	寅	庚	支干
秋立	暑大	暑小	至夏	種芒	滿小	夏立		雨穀	明清	分春	蟄驚	水雨	春立	節
1時43分 廿二丑時	9時18分 初六巳時	15時59分 十九申時	22時22分 初三亥時	5時31分 十七卯時	14時8分 初一未時	0時57分 十六子時		14時31分 廿九未時	7時7分 十四辰時	2時58分 廿八丑時	1時50分 十三丑時	3時34分 廿八寅時	7時30分 十三辰時	氣
曆國	支干	曆國	支干	曆國	支干	曆國	支干	曆國	支干	曆國	支干	曆國	支干	曆農
7月18	丑辛	6月19	申壬	5月21	卯癸	4月21	酉癸	3月23	辰甲	2月23	亥乙	1月24	巳乙	一初
7月19	寅壬	6月20	酉癸	5月22	辰甲	4月22	戌甲	3月24	巳乙	2月24	子丙	1月25	午丙	二初
7月20	卯癸	6月21	戌甲	5月23	巳乙	4月23	亥乙	3月25	午丙	2月25	丑丁	1月26	未丁	三初
7月21	辰甲	6月22	亥乙	5月24	午丙	4月24	子丙	3月26	未丁	2月26	寅戊	1月27	申戊	四初
7月22	巳乙	6月23	子丙	5月25	未丁	4月25	丑丁	3月27	申戊	2月27	卯己	1月28	酉己	五初
7月23	午丙	6月24	丑丁	5月26	申戊	4月26	寅戊	3月28	酉己	2月28	辰庚	1月29	戌庚	六初
7月24	未丁	6月25	寅戊	5月27	酉己	4月27	卯己	3月29	戌庚	2月29	巳辛	1月30	亥辛	七初
7月25	申戊	6月26	卯己	5月28	戌庚	4月28	辰庚	3月30	亥辛	3月 1	午壬	1月31	子壬	八初
7月26	酉己	6月27	辰庚	5月29	亥辛	4月29	巳辛	3月31	子壬	3月 2	未癸	2月 1	丑癸	九初
7月27	戌庚	6月28	巳辛	5月30	子壬	4月30	午壬	4月 1	丑癸	3月 3	申甲	2月 2	寅甲	十初
7月28	亥辛	6月29	午壬	5月31	丑癸	5月 1	未癸	4月 2	寅甲	3月 4	酉乙	2月 3	卯乙	一十
7月29	子壬	6月30	未癸	6月 1	寅甲	5月 2	申甲	4月 3	卯乙	3月 5	戌丙	2月 4	辰丙	二十
7月30	丑癸	7月 1	申甲	6月 2	卯乙	5月 3	酉乙	4月 4	辰丙	3月 6	亥丁	2月 5	巳丁	三十
7月31	寅甲	7月 2	酉乙	6月 3	辰丙	5月 4	戌丙	4月 5	巳丁	3月 7	子戊	2月 6	午戊	四十
8月 1	卯乙	7月 3	戌丙	6月 4	巳丁	5月 5	亥丁	4月 6	午戊	3月 8	丑己	2月 7	未己	五十
8月 2	辰丙	7月 4	亥丁	6月 5	午戊	5月 6	子戊	4月 7	未己	3月 9	寅庚	2月 8	申庚	六十
8月 3	巳丁	7月 5	子戊	6月 6	未己	5月 7	丑己	4月 8	申庚	3月10	卯辛	2月 9	酉辛	七十
8月 4	午戊	7月 6	丑己	6月 7	申庚	5月 8	寅庚	4月 9	酉辛	3月11	辰壬	2月10	戌壬	八十
8月 5	未己	7月 7	寅庚	6月 8	酉辛	5月 9	卯辛	4月10	戌壬	3月12	巳癸	2月11	亥癸	九十
8月 6	申庚	7月 8	卯辛	6月 9	戌壬	5月10	辰壬	4月11	亥癸	3月13	午甲	2月12	子甲	十二
8月 7	酉辛	7月 9	辰壬	6月10	亥癸	5月11	巳癸	4月12	子甲	3月14	未乙	2月13	丑乙	一廿
8月 8	戌壬	7月10	巳癸	6月11	子甲	5月12	午甲	4月13	丑乙	3月15	申丙	2月14	寅丙	二廿
8月 9	亥癸	7月11	午甲	6月12	丑乙	5月13	未乙	4月14	寅丙	3月16	酉丁	2月15	卯丁	三廿
8月10	子甲	7月12	未乙	6月13	寅丙	5月14	申丙	4月15	卯丁	3月17	戌戊	2月16	辰戊	四廿
8月11	丑乙	7月13	申丙	6月14	卯丁	5月15	酉丁	4月16	辰戊	3月18	亥己	2月17	巳己	五廿
8月12	寅丙	7月14	酉丁	6月15	辰戊	5月16	戌戊	4月17	巳己	3月19	子庚	2月18	午庚	六廿
8月13	卯丁	7月15	戌戊	6月16	巳己	5月17	亥己	4月18	午庚	3月20	丑辛	2月19	未辛	七廿
8月14	辰戊	7月16	亥己	6月17	午庚	5月18	子庚	4月19	未辛	3月21	寅壬	2月20	申壬	八廿
8月15	巳己	7月17	子庚	6月18	未辛	5月19	丑辛	4月20	申壬	3月22	卯癸	2月21	酉癸	九廿
8月16	午庚					5月20	寅壬					2月22	戌甲	十三

西元1936年

月別	月二十曆農		月一十曆農		月十曆農		月九曆農		月八曆農		月七曆農	
干支	丑	辛	子	庚	亥	己	戌	戊	酉	丁	申	丙
節	春立	寒大	寒小	至冬	雪大	雪小	冬立	降霜	露寒	分秋	露白	暑處
氣	13時26分 廿三未時	19時1分 初八戌時	1時44分 廿四丑時	8時27分 初九辰時	14時43分 廿四未時	19時26分 初九戌時	22時15分 廿四亥時	22時19分 初九亥時	19時33分 廿三戌時	13時26分 初八未時	4時21分 廿三寅時	16時11分 初七申時
農曆	曆國	支干	曆國	支干	曆國	支干	曆國	支干	曆國	支干	曆國	支干
初一	1月13	子庚	12月14	午庚	11月14	子庚	10月15	午庚	9月16	丑辛	8月17	未辛
初二	1月14	丑辛	12月15	未辛	11月15	丑辛	10月16	未辛	9月17	寅壬	8月18	申壬
初三	1月15	寅壬	12月16	申壬	11月16	寅壬	10月17	申壬	9月18	卯癸	8月19	酉癸
初四	1月16	卯癸	12月17	酉癸	11月17	卯癸	10月18	酉癸	9月19	辰甲	8月20	戌甲
初五	1月17	辰甲	12月18	戌甲	11月18	辰甲	10月19	戌甲	9月20	巳乙	8月21	亥乙
初六	1月18	巳乙	12月19	亥乙	11月19	巳乙	10月20	亥乙	9月21	午丙	8月22	子丙
初七	1月19	午丙	12月20	子丙	11月20	午丙	10月21	子丙	9月22	未丁	8月23	丑丁
初八	1月20	未丁	12月21	丑丁	11月21	未丁	10月22	丑丁	9月23	申戊	8月24	寅戊
初九	1月21	申戊	12月22	寅戊	11月22	申戊	10月23	寅戊	9月24	酉己	8月25	卯己
初十	1月22	酉己	12月23	卯己	11月23	酉己	10月24	卯己	9月25	戌庚	8月26	辰庚
十一	1月23	戌庚	12月24	辰庚	11月24	戌庚	10月25	辰庚	9月26	亥辛	8月27	巳辛
十二	1月24	亥辛	12月25	巳辛	11月25	亥辛	10月26	巳辛	9月27	子壬	8月28	午壬
十三	1月25	子壬	12月26	午壬	11月26	子壬	10月27	午壬	9月28	丑癸	8月29	未癸
十四	1月26	丑癸	12月27	未癸	11月27	丑癸	10月28	未癸	9月29	寅甲	8月30	申甲
十五	1月27	寅甲	12月28	申甲	11月28	寅甲	10月29	申甲	9月30	卯乙	8月31	酉乙
十六	1月28	卯乙	12月29	酉乙	11月29	卯乙	10月30	酉乙	10月 1	辰丙	9月 1	戌丙
十七	1月29	辰丙	12月30	戌丙	11月30	辰丙	10月31	戌丙	10月 2	巳丁	9月 2	亥丁
十八	1月30	巳丁	12月31	亥丁	12月 1	巳丁	11月 1	亥丁	10月 3	午戊	9月 3	子戊
十九	1月31	午戊	1月 1	子戊	12月 2	午戊	11月 2	子戊	10月 4	未己	9月 4	丑己
二十	2月 1	未己	1月 2	丑己	12月 3	未己	11月 3	丑己	10月 5	申庚	9月 5	寅庚
廿一	2月 2	申庚	1月 3	寅庚	12月 4	申庚	11月 4	寅庚	10月 6	酉辛	9月 6	卯辛
廿二	2月 3	酉辛	1月 4	卯辛	12月 5	酉辛	11月 5	卯辛	10月 7	戌壬	9月 7	辰壬
廿三	2月 4	戌壬	1月 5	辰壬	12月 6	戌壬	11月 6	辰壬	10月 8	亥癸	9月 8	巳癸
廿四	2月 5	亥癸	1月 6	巳癸	12月 7	亥癸	11月 7	巳癸	10月 9	子甲	9月 9	午甲
廿五	2月 6	子甲	1月 7	午甲	12月 8	子甲	11月 8	午甲	10月10	丑乙	9月10	未乙
廿六	2月 7	丑乙	1月 8	未乙	12月 9	丑乙	11月 9	未乙	10月11	寅丙	9月11	申丙
廿七	2月 8	寅丙	1月 9	申丙	12月10	寅丙	11月10	申丙	10月12	卯丁	9月12	酉丁
廿八	2月 9	卯丁	1月10	酉丁	12月11	卯丁	11月11	酉丁	10月13	辰戊	9月13	戌戊
廿九	2月10	辰戊	1月11	戌戊	12月12	辰戊	11月12	戌戊	10月14	巳己	9月14	亥己
三十			1月12	亥己	12月13	巳己	11月13	亥己			9月15	子庚

中華民國廿六年 歲次丁丑《牛》

西元一九三七年 太歲姓汪名文

月六曆農		月五曆農		月四曆農		月三曆農		月二曆農		月正曆農		別月
未 丁		午 丙		巳 乙		辰 甲		卯 癸		寅 壬		支干
暑大		暑小	至夏	種芒	滿小	夏立	雨穀	明清	分春	蟄驚	水雨	節
十六申時 15時7分		廿九亥時 21時46分	十四寅時 4時12分	廿八午時 11時23分	十二戌時 19時57分	廿六卯時 6時51分	初十戌時 20時20分	廿四未時 13時2分	初九辰時 8時46分	廿四辰時 7時45分	初九巳時 9時21分	氣
曆國	支干	曆國	支干	曆國	支干	曆國	支干	曆國	支干	曆國	支干	曆農
7月 8	申丙	6月 9	卯丁	5月10	酉丁	4月11	辰戊	3月13	亥己	2月11	巳己	一初
7月 9	酉丁	6月10	辰戊	5月11	戌戊	4月12	巳己	3月14	子庚	2月12	午庚	二初
7月10	戌戊	6月11	巳己	5月12	亥己	4月13	午庚	3月15	丑辛	2月13	未辛	三初
7月11	亥己	6月12	午庚	5月13	子庚	4月14	未辛	3月16	寅壬	2月14	申壬	四初
7月12	子庚	6月13	未辛	5月14	丑辛	4月15	申壬	3月17	卯癸	2月15	酉癸	五初
7月13	丑辛	6月14	申壬	5月15	寅壬	4月16	酉癸	3月18	辰甲	2月16	戌甲	六初
7月14	寅壬	6月15	酉癸	5月16	卯癸	4月17	戌甲	3月19	巳乙	2月17	亥乙	七初
7月15	卯癸	6月16	戌甲	5月17	辰甲	4月18	亥乙	3月20	午丙	2月18	子丙	八初
7月16	辰甲	6月17	亥乙	5月18	巳乙	4月19	子丙	3月21	未丁	2月19	丑丁	九初
7月17	巳乙	6月18	子丙	5月19	午丙	4月20	丑丁	3月22	申戊	2月20	寅戊	十初
7月18	午丙	6月19	丑丁	5月20	未丁	4月21	寅戊	3月23	酉己	2月21	卯己	一十
7月19	未丁	6月20	寅戊	5月21	申戊	4月22	卯己	3月24	戌庚	2月22	辰庚	二十
7月20	申戊	6月21	卯己	5月22	酉己	4月23	辰庚	3月25	亥辛	2月23	巳辛	三十
7月21	酉己	6月22	辰庚	5月23	戌庚	4月24	巳辛	3月26	子壬	2月24	午壬	四十
7月22	戌庚	6月23	巳辛	5月24	亥辛	4月25	午壬	3月27	丑癸	2月25	未癸	五十
7月23	亥辛	6月24	午壬	5月25	子壬	4月26	未癸	3月28	寅甲	2月26	申甲	六十
7月24	子壬	6月25	未癸	5月26	丑癸	4月27	申甲	3月29	卯乙	2月27	酉乙	七十
7月25	丑癸	6月26	申甲	5月27	寅甲	4月28	酉乙	3月30	辰丙	2月28	戌丙	八十
7月26	寅甲	6月27	酉乙	5月28	卯乙	4月29	戌丙	3月31	巳丁	3月 1	亥丁	九十
7月27	卯乙	6月28	戌丙	5月29	辰丙	4月30	亥丁	4月 1	午戊	3月 2	子戊	十二
7月28	辰丙	6月29	亥丁	5月30	巳丁	5月 1	子戊	4月 2	未己	3月 3	丑己	一廿
7月29	巳丁	6月30	子戊	5月31	午戊	5月 2	丑己	4月 3	申庚	3月 4	寅庚	二廿
7月30	午戊	7月 1	丑己	6月 1	未己	5月 3	寅庚	4月 4	酉辛	3月 5	卯辛	三廿
7月31	未己	7月 2	寅庚	6月 2	申庚	5月 4	卯辛	4月 5	戌壬	3月 6	辰壬	四廿
8月 1	申庚	7月 3	卯辛	6月 3	酉辛	5月 5	辰壬	4月 6	亥癸	3月 7	巳癸	五廿
8月 2	酉辛	7月 4	辰壬	6月 4	戌壬	5月 6	巳癸	4月 7	子甲	3月 8	午甲	六廿
8月 3	戌壬	7月 5	巳癸	6月 5	亥癸	5月 7	午甲	4月 8	丑乙	3月 9	未乙	七廿
8月 4	亥癸	7月 6	午甲	6月 6	子甲	5月 8	未乙	4月 9	寅丙	3月10	申丙	八廿
8月 5	子甲	7月 7	未乙	6月 7	丑乙	5月 9	申丙	4月10	卯丁	3月11	酉丁	九廿
				6月 8	寅丙					3月12	戌戊	十三

西元1937年

月別	月二十曆農		月一十曆農		月十曆農		月九曆農		月八曆農		月七曆農	
干支	丑	癸	子	壬	亥	辛	戌	庚	酉	己	申	戊
節	寒大	寒小	至冬	雪大	雪小	冬立	降霜	露寒	分秋	露白	暑處	秋立
氣	二十子時 0時59分	初五辰時 7時32分	二十未時 14時22分	初五戌時 20時27分	廿一丑時 1時17分	初六寅時 3時56分	廿一寅時 4時7分	初六丑時 1時11分	十九戌時 19時13分	初四巳時 10時0分	十八亥時 21時58分	初三辰時 7時26分
農曆	曆國	支干	曆國	支干	曆國	支干	曆國	支干	曆國	支干	曆國	支干
初一	1月 2	午甲	12月 3	子甲	11月 3	午甲	10月 4	子甲	9月 5	未乙	8月 6	丑乙
初二	1月 3	未乙	12月 4	丑乙	11月 4	未乙	10月 5	丑乙	9月 6	申丙	8月 7	寅丙
初三	1月 4	申丙	12月 5	寅丙	11月 5	申丙	10月 6	寅丙	9月 7	酉丁	8月 8	卯丁
初四	1月 5	酉丁	12月 6	卯丁	11月 6	酉丁	10月 7	卯丁	9月 8	戌戊	8月 9	辰戊
初五	1月 6	戌戊	12月 7	辰戊	11月 7	戌戊	10月 8	辰戊	9月 9	亥己	8月10	巳己
初六	1月 7	亥己	12月 8	巳己	11月 8	亥己	10月 9	巳己	9月10	子庚	8月11	午庚
初七	1月 8	子庚	12月 9	午庚	11月 9	子庚	10月10	午庚	9月11	丑辛	8月12	未辛
初八	1月 9	丑辛	12月10	未辛	11月10	丑辛	10月11	未辛	9月12	寅壬	8月13	申壬
初九	1月10	寅壬	12月11	申壬	11月11	寅壬	10月12	申壬	9月13	卯癸	8月14	酉癸
初十	1月11	卯癸	12月12	酉癸	11月12	卯癸	10月13	酉癸	9月14	辰甲	8月15	戌甲
十一	1月12	辰甲	12月13	戌甲	11月13	辰甲	10月14	戌甲	9月15	巳乙	8月16	亥乙
十二	1月13	巳乙	12月14	亥乙	11月14	巳乙	10月15	亥乙	9月16	午丙	8月17	子丙
十三	1月14	午丙	12月15	子丙	11月15	午丙	10月16	子丙	9月17	未丁	8月18	丑丁
十四	1月15	未丁	12月16	丑丁	11月16	未丁	10月17	丑丁	9月18	申戊	8月19	寅戊
十五	1月16	申戊	12月17	寅戊	11月17	申戊	10月18	寅戊	9月19	酉己	8月20	卯己
十六	1月17	酉己	12月18	卯己	11月18	酉己	10月19	卯己	9月20	戌庚	8月21	辰庚
十七	1月18	戌庚	12月19	辰庚	11月19	戌庚	10月20	辰庚	9月21	亥辛	8月22	巳辛
十八	1月19	亥辛	12月20	巳辛	11月20	亥辛	10月21	巳辛	9月22	子壬	8月23	午壬
十九	1月20	子壬	12月21	午壬	11月21	子壬	10月22	午壬	9月23	丑癸	8月24	未癸
二十	1月21	丑癸	12月22	未癸	11月22	丑癸	10月23	未癸	9月24	寅甲	8月25	申甲
廿一	1月22	寅甲	12月23	申甲	11月23	寅甲	10月24	申甲	9月25	卯乙	8月26	酉乙
廿二	1月23	卯乙	12月24	酉乙	11月24	卯乙	10月25	酉乙	9月26	辰丙	8月27	戌丙
廿三	1月24	辰丙	12月25	戌丙	11月25	辰丙	10月26	戌丙	9月27	巳丁	8月28	亥丁
廿四	1月25	巳丁	12月26	亥丁	11月26	巳丁	10月27	亥丁	9月28	午戊	8月29	子戊
廿五	1月26	午戊	12月27	子戊	11月27	午戊	10月28	子戊	9月29	未己	8月30	丑己
廿六	1月27	未己	12月28	丑己	11月28	未己	10月29	丑己	9月30	申庚	8月31	寅庚
廿七	1月28	申庚	12月29	寅庚	11月29	申庚	10月30	寅庚	10月 1	酉辛	9月 1	卯辛
廿八	1月29	酉辛	12月30	卯辛	11月30	酉辛	10月31	卯辛	10月 2	戌壬	9月 2	辰壬
廿九	1月30	戌壬	12月31	辰壬	12月 1	戌壬	11月 1	辰壬	10月 3	亥癸	9月 3	巳癸
三十			1月 1	巳癸	12月 2	亥癸	11月 2	巳癸			9月 4	午甲

中華民國廿七年 歲次戊寅《虎》

西元一九三八年 太歲姓曾名光

月六曆農		月五曆農		月四曆農		月三曆農		月二曆農		月正曆農		別月
未	己	午	戊	巳	丁	辰	丙	卯	乙	寅	甲	支干
暑大	暑小	至夏	種芒	滿小	夏立	雨穀	明清	分春	蟄驚	水雨	春立	節
20時57分 廿六戌時	3時32分 十一寅時	10時4分 廿五巳時	17時7分 初九酉時	1時51分 廿三丑時	12時36分 初七午時	2時15分 廿一丑時	18時49分 初五酉時	14時43分 二十未時	13時34分 初五未時	15時20分 二十申時	19時15分 初五戌時	氣
曆國	支干	曆國	支干	曆國	支干	曆國	支干	曆國	支干	曆國	支干	曆農
6月28	卯辛	5月29	酉辛	4月30	辰壬	4月1	亥癸	3月2	巳癸	1月31	亥癸	一初
6月29	辰壬	5月30	戌壬	5月1	巳癸	4月2	子甲	3月3	午甲	2月1	子甲	二初
6月30	巳癸	5月31	亥癸	5月2	午甲	4月3	丑乙	3月4	未乙	2月2	丑乙	三初
7月1	午甲	6月1	子甲	5月3	未乙	4月4	寅丙	3月5	申丙	2月3	寅丙	四初
7月2	未乙	6月2	丑乙	5月4	申丙	4月5	卯丁	3月6	酉丁	2月4	卯丁	五初
7月3	申丙	6月3	寅丙	5月5	酉丁	4月6	辰戊	3月7	戌戊	2月5	辰戊	六初
7月4	酉丁	6月4	卯丁	5月6	戌戊	4月7	巳己	3月8	亥己	2月6	巳己	七初
7月5	戌戊	6月5	辰戊	5月7	亥己	4月8	午庚	3月9	子庚	2月7	午庚	八初
7月6	亥己	6月6	巳己	5月8	子庚	4月9	未辛	3月10	丑辛	2月8	未辛	九初
7月7	子庚	6月7	午庚	5月9	丑辛	4月10	申壬	3月11	寅壬	2月9	申壬	十初
7月8	丑辛	6月8	未辛	5月10	寅壬	4月11	酉癸	3月12	卯癸	2月10	酉癸	一十
7月9	寅壬	6月9	申壬	5月11	卯癸	4月12	戌甲	3月13	辰甲	2月11	戌甲	二十
7月10	卯癸	6月10	酉癸	5月12	辰甲	4月13	亥乙	3月14	巳乙	2月12	亥乙	三十
7月11	辰甲	6月11	戌甲	5月13	巳乙	4月14	子丙	3月15	午丙	2月13	子丙	四十
7月12	巳乙	6月12	亥乙	5月14	午丙	4月15	丑丁	3月16	未丁	2月14	丑丁	五十
7月13	午丙	6月13	子丙	5月15	未丁	4月16	寅戊	3月17	申戊	2月15	寅戊	六十
7月14	未丁	6月14	丑丁	5月16	申戊	4月17	卯己	3月18	酉己	2月16	卯己	七十
7月15	申戊	6月15	寅戊	5月17	酉己	4月18	辰庚	3月19	戌庚	2月17	辰庚	八十
7月16	酉己	6月16	卯己	5月18	戌庚	4月19	巳辛	3月20	亥辛	2月18	巳辛	九十
7月17	戌庚	6月17	辰庚	5月19	亥辛	4月20	午壬	3月21	子壬	2月19	午壬	十二
7月18	亥辛	6月18	巳辛	5月20	子壬	4月21	未癸	3月22	丑癸	2月20	未癸	一廿
7月19	子壬	6月19	午壬	5月21	丑癸	4月22	申甲	3月23	寅甲	2月21	申甲	二廿
7月20	丑癸	6月20	未癸	5月22	寅甲	4月23	酉乙	3月24	卯乙	2月22	酉乙	三廿
7月21	寅甲	6月21	申甲	5月23	卯乙	4月24	戌丙	3月25	辰丙	2月23	戌丙	四廿
7月22	卯乙	6月22	酉乙	5月24	辰丙	4月25	亥丁	3月26	巳丁	2月24	亥丁	五廿
7月23	辰丙	6月23	戌丙	5月25	巳丁	4月26	子戊	3月27	午戊	2月25	子戊	六廿
7月24	巳丁	6月24	亥丁	5月26	午戊	4月27	丑己	3月28	未己	2月26	丑己	七廿
7月25	午戊	6月25	子戊	5月27	未己	4月28	寅庚	3月29	申庚	2月27	寅庚	八廿
7月26	未己	6月26	丑己	5月28	申庚	4月29	卯辛	3月30	酉辛	2月28	卯辛	九廿
		6月27	寅庚					3月31	戌壬	3月1	辰壬	十三

西元1938年

月別	月二十曆農		月一十曆農		月十曆農		月九曆農		月八曆農		月七閏曆農		月七曆農	
干支	丑	乙	子	甲	亥	癸	戌	壬	酉	辛			申	庚
節	春立	寒大	寒小	至冬	雪大	雪小	冬立	降霜	露寒	分秋	露白		暑處	秋立
氣	十七丑時 1時11分	初二卯時 6時51分	十六未時 13時28分	初一戌時 20時14分	十七丑時 2時23分	初二辰時 7時7分	十七巳時 9時49分	初二巳時 9時54分	十六辰時 7時2分	初一丑時 1時0分	十五申時 15時49分		廿九寅時 3時46分	十三未時 13時13分
農曆	曆國	支干	曆國	支干	曆國	支干	曆國	支干	曆國	支干	曆國	支干	曆國	支干
初一	1月20	巳丁	12月22	子戊	11月22	午戊	10月23	子戊	9月24	未己	8月25	丑己	7月27	申庚
初二	1月21	午戊	12月23	丑己	11月23	未己	10月24	丑己	9月25	申庚	8月26	寅庚	7月28	酉辛
初三	1月22	未己	12月24	寅庚	11月24	申庚	10月25	寅庚	9月26	酉辛	8月27	卯辛	7月29	戌壬
初四	1月23	申庚	12月25	卯辛	11月25	酉辛	10月26	卯辛	9月27	戌壬	8月28	辰壬	7月30	亥癸
初五	1月24	酉辛	12月26	辰壬	11月26	戌壬	10月27	辰壬	9月28	亥癸	8月29	巳癸	7月31	子甲
初六	1月25	戌壬	12月27	巳癸	11月27	亥癸	10月28	巳癸	9月29	子甲	8月30	午甲	8月 1	丑乙
初七	1月26	亥癸	12月28	午甲	11月28	子甲	10月29	午甲	9月30	丑乙	8月31	未乙	8月 2	寅丙
初八	1月27	子甲	12月29	未乙	11月29	丑乙	10月30	未乙	10月 1	寅丙	9月 1	申丙	8月 3	卯丁
初九	1月28	丑乙	12月30	申丙	11月30	寅丙	10月31	申丙	10月 2	卯丁	9月 2	酉丁	8月 4	辰戊
初十	1月29	寅丙	12月31	酉丁	12月 1	卯丁	11月 1	酉丁	10月 3	辰戊	9月 3	戌戊	8月 5	巳己
十一	1月30	卯丁	1月 1	戌戊	12月 2	辰戊	11月 2	戌戊	10月 4	巳己	9月 4	亥己	8月 6	午庚
十二	1月31	辰戊	1月 2	亥己	12月 3	巳己	11月 3	亥己	10月 5	午庚	9月 5	子庚	8月 7	未辛
十三	2月 1	巳己	1月 3	子庚	12月 4	午庚	11月 4	子庚	10月 6	未辛	9月 6	丑辛	8月 8	申壬
十四	2月 2	午庚	1月 4	丑辛	12月 5	未辛	11月 5	丑辛	10月 7	申壬	9月 7	寅壬	8月 9	酉癸
十五	2月 3	未辛	1月 5	寅壬	12月 6	申壬	11月 6	寅壬	10月 8	酉癸	9月 8	卯癸	8月10	戌甲
十六	2月 4	申壬	1月 6	卯癸	12月 7	酉癸	11月 7	卯癸	10月 9	戌甲	9月 9	辰甲	8月11	亥乙
十七	2月 5	酉癸	1月 7	辰甲	12月 8	戌甲	11月 8	辰甲	10月10	亥乙	9月10	巳乙	8月12	子丙
十八	2月 6	戌甲	1月 8	巳乙	12月 9	亥乙	11月 9	巳乙	10月11	子丙	9月11	午丙	8月13	丑丁
十九	2月 7	亥乙	1月 9	午丙	12月10	子丙	11月10	午丙	10月12	丑丁	9月12	未丁	8月14	寅戊
二十	2月 8	子丙	1月10	未丁	12月11	丑丁	11月11	未丁	10月13	寅戊	9月13	申戊	8月15	卯己
廿一	2月 9	丑丁	1月11	申戊	12月12	寅戊	11月12	申戊	10月14	卯己	9月14	酉己	8月16	辰庚
廿二	2月10	寅戊	1月12	酉己	12月13	卯己	11月13	酉己	10月15	辰庚	9月15	戌庚	8月17	巳辛
廿三	2月11	卯己	1月13	戌庚	12月14	辰庚	11月14	戌庚	10月16	巳辛	9月16	亥辛	8月18	午壬
廿四	2月12	辰庚	1月14	亥辛	12月15	巳辛	11月15	亥辛	10月17	午壬	9月17	子壬	8月19	未癸
廿五	2月13	巳辛	1月15	子壬	12月16	午壬	11月16	子壬	10月18	未癸	9月18	丑癸	8月20	申甲
廿六	2月14	午壬	1月16	丑癸	12月17	未癸	11月17	丑癸	10月19	申甲	9月19	寅甲	8月21	酉乙
廿七	2月15	未癸	1月17	寅甲	12月18	申甲	11月18	寅甲	10月20	酉乙	9月20	卯乙	8月22	戌丙
廿八	2月16	申甲	1月18	卯乙	12月19	酉乙	11月19	卯乙	10月21	戌丙	9月21	辰丙	8月23	亥丁
廿九	2月17	酉乙	1月19	辰丙	12月20	戌丙	11月20	辰丙	10月22	亥丁	9月22	巳丁	8月24	子戊
三十	2月18	戌丙			12月21	亥丁	11月21	巳丁			9月23	午戊		

中華民國廿八年 歲次己卯《兔》

西元一九三九年 太歲姓伍名仲

月別	農曆正月		農曆二月		農曆三月		農曆四月		農曆五月		農曆六月	
干支	丙	寅	丁	卯	戊	辰	己	巳	庚	午	辛	未
節	雨水	驚蟄	春分	清明	穀雨	立夏	小滿	芒種	夏至	小暑	大暑	立秋
氣	初一亥時 21時10分	十六戌時 19時27分	初一戌時 20時30分	十七子時 0時38分	初二辰時 7時55分	十七酉時 18時21分	初四辰時 7時27分	十九亥時 22時52分	初六申時 15時40分	廿二巳時 9時19分	初八寅時 2時37分	廿三戌時 19時4分
農曆	干支	國曆	干支	國曆	干支	國曆	干支	國曆	干支	國曆	干支	國曆
初一	丁亥	2月19	丁巳	3月21	丁亥	4月20	丙辰	5月19	乙酉	6月17	乙卯	7月17
初二	戊子	2月20	戊午	3月22	戊子	4月21	丁巳	5月20	丙戌	6月18	丙辰	7月18
初三	己丑	2月21	己未	3月23	己丑	4月22	戊午	5月21	丁亥	6月19	丁巳	7月19
初四	庚寅	2月22	庚申	3月24	庚寅	4月23	己未	5月22	戊子	6月20	戊午	7月20
初五	辛卯	2月23	辛酉	3月25	辛卯	4月24	庚申	5月23	己丑	6月21	己未	7月21
初六	壬辰	2月24	壬戌	3月26	壬辰	4月25	辛酉	5月24	庚寅	6月22	庚申	7月22
初七	癸巳	2月25	癸亥	3月27	癸巳	4月26	壬戌	5月25	辛卯	6月23	辛酉	7月23
初八	甲午	2月26	甲子	3月28	甲午	4月27	癸亥	5月26	壬辰	6月24	壬戌	7月24
初九	乙未	2月27	乙丑	3月29	乙未	4月28	甲子	5月27	癸巳	6月25	癸亥	7月25
初十	丙申	2月28	丙寅	3月30	丙申	4月29	乙丑	5月28	甲午	6月26	甲子	7月26
十一	丁酉	3月1	丁卯	3月31	丁酉	4月30	丙寅	5月29	乙未	6月27	乙丑	7月27
十二	戊戌	3月2	戊辰	4月1	戊戌	5月1	丁卯	5月30	丙申	6月28	丙寅	7月28
十三	己亥	3月3	己巳	4月2	己亥	5月2	戊辰	5月31	丁酉	6月29	丁卯	7月29
十四	庚子	3月4	庚午	4月3	庚子	5月3	己巳	6月1	戊戌	6月30	戊辰	7月30
十五	辛丑	3月5	辛未	4月4	辛丑	5月4	庚午	6月2	己亥	7月1	己巳	7月31
十六	壬寅	3月6	壬申	4月5	壬寅	5月5	辛未	6月3	庚子	7月2	庚午	8月1
十七	癸卯	3月7	癸酉	4月6	癸卯	5月6	壬申	6月4	辛丑	7月3	辛未	8月2
十八	甲辰	3月8	甲戌	4月7	甲辰	5月7	癸酉	6月5	壬寅	7月4	壬申	8月3
十九	乙巳	3月9	乙亥	4月8	乙巳	5月8	甲戌	6月6	癸卯	7月5	癸酉	8月4
二十	丙午	3月10	丙子	4月9	丙午	5月9	乙亥	6月7	甲辰	7月6	甲戌	8月5
廿一	丁未	3月11	丁丑	4月10	丁未	5月10	丙子	6月8	乙巳	7月7	乙亥	8月6
廿二	戊申	3月12	戊寅	4月11	戊申	5月11	丁丑	6月9	丙午	7月8	丙子	8月7
廿三	己酉	3月13	己卯	4月12	己酉	5月12	戊寅	6月10	丁未	7月9	丁丑	8月8
廿四	庚戌	3月14	庚辰	4月13	庚戌	5月13	己卯	6月11	戊申	7月10	戊寅	8月9
廿五	辛亥	3月15	辛巳	4月14	辛亥	5月14	庚辰	6月12	己酉	7月11	己卯	8月10
廿六	壬子	3月16	壬午	4月15	壬子	5月15	辛巳	6月13	庚戌	7月12	庚辰	8月11
廿七	癸丑	3月17	癸未	4月16	癸丑	5月16	壬午	6月14	辛亥	7月13	辛巳	8月12
廿八	甲寅	3月18	甲申	4月17	甲寅	5月17	癸未	6月15	壬子	7月14	壬午	8月13
廿九	乙卯	3月19	乙酉	4月18	乙卯	5月18	甲申	6月16	癸丑	7月15	癸未	8月14
三十	丙辰	3月20	丙戌	4月19					甲寅	7月16		

西元1939年

月別	月二十曆農		月一十曆農		月十曆農		月九曆農		月八曆農		月七曆農	
干支	丑	丁	子	丙	亥	乙	戌	甲	酉	癸	申	壬
節	春立	寒大	寒小	至冬	雪大	雪小	冬立	降霜	露寒	分秋	露白	暑處
氣	7時8分 廿八辰時	12時44分 十三午時	19時24分 廿七戌時	2時6分 十三丑時	8時18分 廿八辰時	12時59分 十三午時	15時40分 廿七申時	15時46分 十二申時	12時57分 廿七午時	6時50分 十二卯時	21時42分 廿五亥時	10時32分 初十巳時
農曆	曆國	支干	曆國	支干	曆國	支干	曆國	支干	曆國	支干	曆國	支干
初一	1月 9	亥辛	12月11	午壬	11月11	子壬	10月13	未癸	9月13	丑癸	8月15	申甲
初二	1月10	子壬	12月12	未癸	11月12	丑癸	10月14	申甲	9月14	寅甲	8月16	酉乙
初三	1月11	丑癸	12月13	申甲	11月13	寅甲	10月15	酉乙	9月15	卯乙	8月17	戌丙
初四	1月12	寅甲	12月14	酉乙	11月14	卯乙	10月16	戌丙	9月16	辰丙	8月18	亥丁
初五	1月13	卯乙	12月15	戌丙	11月15	辰丙	10月17	亥丁	9月17	巳丁	8月19	子戊
初六	1月14	辰丙	12月16	亥丁	11月16	巳丁	10月18	子戊	9月18	午戊	8月20	丑己
初七	1月15	巳丁	12月17	子戊	11月17	午戊	10月19	丑己	9月19	未己	8月21	寅庚
初八	1月16	午戊	12月18	丑己	11月18	未己	10月20	寅庚	9月20	申庚	8月22	卯辛
初九	1月17	未己	12月19	寅庚	11月19	申庚	10月21	卯辛	9月21	酉辛	8月23	辰壬
初十	1月18	申庚	12月20	卯辛	11月20	酉辛	10月22	辰壬	9月22	戌壬	8月24	巳癸
十一	1月19	酉辛	12月21	辰壬	11月21	戌壬	10月23	巳癸	9月23	亥癸	8月25	午甲
十二	1月20	戌壬	12月22	巳癸	11月22	亥癸	10月24	午甲	9月24	子甲	8月26	未乙
十三	1月21	亥癸	12月23	午甲	11月23	子甲	10月25	未乙	9月25	丑乙	8月27	申丙
十四	1月22	子甲	12月24	未乙	11月24	丑乙	10月26	申丙	9月26	寅丙	8月28	酉丁
十五	1月23	丑乙	12月25	申丙	11月25	寅丙	10月27	酉丁	9月27	卯丁	8月29	戌戊
十六	1月24	寅丙	12月26	酉丁	11月26	卯丁	10月28	戌戊	9月28	辰戊	8月30	亥己
十七	1月25	卯丁	12月27	戌戊	11月27	辰戊	10月29	亥己	9月29	巳己	8月31	子庚
十八	1月26	辰戊	12月28	亥己	11月28	巳己	10月30	子庚	9月30	午庚	9月 1	丑辛
十九	1月27	巳己	12月29	子庚	11月29	午庚	10月31	丑辛	10月 1	未辛	9月 2	寅壬
二十	1月28	午庚	12月30	丑辛	11月30	未辛	11月 1	寅壬	10月 2	申壬	9月 3	卯癸
廿一	1月29	未辛	12月31	寅壬	12月 1	申壬	11月 2	卯癸	10月 3	酉癸	9月 4	辰甲
廿二	1月30	申壬	1月 1	卯癸	12月 2	酉癸	11月 3	辰甲	10月 4	戌甲	9月 5	巳乙
廿三	1月31	酉癸	1月 2	辰甲	12月 3	戌甲	11月 4	巳乙	10月 5	亥乙	9月 6	午丙
廿四	2月 1	戌甲	1月 3	巳乙	12月 4	亥乙	11月 5	午丙	10月 6	子丙	9月 7	未丁
廿五	2月 2	亥乙	1月 4	午丙	12月 5	子丙	11月 6	未丁	10月 7	丑丁	9月 8	申戊
廿六	2月 3	子丙	1月 5	未丁	12月 6	丑丁	11月 7	申戊	10月 8	寅戊	9月 9	酉己
廿七	2月 4	丑丁	1月 6	申戊	12月 7	寅戊	11月 8	酉己	10月 9	卯己	9月10	戌庚
廿八	2月 5	寅戊	1月 7	酉己	12月 8	卯己	11月 9	戌庚	10月10	辰庚	9月11	亥辛
廿九	2月 6	卯己	1月 8	戌庚	12月 9	辰庚	11月10	亥辛	10月11	巳辛	9月12	子壬
三十	2月 7	辰庚			12月10	巳辛			10月12	午壬		

中華民國廿九年 歲次庚辰《龍》

西元一九四〇年 太歲姓重名德

月六曆農		月五曆農		月四曆農		月三曆農		月二曆農		月正曆農		別月
未	癸	午	壬	巳	辛	辰	庚	卯	己	寅	戊	支干
暑大	暑小	至夏	種芒	滿小		夏立	雨穀	明清	分春	蟄驚	水雨	節
8時35分 十九辰時	15時8分 初三申時	21時37分 十六亥時	4時44分 初一寅時	13時23分 十五未時		0時16分 廿九子時	13時51分 十三未時	6時33分 廿八卯時	2時24分 十三丑時	1時24分 廿八丑時	3時4分 十三寅時	氣
曆國	支干	曆國	支干	曆國	支干	曆國	支干	曆國	支干	曆國	支干	曆農
7月 5	酉己	6月 6	辰庚	5月 7	戌庚	4月 8	巳辛	3月 9	亥辛	2月 8	巳辛	一初
7月 6	戌庚	6月 7	巳辛	5月 8	亥辛	4月 9	午壬	3月10	子壬	2月 9	午壬	二初
7月 7	亥辛	6月 8	午壬	5月 9	子壬	4月10	未癸	3月11	丑癸	2月10	未癸	三初
7月 8	子壬	6月 9	未癸	5月10	丑癸	4月11	申甲	3月12	寅甲	2月11	申甲	四初
7月 9	丑癸	6月10	申甲	5月11	寅甲	4月12	酉乙	3月13	卯乙	2月12	酉乙	五初
7月10	寅甲	6月11	酉乙	5月12	卯乙	4月13	戌丙	3月14	辰丙	2月13	戌丙	六初
7月11	卯乙	6月12	戌丙	5月13	辰丙	4月14	亥丁	3月15	巳丁	2月14	亥丁	七初
7月12	辰丙	6月13	亥丁	5月14	巳丁	4月15	子戊	3月16	午戊	2月15	子戊	八初
7月13	巳丁	6月14	子戊	5月15	午戊	4月16	丑己	3月17	未己	2月16	丑己	九初
7月14	午戊	6月15	丑己	5月16	未己	4月17	寅庚	3月18	申庚	2月17	寅庚	十初
7月15	未己	6月16	寅庚	5月17	申庚	4月18	卯辛	3月19	酉辛	2月18	卯辛	一十
7月16	申庚	6月17	卯辛	5月18	酉辛	4月19	辰壬	3月20	戌壬	2月19	辰壬	二十
7月17	酉辛	6月18	辰壬	5月19	戌壬	4月20	巳癸	3月21	亥癸	2月20	巳癸	三十
7月18	戌壬	6月19	巳癸	5月20	亥癸	4月21	午甲	3月22	子甲	2月21	午甲	四十
7月19	亥癸	6月20	午甲	5月21	子甲	4月22	未乙	3月23	丑乙	2月22	未乙	五十
7月20	子甲	6月21	未乙	5月22	丑乙	4月23	申丙	3月24	寅丙	2月23	申丙	六十
7月21	丑乙	6月22	申丙	5月23	寅丙	4月24	酉丁	3月25	卯丁	2月24	酉丁	七十
7月22	寅丙	6月23	酉丁	5月24	卯丁	4月25	戌戊	3月26	辰戊	2月25	戌戊	八十
7月23	卯丁	6月24	戌戊	5月25	辰戊	4月26	亥己	3月27	巳己	2月26	亥己	九十
7月24	辰戊	6月25	亥己	5月26	巳己	4月27	子庚	3月28	午庚	2月27	子庚	十二
7月25	巳己	6月26	子庚	5月27	午庚	4月28	丑辛	3月29	未辛	2月28	丑辛	一廿
7月26	午庚	6月27	丑辛	5月28	未辛	4月29	寅壬	3月30	申壬	2月29	寅壬	二廿
7月27	未辛	6月28	寅壬	5月29	申壬	4月30	卯癸	3月31	酉癸	3月 1	卯癸	三廿
7月28	申壬	6月29	卯癸	5月30	酉癸	5月 1	辰甲	4月 1	戌甲	3月 2	辰甲	四廿
7月29	酉癸	6月30	辰甲	5月31	戌甲	5月 2	巳乙	4月 2	亥乙	3月 3	巳乙	五廿
7月30	戌甲	7月 1	巳乙	6月 1	亥乙	5月 3	午丙	4月 3	子丙	3月 4	午丙	六廿
7月31	亥乙	7月 2	午丙	6月 2	子丙	5月 4	未丁	4月 4	丑丁	3月 5	未丁	七廿
8月 1	子丙	7月 3	未丁	6月 3	丑丁	5月 5	申戊	4月 5	寅戊	3月 6	申戊	八廿
8月 2	丑丁	7月 4	申戊	6月 4	寅戊	5月 6	酉己	4月 6	卯己	3月 7	酉己	九廿
8月 3	寅戊			6月 5	卯己			4月 7	辰庚	3月 8	戌庚	十三

西元1940年

月別	月二十曆農		月一十曆農		月十曆農		月九曆農		月八曆農		月七曆農	
干支	丑	己	子	戊	亥	丁	戌	丙	酉	乙	申	甲
節	寒大	寒小	至冬	雪大	雪小	冬立	降霜	露寒	分秋	露白	暑處	秋立
氣	18時34分 廿三酉時	1時4分 初九丑時	7時55分 廿四辰時	13時58分 初九未時	18時49分 廿三酉時	21時27分 初八亥時	21時40分 廿三亥時	18時43分 初八寅時	12時46分 廿二午時	3時30分 初七寅時	15時29分 二十申時	0時52分 初五子時
農曆	曆國	支干	曆國	支干	曆國	支干	曆國	支干	曆國	支干	曆國	支干
初一	12月29	午丙	11月29	子丙	10月31	未丁	10月 1	丑丁	9月 2	申戊	8月 4	卯己
初二	12月30	未丁	11月30	丑丁	11月 1	申戊	10月 2	寅戊	9月 3	酉己	8月 5	辰庚
初三	12月31	申戊	12月 1	寅戊	11月 2	酉己	10月 3	卯己	9月 4	戌庚	8月 6	巳辛
初四	1月 1	酉己	12月 2	卯己	11月 3	戌庚	10月 4	辰庚	9月 5	亥辛	8月 7	午壬
初五	1月 2	戌庚	12月 3	辰庚	11月 4	亥辛	10月 5	巳辛	9月 6	子壬	8月 8	未癸
初六	1月 3	亥辛	12月 4	巳辛	11月 5	子壬	10月 6	午壬	9月 7	丑癸	8月 9	申甲
初七	1月 4	子壬	12月 5	午壬	11月 6	丑癸	10月 7	未癸	9月 8	寅甲	8月10	酉乙
初八	1月 5	丑癸	12月 6	未癸	11月 7	寅甲	10月 8	申甲	9月 9	卯乙	8月11	戌丙
初九	1月 6	寅甲	12月 7	申甲	11月 8	卯乙	10月 9	酉乙	9月10	辰丙	8月12	亥丁
初十	1月 7	卯乙	12月 8	酉乙	11月 9	辰丙	10月10	戌丙	9月11	巳丁	8月13	子戊
十一	1月 8	辰丙	12月 9	戌丙	11月10	巳丁	10月11	亥丁	9月12	午戊	8月14	丑己
十二	1月 9	巳丁	12月10	亥丁	11月11	午戊	10月12	子戊	9月13	未己	8月15	寅庚
十三	1月10	午戊	12月11	子戊	11月12	未己	10月13	丑己	9月14	申庚	8月16	卯辛
十四	1月11	未己	12月12	丑己	11月13	申庚	10月14	寅庚	9月15	酉辛	8月17	辰壬
十五	1月12	申庚	12月13	寅庚	11月14	酉辛	10月15	卯辛	9月16	戌壬	8月18	巳癸
十六	1月13	酉辛	12月14	卯辛	11月15	戌壬	10月16	辰壬	9月17	亥癸	8月19	午甲
十七	1月14	戌壬	12月15	辰壬	11月16	亥癸	10月17	巳癸	9月18	子甲	8月20	未乙
十八	1月15	亥癸	12月16	巳癸	11月17	子甲	10月18	午甲	9月19	丑乙	8月21	申丙
十九	1月16	子甲	12月17	午甲	11月18	丑乙	10月19	未乙	9月20	寅丙	8月22	酉丁
二十	1月17	丑乙	12月18	未乙	11月19	寅丙	10月20	申丙	9月21	卯丁	8月23	戌戊
廿一	1月18	寅丙	12月19	申丙	11月20	卯丁	10月21	酉丁	9月22	辰戊	8月24	亥己
廿二	1月19	卯丁	12月20	酉丁	11月21	辰戊	10月22	戌戊	9月23	巳己	8月25	子庚
廿三	1月20	辰戊	12月21	戌戊	11月22	巳己	10月23	亥己	9月24	午庚	8月26	丑辛
廿四	1月21	巳己	12月22	亥己	11月23	午庚	10月24	子庚	9月25	未辛	8月27	寅壬
廿五	1月22	午庚	12月23	子庚	11月24	未辛	10月25	丑辛	9月26	申壬	8月28	卯癸
廿六	1月23	未辛	12月24	丑辛	11月25	申壬	10月26	寅壬	9月27	酉癸	8月29	辰甲
廿七	1月24	申壬	12月25	寅壬	11月26	酉癸	10月27	卯癸	9月28	戌甲	8月30	巳乙
廿八	1月25	酉癸	12月26	卯癸	11月27	戌甲	10月28	辰甲	9月29	亥乙	8月31	午丙
廿九	1月26	戌甲	12月27	辰甲	11月28	亥乙	10月29	巳乙	9月30	子丙	9月 1	未丁
三十			12月28	巳乙			10月30	午丙				

中華民國三十年 歲次辛巳《蛇》

西元一九四一年 太歲姓鄭名祖

月六曆農		月五曆農		月四曆農		月三曆農		月二曆農		月正曆農		別月
未	乙	午	甲	巳	癸	辰	壬	卯	辛	寅	庚	支干
暑大	暑小	至夏	種芒	滿小	夏立	雨穀	明清	分春	蟄驚	水雨	春立	節
廿九未時 14時27分	十三亥時 21時3分	廿八寅時 3時34分	十二巳時 10時40分	廿六戌時 19時23分	十一卯時 6時10分	廿四戌時 19時51分	初九午時 12時25分	廿四辰時 8時21分	初九辰時 7時10分	廿四辰時 8時57分	初九午時 12時50分	氣
曆國	支干	曆國	支干	曆國	支干	曆國	支干	曆國	支干	曆國	支干	曆農
6月25	辰甲	5月26	戌甲	4月26	辰甲	3月28	亥乙	2月26	巳乙	1月27	亥乙	一初
6月26	巳乙	5月27	亥乙	4月27	巳乙	3月29	子丙	2月27	午丙	1月28	子丙	二初
6月27	午丙	5月28	子丙	4月28	午丙	3月30	丑丁	2月28	未丁	1月29	丑丁	三初
6月28	未丁	5月29	丑丁	4月29	未丁	3月31	寅戊	3月 1	申戊	1月30	寅戊	四初
6月29	申戊	5月30	寅戊	4月30	申戊	4月 1	卯己	3月 2	酉己	1月31	卯己	五初
6月30	酉己	5月31	卯己	5月 1	酉己	4月 2	辰庚	3月 3	戌庚	2月 1	辰庚	六初
7月 1	戌庚	6月 1	辰庚	5月 2	戌庚	4月 3	巳辛	3月 4	亥辛	2月 2	巳辛	七初
7月 2	亥辛	6月 2	巳辛	5月 3	亥辛	4月 4	午壬	3月 5	子壬	2月 3	午壬	八初
7月 3	子壬	6月 3	午壬	5月 4	子壬	4月 5	未癸	3月 6	丑癸	2月 4	未癸	九初
7月 4	丑癸	6月 4	未癸	5月 5	丑癸	4月 6	申甲	3月 7	寅甲	2月 5	申甲	十初
7月 5	寅甲	6月 5	申甲	5月 6	寅甲	4月 7	酉乙	3月 8	卯乙	2月 6	酉乙	一十
7月 6	卯乙	6月 6	酉乙	5月 7	卯乙	4月 8	戌丙	3月 9	辰丙	2月 7	戌丙	二十
7月 7	辰丙	6月 7	戌丙	5月 8	辰丙	4月 9	亥丁	3月10	巳丁	2月 8	亥丁	三十
7月 8	巳丁	6月 8	亥丁	5月 9	巳丁	4月10	子戊	3月11	午戊	2月 9	子戊	四十
7月 9	午戊	6月 9	子戊	5月10	午戊	4月11	丑己	3月12	未己	2月10	丑己	五十
7月10	未己	6月10	丑己	5月11	未己	4月12	寅庚	3月13	申庚	2月11	寅庚	六十
7月11	申庚	6月11	寅庚	5月12	申庚	4月13	卯辛	3月14	酉辛	2月12	卯辛	七十
7月12	酉辛	6月12	卯辛	5月13	酉辛	4月14	辰壬	3月15	戌壬	2月13	辰壬	八十
7月13	戌壬	6月13	辰壬	5月14	戌壬	4月15	巳癸	3月16	亥癸	2月14	巳癸	九十
7月14	亥癸	6月14	巳癸	5月15	亥癸	4月16	午甲	3月17	子甲	2月15	午甲	十二
7月15	子甲	6月15	午甲	5月16	子甲	4月17	未乙	3月18	丑乙	2月16	未乙	一廿
7月16	丑乙	6月16	未乙	5月17	丑乙	4月18	申丙	3月19	寅丙	2月17	申丙	二廿
7月17	寅丙	6月17	申丙	5月18	寅丙	4月19	酉丁	3月20	卯丁	2月18	酉丁	三廿
7月18	卯丁	6月18	酉丁	5月19	卯丁	4月20	戌戊	3月21	辰戊	2月19	戌戊	四廿
7月19	辰戊	6月19	戌戊	5月20	辰戊	4月21	亥己	3月22	巳己	2月20	亥己	五廿
7月20	巳己	6月20	亥己	5月21	巳己	4月22	子庚	3月23	午庚	2月21	子庚	六廿
7月21	午庚	6月21	子庚	5月22	午庚	4月23	丑辛	3月24	未辛	2月22	丑辛	七廿
7月22	未辛	6月22	丑辛	5月23	未辛	4月24	寅壬	3月25	申壬	2月23	寅壬	八廿
7月23	申壬	6月23	寅壬	5月24	申壬	4月25	卯癸	3月26	酉癸	2月24	卯癸	九廿
		6月24	卯癸	5月25	酉癸			3月27	戌甲	2月25	辰甲	十三

西元1941年

月別	月二十曆農		月一十曆農		月十曆農		月九曆農		月八曆農		月七曆農		月六閏曆農	
干支	丑　辛		子　庚		亥　己		戌　戊		酉　丁		申　丙			
節	春立	寒大	寒小	至冬	雪大	雪小	冬立	降霜	露寒	分秋	露白	暑處	秋立	
氣	十九酉時 18時49分	初五子時 0時24分	二十辰時 7時3分	初五未時 13時45分	十九戌時 19時57分	初五子時 0時38分	二十寅時 3時25分	初五寅時 3時28分	十九子時 0時39分	初三酉時 18時33分	十七巳時 9時24分	初一亥時 21時21分	十六辰時 6時46分	
農曆	曆國	支干	曆國	支干	曆國	支干	曆國	支干	曆國	支干	曆國	支干	曆國	支干
初一	1月17	午庚	12月18	子庚	11月19	未辛	10月20	丑辛	9月21	申壬	8月23	卯癸	7月24	酉癸
初二	1月18	未辛	12月19	丑辛	11月20	申壬	10月21	寅壬	9月22	酉癸	8月24	辰甲	7月25	戌甲
初三	1月19	申壬	12月20	寅壬	11月21	酉癸	10月22	卯癸	9月23	戌甲	8月25	巳乙	7月26	亥乙
初四	1月20	酉癸	12月21	卯癸	11月22	戌甲	10月23	辰甲	9月24	亥乙	8月26	午丙	7月27	子丙
初五	1月21	戌甲	12月22	辰甲	11月23	亥乙	10月24	巳乙	9月25	子丙	8月27	未丁	7月28	丑丁
初六	1月22	亥乙	12月23	巳乙	11月24	子丙	10月25	午丙	9月26	丑丁	8月28	申戊	7月29	寅戊
初七	1月23	子丙	12月24	午丙	11月25	丑丁	10月26	未丁	9月27	寅戊	8月29	酉己	7月30	卯己
初八	1月24	丑丁	12月25	未丁	11月26	寅戊	10月27	申戊	9月28	卯己	8月30	戌庚	7月31	辰庚
初九	1月25	寅戊	12月26	申戊	11月27	卯己	10月28	酉己	9月29	辰庚	8月31	亥辛	8月 1	巳辛
初十	1月26	卯己	12月27	酉己	11月28	辰庚	10月29	戌庚	9月30	巳辛	9月 1	子壬	8月 2	午壬
十一	1月27	辰庚	12月28	戌庚	11月29	巳辛	10月30	亥辛	10月 1	午壬	9月 2	丑癸	8月 3	未癸
十二	1月28	巳辛	12月29	亥辛	11月30	午壬	10月31	子壬	10月 2	未癸	9月 3	寅甲	8月 4	申甲
十三	1月29	午壬	12月30	子壬	12月 1	未癸	11月 1	丑癸	10月 3	申甲	9月 4	卯乙	8月 5	酉乙
十四	1月30	未癸	12月31	丑癸	12月 2	申甲	11月 2	寅甲	10月 4	酉乙	9月 5	辰丙	8月 6	戌丙
十五	1月31	申甲	1月 1	寅甲	12月 3	酉乙	11月 3	卯乙	10月 5	戌丙	9月 6	巳丁	8月 7	亥丁
十六	2月 1	酉乙	1月 2	卯乙	12月 4	戌丙	11月 4	辰丙	10月 6	亥丁	9月 7	午戊	8月 8	子戊
十七	2月 2	戌丙	1月 3	辰丙	12月 5	亥丁	11月 5	巳丁	10月 7	子戊	9月 8	未己	8月 9	丑己
十八	2月 3	亥丁	1月 4	巳丁	12月 6	子戊	11月 6	午戊	10月 8	丑己	9月 9	申庚	8月10	寅庚
十九	2月 4	子戊	1月 5	午戊	12月 7	丑己	11月 7	未己	10月 9	寅庚	9月10	酉辛	8月11	卯辛
二十	2月 5	丑己	1月 6	未己	12月 8	寅庚	11月 8	申庚	10月10	卯辛	9月11	戌壬	8月12	辰壬
廿一	2月 6	寅庚	1月 7	申庚	12月 9	卯辛	11月 9	酉辛	10月11	辰壬	9月12	亥癸	8月13	巳癸
廿二	2月 7	卯辛	1月 8	酉辛	12月10	辰壬	11月10	戌壬	10月12	巳癸	9月13	子甲	8月14	午甲
廿三	2月 8	辰壬	1月 9	戌壬	12月11	巳癸	11月11	亥癸	10月13	午甲	9月14	丑乙	8月15	未乙
廿四	2月 9	巳癸	1月10	亥癸	12月12	午甲	11月12	子甲	10月14	未乙	9月15	寅丙	8月16	申丙
廿五	2月10	午甲	1月11	子甲	12月13	未乙	11月13	丑乙	10月15	申丙	9月16	卯丁	8月17	酉丁
廿六	2月11	未乙	1月12	丑乙	12月14	申丙	11月14	寅丙	10月16	酉丁	9月17	辰戊	8月18	戌戊
廿七	2月12	申丙	1月13	寅丙	12月15	酉丁	11月15	卯丁	10月17	戌戊	9月18	巳己	8月19	亥己
廿八	2月13	酉丁	1月14	卯丁	12月16	戌戊	11月16	辰戊	10月18	亥己	9月19	午庚	8月20	子庚
廿九	2月14	戌戊	1月15	辰戊	12月17	亥己	11月17	巳己	10月19	子庚	9月20	未辛	8月21	丑辛
三十			1月16	巳己			11月18	午庚					8月22	寅壬

中華民國卅一年 歲次壬午《馬》

西元一九四二年 太歲 姓路名明

月六曆農		月五曆農		月四曆農		月三曆農		月二曆農		月正曆農		別月
未	丁	午	丙	巳	乙	辰	甲	卯	癸	寅	壬	支干
秋立	暑大	暑小	至夏	種芒	滿小	夏立	雨穀	明清	分春	蟄驚	水雨	節
12時31分 廿七午時	20時8分 十一戌時	2時52分 廿五丑時	9時17分 初九巳時	16時37分 廿三申時	1時9分 初八丑時	12時7分 廿二午時	1時40分 初七丑時	18時24分 二十酉時	14時11分 初五未時	13時10分 二十未時	14時47分 初五未時	氣
曆國	支干	曆國	支干	曆國	支干	曆國	支干	曆國	支干	曆國	支干	曆農
7月13	卯丁	6月14	戌戊	5月15	辰戊	4月15	戌戊	3月17	巳己	2月15	亥己	一初
7月14	辰戊	6月15	亥己	5月16	巳己	4月16	亥己	3月18	午庚	2月16	子庚	二初
7月15	巳己	6月16	子庚	5月17	午庚	4月17	子庚	3月19	未辛	2月17	丑辛	三初
7月16	午庚	6月17	丑辛	5月18	未辛	4月18	丑辛	3月20	申壬	2月18	寅壬	四初
7月17	未辛	6月18	寅壬	5月19	申壬	4月19	寅壬	3月21	酉癸	2月19	卯癸	五初
7月18	申壬	6月19	卯癸	5月20	酉癸	4月20	卯癸	3月22	戌甲	2月20	辰甲	六初
7月19	酉癸	6月20	辰甲	5月21	戌甲	4月21	辰甲	3月23	亥乙	2月21	巳乙	七初
7月20	戌甲	6月21	巳乙	5月22	亥乙	4月22	巳乙	3月24	子丙	2月22	午丙	八初
7月21	亥乙	6月22	午丙	5月23	子丙	4月23	午丙	3月25	丑丁	2月23	未丁	九初
7月22	子丙	6月23	未丁	5月24	丑丁	4月24	未丁	3月26	寅戊	2月24	申戊	十初
7月23	丑丁	6月24	申戊	5月25	寅戊	4月25	申戊	3月27	卯己	2月25	酉己	一十
7月24	寅戊	6月25	酉己	5月26	卯己	4月26	酉己	3月28	辰庚	2月26	戌庚	二十
7月25	卯己	6月26	戌庚	5月27	辰庚	4月27	戌庚	3月29	巳辛	2月27	亥辛	三十
7月26	辰庚	6月27	亥辛	5月28	巳辛	4月28	亥辛	3月30	午壬	2月28	子壬	四十
7月27	巳辛	6月28	子壬	5月29	午壬	4月29	子壬	3月31	未癸	3月 1	丑癸	五十
7月28	午壬	6月29	丑癸	5月30	未癸	4月30	丑癸	4月 1	申甲	3月 2	寅甲	六十
7月29	未癸	6月30	寅甲	5月31	申甲	5月 1	寅甲	4月 2	酉乙	3月 3	卯乙	七十
7月30	申甲	7月 1	卯乙	6月 1	酉乙	5月 2	卯乙	4月 3	戌丙	3月 4	辰丙	八十
7月31	酉乙	7月 2	辰丙	6月 2	戌丙	5月 3	辰丙	4月 4	亥丁	3月 5	巳丁	九十
8月 1	戌丙	7月 3	巳丁	6月 3	亥丁	5月 4	巳丁	4月 5	子戊	3月 6	午戊	十二
8月 2	亥丁	7月 4	午戊	6月 4	子戊	5月 5	午戊	4月 6	丑己	3月 7	未己	一廿
8月 3	子戊	7月 5	未己	6月 5	丑己	5月 6	未己	4月 7	寅庚	3月 8	申庚	二廿
8月 4	丑己	7月 6	申庚	6月 6	寅庚	5月 7	申庚	4月 8	卯辛	3月 9	酉辛	三廿
8月 5	寅庚	7月 7	酉辛	6月 7	卯辛	5月 8	酉辛	4月 9	辰壬	3月10	戌壬	四廿
8月 6	卯辛	7月 8	戌壬	6月 8	辰壬	5月 9	戌壬	4月10	巳癸	3月11	亥癸	五廿
8月 7	辰壬	7月 9	亥癸	6月 9	巳癸	5月10	亥癸	4月11	午甲	3月12	子甲	六廿
8月 8	巳癸	7月10	子甲	6月10	午甲	5月11	子甲	4月12	未乙	3月13	丑乙	七廿
8月 9	午甲	7月11	丑乙	6月11	未乙	5月12	丑乙	4月13	申丙	3月14	寅丙	八廿
8月10	未乙	7月12	寅丙	6月12	申丙	5月13	寅丙	4月14	酉丁	3月15	卯丁	九廿
8月11	申丙			6月13	酉丁	5月14	卯丁			3月16	辰戊	十三

西元1942年

月別	月二十曆農		月一十曆農		月十曆農		月九曆農		月八曆農		月七曆農	
干支	丑 癸		子 壬		亥 辛		戌 庚		酉 己		申 戊	
節	寒大	寒小	至冬	雪大	雪小	冬立	降霜		露寒	分秋	露白	暑處
氣	6時19分 十六卯時	12時55分 初一午時	19時40分 十五戌時	1時47分 初一丑時	6時31分 十六卯時	9時12分 初一巳時	9時16分 十五巳時		6時22分 三十卯時	0時17分 十五子時	15時7分 廿八申時	2時59分 十三丑時
農曆	曆國	支干	曆國	支干	曆國	支干	曆國	支干	曆國	支干	曆國	支干
初一	1月 6	子甲	12月 8	未乙	11月 8	丑乙	10月10	申丙	9月10	寅丙	8月12	酉丁
初二	1月 7	丑乙	12月 9	申丙	11月 9	寅丙	10月11	酉丁	9月11	卯丁	8月13	戌戊
初三	1月 8	寅丙	12月10	酉丁	11月10	卯丁	10月12	戌戊	9月12	辰戊	8月14	亥己
初四	1月 9	卯丁	12月11	戌戊	11月11	辰戊	10月13	亥己	9月13	巳己	8月15	子庚
初五	1月10	辰戊	12月12	亥己	11月12	巳己	10月14	子庚	9月14	午庚	8月16	丑辛
初六	1月11	巳己	12月13	子庚	11月13	午庚	10月15	丑辛	9月15	未辛	8月17	寅壬
初七	1月12	午庚	12月14	丑辛	11月14	未辛	10月16	寅壬	9月16	申壬	8月18	卯癸
初八	1月13	未辛	12月15	寅壬	11月15	申壬	10月17	卯癸	9月17	酉癸	8月19	辰甲
初九	1月14	申壬	12月16	卯癸	11月16	酉癸	10月18	辰甲	9月18	戌甲	8月20	巳乙
初十	1月15	酉癸	12月17	辰甲	11月17	戌甲	10月19	巳乙	9月19	亥乙	8月21	午丙
十一	1月16	戌甲	12月18	巳乙	11月18	亥乙	10月20	午丙	9月20	子丙	8月22	未丁
十二	1月17	亥乙	12月19	午丙	11月19	子丙	10月21	未丁	9月21	丑丁	8月23	申戊
十三	1月18	子丙	12月20	未丁	11月20	丑丁	10月22	申戊	9月22	寅戊	8月24	酉己
十四	1月19	丑丁	12月21	申戊	11月21	寅戊	10月23	酉己	9月23	卯己	8月25	戌庚
十五	1月20	寅戊	12月22	酉己	11月22	卯己	10月24	戌庚	9月24	辰庚	8月26	亥辛
十六	1月21	卯己	12月23	戌庚	11月23	辰庚	10月25	亥辛	9月25	巳辛	8月27	子壬
十七	1月22	辰庚	12月24	亥辛	11月24	巳辛	10月26	子壬	9月26	午壬	8月28	丑癸
十八	1月23	巳辛	12月25	子壬	11月25	午壬	10月27	丑癸	9月27	未癸	8月29	寅甲
十九	1月24	午壬	12月26	丑癸	11月26	未癸	10月28	寅甲	9月28	申甲	8月30	卯乙
二十	1月25	未癸	12月27	寅甲	11月27	申甲	10月29	卯乙	9月29	酉乙	8月31	辰丙
廿一	1月26	申甲	12月28	卯乙	11月28	酉乙	10月30	辰丙	9月30	戌丙	9月 1	巳丁
廿二	1月27	酉乙	12月29	辰丙	11月29	戌丙	10月31	巳丁	10月 1	亥丁	9月 2	午戊
廿三	1月28	戌丙	12月30	巳丁	11月30	亥丁	11月 1	午戊	10月 2	子戊	9月 3	未己
廿四	1月29	亥丁	12月31	午戊	12月 1	子戊	11月 2	未己	10月 3	丑己	9月 4	申庚
廿五	1月30	子戊	1月 1	未己	12月 2	丑己	11月 3	申庚	10月 4	寅庚	9月 5	酉辛
廿六	1月31	丑己	1月 2	申庚	12月 3	寅庚	11月 4	酉辛	10月 5	卯辛	9月 6	戌壬
廿七	2月 1	寅庚	1月 3	酉辛	12月 4	卯辛	11月 5	戌壬	10月 6	辰壬	9月 7	亥癸
廿八	2月 2	卯辛	1月 4	戌壬	12月 5	辰壬	11月 6	亥癸	10月 7	巳癸	9月 8	子甲
廿九	2月 3	辰壬	1月 5	亥癸	12月 6	巳癸	11月 7	子甲	10月 8	午甲	9月 9	丑乙
三十	2月 4	巳癸			12月 7	午甲			10月 9	未乙		

中華民國卅二年 歲次 癸未《羊》

西元一九四三年 太歲 姓魏名明

月六曆農		月五曆農		月四曆農		月三曆農		月二曆農		月正曆農		別月
未　己		午　戊		巳　丁		辰　丙		卯　乙		寅　甲		支干
暑大	暑小	至夏	種芒	滿小	夏立	雨穀	明清	分春	蟄驚	水雨	春立	節
廿三丑時 2時5分	初七辰時 8時39分	二十申時 15時13分	初四亥時 22時30分	十九辰時 7時3分	初三酉時 17時54分	十七辰時 7時32分	初二子時 0時12分	十六戌時 20時3分	初一酉時 18時59分	十五戌時 20時41分	初一子時 0時41分	氣
曆國	支干	曆國	支干	曆國	支干	曆國	支干	曆國	支干	曆國	支干	曆農
7月2	酉辛	6月3	辰壬	5月4	戌壬	4月5	巳癸	3月6	亥癸	2月5	午甲	一初
7月3	戌壬	6月4	巳癸	5月5	亥癸	4月6	午甲	3月7	子甲	2月6	未乙	二初
7月4	亥癸	6月5	午甲	5月6	子甲	4月7	未乙	3月8	丑乙	2月7	申丙	三初
7月5	子甲	6月6	未乙	5月7	丑乙	4月8	申丙	3月9	寅丙	2月8	酉丁	四初
7月6	丑乙	6月7	申丙	5月8	寅丙	4月9	酉丁	3月10	卯丁	2月9	戌戊	五初
7月7	寅丙	6月8	酉丁	5月9	卯丁	4月10	戌戊	3月11	辰戊	2月10	亥己	六初
7月8	卯丁	6月9	戌戊	5月10	辰戊	4月11	亥己	3月12	巳己	2月11	子庚	七初
7月9	辰戊	6月10	亥己	5月11	巳己	4月12	子庚	3月13	午庚	2月12	丑辛	八初
7月10	巳己	6月11	子庚	5月12	午庚	4月13	丑辛	3月14	未辛	2月13	寅壬	九初
7月11	午庚	6月12	丑辛	5月13	未辛	4月14	寅壬	3月15	申壬	2月14	卯癸	十初
7月12	未辛	6月13	寅壬	5月14	申壬	4月15	卯癸	3月16	酉癸	2月15	辰甲	一十
7月13	申壬	6月14	卯癸	5月15	酉癸	4月16	辰甲	3月17	戌甲	2月16	巳乙	二十
7月14	酉癸	6月15	辰甲	5月16	戌甲	4月17	巳乙	3月18	亥乙	2月17	午丙	三十
7月15	戌甲	6月16	巳乙	5月17	亥乙	4月18	午丙	3月19	子丙	2月18	未丁	四十
7月16	亥乙	6月17	午丙	5月18	子丙	4月19	未丁	3月20	丑丁	2月19	申戊	五十
7月17	子丙	6月18	未丁	5月19	丑丁	4月20	申戊	3月21	寅戊	2月20	酉己	六十
7月18	丑丁	6月19	申戊	5月20	寅戊	4月21	酉己	3月22	卯己	2月21	戌庚	七十
7月19	寅戊	6月20	酉己	5月21	卯己	4月22	戌庚	3月23	辰庚	2月22	亥辛	八十
7月20	卯己	6月21	戌庚	5月22	辰庚	4月23	亥辛	3月24	巳辛	2月23	子壬	九十
7月21	辰庚	6月22	亥辛	5月23	巳辛	4月24	子壬	3月25	午壬	2月24	丑癸	十二
7月22	巳辛	6月23	子壬	5月24	午壬	4月25	丑癸	3月26	未癸	2月25	寅甲	一廿
7月23	午壬	6月24	丑癸	5月25	未癸	4月26	寅甲	3月27	申甲	2月26	卯乙	二廿
7月24	未癸	6月25	寅甲	5月26	申甲	4月27	卯乙	3月28	酉乙	2月27	辰丙	三廿
7月25	申甲	6月26	卯乙	5月27	酉乙	4月28	辰丙	3月29	戌丙	2月28	巳丁	四廿
7月26	酉乙	6月27	辰丙	5月28	戌丙	4月29	巳丁	3月30	亥丁	3月1	午戊	五廿
7月27	戌丙	6月28	巳丁	5月29	亥丁	4月30	午戊	3月31	子戊	3月2	未己	六廿
7月28	亥丁	6月29	午戊	5月30	子戊	5月1	未己	4月1	丑己	3月3	申庚	七廿
7月29	子戊	6月30	未己	5月31	丑己	5月2	申庚	4月2	寅庚	3月4	酉辛	八廿
7月30	丑己	7月1	申庚	6月1	寅庚	5月3	酉辛	4月3	卯辛	3月5	戌壬	九廿
7月31	寅庚			6月2	卯辛			4月4	辰壬			十三

西元1943年

月別	月二十曆農		月一十曆農		月十曆農		月九曆農		月八曆農		月七曆農	
干支	丑	乙	子	甲	亥	癸	戌	壬	酉	辛	申	庚
節	寒大	寒小	至冬	雪大	雪小	冬立	降霜	露寒	分秋	露白	暑處	秋立
氣	廿六午時 12時8分	十一酉時 18時40分	廿七丑時 1時30分	十二辰時 7時33分	廿六午時 12時22分	十一未時 14時59分	廿六申時 15時9分	十一午時 12時11分	廿五卯時 6時12分	初九戌時 20時56分	廿四辰時 8時55分	初八酉時 18時19分
農曆	曆國	支干	曆國	支干	曆國	支干	曆國	支干	曆國	支干	曆國	支干
初一	12月27	未己	11月27	丑己	10月29	申庚	9月29	寅庚	8月31	酉辛	8月 1	卯辛
初二	12月28	申庚	11月28	寅庚	10月30	酉辛	9月30	卯辛	9月 1	戌壬	8月 2	辰壬
初三	12月29	酉辛	11月29	卯辛	10月31	戌壬	10月 1	辰壬	9月 2	亥癸	8月 3	巳癸
初四	12月30	戌壬	11月30	辰壬	11月 1	亥癸	10月 2	巳癸	9月 3	子甲	8月 4	午甲
初五	12月31	亥癸	12月 1	巳癸	11月 2	子甲	10月 3	午甲	9月 4	丑乙	8月 5	未乙
初六	1月 1	子甲	12月 2	午甲	11月 3	丑乙	10月 4	未乙	9月 5	寅丙	8月 6	申丙
初七	1月 2	丑乙	12月 3	未乙	11月 4	寅丙	10月 5	申丙	9月 6	卯丁	8月 7	酉丁
初八	1月 3	寅丙	12月 4	申丙	11月 5	卯丁	10月 6	酉丁	9月 7	辰戊	8月 8	戌戊
初九	1月 4	卯丁	12月 5	酉丁	11月 6	辰戊	10月 7	戌戊	9月 8	巳己	8月 9	亥己
初十	1月 5	辰戊	12月 6	戌戊	11月 7	巳己	10月 8	亥己	9月 9	午庚	8月10	子庚
十一	1月 6	巳己	12月 7	亥己	11月 8	午庚	10月 9	子庚	9月10	未辛	8月11	丑辛
十二	1月 7	午庚	12月 8	子庚	11月 9	未辛	10月10	丑辛	9月11	申壬	8月12	寅壬
十三	1月 8	未辛	12月 9	丑辛	11月10	申壬	10月11	寅壬	9月12	酉癸	8月13	卯癸
十四	1月 9	申壬	12月10	寅壬	11月11	酉癸	10月12	卯癸	9月13	戌甲	8月14	辰甲
十五	1月10	酉癸	12月11	卯癸	11月12	戌甲	10月13	辰甲	9月14	亥乙	8月15	巳乙
十六	1月11	戌甲	12月12	辰甲	11月13	亥乙	10月14	巳乙	9月15	子丙	8月16	午丙
十七	1月12	亥乙	12月13	巳乙	11月14	子丙	10月15	午丙	9月16	丑丁	8月17	未丁
十八	1月13	子丙	12月14	午丙	11月15	丑丁	10月16	未丁	9月17	寅戊	8月18	申戊
十九	1月14	丑丁	12月15	未丁	11月16	寅戊	10月17	申戊	9月18	卯己	8月19	酉己
二十	1月15	寅戊	12月16	申戊	11月17	卯己	10月18	酉己	9月19	辰庚	8月20	戌庚
廿一	1月16	卯己	12月17	酉己	11月18	辰庚	10月19	戌庚	9月20	巳辛	8月21	亥辛
廿二	1月17	辰庚	12月18	戌庚	11月19	巳辛	10月20	亥辛	9月21	午壬	8月22	子壬
廿三	1月18	巳辛	12月19	亥辛	11月20	午壬	10月21	子壬	9月22	未癸	8月23	丑癸
廿四	1月19	午壬	12月20	子壬	11月21	未癸	10月22	丑癸	9月23	申甲	8月24	寅甲
廿五	1月20	未癸	12月21	丑癸	11月22	申甲	10月23	寅甲	9月24	酉乙	8月25	卯乙
廿六	1月21	申甲	12月22	寅甲	11月23	酉乙	10月24	卯乙	9月25	戌丙	8月26	辰丙
廿七	1月22	酉乙	12月23	卯乙	11月24	戌丙	10月25	辰丙	9月26	亥丁	8月27	巳丁
廿八	1月23	戌丙	12月24	辰丙	11月25	亥丁	10月26	巳丁	9月27	子戊	8月28	午戊
廿九	1月24	亥丁	12月25	巳丁	11月26	子戊	10月27	午戊	9月28	丑己	8月29	未己
三十			12月26	午戊			10月28	未己			8月30	申庚

中華民國卅三年 歲次甲申《猴》

西元一九四四年 太歲 姓方名公

月六曆農		月五曆農		月四閏曆農		月四曆農		月三曆農		月二曆農		月正曆農		別月
未	辛	午	庚			巳	己	辰	戊	卯	丁	寅	丙	支干
秋立	暑大	暑小	至夏	種芒		滿小	夏立	雨穀	明清	分春	蟄驚	水雨	春立	節
0時19分 二十子時	7時56分 初四辰時	14時37分 十七未時	21時3分 初一亥時	4時11分 十六寅時		12時51分 廿九午時	23時42分 十三夜子時	13時18分 廿八未時	5時54分 十三卯時	1時49分 廿七丑時	0時41分 十二子時	2時28分 廿七丑時	6時22分 十二卯時	氣
曆國	支干	曆國	支干	曆國	支干	曆國	支干	曆國	支干	曆國	支干	曆國	支干	曆農
7月20	酉乙	6月21	辰丙	5月22	戌丙	4月23	巳丁	3月24	亥丁	2月24	午戊	1月25	子戊	一初
7月21	戌丙	6月22	巳丁	5月23	亥丁	4月24	午戊	3月25	子戊	2月25	未己	1月26	丑己	二初
7月22	亥丁	6月23	午戊	5月24	子戊	4月25	未己	3月26	丑己	2月26	申庚	1月27	寅庚	三初
7月23	子戊	6月24	未己	5月25	丑己	4月26	申庚	3月27	寅庚	2月27	酉辛	1月28	卯辛	四初
7月24	丑己	6月25	申庚	5月26	寅庚	4月27	酉辛	3月28	卯辛	2月28	戌壬	1月29	辰壬	五初
7月25	寅庚	6月26	酉辛	5月27	卯辛	4月28	戌壬	3月29	辰壬	2月29	亥癸	1月30	巳癸	六初
7月26	卯辛	6月27	戌壬	5月28	辰壬	4月29	亥癸	3月30	巳癸	3月 1	子甲	1月31	午甲	七初
7月27	辰壬	6月28	亥癸	5月29	巳癸	4月30	子甲	3月31	午甲	3月 2	丑乙	2月 1	未乙	八初
7月28	巳癸	6月29	子甲	5月30	午甲	5月 1	丑乙	4月 1	未乙	3月 3	寅丙	2月 2	申丙	九初
7月29	午甲	6月30	丑乙	5月31	未乙	5月 2	寅丙	4月 2	申丙	3月 4	卯丁	2月 3	酉丁	十初
7月30	未乙	7月 1	寅丙	6月 1	申丙	5月 3	卯丁	4月 3	酉丁	3月 5	辰戊	2月 4	戌戊	一十
7月31	申丙	7月 2	卯丁	6月 2	酉丁	5月 4	辰戊	4月 4	戌戊	3月 6	巳己	2月 5	亥己	二十
8月 1	酉丁	7月 3	辰戊	6月 3	戌戊	5月 5	巳己	4月 5	亥己	3月 7	午庚	2月 6	子庚	三十
8月 2	戌戊	7月 4	巳己	6月 4	亥己	5月 6	午庚	4月 6	子庚	3月 8	未辛	2月 7	丑辛	四十
8月 3	亥己	7月 5	午庚	6月 5	子庚	5月 7	未辛	4月 7	丑辛	3月 9	申壬	2月 8	寅壬	五十
8月 4	子庚	7月 6	未辛	6月 6	丑辛	5月 8	申壬	4月 8	寅壬	3月10	酉癸	2月 9	卯癸	六十
8月 5	丑辛	7月 7	申壬	6月 7	寅壬	5月 9	酉癸	4月 9	卯癸	3月11	戌甲	2月10	辰甲	七十
8月 6	寅壬	7月 8	酉癸	6月 8	卯癸	5月10	戌甲	4月10	辰甲	3月12	亥乙	2月11	巳乙	八十
8月 7	卯癸	7月 9	戌甲	6月 9	辰甲	5月11	亥乙	4月11	巳乙	3月13	子丙	2月12	午丙	九十
8月 8	辰甲	7月10	亥乙	6月10	巳乙	5月12	子丙	4月12	午丙	3月14	丑丁	2月13	未丁	十二
8月 9	巳乙	7月11	子丙	6月11	午丙	5月13	丑丁	4月13	未丁	3月15	寅戊	2月14	申戊	一廿
8月10	午丙	7月12	丑丁	6月12	未丁	5月14	寅戊	4月14	申戊	3月16	卯己	2月15	酉己	二廿
8月11	未丁	7月13	寅戊	6月13	申戊	5月15	卯己	4月15	酉己	3月17	辰庚	2月16	戌庚	三廿
8月12	申戊	7月14	卯己	6月14	酉己	5月16	辰庚	4月16	戌庚	3月18	巳辛	2月17	亥辛	四廿
8月13	酉己	7月15	辰庚	6月15	戌庚	5月17	巳辛	4月17	亥辛	3月19	午壬	2月18	子壬	五廿
8月14	戌庚	7月16	巳辛	6月16	亥辛	5月18	午壬	4月18	子壬	3月20	未癸	2月19	丑癸	六廿
8月15	亥辛	7月17	午壬	6月17	子壬	5月19	未癸	4月19	丑癸	3月21	申甲	2月20	寅甲	七廿
8月16	子壬	7月18	未癸	6月18	丑癸	5月20	申甲	4月20	寅甲	3月22	酉乙	2月21	卯乙	八廿
8月17	丑癸	7月19	申甲	6月19	寅甲	5月21	酉乙	4月21	卯乙	3月23	戌丙	2月22	辰丙	九廿
8月18	寅甲			6月20	卯乙			4月22	辰丙			2月23	巳丁	十三

西元1944年

月別	農曆十二月		農曆十一月		農曆十月		農曆九月		農曆八月		農曆七月	
干支	丁丑		丙子		乙亥		甲戌		癸酉		壬申	
節	立春	大寒	小寒	冬至	大雪	小雪	立冬	霜降	寒露	秋分	白露	處暑
氣	廿二午時 12時20分	初七酉時 17時54分	廿三子時 0時35分	初八辰時 7時15分	廿二未時 13時28分	初七酉時 18時8分	廿二戌時 20時55分	初七戌時 20時57分	廿二酉時 18時9分	初七午時 12時2分	廿一丑時 2時56分	初五未時 14時47分
農曆	國曆	干支	國曆	干支	國曆	干支	國曆	干支	國曆	干支	國曆	干支
初一	1月14	癸未	12月15	癸丑	11月16	甲申	10月17	甲寅	9月17	甲申	8月19	乙卯
初二	1月15	甲申	12月16	甲寅	11月17	乙酉	10月18	乙卯	9月18	乙酉	8月20	丙辰
初三	1月16	乙酉	12月17	乙卯	11月18	丙戌	10月19	丙辰	9月19	丙戌	8月21	丁巳
初四	1月17	丙戌	12月18	丙辰	11月19	丁亥	10月20	丁巳	9月20	丁亥	8月22	戊午
初五	1月18	丁亥	12月19	丁巳	11月20	戊子	10月21	戊午	9月21	戊子	8月23	己未
初六	1月19	戊子	12月20	戊午	11月21	己丑	10月22	己未	9月22	己丑	8月24	庚申
初七	1月20	己丑	12月21	己未	11月22	庚寅	10月23	庚申	9月23	庚寅	8月25	辛酉
初八	1月21	庚寅	12月22	庚申	11月23	辛卯	10月24	辛酉	9月24	辛卯	8月26	壬戌
初九	1月22	辛卯	12月23	辛酉	11月24	壬辰	10月25	壬戌	9月25	壬辰	8月27	癸亥
初十	1月23	壬辰	12月24	壬戌	11月25	癸巳	10月26	癸亥	9月26	癸巳	8月28	甲子
十一	1月24	癸巳	12月25	癸亥	11月26	甲午	10月27	甲子	9月27	甲午	8月29	乙丑
十二	1月25	甲午	12月26	甲子	11月27	乙未	10月28	乙丑	9月28	乙未	8月30	丙寅
十三	1月26	乙未	12月27	乙丑	11月28	丙申	10月29	丙寅	9月29	丙申	8月31	丁卯
十四	1月27	丙申	12月28	丙寅	11月29	丁酉	10月30	丁卯	9月30	丁酉	9月 1	戊辰
十五	1月28	丁酉	12月29	丁卯	11月30	戊戌	10月31	戊辰	10月 1	戊戌	9月 2	己巳
十六	1月29	戊戌	12月30	戊辰	12月 1	己亥	11月 1	己巳	10月 2	己亥	9月 3	庚午
十七	1月30	己亥	12月31	己巳	12月 2	庚子	11月 2	庚午	10月 3	庚子	9月 4	辛未
十八	1月31	庚子	1月 1	庚午	12月 3	辛丑	11月 3	辛未	10月 4	辛丑	9月 5	壬申
十九	2月 1	辛丑	1月 2	辛未	12月 4	壬寅	11月 4	壬申	10月 5	壬寅	9月 6	癸酉
二十	2月 2	壬寅	1月 3	壬申	12月 5	癸卯	11月 5	癸酉	10月 6	癸卯	9月 7	甲戌
廿一	2月 3	癸卯	1月 4	癸酉	12月 6	甲辰	11月 6	甲戌	10月 7	甲辰	9月 8	乙亥
廿二	2月 4	甲辰	1月 5	甲戌	12月 7	乙巳	11月 7	乙亥	10月 8	乙巳	9月 9	丙子
廿三	2月 5	乙巳	1月 6	乙亥	12月 8	丙午	11月 8	丙子	10月 9	丙午	9月10	丁丑
廿四	2月 6	丙午	1月 7	丙子	12月 9	丁未	11月 9	丁丑	10月10	丁未	9月11	戊寅
廿五	2月 7	丁未	1月 8	丁丑	12月10	戊申	11月10	戊寅	10月11	戊申	9月12	己卯
廿六	2月 8	戊申	1月 9	戊寅	12月11	己酉	11月11	己卯	10月12	己酉	9月13	庚辰
廿七	2月 9	己酉	1月10	己卯	12月12	庚戌	11月12	庚辰	10月13	庚戌	9月14	辛巳
廿八	2月10	庚戌	1月11	庚辰	12月13	辛亥	11月13	辛巳	10月14	辛亥	9月15	壬午
廿九	2月11	辛亥	1月12	辛巳	12月14	壬子	11月14	壬午	10月15	壬子	9月16	癸未
三十	2月12	壬子	1月13	壬午			11月15	癸未	10月16	癸丑		

中華民國 卅四 年 歲次 乙酉《雞》

西元一九四五年 太歲 姓蔣名嵩

月六曆農		月五曆農		月四曆農		月三曆農		月二曆農		月正曆農		別月
未 癸		午 壬		巳 辛		辰 庚		卯 己		寅 戊		支干
暑大		暑小	至夏	種芒	滿小	夏立	雨穀	明清	分春	蟄驚	水雨	節
13時46分 十五未時		20時27分 廿八戌時	2時52分 十三丑時	10時8分 廿六巳時	18時43分 初十酉時	5時37分 廿五卯時	19時7分 初九戌時	11時52分 廿三午時	7時38分 初八辰時	6時38分 廿二卯時	8時15分 初七辰時	氣
曆國	支干	曆國	支干	曆國	支干	曆國	支干	曆國	支干	曆國	支干	曆農
7月9	卯己	6月10	戌庚	5月12	巳辛	4月12	亥辛	3月14	午壬	2月13	丑癸	一初
7月10	辰庚	6月11	亥辛	5月13	午壬	4月13	子壬	3月15	未癸	2月14	寅甲	二初
7月11	巳辛	6月12	子壬	5月14	未癸	4月14	丑癸	3月16	申甲	2月15	卯乙	三初
7月12	午壬	6月13	丑癸	5月15	申甲	4月15	寅甲	3月17	酉乙	2月16	辰丙	四初
7月13	未癸	6月14	寅甲	5月16	酉乙	4月16	卯乙	3月18	戌丙	2月17	巳丁	五初
7月14	申甲	6月15	卯乙	5月17	戌丙	4月17	辰丙	3月19	亥丁	2月18	午戊	六初
7月15	酉乙	6月16	辰丙	5月18	亥丁	4月18	巳丁	3月20	子戊	2月19	未己	七初
7月16	戌丙	6月17	巳丁	5月19	子戊	4月19	午戊	3月21	丑己	2月20	申庚	八初
7月17	亥丁	6月18	午戊	5月20	丑己	4月20	未己	3月22	寅庚	2月21	酉辛	九初
7月18	子戊	6月19	未己	5月21	寅庚	4月21	申庚	3月23	卯辛	2月22	戌壬	十初
7月19	丑己	6月20	申庚	5月22	卯辛	4月22	酉辛	3月24	辰壬	2月23	亥癸	一十
7月20	寅庚	6月21	酉辛	5月23	辰壬	4月23	戌壬	3月25	巳癸	2月24	子甲	二十
7月21	卯辛	6月22	戌壬	5月24	巳癸	4月24	亥癸	3月26	午甲	2月25	丑乙	三十
7月22	辰壬	6月23	亥癸	5月25	午甲	4月25	子甲	3月27	未乙	2月26	寅丙	四十
7月23	巳癸	6月24	子甲	5月26	未乙	4月26	丑乙	3月28	申丙	2月27	卯丁	五十
7月24	午甲	6月25	丑乙	5月27	申丙	4月27	寅丙	3月29	酉丁	2月28	辰戊	六十
7月25	未乙	6月26	寅丙	5月28	酉丁	4月28	卯丁	3月30	戌戊	3月1	巳己	七十
7月26	申丙	6月27	卯丁	5月29	戌戊	4月29	辰戊	3月31	亥己	3月2	午庚	八十
7月27	酉丁	6月28	辰戊	5月30	亥己	4月30	巳己	4月1	子庚	3月3	未辛	九十
7月28	戌戊	6月29	巳己	5月31	子庚	5月1	午庚	4月2	丑辛	3月4	申壬	十二
7月29	亥己	6月30	午庚	6月1	丑辛	5月2	未辛	4月3	寅壬	3月5	酉癸	一廿
7月30	子庚	7月1	未辛	6月2	寅壬	5月3	申壬	4月4	卯癸	3月6	戌甲	二廿
7月31	丑辛	7月2	申壬	6月3	卯癸	5月4	酉癸	4月5	辰甲	3月7	亥乙	三廿
8月1	寅壬	7月3	酉癸	6月4	辰甲	5月5	戌甲	4月6	巳乙	3月8	子丙	四廿
8月2	卯癸	7月4	戌甲	6月5	巳乙	5月6	亥乙	4月7	午丙	3月9	丑丁	五廿
8月3	辰甲	7月5	亥乙	6月6	午丙	5月7	子丙	4月8	未丁	3月10	寅戊	六廿
8月4	巳乙	7月6	子丙	6月7	未丁	5月8	丑丁	4月9	申戊	3月11	卯己	七廿
8月5	午丙	7月7	丑丁	6月8	申戊	5月9	寅戊	4月10	酉己	3月12	辰庚	八廿
8月6	未丁	7月8	寅戊	6月9	酉己	5月10	卯己	4月11	戌庚	3月13	巳辛	九廿
8月7	申戊					5月11	辰庚					十三

西元1945年

月別	月二十曆農		月一十曆農		月十曆農		月九曆農		月八曆農		月七曆農	
干支	丑	己	子	戊	亥	丁	戌	丙	酉	乙	申	甲
節	寒大	寒小	至冬	雪大	雪小	冬立	降霜	露寒	分秋	露白	暑處	秋立
氣	23時45分 十八夜子	6時17分 初四卯時	13時4分 十八未時	19時8分 初三戌時	23時56分 十八夜子	2時35分 初四丑時	2時44分 十九丑時	23時50分 初三夜子	17時50分 十八酉時	8時39分 初三辰時	20時36分 十六戌時	6時6分 初一卯時
農曆	曆國	支干	曆國	支干	曆國	支干	曆國	支干	曆國	支干	曆國	支干
初一	1月 3	丑丁	12月 5	申戊	11月 5	寅戊	10月 6	申戊	9月 6	寅戊	8月 8	酉己
初二	1月 4	寅戊	12月 6	酉己	11月 6	卯己	10月 7	酉己	9月 7	卯己	8月 9	戌庚
初三	1月 5	卯己	12月 7	戌庚	11月 7	辰庚	10月 8	戌庚	9月 8	辰庚	8月10	亥辛
初四	1月 6	辰庚	12月 8	亥辛	11月 8	巳辛	10月 9	亥辛	9月 9	巳辛	8月11	子壬
初五	1月 7	巳辛	12月 9	子壬	11月 9	午壬	10月10	子壬	9月10	午壬	8月12	丑癸
初六	1月 8	午壬	12月10	丑癸	11月10	未癸	10月11	丑癸	9月11	未癸	8月13	寅甲
初七	1月 9	未癸	12月11	寅甲	11月11	申甲	10月12	寅甲	9月12	申甲	8月14	卯乙
初八	1月10	申甲	12月12	卯乙	11月12	酉乙	10月13	卯乙	9月13	酉乙	8月15	辰丙
初九	1月11	酉乙	12月13	辰丙	11月13	戌丙	10月14	辰丙	9月14	戌丙	8月16	巳丁
初十	1月12	戌丙	12月14	巳丁	11月14	亥丁	10月15	巳丁	9月15	亥丁	8月17	午戊
十一	1月13	亥丁	12月15	午戊	11月15	子戊	10月16	午戊	9月16	子戊	8月18	未己
十二	1月14	子戊	12月16	未己	11月16	丑己	10月17	未己	9月17	丑己	8月19	申庚
十三	1月15	丑己	12月17	申庚	11月17	寅庚	10月18	申庚	9月18	寅庚	8月20	酉辛
十四	1月16	寅庚	12月18	酉辛	11月18	卯辛	10月19	酉辛	9月19	卯辛	8月21	戌壬
十五	1月17	卯辛	12月19	戌壬	11月19	辰壬	10月20	戌壬	9月20	辰壬	8月22	亥癸
十六	1月18	辰壬	12月20	亥癸	11月20	巳癸	10月21	亥癸	9月21	巳癸	8月23	子甲
十七	1月19	巳癸	12月21	子甲	11月21	午甲	10月22	子甲	9月22	午甲	8月24	丑乙
十八	1月20	午甲	12月22	丑乙	11月22	未乙	10月23	丑乙	9月23	未乙	8月25	寅丙
十九	1月21	未乙	12月23	寅丙	11月23	申丙	10月24	寅丙	9月24	申丙	8月26	卯丁
二十	1月22	申丙	12月24	卯丁	11月24	酉丁	10月25	卯丁	9月25	酉丁	8月27	辰戊
廿一	1月23	酉丁	12月25	辰戊	11月25	戌戊	10月26	辰戊	9月26	戌戊	8月28	巳己
廿二	1月24	戌戊	12月26	巳己	11月26	亥己	10月27	巳己	9月27	亥己	8月29	午庚
廿三	1月25	亥己	12月27	午庚	11月27	子庚	10月28	午庚	9月28	子庚	8月30	未辛
廿四	1月26	子庚	12月28	未辛	11月28	丑辛	10月29	未辛	9月29	丑辛	8月31	申壬
廿五	1月27	丑辛	12月29	申壬	11月29	寅壬	10月30	申壬	9月30	寅壬	9月 1	酉癸
廿六	1月28	寅壬	12月30	酉癸	11月30	卯癸	10月31	酉癸	10月 1	卯癸	9月 2	戌甲
廿七	1月29	卯癸	12月31	戌甲	12月 1	辰甲	11月 1	戌甲	10月 2	辰甲	9月 3	亥乙
廿八	1月30	辰甲	1月 1	亥乙	12月 2	巳乙	11月 2	亥乙	10月 3	巳乙	9月 4	子丙
廿九	1月31	巳乙	1月 2	子丙	12月 3	午丙	11月 3	子丙	10月 4	午丙	9月 5	丑丁
三十	2月 1	午丙			12月 4	未丁	11月 4	丑丁	10月 5	未丁		

中華民國卅五年 歲次丙戌《狗》

西元一九四六年 太歲姓向名般

月別	農曆正月		農曆二月		農曆三月		農曆四月		農曆五月		農曆六月	
干支	庚寅		辛卯		壬辰		癸巳		甲午		乙未	
節氣	立春 初三酉時 18時5分	雨水 十八未時 14時9分	驚蟄 初三午時 12時25分	春分 十八未時 13時33分	清明 初四酉時 17時39分	穀雨 二十丑時 1時2分	立夏 初六午時 11時22分	小滿 廿二子時 0時34分	芒種 初七申時 15時49分	夏至 廿三辰時 8時45分	小暑 初十丑時 2時11分	大暑 廿五戌時 19時37分
農曆	干支	國曆	干支	國曆	干支	國曆	干支	國曆	干支	國曆	干支	國曆
初一	丁未	2月2	丁丑	3月4	丙午	4月2	乙亥	5月1	乙巳	5月31	甲戌	6月29
初二	戊申	2月3	戊寅	3月5	丁未	4月3	丙子	5月2	丙午	6月1	乙亥	6月30
初三	己酉	2月4	己卯	3月6	戊申	4月4	丁丑	5月3	丁未	6月2	丙子	7月1
初四	庚戌	2月5	庚辰	3月7	己酉	4月5	戊寅	5月4	戊申	6月3	丁丑	7月2
初五	辛亥	2月6	辛巳	3月8	庚戌	4月6	己卯	5月5	己酉	6月4	戊寅	7月3
初六	壬子	2月7	壬午	3月9	辛亥	4月7	庚辰	5月6	庚戌	6月5	己卯	7月4
初七	癸丑	2月8	癸未	3月10	壬子	4月8	辛巳	5月7	辛亥	6月6	庚辰	7月5
初八	甲寅	2月9	甲申	3月11	癸丑	4月9	壬午	5月8	壬子	6月7	辛巳	7月6
初九	乙卯	2月10	乙酉	3月12	甲寅	4月10	癸未	5月9	癸丑	6月8	壬午	7月7
初十	丙辰	2月11	丙戌	3月13	乙卯	4月11	甲申	5月10	甲寅	6月9	癸未	7月8
十一	丁巳	2月12	丁亥	3月14	丙辰	4月12	乙酉	5月11	乙卯	6月10	甲申	7月9
十二	戊午	2月13	戊子	3月15	丁巳	4月13	丙戌	5月12	丙辰	6月11	乙酉	7月10
十三	己未	2月14	己丑	3月16	戊午	4月14	丁亥	5月13	丁巳	6月12	丙戌	7月11
十四	庚申	2月15	庚寅	3月17	己未	4月15	戊子	5月14	戊午	6月13	丁亥	7月12
十五	辛酉	2月16	辛卯	3月18	庚申	4月16	己丑	5月15	己未	6月14	戊子	7月13
十六	壬戌	2月17	壬辰	3月19	辛酉	4月17	庚寅	5月16	庚申	6月15	己丑	7月14
十七	癸亥	2月18	癸巳	3月20	壬戌	4月18	辛卯	5月17	辛酉	6月16	庚寅	7月15
十八	甲子	2月19	甲午	3月21	癸亥	4月19	壬辰	5月18	壬戌	6月17	辛卯	7月16
十九	乙丑	2月20	乙未	3月22	甲子	4月20	癸巳	5月19	癸亥	6月18	壬辰	7月17
二十	丙寅	2月21	丙申	3月23	乙丑	4月21	甲午	5月20	甲子	6月19	癸巳	7月18
廿一	丁卯	2月22	丁酉	3月24	丙寅	4月22	乙未	5月21	乙丑	6月20	甲午	7月19
廿二	戊辰	2月23	戊戌	3月25	丁卯	4月23	丙申	5月22	丙寅	6月21	乙未	7月20
廿三	己巳	2月24	己亥	3月26	戊辰	4月24	丁酉	5月23	丁卯	6月22	丙申	7月21
廿四	庚午	2月25	庚子	3月27	己巳	4月25	戊戌	5月24	戊辰	6月23	丁酉	7月22
廿五	辛未	2月26	辛丑	3月28	庚午	4月26	己亥	5月25	己巳	6月24	戊戌	7月23
廿六	壬申	2月27	壬寅	3月29	辛未	4月27	庚子	5月26	庚午	6月25	己亥	7月24
廿七	癸酉	2月28	癸卯	3月30	壬申	4月28	辛丑	5月27	辛未	6月26	庚子	7月25
廿八	甲戌	3月1	甲辰	3月31	癸酉	4月29	壬寅	5月28	壬申	6月27	辛丑	7月26
廿九	乙亥	3月2	乙巳	4月1	甲戌	4月30	癸卯	5月29	癸酉	6月28	壬寅	7月27
三十	丙子	3月3					甲辰	5月30				

西元1946年

月別	月二十曆農		月一十曆農		月十曆農		月九曆農		月八曆農		月七曆農	
干支	丑	辛	子	庚	亥	己	戌	戊	酉	丁	申	丙
節	寒大	寒小	至冬	雪大	雪小	冬立	降霜	露寒	分秋	露白	暑處	秋立
氣	5時35分 三十卯時	12時11分 十五午時	18時54分 廿九酉時	1時1分 十五丑時	5時47分 三十卯時	8時28分 十五辰時	8時35分 三十辰時	5時42分 十五卯時	23時41分 廿八夜子	14時28分 十三未時	2時27分 廿八丑時	11時52分 十二午時
農曆	曆國	支干	曆國	支干	曆國	支干	曆國	支干	曆國	支干	曆國	支干
初一	12月23	未辛	11月24	寅壬	10月25	申壬	9月25	寅壬	8月27	酉癸	7月28	卯癸
初二	12月24	申壬	11月25	卯癸	10月26	酉癸	9月26	卯癸	8月28	戌甲	7月29	辰甲
初三	12月25	酉癸	11月26	辰甲	10月27	戌甲	9月27	辰甲	8月29	亥乙	7月30	巳乙
初四	12月26	戌甲	11月27	巳乙	10月28	亥乙	9月28	巳乙	8月30	子丙	7月31	午丙
初五	12月27	亥乙	11月28	午丙	10月29	子丙	9月29	午丙	8月31	丑丁	8月 1	未丁
初六	12月28	子丙	11月29	未丁	10月30	丑丁	9月30	未丁	9月 1	寅戊	8月 2	申戊
初七	12月29	丑丁	11月30	申戊	10月31	寅戊	10月 1	申戊	9月 2	卯己	8月 3	酉己
初八	12月30	寅戊	12月 1	酉己	11月 1	卯己	10月 2	酉己	9月 3	辰庚	8月 4	戌庚
初九	12月31	卯己	12月 2	戌庚	11月 2	辰庚	10月 3	戌庚	9月 4	巳辛	8月 5	亥辛
初十	1月 1	辰庚	12月 3	亥辛	11月 3	巳辛	10月 4	亥辛	9月 5	午壬	8月 6	子壬
十一	1月 2	巳辛	12月 4	子壬	11月 4	午壬	10月 5	子壬	9月 6	未癸	8月 7	丑癸
十二	1月 3	午壬	12月 5	丑癸	11月 5	未癸	10月 6	丑癸	9月 7	申甲	8月 8	寅甲
十三	1月 4	未癸	12月 6	寅甲	11月 6	申甲	10月 7	寅甲	9月 8	酉乙	8月 9	卯乙
十四	1月 5	申甲	12月 7	卯乙	11月 7	酉乙	10月 8	卯乙	9月 9	戌丙	8月10	辰丙
十五	1月 6	酉乙	12月 8	辰丙	11月 8	戌丙	10月 9	辰丙	9月10	亥丁	8月11	巳丁
十六	1月 7	戌丙	12月 9	巳丁	11月 9	亥丁	10月10	巳丁	9月11	子戊	8月12	午戊
十七	1月 8	亥丁	12月10	午戊	11月10	子戊	10月11	午戊	9月12	丑己	8月13	未己
十八	1月 9	子戊	12月11	未己	11月11	丑己	10月12	未己	9月13	寅庚	8月14	申庚
十九	1月10	丑己	12月12	申庚	11月12	寅庚	10月13	申庚	9月14	卯辛	8月15	酉辛
二十	1月11	寅庚	12月13	酉辛	11月13	卯辛	10月14	酉辛	9月15	辰壬	8月16	戌壬
廿一	1月12	卯辛	12月14	戌壬	11月14	辰壬	10月15	戌壬	9月16	巳癸	8月17	亥癸
廿二	1月13	辰壬	12月15	亥癸	11月15	巳癸	10月16	亥癸	9月17	午甲	8月18	子甲
廿三	1月14	巳癸	12月16	子甲	11月16	午甲	10月17	子甲	9月18	未乙	8月19	丑乙
廿四	1月15	午甲	12月17	丑乙	11月17	未乙	10月18	丑乙	9月19	申丙	8月20	寅丙
廿五	1月16	未乙	12月18	寅丙	11月18	申丙	10月19	寅丙	9月20	酉丁	8月21	卯丁
廿六	1月17	申丙	12月19	卯丁	11月19	酉丁	10月20	卯丁	9月21	戌戊	8月22	辰戊
廿七	1月18	酉丁	12月20	辰戊	11月20	戌戊	10月21	辰戊	9月22	亥己	8月23	巳己
廿八	1月19	戌戊	12月21	巳己	11月21	亥己	10月22	巳己	9月23	子庚	8月24	午庚
廿九	1月20	亥己	12月22	午庚	11月22	子庚	10月23	午庚	9月24	丑辛	8月25	未辛
三十	1月21	子庚			11月23	丑辛	10月24	未辛			8月26	申壬

中華民國卅六年 歲次丁亥《豬》

西元一九四七年 太歲姓封名齊

月別	農曆正月		農曆二月		農曆閏二月		農曆三月		農曆四月		農曆五月		農曆六月	
干支	壬寅		癸卯				甲辰		乙巳		丙午		丁未	
節	立春	雨水	驚蟄	春分	清明		穀雨	立夏	小滿	芒種	夏至	小暑	大雪	立秋
氣	十四夜子 23時55分	廿九戌時 19時55分	十四酉時 18時12分	廿九戌時 19時15分	十四夜子 23時23分		初一卯時 6時42分	十六酉時 17時5分	初三卯時 6時13分	十八亥時 21時33分	初四未時 14時24分	二十辰時 7時56分	初七丑時 1時19分	廿二酉時 17時39分
農曆	干支	國曆	干支	國曆	干支	國曆	干支	國曆	干支	國曆	干支	國曆	干支	國曆
初一	辛丑	1月22	辛未	2月21	辛丑	3月23	庚午	4月21	己亥	5月20	己巳	6月19	戊戌	7月18
初二	壬寅	1月23	壬申	2月22	壬寅	3月24	辛未	4月22	庚子	5月21	庚午	6月20	己亥	7月19
初三	癸卯	1月24	癸酉	2月23	癸卯	3月25	壬申	4月23	辛丑	5月22	辛未	6月21	庚子	7月20
初四	甲辰	1月25	甲戌	2月24	甲辰	3月26	癸酉	4月24	壬寅	5月23	壬申	6月22	辛丑	7月21
初五	乙巳	1月26	乙亥	2月25	乙巳	3月27	甲戌	4月25	癸卯	5月24	癸酉	6月23	壬寅	7月22
初六	丙午	1月27	丙子	2月26	丙午	3月28	乙亥	4月26	甲辰	5月25	甲戌	6月24	癸卯	7月23
初七	丁未	1月28	丁丑	2月27	丁未	3月29	丙子	4月27	乙巳	5月26	乙亥	6月25	甲辰	7月24
初八	戊申	1月29	戊寅	2月28	戊申	3月30	丁丑	4月28	丙午	5月27	丙子	6月26	乙巳	7月25
初九	己酉	1月30	己卯	3月1	己酉	3月31	戊寅	4月29	丁未	5月28	丁丑	6月27	丙午	7月26
初十	庚戌	1月31	庚辰	3月2	庚戌	4月1	己卯	4月30	戊申	5月29	戊寅	6月28	丁未	7月27
十一	辛亥	2月1	辛巳	3月3	辛亥	4月2	庚辰	5月1	己酉	5月30	己卯	6月29	戊申	7月28
十二	壬子	2月2	壬午	3月4	壬子	4月3	辛巳	5月2	庚戌	5月31	庚辰	6月30	己酉	7月29
十三	癸丑	2月3	癸未	3月5	癸丑	4月4	壬午	5月3	辛亥	6月1	辛巳	7月1	庚戌	7月30
十四	甲寅	2月4	甲申	3月6	甲寅	4月5	癸未	5月4	壬子	6月2	壬午	7月2	辛亥	7月31
十五	乙卯	2月5	乙酉	3月7	乙卯	4月6	甲申	5月5	癸丑	6月3	癸未	7月3	壬子	8月1
十六	丙辰	2月6	丙戌	3月8	丙辰	4月7	乙酉	5月6	甲寅	6月4	甲申	7月4	癸丑	8月2
十七	丁巳	2月7	丁亥	3月9	丁巳	4月8	丙戌	5月7	乙卯	6月5	乙酉	7月5	甲寅	8月3
十八	戊午	2月8	戊子	3月10	戊午	4月9	丁亥	5月8	丙辰	6月6	丙戌	7月6	乙卯	8月4
十九	己未	2月9	己丑	3月11	己未	4月10	戊子	5月9	丁巳	6月7	丁亥	7月7	丙辰	8月5
二十	庚申	2月10	庚寅	3月12	庚申	4月11	己丑	5月10	戊午	6月8	戊子	7月8	丁巳	8月6
廿一	辛酉	2月11	辛卯	3月13	辛酉	4月12	庚寅	5月11	己未	6月9	己丑	7月9	戊午	8月7
廿二	壬戌	2月12	壬辰	3月14	壬戌	4月13	辛卯	5月12	庚申	6月10	庚寅	7月10	己未	8月8
廿三	癸亥	2月13	癸巳	3月15	癸亥	4月14	壬辰	5月13	辛酉	6月11	辛卯	7月11	庚申	8月9
廿四	甲子	2月14	甲午	3月16	甲子	4月15	癸巳	5月14	壬戌	6月12	壬辰	7月12	辛酉	8月10
廿五	乙丑	2月15	乙未	3月17	乙丑	4月16	甲午	5月15	癸亥	6月13	癸巳	7月13	壬戌	8月11
廿六	丙寅	2月16	丙申	3月18	丙寅	4月17	乙未	5月16	甲子	6月14	甲午	7月14	癸亥	8月12
廿七	丁卯	2月17	丁酉	3月19	丁卯	4月18	丙申	5月17	乙丑	6月15	乙未	7月15	甲子	8月13
廿八	戊辰	2月18	戊戌	3月20	戊辰	4月19	丁酉	5月18	丙寅	6月16	丙申	7月16	乙丑	8月14
廿九	己巳	2月19	己亥	3月21	己巳	4月20	戊戌	5月19	丁卯	6月17	丁酉	7月17	丙寅	8月15
三十	庚午	2月20	庚子	3月22					戊辰	6月18				

西元1947年

月別	月二十曆農		月一十曆農		月十曆農		月九曆農		月八曆農		月七曆農	
干支	丑	癸	子	壬	亥	辛	戌	庚	酉	己	申	戊
節	春立	寒大	寒小	至冬	雪大	雪小	冬立	降霜	露寒	分秋	露白	暑處
氣	5時43分 廿六卯時	11時19分 十一午時	18時1分 廿六酉時	0時45分 十二子時	6時53分 廿六卯時	11時37分 十一午時	14時19分 廿六未時	14時24分 十一未時	11時32分 廿五午時	5時28分 初十卯時	20時17分 廿四戌時	8時11分 初九辰時
農曆	曆國	支干	曆國	支干	曆國	支干	曆國	支干	曆國	支干	曆國	支干
初一	1月11	未乙	12月12	丑乙	11月13	申丙	10月14	寅丙	9月15	酉丁	8月16	卯丁
初二	1月12	申丙	12月13	寅丙	11月14	酉丁	10月15	卯丁	9月16	戌戊	8月17	辰戊
初三	1月13	酉丁	12月14	卯丁	11月15	戌戊	10月16	辰戊	9月17	亥己	8月18	巳己
初四	1月14	戌戊	12月15	辰戊	11月16	亥己	10月17	巳己	9月18	子庚	8月19	午庚
初五	1月15	亥己	12月16	巳己	11月17	子庚	10月18	午庚	9月19	丑辛	8月20	未辛
初六	1月16	子庚	12月17	午庚	11月18	丑辛	10月19	未辛	9月20	寅壬	8月21	申壬
初七	1月17	丑辛	12月18	未辛	11月19	寅壬	10月20	申壬	9月21	卯癸	8月22	酉癸
初八	1月18	寅壬	12月19	申壬	11月20	卯癸	10月21	酉癸	9月22	辰甲	8月23	戌甲
初九	1月19	卯癸	12月20	酉癸	11月21	辰甲	10月22	戌甲	9月23	巳乙	8月24	亥乙
初十	1月20	辰甲	12月21	戌甲	11月22	巳乙	10月23	亥乙	9月24	午丙	8月25	子丙
十一	1月21	巳乙	12月22	亥乙	11月23	午丙	10月24	子丙	9月25	未丁	8月26	丑丁
十二	1月22	午丙	12月23	子丙	11月24	未丁	10月25	丑丁	9月26	申戊	8月27	寅戊
十三	1月23	未丁	12月24	丑丁	11月25	申戊	10月26	寅戊	9月27	酉己	8月28	卯己
十四	1月24	申戊	12月25	寅戊	11月26	酉己	10月27	卯己	9月28	戌庚	8月29	辰庚
十五	1月25	酉己	12月26	卯己	11月27	戌庚	10月28	辰庚	9月29	亥辛	8月30	巳辛
十六	1月26	戌庚	12月27	辰庚	11月28	亥辛	10月29	巳辛	9月30	子壬	8月31	午壬
十七	1月27	亥辛	12月28	巳辛	11月29	子壬	10月30	午壬	10月 1	丑癸	9月 1	未癸
十八	1月28	子壬	12月29	午壬	11月30	丑癸	10月31	未癸	10月 2	寅甲	9月 2	申甲
十九	1月29	丑癸	12月30	未癸	12月 1	寅甲	11月 1	申甲	10月 3	卯乙	9月 3	酉乙
二十	1月30	寅甲	12月31	申甲	12月 2	卯乙	11月 2	酉乙	10月 4	辰丙	9月 4	戌丙
廿一	1月31	卯乙	1月 1	酉乙	12月 3	辰丙	11月 3	戌丙	10月 5	巳丁	9月 5	亥丁
廿二	2月 1	辰丙	1月 2	戌丙	12月 4	巳丁	11月 4	亥丁	10月 6	午戊	9月 6	子戊
廿三	2月 2	巳丁	1月 3	亥丁	12月 5	午戊	11月 5	子戊	10月 7	未己	9月 7	丑己
廿四	2月 3	午戊	1月 4	子戊	12月 6	未己	11月 6	丑己	10月 8	申庚	9月 8	寅庚
廿五	2月 4	未己	1月 5	丑己	12月 7	申庚	11月 7	寅庚	10月 9	酉辛	9月 9	卯辛
廿六	2月 5	申庚	1月 6	寅庚	12月 8	酉辛	11月 8	卯辛	10月10	戌壬	9月10	辰壬
廿七	2月 6	酉辛	1月 7	卯辛	12月 9	戌壬	11月 9	辰壬	10月11	亥癸	9月11	巳癸
廿八	2月 7	戌壬	1月 8	辰壬	12月10	亥癸	11月10	巳癸	10月12	子甲	9月12	午甲
廿九	2月 8	亥癸	1月 9	巳癸	12月11	子甲	11月11	午甲	10月13	丑乙	9月13	未乙
三十	2月 9	子甲	1月10	午甲			11月12	未乙			9月14	申丙

中華民國卅七年 歲次戊子《鼠》

西元一九四八年 太歲姓郢名班

月六曆農		月五曆農		月四曆農		月三曆農		月二曆農		月正曆農		別月
未	己	午	戊	巳	丁	辰	丙	卯	乙	寅	甲	支干
暑大	暑小	至夏		種芒	滿小	夏立	雨穀	明清	分春	蟄驚	水雨	節
十七辰時 7時8分	初一未時 13時44分	十五戌時 20時11分		廿九寅時 3時21分	十三午時 11時58分	廿七亥時 22時53分	十二午時 12時25分	廿六卯時 5時10分	十一子時 0時57分	廿五夜子 23時58分	十一丑時 1時37分	氣
曆國	支干	曆國	支干	曆國	支干	曆國	支干	曆國	支干	曆國	支干	曆農
7月 7	巳癸	6月 7	亥癸	5月 9	午甲	4月 9	子甲	3月11	未乙	2月10	丑乙	一初
7月 8	午甲	6月 8	子甲	5月10	未乙	4月10	丑乙	3月12	申丙	2月11	寅丙	二初
7月 9	未乙	6月 9	丑乙	5月11	申丙	4月11	寅丙	3月13	酉丁	2月12	卯丁	三初
7月10	申丙	6月10	寅丙	5月12	酉丁	4月12	卯丁	3月14	戌戊	2月13	辰戊	四初
7月11	酉丁	6月11	卯丁	5月13	戌戊	4月13	辰戊	3月15	亥己	2月14	巳己	五初
7月12	戌戊	6月12	辰戊	5月14	亥己	4月14	巳己	3月16	子庚	2月15	午庚	六初
7月13	亥己	6月13	巳己	5月15	子庚	4月15	午庚	3月17	丑辛	2月16	未辛	七初
7月14	子庚	6月14	午庚	5月16	丑辛	4月16	未辛	3月18	寅壬	2月17	申壬	八初
7月15	丑辛	6月15	未辛	5月17	寅壬	4月17	申壬	3月19	卯癸	2月18	酉癸	九初
7月16	寅壬	6月16	申壬	5月18	卯癸	4月18	酉癸	3月20	辰甲	2月19	戌甲	十初
7月17	卯癸	6月17	酉癸	5月19	辰甲	4月19	戌甲	3月21	巳乙	2月20	亥乙	一十
7月18	辰甲	6月18	戌甲	5月20	巳乙	4月20	亥乙	3月22	午丙	2月21	子丙	二十
7月19	巳乙	6月19	亥乙	5月21	午丙	4月21	子丙	3月23	未丁	2月22	丑丁	三十
7月20	午丙	6月20	子丙	5月22	未丁	4月22	丑丁	3月24	申戊	2月23	寅戊	四十
7月21	未丁	6月21	丑丁	5月23	申戊	4月23	寅戊	3月25	酉己	2月24	卯己	五十
7月22	申戊	6月22	寅戊	5月24	酉己	4月24	卯己	3月26	戌庚	2月25	辰庚	六十
7月23	酉己	6月23	卯己	5月25	戌庚	4月25	辰庚	3月27	亥辛	2月26	巳辛	七十
7月24	戌庚	6月24	辰庚	5月26	亥辛	4月26	巳辛	3月28	子壬	2月27	午壬	八十
7月25	亥辛	6月25	巳辛	5月27	子壬	4月27	午壬	3月29	丑癸	2月28	未癸	九十
7月26	子壬	6月26	午壬	5月28	丑癸	4月28	未癸	3月30	寅甲	2月29	申甲	十二
7月27	丑癸	6月27	未癸	5月29	寅甲	4月29	申甲	3月31	卯乙	3月 1	酉乙	一廿
7月28	寅甲	6月28	申甲	5月30	卯乙	4月30	酉乙	4月 1	辰丙	3月 2	戌丙	二廿
7月29	卯乙	6月29	酉乙	5月31	辰丙	5月 1	戌丙	4月 2	巳丁	3月 3	亥丁	三廿
7月30	辰丙	6月30	戌丙	6月 1	巳丁	5月 2	亥丁	4月 3	午戊	3月 4	子戊	四廿
7月31	巳丁	7月 1	亥丁	6月 2	午戊	5月 3	子戊	4月 4	未己	3月 5	丑己	五廿
8月 1	午戊	7月 2	子戊	6月 3	未己	5月 4	丑己	4月 5	申庚	3月 6	寅庚	六廿
8月 2	未己	7月 3	丑己	6月 4	申庚	5月 5	寅庚	4月 6	酉辛	3月 7	卯辛	七廿
8月 3	申庚	7月 4	寅庚	6月 5	酉辛	5月 6	卯辛	4月 7	戌壬	3月 8	辰壬	八廿
8月 4	酉辛	7月 5	卯辛	6月 6	戌壬	5月 7	辰壬	4月 8	亥癸	3月 9	巳癸	九廿
		7月 6	辰壬			5月 8	巳癸			3月10	午甲	十三

西元1948年

月別	月二十曆農		月一十曆農		月十曆農		月九曆農		月八曆農		月七曆農	
干支	丑	乙	子	甲	亥	癸	戌	壬	酉	辛	申	庚
節	寒大	寒小	至冬	雪大	雪小	冬立	降霜	露寒	分秋	露白	暑處	秋立
氣	17時9分 廿二酉時	23時42分 初七夜子	6時34分 廿二卯時	12時38分 初七午時	17時30分 廿二酉時	20時7分 初七戌時	20時19分 廿一戌時	17時21分 初六酉時	11時22分 廿一午時	2時6分 初六丑時	14時3分 十九未時	23時27分 初三夜子
農曆	曆國	支干	曆國	支干	曆國	支干	曆國	支干	曆國	支干	曆國	支干
初一	12月30	丑己	12月 1	申庚	11月 1	寅庚	10月 3	酉辛	9月 3	卯辛	8月 5	戌壬
初二	12月31	寅庚	12月 2	酉辛	11月 2	卯辛	10月 4	戌壬	9月 4	辰壬	8月 6	亥癸
初三	1月 1	卯辛	12月 3	戌壬	11月 3	辰壬	10月 5	亥癸	9月 5	巳癸	8月 7	子甲
初四	1月 2	辰壬	12月 4	亥癸	11月 4	巳癸	10月 6	子甲	9月 6	午甲	8月 8	丑乙
初五	1月 3	巳癸	12月 5	子甲	11月 5	午甲	10月 7	丑乙	9月 7	未乙	8月 9	寅丙
初六	1月 4	午甲	12月 6	丑乙	11月 6	未乙	10月 8	寅丙	9月 8	申丙	8月10	卯丁
初七	1月 5	未乙	12月 7	寅丙	11月 7	申丙	10月 9	卯丁	9月 9	酉丁	8月11	辰戊
初八	1月 6	申丙	12月 8	卯丁	11月 8	酉丁	10月10	辰戊	9月10	戌戊	8月12	巳己
初九	1月 7	酉丁	12月 9	辰戊	11月 9	戌戊	10月11	巳己	9月11	亥己	8月13	午庚
初十	1月 8	戌戊	12月10	巳己	11月10	亥己	10月12	午庚	9月12	子庚	8月14	未辛
十一	1月 9	亥己	12月11	午庚	11月11	子庚	10月13	未辛	9月13	丑辛	8月15	申壬
十二	1月10	子庚	12月12	未辛	11月12	丑辛	10月14	申壬	9月14	寅壬	8月16	酉癸
十三	1月11	丑辛	12月13	申壬	11月13	寅壬	10月15	酉癸	9月15	卯癸	8月17	戌甲
十四	1月12	寅壬	12月14	酉癸	11月14	卯癸	10月16	戌甲	9月16	辰甲	8月18	亥乙
十五	1月13	卯癸	12月15	戌甲	11月15	辰甲	10月17	亥乙	9月17	巳乙	8月19	子丙
十六	1月14	辰甲	12月16	亥乙	11月16	巳乙	10月18	子丙	9月18	午丙	8月20	丑丁
十七	1月15	巳乙	12月17	子丙	11月17	午丙	10月19	丑丁	9月19	未丁	8月21	寅戊
十八	1月16	午丙	12月18	丑丁	11月18	未丁	10月20	寅戊	9月20	申戊	8月22	卯己
十九	1月17	未丁	12月19	寅戊	11月19	申戊	10月21	卯己	9月21	酉己	8月23	辰庚
二十	1月18	申戊	12月20	卯己	11月20	酉己	10月22	辰庚	9月22	戌庚	8月24	巳辛
廿一	1月19	酉己	12月21	辰庚	11月21	戌庚	10月23	巳辛	9月23	亥辛	8月25	午壬
廿二	1月20	戌庚	12月22	巳辛	11月22	亥辛	10月24	午壬	9月24	子壬	8月26	未癸
廿三	1月21	亥辛	12月23	午壬	11月23	子壬	10月25	未癸	9月25	丑癸	8月27	申甲
廿四	1月22	子壬	12月24	未癸	11月24	丑癸	10月26	申甲	9月26	寅甲	8月28	酉乙
廿五	1月23	丑癸	12月25	申甲	11月25	寅甲	10月27	酉乙	9月27	卯乙	8月29	戌丙
廿六	1月24	寅甲	12月26	酉乙	11月26	卯乙	10月28	戌丙	9月28	辰丙	8月30	亥丁
廿七	1月25	卯乙	12月27	戌丙	11月27	辰丙	10月29	亥丁	9月29	巳丁	8月31	子戊
廿八	1月26	辰丙	12月28	亥丁	11月28	巳丁	10月30	子戊	9月30	午戊	9月 1	丑己
廿九	1月27	巳丁	12月29	子戊	11月29	午戊	10月31	丑己	10月 1	未己	9月 2	寅庚
三十	1月28	午戊			11月30	未己			10月 2	申庚		

中華民國 卅八年 歲次 己丑《牛》

西元一九四九年　太歲　姓潘名佛

月六曆農		月五曆農		月四曆農		月三曆農		月二曆農		月正曆農		別月
未　辛		午　庚		巳　己		辰　戊		卯　丁		寅　丙		支干
暑大	暑小	至夏	種芒	滿小	夏立	雨穀	明清	分春	蟄驚	水雨	春立	節
廿八午時 12時57分	十二戌時 19時32分	廿六丑時 2時3分	初十巳時 9時7分	廿四酉時 17時52分	初九寅時 4時37分	廿三酉時 18時18分	初八巳時 10時52分	廿二卯時 6時49分	初七卯時 5時40分	廿二辰時 7時28分	初七午時 11時23分	氣
曆國	支干	曆國	支干	曆國	支干	曆國	支干	曆國	支干	曆國	支干	曆農
6月26	亥丁	5月28	午戊	4月28	子戊	3月29	午戊	2月28	丑己	1月29	未己	一初
6月27	子戊	5月29	未己	4月29	丑己	3月30	未己	3月 1	寅庚	1月30	申庚	二初
6月28	丑己	5月30	申庚	4月30	寅庚	3月31	申庚	3月 2	卯辛	1月31	酉辛	三初
6月29	寅庚	5月31	酉辛	5月 1	卯辛	4月 1	酉辛	3月 3	辰壬	2月 1	戌壬	四初
6月30	卯辛	6月 1	戌壬	5月 2	辰壬	4月 2	戌壬	3月 4	巳癸	2月 2	亥癸	五初
7月 1	辰壬	6月 2	亥癸	5月 3	巳癸	4月 3	亥癸	3月 5	午甲	2月 3	子甲	六初
7月 2	巳癸	6月 3	子甲	5月 4	午甲	4月 4	子甲	3月 6	未乙	2月 4	丑乙	七初
7月 3	午甲	6月 4	丑乙	5月 5	未乙	4月 5	丑乙	3月 7	申丙	2月 5	寅丙	八初
7月 4	未乙	6月 5	寅丙	5月 6	申丙	4月 6	寅丙	3月 8	酉丁	2月 6	卯丁	九初
7月 5	申丙	6月 6	卯丁	5月 7	酉丁	4月 7	卯丁	3月 9	戌戊	2月 7	辰戊	十初
7月 6	酉丁	6月 7	辰戊	5月 8	戌戊	4月 8	辰戊	3月10	亥己	2月 8	巳己	一十
7月 7	戌戊	6月 8	巳己	5月 9	亥己	4月 9	巳己	3月11	子庚	2月 9	午庚	二十
7月 8	亥己	6月 9	午庚	5月10	子庚	4月10	午庚	3月12	丑辛	2月10	未辛	三十
7月 9	子庚	6月10	未辛	5月11	丑辛	4月11	未辛	3月13	寅壬	2月11	申壬	四十
7月10	丑辛	6月11	申壬	5月12	寅壬	4月12	申壬	3月14	卯癸	2月12	酉癸	五十
7月11	寅壬	6月12	酉癸	5月13	卯癸	4月13	酉癸	3月15	辰甲	2月13	戌甲	六十
7月12	卯癸	6月13	戌甲	5月14	辰甲	4月14	戌甲	3月16	巳乙	2月14	亥乙	七十
7月13	辰甲	6月14	亥乙	5月15	巳乙	4月15	亥乙	3月17	午丙	2月15	子丙	八十
7月14	巳乙	6月15	子丙	5月16	午丙	4月16	子丙	3月18	未丁	2月16	丑丁	九十
7月15	午丙	6月16	丑丁	5月17	未丁	4月17	丑丁	3月19	申戊	2月17	寅戊	十二
7月16	未丁	6月17	寅戊	5月18	申戊	4月18	寅戊	3月20	酉己	2月18	卯己	一廿
7月17	申戊	6月18	卯己	5月19	酉己	4月19	卯己	3月21	戌庚	2月19	辰庚	二廿
7月18	酉己	6月19	辰庚	5月20	戌庚	4月20	辰庚	3月22	亥辛	2月20	巳辛	三廿
7月19	戌庚	6月20	巳辛	5月21	亥辛	4月21	巳辛	3月23	子壬	2月21	午壬	四廿
7月20	亥辛	6月21	午壬	5月22	子壬	4月22	午壬	3月24	丑癸	2月22	未癸	五廿
7月21	子壬	6月22	未癸	5月23	丑癸	4月23	未癸	3月25	寅甲	2月23	申甲	六廿
7月22	丑癸	6月23	申甲	5月24	寅甲	4月24	申甲	3月26	卯乙	2月24	酉乙	七廿
7月23	寅甲	6月24	酉乙	5月25	卯乙	4月25	酉乙	3月27	辰丙	2月25	戌丙	八廿
7月24	卯乙	6月25	戌丙	5月26	辰丙	4月26	戌丙	3月28	巳丁	2月26	亥丁	九廿
7月25	辰丙			5月27	巳丁	4月27	亥丁			2月27	子戊	十三

西元1949年

月別	月二十曆農		月一十曆農		月十曆農		月九曆農		月八曆農		月七閏曆農		月七曆農	
干支	丑　丁		子　丙		亥　乙		戌　甲		酉　癸				申　壬	
節	春立	寒大	寒小	至冬	雪大	雪小	冬立	降霜	露寒	分秋	露白		暑處	秋立
氣	17時20分 十八酉時	23時0分 初三夜子	5時39分 十八卯時	12時24分 初三午時	18時34分 十八酉時	23時17分 初四夜子	2時0分 十八丑時	2時4分 初三丑時	23時12分 十七夜子	17時6分 初二酉時	7時55分 十六辰時		19時49分 廿九戌時	5時16分 十四卯時
農曆	曆國	支干	曆國	支干	曆國	支干	曆國	支干	曆國	支干	曆國	支干	曆國	支干
初一	1月18	丑癸	12月20	申甲	11月20	寅甲	10月22	酉乙	9月22	卯乙	8月24	戌丙	7月26	巳丁
初二	1月19	寅甲	12月21	酉乙	11月21	卯乙	10月23	戌丙	9月23	辰丙	8月25	亥丁	7月27	午戊
初三	1月20	卯乙	12月22	戌丙	11月22	辰丙	10月24	亥丁	9月24	巳丁	8月26	子戊	7月28	未己
初四	1月21	辰丙	12月23	亥丁	11月23	巳丁	10月25	子戊	9月25	午戊	8月27	丑己	7月29	申庚
初五	1月22	巳丁	12月24	子戊	11月24	午戊	10月26	丑己	9月26	未己	8月28	寅庚	7月30	酉辛
初六	1月23	午戊	12月25	丑己	11月25	未己	10月27	寅庚	9月27	申庚	8月29	卯辛	7月31	戌壬
初七	1月24	未己	12月26	寅庚	11月26	申庚	10月28	卯辛	9月28	酉辛	8月30	辰壬	8月 1	亥癸
初八	1月25	申庚	12月27	卯辛	11月27	酉辛	10月29	辰壬	9月29	戌壬	8月31	巳癸	8月 2	子甲
初九	1月26	酉辛	12月28	辰壬	11月28	戌壬	10月30	巳癸	9月30	亥癸	9月 1	午甲	8月 3	丑乙
初十	1月27	戌壬	12月29	巳癸	11月29	亥癸	10月31	午甲	10月 1	子甲	9月 2	未乙	8月 4	寅丙
十一	1月28	亥癸	12月30	午甲	11月30	子甲	11月 1	未乙	10月 2	丑乙	9月 3	申丙	8月 5	卯丁
十二	1月29	子甲	12月31	未乙	12月 1	丑乙	11月 2	申丙	10月 3	寅丙	9月 4	酉丁	8月 6	辰戊
十三	1月30	丑乙	1月 1	申丙	12月 2	寅丙	11月 3	酉丁	10月 4	卯丁	9月 5	戌戊	8月 7	巳己
十四	1月31	寅丙	1月 2	酉丁	12月 3	卯丁	11月 4	戌戊	10月 5	辰戊	9月 6	亥己	8月 8	午庚
十五	2月 1	卯丁	1月 3	戌戊	12月 4	辰戊	11月 5	亥己	10月 6	巳己	9月 7	子庚	8月 9	未辛
十六	2月 2	辰戊	1月 4	亥己	12月 5	巳己	11月 6	子庚	10月 7	午庚	9月 8	丑辛	8月10	申壬
十七	2月 3	巳己	1月 5	子庚	12月 6	午庚	11月 7	丑辛	10月 8	未辛	9月 9	寅壬	8月11	酉癸
十八	2月 4	午庚	1月 6	丑辛	12月 7	未辛	11月 8	寅壬	10月 9	申壬	9月10	卯癸	8月12	戌甲
十九	2月 5	未辛	1月 7	寅壬	12月 8	申壬	11月 9	卯癸	10月10	酉癸	9月11	辰甲	8月13	亥乙
二十	2月 6	申壬	1月 8	卯癸	12月 9	酉癸	11月10	辰甲	10月11	戌甲	9月12	巳乙	8月14	子丙
廿一	2月 7	酉癸	1月 9	辰甲	12月10	戌甲	11月11	巳乙	10月12	亥乙	9月13	午丙	8月15	丑丁
廿二	2月 8	戌甲	1月10	巳乙	12月11	亥乙	11月12	午丙	10月13	子丙	9月14	未丁	8月16	寅戊
廿三	2月 9	亥乙	1月11	午丙	12月12	子丙	11月13	未丁	10月14	丑丁	9月15	申戊	8月17	卯己
廿四	2月10	子丙	1月12	未丁	12月13	丑丁	11月14	申戊	10月15	寅戊	9月16	酉己	8月18	辰庚
廿五	2月11	丑丁	1月13	申戊	12月14	寅戊	11月15	酉己	10月16	卯己	9月17	戌庚	8月19	巳辛
廿六	2月12	寅戊	1月14	酉己	12月15	卯己	11月16	戌庚	10月17	辰庚	9月18	亥辛	8月20	午壬
廿七	2月13	卯己	1月15	戌庚	12月16	辰庚	11月17	亥辛	10月18	巳辛	9月19	子壬	8月21	未癸
廿八	2月14	辰庚	1月16	亥辛	12月17	巳辛	11月18	子壬	10月19	午壬	9月20	丑癸	8月22	申甲
廿九	2月15	巳辛	1月17	子壬	12月18	午壬	11月19	丑癸	10月20	未癸	9月21	寅甲	8月23	酉乙
三十	2月16	午壬			12月19	未癸			10月21	申甲				

中華民國卅九年 歲次 庚寅《虎》

西元一九五〇年 太歲姓鄔名桓

月六曆農		月五曆農		月四曆農		月三曆農		月二曆農		月正曆農		別月
未	癸	午	壬	巳	辛	辰	庚	卯	己	寅	戊	支干
秋立	暑大	暑小	至夏	種芒	滿小	夏立	雨穀	明清	分春	蟄驚	水雨	節
10時56分 廿五巳時	18時30分 初九酉時	1時14分 廿四丑時	7時37分 初八辰時	14時52分 廿一未時	23時28分 初五夜子	10時25分 二十巳時	0時0分 初五子時	16時45分 十九申時	12時36分 初四午時	11時36分 十八午時	13時18分 初三未時	氣
曆國	支干	曆國	支干	曆國	支干	曆國	支干	曆國	支干	曆國	支干	曆農
7月15	亥辛	6月15	巳辛	5月17	子壬	4月17	午壬	3月18	子壬	2月17	未癸	一初
7月16	子壬	6月16	午壬	5月18	丑癸	4月18	未癸	3月19	丑癸	2月18	申甲	二初
7月17	丑癸	6月17	未癸	5月19	寅甲	4月19	申甲	3月20	寅甲	2月19	酉乙	三初
7月18	寅甲	6月18	申甲	5月20	卯乙	4月20	酉乙	3月21	卯乙	2月20	戌丙	四初
7月19	卯乙	6月19	酉乙	5月21	辰丙	4月21	戌丙	3月22	辰丙	2月21	亥丁	五初
7月20	辰丙	6月20	戌丙	5月22	巳丁	4月22	亥丁	3月23	巳丁	2月22	子戊	六初
7月21	巳丁	6月21	亥丁	5月23	午戊	4月23	子戊	3月24	午戊	2月23	丑己	七初
7月22	午戊	6月22	子戊	5月24	未己	4月24	丑己	3月25	未己	2月24	寅庚	八初
7月23	未己	6月23	丑己	5月25	申庚	4月25	寅庚	3月26	申庚	2月25	卯辛	九初
7月24	申庚	6月24	寅庚	5月26	酉辛	4月26	卯辛	3月27	酉辛	2月26	辰壬	十初
7月25	酉辛	6月25	卯辛	5月27	戌壬	4月27	辰壬	3月28	戌壬	2月27	巳癸	一十
7月26	戌壬	6月26	辰壬	5月28	亥癸	4月28	巳癸	3月29	亥癸	2月28	午甲	二十
7月27	亥癸	6月27	巳癸	5月29	子甲	4月29	午甲	3月30	子甲	3月 1	未乙	三十
7月28	子甲	6月28	午甲	5月30	丑乙	4月30	未乙	3月31	丑乙	3月 2	申丙	四十
7月29	丑乙	6月29	未乙	5月31	寅丙	5月 1	申丙	4月 1	寅丙	3月 3	酉丁	五十
7月30	寅丙	6月30	申丙	6月 1	卯丁	5月 2	酉丁	4月 2	卯丁	3月 4	戌戊	六十
7月31	卯丁	7月 1	酉丁	6月 2	辰戊	5月 3	戌戊	4月 3	辰戊	3月 5	亥己	七十
8月 1	辰戊	7月 2	戌戊	6月 3	巳己	5月 4	亥己	4月 4	巳己	3月 6	子庚	八十
8月 2	巳己	7月 3	亥己	6月 4	午庚	5月 5	子庚	4月 5	午庚	3月 7	丑辛	九十
8月 3	午庚	7月 4	子庚	6月 5	未辛	5月 6	丑辛	4月 6	未辛	3月 8	寅壬	十二
8月 4	未辛	7月 5	丑辛	6月 6	申壬	5月 7	寅壬	4月 7	申壬	3月 9	卯癸	一廿
8月 5	申壬	7月 6	寅壬	6月 7	酉癸	5月 8	卯癸	4月 8	酉癸	3月10	辰甲	二廿
8月 6	酉癸	7月 7	卯癸	6月 8	戌甲	5月 9	辰甲	4月 9	戌甲	3月11	巳乙	三廿
8月 7	戌甲	7月 8	辰甲	6月 9	亥乙	5月10	巳乙	4月10	亥乙	3月12	午丙	四廿
8月 8	亥乙	7月 9	巳乙	6月10	子丙	5月11	午丙	4月11	子丙	3月13	未丁	五廿
8月 9	子丙	7月10	午丙	6月11	丑丁	5月12	未丁	4月12	丑丁	3月14	申戊	六廿
8月10	丑丁	7月11	未丁	6月12	寅戊	5月13	申戊	4月13	寅戊	3月15	酉己	七廿
8月11	寅戊	7月12	申戊	6月13	卯己	5月14	酉己	4月14	卯己	3月16	戌庚	八廿
8月12	卯己	7月13	酉己	6月14	辰庚	5月15	戌庚	4月15	辰庚	3月17	亥辛	九廿
8月13	辰庚	7月14	戌庚			5月16	亥辛	4月16	巳辛			十三

西元1950年

月別	月二十曆農		月一十曆農		月十曆農		月九曆農		月八曆農		月七曆農	
干支	丑	己	子	戊	亥	丁	戌	丙	酉	乙	申	甲
節	春立	寒大	寒小	至冬	雪大	雪小	冬立	降霜	露寒	分秋	露白	暑處
氣	23時14分 廿八夜子	4時53分 十四寅時	11時31分 廿九午時	18時14分 十四酉時	0時22分 廿九子時	5時3分 十四卯時	7時44分 廿九辰時	7時45分 十四辰時	4時52分 廿八寅時	22時44分 十二亥時	13時34分 廿六未時	1時24分 十一丑時
農曆	曆國	支干	曆國	支干	曆國	支干	曆國	支干	曆國	支干	曆國	支干
初一	1月 8	申戊	12月 9	寅戊	11月10	酉己	10月11	卯己	9月12	戌庚	8月14	巳辛
初二	1月 9	酉己	12月10	卯己	11月11	戌庚	10月12	辰庚	9月13	亥辛	8月15	午壬
初三	1月10	戌庚	12月11	辰庚	11月12	亥辛	10月13	巳辛	9月14	子壬	8月16	未癸
初四	1月11	亥辛	12月12	巳辛	11月13	子壬	10月14	午壬	9月15	丑癸	8月17	申甲
初五	1月12	子壬	12月13	午壬	11月14	丑癸	10月15	未癸	9月16	寅甲	8月18	酉乙
初六	1月13	丑癸	12月14	未癸	11月15	寅甲	10月16	申甲	9月17	卯乙	8月19	戌丙
初七	1月14	寅甲	12月15	申甲	11月16	卯乙	10月17	酉乙	9月18	辰丙	8月20	亥丁
初八	1月15	卯乙	12月16	酉乙	11月17	辰丙	10月18	戌丙	9月19	巳丁	8月21	子戊
初九	1月16	辰丙	12月17	戌丙	11月18	巳丁	10月19	亥丁	9月20	午戊	8月22	丑己
初十	1月17	巳丁	12月18	亥丁	11月19	午戊	10月20	子戊	9月21	未己	8月23	寅庚
十一	1月18	午戊	12月19	子戊	11月20	未己	10月21	丑己	9月22	申庚	8月24	卯辛
十二	1月19	未己	12月20	丑己	11月21	申庚	10月22	寅庚	9月23	酉辛	8月25	辰壬
十三	1月20	申庚	12月21	寅庚	11月22	酉辛	10月23	卯辛	9月24	戌壬	8月26	巳癸
十四	1月21	酉辛	12月22	卯辛	11月23	戌壬	10月24	辰壬	9月25	亥癸	8月27	午甲
十五	1月22	戌壬	12月23	辰壬	11月24	亥癸	10月25	巳癸	9月26	子甲	8月28	未乙
十六	1月23	亥癸	12月24	巳癸	11月25	子甲	10月26	午甲	9月27	丑乙	8月29	申丙
十七	1月24	子甲	12月25	午甲	11月26	丑乙	10月27	未乙	9月28	寅丙	8月30	酉丁
十八	1月25	丑乙	12月26	未乙	11月27	寅丙	10月28	申丙	9月29	卯丁	8月31	戌戊
十九	1月26	寅丙	12月27	申丙	11月28	卯丁	10月29	酉丁	9月30	辰戊	9月 1	亥己
二十	1月27	卯丁	12月28	酉丁	11月29	辰戊	10月30	戌戊	10月 1	巳己	9月 2	子庚
廿一	1月28	辰戊	12月29	戌戊	11月30	巳己	10月31	亥己	10月 2	午庚	9月 3	丑辛
廿二	1月29	巳己	12月30	亥己	12月 1	午庚	11月 1	子庚	10月 3	未辛	9月 4	寅壬
廿三	1月30	午庚	12月31	子庚	12月 2	未辛	11月 2	丑辛	10月 4	申壬	9月 5	卯癸
廿四	1月31	未辛	1月 1	丑辛	12月 3	申壬	11月 3	寅壬	10月 5	酉癸	9月 6	辰甲
廿五	2月 1	申壬	1月 2	寅壬	12月 4	酉癸	11月 4	卯癸	10月 6	戌甲	9月 7	巳乙
廿六	2月 2	酉癸	1月 3	卯癸	12月 5	戌甲	11月 5	辰甲	10月 7	亥乙	9月 8	午丙
廿七	2月 3	戌甲	1月 4	辰甲	12月 6	亥乙	11月 6	巳乙	10月 8	子丙	9月 9	未丁
廿八	2月 4	亥乙	1月 5	巳乙	12月 7	子丙	11月 7	午丙	10月 9	丑丁	9月10	申戊
廿九	2月 5	子丙	1月 6	午丙	12月 8	丑丁	11月 8	未丁	10月10	寅戊	9月11	酉己
三十			1月 7	未丁			11月 9	申戊				

西元1951年

中華民國四十年 歲次辛卯《兔》

西元一九五一年 太歲姓范名寧

月六曆農		月五曆農		月四曆農		月三曆農		月二曆農		月正曆農		別月
未	乙	午	甲	巳	癸	辰	壬	卯	辛	寅	庚	支干
暑大	暑小	至夏	種芒	滿小	夏立	雨穀		明清	分春	蟄驚	水雨	節
廿一子時 0時21分	初五卯時 6時54分	十八未時 13時25分	初二戌時 20時33分	十七卯時 5時16分	初一申時 16時10分	十六卯時 5時49分		廿九亥時 22時33分	十四酉時 18時26分	廿九酉時 17時27分	十四戌時 19時10分	氣
曆國	支干	曆國	支干	曆國	支干	曆國	支干	曆國	支干	曆國	支干	曆農
7月4	巳乙	6月5	子丙	5月6	午丙	4月6	子丙	3月8	未丁	2月6	丑丁	一初
7月5	午丙	6月6	丑丁	5月7	未丁	4月7	丑丁	3月9	申戊	2月7	寅戊	二初
7月6	未丁	6月7	寅戊	5月8	申戊	4月8	寅戊	3月10	酉己	2月8	卯己	三初
7月7	申戊	6月8	卯己	5月9	酉己	4月9	卯己	3月11	戌庚	2月9	辰庚	四初
7月8	酉己	6月9	辰庚	5月10	戌庚	4月10	辰庚	3月12	亥辛	2月10	巳辛	五初
7月9	戌庚	6月10	巳辛	5月11	亥辛	4月11	巳辛	3月13	子壬	2月11	午壬	六初
7月10	亥辛	6月11	午壬	5月12	子壬	4月12	午壬	3月14	丑癸	2月12	未癸	七初
7月11	子壬	6月12	未癸	5月13	丑癸	4月13	未癸	3月15	寅甲	2月13	申甲	八初
7月12	丑癸	6月13	申甲	5月14	寅甲	4月14	申甲	3月16	卯乙	2月14	酉乙	九初
7月13	寅甲	6月14	酉乙	5月15	卯乙	4月15	酉乙	3月17	辰丙	2月15	戌丙	十初
7月14	卯乙	6月15	戌丙	5月16	辰丙	4月16	戌丙	3月18	巳丁	2月16	亥丁	一十
7月15	辰丙	6月16	亥丁	5月17	巳丁	4月17	亥丁	3月19	午戊	2月17	子戊	二十
7月16	巳丁	6月17	子戊	5月18	午戊	4月18	子戊	3月20	未己	2月18	丑己	三十
7月17	午戊	6月18	丑己	5月19	未己	4月19	丑己	3月21	申庚	2月19	寅庚	四十
7月18	未己	6月19	寅庚	5月20	申庚	4月20	寅庚	3月22	酉辛	2月20	卯辛	五十
7月19	申庚	6月20	卯辛	5月21	酉辛	4月21	卯辛	3月23	戌壬	2月21	辰壬	六十
7月20	酉辛	6月21	辰壬	5月22	戌壬	4月22	辰壬	3月24	亥癸	2月22	巳癸	七十
7月21	戌壬	6月22	巳癸	5月23	亥癸	4月23	巳癸	3月25	子甲	2月23	午甲	八十
7月22	亥癸	6月23	午甲	5月24	子甲	4月24	午甲	3月26	丑乙	2月24	未乙	九十
7月23	子甲	6月24	未乙	5月25	丑乙	4月25	未乙	3月27	寅丙	2月25	申丙	十二
7月24	丑乙	6月25	申丙	5月26	寅丙	4月26	申丙	3月28	卯丁	2月26	酉丁	一廿
7月25	寅丙	6月26	酉丁	5月27	卯丁	4月27	酉丁	3月29	辰戊	2月27	戌戊	二廿
7月26	卯丁	6月27	戌戊	5月28	辰戊	4月28	戌戊	3月30	巳己	2月28	亥己	三廿
7月27	辰戊	6月28	亥己	5月29	巳己	4月29	亥己	3月31	午庚	3月1	子庚	四廿
7月28	巳己	6月29	子庚	5月30	午庚	4月30	子庚	4月1	未辛	3月2	丑辛	五廿
7月29	午庚	6月30	丑辛	5月31	未辛	5月1	丑辛	4月2	申壬	3月3	寅壬	六廿
7月30	未辛	7月1	寅壬	6月1	申壬	5月2	寅壬	4月3	酉癸	3月4	卯癸	七廿
7月31	申壬	7月2	卯癸	6月2	酉癸	5月3	卯癸	4月4	戌甲	3月5	辰甲	八廿
8月1	酉癸	7月3	辰甲	6月3	戌甲	5月4	辰甲	4月5	亥乙	3月6	巳乙	九廿
8月2	戌甲			6月4	亥乙	5月5	巳乙			3月7	午丙	十三

西元1951年

月別	月二十曆農		月一十曆農		月十曆農		月九曆農		月八曆農		月七曆農	
干支	丑	辛	子	庚	亥	己	戌	戊	酉	丁	申	丙
節	寒大	寒小	至冬	雪大	雪小	冬立	降霜	露寒	分秋	露白	暑處	秋立
氣	10時39分 廿五巳時	17時10分 初十酉時	0時1分 廿五子時	6時3分 初十卯時	10時52分 廿五巳時	13時27分 初十未時	13時37分 廿四未時	10時37分 初九巳時	4時38分 廿四寅時	19時19分 初八戌時	7時17分 廿二辰時	16時38分 初六申時
農曆	曆國	支干	曆國	支干	曆國	支干	曆國	支干	曆國	支干	曆國	支干
初一	12月28	寅壬	11月29	酉癸	10月30	卯癸	10月 1	戌甲	9月 1	辰甲	8月 3	亥乙
初二	12月29	卯癸	11月30	戌甲	10月31	辰甲	10月 2	亥乙	9月 2	巳乙	8月 4	子丙
初三	12月30	辰甲	12月 1	亥乙	11月 1	巳乙	10月 3	子丙	9月 3	午丙	8月 5	丑丁
初四	12月31	巳乙	12月 2	子丙	11月 2	午丙	10月 4	丑丁	9月 4	未丁	8月 6	寅戊
初五	1月 1	午丙	12月 3	丑丁	11月 3	未丁	10月 5	寅戊	9月 5	申戊	8月 7	卯己
初六	1月 2	未丁	12月 4	寅戊	11月 4	申戊	10月 6	卯己	9月 6	酉己	8月 8	辰庚
初七	1月 3	申戊	12月 5	卯己	11月 5	酉己	10月 7	辰庚	9月 7	戌庚	8月 9	巳辛
初八	1月 4	酉己	12月 6	辰庚	11月 6	戌庚	10月 8	巳辛	9月 8	亥辛	8月10	午壬
初九	1月 5	戌庚	12月 7	巳辛	11月 7	亥辛	10月 9	午壬	9月 9	子壬	8月11	未癸
初十	1月 6	亥辛	12月 8	午壬	11月 8	子壬	10月10	未癸	9月10	丑癸	8月12	申甲
十一	1月 7	子壬	12月 9	未癸	11月 9	丑癸	10月11	申甲	9月11	寅甲	8月13	酉乙
十二	1月 8	丑癸	12月10	申甲	11月10	寅甲	10月12	酉乙	9月12	卯乙	8月14	戌丙
十三	1月 9	寅甲	12月11	酉乙	11月11	卯乙	10月13	戌丙	9月13	辰丙	8月15	亥丁
十四	1月10	卯乙	12月12	戌丙	11月12	辰丙	10月14	亥丁	9月14	巳丁	8月16	子戊
十五	1月11	辰丙	12月13	亥丁	11月13	巳丁	10月15	子戊	9月15	午戊	8月17	丑己
十六	1月12	巳丁	12月14	子戊	11月14	午戊	10月16	丑己	9月16	未己	8月18	寅庚
十七	1月13	午戊	12月15	丑己	11月15	未己	10月17	寅庚	9月17	申庚	8月19	卯辛
十八	1月14	未己	12月16	寅庚	11月16	申庚	10月18	卯辛	9月18	酉辛	8月20	辰壬
十九	1月15	申庚	12月17	卯辛	11月17	酉辛	10月19	辰壬	9月19	戌壬	8月21	巳癸
二十	1月16	酉辛	12月18	辰壬	11月18	戌壬	10月20	巳癸	9月20	亥癸	8月22	午甲
廿一	1月17	戌壬	12月19	巳癸	11月19	亥癸	10月21	午甲	9月21	子甲	8月23	未乙
廿二	1月18	亥癸	12月20	午甲	11月20	子甲	10月22	未乙	9月22	丑乙	8月24	申丙
廿三	1月19	子甲	12月21	未乙	11月21	丑乙	10月23	申丙	9月23	寅丙	8月25	酉丁
廿四	1月20	丑乙	12月22	申丙	11月22	寅丙	10月24	酉丁	9月24	卯丁	8月26	戌戊
廿五	1月21	寅丙	12月23	酉丁	11月23	卯丁	10月25	戌戊	9月25	辰戊	8月27	亥己
廿六	1月22	卯丁	12月24	戌戊	11月24	辰戊	10月26	亥己	9月26	巳己	8月28	子庚
廿七	1月23	辰戊	12月25	亥己	11月25	巳己	10月27	子庚	9月27	午庚	8月29	丑辛
廿八	1月24	巳己	12月26	子庚	11月26	午庚	10月28	丑辛	9月28	未辛	8月30	寅壬
廿九	1月25	午庚	12月27	丑辛	11月27	未辛	10月29	寅壬	9月29	申壬	8月31	卯癸
三十	1月26	未辛			11月28	申壬			9月30	酉癸		

西元1952年

中華民國四十一年 歲次 壬辰《龍》

西元一九五二年 太歲 姓彭名泰

月六曆農		月五閏曆農		月五曆農		月四曆農		月三曆農		月二曆農		月正曆農		別月
未	丁			午	丙	巳	乙	辰	甲	卯	癸	寅	壬	支干
秋立	暑大	暑小		至夏	種芒	滿小	夏立	雨穀	明清	分春	蟄驚	水雨	春立	節
22十 時七 32亥 分時	6初 時二 8卯 分時	12十 時六 45午 分時		19廿 時九 13戌 分時	2十 時四 21丑 分時	11廿 時八 4午 分時	21十 時二 54亥 分時	11廿 時六 37午 分時	4十 時一 16寅 分時	0廿 時六 14子 分時	23初 時十 8夜 分子	0廿 時五 57子 分時	4初 時十 54寅 分時	氣
曆國	支干	曆國	支干	曆國	支干	曆國	支干	曆國	支干	曆國	支干	曆國	支干	曆農
7月22	巳己	6月22	亥己	5月24	午庚	4月24	子庚	3月26	未辛	2月25	丑辛	1月27	申壬	一初
7月23	午庚	6月23	子庚	5月25	未辛	4月25	丑辛	3月27	申壬	2月26	寅壬	1月28	酉癸	二初
7月24	未辛	6月24	丑辛	5月26	申壬	4月26	寅壬	3月28	酉癸	2月27	卯癸	1月29	戌甲	三初
7月25	申壬	6月25	寅壬	5月27	酉癸	4月27	卯癸	3月29	戌甲	2月28	辰甲	1月30	亥乙	四初
7月26	酉癸	6月26	卯癸	5月28	戌甲	4月28	辰甲	3月30	亥乙	2月29	巳乙	1月31	子丙	五初
7月27	戌甲	6月27	辰甲	5月29	亥乙	4月29	巳乙	3月31	子丙	3月 1	午丙	2月 1	丑丁	六初
7月28	亥乙	6月28	巳乙	5月30	子丙	4月30	午丙	4月 1	丑丁	3月 2	未丁	2月 2	寅戊	七初
7月29	子丙	6月29	午丙	5月31	丑丁	5月 1	未丁	4月 2	寅戊	3月 3	申戊	2月 3	卯己	八初
7月30	丑丁	6月30	未丁	6月 1	寅戊	5月 2	申戊	4月 3	卯己	3月 4	酉己	2月 4	辰庚	九初
7月31	寅戊	7月 1	申戊	6月 2	卯己	5月 3	酉己	4月 4	辰庚	3月 5	戌庚	2月 5	巳辛	十初
8月 1	卯己	7月 2	酉己	6月 3	辰庚	5月 4	戌庚	4月 5	巳辛	3月 6	亥辛	2月 6	午壬	一十
8月 2	辰庚	7月 3	戌庚	6月 4	巳辛	5月 5	亥辛	4月 6	午壬	3月 7	子壬	2月 7	未癸	二十
8月 3	巳辛	7月 4	亥辛	6月 5	午壬	5月 6	子壬	4月 7	未癸	3月 8	丑癸	2月 8	申甲	三十
8月 4	午壬	7月 5	子壬	6月 6	未癸	5月 7	丑癸	4月 8	申甲	3月 9	寅甲	2月 9	酉乙	四十
8月 5	未癸	7月 6	丑癸	6月 7	申甲	5月 8	寅甲	4月 9	酉乙	3月10	卯乙	2月10	戌丙	五十
8月 6	申甲	7月 7	寅甲	6月 8	酉乙	5月 9	卯乙	4月10	戌丙	3月11	辰丙	2月11	亥丁	六十
8月 7	酉乙	7月 8	卯乙	6月 9	戌丙	5月10	辰丙	4月11	亥丁	3月12	巳丁	2月12	子戊	七十
8月 8	戌丙	7月 9	辰丙	6月10	亥丁	5月11	巳丁	4月12	子戊	3月13	午戊	2月13	丑己	八十
8月 9	亥丁	7月10	巳丁	6月11	子戊	5月12	午戊	4月13	丑己	3月14	未己	2月14	寅庚	九十
8月10	子戊	7月11	午戊	6月12	丑己	5月13	未己	4月14	寅庚	3月15	申庚	2月15	卯辛	十二
8月11	丑己	7月12	未己	6月13	寅庚	5月14	申庚	4月15	卯辛	3月16	酉辛	2月16	辰壬	一廿
8月12	寅庚	7月13	申庚	6月14	卯辛	5月15	酉辛	4月16	辰壬	3月17	戌壬	2月17	巳癸	二廿
8月13	卯辛	7月14	酉辛	6月15	辰壬	5月16	戌壬	4月17	巳癸	3月18	亥癸	2月18	午甲	三廿
8月14	辰壬	7月15	戌壬	6月16	巳癸	5月17	亥癸	4月18	午甲	3月19	子甲	2月19	未乙	四廿
8月15	巳癸	7月16	亥癸	6月17	午甲	5月18	子甲	4月19	未乙	3月20	丑乙	2月20	申丙	五廿
8月16	午甲	7月17	子甲	6月18	未乙	5月19	丑乙	4月20	申丙	3月21	寅丙	2月21	酉丁	六廿
8月17	未乙	7月18	丑乙	6月19	申丙	5月20	寅丙	4月21	酉丁	3月22	卯丁	2月22	戌戊	七廿
8月18	申丙	7月19	寅丙	6月20	酉丁	5月21	卯丁	4月22	戌戊	3月23	辰戊	2月23	亥己	八廿
8月19	酉丁	7月20	卯丁	6月21	戌戊	5月22	辰戊	4月23	亥己	3月24	巳己	2月24	子庚	九廿
		7月21	辰戊			5月23	巳己			3月25	午庚			十三

西元1952年

月別	月二十曆農		月一十曆農		月 十 曆 農		月 九 曆 農		月 八 曆 農		月 七 曆 農	
干支	丑	癸	子	壬	亥	辛	戌	庚	酉	己	申	戊
節	春立	寒大	寒小	至冬	雪大	雪小	冬立	降霜	露寒	分秋	露白	暑處
氣	10時46分 廿一巳時	16時22分 初六申時	23時3分 二十夜子	5時44分 初六卯時	11時56分 廿一午時	16時36分 初六申時	19時22分 二十戌時	19時23分 初五戌時	16時33分 二十申時	10時24分 初五巳時	1時14分 二十丑時	13時3分 初四未時
農曆	曆國	支干	曆國	支干	曆國	支干	曆國	支干	曆國	支干	曆國	支干
初一	1月15	寅丙	12月17	酉丁	11月17	卯丁	10月19	戌戊	9月19	辰戊	8月20	戌戊
初二	1月16	卯丁	12月18	戌戊	11月18	辰戊	10月20	亥己	9月20	巳己	8月21	亥己
初三	1月17	辰戊	12月19	亥己	11月19	巳己	10月21	子庚	9月21	午庚	8月22	子庚
初四	1月18	巳己	12月20	子庚	11月20	午庚	10月22	丑辛	9月22	未辛	8月23	丑辛
初五	1月19	午庚	12月21	丑辛	11月21	未辛	10月23	寅壬	9月23	申壬	8月24	寅壬
初六	1月20	未辛	12月22	寅壬	11月22	申壬	10月24	卯癸	9月24	酉癸	8月25	卯癸
初七	1月21	申壬	12月23	卯癸	11月23	酉癸	10月25	辰甲	9月25	戌甲	8月26	辰甲
初八	1月22	酉癸	12月24	辰甲	11月24	戌甲	10月26	巳乙	9月26	亥乙	8月27	巳乙
初九	1月23	戌甲	12月25	巳乙	11月25	亥乙	10月27	午丙	9月27	子丙	8月28	午丙
初十	1月24	亥乙	12月26	午丙	11月26	子丙	10月28	未丁	9月28	丑丁	8月29	未丁
十一	1月25	子丙	12月27	未丁	11月27	丑丁	10月29	申戊	9月29	寅戊	8月30	申戊
十二	1月26	丑丁	12月28	申戊	11月28	寅戊	10月30	酉己	9月30	卯己	8月31	酉己
十三	1月27	寅戊	12月29	酉己	11月29	卯己	10月31	戌庚	10月 1	辰庚	9月 1	戌庚
十四	1月28	卯己	12月30	戌庚	11月30	辰庚	11月 1	亥辛	10月 2	巳辛	9月 2	亥辛
十五	1月29	辰庚	12月31	亥辛	12月 1	巳辛	11月 2	子壬	10月 3	午壬	9月 3	子壬
十六	1月30	巳辛	1月 1	子壬	12月 2	午壬	11月 3	丑癸	10月 4	未癸	9月 4	丑癸
十七	1月31	午壬	1月 2	丑癸	12月 3	未癸	11月 4	寅甲	10月 5	申甲	9月 5	寅甲
十八	2月 1	未癸	1月 3	寅甲	12月 4	申甲	11月 5	卯乙	10月 6	酉乙	9月 6	卯乙
十九	2月 2	申甲	1月 4	卯乙	12月 5	酉乙	11月 6	辰丙	10月 7	戌丙	9月 7	辰丙
二十	2月 3	酉乙	1月 5	辰丙	12月 6	戌丙	11月 7	巳丁	10月 8	亥丁	9月 8	巳丁
廿一	2月 4	戌丙	1月 6	巳丁	12月 7	亥丁	11月 8	午戊	10月 9	子戊	9月 9	午戊
廿二	2月 5	亥丁	1月 7	午戊	12月 8	子戊	11月 9	未己	10月10	丑己	9月10	未己
廿三	2月 6	子戊	1月 8	未己	12月 9	丑己	11月10	申庚	10月11	寅庚	9月11	申庚
廿四	2月 7	丑己	1月 9	申庚	12月10	寅庚	11月11	酉辛	10月12	卯辛	9月12	酉辛
廿五	2月 8	寅庚	1月10	酉辛	12月11	卯辛	11月12	戌壬	10月13	辰壬	9月13	戌壬
廿六	2月 9	卯辛	1月11	戌壬	12月12	辰壬	11月13	亥癸	10月14	巳癸	9月14	亥癸
廿七	2月10	辰壬	1月12	亥癸	12月13	巳癸	11月14	子甲	10月15	午甲	9月15	子甲
廿八	2月11	巳癸	1月13	子甲	12月14	午甲	11月15	丑乙	10月16	未乙	9月16	丑乙
廿九	2月12	午甲	1月14	丑乙	12月15	未乙	11月16	寅丙	10月17	申丙	9月17	寅丙
三十	2月13	未乙			12月16	申丙			10月18	酉丁	9月18	卯丁

中華民國四十二年 歲次 癸巳《蛇》

西元一九五三年 太歲 姓徐名舜

月六曆農		月五曆農		月四曆農		月三曆農		月二曆農		月正曆農		別月
未	己	午	戊	巳	丁	辰	丙	卯	乙	寅	甲	支干
秋立	暑大	暑小	至夏	種芒	滿小	夏立	雨穀	明清	分春	蟄驚	水雨	節
4時15分 廿九寅時	11時53分 十三午時	18時36分 廿七酉時	1時0分 十二丑時	8時17分 廿五辰時	16時54分 初九申時	3時53分 廿三寅時	17時26分 初七酉時	10時13分 廿二巳時	6時1分 初七卯時	5時3分 廿一卯時	6時42分 初六卯時	氣
曆國	支干	曆國	支干	曆國	支干	曆國	支干	曆國	支干	曆國	支干	曆農
7月11	亥癸	6月11	巳癸	5月13	子甲	4月14	未乙	3月15	丑乙	2月14	申丙	一初
7月12	子甲	6月12	午甲	5月14	丑乙	4月15	申丙	3月16	寅丙	2月15	酉丁	二初
7月13	丑乙	6月13	未乙	5月15	寅丙	4月16	酉丁	3月17	卯丁	2月16	戌戊	三初
7月14	寅丙	6月14	申丙	5月16	卯丁	4月17	戌戊	3月18	辰戊	2月17	亥己	四初
7月15	卯丁	6月15	酉丁	5月17	辰戊	4月18	亥己	3月19	巳己	2月18	子庚	五初
7月16	辰戊	6月16	戌戊	5月18	巳己	4月19	子庚	3月20	午庚	2月19	丑辛	六初
7月17	巳己	6月17	亥己	5月19	午庚	4月20	丑辛	3月21	未辛	2月20	寅壬	七初
7月18	午庚	6月18	子庚	5月20	未辛	4月21	寅壬	3月22	申壬	2月21	卯癸	八初
7月19	未辛	6月19	丑辛	5月21	申壬	4月22	卯癸	3月23	酉癸	2月22	辰甲	九初
7月20	申壬	6月20	寅壬	5月22	酉癸	4月23	辰甲	3月24	戌甲	2月23	巳乙	十初
7月21	酉癸	6月21	卯癸	5月23	戌甲	4月24	巳乙	3月25	亥乙	2月24	午丙	一十
7月22	戌甲	6月22	辰甲	5月24	亥乙	4月25	午丙	3月26	子丙	2月25	未丁	二十
7月23	亥乙	6月23	巳乙	5月25	子丙	4月26	未丁	3月27	丑丁	2月26	申戊	三十
7月24	子丙	6月24	午丙	5月26	丑丁	4月27	申戊	3月28	寅戊	2月27	酉己	四十
7月25	丑丁	6月25	未丁	5月27	寅戊	4月28	酉己	3月29	卯己	2月28	戌庚	五十
7月26	寅戊	6月26	申戊	5月28	卯己	4月29	戌庚	3月30	辰庚	3月 1	亥辛	六十
7月27	卯己	6月27	酉己	5月29	辰庚	4月30	亥辛	3月31	巳辛	3月 2	子壬	七十
7月28	辰庚	6月28	戌庚	5月30	巳辛	5月 1	子壬	4月 1	午壬	3月 3	丑癸	八十
7月29	巳辛	6月29	亥辛	5月31	午壬	5月 2	丑癸	4月 2	未癸	3月 4	寅甲	九十
7月30	午壬	6月30	子壬	6月 1	未癸	5月 3	寅甲	4月 3	申甲	3月 5	卯乙	十二
7月31	未癸	7月 1	丑癸	6月 2	申甲	5月 4	卯乙	4月 4	酉乙	3月 6	辰丙	一廿
8月 1	申甲	7月 2	寅甲	6月 3	酉乙	5月 5	辰丙	4月 5	戌丙	3月 7	巳丁	二廿
8月 2	酉乙	7月 3	卯乙	6月 4	戌丙	5月 6	巳丁	4月 6	亥丁	3月 8	午戊	三廿
8月 3	戌丙	7月 4	辰丙	6月 5	亥丁	5月 7	午戊	4月 7	子戊	3月 9	未己	四廿
8月 4	亥丁	7月 5	巳丁	6月 6	子戊	5月 8	未己	4月 8	丑己	3月10	申庚	五廿
8月 5	子戊	7月 6	午戊	6月 7	丑己	5月 9	申庚	4月 9	寅庚	3月11	酉辛	六廿
8月 6	丑己	7月 7	未己	6月 8	寅庚	5月10	酉辛	4月10	卯辛	3月12	戌壬	七廿
8月 7	寅庚	7月 8	申庚	6月 9	卯辛	5月11	戌壬	4月11	辰壬	3月13	亥癸	八廿
8月 8	卯辛	7月 9	酉辛	6月10	辰壬	5月12	亥癸	4月12	巳癸	3月14	子甲	九廿
8月 9	辰壬	7月10	戌壬					4月13	午甲			十三

西元1953年

月別	月二十曆農		月一十曆農		月十曆農		月九曆農		月八曆農		月七曆農	
干支	丑	乙	子	甲	亥	癸	戌	壬	酉	辛	申	庚
節	寒大	寒小	至冬	雪大	雪小	冬立	降霜	露寒	分秋	露白	暑處	
氣	22時12分 十六亥時	4時46分 初一寅時	11時32分 十七午時	17時38分 初二酉時	22時23分 十六亥時	1時2分 初二丑時	1時7分 十七丑時	22時11分 初一亥時	16時7分 十六申時	6時54分 初一卯時	18時46分 十四酉時	
農曆	曆國	支干	曆國	支干	曆國	支干	曆國	支干	曆國	支干	曆國	支干
初一	1月5	酉辛	12月6	卯辛	11月7	戌壬	10月8	辰壬	9月8	戌壬	8月10	巳癸
初二	1月6	戌壬	12月7	辰壬	11月8	亥癸	10月9	巳癸	9月9	亥癸	8月11	午甲
初三	1月7	亥癸	12月8	巳癸	11月9	子甲	10月10	午甲	9月10	子甲	8月12	未乙
初四	1月8	子甲	12月9	午甲	11月10	丑乙	10月11	未乙	9月11	丑乙	8月13	申丙
初五	1月9	丑乙	12月10	未乙	11月11	寅丙	10月12	申丙	9月12	寅丙	8月14	酉丁
初六	1月10	寅丙	12月11	申丙	11月12	卯丁	10月13	酉丁	9月13	卯丁	8月15	戌戊
初七	1月11	卯丁	12月12	酉丁	11月13	辰戊	10月14	戌戊	9月14	辰戊	8月16	亥己
初八	1月12	辰戊	12月13	戌戊	11月14	巳己	10月15	亥己	9月15	巳己	8月17	子庚
初九	1月13	巳己	12月14	亥己	11月15	午庚	10月16	子庚	9月16	午庚	8月18	丑辛
初十	1月14	午庚	12月15	子庚	11月16	未辛	10月17	丑辛	9月17	未辛	8月19	寅壬
十一	1月15	未辛	12月16	丑辛	11月17	申壬	10月18	寅壬	9月18	申壬	8月20	卯癸
十二	1月16	申壬	12月17	寅壬	11月18	酉癸	10月19	卯癸	9月19	酉癸	8月21	辰甲
十三	1月17	酉癸	12月18	卯癸	11月19	戌甲	10月20	辰甲	9月20	戌甲	8月22	巳乙
十四	1月18	戌甲	12月19	辰甲	11月20	亥乙	10月21	巳乙	9月21	亥乙	8月23	午丙
十五	1月19	亥乙	12月20	巳乙	11月21	子丙	10月22	午丙	9月22	子丙	8月24	未丁
十六	1月20	子丙	12月21	午丙	11月22	丑丁	10月23	未丁	9月23	丑丁	8月25	申戊
十七	1月21	丑丁	12月22	未丁	11月23	寅戊	10月24	申戊	9月24	寅戊	8月26	酉己
十八	1月22	寅戊	12月23	申戊	11月24	卯己	10月25	酉己	9月25	卯己	8月27	戌庚
十九	1月23	卯己	12月24	酉己	11月25	辰庚	10月26	戌庚	9月26	辰庚	8月28	亥辛
二十	1月24	辰庚	12月25	戌庚	11月26	巳辛	10月27	亥辛	9月27	巳辛	8月29	子壬
廿一	1月25	巳辛	12月26	亥辛	11月27	午壬	10月28	子壬	9月28	午壬	8月30	丑癸
廿二	1月26	午壬	12月27	子壬	11月28	未癸	10月29	丑癸	9月29	未癸	8月31	寅甲
廿三	1月27	未癸	12月28	丑癸	11月29	申甲	10月30	寅甲	9月30	申甲	9月1	卯乙
廿四	1月28	申甲	12月29	寅甲	11月30	酉乙	10月31	卯乙	10月1	酉乙	9月2	辰丙
廿五	1月29	酉乙	12月30	卯乙	12月1	戌丙	11月1	辰丙	10月2	戌丙	9月3	巳丁
廿六	1月30	戌丙	12月31	辰丙	12月2	亥丁	11月2	巳丁	10月3	亥丁	9月4	午戊
廿七	1月31	亥丁	1月1	巳丁	12月3	子戊	11月3	午戊	10月4	子戊	9月5	未己
廿八	2月1	子戊	1月2	午戊	12月4	丑己	11月4	未己	10月5	丑己	9月6	申庚
廿九	2月2	丑己	1月3	未己	12月5	寅庚	11月5	申庚	10月6	寅庚	9月7	酉辛
三十			1月4	申庚			11月6	酉辛	10月7	卯辛		

西元1954年

中華民國四十三年 歲次 甲午《馬》

西元一九五四年 太歲 姓張名詞

月別	農曆正月		農曆二月		農曆三月		農曆四月		農曆五月		農曆六月	
干支	丙寅		丁卯		戊辰		己巳		庚午		辛未	
節	立春	雨水	驚蟄	春分	清明	穀雨	立夏	小滿	芒種	夏至	小暑	大暑
氣	初二申時 16時31分	十七午時 12時32分	初二巳時 10時49分	十七午時 11時54分	初三申時 16時0分	十八夜子時 23時20分	初四巳時 9時39分	十九亥時 22時48分	初六未時 14時2分	廿二卯時 6時55分	初九子時 0時20分	廿四酉時 17時45分
農曆	干支	國曆	干支	國曆	干支	國曆	干支	國曆	干支	國曆	干支	國曆
初一	庚寅	2月3	庚申	3月5	己丑	4月3	己未	5月3	戊子	6月1	丁巳	6月30
初二	辛卯	2月4	辛酉	3月6	庚寅	4月4	庚申	5月4	己丑	6月2	戊午	7月1
初三	壬辰	2月5	壬戌	3月7	辛卯	4月5	辛酉	5月5	庚寅	6月3	己未	7月2
初四	癸巳	2月6	癸亥	3月8	壬辰	4月6	壬戌	5月6	辛卯	6月4	庚申	7月3
初五	甲午	2月7	甲子	3月9	癸巳	4月7	癸亥	5月7	壬辰	6月5	辛酉	7月4
初六	乙未	2月8	乙丑	3月10	甲午	4月8	甲子	5月8	癸巳	6月6	壬戌	7月5
初七	丙申	2月9	丙寅	3月11	乙未	4月9	乙丑	5月9	甲午	6月7	癸亥	7月6
初八	丁酉	2月10	丁卯	3月12	丙申	4月10	丙寅	5月10	乙未	6月8	甲子	7月7
初九	戊戌	2月11	戊辰	3月13	丁酉	4月11	丁卯	5月11	丙申	6月9	乙丑	7月8
初十	己亥	2月12	己巳	3月14	戊戌	4月12	戊辰	5月12	丁酉	6月10	丙寅	7月9
十一	庚子	2月13	庚午	3月15	己亥	4月13	己巳	5月13	戊戌	6月11	丁卯	7月10
十二	辛丑	2月14	辛未	3月16	庚子	4月14	庚午	5月14	己亥	6月12	戊辰	7月11
十三	壬寅	2月15	壬申	3月17	辛丑	4月15	辛未	5月15	庚子	6月13	己巳	7月12
十四	癸卯	2月16	癸酉	3月18	壬寅	4月16	壬申	5月16	辛丑	6月14	庚午	7月13
十五	甲辰	2月17	甲戌	3月19	癸卯	4月17	癸酉	5月17	壬寅	6月15	辛未	7月14
十六	乙巳	2月18	乙亥	3月20	甲辰	4月18	甲戌	5月18	癸卯	6月16	壬申	7月15
十七	丙午	2月19	丙子	3月21	乙巳	4月19	乙亥	5月19	甲辰	6月17	癸酉	7月16
十八	丁未	2月20	丁丑	3月22	丙午	4月20	丙子	5月20	乙巳	6月18	甲戌	7月17
十九	戊申	2月21	戊寅	3月23	丁未	4月21	丁丑	5月21	丙午	6月19	乙亥	7月18
二十	己酉	2月22	己卯	3月24	戊申	4月22	戊寅	5月22	丁未	6月20	丙子	7月19
廿一	庚戌	2月23	庚辰	3月25	己酉	4月23	己卯	5月23	戊申	6月21	丁丑	7月20
廿二	辛亥	2月24	辛巳	3月26	庚戌	4月24	庚辰	5月24	己酉	6月22	戊寅	7月21
廿三	壬子	2月25	壬午	3月27	辛亥	4月25	辛巳	5月25	庚戌	6月23	己卯	7月22
廿四	癸丑	2月26	癸未	3月28	壬子	4月26	壬午	5月26	辛亥	6月24	庚辰	7月23
廿五	甲寅	2月27	甲申	3月29	癸丑	4月27	癸未	5月27	壬子	6月25	辛巳	7月24
廿六	乙卯	2月28	乙酉	3月30	甲寅	4月28	甲申	5月28	癸丑	6月26	壬午	7月25
廿七	丙辰	3月1	丙戌	3月31	乙卯	4月29	乙酉	5月29	甲寅	6月27	癸未	7月26
廿八	丁巳	3月2	丁亥	4月1	丙辰	4月30	丙戌	5月30	乙卯	6月28	甲申	7月27
廿九	戊午	3月3	戊子	4月2	丁巳	5月1	丁亥	5月31	丙辰	6月29	乙酉	7月28
三十	己未	3月4			戊午	5月2					丙戌	7月29

西元1954年

月別	月二十曆農		月一十曆農		月十曆農		月九曆農		月八曆農		月七曆農	
干支	丑	丁	子	丙	亥	乙	戌	甲	酉	癸	申	壬
節	寒大	寒小	至冬	雪大	雪小	冬立	降霜	露寒	分秋	露白	暑處	秋立
氣	4時2分 廿八寅時	10時36分 十三巳時	17時25分 廿八酉時	23時29分 十三夜子時	4時15分 廿八寅時	6時51分 十三卯時	6時57分 廿八卯時	3時58分 十三寅時	21時56分 廿七亥時	12時39分 十二未時	0時37分 廿六子時	10時0分 初十巳時
農曆	曆國	支干	曆國	支干	曆國	支干	曆國	支干	曆國	支干	曆國	支干
初一	12月25	卯乙	11月25	酉乙	10月27	辰丙	9月27	戌丙	8月28	辰丙	7月30	亥丁
初二	12月26	辰丙	11月26	戌丙	10月28	巳丁	9月28	亥丁	8月29	巳丁	7月31	子戊
初三	12月27	巳丁	11月27	亥丁	10月29	午戊	9月29	子戊	8月30	午戊	8月 1	丑己
初四	12月28	午戊	11月28	子戊	10月30	未己	9月30	丑己	8月31	未己	8月 2	寅庚
初五	12月29	未己	11月29	丑己	10月31	申庚	10月 1	寅庚	9月 1	申庚	8月 3	卯辛
初六	12月30	申庚	11月30	寅庚	11月 1	酉辛	10月 2	卯辛	9月 2	酉辛	8月 4	辰壬
初七	12月31	酉辛	12月 1	卯辛	11月 2	戌壬	10月 3	辰壬	9月 3	戌壬	8月 5	巳癸
初八	1月 1	戌壬	12月 2	辰壬	11月 3	亥癸	10月 4	巳癸	9月 4	亥癸	8月 6	午甲
初九	1月 2	亥癸	12月 3	巳癸	11月 4	子甲	10月 5	午甲	9月 5	子甲	8月 7	未乙
初十	1月 3	子甲	12月 4	午甲	11月 5	丑乙	10月 6	未乙	9月 6	丑乙	8月 8	申丙
十一	1月 4	丑乙	12月 5	未乙	11月 6	寅丙	10月 7	申丙	9月 7	寅丙	8月 9	酉丁
十二	1月 5	寅丙	12月 6	申丙	11月 7	卯丁	10月 8	酉丁	9月 8	卯丁	8月10	戌戊
十三	1月 6	卯丁	12月 7	酉丁	11月 8	辰戊	10月 9	戌戊	9月 9	辰戊	8月11	亥己
十四	1月 7	辰戊	12月 8	戌戊	11月 9	巳己	10月10	亥己	9月10	巳己	8月12	子庚
十五	1月 8	巳己	12月 9	亥己	11月10	午庚	10月11	子庚	9月11	午庚	8月13	丑辛
十六	1月 9	午庚	12月10	子庚	11月11	未辛	10月12	丑辛	9月12	未辛	8月14	寅壬
十七	1月10	未辛	12月11	丑辛	11月12	申壬	10月13	寅壬	9月13	申壬	8月15	卯癸
十八	1月11	申壬	12月12	寅壬	11月13	酉癸	10月14	卯癸	9月14	酉癸	8月16	辰甲
十九	1月12	酉癸	12月13	卯癸	11月14	戌甲	10月15	辰甲	9月15	戌甲	8月17	巳乙
二十	1月13	戌甲	12月14	辰甲	11月15	亥乙	10月16	巳乙	9月16	亥乙	8月18	午丙
廿一	1月14	亥乙	12月15	巳乙	11月16	子丙	10月17	午丙	9月17	子丙	8月19	未丁
廿二	1月15	子丙	12月16	午丙	11月17	丑丁	10月18	未丁	9月18	丑丁	8月20	申戊
廿三	1月16	丑丁	12月17	未丁	11月18	寅戊	10月19	申戊	9月19	寅戊	8月21	酉己
廿四	1月17	寅戊	12月18	申戊	11月19	卯己	10月20	酉己	9月20	卯己	8月22	戌庚
廿五	1月18	卯己	12月19	酉己	11月20	辰庚	10月21	戌庚	9月21	辰庚	8月23	亥辛
廿六	1月19	辰庚	12月20	戌庚	11月21	巳辛	10月22	亥辛	9月22	巳辛	8月24	子壬
廿七	1月20	巳辛	12月21	亥辛	11月22	午壬	10月23	子壬	9月23	午壬	8月25	丑癸
廿八	1月21	午壬	12月22	子壬	11月23	未癸	10月24	丑癸	9月24	未癸	8月26	寅甲
廿九	1月22	未癸	12月23	丑癸	11月24	申甲	10月25	寅甲	9月25	申甲	8月27	卯乙
三十	1月23	申甲	12月24	寅甲			10月26	卯乙	9月26	酉乙		

西元1955年

中華民國四十四年 歲次 乙未《羊》

西元一九五五年 太歲 姓楊名賢

月六曆農		月五曆農		月四曆農		月三閏曆農		月三曆農		月二曆農		月正曆農		別月
未	癸	午	壬	巳	辛			辰	庚	卯	己	寅	戊	支干
秋立	暑大	暑小	至夏	種芒	滿小	夏立		雨穀	明清	分春	蟄驚	水雨	春立	節
15 廿 時 一 50 申 分 時	23 初 時 五 25 夜 分 子	6 十 時 九 7 卯 分 時	12 初 時 三 32 午 分 時	19 十 時 六 44 戌 分 時	4 初 時 一 25 寅 分 時	5 十 時 五 18 申 分 時		4 廿 時 九 58 寅 分 時	21 十 時 三 39 亥 分 時	17 廿 時 八 37 酉 分 時	16 十 時 三 34 申 分 時	18 廿 時 七 32 酉 分 時	22 十 時 二 18 亥 分 時	氣
曆國	支干	曆國	支干	曆國	支干	曆國	支干	曆國	支干	曆國	支干	曆國	支干	曆農
7月19	巳辛	6月20	子壬	5月22	未癸	4月22	丑癸	3月24	申甲	2月22	寅甲	1月24	酉乙	一初
7月20	午壬	6月21	丑癸	5月23	申甲	4月23	寅甲	3月25	酉乙	2月23	卯乙	1月25	戌丙	二初
7月21	未癸	6月22	寅甲	5月24	酉乙	4月24	卯乙	3月26	戌丙	2月24	辰丙	1月26	亥丁	三初
7月22	申甲	6月23	卯乙	5月25	戌丙	4月25	辰丙	3月27	亥丁	2月25	巳丁	1月27	子戊	四初
7月23	酉乙	6月24	辰丙	5月26	亥丁	4月26	巳丁	3月28	子戊	2月26	午戊	1月28	丑己	五初
7月24	戌丙	6月25	巳丁	5月27	子戊	4月27	午戊	3月29	丑己	2月27	未己	1月29	寅庚	六初
7月25	亥丁	6月26	午戊	5月28	丑己	4月28	未己	3月30	寅庚	2月28	申庚	1月30	卯辛	七初
7月26	子戊	6月27	未己	5月29	寅庚	4月29	申庚	3月31	卯辛	3月 1	酉辛	1月31	辰壬	八初
7月27	丑己	6月28	申庚	5月30	卯辛	4月30	酉辛	4月 1	辰壬	3月 2	戌壬	2月 1	巳癸	九初
7月28	寅庚	6月29	酉辛	5月31	辰壬	5月 1	戌壬	4月 2	巳癸	3月 3	亥癸	2月 2	午甲	十初
7月29	卯辛	6月30	戌壬	6月 1	巳癸	5月 2	亥癸	4月 3	午甲	3月 4	子甲	2月 3	未乙	一十
7月30	辰壬	7月 1	亥癸	6月 2	午甲	5月 3	子甲	4月 4	未乙	3月 5	丑乙	2月 4	申丙	二十
7月31	巳癸	7月 2	子甲	6月 3	未乙	5月 4	丑乙	4月 5	申丙	3月 6	寅丙	2月 5	酉丁	三十
8月 1	午甲	7月 3	丑乙	6月 4	申丙	5月 5	寅丙	4月 6	酉丁	3月 7	卯丁	2月 6	戌戊	四十
8月 2	未乙	7月 4	寅丙	6月 5	酉丁	5月 6	卯丁	4月 7	戌戊	3月 8	辰戊	2月 7	亥己	五十
8月 3	申丙	7月 5	卯丁	6月 6	戌戊	5月 7	辰戊	4月 8	亥己	3月 9	巳己	2月 8	子庚	六十
8月 4	酉丁	7月 6	辰戊	6月 7	亥己	5月 8	巳己	4月 9	子庚	3月10	午庚	2月 9	丑辛	七十
8月 5	戌戊	7月 7	巳己	6月 8	子庚	5月 9	午庚	4月10	丑辛	3月11	未辛	2月10	寅壬	八十
8月 6	亥己	7月 8	午庚	6月 9	丑辛	5月10	未辛	4月11	寅壬	3月12	申壬	2月11	卯癸	九十
8月 7	子庚	7月 9	未辛	6月10	寅壬	5月11	申壬	4月12	卯癸	3月13	酉癸	2月12	辰甲	十二
8月 8	丑辛	7月10	申壬	6月11	卯癸	5月12	酉癸	4月13	辰甲	3月14	戌甲	2月13	巳乙	一廿
8月 9	寅壬	7月11	酉癸	6月12	辰甲	5月13	戌甲	4月14	巳乙	3月15	亥乙	2月14	午丙	二廿
8月10	卯癸	7月12	戌甲	6月13	巳乙	5月14	亥乙	4月15	午丙	3月16	子丙	2月15	未丁	三廿
8月11	辰甲	7月13	亥乙	6月14	午丙	5月15	子丙	4月16	未丁	3月17	丑丁	2月16	申戊	四廿
8月12	巳乙	7月14	子丙	6月15	未丁	5月16	丑丁	4月17	申戊	3月18	寅戊	2月17	酉己	五廿
8月13	午丙	7月15	丑丁	6月16	申戊	5月17	寅戊	4月18	酉己	3月19	卯己	2月18	戌庚	六廿
8月14	未丁	7月16	寅戊	6月17	酉己	5月18	卯己	4月19	戌庚	3月20	辰庚	2月19	亥辛	七廿
8月15	申戊	7月17	卯己	6月18	戌庚	5月19	辰庚	4月20	亥辛	3月21	巳辛	2月20	子壬	八廿
8月16	酉己	7月18	辰庚	6月19	亥辛	5月20	巳辛	4月21	子壬	3月22	午壬	2月21	丑癸	九廿
8月17	戌庚					5月21	午壬			3月23	未癸			十三

西元1955年

月別	月二十曆農		月一十曆農		月十曆農		月九曆農		月八曆農		月七曆農	
干支	丑	己	子	戊	亥	丁	戌	丙	酉	乙	申	甲
節	春立	寒大	寒小	至冬	雪大	雪小	冬立	降霜	露寒	分秋	露白	暑處
氣	4時13分 廿四寅時	9時49分 初九巳時	16時31分 廿四申時	23時12分 初九夜子	5時23分 廿五卯時	10時2分 初十巳時	12時46分 廿四午時	12時44分 初九午時	9時53分 廿四巳時	3時42分 初九寅時	18時32分 廿二酉時	6時20分 初七卯時
農曆	曆國	支干	曆國	支干	曆國	支干	曆國	支干	曆國	支干	曆國	支干
初一	1月13	卯己	12月14	酉己	11月14	卯己	10月16	戌庚	9月16	辰庚	8月18	亥辛
初二	1月14	辰庚	12月15	戌庚	11月15	辰庚	10月17	亥辛	9月17	巳辛	8月19	子壬
初三	1月15	巳辛	12月16	亥辛	11月16	巳辛	10月18	子壬	9月18	午壬	8月20	丑癸
初四	1月16	午壬	12月17	子壬	11月17	午壬	10月19	丑癸	9月19	未癸	8月21	寅甲
初五	1月17	未癸	12月18	丑癸	11月18	未癸	10月20	寅甲	9月20	申甲	8月22	卯乙
初六	1月18	申甲	12月19	寅甲	11月19	申甲	10月21	卯乙	9月21	酉乙	8月23	辰丙
初七	1月19	酉乙	12月20	卯乙	11月20	酉乙	10月22	辰丙	9月22	戌丙	8月24	巳丁
初八	1月20	戌丙	12月21	辰丙	11月21	戌丙	10月23	巳丁	9月23	亥丁	8月25	午戊
初九	1月21	亥丁	12月22	巳丁	11月22	亥丁	10月24	午戊	9月24	子戊	8月26	未己
初十	1月22	子戊	12月23	午戊	11月23	子戊	10月25	未己	9月25	丑己	8月27	申庚
十一	1月23	丑己	12月24	未己	11月24	丑己	10月26	申庚	9月26	寅庚	8月28	酉辛
十二	1月24	寅庚	12月25	申庚	11月25	寅庚	10月27	酉辛	9月27	卯辛	8月29	戌壬
十三	1月25	卯辛	12月26	酉辛	11月26	卯辛	10月28	戌壬	9月28	辰壬	8月30	亥癸
十四	1月26	辰壬	12月27	戌壬	11月27	辰壬	10月29	亥癸	9月29	巳癸	8月31	子甲
十五	1月27	巳癸	12月28	亥癸	11月28	巳癸	10月30	子甲	9月30	午甲	9月 1	丑乙
十六	1月28	午甲	12月29	子甲	11月29	午甲	10月31	丑乙	10月 1	未乙	9月 2	寅丙
十七	1月29	未乙	12月30	丑乙	11月30	未乙	11月 1	寅丙	10月 2	申丙	9月 3	卯丁
十八	1月30	申丙	12月31	寅丙	12月 1	申丙	11月 2	卯丁	10月 3	酉丁	9月 4	辰戊
十九	1月31	酉丁	1月 1	卯丁	12月 2	酉丁	11月 3	辰戊	10月 4	戌戊	9月 5	巳己
二十	2月 1	戌戊	1月 2	辰戊	12月 3	戌戊	11月 4	巳己	10月 5	亥己	9月 6	午庚
廿一	2月 2	亥己	1月 3	巳己	12月 4	亥己	11月 5	午庚	10月 6	子庚	9月 7	未辛
廿二	2月 3	子庚	1月 4	午庚	12月 5	子庚	11月 6	未辛	10月 7	丑辛	9月 8	申壬
廿三	2月 4	丑辛	1月 5	未辛	12月 6	丑辛	11月 7	申壬	10月 8	寅壬	9月 9	酉癸
廿四	2月 5	寅壬	1月 6	申壬	12月 7	寅壬	11月 8	酉癸	10月 9	卯癸	9月10	戌甲
廿五	2月 6	卯癸	1月 7	酉癸	12月 8	卯癸	11月 9	戌甲	10月10	辰甲	9月11	亥乙
廿六	2月 7	辰甲	1月 8	戌甲	12月 9	辰甲	11月10	亥乙	10月11	巳乙	9月12	子丙
廿七	2月 8	巳乙	1月 9	亥乙	12月10	巳乙	11月11	子丙	10月12	午丙	9月13	丑丁
廿八	2月 9	午丙	1月10	子丙	12月11	午丙	11月12	丑丁	10月13	未丁	9月14	寅戊
廿九	2月10	未丁	1月11	丑丁	12月12	未丁	11月13	寅戊	10月14	申戊	9月15	卯己
三十	2月11	申戊	1月12	寅戊	12月13	申戊			10月15	酉己		

中華民國四十五年 歲次 丙申《猴》

西元一九五六年 太歲 姓管名仲

月六曆農		月五曆農		月四曆農		月三曆農		月二曆農		月正曆農		別月
未	乙	午	甲	巳	癸	辰	壬	卯	辛	寅	庚	支干
暑大		暑小	至夏	種芒	滿小	夏立	雨穀	明清	分春	蟄驚	水雨	節
5時21分 十六卯時		11時59分 廿九午時	18時24分 十三酉時	1時36分 廿八丑時	10時13分 十二巳時	21時11分 廿五亥時	10時44分 初十巳時	3時32分 廿五寅時	23時21分 初五夜子	22時24分 廿三亥時	0時5分 初九子時	氣
曆國	支干	曆國	支干	曆國	支干	曆國	支干	曆國	支干	曆國	支干	曆農
7月 8	子丙	6月 9	未丁	5月10	丑丁	4月11	申戊	3月12	寅戊	2月12	酉己	一初
7月 9	丑丁	6月10	申戊	5月11	寅戊	4月12	酉己	3月13	卯己	2月13	戌庚	二初
7月10	寅戊	6月11	酉己	5月12	卯己	4月13	戌庚	3月14	辰庚	2月14	亥辛	三初
7月11	卯己	6月12	戌庚	5月13	辰庚	4月14	亥辛	3月15	巳辛	2月15	子壬	四初
7月12	辰庚	6月13	亥辛	5月14	巳辛	4月15	子壬	3月16	午壬	2月16	丑癸	五初
7月13	巳辛	6月14	子壬	5月15	午壬	4月16	丑癸	3月17	未癸	2月17	寅甲	六初
7月14	午壬	6月15	丑癸	5月16	未癸	4月17	寅甲	3月18	申甲	2月18	卯乙	七初
7月15	未癸	6月16	寅甲	5月17	申甲	4月18	卯乙	3月19	酉乙	2月19	辰丙	八初
7月16	申甲	6月17	卯乙	5月18	酉乙	4月19	辰丙	3月20	戌丙	2月20	巳丁	九初
7月17	酉乙	6月18	辰丙	5月19	戌丙	4月20	巳丁	3月21	亥丁	2月21	午戊	十初
7月18	戌丙	6月19	巳丁	5月20	亥丁	4月21	午戊	3月22	子戊	2月22	未己	一十
7月19	亥丁	6月20	午戊	5月21	子戊	4月22	未己	3月23	丑己	2月23	申庚	二十
7月20	子戊	6月21	未己	5月22	丑己	4月23	申庚	3月24	寅庚	2月24	酉辛	三十
7月21	丑己	6月22	申庚	5月23	寅庚	4月24	酉辛	3月25	卯辛	2月25	戌壬	四十
7月22	寅庚	6月23	酉辛	5月24	卯辛	4月25	戌壬	3月26	辰壬	2月26	亥癸	五十
7月23	卯辛	6月24	戌壬	5月25	辰壬	4月26	亥癸	3月27	巳癸	2月27	子甲	六十
7月24	辰壬	6月25	亥癸	5月26	巳癸	4月27	子甲	3月28	午甲	2月28	丑乙	七十
7月25	巳癸	6月26	子甲	5月27	午甲	4月28	丑乙	3月29	未乙	2月29	寅丙	八十
7月26	午甲	6月27	丑乙	5月28	未乙	4月29	寅丙	3月30	申丙	3月 1	卯丁	九十
7月27	未乙	6月28	寅丙	5月29	申丙	4月30	卯丁	3月31	酉丁	3月 2	辰戊	十二
7月28	申丙	6月29	卯丁	5月30	酉丁	5月 1	辰戊	4月 1	戌戊	3月 3	巳己	一廿
7月29	酉丁	6月30	辰戊	5月31	戌戊	5月 2	巳己	4月 2	亥己	3月 4	午庚	二廿
7月30	戌戊	7月 1	巳己	6月 1	亥己	5月 3	午庚	4月 3	子庚	3月 5	未辛	三廿
7月31	亥己	7月 2	午庚	6月 2	子庚	5月 4	未辛	4月 4	丑辛	3月 6	申壬	四廿
8月 1	子庚	7月 3	未辛	6月 3	丑辛	5月 5	申壬	4月 5	寅壬	3月 7	酉癸	五廿
8月 2	丑辛	7月 4	申壬	6月 4	寅壬	5月 6	酉癸	4月 6	卯癸	3月 8	戌甲	六廿
8月 3	寅壬	7月 5	酉癸	6月 5	卯癸	5月 7	戌甲	4月 7	辰甲	3月 9	亥乙	七廿
8月 4	卯癸	7月 6	戌甲	6月 6	辰甲	5月 8	亥乙	4月 8	巳乙	3月10	子丙	八廿
8月 5	辰甲	7月 7	亥乙	6月 7	巳乙	5月 9	子丙	4月 9	午丙	3月11	丑丁	九廿
				6月 8	午丙			4月10	未丁			十三

月別	月二十曆農		月一十曆農		月十曆農		月九曆農		月八曆農		月七曆農	
干支	丑	辛	子	庚	亥	己	戌	戊	酉	丁	申	丙
節	寒大	寒小	至冬	雪大	雪小	冬立	降霜	露寒	分秋	露白	暑處	秋立
氣	15時39分 二十申時	22時11分 初五亥時	5時0分 廿一卯時	11時3分 初六午時	15時51分 二十申時	18時27分 初五酉時	18時35分 二十酉時	15時37分 初五申時	9時36分 十九巳時	0時20分 初四子時	12時15分 十八午時	21時41分 初二亥時
農曆	曆國	支干	曆國	支干	曆國	支干	曆國	支干	曆國	支干	曆國	支干
初一	1月 1	酉癸	12月 2	卯癸	11月 3	戌甲	10月 4	辰甲	9月 5	亥乙	8月 6	巳乙
初二	1月 2	戌甲	12月 3	辰甲	11月 4	亥乙	10月 5	巳乙	9月 6	子丙	8月 7	午丙
初三	1月 3	亥乙	12月 4	巳乙	11月 5	子丙	10月 6	午丙	9月 7	丑丁	8月 8	未丁
初四	1月 4	子丙	12月 5	午丙	11月 6	丑丁	10月 7	未丁	9月 8	寅戊	8月 9	申戊
初五	1月 5	丑丁	12月 6	未丁	11月 7	寅戊	10月 8	申戊	9月 9	卯己	8月10	酉己
初六	1月 6	寅戊	12月 7	申戊	11月 8	卯己	10月 9	酉己	9月10	辰庚	8月11	戌庚
初七	1月 7	卯己	12月 8	酉己	11月 9	辰庚	10月10	戌庚	9月11	巳辛	8月12	亥辛
初八	1月 8	辰庚	12月 9	戌庚	11月10	巳辛	10月11	亥辛	9月12	午壬	8月13	子壬
初九	1月 9	巳辛	12月10	亥辛	11月11	午壬	10月12	子壬	9月13	未癸	8月14	丑癸
初十	1月10	午壬	12月11	子壬	11月12	未癸	10月13	丑癸	9月14	申甲	8月15	寅甲
十一	1月11	未癸	12月12	丑癸	11月13	申甲	10月14	寅甲	9月15	酉乙	8月16	卯乙
十二	1月12	申甲	12月13	寅甲	11月14	酉乙	10月15	卯乙	9月16	戌丙	8月17	辰丙
十三	1月13	酉乙	12月14	卯乙	11月15	戌丙	10月16	辰丙	9月17	亥丁	8月18	巳丁
十四	1月14	戌丙	12月15	辰丙	11月16	亥丁	10月17	巳丁	9月18	子戊	8月19	午戊
十五	1月15	亥丁	12月16	巳丁	11月17	子戊	10月18	午戊	9月19	丑己	8月20	未己
十六	1月16	子戊	12月17	午戊	11月18	丑己	10月19	未己	9月20	寅庚	8月21	申庚
十七	1月17	丑己	12月18	未己	11月19	寅庚	10月20	申庚	9月21	卯辛	8月22	酉辛
十八	1月18	寅庚	12月19	申庚	11月20	卯辛	10月21	酉辛	9月22	辰壬	8月23	戌壬
十九	1月19	卯辛	12月20	酉辛	11月21	辰壬	10月22	戌壬	9月23	巳癸	8月24	亥癸
二十	1月20	辰壬	12月21	戌壬	11月22	巳癸	10月23	亥癸	9月24	午甲	8月25	子甲
廿一	1月21	巳癸	12月22	亥癸	11月23	午甲	10月24	子甲	9月25	未乙	8月26	丑乙
廿二	1月22	午甲	12月23	子甲	11月24	未乙	10月25	丑乙	9月26	申丙	8月27	寅丙
廿三	1月23	未乙	12月24	丑乙	11月25	申丙	10月26	寅丙	9月27	酉丁	8月28	卯丁
廿四	1月24	申丙	12月25	寅丙	11月26	酉丁	10月27	卯丁	9月28	戌戊	8月29	辰戊
廿五	1月25	酉丁	12月26	卯丁	11月27	戌戊	10月28	辰戊	9月29	亥己	8月30	巳己
廿六	1月26	戌戊	12月27	辰戊	11月28	亥己	10月29	巳己	9月30	子庚	8月31	午庚
廿七	1月27	亥己	12月28	巳己	11月29	子庚	10月30	午庚	10月 1	丑辛	9月 1	未辛
廿八	1月28	子庚	12月29	午庚	11月30	丑辛	10月31	未辛	10月 2	寅壬	9月 2	申壬
廿九	1月29	丑辛	12月30	未辛	12月 1	寅壬	11月 1	申壬	10月 3	卯癸	9月 3	酉癸
三十	1月30	寅壬	12月31	申壬			11月 2	酉癸			9月 4	戌甲

西元1957年

中華民國四十六年 歲次 丁酉《雞》

西元一九五七年 太歲 姓康名傑

月六曆農		月五曆農		月四曆農		月三曆農		月二曆農		月正曆農		別月
未	丁	午	丙	巳	乙	辰	甲	卯	癸	寅	壬	支干
暑大	暑小	至夏	種芒	滿小	夏立	雨穀	明清	分春	蟄驚	水雨	春立	節氣
廿六午時 11時15分	初十酉時 17時49分	廿五子時 0時21分	初九辰時 7時25分	廿二申時 16時11分	初七丑時 2時59分	廿一申時 16時42分	初六巳時 9時19分	二十卯時 5時15分	初五寅時 4時13分	二十卯時 5時58分	初五巳時 9時55分	
曆國	支干	曆國	支干	曆國	支干	曆國	支干	曆國	支干	曆國	支干	曆農
6月28	未辛	5月29	丑辛	4月30	申壬	3月31	寅壬	3月 2	酉癸	1月31	卯癸	一初
6月29	申壬	5月30	寅壬	5月 1	酉癸	4月 1	卯癸	3月 3	戌甲	2月 1	辰甲	二初
6月30	酉癸	5月31	卯癸	5月 2	戌甲	4月 2	辰甲	3月 4	亥乙	2月 2	巳乙	三初
7月 1	戌甲	6月 1	辰甲	5月 3	亥乙	4月 3	巳乙	3月 5	子丙	2月 3	午丙	四初
7月 2	亥乙	6月 2	巳乙	5月 4	子丙	4月 4	午丙	3月 6	丑丁	2月 4	未丁	五初
7月 3	子丙	6月 3	午丙	5月 5	丑丁	4月 5	未丁	3月 7	寅戊	2月 5	申戊	六初
7月 4	丑丁	6月 4	未丁	5月 6	寅戊	4月 6	申戊	3月 8	卯己	2月 6	酉己	七初
7月 5	寅戊	6月 5	申戊	5月 7	卯己	4月 7	酉己	3月 9	辰庚	2月 7	戌庚	八初
7月 6	卯己	6月 6	酉己	5月 8	辰庚	4月 8	戌庚	3月10	巳辛	2月 8	亥辛	九初
7月 7	辰庚	6月 7	戌庚	5月 9	巳辛	4月 9	亥辛	3月11	午壬	2月 9	子壬	十初
7月 8	巳辛	6月 8	亥辛	5月10	午壬	4月10	子壬	3月12	未癸	2月10	丑癸	一十
7月 9	午壬	6月 9	子壬	5月11	未癸	4月11	丑癸	3月13	申甲	2月11	寅甲	二十
7月10	未癸	6月10	丑癸	5月12	申甲	4月12	寅甲	3月14	酉乙	2月12	卯乙	三十
7月11	申甲	6月11	寅甲	5月13	酉乙	4月13	卯乙	3月15	戌丙	2月13	辰丙	四十
7月12	酉乙	6月12	卯乙	5月14	戌丙	4月14	辰丙	3月16	亥丁	2月14	巳丁	五十
7月13	戌丙	6月13	辰丙	5月15	亥丁	4月15	巳丁	3月17	子戊	2月15	午戊	六十
7月14	亥丁	6月14	巳丁	5月16	子戊	4月16	午戊	3月18	丑己	2月16	未己	七十
7月15	子戊	6月15	午戊	5月17	丑己	4月17	未己	3月19	寅庚	2月17	申庚	八十
7月16	丑己	6月16	未己	5月18	寅庚	4月18	申庚	3月20	卯辛	2月18	酉辛	九十
7月17	寅庚	6月17	申庚	5月19	卯辛	4月19	酉辛	3月21	辰壬	2月19	戌壬	十二
7月18	卯辛	6月18	酉辛	5月20	辰壬	4月20	戌壬	3月22	巳癸	2月20	亥癸	一廿
7月19	辰壬	6月19	戌壬	5月21	巳癸	4月21	亥癸	3月23	午甲	2月21	子甲	二廿
7月20	巳癸	6月20	亥癸	5月22	午甲	4月22	子甲	3月24	未乙	2月22	丑乙	三廿
7月21	午甲	6月21	子甲	5月23	未乙	4月23	丑乙	3月25	申丙	2月23	寅丙	四廿
7月22	未乙	6月22	丑乙	5月24	申丙	4月24	寅丙	3月26	酉丁	2月24	卯丁	五廿
7月23	申丙	6月23	寅丙	5月25	酉丁	4月25	卯丁	3月27	戌戊	2月25	辰戊	六廿
7月24	酉丁	6月24	卯丁	5月26	戌戊	4月26	辰戊	3月28	亥己	2月26	巳己	七廿
7月25	戌戊	6月25	辰戊	5月27	亥己	4月27	巳己	3月29	子庚	2月27	午庚	八廿
7月26	亥己	6月26	巳己	5月28	子庚	4月28	午庚	3月30	丑辛	2月28	未辛	九廿
		6月27	午庚			4月29	未辛			3月 1	申壬	十三

西元1957年

月別	月二十曆農		月一十曆農		月十曆農		月九曆農		月八閏曆農		月八曆農		月七曆農	
干支	丑	癸	子	壬	亥	辛	戌	庚			酉	己	申	戊
節	春立	寒大	寒小	至冬	雪大	雪小	冬立	降霜	露寒		分秋	露白	暑處	秋立
氣	15時50分 十六申時	21時29分 初一亥時	4時5分 十七寅時	10時49分 初二巳時	16時57分 十六申時	21時40分 初一亥時	0時21分 十七子時	0時25分 初二子時	21時31分 十五亥時		15時27分 三十申時	6時13分 十五卯時	18時8分 廿八酉時	3時33分 十三寅時
農曆	曆國	支干	曆國	支干	曆國	支干	曆國	支干	曆國	支干	曆國	支干	曆國	支干
初一	1月20	酉丁	12月21	卯丁	11月22	戌戊	10月23	辰戊	9月24	亥己	8月25	巳己	7月27	子庚
初二	1月21	戌戊	12月22	辰戊	11月23	亥己	10月24	巳己	9月25	子庚	8月26	午庚	7月28	丑辛
初三	1月22	亥己	12月23	巳己	11月24	子庚	10月25	午庚	9月26	丑辛	8月27	未辛	7月29	寅壬
初四	1月23	子庚	12月24	午庚	11月25	丑辛	10月26	未辛	9月27	寅壬	8月28	申壬	7月30	卯癸
初五	1月24	丑辛	12月25	未辛	11月26	寅壬	10月27	申壬	9月28	卯癸	8月29	酉癸	7月31	辰甲
初六	1月25	寅壬	12月26	申壬	11月27	卯癸	10月28	酉癸	9月29	辰甲	8月30	戌甲	8月 1	巳乙
初七	1月26	卯癸	12月27	酉癸	11月28	辰甲	10月29	戌甲	9月30	巳乙	8月31	亥乙	8月 2	午丙
初八	1月27	辰甲	12月28	戌甲	11月29	巳乙	10月30	亥乙	10月 1	午丙	9月 1	子丙	8月 3	未丁
初九	1月28	巳乙	12月29	亥乙	11月30	午丙	10月31	子丙	10月 2	未丁	9月 2	丑丁	8月 4	申戊
初十	1月29	午丙	12月30	子丙	12月 1	未丁	11月 1	丑丁	10月 3	申戊	9月 3	寅戊	8月 5	酉己
十一	1月30	未丁	12月31	丑丁	12月 2	申戊	11月 2	寅戊	10月 4	酉己	9月 4	卯己	8月 6	戌庚
十二	1月31	申戊	1月 1	寅戊	12月 3	酉己	11月 3	卯己	10月 5	戌庚	9月 5	辰庚	8月 7	亥辛
十三	2月 1	酉己	1月 2	卯己	12月 4	戌庚	11月 4	辰庚	10月 6	亥辛	9月 6	巳辛	8月 8	子壬
十四	2月 2	戌庚	1月 3	辰庚	12月 5	亥辛	11月 5	巳辛	10月 7	子壬	9月 7	午壬	8月 9	丑癸
十五	2月 3	亥辛	1月 4	巳辛	12月 6	子壬	11月 6	午壬	10月 8	丑癸	9月 8	未癸	8月10	寅甲
十六	2月 4	子壬	1月 5	午壬	12月 7	丑癸	11月 7	未癸	10月 9	寅甲	9月 9	申甲	8月11	卯乙
十七	2月 5	丑癸	1月 6	未癸	12月 8	寅甲	11月 8	申甲	10月10	卯乙	9月10	酉乙	8月12	辰丙
十八	2月 6	寅甲	1月 7	申甲	12月 9	卯乙	11月 9	酉乙	10月11	辰丙	9月11	戌丙	8月13	巳丁
十九	2月 7	卯乙	1月 8	酉乙	12月10	辰丙	11月10	戌丙	10月12	巳丁	9月12	亥丁	8月14	午戊
二十	2月 8	辰丙	1月 9	戌丙	12月11	巳丁	11月11	亥丁	10月13	午戊	9月13	子戊	8月15	未己
廿一	2月 9	巳丁	1月10	亥丁	12月12	午戊	11月12	子戊	10月14	未己	9月14	丑己	8月16	申庚
廿二	2月10	午戊	1月11	子戊	12月13	未己	11月13	丑己	10月15	申庚	9月15	寅庚	8月17	酉辛
廿三	2月11	未己	1月12	丑己	12月14	申庚	11月14	寅庚	10月16	酉辛	9月16	卯辛	8月18	戌壬
廿四	2月12	申庚	1月13	寅庚	12月15	酉辛	11月15	卯辛	10月17	戌壬	9月17	辰壬	8月19	亥癸
廿五	2月13	酉辛	1月14	卯辛	12月16	戌壬	11月16	辰壬	10月18	亥癸	9月18	巳癸	8月20	子甲
廿六	2月14	戌壬	1月15	辰壬	12月17	亥癸	11月17	巳癸	10月19	子甲	9月19	午甲	8月21	丑乙
廿七	2月15	亥癸	1月16	巳癸	12月18	子甲	11月18	午甲	10月20	丑乙	9月20	未乙	8月22	寅丙
廿八	2月16	子甲	1月17	午甲	12月19	丑乙	11月19	未乙	10月21	寅丙	9月21	申丙	8月23	卯丁
廿九	2月17	丑乙	1月18	未乙	12月20	寅丙	11月20	申丙	10月22	卯丁	9月22	酉丁	8月24	辰戊
三十			1月19	申丙			11月21	酉丁			9月23	戌戊		

中華民國四十七年 歲次 戊戌《狗》

西元一九五八年 太歲姓姜名武

月六曆農		月五曆農		月四曆農		月三曆農		月二曆農		月正曆農		別月
未	己	午	戊	巳	丁	辰	丙	卯	乙	寅	甲	支干
秋立	暑大	暑小	至夏	種芒	滿小	夏立	雨穀	明清	分春	蟄驚	水雨	節
9時18分 廿三巳時	16時51分 初七申時	23時34分 廿一夜子	5時58分 初六卯時	13時13分 十九未時	21時52分 初三亥時	8時50分 十八辰時	22時28分 初二亥時	15時13分 十七申時	11時4分 初二午時	10時6分 十七巳時	11時50分 初二午時	氣
曆國	支干	曆國	支干	曆國	支干	曆國	支干	曆國	支干	曆國	支干	曆農
7月17	未乙	6月17	丑乙	5月19	申丙	4月19	寅丙	3月20	申丙	2月18	寅丙	一初
7月18	申丙	6月18	寅丙	5月20	酉丁	4月20	卯丁	3月21	酉丁	2月19	卯丁	二初
7月19	酉丁	6月19	卯丁	5月21	戌戊	4月21	辰戊	3月22	戌戊	2月20	辰戊	三初
7月20	戌戊	6月20	辰戊	5月22	亥己	4月22	巳己	3月23	亥己	2月21	巳己	四初
7月21	亥己	6月21	巳己	5月23	子庚	4月23	午庚	3月24	子庚	2月22	午庚	五初
7月22	子庚	6月22	午庚	5月24	丑辛	4月24	未辛	3月25	丑辛	2月23	未辛	六初
7月23	丑辛	6月23	未辛	5月25	寅壬	4月25	申壬	3月26	寅壬	2月24	申壬	七初
7月24	寅壬	6月24	申壬	5月26	卯癸	4月26	酉癸	3月27	卯癸	2月25	酉癸	八初
7月25	卯癸	6月25	酉癸	5月27	辰甲	4月27	戌甲	3月28	辰甲	2月26	戌甲	九初
7月26	辰甲	6月26	戌甲	5月28	巳乙	4月28	亥乙	3月29	巳乙	2月27	亥乙	十初
7月27	巳乙	6月27	亥乙	5月29	午丙	4月29	子丙	3月30	午丙	2月28	子丙	一十
7月28	午丙	6月28	子丙	5月30	未丁	4月30	丑丁	3月31	未丁	3月 1	丑丁	二十
7月29	未丁	6月29	丑丁	5月31	申戊	5月 1	寅戊	4月 1	申戊	3月 2	寅戊	三十
7月30	申戊	6月30	寅戊	6月 1	酉己	5月 2	卯己	4月 2	酉己	3月 3	卯己	四十
7月31	酉己	7月 1	卯己	6月 2	戌庚	5月 3	辰庚	4月 3	戌庚	3月 4	辰庚	五十
8月 1	戌庚	7月 2	辰庚	6月 3	亥辛	5月 4	巳辛	4月 4	亥辛	3月 5	巳辛	六十
8月 2	亥辛	7月 3	巳辛	6月 4	子壬	5月 5	午壬	4月 5	子壬	3月 6	午壬	七十
8月 3	子壬	7月 4	午壬	6月 5	丑癸	5月 6	未癸	4月 6	丑癸	3月 7	未癸	八十
8月 4	丑癸	7月 5	未癸	6月 6	寅甲	5月 7	申甲	4月 7	寅甲	3月 8	申甲	九十
8月 5	寅甲	7月 6	申甲	6月 7	卯乙	5月 8	酉乙	4月 8	卯乙	3月 9	酉乙	十二
8月 6	卯乙	7月 7	酉乙	6月 8	辰丙	5月 9	戌丙	4月 9	辰丙	3月10	戌丙	一廿
8月 7	辰丙	7月 8	戌丙	6月 9	巳丁	5月10	亥丁	4月10	巳丁	3月11	亥丁	二廿
8月 8	巳丁	7月 9	亥丁	6月10	午戊	5月11	子戊	4月11	午戊	3月12	子戊	三廿
8月 9	午戊	7月10	子戊	6月11	未己	5月12	丑己	4月12	未己	3月13	丑己	四廿
8月10	未己	7月11	丑己	6月12	申庚	5月13	寅庚	4月13	申庚	3月14	寅庚	五廿
8月11	申庚	7月12	寅庚	6月13	酉辛	5月14	卯辛	4月14	酉辛	3月15	卯辛	六廿
8月12	酉辛	7月13	卯辛	6月14	戌壬	5月15	辰壬	4月15	戌壬	3月16	辰壬	七廿
8月13	戌壬	7月14	辰壬	6月15	亥癸	5月16	巳癸	4月16	亥癸	3月17	巳癸	八廿
8月14	亥癸	7月15	巳癸	6月16	子甲	5月17	午甲	4月17	子甲	3月18	午甲	九廿
		7月16	午甲			5月18	未乙	4月18	丑乙	3月19	未乙	十三

西元1958年

月別	月二十曆農		月一十曆農		月十曆農		月九曆農		月八曆農		月七曆農	
干支	丑	乙	子	甲	亥	癸	戌	壬	酉	辛	申	庚
節	春立	寒大	寒小	至冬	雪大	雪小	冬立	降霜	露寒	分秋	露白	暑處
氣	21時43分 廿七亥時	3時20分 十三寅時	9時59分 廿七巳時	16時40分 十二酉時	22時50分 廿七亥時	3時30分 十三寅時	6時13分 廿七卯時	6時12分 十二卯時	3時20分 廿七寅時	21時10分 十一亥時	12時0分 廿五午時	23時47分 初九夜子
農曆	曆國	支干	曆國	支干	曆國	支干	曆國	支干	曆國	支干	曆國	支干
初一	1月 9	卯辛	12月11	戌壬	11月11	辰壬	10月13	亥癸	9月13	巳癸	8月15	子甲
初二	1月10	辰壬	12月12	亥癸	11月12	巳癸	10月14	子甲	9月14	午甲	8月16	丑乙
初三	1月11	巳癸	12月13	子甲	11月13	午甲	10月15	丑乙	9月15	未乙	8月17	寅丙
初四	1月12	午甲	12月14	丑乙	11月14	未乙	10月16	寅丙	9月16	申丙	8月18	卯丁
初五	1月13	未乙	12月15	寅丙	11月15	申丙	10月17	卯丁	9月17	酉丁	8月19	辰戊
初六	1月14	申丙	12月16	卯丁	11月16	酉丁	10月18	辰戊	9月18	戌戊	8月20	巳己
初七	1月15	酉丁	12月17	辰戊	11月17	戌戊	10月19	巳己	9月19	亥己	8月21	午庚
初八	1月16	戌戊	12月18	巳己	11月18	亥己	10月20	午庚	9月20	子庚	8月22	未辛
初九	1月17	亥己	12月19	午庚	11月19	子庚	10月21	未辛	9月21	丑辛	8月23	申壬
初十	1月18	子庚	12月20	未辛	11月20	丑辛	10月22	申壬	9月22	寅壬	8月24	酉癸
十一	1月19	丑辛	12月21	申壬	11月21	寅壬	10月23	酉癸	9月23	卯癸	8月25	戌甲
十二	1月20	寅壬	12月22	酉癸	11月22	卯癸	10月24	戌甲	9月24	辰甲	8月26	亥乙
十三	1月21	卯癸	12月23	戌甲	11月23	辰甲	10月25	亥乙	9月25	巳乙	8月27	子丙
十四	1月22	辰甲	12月24	亥乙	11月24	巳乙	10月26	子丙	9月26	午丙	8月28	丑丁
十五	1月23	巳乙	12月25	子丙	11月25	午丙	10月27	丑丁	9月27	未丁	8月29	寅戊
十六	1月24	午丙	12月26	丑丁	11月26	未丁	10月28	寅戊	9月28	申戊	8月30	卯己
十七	1月25	未丁	12月27	寅戊	11月27	申戊	10月29	卯己	9月29	酉己	8月31	辰庚
十八	1月26	申戊	12月28	卯己	11月28	酉己	10月30	辰庚	9月30	戌庚	9月 1	巳辛
十九	1月27	酉己	12月29	辰庚	11月29	戌庚	10月31	巳辛	10月 1	亥辛	9月 2	午壬
二十	1月28	戌庚	12月30	巳辛	11月30	亥辛	11月 1	午壬	10月 2	子壬	9月 3	未癸
廿一	1月29	亥辛	12月31	午壬	12月 1	子壬	11月 2	未癸	10月 3	丑癸	9月 4	申甲
廿二	1月30	子壬	1月 1	未癸	12月 2	丑癸	11月 3	申甲	10月 4	寅甲	9月 5	酉乙
廿三	1月31	丑癸	1月 2	申甲	12月 3	寅甲	11月 4	酉乙	10月 5	卯乙	9月 6	戌丙
廿四	2月 1	寅甲	1月 3	酉乙	12月 4	卯乙	11月 5	戌丙	10月 6	辰丙	9月 7	亥丁
廿五	2月 2	卯乙	1月 4	戌丙	12月 5	辰丙	11月 6	亥丁	10月 7	巳丁	9月 8	子戊
廿六	2月 3	辰丙	1月 5	亥丁	12月 6	巳丁	11月 7	子戊	10月 8	午戊	9月 9	丑己
廿七	2月 4	巳丁	1月 6	子戊	12月 7	午戊	11月 8	丑己	10月 9	未己	9月10	寅庚
廿八	2月 5	午戊	1月 7	丑己	12月 8	未己	11月 9	寅庚	10月10	申庚	9月11	卯辛
廿九	2月 6	未己	1月 8	寅庚	12月 9	申庚	11月10	卯辛	10月11	酉辛	9月12	辰壬
三十	2月 7	申庚			12月10	酉辛			10月12	戌壬		

中華民國四十八年 歲次 己亥《豬》

西元一九五九年 太歲 姓謝名壽

月六曆農		月五曆農		月四曆農		月三曆農		月二曆農		月正曆農		別月
未 辛		午 庚		巳 己		辰 戊		卯 丁		寅 丙		支干
暑大	暑小	至夏	種芒	滿小		夏立	雨穀	明清	分春	蟄驚	水雨	節
十八亥時 22時46分	初三卯時 5時21分	十七午時 11時51分	初一戌時 19時1分	十五寅時 3時43分		廿九未時 14時39分	十四寅時 4時17分	廿八亥時 21時4分	十三申時 16時55分	廿七申時 15時57分	十二酉時 17時38分	氣
曆國	支干	曆國	支干	曆國	支干	曆國	支干	曆國	支干	曆國	支干	曆農
7月 6	丑己	6月 6	未己	5月 8	寅庚	4月 8	申庚	3月 9	寅庚	2月 8	酉辛	一初
7月 7	寅庚	6月 7	申庚	5月 9	卯辛	4月 9	酉辛	3月10	卯辛	2月 9	戌壬	二初
7月 8	卯辛	6月 8	酉辛	5月10	辰壬	4月10	戌壬	3月11	辰壬	2月10	亥癸	三初
7月 9	辰壬	6月 9	戌壬	5月11	巳癸	4月11	亥癸	3月12	巳癸	2月11	子甲	四初
7月10	巳癸	6月10	亥癸	5月12	午甲	4月12	子甲	3月13	午甲	2月12	丑乙	五初
7月11	午甲	6月11	子甲	5月13	未乙	4月13	丑乙	3月14	未乙	2月13	寅丙	六初
7月12	未乙	6月12	丑乙	5月14	申丙	4月14	寅丙	3月15	申丙	2月14	卯丁	七初
7月13	申丙	6月13	寅丙	5月15	酉丁	4月15	卯丁	3月16	酉丁	2月15	辰戊	八初
7月14	酉丁	6月14	卯丁	5月16	戌戊	4月16	辰戊	3月17	戌戊	2月16	巳己	九初
7月15	戌戊	6月15	辰戊	5月17	亥己	4月17	巳己	3月18	亥己	2月17	午庚	十初
7月16	亥己	6月16	巳己	5月18	子庚	4月18	午庚	3月19	子庚	2月18	未辛	一十
7月17	子庚	6月17	午庚	5月19	丑辛	4月19	未辛	3月20	丑辛	2月19	申壬	二十
7月18	丑辛	6月18	未辛	5月20	寅壬	4月20	申壬	3月21	寅壬	2月20	酉癸	三十
7月19	寅壬	6月19	申壬	5月21	卯癸	4月21	酉癸	3月22	卯癸	2月21	戌甲	四十
7月20	卯癸	6月20	酉癸	5月22	辰甲	4月22	戌甲	3月23	辰甲	2月22	亥乙	五十
7月21	辰甲	6月21	戌甲	5月23	巳乙	4月23	亥乙	3月24	巳乙	2月23	子丙	六十
7月22	巳乙	6月22	亥乙	5月24	午丙	4月24	子丙	3月25	午丙	2月24	丑丁	七十
7月23	午丙	6月23	子丙	5月25	未丁	4月25	丑丁	3月26	未丁	2月25	寅戊	八十
7月24	未丁	6月24	丑丁	5月26	申戊	4月26	寅戊	3月27	申戊	2月26	卯己	九十
7月25	申戊	6月25	寅戊	5月27	酉己	4月27	卯己	3月28	酉己	2月27	辰庚	十二
7月26	酉己	6月26	卯己	5月28	戌庚	4月28	辰庚	3月29	戌庚	2月28	巳辛	一廿
7月27	戌庚	6月27	辰庚	5月29	亥辛	4月29	巳辛	3月30	亥辛	3月 1	午壬	二廿
7月28	亥辛	6月28	巳辛	5月30	子壬	4月30	午壬	3月31	子壬	3月 2	未癸	三廿
7月29	子壬	6月29	午壬	5月31	丑癸	5月 1	未癸	4月 1	丑癸	3月 3	申甲	四廿
7月30	丑癸	6月30	未癸	6月 1	寅甲	5月 2	申甲	4月 2	寅甲	3月 4	酉乙	五廿
7月31	寅甲	7月 1	申甲	6月 2	卯乙	5月 3	酉乙	4月 3	卯乙	3月 5	戌丙	六廿
8月 1	卯乙	7月 2	酉乙	6月 3	辰丙	5月 4	戌丙	4月 4	辰丙	3月 6	亥丁	七廿
8月 2	辰丙	7月 3	戌丙	6月 4	巳丁	5月 5	亥丁	4月 5	巳丁	3月 7	子戊	八廿
8月 3	巳丁	7月 4	亥丁	6月 5	午戊	5月 6	子戊	4月 6	午戊	3月 8	丑己	九廿
		7月 5	子戊			5月 7	丑己	4月 7	未己			十三

西元1959年

月別	月二十曆農		月一十曆農		月十曆農		月九曆農		月八曆農		月七曆農	
干支	丑	丁	子	丙	亥	乙	戌	甲	酉	癸	申	壬
節氣	寒大	寒小	至冬	雪大	雪小	冬立	降霜	露寒	分秋	露白	暑處	秋立
	9時10分 廿三巳時	15時43分 初八申時	22時35分 廿三亥時	4時38分 初九寅時	9時28分 廿三巳時	12時3分 初八午時	12時12分 廿三午時	9時11分 初八巳時	3時9分 廿二寅時	17時49分 初六酉時	5時44分 廿一卯時	15時5分 初五申時
農曆	曆國	支干	曆國	支干	曆國	支干	曆國	支干	曆國	支干	曆國	支干
初一	12月30	戌丙	11月30	辰丙	11月 1	亥丁	10月 2	巳丁	9月 3	子戊	8月 4	午戊
初二	12月31	亥丁	12月 1	巳丁	11月 2	子戊	10月 3	午戊	9月 4	丑己	8月 5	未己
初三	1月 1	子戊	12月 2	午戊	11月 3	丑己	10月 4	未己	9月 5	寅庚	8月 6	申庚
初四	1月 2	丑己	12月 3	未己	11月 4	寅庚	10月 5	申庚	9月 6	卯辛	8月 7	酉辛
初五	1月 3	寅庚	12月 4	申庚	11月 5	卯辛	10月 6	酉辛	9月 7	辰壬	8月 8	戌壬
初六	1月 4	卯辛	12月 5	酉辛	11月 6	辰壬	10月 7	戌壬	9月 8	巳癸	8月 9	亥癸
初七	1月 5	辰壬	12月 6	戌壬	11月 7	巳癸	10月 8	亥癸	9月 9	午甲	8月10	子甲
初八	1月 6	巳癸	12月 7	亥癸	11月 8	午甲	10月 9	子甲	9月10	未乙	8月11	丑乙
初九	1月 7	午甲	12月 8	子甲	11月 9	未乙	10月10	丑乙	9月11	申丙	8月12	寅丙
初十	1月 8	未乙	12月 9	丑乙	11月10	申丙	10月11	寅丙	9月12	酉丁	8月13	卯丁
十一	1月 9	申丙	12月10	寅丙	11月11	酉丁	10月12	卯丁	9月13	戌戊	8月14	辰戊
十二	1月10	酉丁	12月11	卯丁	11月12	戌戊	10月13	辰戊	9月14	亥己	8月15	巳己
十三	1月11	戌戊	12月12	辰戊	11月13	亥己	10月14	巳己	9月15	子庚	8月16	午庚
十四	1月12	亥己	12月13	巳己	11月14	子庚	10月15	午庚	9月16	丑辛	8月17	未辛
十五	1月13	子庚	12月14	午庚	11月15	丑辛	10月16	未辛	9月17	寅壬	8月18	申壬
十六	1月14	丑辛	12月15	未辛	11月16	寅壬	10月17	申壬	9月18	卯癸	8月19	酉癸
十七	1月15	寅壬	12月16	申壬	11月17	卯癸	10月18	酉癸	9月19	辰甲	8月20	戌甲
十八	1月16	卯癸	12月17	酉癸	11月18	辰甲	10月19	戌甲	9月20	巳乙	8月21	亥乙
十九	1月17	辰甲	12月18	戌甲	11月19	巳乙	10月20	亥乙	9月21	午丙	8月22	子丙
二十	1月18	巳乙	12月19	亥乙	11月20	午丙	10月21	子丙	9月22	未丁	8月23	丑丁
廿一	1月19	午丙	12月20	子丙	11月21	未丁	10月22	丑丁	9月23	申戊	8月24	寅戊
廿二	1月20	未丁	12月21	丑丁	11月22	申戊	10月23	寅戊	9月24	酉己	8月25	卯己
廿三	1月21	申戊	12月22	寅戊	11月23	酉己	10月24	卯己	9月25	戌庚	8月26	辰庚
廿四	1月22	酉己	12月23	卯己	11月24	戌庚	10月25	辰庚	9月26	亥辛	8月27	巳辛
廿五	1月23	戌庚	12月24	辰庚	11月25	亥辛	10月26	巳辛	9月27	子壬	8月28	午壬
廿六	1月24	亥辛	12月25	巳辛	11月26	子壬	10月27	午壬	9月28	丑癸	8月29	未癸
廿七	1月25	子壬	12月26	午壬	11月27	丑癸	10月28	未癸	9月29	寅甲	8月30	申甲
廿八	1月26	丑癸	12月27	未癸	11月28	寅甲	10月29	申甲	9月30	卯乙	8月31	酉乙
廿九	1月27	寅甲	12月28	申甲	11月29	卯乙	10月30	酉乙	10月 1	辰丙	9月 1	戌丙
三十			12月29	酉乙			10月31	戌丙			9月 2	亥丁

中華民國四十九年 歲次 庚子《鼠》

西元一九六〇年 太歲 姓虞名起

月六閏曆農		月六曆農		月五曆農		月四曆農		月三曆農		月二曆農		月正曆農		別月
		未	癸	午	壬	巳	辛	辰	庚	卯	己	寅	戊	支干
秋立		暑大	暑小	至夏	種芒	滿小	夏立	雨穀	明清	分春	蟄驚	水雨	春立	節
21時0分 十五亥時		4時38分 三十寅時	11時13分 十四午時	17時42分 廿八酉時	0時49分 十三子時	9時34分 廿六巳時	20時23分 初十戌時	10時6分 廿五巳時	2時44分 初十丑時	22時42分 廿三亥時	21時36分 初八亥時	23時26分 廿三夜子	3時23分 初九寅時	氣
曆國	支干	曆國	支干	曆國	支干	曆國	支干	曆國	支干	曆國	支干	曆國	支干	曆農
7月24	丑癸	6月24	未癸	5月25	丑癸	4月26	申甲	3月27	寅甲	2月27	酉乙	1月28	卯乙	一初
7月25	寅甲	6月25	申甲	5月26	寅甲	4月27	酉乙	3月28	卯乙	2月28	戌丙	1月29	辰丙	二初
7月26	卯乙	6月26	酉乙	5月27	卯乙	4月28	戌丙	3月29	辰丙	2月29	亥丁	1月30	巳丁	三初
7月27	辰丙	6月27	戌丙	5月28	辰丙	4月29	亥丁	3月30	巳丁	3月 1	子戊	1月31	午戊	四初
7月28	巳丁	6月28	亥丁	5月29	巳丁	4月30	子戊	3月31	午戊	3月 2	丑己	2月 1	未己	五初
7月29	午戊	6月29	子戊	5月30	午戊	5月 1	丑己	4月 1	未己	3月 3	寅庚	2月 2	申庚	六初
7月30	未己	6月30	丑己	5月31	未己	5月 2	寅庚	4月 2	申庚	3月 4	卯辛	2月 3	酉辛	七初
7月31	申庚	7月 1	寅庚	6月 1	申庚	5月 3	卯辛	4月 3	酉辛	3月 5	辰壬	2月 4	戌壬	八初
8月 1	酉辛	7月 2	卯辛	6月 2	酉辛	5月 4	辰壬	4月 4	戌壬	3月 6	巳癸	2月 5	亥癸	九初
8月 2	戌壬	7月 3	辰壬	6月 3	戌壬	5月 5	巳癸	4月 5	亥癸	3月 7	午甲	2月 6	子甲	十初
8月 3	亥癸	7月 4	巳癸	6月 4	亥癸	5月 6	午甲	4月 6	子甲	3月 8	未乙	2月 7	丑乙	一十
8月 4	子甲	7月 5	午甲	6月 5	子甲	5月 7	未乙	4月 7	丑乙	3月 9	申丙	2月 8	寅丙	二十
8月 5	丑乙	7月 6	未乙	6月 6	丑乙	5月 8	申丙	4月 8	寅丙	3月10	酉丁	2月 9	卯丁	三十
8月 6	寅丙	7月 7	申丙	6月 7	寅丙	5月 9	酉丁	4月 9	卯丁	3月11	戌戊	2月10	辰戊	四十
8月 7	卯丁	7月 8	酉丁	6月 8	卯丁	5月10	戌戊	4月10	辰戊	3月12	亥己	2月11	巳己	五十
8月 8	辰戊	7月 9	戌戊	6月 9	辰戊	5月11	亥己	4月11	巳己	3月13	子庚	2月12	午庚	六十
8月 9	巳己	7月10	亥己	6月10	巳己	5月12	子庚	4月12	午庚	3月14	丑辛	2月13	未辛	七十
8月10	午庚	7月11	子庚	6月11	午庚	5月13	丑辛	4月13	未辛	3月15	寅壬	2月14	申壬	八十
8月11	未辛	7月12	丑辛	6月12	未辛	5月14	寅壬	4月14	申壬	3月16	卯癸	2月15	酉癸	九十
8月12	申壬	7月13	寅壬	6月13	申壬	5月15	卯癸	4月15	酉癸	3月17	辰甲	2月16	戌甲	十二
8月13	酉癸	7月14	卯癸	6月14	酉癸	5月16	辰甲	4月16	戌甲	3月18	巳乙	2月17	亥乙	一廿
8月14	戌甲	7月15	辰甲	6月15	戌甲	5月17	巳乙	4月17	亥乙	3月19	午丙	2月18	子丙	二廿
8月15	亥乙	7月16	巳乙	6月16	亥乙	5月18	午丙	4月18	子丙	3月20	未丁	2月19	丑丁	三廿
8月16	子丙	7月17	午丙	6月17	子丙	5月19	未丁	4月19	丑丁	3月21	申戊	2月20	寅戊	四廿
8月17	丑丁	7月18	未丁	6月18	丑丁	5月20	申戊	4月20	寅戊	3月22	酉己	2月21	卯己	五廿
8月18	寅戊	7月19	申戊	6月19	寅戊	5月21	酉己	4月21	卯己	3月23	戌庚	2月22	辰庚	六廿
8月19	卯己	7月20	酉己	6月20	卯己	5月22	戌庚	4月22	辰庚	3月24	亥辛	2月23	巳辛	七廿
8月20	辰庚	7月21	戌庚	6月21	辰庚	5月23	亥辛	4月23	巳辛	3月25	子壬	2月24	午壬	八廿
8月21	巳辛	7月22	亥辛	6月22	巳辛	5月24	子壬	4月24	午壬	3月26	丑癸	2月25	未癸	九廿
		7月23	子壬	6月23	午壬			4月25	未癸			2月26	申甲	十三

西元1960年

月別	月二十曆農		月一十曆農		月十曆農		月九曆農		月八曆農		月七曆農	
干支	丑	己	子	戊	亥	丁	戌	丙	酉	乙	申	甲
節	春立	寒大	寒小	至冬	雪大	雪小	冬立	降霜	露寒	分秋	露白	暑處
氣	十九巳時 9時23分	初四申時 15時1分	十九亥時 21時43分	初五寅時 4時26分	十九巳時 10時38分	初四申時 15時18分	十九酉時 18時6分	初四酉時 18時2分	十八申時 15時9分	初三辰時 8時59分	十七夜子 23時46分	初二午時 11時35分
農曆	曆國	支干	曆國	支干	曆國	支干	曆國	支干	曆國	支干	曆國	支干
初一	1月17	戌庚	12月18	辰庚	11月19	亥辛	10月20	巳辛	9月21	子壬	8月22	午壬
初二	1月18	亥辛	12月19	巳辛	11月20	子壬	10月21	午壬	9月22	丑癸	8月23	未癸
初三	1月19	子壬	12月20	午壬	11月21	丑癸	10月22	未癸	9月23	寅甲	8月24	申甲
初四	1月20	丑癸	12月21	未癸	11月22	寅甲	10月23	申甲	9月24	卯乙	8月25	酉乙
初五	1月21	寅甲	12月22	申甲	11月23	卯乙	10月24	酉乙	9月25	辰丙	8月26	戌丙
初六	1月22	卯乙	12月23	酉乙	11月24	辰丙	10月25	戌丙	9月26	巳丁	8月27	亥丁
初七	1月23	辰丙	12月24	戌丙	11月25	巳丁	10月26	亥丁	9月27	午戊	8月28	子戊
初八	1月24	巳丁	12月25	亥丁	11月26	午戊	10月27	子戊	9月28	未己	8月29	丑己
初九	1月25	午戊	12月26	子戊	11月27	未己	10月28	丑己	9月29	申庚	8月30	寅庚
初十	1月26	未己	12月27	丑己	11月28	申庚	10月29	寅庚	9月30	酉辛	8月31	卯辛
十一	1月27	申庚	12月28	寅庚	11月29	酉辛	10月30	卯辛	10月 1	戌壬	9月 1	辰壬
十二	1月28	酉辛	12月29	卯辛	11月30	戌壬	10月31	辰壬	10月 2	亥癸	9月 2	巳癸
十三	1月29	戌壬	12月30	辰壬	12月 1	亥癸	11月 1	巳癸	10月 3	子甲	9月 3	午甲
十四	1月30	亥癸	12月31	巳癸	12月 2	子甲	11月 2	午甲	10月 4	丑乙	9月 4	未乙
十五	1月31	子甲	1月 1	午甲	12月 3	丑乙	11月 3	未乙	10月 5	寅丙	9月 5	申丙
十六	2月 1	丑乙	1月 2	未乙	12月 4	寅丙	11月 4	申丙	10月 6	卯丁	9月 6	酉丁
十七	2月 2	寅丙	1月 3	申丙	12月 5	卯丁	11月 5	酉丁	10月 7	辰戊	9月 7	戌戊
十八	2月 3	卯丁	1月 4	酉丁	12月 6	辰戊	11月 6	戌戊	10月 8	巳己	9月 8	亥己
十九	2月 4	辰戊	1月 5	戌戊	12月 7	巳己	11月 7	亥己	10月 9	午庚	9月 9	子庚
二十	2月 5	巳己	1月 6	亥己	12月 8	午庚	11月 8	子庚	10月10	未辛	9月10	丑辛
廿一	2月 6	午庚	1月 7	子庚	12月 9	未辛	11月 9	丑辛	10月11	申壬	9月11	寅壬
廿二	2月 7	未辛	1月 8	丑辛	12月10	申壬	11月10	寅壬	10月12	酉癸	9月12	卯癸
廿三	2月 8	申壬	1月 9	寅壬	12月11	酉癸	11月11	卯癸	10月13	戌甲	9月13	辰甲
廿四	2月 9	酉癸	1月10	卯癸	12月12	戌甲	11月12	辰甲	10月14	亥乙	9月14	巳乙
廿五	2月10	戌甲	1月11	辰甲	12月13	亥乙	11月13	巳乙	10月15	子丙	9月15	午丙
廿六	2月11	亥乙	1月12	巳乙	12月14	子丙	11月14	午丙	10月16	丑丁	9月16	未丁
廿七	2月12	子丙	1月13	午丙	12月15	丑丁	11月15	未丁	10月17	寅戊	9月17	申戊
廿八	2月13	丑丁	1月14	未丁	12月16	寅戊	11月16	申戊	10月18	卯己	9月18	酉己
廿九	2月14	寅戊	1月15	申戊	12月17	卯己	11月17	酉己	10月19	辰庚	9月19	戌庚
三十			1月16	酉己			11月18	戌庚			9月20	亥辛

中華民國 五十年 歲次 辛丑《牛》

西元一九六一年 太歲 姓湯名信

月六曆農		月五曆農		月四曆農		月三曆農		月二曆農		月正曆農		月別
未 乙		午 甲		巳 癸		辰 壬		卯 辛		寅 庚		支干
秋立	暑大	暑小	至夏	種芒	滿小	夏立	雨穀	明清	分春	蟄驚	水雨	節
2時49分 廿七丑時	10時24分 十一巳時	17時7分 廿五酉時	23時30分 初九夜子	6時46分 廿三卯時	15時22分 初七申時	2時21分 廿二丑時	15時55分 初六申時	8時42分 二十辰時	4時32分 初五寅時	3時35分 二十寅時	5時18分 初五卯時	氣
曆國	支干	曆國	支干	曆國	支干	曆國	支干	曆國	支干	曆國	支干	曆農
7月13	未丁	6月13	丑丁	5月15	申戊	4月15	寅戊	3月17	酉己	2月15	卯己	一初
7月14	申戊	6月14	寅戊	5月16	酉己	4月16	卯己	3月18	戌庚	2月16	辰庚	二初
7月15	酉己	6月15	卯己	5月17	戌庚	4月17	辰庚	3月19	亥辛	2月17	巳辛	三初
7月16	戌庚	6月16	辰庚	5月18	亥辛	4月18	巳辛	3月20	子壬	2月18	午壬	四初
7月17	亥辛	6月17	巳辛	5月19	子壬	4月19	午壬	3月21	丑癸	2月19	未癸	五初
7月18	子壬	6月18	午壬	5月20	丑癸	4月20	未癸	3月22	寅甲	2月20	申甲	六初
7月19	丑癸	6月19	未癸	5月21	寅甲	4月21	申甲	3月23	卯乙	2月21	酉乙	七初
7月20	寅甲	6月20	申甲	5月22	卯乙	4月22	酉乙	3月24	辰丙	2月22	戌丙	八初
7月21	卯乙	6月21	酉乙	5月23	辰丙	4月23	戌丙	3月25	巳丁	2月23	亥丁	九初
7月22	辰丙	6月22	戌丙	5月24	巳丁	4月24	亥丁	3月26	午戊	2月24	子戊	十初
7月23	巳丁	6月23	亥丁	5月25	午戊	4月25	子戊	3月27	未己	2月25	丑己	一十
7月24	午戊	6月24	子戊	5月26	未己	4月26	丑己	3月28	申庚	2月26	寅庚	二十
7月25	未己	6月25	丑己	5月27	申庚	4月27	寅庚	3月29	酉辛	2月27	卯辛	三十
7月26	申庚	6月26	寅庚	5月28	酉辛	4月28	卯辛	3月30	戌壬	2月28	辰壬	四十
7月27	酉辛	6月27	卯辛	5月29	戌壬	4月29	辰壬	3月31	亥癸	3月 1	巳癸	五十
7月28	戌壬	6月28	辰壬	5月30	亥癸	4月30	巳癸	4月 1	子甲	3月 2	午甲	六十
7月29	亥癸	6月29	巳癸	5月31	子甲	5月 1	午甲	4月 2	丑乙	3月 3	未乙	七十
7月30	子甲	6月30	午甲	6月 1	丑乙	5月 2	未乙	4月 3	寅丙	3月 4	申丙	八十
7月31	丑乙	7月 1	未乙	6月 2	寅丙	5月 3	申丙	4月 4	卯丁	3月 5	酉丁	九十
8月 1	寅丙	7月 2	申丙	6月 3	卯丁	5月 4	酉丁	4月 5	辰戊	3月 6	戌戊	十二
8月 2	卯丁	7月 3	酉丁	6月 4	辰戊	5月 5	戌戊	4月 6	巳己	3月 7	亥己	一廿
8月 3	辰戊	7月 4	戌戊	6月 5	巳己	5月 6	亥己	4月 7	午庚	3月 8	子庚	二廿
8月 4	巳己	7月 5	亥己	6月 6	午庚	5月 7	子庚	4月 8	未辛	3月 9	丑辛	三廿
8月 5	午庚	7月 6	子庚	6月 7	未辛	5月 8	丑辛	4月 9	申壬	3月10	寅壬	四廿
8月 6	未辛	7月 7	丑辛	6月 8	申壬	5月 9	寅壬	4月10	酉癸	3月11	卯癸	五廿
8月 7	申壬	7月 8	寅壬	6月 9	酉癸	5月10	卯癸	4月11	戌甲	3月12	辰甲	六廿
8月 8	酉癸	7月 9	卯癸	6月10	戌甲	5月11	辰甲	4月12	亥乙	3月13	巳乙	七廿
8月 9	戌甲	7月10	辰甲	6月11	亥乙	5月12	巳乙	4月13	子丙	3月14	午丙	八廿
8月10	亥乙	7月11	巳乙	6月12	子丙	5月13	午丙	4月14	丑丁	3月15	未丁	九廿
		7月12	午丙			5月14	未丁			3月16	申戊	十三

西元1961年

月別	月二十曆農		月一十曆農		月十曆農		月九曆農		月八曆農		月七曆農	
干支	丑	辛	子	庚	亥	己	戌	戊	酉	丁	申	丙
節	春立	寒大	寒小	至冬	雪大	雪小	冬立	降霜	露寒	分秋	露白	暑處
氣	15時18分 三十申時	20時58分 十五戌時	3時35分 初一寅時	10時20分 十五巳時	16時26分 三十申時	21時8分 十五申時	23時46分 廿九夜子	23時47分 十四夜子	20時51分 廿九戌時	14時43分 十四未時	5時29分 廿九卯時	17時19分 十三酉時
農曆	曆國	支干	曆國	支干	曆國	支干	曆國	支干	曆國	支干	曆國	支干
初一	1月 6	辰甲	12月 8	亥乙	11月 8	巳乙	10月10	子丙	9月10	午丙	8月11	子丙
初二	1月 7	巳乙	12月 9	子丙	11月 9	午丙	10月11	丑丁	9月11	未丁	8月12	丑丁
初三	1月 8	午丙	12月10	丑丁	11月10	未丁	10月12	寅戊	9月12	申戊	8月13	寅戊
初四	1月 9	未丁	12月11	寅戊	11月11	申戊	10月13	卯己	9月13	酉己	8月14	卯己
初五	1月10	申戊	12月12	卯己	11月12	酉己	10月14	辰庚	9月14	戌庚	8月15	辰庚
初六	1月11	酉己	12月13	辰庚	11月13	戌庚	10月15	巳辛	9月15	亥辛	8月16	巳辛
初七	1月12	戌庚	12月14	巳辛	11月14	亥辛	10月16	午壬	9月16	子壬	8月17	午壬
初八	1月13	亥辛	12月15	午壬	11月15	子壬	10月17	未癸	9月17	丑癸	8月18	未癸
初九	1月14	子壬	12月16	未癸	11月16	丑癸	10月18	申甲	9月18	寅甲	8月19	申甲
初十	1月15	丑癸	12月17	申甲	11月17	寅甲	10月19	酉乙	9月19	卯乙	8月20	酉乙
十一	1月16	寅甲	12月18	酉乙	11月18	卯乙	10月20	戌丙	9月20	辰丙	8月21	戌丙
十二	1月17	卯乙	12月19	戌丙	11月19	辰丙	10月21	亥丁	9月21	巳丁	8月22	亥丁
十三	1月18	辰丙	12月20	亥丁	11月20	巳丁	10月22	子戊	9月22	午戊	8月23	子戊
十四	1月19	巳丁	12月21	子戊	11月21	午戊	10月23	丑己	9月23	未己	8月24	丑己
十五	1月20	午戊	12月22	丑己	11月22	未己	10月24	寅庚	9月24	申庚	8月25	寅庚
十六	1月21	未己	12月23	寅庚	11月23	申庚	10月25	卯辛	9月25	酉辛	8月26	卯辛
十七	1月22	申庚	12月24	卯辛	11月24	酉辛	10月26	辰壬	9月26	戌壬	8月27	辰壬
十八	1月23	酉辛	12月25	辰壬	11月25	戌壬	10月27	巳癸	9月27	亥癸	8月28	巳癸
十九	1月24	戌壬	12月26	巳癸	11月26	亥癸	10月28	午甲	9月28	子甲	8月29	午甲
二十	1月25	亥癸	12月27	午甲	11月27	子甲	10月29	未乙	9月29	丑乙	8月30	未乙
廿一	1月26	子甲	12月28	未乙	11月28	丑乙	10月30	申丙	9月30	寅丙	8月31	申丙
廿二	1月27	丑乙	12月29	申丙	11月29	寅丙	10月31	酉丁	10月 1	卯丁	9月 1	酉丁
廿三	1月28	寅丙	12月30	酉丁	11月30	卯丁	11月 1	戌戊	10月 2	辰戊	9月 2	戌戊
廿四	1月29	卯丁	12月31	戌戊	12月 1	辰戊	11月 2	亥己	10月 3	巳己	9月 3	亥己
廿五	1月30	辰戊	1月 1	亥己	12月 2	巳己	11月 3	子庚	10月 4	午庚	9月 4	子庚
廿六	1月31	巳己	1月 2	子庚	12月 3	午庚	11月 4	丑辛	10月 5	未辛	9月 5	丑辛
廿七	2月 1	午庚	1月 3	丑辛	12月 4	未辛	11月 5	寅壬	10月 6	申壬	9月 6	寅壬
廿八	2月 2	未辛	1月 4	寅壬	12月 5	申壬	11月 6	卯癸	10月 7	酉癸	9月 7	卯癸
廿九	2月 3	申壬	1月 5	卯癸	12月 6	酉癸	11月 7	辰甲	10月 8	戌甲	9月 8	辰甲
三十	2月 4	酉癸			12月 7	戌甲			10月 9	亥乙	9月 9	巳乙

中華民國五十一年 歲次 壬寅《虎》

西元一九六二年 太歲 姓賀名諤

月六曆農		月五曆農		月四曆農		月三曆農		月二曆農		月正曆農		別月
未	丁	午	丙	巳	乙	辰	甲	卯	癸	寅	壬	支干
暑大	暑小	至夏	種芒	滿小	夏立	雨穀	明清	分春	蟄驚	水雨		節
16時18分 廿二申時	22時51分 初六亥時	5時24分 廿一卯時	12時31分 初五午時	21時17分 十八亥時	8時10分 初三辰時	21時51分 十六亥時	14時34分 初一未時	10時30分 十六巳時	9時30分 初一巳時	11時15分 十五午時		氣
曆國	支干	曆國	支干	曆國	支干	曆國	支干	曆國	支干	曆國	支干	曆農
7月 2	丑辛	6月 2	未辛	5月 4	寅壬	4月 5	酉癸	3月 6	卯癸	2月 5	戌甲	一初
7月 3	寅壬	6月 3	申壬	5月 5	卯癸	4月 6	戌甲	3月 7	辰甲	2月 6	亥乙	二初
7月 4	卯癸	6月 4	酉癸	5月 6	辰甲	4月 7	亥乙	3月 8	巳乙	2月 7	子丙	三初
7月 5	辰甲	6月 5	戌甲	5月 7	巳乙	4月 8	子丙	3月 9	午丙	2月 8	丑丁	四初
7月 6	巳乙	6月 6	亥乙	5月 8	午丙	4月 9	丑丁	3月10	未丁	2月 9	寅戊	五初
7月 7	午丙	6月 7	子丙	5月 9	未丁	4月10	寅戊	3月11	申戊	2月10	卯己	六初
7月 8	未丁	6月 8	丑丁	5月10	申戊	4月11	卯己	3月12	酉己	2月11	辰庚	七初
7月 9	申戊	6月 9	寅戊	5月11	酉己	4月12	辰庚	3月13	戌庚	2月12	巳辛	八初
7月10	酉己	6月10	卯己	5月12	戌庚	4月13	巳辛	3月14	亥辛	2月13	午壬	九初
7月11	戌庚	6月11	辰庚	5月13	亥辛	4月14	午壬	3月15	子壬	2月14	未癸	十初
7月12	亥辛	6月12	巳辛	5月14	子壬	4月15	未癸	3月16	丑癸	2月15	申甲	一十
7月13	子壬	6月13	午壬	5月15	丑癸	4月16	申甲	3月17	寅甲	2月16	酉乙	二十
7月14	丑癸	6月14	未癸	5月16	寅甲	4月17	酉乙	3月18	卯乙	2月17	戌丙	三十
7月15	寅甲	6月15	申甲	5月17	卯乙	4月18	戌丙	3月19	辰丙	2月18	亥丁	四十
7月16	卯乙	6月16	酉乙	5月18	辰丙	4月19	亥丁	3月20	巳丁	2月19	子戊	五十
7月17	辰丙	6月17	戌丙	5月19	巳丁	4月20	子戊	3月21	午戊	2月20	丑己	六十
7月18	巳丁	6月18	亥丁	5月20	午戊	4月21	丑己	3月22	未己	2月21	寅庚	七十
7月19	午戊	6月19	子戊	5月21	未己	4月22	寅庚	3月23	申庚	2月22	卯辛	八十
7月20	未己	6月20	丑己	5月22	申庚	4月23	卯辛	3月24	酉辛	2月23	辰壬	九十
7月21	申庚	6月21	寅庚	5月23	酉辛	4月24	辰壬	3月25	戌壬	2月24	巳癸	十二
7月22	酉辛	6月22	卯辛	5月24	戌壬	4月25	巳癸	3月26	亥癸	2月25	午甲	一廿
7月23	戌壬	6月23	辰壬	5月25	亥癸	4月26	午甲	3月27	子甲	2月26	未乙	二廿
7月24	亥癸	6月24	巳癸	5月26	子甲	4月27	未乙	3月28	丑乙	2月27	申丙	三廿
7月25	子甲	6月25	午甲	5月27	丑乙	4月28	申丙	3月29	寅丙	2月28	酉丁	四廿
7月26	丑乙	6月26	未乙	5月28	寅丙	4月29	酉丁	3月30	卯丁	3月 1	戌戊	五廿
7月27	寅丙	6月27	申丙	5月29	卯丁	4月30	戌戊	3月31	辰戊	3月 2	亥己	六廿
7月28	卯丁	6月28	酉丁	5月30	辰戊	5月 1	亥己	4月 1	巳己	3月 3	子庚	七廿
7月29	辰戊	6月29	戌戊	5月31	巳己	5月 2	子庚	4月 2	午庚	3月 4	丑辛	八廿
7月30	巳己	6月30	亥己	6月 1	午庚	5月 3	丑辛	4月 3	未辛	3月 5	寅壬	九廿
		7月 1	子庚					4月 4	申壬			十三

西元1962年

月別	月二十曆農		月一十曆農		月十曆農		月九曆農		月八曆農		月七曆農	
干支	丑	癸	子	壬	亥	辛	戌	庚	酉	己	申	戊
節	寒大	寒小	至冬	雪大	雪小	冬立	降霜	露寒	分秋	露白	暑處	秋立
氣	廿六丑時 2時56分	十一巳時 9時27分	廿六申時 16時15分	十一亥時 22時17分	廿七寅時 3時3分	十二卯時 5時35分	廿六卯時 5時40分	十一丑時 2時38分	廿二戌時 20時35分	初十午時 11時16分	廿四夜子 23時13分	初九辰時 8時34分
農曆	曆國	支干	曆國	支干	曆國	支干	曆國	支干	曆國	支干	曆國	支干
初一	12月27	亥己	11月27	巳己	10月28	亥己	9月29	午庚	8月30	子庚	7月31	午庚
初二	12月28	子庚	11月28	午庚	10月29	子庚	9月30	未辛	8月31	丑辛	8月 1	未辛
初三	12月29	丑辛	11月29	未辛	10月30	丑辛	10月 1	申壬	9月 1	寅壬	8月 2	申壬
初四	12月30	寅壬	11月30	申壬	10月31	寅壬	10月 2	酉癸	9月 2	卯癸	8月 3	酉癸
初五	12月31	卯癸	12月 1	酉癸	11月 1	卯癸	10月 3	戌甲	9月 3	辰甲	8月 4	戌甲
初六	1月 1	辰甲	12月 2	戌甲	11月 2	辰甲	10月 4	亥乙	9月 4	巳乙	8月 5	亥乙
初七	1月 2	巳乙	12月 3	亥乙	11月 3	巳乙	10月 5	子丙	9月 5	午丙	8月 6	子丙
初八	1月 3	午丙	12月 4	子丙	11月 4	午丙	10月 6	丑丁	9月 6	未丁	8月 7	丑丁
初九	1月 4	未丁	12月 5	丑丁	11月 5	未丁	10月 7	寅戊	9月 7	申戊	8月 8	寅戊
初十	1月 5	申戊	12月 6	寅戊	11月 6	申戊	10月 8	卯己	9月 8	酉己	8月 9	卯己
十一	1月 6	酉己	12月 7	卯己	11月 7	酉己	10月 9	辰庚	9月 9	戌庚	8月10	辰庚
十二	1月 7	戌庚	12月 8	辰庚	11月 8	戌庚	10月10	巳辛	9月10	亥辛	8月11	巳辛
十三	1月 8	亥辛	12月 9	巳辛	11月 9	亥辛	10月11	午壬	9月11	子壬	8月12	午壬
十四	1月 9	子壬	12月10	午壬	11月10	子壬	10月12	未癸	9月12	丑癸	8月13	未癸
十五	1月10	丑癸	12月11	未癸	11月11	丑癸	10月13	申甲	9月13	寅甲	8月14	申甲
十六	1月11	寅甲	12月12	申甲	11月12	寅甲	10月14	酉乙	9月14	卯乙	8月15	酉乙
十七	1月12	卯乙	12月13	酉乙	11月13	卯乙	10月15	戌丙	9月15	辰丙	8月16	戌丙
十八	1月13	辰丙	12月14	戌丙	11月14	辰丙	10月16	亥丁	9月16	巳丁	8月17	亥丁
十九	1月14	巳丁	12月15	亥丁	11月15	巳丁	10月17	子戊	9月17	午戊	8月18	子戊
二十	1月15	午戊	12月16	子戊	11月16	午戊	10月18	丑己	9月18	未己	8月19	丑己
廿一	1月16	未己	12月17	丑己	11月17	未己	10月19	寅庚	9月19	申庚	8月20	寅庚
廿二	1月17	申庚	12月18	寅庚	11月18	申庚	10月20	卯辛	9月20	酉辛	8月21	卯辛
廿三	1月18	酉辛	12月19	卯辛	11月19	酉辛	10月21	辰壬	9月21	戌壬	8月22	辰壬
廿四	1月19	戌壬	12月20	辰壬	11月20	戌壬	10月22	巳癸	9月22	亥癸	8月23	巳癸
廿五	1月20	亥癸	12月21	巳癸	11月21	亥癸	10月23	午甲	9月23	子甲	8月24	午甲
廿六	1月21	子甲	12月22	午甲	11月22	子甲	10月24	未乙	9月24	丑乙	8月25	未乙
廿七	1月22	丑乙	12月23	未乙	11月23	丑乙	10月25	申丙	9月25	寅丙	8月26	申丙
廿八	1月23	寅丙	12月24	申丙	11月24	寅丙	10月26	酉丁	9月26	卯丁	8月27	酉丁
廿九	1月24	卯丁	12月25	酉丁	11月25	卯丁	10月27	戌戊	9月27	辰戊	8月28	戌戊
三十			12月26	戌戊	11月26	辰戊			9月28	巳己	8月29	亥己

中華民國五十二年 歲次 癸卯《兔》

西元一九六三年 太歲 姓皮名時

月六曆農		月五曆農		月四閏曆農		月四曆農		月三曆農		月二曆農		月正曆農		別月
未	己	午	戊			巳	丁	辰	丙	卯	乙	寅	甲	支干
秋立	暑大	暑小	至夏	種芒		滿小	夏立	雨穀	明清	分春	蟄驚	水雨	春立	節
十九未時 14時26分	初三亥時 21時59分	十八寅時 4時26分	初二午時 11時4分	十五酉時 18時15分		廿九丑時 2時58分	十三未時 13時52分	廿八寅時 3時38分	十二戌時 20時18分	廿六申時 16時20分	十一申時 15時17分	廿六酉時 17時9分	十一亥時 21時6分	氣
曆國	支干	曆國	支干	曆國	支干	曆國	支干	曆國	支干	曆國	支干	曆國	支干	曆農
7月21	丑乙	6月21	未乙	5月23	寅丙	4月24	酉丁	3月25	卯丁	2月24	戌戊	1月25	辰戊	一初
7月22	寅丙	6月22	申丙	5月24	卯丁	4月25	戌戊	3月26	辰戊	2月25	亥己	1月26	巳己	二初
7月23	卯丁	6月23	酉丁	5月25	辰戊	4月26	亥己	3月27	巳己	2月26	子庚	1月27	午庚	三初
7月24	辰戊	6月24	戌戊	5月26	巳己	4月27	子庚	3月28	午庚	2月27	丑辛	1月28	未辛	四初
7月25	巳己	6月25	亥己	5月27	午庚	4月28	丑辛	3月29	未辛	2月28	寅壬	1月29	申壬	五初
7月26	午庚	6月26	子庚	5月28	未辛	4月29	寅壬	3月30	申壬	3月 1	卯癸	1月30	酉癸	六初
7月27	未辛	6月27	丑辛	5月29	申壬	4月30	卯癸	3月31	酉癸	3月 2	辰甲	1月31	戌甲	七初
7月28	申壬	6月28	寅壬	5月30	酉癸	5月 1	辰甲	4月 1	戌甲	3月 3	巳乙	2月 1	亥乙	八初
7月29	酉癸	6月29	卯癸	5月31	戌甲	5月 2	巳乙	4月 2	亥乙	3月 4	午丙	2月 2	子丙	九初
7月30	戌甲	6月30	辰甲	6月 1	亥乙	5月 3	午丙	4月 3	子丙	3月 5	未丁	2月 3	丑丁	十初
7月31	亥乙	7月 1	巳乙	6月 2	子丙	5月 4	未丁	4月 4	丑丁	3月 6	申戊	2月 4	寅戊	一十
8月 1	子丙	7月 2	午丙	6月 3	丑丁	5月 5	申戊	4月 5	寅戊	3月 7	酉己	2月 5	卯己	二十
8月 2	丑丁	7月 3	未丁	6月 4	寅戊	5月 6	酉己	4月 6	卯己	3月 8	戌庚	2月 6	辰庚	三十
8月 3	寅戊	7月 4	申戊	6月 5	卯己	5月 7	戌庚	4月 7	辰庚	3月 9	亥辛	2月 7	巳辛	四十
8月 4	卯己	7月 5	酉己	6月 6	辰庚	5月 8	亥辛	4月 8	巳辛	3月10	子壬	2月 8	午壬	五十
8月 5	辰庚	7月 6	戌庚	6月 7	巳辛	5月 9	子壬	4月 9	午壬	3月11	丑癸	2月 9	未癸	六十
8月 6	巳辛	7月 7	亥辛	6月 8	午壬	5月10	丑癸	4月10	未癸	3月12	寅甲	2月10	申甲	七十
8月 7	午壬	7月 8	子壬	6月 9	未癸	5月11	寅甲	4月11	申甲	3月13	卯乙	2月11	酉乙	八十
8月 8	未癸	7月 9	丑癸	6月10	申甲	5月12	卯乙	4月12	酉乙	3月14	辰丙	2月12	戌丙	九十
8月 9	申甲	7月10	寅甲	6月11	酉乙	5月13	辰丙	4月13	戌丙	3月15	巳丁	2月13	亥丁	十二
8月10	酉乙	7月11	卯乙	6月12	戌丙	5月14	巳丁	4月14	亥丁	3月16	午戊	2月14	子戊	一廿
8月11	戌丙	7月12	辰丙	6月13	亥丁	5月15	午戊	4月15	子戊	3月17	未己	2月15	丑己	二廿
8月12	亥丁	7月13	巳丁	6月14	子戊	5月16	未己	4月16	丑己	3月18	申庚	2月16	寅庚	三廿
8月13	子戊	7月14	午戊	6月15	丑己	5月17	申庚	4月17	寅庚	3月19	酉辛	2月17	卯辛	四廿
8月14	丑己	7月15	未己	6月16	寅庚	5月18	酉辛	4月18	卯辛	3月20	戌壬	2月18	辰壬	五廿
8月15	寅庚	7月16	申庚	6月17	卯辛	5月19	戌壬	4月19	辰壬	3月21	亥癸	2月19	巳癸	六廿
8月16	卯辛	7月17	酉辛	6月18	辰壬	5月20	亥癸	4月20	巳癸	3月22	子甲	2月20	午甲	七廿
8月17	辰壬	7月18	戌壬	6月19	巳癸	5月21	子甲	4月21	午甲	3月23	丑乙	2月21	未乙	八廿
8月18	巳癸	7月19	亥癸	6月20	午甲	5月22	丑乙	4月22	未乙	3月24	寅丙	2月22	申丙	九廿
		7月20	子甲					4月23	申丙			2月23	酉丁	十三

西元1963年

月別	月二十曆農		月一十曆農		月十曆農		月九曆農		月八曆農		月七曆農	
干支	丑	乙	子	甲	亥	癸	戌	壬	酉	辛	申	庚
節	春立	寒大	寒小	至冬	雪大	雪小	冬立	降霜	露寒	分秋	露白	暑處
氣	廿二寅時 3時5分	初七辰時 8時41分	廿二申時 15時22分	初七亥時 22時2分	廿三寅時 4時13分	初八辰時 8時50分	廿三午時 11時32分	初八午時 11時29分	廿二辰時 8時36分	初七丑時 2時24分	廿一酉時 17時12分	初六寅時 4時58分
農曆	曆國	支干	曆國	支干	曆國	支干	曆國	支干	曆國	支干	曆國	支干
初一	1月15	亥癸	12月16	巳癸	11月16	亥癸	10月17	巳癸	9月18	子甲	8月19	午甲
初二	1月16	子甲	12月17	午甲	11月17	子甲	10月18	午甲	9月19	丑乙	8月20	未乙
初三	1月17	丑乙	12月18	未乙	11月18	丑乙	10月19	未乙	9月20	寅丙	8月21	申丙
初四	1月18	寅丙	12月19	申丙	11月19	寅丙	10月20	申丙	9月21	卯丁	8月22	酉丁
初五	1月19	卯丁	12月20	酉丁	11月20	卯丁	10月21	酉丁	9月22	辰戊	8月23	戌戊
初六	1月20	辰戊	12月21	戌戊	11月21	辰戊	10月22	戌戊	9月23	巳己	8月24	亥己
初七	1月21	巳己	12月22	亥己	11月22	巳己	10月23	亥己	9月24	午庚	8月25	子庚
初八	1月22	午庚	12月23	子庚	11月23	午庚	10月24	子庚	9月25	未辛	8月26	丑辛
初九	1月23	未辛	12月24	丑辛	11月24	未辛	10月25	丑辛	9月26	申壬	8月27	寅壬
初十	1月24	申壬	12月25	寅壬	11月25	申壬	10月26	寅壬	9月27	酉癸	8月28	卯癸
十一	1月25	酉癸	12月26	卯癸	11月26	酉癸	10月27	卯癸	9月28	戌甲	8月29	辰甲
十二	1月26	戌甲	12月27	辰甲	11月27	戌甲	10月28	辰甲	9月29	亥乙	8月30	巳乙
十三	1月27	亥乙	12月28	巳乙	11月28	亥乙	10月29	巳乙	9月30	子丙	8月31	午丙
十四	1月28	子丙	12月29	午丙	11月29	子丙	10月30	午丙	10月1	丑丁	9月1	未丁
十五	1月29	丑丁	12月30	未丁	11月30	丑丁	10月31	未丁	10月2	寅戊	9月2	申戊
十六	1月30	寅戊	12月31	申戊	12月1	寅戊	11月1	申戊	10月3	卯己	9月3	酉己
十七	1月31	卯己	1月1	酉己	12月2	卯己	11月2	酉己	10月4	辰庚	9月4	戌庚
十八	2月1	辰庚	1月2	戌庚	12月3	辰庚	11月3	戌庚	10月5	巳辛	9月5	亥辛
十九	2月2	巳辛	1月3	亥辛	12月4	巳辛	11月4	亥辛	10月6	午壬	9月6	子壬
二十	2月3	午壬	1月4	子壬	12月5	午壬	11月5	子壬	10月7	未癸	9月7	丑癸
廿一	2月4	未癸	1月5	丑癸	12月6	未癸	11月6	丑癸	10月8	申甲	9月8	寅甲
廿二	2月5	申甲	1月6	寅甲	12月7	申甲	11月7	寅甲	10月9	酉乙	9月9	卯乙
廿三	2月6	酉乙	1月7	卯乙	12月8	酉乙	11月8	卯乙	10月10	戌丙	9月10	辰丙
廿四	2月7	戌丙	1月8	辰丙	12月9	戌丙	11月9	辰丙	10月11	亥丁	9月11	巳丁
廿五	2月8	亥丁	1月9	巳丁	12月10	亥丁	11月10	巳丁	10月12	子戊	9月12	午戊
廿六	2月9	子戊	1月10	午戊	12月11	子戊	11月11	午戊	10月13	丑己	9月13	未己
廿七	2月10	丑己	1月11	未己	12月12	丑己	11月12	未己	10月14	寅庚	9月14	申庚
廿八	2月11	寅庚	1月12	申庚	12月13	寅庚	11月13	申庚	10月15	卯辛	9月15	酉辛
廿九	2月12	卯辛	1月13	酉辛	12月14	卯辛	11月14	酉辛	10月16	辰壬	9月16	戌壬
三十			1月14	戌壬	12月15	辰壬	11月15	戌壬			9月17	亥癸

中華民國五十三年 歲次 甲辰《龍》

西元一九六四年 太歲 姓李名成

月六曆農		月五曆農		月四曆農		月三曆農		月二曆農		月正曆農		別月
未	辛	午	庚	巳	己	辰	戊	卯	丁	寅	丙	支干
秋立	暑大	暑小	至夏	種芒	滿小	夏立	雨穀	明清	分春	蟄驚	水雨	節氣
20時15分 三十戌時	3時53分 十五寅時	10時32分 廿八巳時	16時57分 十二申時	0時12分 廿六子時	8時50分 初十辰時	19時52分 廿四戌時	9時27分 初九巳時	2時18分 廿三丑時	22時10分 初七亥時	21時16分 廿二亥時	22時57分 初七亥時	
曆國	支干	曆國	支干	曆國	支干	曆國	支干	曆國	支干	曆國	支干	曆農
7月 9	未己	6月10	寅庚	5月12	酉辛	4月12	卯辛	3月14	戌壬	2月13	辰壬	一初
7月10	申庚	6月11	卯辛	5月13	戌壬	4月13	辰壬	3月15	亥癸	2月14	巳癸	二初
7月11	酉辛	6月12	辰壬	5月14	亥癸	4月14	巳癸	3月16	子甲	2月15	午甲	三初
7月12	戌壬	6月13	巳癸	5月15	子甲	4月15	午甲	3月17	丑乙	2月16	未乙	四初
7月13	亥癸	6月14	午甲	5月16	丑乙	4月16	未乙	3月18	寅丙	2月17	申丙	五初
7月14	子甲	6月15	未乙	5月17	寅丙	4月17	申丙	3月19	卯丁	2月18	酉丁	六初
7月15	丑乙	6月16	申丙	5月18	卯丁	4月18	酉丁	3月20	辰戊	2月19	戌戊	七初
7月16	寅丙	6月17	酉丁	5月19	辰戊	4月19	戌戊	3月21	巳己	2月20	亥己	八初
7月17	卯丁	6月18	戌戊	5月20	巳己	4月20	亥己	3月22	午庚	2月21	子庚	九初
7月18	辰戊	6月19	亥己	5月21	午庚	4月21	子庚	3月23	未辛	2月22	丑辛	十初
7月19	巳己	6月20	子庚	5月22	未辛	4月22	丑辛	3月24	申壬	2月23	寅壬	一十
7月20	午庚	6月21	丑辛	5月23	申壬	4月23	寅壬	3月25	酉癸	2月24	卯癸	二十
7月21	未辛	6月22	寅壬	5月24	酉癸	4月24	卯癸	3月26	戌甲	2月25	辰甲	三十
7月22	申壬	6月23	卯癸	5月25	戌甲	4月25	辰甲	3月27	亥乙	2月26	巳乙	四十
7月23	酉癸	6月24	辰甲	5月26	亥乙	4月26	巳乙	3月28	子丙	2月27	午丙	五十
7月24	戌甲	6月25	巳乙	5月27	子丙	4月27	午丙	3月29	丑丁	2月28	未丁	六十
7月25	亥乙	6月26	午丙	5月28	丑丁	4月28	未丁	3月30	寅戊	2月29	申戊	七十
7月26	子丙	6月27	未丁	5月29	寅戊	4月29	申戊	3月31	卯己	3月 1	酉己	八十
7月27	丑丁	6月28	申戊	5月30	卯己	4月30	酉己	4月 1	辰庚	3月 2	戌庚	九十
7月28	寅戊	6月29	酉己	5月31	辰庚	5月 1	戌庚	4月 2	巳辛	3月 3	亥辛	十二
7月29	卯己	6月30	戌庚	6月 1	巳辛	5月 2	亥辛	4月 3	午壬	3月 4	子壬	一廿
7月30	辰庚	7月 1	亥辛	6月 2	午壬	5月 3	子壬	4月 4	未癸	3月 5	丑癸	二廿
7月31	巳辛	7月 2	子壬	6月 3	未癸	5月 4	丑癸	4月 5	申甲	3月 6	寅甲	三廿
8月 1	午壬	7月 3	丑癸	6月 4	申甲	5月 5	寅甲	4月 6	酉乙	3月 7	卯乙	四廿
8月 2	未癸	7月 4	寅甲	6月 5	酉乙	5月 6	卯乙	4月 7	戌丙	3月 8	辰丙	五廿
8月 3	申甲	7月 5	卯乙	6月 6	戌丙	5月 7	辰丙	4月 8	亥丁	3月 9	巳丁	六廿
8月 4	酉乙	7月 6	辰丙	6月 7	亥丁	5月 8	巳丁	4月 9	子戊	3月10	午戊	七廿
8月 5	戌丙	7月 7	巳丁	6月 8	子戊	5月 9	午戊	4月10	丑己	3月11	未己	八廿
8月 6	亥丁	7月 8	午戊	6月 9	丑己	5月10	未己	4月11	寅庚	3月12	申庚	九廿
8月 7	子戊					5月11	申庚			3月13	酉辛	十三

西元1964年

月別	月二十曆農		月一十曆農		月十曆農		月九曆農		月八曆農		月七曆農	
干支	丑	丁	子	丙	亥	乙	戌	甲	酉	癸	申	壬
節	寒大	寒小	至冬	雪大	雪小	冬立	降霜	露寒	分秋	露白	暑處	
氣	14時29分 十八未時	21時2分 初三亥時	3時50分 十九寅時	9時53分 初四巳時	14時39分 十九未時	17時15分 初四酉時	17時21分 十八酉時	14時22分 初三未時	8時17分 十八辰時	23時0分 初二夜子	10時51分 十六巳時	
農曆	曆國	支干	曆國	支干	曆國	支干	曆國	支干	曆國	支干	曆國	支干
初一	1月 3	巳丁	12月 4	亥丁	11月 4	巳丁	10月 6	子戊	9月 6	午戊	8月 8	丑己
初二	1月 4	午戊	12月 5	子戊	11月 5	午戊	10月 7	丑己	9月 7	未己	8月 9	寅庚
初三	1月 5	未己	12月 6	丑己	11月 6	未己	10月 8	寅庚	9月 8	申庚	8月10	卯辛
初四	1月 6	申庚	12月 7	寅庚	11月 7	申庚	10月 9	卯辛	9月 9	酉辛	8月11	辰壬
初五	1月 7	酉辛	12月 8	卯辛	11月 8	酉辛	10月10	辰壬	9月10	戌壬	8月12	巳癸
初六	1月 8	戌壬	12月 9	辰壬	11月 9	戌壬	10月11	巳癸	9月11	亥癸	8月13	午甲
初七	1月 9	亥癸	12月10	巳癸	11月10	亥癸	10月12	午甲	9月12	子甲	8月14	未乙
初八	1月10	子甲	12月11	午甲	11月11	子甲	10月13	未乙	9月13	丑乙	8月15	申丙
初九	1月11	丑乙	12月12	未乙	11月12	丑乙	10月14	申丙	9月14	寅丙	8月16	酉丁
初十	1月12	寅丙	12月13	申丙	11月13	寅丙	10月15	酉丁	9月15	卯丁	8月17	戌戊
十一	1月13	卯丁	12月14	酉丁	11月14	卯丁	10月16	戌戊	9月16	辰戊	8月18	亥己
十二	1月14	辰戊	12月15	戌戊	11月15	辰戊	10月17	亥己	9月17	巳己	8月19	子庚
十三	1月15	巳己	12月16	亥己	11月16	巳己	10月18	子庚	9月18	午庚	8月20	丑辛
十四	1月16	午庚	12月17	子庚	11月17	午庚	10月19	丑辛	9月19	未辛	8月21	寅壬
十五	1月17	未辛	12月18	丑辛	11月18	未辛	10月20	寅壬	9月20	申壬	8月22	卯癸
十六	1月18	申壬	12月19	寅壬	11月19	申壬	10月21	卯癸	9月21	酉癸	8月23	辰甲
十七	1月19	酉癸	12月20	卯癸	11月20	酉癸	10月22	辰甲	9月22	戌甲	8月24	巳乙
十八	1月20	戌甲	12月21	辰甲	11月21	戌甲	10月23	巳乙	9月23	亥乙	8月25	午丙
十九	1月21	亥乙	12月22	巳乙	11月22	亥乙	10月24	午丙	9月24	子丙	8月26	未丁
二十	1月22	子丙	12月23	午丙	11月23	子丙	10月25	未丁	9月25	丑丁	8月27	申戊
廿一	1月23	丑丁	12月24	未丁	11月24	丑丁	10月26	申戊	9月26	寅戊	8月28	酉己
廿二	1月24	寅戊	12月25	申戊	11月25	寅戊	10月27	酉己	9月27	卯己	8月29	戌庚
廿三	1月25	卯己	12月26	酉己	11月26	卯己	10月28	戌庚	9月28	辰庚	8月30	亥辛
廿四	1月26	辰庚	12月27	戌庚	11月27	辰庚	10月29	亥辛	9月29	巳辛	8月31	子壬
廿五	1月27	巳辛	12月28	亥辛	11月28	巳辛	10月30	子壬	9月30	午壬	9月 1	丑癸
廿六	1月28	午壬	12月29	子壬	11月29	午壬	10月31	丑癸	10月 1	未癸	9月 2	寅甲
廿七	1月29	未癸	12月30	丑癸	11月30	未癸	11月 1	寅甲	10月 2	申甲	9月 3	卯乙
廿八	1月30	申甲	12月31	寅甲	12月 1	申甲	11月 2	卯乙	10月 3	酉乙	9月 4	辰丙
廿九	1月31	酉乙	1月 1	卯乙	12月 2	酉乙	11月 3	辰丙	10月 4	戌丙	9月 5	巳丁
三十	2月 1	戌丙	1月 2	辰丙	12月 3	戌丙			10月 5	亥丁		

中華民國五十四年 歲次 乙巳《蛇》

西元一九六五年 太歲 姓吳名遂

月六曆農		月五曆農		月四曆農		月三曆農		月二曆農		月正曆農		別月
未	癸	午	壬	巳	辛	辰	庚	卯	己	寅	戊	支干
暑大	暑小	至夏	種芒	滿小	夏立	雨穀	明清	分春	蟄驚	水雨	春立	節氣
19時48分 廿五巳時	16時22分 初九申時	22時56分 廿二亥時	6時2分 初七卯時	14時49分 廿一未時	1時42分 初六丑時	15時26分 十九申時	8時7分 初四辰時	4時5分 十九寅時	3時1分 初四寅時	4時48分 十八寅時	8時45分 初三辰時	
曆國	支干	曆國	支干	曆國	支干	曆國	支干	曆國	支干	曆國	支干	曆農
6月29	寅甲	5月31	酉乙	5月 1	卯乙	4月 2	戌丙	3月 3	辰丙	2月 2	亥丁	一初
6月30	卯乙	6月 1	戌丙	5月 2	辰丙	4月 3	亥丁	3月 4	巳丁	2月 3	子戊	二初
7月 1	辰丙	6月 2	亥丁	5月 3	巳丁	4月 4	子戊	3月 5	午戊	2月 4	丑己	三初
7月 2	巳丁	6月 3	子戊	5月 4	午戊	4月 5	丑己	3月 6	未己	2月 5	寅庚	四初
7月 3	午戊	6月 4	丑己	5月 5	未己	4月 6	寅庚	3月 7	申庚	2月 6	卯辛	五初
7月 4	未己	6月 5	寅庚	5月 6	申庚	4月 7	卯辛	3月 8	酉辛	2月 7	辰壬	六初
7月 5	申庚	6月 6	卯辛	5月 7	酉辛	4月 8	辰壬	3月 9	戌壬	2月 8	巳癸	七初
7月 6	酉辛	6月 7	辰壬	5月 8	戌壬	4月 9	巳癸	3月10	亥癸	2月 9	午甲	八初
7月 7	戌壬	6月 8	巳癸	5月 9	亥癸	4月10	午甲	3月11	子甲	2月10	未乙	九初
7月 8	亥癸	6月 9	午甲	5月10	子甲	4月11	未乙	3月12	丑乙	2月11	申丙	十初
7月 9	子甲	6月10	未乙	5月11	丑乙	4月12	申丙	3月13	寅丙	2月12	酉丁	一十
7月10	丑乙	6月11	申丙	5月12	寅丙	4月13	酉丁	3月14	卯丁	2月13	戌戊	二十
7月11	寅丙	6月12	酉丁	5月13	卯丁	4月14	戌戊	3月15	辰戊	2月14	亥己	三十
7月12	卯丁	6月13	戌戊	5月14	辰戊	4月15	亥己	3月16	巳己	2月15	子庚	四十
7月13	辰戊	6月14	亥己	5月15	巳己	4月16	子庚	3月17	午庚	2月16	丑辛	五十
7月14	巳己	6月15	子庚	5月16	午庚	4月17	丑辛	3月18	未辛	2月17	寅壬	六十
7月15	午庚	6月16	丑辛	5月17	未辛	4月18	寅壬	3月19	申壬	2月18	卯癸	七十
7月16	未辛	6月17	寅壬	5月18	申壬	4月19	卯癸	3月20	酉癸	2月19	辰甲	八十
7月17	申壬	6月18	卯癸	5月19	酉癸	4月20	辰甲	3月21	戌甲	2月20	巳乙	九十
7月18	酉癸	6月19	辰甲	5月20	戌甲	4月21	巳乙	3月22	亥乙	2月21	午丙	十二
7月19	戌甲	6月20	巳乙	5月21	亥乙	4月22	午丙	3月23	子丙	2月22	未丁	一廿
7月20	亥乙	6月21	午丙	5月22	子丙	4月23	未丁	3月24	丑丁	2月23	申戊	二廿
7月21	子丙	6月22	未丁	5月23	丑丁	4月24	申戊	3月25	寅戊	2月24	酉己	三廿
7月22	丑丁	6月23	申戊	5月24	寅戊	4月25	酉己	3月26	卯己	2月25	戌庚	四廿
7月23	寅戊	6月24	酉己	5月25	卯己	4月26	戌庚	3月27	辰庚	2月26	亥辛	五廿
7月24	卯己	6月25	戌庚	5月26	辰庚	4月27	亥辛	3月28	巳辛	2月27	子壬	六廿
7月25	辰庚	6月26	亥辛	5月27	巳辛	4月28	子壬	3月29	午壬	2月28	丑癸	七廿
7月26	巳辛	6月27	子壬	5月28	午壬	4月29	丑癸	3月30	未癸	3月 1	寅甲	八廿
7月27	午壬	6月28	丑癸	5月29	未癸	4月30	寅甲	3月31	申甲	3月 2	卯乙	九廿
				5月30	申甲			4月 1	酉乙			十三

西元1965年

月別	月二十曆農		月一十曆農		月十曆農		月九曆農		月八曆農		月七曆農	
干支	丑	己	子	戊	亥	丁	戌	丙	酉	乙	申	甲
節	寒大	寒小	至冬	雪大	雪小	冬立	降霜	露寒	分秋	露白	暑處	秋立
氣	廿九戌時 20時20分	十五丑時 2時55分	三十巳時 9時41分	十五申時 15時46分	三十戌時 20時29分	十五夜子 23時7分	廿九夜子 23時10分	十四戌時 20時11分	廿八未時 14時6分	十三寅時 4時48分	廿七申時 16時43分	十二丑時 2時5分
農曆	曆國	支干	曆國	支干	曆國	支干	曆國	支干	曆國	支干	曆國	支干
初一	12月23	亥辛	11月23	巳辛	10月24	亥辛	9月25	午壬	8月27	丑癸	7月28	未癸
初二	12月24	子壬	11月24	午壬	10月25	子壬	9月26	未癸	8月28	寅甲	7月29	申甲
初三	12月25	丑癸	11月25	未癸	10月26	丑癸	9月27	申甲	8月29	卯乙	7月30	酉乙
初四	12月26	寅甲	11月26	申甲	10月27	寅甲	9月28	酉乙	8月30	辰丙	7月31	戌丙
初五	12月27	卯乙	11月27	酉乙	10月28	卯乙	9月29	戌丙	8月31	巳丁	8月 1	亥丁
初六	12月28	辰丙	11月28	戌丙	10月29	辰丙	9月30	亥丁	9月 1	午戊	8月 2	子戊
初七	12月29	巳丁	11月29	亥丁	10月30	巳丁	10月 1	子戊	9月 2	未己	8月 3	丑己
初八	12月30	午戊	11月30	子戊	10月31	午戊	10月 2	丑己	9月 3	申庚	8月 4	寅庚
初九	12月31	未己	12月 1	丑己	11月 1	未己	10月 3	寅庚	9月 4	酉辛	8月 5	卯辛
初十	1月 1	申庚	12月 2	寅庚	11月 2	申庚	10月 4	卯辛	9月 5	戌壬	8月 6	辰壬
十一	1月 2	酉辛	12月 3	卯辛	11月 3	酉辛	10月 5	辰壬	9月 6	亥癸	8月 7	巳癸
十二	1月 3	戌壬	12月 4	辰壬	11月 4	戌壬	10月 6	巳癸	9月 7	子甲	8月 8	午甲
十三	1月 4	亥癸	12月 5	巳癸	11月 5	亥癸	10月 7	午甲	9月 8	丑乙	8月 9	未乙
十四	1月 5	子甲	12月 6	午甲	11月 6	子甲	10月 8	未乙	9月 9	寅丙	8月10	申丙
十五	1月 6	丑乙	12月 7	未乙	11月 7	丑乙	10月 9	申丙	9月10	卯丁	8月11	酉丁
十六	1月 7	寅丙	12月 8	申丙	11月 8	寅丙	10月10	酉丁	9月11	辰戊	8月12	戌戊
十七	1月 8	卯丁	12月 9	酉丁	11月 9	卯丁	10月11	戌戊	9月12	巳己	8月13	亥己
十八	1月 9	辰戊	12月10	戌戊	11月10	辰戊	10月12	亥己	9月13	午庚	8月14	子庚
十九	1月10	巳己	12月11	亥己	11月11	巳己	10月13	子庚	9月14	未辛	8月15	丑辛
二十	1月11	午庚	12月12	子庚	11月12	午庚	10月14	丑辛	9月15	申壬	8月16	寅壬
廿一	1月12	未辛	12月13	丑辛	11月13	未辛	10月15	寅壬	9月16	酉癸	8月17	卯癸
廿二	1月13	申壬	12月14	寅壬	11月14	申壬	10月16	卯癸	9月17	戌甲	8月18	辰甲
廿三	1月14	酉癸	12月15	卯癸	11月15	酉癸	10月17	辰甲	9月18	亥乙	8月19	巳乙
廿四	1月15	戌甲	12月16	辰甲	11月16	戌甲	10月18	巳乙	9月19	子丙	8月20	午丙
廿五	1月16	亥乙	12月17	巳乙	11月17	亥乙	10月19	午丙	9月20	丑丁	8月21	未丁
廿六	1月17	子丙	12月18	午丙	11月18	子丙	10月20	未丁	9月21	寅戊	8月22	申戊
廿七	1月18	丑丁	12月19	未丁	11月19	丑丁	10月21	申戊	9月22	卯己	8月23	酉己
廿八	1月19	寅戊	12月20	申戊	11月20	寅戊	10月22	酉己	9月23	辰庚	8月24	戌庚
廿九	1月20	卯己	12月21	酉己	11月21	卯己	10月23	戌庚	9月24	巳辛	8月25	亥辛
三十			12月22	戌庚	11月22	辰庚					8月26	子壬

中華民國五十五年 歲次 丙午《馬》

西元一九六六年 太歲 姓文名折

月六曆農		月五曆農		月四曆農		月三閏曆農		月三曆農		月二曆農		月正曆農		別月
未	乙	午	甲	巳	癸			辰	壬	卯	辛	寅	庚	支干
秋立	暑大	暑小	至夏	種芒	滿小	夏立		雨穀	明清	分春	蟄驚	水雨	春立	節
7時49分 廿二辰時	15時23分 初六申時	22時7分 十九亥時	4時34分 初四寅時	11時50分 十八午時	20時32分 初二戌時	7時31分 十六辰時		21時12分 三十亥時	13時57分 十五未時	9時53分 三十巳時	8時51分 十五辰時	10時38分 三十巳時	14時35分 十五未時	氣
曆國	支干	曆國	支干	曆國	支干	曆國	支干	曆國	支干	曆國	支干	曆國	支干	曆農
7月18	寅戊	6月19	酉己	5月20	卯己	4月21	戌庚	3月22	辰庚	2月20	戌庚	1月21	辰庚	一初
7月19	卯己	6月20	戌庚	5月21	辰庚	4月22	亥辛	3月23	巳辛	2月21	亥辛	1月22	巳辛	二初
7月20	辰庚	6月21	亥辛	5月22	巳辛	4月23	子壬	3月24	午壬	2月22	子壬	1月23	午壬	三初
7月21	巳辛	6月22	子壬	5月23	午壬	4月24	丑癸	3月25	未癸	2月23	丑癸	1月24	未癸	四初
7月22	午壬	6月23	丑癸	5月24	未癸	4月25	寅甲	3月26	申甲	2月24	寅甲	1月25	申甲	五初
7月23	未癸	6月24	寅甲	5月25	申甲	4月26	卯乙	3月27	酉乙	2月25	卯乙	1月26	酉乙	六初
7月24	申甲	6月25	卯乙	5月26	酉乙	4月27	辰丙	3月28	戌丙	2月26	辰丙	1月27	戌丙	七初
7月25	酉乙	6月26	辰丙	5月27	戌丙	4月28	巳丁	3月29	亥丁	2月27	巳丁	1月28	亥丁	八初
7月26	戌丙	6月27	巳丁	5月28	亥丁	4月29	午戊	3月30	子戊	2月28	午戊	1月29	子戊	九初
7月27	亥丁	6月28	午戊	5月29	子戊	4月30	未己	3月31	丑己	3月 1	未己	1月30	丑己	十初
7月28	子戊	6月29	未己	5月30	丑己	5月 1	申庚	4月 1	寅庚	3月 2	申庚	1月31	寅庚	一十
7月29	丑己	6月30	申庚	5月31	寅庚	5月 2	酉辛	4月 2	卯辛	3月 3	酉辛	2月 1	卯辛	二十
7月30	寅庚	7月 1	酉辛	6月 1	卯辛	5月 3	戌壬	4月 3	辰壬	3月 4	戌壬	2月 2	辰壬	三十
7月31	卯辛	7月 2	戌壬	6月 2	辰壬	5月 4	亥癸	4月 4	巳癸	3月 5	亥癸	2月 3	巳癸	四十
8月 1	辰壬	7月 3	亥癸	6月 3	巳癸	5月 5	子甲	4月 5	午甲	3月 6	子甲	2月 4	午甲	五十
8月 2	巳癸	7月 4	子甲	6月 4	午甲	5月 6	丑乙	4月 6	未乙	3月 7	丑乙	2月 5	未乙	六十
8月 3	午甲	7月 5	丑乙	6月 5	未乙	5月 7	寅丙	4月 7	申丙	3月 8	寅丙	2月 6	申丙	七十
8月 4	未乙	7月 6	寅丙	6月 6	申丙	5月 8	卯丁	4月 8	酉丁	3月 9	卯丁	2月 7	酉丁	八十
8月 5	申丙	7月 7	卯丁	6月 7	酉丁	5月 9	辰戊	4月 9	戌戊	3月10	辰戊	2月 8	戌戊	九十
8月 6	酉丁	7月 8	辰戊	6月 8	戌戊	5月10	巳己	4月10	亥己	3月11	巳己	2月 9	亥己	十二
8月 7	戌戊	7月 9	巳己	6月 9	亥己	5月11	午庚	4月11	子庚	3月12	午庚	2月10	子庚	一廿
8月 8	亥己	7月10	午庚	6月10	子庚	5月12	未辛	4月12	丑辛	3月13	未辛	2月11	丑辛	二廿
8月 9	子庚	7月11	未辛	6月11	丑辛	5月13	申壬	4月13	寅壬	3月14	申壬	2月12	寅壬	三廿
8月10	丑辛	7月12	申壬	6月12	寅壬	5月14	酉癸	4月14	卯癸	3月15	酉癸	2月13	卯癸	四廿
8月11	寅壬	7月13	酉癸	6月13	卯癸	5月15	戌甲	4月15	辰甲	3月16	戌甲	2月14	辰甲	五廿
8月12	卯癸	7月14	戌甲	6月14	辰甲	5月16	亥乙	4月16	巳乙	3月17	亥乙	2月15	巳乙	六廿
8月13	辰甲	7月15	亥乙	6月15	巳乙	5月17	子丙	4月17	午丙	3月18	子丙	2月16	午丙	七廿
8月14	巳乙	7月16	子丙	6月16	午丙	5月18	丑丁	4月18	未丁	3月19	丑丁	2月17	未丁	八廿
8月15	午丙	7月17	丑丁	6月17	未丁	5月19	寅戊	4月19	申戊	3月20	寅戊	2月18	申戊	九廿
				6月18	申戊			4月20	酉己	3月21	卯己	2月19	酉己	十三

西元1966年

月別	月二十曆農		月一十曆農		月十曆農		月九曆農		月八曆農		月七曆農	
干支	丑	辛	子	庚	亥	己	戌	戊	酉	丁	申	丙
節	春立	寒大	寒小	至冬	雪大	雪小	冬立	降霜	露寒	分秋	露白	暑處
氣	20時31分 廿五戌時	2時8分 十一丑時	8時48分 廿六辰時	15時28分 十一申時	21時38分 廿六亥時	2時14分 十二丑時	4時56分 廿六寅時	4時51分 十一寅時	1時57分 廿五丑時	19時43分 初九戌時	10時32分 廿四巳時	22時18分 初八亥時
農曆	曆國	支干	曆國	支干	曆國	支干	曆國	支干	曆國	支干	曆國	支干
初一	1月11	亥乙	12月12	巳乙	11月12	亥乙	10月14	午丙	9月15	丑丁	8月16	未丁
初二	1月12	子丙	12月13	午丙	11月13	子丙	10月15	未丁	9月16	寅戊	8月17	申戊
初三	1月13	丑丁	12月14	未丁	11月14	丑丁	10月16	申戊	9月17	卯己	8月18	酉己
初四	1月14	寅戊	12月15	申戊	11月15	寅戊	10月17	酉己	9月18	辰庚	8月19	戌庚
初五	1月15	卯己	12月16	酉己	11月16	卯己	10月18	戌庚	9月19	巳辛	8月20	亥辛
初六	1月16	辰庚	12月17	戌庚	11月17	辰庚	10月19	亥辛	9月20	午壬	8月21	子壬
初七	1月17	巳辛	12月18	亥辛	11月18	巳辛	10月20	子壬	9月21	未癸	8月22	丑癸
初八	1月18	午壬	12月19	子壬	11月19	午壬	10月21	丑癸	9月22	申甲	8月23	寅甲
初九	1月19	未癸	12月20	丑癸	11月20	未癸	10月22	寅甲	9月23	酉乙	8月24	卯乙
初十	1月20	申甲	12月21	寅甲	11月21	申甲	10月23	卯乙	9月24	戌丙	8月25	辰丙
十一	1月21	酉乙	12月22	卯乙	11月22	酉乙	10月24	辰丙	9月25	亥丁	8月26	巳丁
十二	1月22	戌丙	12月23	辰丙	11月23	戌丙	10月25	巳丁	9月26	子戊	8月27	午戊
十三	1月23	亥丁	12月24	巳丁	11月24	亥丁	10月26	午戊	9月27	丑己	8月28	未己
十四	1月24	子戊	12月25	午戊	11月25	子戊	10月27	未己	9月28	寅庚	8月29	申庚
十五	1月25	丑己	12月26	未己	11月26	丑己	10月28	申庚	9月29	卯辛	8月30	酉辛
十六	1月26	寅庚	12月27	申庚	11月27	寅庚	10月29	酉辛	9月30	辰壬	8月31	戌壬
十七	1月27	卯辛	12月28	酉辛	11月28	卯辛	10月30	戌壬	10月 1	巳癸	9月 1	亥癸
十八	1月28	辰壬	12月29	戌壬	11月29	辰壬	10月31	亥癸	10月 2	午甲	9月 2	子甲
十九	1月29	巳癸	12月30	亥癸	11月30	巳癸	11月 1	子甲	10月 3	未乙	9月 3	丑乙
二十	1月30	午甲	12月31	子甲	12月 1	午甲	11月 2	丑乙	10月 4	申丙	9月 4	寅丙
廿一	1月31	未乙	1月 1	丑乙	12月 2	未乙	11月 3	寅丙	10月 5	酉丁	9月 5	卯丁
廿二	2月 1	申丙	1月 2	寅丙	12月 3	申丙	11月 4	卯丁	10月 6	戌戊	9月 6	辰戊
廿三	2月 2	酉丁	1月 3	卯丁	12月 4	酉丁	11月 5	辰戊	10月 7	亥己	9月 7	巳己
廿四	2月 3	戌戊	1月 4	辰戊	12月 5	戌戊	11月 6	巳己	10月 8	子庚	9月 8	午庚
廿五	2月 4	亥己	1月 5	巳己	12月 6	亥己	11月 7	午庚	10月 9	丑辛	9月 9	未辛
廿六	2月 5	子庚	1月 6	午庚	12月 7	子庚	11月 8	未辛	10月10	寅壬	9月10	申壬
廿七	2月 6	丑辛	1月 7	未辛	12月 8	丑辛	11月 9	申壬	10月11	卯癸	9月11	酉癸
廿八	2月 7	寅壬	1月 8	申壬	12月 9	寅壬	11月10	酉癸	10月12	辰甲	9月12	戌甲
廿九	2月 8	卯癸	1月 9	酉癸	12月10	卯癸	11月11	戌甲	10月13	巳乙	9月13	亥乙
三十			1月10	戌甲	12月11	辰甲					9月14	子丙

中華民國五十六年 歲次 丁未《羊》

西元一九六七年 太歲 姓繆名丙

月六曆農		月五曆農		月四曆農		月三曆農		月二曆農		月正曆農		別月
未	丁	午	丙	巳	乙	辰	甲	卯	癸	寅	壬	支干
暑大	暑小	至夏		種芒	滿小	夏立	雨穀	明清	分春	蟄驚	水雨	節氣
21時16分 十六亥時	3時54分 初一寅時	10時23分 十五巳時		17時36分 廿九酉時	2時18分 十四丑時	13時15分 廿七未時	2時53分 十二丑時	19時45分 廿六戌時	15時37分 十一申時	14時42分 廿六未時	16時24分 十一申時	
曆國	支干	曆國	支干	曆國	支干	曆國	支干	曆國	支干	曆國	支干	曆農
7月 8	酉癸	6月 8	卯癸	5月 9	酉癸	4月10	辰甲	3月11	戌甲	2月 9	辰甲	一初
7月 9	戌甲	6月 9	辰甲	5月10	戌甲	4月11	巳乙	3月12	亥乙	2月10	巳乙	二初
7月10	亥乙	6月10	巳乙	5月11	亥乙	4月12	午丙	3月13	子丙	2月11	午丙	三初
7月11	子丙	6月11	午丙	5月12	子丙	4月13	未丁	3月14	丑丁	2月12	未丁	四初
7月12	丑丁	6月12	未丁	5月13	丑丁	4月14	申戊	3月15	寅戊	2月13	申戊	五初
7月13	寅戊	6月13	申戊	5月14	寅戊	4月15	酉己	3月16	卯己	2月14	酉己	六初
7月14	卯己	6月14	酉己	5月15	卯己	4月16	戌庚	3月17	辰庚	2月15	戌庚	七初
7月15	辰庚	6月15	戌庚	5月16	辰庚	4月17	亥辛	3月18	巳辛	2月16	亥辛	八初
7月16	巳辛	6月16	亥辛	5月17	巳辛	4月18	子壬	3月19	午壬	2月17	子壬	九初
7月17	午壬	6月17	子壬	5月18	午壬	4月19	丑癸	3月20	未癸	2月18	丑癸	十初
7月18	未癸	6月18	丑癸	5月19	未癸	4月20	寅甲	3月21	申甲	2月19	寅甲	一十
7月19	申甲	6月19	寅甲	5月20	申甲	4月21	卯乙	3月22	酉乙	2月20	卯乙	二十
7月20	酉乙	6月20	卯乙	5月21	酉乙	4月22	辰丙	3月23	戌丙	2月21	辰丙	三十
7月21	戌丙	6月21	辰丙	5月22	戌丙	4月23	巳丁	3月24	亥丁	2月22	巳丁	四十
7月22	亥丁	6月22	巳丁	5月23	亥丁	4月24	午戊	3月25	子戊	2月23	午戊	五十
7月23	子戊	6月23	午戊	5月24	子戊	4月25	未己	3月26	丑己	2月24	未己	六十
7月24	丑己	6月24	未己	5月25	丑己	4月26	申庚	3月27	寅庚	2月25	申庚	七十
7月25	寅庚	6月25	申庚	5月26	寅庚	4月27	酉辛	3月28	卯辛	2月26	酉辛	八十
7月26	卯辛	6月26	酉辛	5月27	卯辛	4月28	戌壬	3月29	辰壬	2月27	戌壬	九十
7月27	辰壬	6月27	戌壬	5月28	辰壬	4月29	亥癸	3月30	巳癸	2月28	亥癸	十二
7月28	巳癸	6月28	亥癸	5月29	巳癸	4月30	子甲	3月31	午甲	3月 1	子甲	一廿
7月29	午甲	6月29	子甲	5月30	午甲	5月 1	丑乙	4月 1	未乙	3月 2	丑乙	二廿
7月30	未乙	6月30	丑乙	5月31	未乙	5月 2	寅丙	4月 2	申丙	3月 3	寅丙	三廿
7月31	申丙	7月 1	寅丙	6月 1	申丙	5月 3	卯丁	4月 3	酉丁	3月 4	卯丁	四廿
8月 1	酉丁	7月 2	卯丁	6月 2	酉丁	5月 4	辰戊	4月 4	戌戊	3月 5	辰戊	五廿
8月 2	戌戊	7月 3	辰戊	6月 3	戌戊	5月 5	巳己	4月 5	亥己	3月 6	巳己	六廿
8月 3	亥己	7月 4	巳己	6月 4	亥己	5月 6	午庚	4月 6	子庚	3月 7	午庚	七廿
8月 4	子庚	7月 5	午庚	6月 5	子庚	5月 7	未辛	4月 7	丑辛	3月 8	未辛	八廿
8月 5	丑辛	7月 6	未辛	6月 6	丑辛	5月 8	申壬	4月 8	寅壬	3月 9	申壬	九廿
		7月 7	申壬	6月 7	寅壬			4月 9	卯癸	3月10	酉癸	十三

西元1967年

月別	月二十曆農		月一十曆農		月十曆農		月九曆農		月八曆農		月七曆農	
干支	丑	癸	子	壬	亥	辛	戌	庚	酉	己	申	戊
節	寒大	寒小	至冬	雪大	雪小	冬立	降霜	露寒	分秋	露白	暑處	秋立
氣	7時54分 廿二辰時	14時26分 初七未時	21時17分 廿一亥時	3時18分 初七寅時	8時5分 廿二辰時	10時38分 初七巳時	10時44分 廿一巳時	7時42分 初六辰時	1時38分 廿一丑時	16時18分 初五申時	4時13分 十九寅時	13時35分 初三未時
農曆	曆國	支干	曆國	支干	曆國	支干	曆國	支干	曆國	支干	曆國	支干
初一	12月31	巳己	12月 2	子庚	11月 2	午庚	10月 4	丑辛	9月 4	未辛	8月 6	寅壬
初二	1月 1	午庚	12月 3	丑辛	11月 3	未辛	10月 5	寅壬	9月 5	申壬	8月 7	卯癸
初三	1月 2	未辛	12月 4	寅壬	11月 4	申壬	10月 6	卯癸	9月 6	酉癸	8月 8	辰甲
初四	1月 3	申壬	12月 5	卯癸	11月 5	酉癸	10月 7	辰甲	9月 7	戌甲	8月 9	巳乙
初五	1月 4	酉癸	12月 6	辰甲	11月 6	戌甲	10月 8	巳乙	9月 8	亥乙	8月10	午丙
初六	1月 5	戌甲	12月 7	巳乙	11月 7	亥乙	10月 9	午丙	9月 9	子丙	8月11	未丁
初七	1月 6	亥乙	12月 8	午丙	11月 8	子丙	10月10	未丁	9月10	丑丁	8月12	申戊
初八	1月 7	子丙	12月 9	未丁	11月 9	丑丁	10月11	申戊	9月11	寅戊	8月13	酉己
初九	1月 8	丑丁	12月10	申戊	11月10	寅戊	10月12	酉己	9月12	卯己	8月14	戌庚
初十	1月 9	寅戊	12月11	酉己	11月11	卯己	10月13	戌庚	9月13	辰庚	8月15	亥辛
十一	1月10	卯己	12月12	戌庚	11月12	辰庚	10月14	亥辛	9月14	巳辛	8月16	子壬
十二	1月11	辰庚	12月13	亥辛	11月13	巳辛	10月15	子壬	9月15	午壬	8月17	丑癸
十三	1月12	巳辛	12月14	子壬	11月14	午壬	10月16	丑癸	9月16	未癸	8月18	寅甲
十四	1月13	午壬	12月15	丑癸	11月15	未癸	10月17	寅甲	9月17	申甲	8月19	卯乙
十五	1月14	未癸	12月16	寅甲	11月16	申甲	10月18	卯乙	9月18	酉乙	8月20	辰丙
十六	1月15	申甲	12月17	卯乙	11月17	酉乙	10月19	辰丙	9月19	戌丙	8月21	巳丁
十七	1月16	酉乙	12月18	辰丙	11月18	戌丙	10月20	巳丁	9月20	亥丁	8月22	午戊
十八	1月17	戌丙	12月19	巳丁	11月19	亥丁	10月21	午戊	9月21	子戊	8月23	未己
十九	1月18	亥丁	12月20	午戊	11月20	子戊	10月22	未己	9月22	丑己	8月24	申庚
二十	1月19	子戊	12月21	未己	11月21	丑己	10月23	申庚	9月23	寅庚	8月25	酉辛
廿一	1月20	丑己	12月22	申庚	11月22	寅庚	10月24	酉辛	9月24	卯辛	8月26	戌壬
廿二	1月21	寅庚	12月23	酉辛	11月23	卯辛	10月25	戌壬	9月25	辰壬	8月27	亥癸
廿三	1月22	卯辛	12月24	戌壬	11月24	辰壬	10月26	亥癸	9月26	巳癸	8月28	子甲
廿四	1月23	辰壬	12月25	亥癸	11月25	巳癸	10月27	子甲	9月27	午甲	8月29	丑乙
廿五	1月24	巳癸	12月26	子甲	11月26	午甲	10月28	丑乙	9月28	未乙	8月30	寅丙
廿六	1月25	午甲	12月27	丑乙	11月27	未乙	10月29	寅丙	9月29	申丙	8月31	卯丁
廿七	1月26	未乙	12月28	寅丙	11月28	申丙	10月30	卯丁	9月30	酉丁	9月 1	辰戊
廿八	1月27	申丙	12月29	卯丁	11月29	酉丁	10月31	辰戊	10月 1	戌戊	9月 2	巳己
廿九	1月28	酉丁	12月30	辰戊	11月30	戌戊	11月 1	巳己	10月 2	亥己	9月 3	午庚
三十	1月29	戌戊			12月 1	亥己			10月 3	子庚		

中華民國五十七年 歲次 戊申《猴》

西元一九六八年 太歲 姓俞名志

月六曆農		月五曆農		月四曆農		月三曆農		月二曆農		月正曆農		別月
未	己	午	戊	巳	丁	辰	丙	卯	乙	寅	甲	支干
暑大	暑小	至夏	種芒	滿小	夏立	雨穀	明清	分春	蟄驚	水雨	春立	節
廿八寅時 3時8分	十二巳時 9時42分	廿六申時 16時13分	初十夜子 23時19分	廿五辰時 8時6分	初九酉時 18時56分	廿三辰時 8時42分	初八丑時 1時23分	廿二亥時 21時22分	初七戌時 20時16分	廿一亥時 22時9分	初七丑時 2時8分	氣
曆國	支干	曆國	支干	曆國	支干	曆國	支干	曆國	支干	曆國	支干	曆農
6月26	卯丁	5月27	酉丁	4月27	卯丁	3月29	戌戊	2月28	辰戊	1月30	亥己	一初
6月27	辰戊	5月28	戌戊	4月28	辰戊	3月30	亥己	2月29	巳己	1月31	子庚	二初
6月28	巳己	5月29	亥己	4月29	巳己	3月31	子庚	3月 1	午庚	2月 1	丑辛	三初
6月29	午庚	5月30	子庚	4月30	午庚	4月 1	丑辛	3月 2	未辛	2月 2	寅壬	四初
6月30	未辛	5月31	丑辛	5月 1	未辛	4月 2	寅壬	3月 3	申壬	2月 3	卯癸	五初
7月 1	申壬	6月 1	寅壬	5月 2	申壬	4月 3	卯癸	3月 4	酉癸	2月 4	辰甲	六初
7月 2	酉癸	6月 2	卯癸	5月 3	酉癸	4月 4	辰甲	3月 5	戌甲	2月 5	巳乙	七初
7月 3	戌甲	6月 3	辰甲	5月 4	戌甲	4月 5	巳乙	3月 6	亥乙	2月 6	午丙	八初
7月 4	亥乙	6月 4	巳乙	5月 5	亥乙	4月 6	午丙	3月 7	子丙	2月 7	未丁	九初
7月 5	子丙	6月 5	午丙	5月 6	子丙	4月 7	未丁	3月 8	丑丁	2月 8	申戊	十初
7月 6	丑丁	6月 6	未丁	5月 7	丑丁	4月 8	申戊	3月 9	寅戊	2月 9	酉己	一十
7月 7	寅戊	6月 7	申戊	5月 8	寅戊	4月 9	酉己	3月10	卯己	2月10	戌庚	二十
7月 8	卯己	6月 8	酉己	5月 9	卯己	4月10	戌庚	3月11	辰庚	2月11	亥辛	三十
7月 9	辰庚	6月 9	戌庚	5月10	辰庚	4月11	亥辛	3月12	巳辛	2月12	子壬	四十
7月10	巳辛	6月10	亥辛	5月11	巳辛	4月12	子壬	3月13	午壬	2月13	丑癸	五十
7月11	午壬	6月11	子壬	5月12	午壬	4月13	丑癸	3月14	未癸	2月14	寅甲	六十
7月12	未癸	6月12	丑癸	5月13	未癸	4月14	寅甲	3月15	申甲	2月15	卯乙	七十
7月13	申甲	6月13	寅甲	5月14	申甲	4月15	卯乙	3月16	酉乙	2月16	辰丙	八十
7月14	酉乙	6月14	卯乙	5月15	酉乙	4月16	辰丙	3月17	戌丙	2月17	巳丁	九十
7月15	戌丙	6月15	辰丙	5月16	戌丙	4月17	巳丁	3月18	亥丁	2月18	午戊	十二
7月16	亥丁	6月16	巳丁	5月17	亥丁	4月18	午戊	3月19	子戊	2月19	未己	一廿
7月17	子戊	6月17	午戊	5月18	子戊	4月19	未己	3月20	丑己	2月20	申庚	二廿
7月18	丑己	6月18	未己	5月19	丑己	4月20	申庚	3月21	寅庚	2月21	酉辛	三廿
7月19	寅庚	6月19	申庚	5月20	寅庚	4月21	酉辛	3月22	卯辛	2月22	戌壬	四廿
7月20	卯辛	6月20	酉辛	5月21	卯辛	4月22	戌壬	3月23	辰壬	2月23	亥癸	五廿
7月21	辰壬	6月21	戌壬	5月22	辰壬	4月23	亥癸	3月24	巳癸	2月24	子甲	六廿
7月22	巳癸	6月22	亥癸	5月23	巳癸	4月24	子甲	3月25	午甲	2月25	丑乙	七廿
7月23	午甲	6月23	子甲	5月24	午甲	4月25	丑乙	3月26	未乙	2月26	寅丙	八廿
7月24	未乙	6月24	丑乙	5月25	未乙	4月26	寅丙	3月27	申丙	2月27	卯丁	九廿
		6月25	寅丙	5月26	申丙			3月28	酉丁			十三

西元1968年

月別	月二十曆農		月一十曆農		月十曆農		月九曆農		月八曆農		月七閏曆農		月七曆農	
干支	丑	乙	子	甲	亥	癸	戌	壬	酉	辛			申	庚
節	春立	寒大	寒小	至冬	雪大	雪小	冬立	降霜	露寒	分秋	露白		暑處	秋立
氣	十八辰時 7時59分	初三未時 13時38分	十七戌時 20時17分	初三寅時 3時0分	十八巳時 9時9分	初三未時 13時49分	十七申時 16時29分	初二申時 16時30分	十七未時 13時35分	初二辰時 7時26分	十五亥時 22時12分		三十巳時 10時3分	十四戌時 19時27分
農曆	曆國	支干	曆國	支干	曆國	支干	曆國	支干	曆國	支干	曆國	支干	曆國	支干
初一	1月18	巳癸	12月20	子甲	11月20	午甲	10月22	丑乙	9月22	未乙	8月24	寅丙	7月25	申丙
初二	1月19	午甲	12月21	丑乙	11月21	未乙	10月23	寅丙	9月23	申丙	8月25	卯丁	7月26	酉丁
初三	1月20	未乙	12月22	寅丙	11月22	申丙	10月24	卯丁	9月24	酉丁	8月26	辰戊	7月27	戌戊
初四	1月21	申丙	12月23	卯丁	11月23	酉丁	10月25	辰戊	9月25	戌戊	8月27	巳己	7月28	亥己
初五	1月22	酉丁	12月24	辰戊	11月24	戌戊	10月26	巳己	9月26	亥己	8月28	午庚	7月29	子庚
初六	1月23	戌戊	12月25	巳己	11月25	亥己	10月27	午庚	9月27	子庚	8月29	未辛	7月30	丑辛
初七	1月24	亥己	12月26	午庚	11月26	子庚	10月28	未辛	9月28	丑辛	8月30	申壬	7月31	寅壬
初八	1月25	子庚	12月27	未辛	11月27	丑辛	10月29	申壬	9月29	寅壬	8月31	酉癸	8月 1	卯癸
初九	1月26	丑辛	12月28	申壬	11月28	寅壬	10月30	酉癸	9月30	卯癸	9月 1	戌甲	8月 2	辰甲
初十	1月27	寅壬	12月29	酉癸	11月29	卯癸	10月31	戌甲	10月 1	辰甲	9月 2	亥乙	8月 3	巳乙
十一	1月28	卯癸	12月30	戌甲	11月30	辰甲	11月 1	亥乙	10月 2	巳乙	9月 3	子丙	8月 4	午丙
十二	1月29	辰甲	12月31	亥乙	12月 1	巳乙	11月 2	子丙	10月 3	午丙	9月 4	丑丁	8月 5	未丁
十三	1月30	巳乙	1月 1	子丙	12月 2	午丙	11月 3	丑丁	10月 4	未丁	9月 5	寅戊	8月 6	申戊
十四	1月31	午丙	1月 2	丑丁	12月 3	未丁	11月 4	寅戊	10月 5	申戊	9月 6	卯己	8月 7	酉己
十五	2月 1	未丁	1月 3	寅戊	12月 4	申戊	11月 5	卯己	10月 6	酉己	9月 7	辰庚	8月 8	戌庚
十六	2月 2	申戊	1月 4	卯己	12月 5	酉己	11月 6	辰庚	10月 7	戌庚	9月 8	巳辛	8月 9	亥辛
十七	2月 3	酉己	1月 5	辰庚	12月 6	戌庚	11月 7	巳辛	10月 8	亥辛	9月 9	午壬	8月10	子壬
十八	2月 4	戌庚	1月 6	巳辛	12月 7	亥辛	11月 8	午壬	10月 9	子壬	9月10	未癸	8月11	丑癸
十九	2月 5	亥辛	1月 7	午壬	12月 8	子壬	11月 9	未癸	10月10	丑癸	9月11	申甲	8月12	寅甲
二十	2月 6	子壬	1月 8	未癸	12月 9	丑癸	11月10	申甲	10月11	寅甲	9月12	酉乙	8月13	卯乙
廿一	2月 7	丑癸	1月 9	申甲	12月10	寅甲	11月11	酉乙	10月12	卯乙	9月13	戌丙	8月14	辰丙
廿二	2月 8	寅甲	1月10	酉乙	12月11	卯乙	11月12	戌丙	10月13	辰丙	9月14	亥丁	8月15	巳丁
廿三	2月 9	卯乙	1月11	戌丙	12月12	辰丙	11月13	亥丁	10月14	巳丁	9月15	子戊	8月16	午戊
廿四	2月10	辰丙	1月12	亥丁	12月13	巳丁	11月14	子戊	10月15	午戊	9月16	丑己	8月17	未己
廿五	2月11	巳丁	1月13	子戊	12月14	午戊	11月15	丑己	10月16	未己	9月17	寅庚	8月18	申庚
廿六	2月12	午戊	1月14	丑己	12月15	未己	11月16	寅庚	10月17	申庚	9月18	卯辛	8月19	酉辛
廿七	2月13	未己	1月15	寅庚	12月16	申庚	11月17	卯辛	10月18	酉辛	9月19	辰壬	8月20	戌壬
廿八	2月14	申庚	1月16	卯辛	12月17	酉辛	11月18	辰壬	10月19	戌壬	9月20	巳癸	8月21	亥癸
廿九	2月15	酉辛	1月17	辰壬	12月18	戌壬	11月19	巳癸	10月20	亥癸	9月21	午甲	8月22	子甲
三十	2月16	戌壬			12月19	亥癸			10月21	子甲			8月23	丑乙

中華民國五十八年 歲次 己酉《雞》

西元一九六九年 太歲 姓程名寅

月六曆農		月五曆農		月四曆農		月三曆農		月二曆農		月正曆農		別月
未	辛	午	庚	巳	己	辰	戊	卯	丁	寅	丙	支干
秋立	暑大	暑小	至夏	種芒	滿小	夏立	雨穀	明清	分春	蟄驚	水雨	節氣
廿六丑時 1時14分	初十辰時 8時48分	廿三申時 15時32分	初七亥時 21時55分	廿二卯時 5時12分	初六未時 13時50分	二十子時 0時50分	初四未時 14時27分	十九辰時 7時12分	初四寅時 3時8分	十八丑時 2時11分	初三寅時 3時55分	
曆國	支干	曆國	支干	曆國	支干	曆國	支干	曆國	支干	曆國	支干	曆農
7月14	寅庚	6月15	酉辛	5月16	卯辛	4月17	戌壬	3月18	辰壬	2月17	亥癸	一初
7月15	卯辛	6月16	戌壬	5月17	辰壬	4月18	亥癸	3月19	巳癸	2月18	子甲	二初
7月16	辰壬	6月17	亥癸	5月18	巳癸	4月19	子甲	3月20	午甲	2月19	丑乙	三初
7月17	巳癸	6月18	子甲	5月19	午甲	4月20	丑乙	3月21	未乙	2月20	寅丙	四初
7月18	午甲	6月19	丑乙	5月20	未乙	4月21	寅丙	3月22	申丙	2月21	卯丁	五初
7月19	未乙	6月20	寅丙	5月21	申丙	4月22	卯丁	3月23	酉丁	2月22	辰戊	六初
7月20	申丙	6月21	卯丁	5月22	酉丁	4月23	辰戊	3月24	戌戊	2月23	巳己	七初
7月21	酉丁	6月22	辰戊	5月23	戌戊	4月24	巳己	3月25	亥己	2月24	午庚	八初
7月22	戌戊	6月23	巳己	5月24	亥己	4月25	午庚	3月26	子庚	2月25	未辛	九初
7月23	亥己	6月24	午庚	5月25	子庚	4月26	未辛	3月27	丑辛	2月26	申壬	十初
7月24	子庚	6月25	未辛	5月26	丑辛	4月27	申壬	3月28	寅壬	2月27	酉癸	一十
7月25	丑辛	6月26	申壬	5月27	寅壬	4月28	酉癸	3月29	卯癸	2月28	戌甲	二十
7月26	寅壬	6月27	酉癸	5月28	卯癸	4月29	戌甲	3月30	辰甲	3月 1	亥乙	三十
7月27	卯癸	6月28	戌甲	5月29	辰甲	4月30	亥乙	3月31	巳乙	3月 2	子丙	四十
7月28	辰甲	6月29	亥乙	5月30	巳乙	5月 1	子丙	4月 1	午丙	3月 3	丑丁	五十
7月29	巳乙	6月30	子丙	5月31	午丙	5月 2	丑丁	4月 2	未丁	3月 4	寅戊	六十
7月30	午丙	7月 1	丑丁	6月 1	未丁	5月 3	寅戊	4月 3	申戊	3月 5	卯己	七十
7月31	未丁	7月 2	寅戊	6月 2	申戊	5月 4	卯己	4月 4	酉己	3月 6	辰庚	八十
8月 1	申戊	7月 3	卯己	6月 3	酉己	5月 5	辰庚	4月 5	戌庚	3月 7	巳辛	九十
8月 2	酉己	7月 4	辰庚	6月 4	戌庚	5月 6	巳辛	4月 6	亥辛	3月 8	午壬	十二
8月 3	戌庚	7月 5	巳辛	6月 5	亥辛	5月 7	午壬	4月 7	子壬	3月 9	未癸	一廿
8月 4	亥辛	7月 6	午壬	6月 6	子壬	5月 8	未癸	4月 8	丑癸	3月10	申甲	二廿
8月 5	子壬	7月 7	未癸	6月 7	丑癸	5月 9	申甲	4月 9	寅甲	3月11	酉乙	三廿
8月 6	丑癸	7月 8	申甲	6月 8	寅甲	5月10	酉乙	4月10	卯乙	3月12	戌丙	四廿
8月 7	寅甲	7月 9	酉乙	6月 9	卯乙	5月11	戌丙	4月11	辰丙	3月13	亥丁	五廿
8月 8	卯乙	7月10	戌丙	6月10	辰丙	5月12	亥丁	4月12	巳丁	3月14	子戊	六廿
8月 9	辰丙	7月11	亥丁	6月11	巳丁	5月13	子戊	4月13	午戊	3月15	丑己	七廿
8月10	巳丁	7月12	子戊	6月12	午戊	5月14	丑己	4月14	未己	3月16	寅庚	八廿
8月11	午戊	7月13	丑己	6月13	未己	5月15	寅庚	4月15	申庚	3月17	卯辛	九廿
8月12	未己			6月14	申庚			4月16	酉辛			十三

西元1969年

月別	月二十曆農		月一十曆農		月十曆農		月九曆農		月八曆農		月七曆農	
干支	丑	丁	子	丙	亥	乙	戌	甲	酉	癸	申	壬
節	春立	寒大	寒小	至冬	雪大	雪小	冬立	降霜	露寒	分秋	露白	暑處
氣	13時46分 廿八未時	19時23分 十三戌時	1時59分 廿九丑時	8時44分 十四辰時	14時51分 廿八未時	19時31分 十三戌時	22時12分 廿八亥時	22時11分 十三亥時	19時17分 廿七戌時	13時7分 十二未時	3時3分 廿七寅時	15時43分 十一申時
農曆	曆國	支干	曆國	支干	曆國	支干	曆國	支干	曆國	支干	曆國	支干
初一	1月8	子戊	12月9	午戊	11月10	丑己	10月11	未己	9月12	寅庚	8月13	申庚
初二	1月9	丑己	12月10	未己	11月11	寅庚	10月12	申庚	9月13	卯辛	8月14	酉辛
初三	1月10	寅庚	12月11	申庚	11月12	卯辛	10月13	酉辛	9月14	辰壬	8月15	戌壬
初四	1月11	卯辛	12月12	酉辛	11月13	辰壬	10月14	戌壬	9月15	巳癸	8月16	亥癸
初五	1月12	辰壬	12月13	戌壬	11月14	巳癸	10月15	亥癸	9月16	午甲	8月17	子甲
初六	1月13	巳癸	12月14	亥癸	11月15	午甲	10月16	子甲	9月17	未乙	8月18	丑乙
初七	1月14	午甲	12月15	子甲	11月16	未乙	10月17	丑乙	9月18	申丙	8月19	寅丙
初八	1月15	未乙	12月16	丑乙	11月17	申丙	10月18	寅丙	9月19	酉丁	8月20	卯丁
初九	1月16	申丙	12月17	寅丙	11月18	酉丁	10月19	卯丁	9月20	戌戊	8月21	辰戊
初十	1月17	酉丁	12月18	卯丁	11月19	戌戊	10月20	辰戊	9月21	亥己	8月22	巳己
十一	1月18	戌戊	12月19	辰戊	11月20	亥己	10月21	巳己	9月22	子庚	8月23	午庚
十二	1月19	亥己	12月20	巳己	11月21	子庚	10月22	午庚	9月23	丑辛	8月24	未辛
十三	1月20	子庚	12月21	午庚	11月22	丑辛	10月23	未辛	9月24	寅壬	8月25	申壬
十四	1月21	丑辛	12月22	未辛	11月23	寅壬	10月24	申壬	9月25	卯癸	8月26	酉癸
十五	1月22	寅壬	12月23	申壬	11月24	卯癸	10月25	酉癸	9月26	辰甲	8月27	戌甲
十六	1月23	卯癸	12月24	酉癸	11月25	辰甲	10月26	戌甲	9月27	巳乙	8月28	亥乙
十七	1月24	辰甲	12月25	戌甲	11月26	巳乙	10月27	亥乙	9月28	午丙	8月29	子丙
十八	1月25	巳乙	12月26	亥乙	11月27	午丙	10月28	子丙	9月29	未丁	8月30	丑丁
十九	1月26	午丙	12月27	子丙	11月28	未丁	10月29	丑丁	9月30	申戊	8月31	寅戊
二十	1月27	未丁	12月28	丑丁	11月29	申戊	10月30	寅戊	10月1	酉己	9月1	卯己
廿一	1月28	申戊	12月29	寅戊	11月30	酉己	10月31	卯己	10月2	戌庚	9月2	辰庚
廿二	1月29	酉己	12月30	卯己	12月1	戌庚	11月1	辰庚	10月3	亥辛	9月3	巳辛
廿三	1月30	戌庚	12月31	辰庚	12月2	亥辛	11月2	巳辛	10月4	子壬	9月4	午壬
廿四	1月31	亥辛	1月1	巳辛	12月3	子壬	11月3	午壬	10月5	丑癸	9月5	未癸
廿五	2月1	子壬	1月2	午壬	12月4	丑癸	11月4	未癸	10月6	寅甲	9月6	申甲
廿六	2月2	丑癸	1月3	未癸	12月5	寅甲	11月5	申甲	10月7	卯乙	9月7	酉乙
廿七	2月3	寅甲	1月4	申甲	12月6	卯乙	11月6	酉乙	10月8	辰丙	9月8	戌丙
廿八	2月4	卯乙	1月5	酉乙	12月7	辰丙	11月7	戌丙	10月9	巳丁	9月9	亥丁
廿九	2月5	辰丙	1月6	戌丙	12月8	巳丁	11月8	亥丁	10月10	午戊	9月10	子戊
三十			1月7	亥丁			11月9	子戊			9月11	丑己

月六曆農		月五曆農		月四曆農		月三曆農		月二曆農		月正曆農		別月
未	癸	午	壬	巳	辛	辰	庚	卯	己	寅	戊	支干
暑大	暑小	至夏	種芒	滿小	夏立	雨穀		明清	分春	蟄驚	水雨	節
14時38分 廿一未時	21時14分 初五亥時	3時43分 十九寅時	10時51分 初三巳時	19時39分 十七戌時	6時28分 初二卯時	20時14分 十五戌時		12時54分 廿九午時	8時54分 十四辰時	7時51分 廿九辰時	9時41分 十四巳時	氣
曆國	支干	曆國	支干	曆國	支干	曆國	支干	曆國	支干	曆國	支干	曆農
7月 3	申甲	6月 4	卯乙	5月 5	酉乙	4月 6	辰丙	3月 8	亥丁	2月 6	巳丁	一初
7月 4	酉乙	6月 5	辰丙	5月 6	戌丙	4月 7	巳丁	3月 9	子戊	2月 7	午戊	二初
7月 5	戌丙	6月 6	巳丁	5月 7	亥丁	4月 8	午戊	3月10	丑己	2月 8	未己	三初
7月 6	亥丁	6月 7	午戊	5月 8	子戊	4月 9	未己	3月11	寅庚	2月 9	申庚	四初
7月 7	子戊	6月 8	未己	5月 9	丑己	4月10	申庚	3月12	卯辛	2月10	酉辛	五初
7月 8	丑己	6月 9	申庚	5月10	寅庚	4月11	酉辛	3月13	辰壬	2月11	戌壬	六初
7月 9	寅庚	6月10	酉辛	5月11	卯辛	4月12	戌壬	3月14	巳癸	2月12	亥癸	七初
7月10	卯辛	6月11	戌壬	5月12	辰壬	4月13	亥癸	3月15	午甲	2月13	子甲	八初
7月11	辰壬	6月12	亥癸	5月13	巳癸	4月14	子甲	3月16	未乙	2月14	丑乙	九初
7月12	巳癸	6月13	子甲	5月14	午甲	4月15	丑乙	3月17	申丙	2月15	寅丙	十初
7月13	午甲	6月14	丑乙	5月15	未乙	4月16	寅丙	3月18	酉丁	2月16	卯丁	一十
7月14	未乙	6月15	寅丙	5月16	申丙	4月17	卯丁	3月19	戌戊	2月17	辰戊	二十
7月15	申丙	6月16	卯丁	5月17	酉丁	4月18	辰戊	3月20	亥己	2月18	巳己	三十
7月16	酉丁	6月17	辰戊	5月18	戌戊	4月19	巳己	3月21	子庚	2月19	午庚	四十
7月17	戌戊	6月18	巳己	5月19	亥己	4月20	午庚	3月22	丑辛	2月20	未辛	五十
7月18	亥己	6月19	午庚	5月20	子庚	4月21	未辛	3月23	寅壬	2月21	申壬	六十
7月19	子庚	6月20	未辛	5月21	丑辛	4月22	申壬	3月24	卯癸	2月22	酉癸	七十
7月20	丑辛	6月21	申壬	5月22	寅壬	4月23	酉癸	3月25	辰甲	2月23	戌甲	八十
7月21	寅壬	6月22	酉癸	5月23	卯癸	4月24	戌甲	3月26	巳乙	2月24	亥乙	九十
7月22	卯癸	6月23	戌甲	5月24	辰甲	4月25	亥乙	3月27	午丙	2月25	子丙	十二
7月23	辰甲	6月24	亥乙	5月25	巳乙	4月26	子丙	3月28	未丁	2月26	丑丁	一廿
7月24	巳乙	6月25	子丙	5月26	午丙	4月27	丑丁	3月29	申戊	2月27	寅戊	二廿
7月25	午丙	6月26	丑丁	5月27	未丁	4月28	寅戊	3月30	酉己	2月28	卯己	三廿
7月26	未丁	6月27	寅戊	5月28	申戊	4月29	卯己	3月31	戌庚	3月 1	辰庚	四廿
7月27	申戊	6月28	卯己	5月29	酉己	4月30	辰庚	4月 1	亥辛	3月 2	巳辛	五廿
7月28	酉己	6月29	辰庚	5月30	戌庚	5月 1	巳辛	4月 2	子壬	3月 3	午壬	六廿
7月29	戌庚	6月30	巳辛	5月31	亥辛	5月 2	午壬	4月 3	丑癸	3月 4	未癸	七廿
7月30	亥辛	7月 1	午壬	6月 1	子壬	5月 3	未癸	4月 4	寅甲	3月 5	申甲	八廿
7月31	子壬	7月 2	未癸	6月 2	丑癸	5月 4	申甲	4月 5	卯乙	3月 6	酉乙	九廿
8月 1	丑癸			6月 3	寅甲					3月 7	戌丙	十三

中華民國五十九年 歲次 庚戌《狗》

西元一九七〇年 太歲 姓化名秋

西元1970年

月別	月二十曆農		月一十曆農		月十曆農		月九曆農		月八曆農		月七曆農	
干支	丑	己	子	戊	亥	丁	戌	丙	酉	乙	申	甲
節	寒大	寒小	至冬	雪大	雪小	冬立	降霜	露寒	分秋	露白	暑處	秋立
氣	廿五丑時 1時14分	初十辰時 7時45分	廿四未時 14時36分	初九戌時 20時41分	廿五丑時 1時23分	初十寅時 4時1分	廿五寅時 4時2分	初十丑時 1時6分	廿三酉時 18時56分	初八巳時 9時44分	廿二亥時 21時33分	初七卯時 6時58分
農曆	曆國	支干	曆國	支干	曆國	支干	曆國	支干	曆國	支干	曆國	支干
初一	12月28	午壬	11月29	丑癸	10月30	未癸	9月30	丑癸	9月 1	申甲	8月 2	寅甲
初二	12月29	未癸	11月30	寅甲	10月31	申甲	10月 1	寅甲	9月 2	酉乙	8月 3	卯乙
初三	12月30	申甲	12月 1	卯乙	11月 1	酉乙	10月 2	卯乙	9月 3	戌丙	8月 4	辰丙
初四	12月31	酉乙	12月 2	辰丙	11月 2	戌丙	10月 3	辰丙	9月 4	亥丁	8月 5	巳丁
初五	1月 1	戌丙	12月 3	巳丁	11月 3	亥丁	10月 4	巳丁	9月 5	子戊	8月 6	午戊
初六	1月 2	亥丁	12月 4	午戊	11月 4	子戊	10月 5	午戊	9月 6	丑己	8月 7	未己
初七	1月 3	子戊	12月 5	未己	11月 5	丑己	10月 6	未己	9月 7	寅庚	8月 8	申庚
初八	1月 4	丑己	12月 6	申庚	11月 6	寅庚	10月 7	申庚	9月 8	卯辛	8月 9	酉辛
初九	1月 5	寅庚	12月 7	酉辛	11月 7	卯辛	10月 8	酉辛	9月 9	辰壬	8月10	戌壬
初十	1月 6	卯辛	12月 8	戌壬	11月 8	辰壬	10月 9	戌壬	9月10	巳癸	8月11	亥癸
十一	1月 7	辰壬	12月 9	亥癸	11月 9	巳癸	10月10	亥癸	9月11	午甲	8月12	子甲
十二	1月 8	巳癸	12月10	子甲	11月10	午甲	10月11	子甲	9月12	未乙	8月13	丑乙
十三	1月 9	午甲	12月11	丑乙	11月11	未乙	10月12	丑乙	9月13	申丙	8月14	寅丙
十四	1月10	未乙	12月12	寅丙	11月12	申丙	10月13	寅丙	9月14	酉丁	8月15	卯丁
十五	1月11	申丙	12月13	卯丁	11月13	酉丁	10月14	卯丁	9月15	戌戊	8月16	辰戊
十六	1月12	酉丁	12月14	辰戊	11月14	戌戊	10月15	辰戊	9月16	亥己	8月17	巳己
十七	1月13	戌戊	12月15	巳己	11月15	亥己	10月16	巳己	9月17	子庚	8月18	午庚
十八	1月14	亥己	12月16	午庚	11月16	子庚	10月17	午庚	9月18	丑辛	8月19	未辛
十九	1月15	子庚	12月17	未辛	11月17	丑辛	10月18	未辛	9月19	寅壬	8月20	申壬
二十	1月16	丑辛	12月18	申壬	11月18	寅壬	10月19	申壬	9月20	卯癸	8月21	酉癸
廿一	1月17	寅壬	12月19	酉癸	11月19	卯癸	10月20	酉癸	9月21	辰甲	8月22	戌甲
廿二	1月18	卯癸	12月20	戌甲	11月20	辰甲	10月21	戌甲	9月22	巳乙	8月23	亥乙
廿三	1月19	辰甲	12月21	亥乙	11月21	巳乙	10月22	亥乙	9月23	午丙	8月24	子丙
廿四	1月20	巳乙	12月22	子丙	11月22	午丙	10月23	子丙	9月24	未丁	8月25	丑丁
廿五	1月21	午丙	12月23	丑丁	11月23	未丁	10月24	丑丁	9月25	申戊	8月26	寅戊
廿六	1月22	未丁	12月24	寅戊	11月24	申戊	10月25	寅戊	9月26	酉己	8月27	卯己
廿七	1月23	申戊	12月25	卯己	11月25	酉己	10月26	卯己	9月27	戌庚	8月28	辰庚
廿八	1月24	酉己	12月26	辰庚	11月26	戌庚	10月27	辰庚	9月28	亥辛	8月29	巳辛
廿九	1月25	戌庚	12月27	巳辛	11月27	亥辛	10月28	巳辛	9月29	子壬	8月30	午壬
三十	1月26	亥辛			11月28	子壬	10月29	午壬			8月31	未癸

中華民國六十年 歲次 辛亥《豬》

西元一九七一年 太歲 姓葉名堅

月六曆農		月五閏曆農		月五曆農		月四曆農		月三曆農		月二曆農		月正曆農		別月
未	乙			午	甲	巳	癸	辰	壬	卯	辛	寅	庚	支干
秋立	暑大	暑小		至夏	種芒	滿小	夏立	雨穀	明清	分春	蟄驚	水雨	春立	節氣
十八午時 12時40分	初二戌時 20時15分	十六丑時 2時51分		三十巳時 9時20分	十四申時 16時29分	廿八丑時 1時15分	十二午時 12時8分	廿六丑時 1時54分	初十酉時 18時36分	廿五未時 14時38分	初十未時 13時35分	廿四申時 15時27分	初九戌時 19時26分	
曆國	支干	曆國	支干	曆國	支干	曆國	支干	曆國	支干	曆國	支干	曆國	支干	曆農
7月22	申戊	6月23	卯己	5月24	酉己	4月25	辰庚	3月27	亥辛	2月25	巳辛	1月27	子壬	一初
7月23	酉己	6月24	辰庚	5月25	戌庚	4月26	巳辛	3月28	子壬	2月26	午壬	1月28	丑癸	二初
7月24	戌庚	6月25	巳辛	5月26	亥辛	4月27	午壬	3月29	丑癸	2月27	未癸	1月29	寅甲	三初
7月25	亥辛	6月26	午壬	5月27	子壬	4月28	未癸	3月30	寅甲	2月28	申甲	1月30	卯乙	四初
7月26	子壬	6月27	未癸	5月28	丑癸	4月29	申甲	3月31	卯乙	3月 1	酉乙	1月31	辰丙	五初
7月27	丑癸	6月28	申甲	5月29	寅甲	4月30	酉乙	4月 1	辰丙	3月 2	戌丙	2月 1	巳丁	六初
7月28	寅甲	6月29	酉乙	5月30	卯乙	5月 1	戌丙	4月 2	巳丁	3月 3	亥丁	2月 2	午戊	七初
7月29	卯乙	6月30	戌丙	5月31	辰丙	5月 2	亥丁	4月 3	午戊	3月 4	子戊	2月 3	未己	八初
7月30	辰丙	7月 1	亥丁	6月 1	巳丁	5月 3	子戊	4月 4	未己	3月 5	丑己	2月 4	申庚	九初
7月31	巳丁	7月 2	子戊	6月 2	午戊	5月 4	丑己	4月 5	申庚	3月 6	寅庚	2月 5	酉辛	十初
8月 1	午戊	7月 3	丑己	6月 3	未己	5月 5	寅庚	4月 6	酉辛	3月 7	卯辛	2月 6	戌壬	一十
8月 2	未己	7月 4	寅庚	6月 4	申庚	5月 6	卯辛	4月 7	戌壬	3月 8	辰壬	2月 7	亥癸	二十
8月 3	申庚	7月 5	卯辛	6月 5	酉辛	5月 7	辰壬	4月 8	亥癸	3月 9	巳癸	2月 8	子甲	三十
8月 4	酉辛	7月 6	辰壬	6月 6	戌壬	5月 8	巳癸	4月 9	子甲	3月10	午甲	2月 9	丑乙	四十
8月 5	戌壬	7月 7	巳癸	6月 7	亥癸	5月 9	午甲	4月10	丑乙	3月11	未乙	2月10	寅丙	五十
8月 6	亥癸	7月 8	午甲	6月 8	子甲	5月10	未乙	4月11	寅丙	3月12	申丙	2月11	卯丁	六十
8月 7	子甲	7月 9	未乙	6月 9	丑乙	5月11	申丙	4月12	卯丁	3月13	酉丁	2月12	辰戊	七十
8月 8	丑乙	7月10	申丙	6月10	寅丙	5月12	酉丁	4月13	辰戊	3月14	戌戊	2月13	巳己	八十
8月 9	寅丙	7月11	酉丁	6月11	卯丁	5月13	戌戊	4月14	巳己	3月15	亥己	2月14	午庚	九十
8月10	卯丁	7月12	戌戊	6月12	辰戊	5月14	亥己	4月15	午庚	3月16	子庚	2月15	未辛	十二
8月11	辰戊	7月13	亥己	6月13	巳己	5月15	子庚	4月16	未辛	3月17	丑辛	2月16	申壬	一廿
8月12	巳己	7月14	子庚	6月14	午庚	5月16	丑辛	4月17	申壬	3月18	寅壬	2月17	酉癸	二廿
8月13	午庚	7月15	丑辛	6月15	未辛	5月17	寅壬	4月18	酉癸	3月19	卯癸	2月18	戌甲	三廿
8月14	未辛	7月16	寅壬	6月16	申壬	5月18	卯癸	4月19	戌甲	3月20	辰甲	2月19	亥乙	四廿
8月15	申壬	7月17	卯癸	6月17	酉癸	5月19	辰甲	4月20	亥乙	3月21	巳乙	2月20	子丙	五廿
8月16	酉癸	7月18	辰甲	6月18	戌甲	5月20	巳乙	4月21	子丙	3月22	午丙	2月21	丑丁	六廿
8月17	戌甲	7月19	巳乙	6月19	亥乙	5月21	午丙	4月22	丑丁	3月23	未丁	2月22	寅戊	七廿
8月18	亥乙	7月20	午丙	6月20	子丙	5月22	未丁	4月23	寅戊	3月24	申戊	2月23	卯己	八廿
8月19	子丙	7月21	未丁	6月21	丑丁	5月23	申戊	4月24	卯己	3月25	酉己	2月24	辰庚	九廿
8月20	丑丁			6月22	寅戊					3月26	戌庚			十三

西元1971年

月別	月二十曆農		月一十曆農		月十曆農		月九曆農		月八曆農		月七曆農	
干支	丑	辛	子	庚	亥	己	戌	戊	酉	丁	申	丙
節	春立	寒大	寒小	至冬	雪大	雪小	冬立	降霜	露寒	分秋	露白	暑處
氣	1時20分 廿一丑時	7時0分 初六辰時	13時43分 二十未時	20時24分 初五戌時	2時36分 廿一丑時	7時14分 初六辰時	9時57分 廿一巳時	9時57分 初六巳時	6時59分 廿一卯時	11時45分 初六夜子	16時33分 十九申時	3時15分 初四寅時
農曆	曆國	支干	曆國	支干	曆國	支干	曆國	支干	曆國	支干	曆國	支干
初一	1月16	午丙	12月18	丑丁	11月18	未丁	10月19	丑丁	9月19	未丁	8月21	寅戊
初二	1月17	未丁	12月19	寅戊	11月19	申戊	10月20	寅戊	9月20	申戊	8月22	卯己
初三	1月18	申戊	12月20	卯己	11月20	酉己	10月21	卯己	9月21	酉己	8月23	辰庚
初四	1月19	酉己	12月21	辰庚	11月21	戌庚	10月22	辰庚	9月22	戌庚	8月24	巳辛
初五	1月20	戌庚	12月22	巳辛	11月22	亥辛	10月23	巳辛	9月23	亥辛	8月25	午壬
初六	1月21	亥辛	12月23	午壬	11月23	子壬	10月24	午壬	9月24	子壬	8月26	未癸
初七	1月22	子壬	12月24	未癸	11月24	丑癸	10月25	未癸	9月25	丑癸	8月27	申甲
初八	1月23	丑癸	12月25	申甲	11月25	寅甲	10月26	申甲	9月26	寅甲	8月28	酉乙
初九	1月24	寅甲	12月26	酉乙	11月26	卯乙	10月27	酉乙	9月27	卯乙	8月29	戌丙
初十	1月25	卯乙	12月27	戌丙	11月27	辰丙	10月28	戌丙	9月28	辰丙	8月30	亥丁
十一	1月26	辰丙	12月28	亥丁	11月28	巳丁	10月29	亥丁	9月29	巳丁	8月31	子戊
十二	1月27	巳丁	12月29	子戊	11月29	午戊	10月30	子戊	9月30	午戊	9月 1	丑己
十三	1月28	午戊	12月30	丑己	11月30	未己	10月31	丑己	10月 1	未己	9月 2	寅庚
十四	1月29	未己	12月31	寅庚	12月 1	申庚	11月 1	寅庚	10月 2	申庚	9月 3	卯辛
十五	1月30	申庚	1月 1	卯辛	12月 2	酉辛	11月 2	卯辛	10月 3	酉辛	9月 4	辰壬
十六	1月31	酉辛	1月 2	辰壬	12月 3	戌壬	11月 3	辰壬	10月 4	戌壬	9月 5	巳癸
十七	2月 1	戌壬	1月 3	巳癸	12月 4	亥癸	11月 4	巳癸	10月 5	亥癸	9月 6	午甲
十八	2月 2	亥癸	1月 4	午甲	12月 5	子甲	11月 5	午甲	10月 6	子甲	9月 7	未乙
十九	2月 3	子甲	1月 5	未乙	12月 6	丑乙	11月 6	未乙	10月 7	丑乙	9月 8	申丙
二十	2月 4	丑乙	1月 6	申丙	12月 7	寅丙	11月 7	申丙	10月 8	寅丙	9月 9	酉丁
廿一	2月 5	寅丙	1月 7	酉丁	12月 8	卯丁	11月 8	酉丁	10月 9	卯丁	9月10	戌戊
廿二	2月 6	卯丁	1月 8	戌戊	12月 9	辰戊	11月 9	戌戊	10月10	辰戊	9月11	亥己
廿三	2月 7	辰戊	1月 9	亥己	12月10	巳己	11月10	亥己	10月11	巳己	9月12	子庚
廿四	2月 8	巳己	1月10	子庚	12月11	午庚	11月11	子庚	10月12	午庚	9月13	丑辛
廿五	2月 9	午庚	1月11	丑辛	12月12	未辛	11月12	丑辛	10月13	未辛	9月14	寅壬
廿六	2月10	未辛	1月12	寅壬	12月13	申壬	11月13	寅壬	10月14	申壬	9月15	卯癸
廿七	2月11	申壬	1月13	卯癸	12月14	酉癸	11月14	卯癸	10月15	酉癸	9月16	辰甲
廿八	2月12	酉癸	1月14	辰甲	12月15	戌甲	11月15	辰甲	10月16	戌甲	9月17	巳乙
廿九	2月13	戌甲	1月15	巳乙	12月16	亥乙	11月16	巳乙	10月17	亥乙	9月18	午丙
三十	2月14	亥乙			12月17	子丙	11月17	午丙	10月18	子丙		

西元1972年

中華民國六十一年 歲次 壬子《鼠》

西元一九七二年 太歲 姓邱名德

月六曆農		月五曆農		月四曆農		月三曆農		月二曆農		月正曆農		別月
未	丁	午	丙	巳	乙	辰	甲	卯	癸	寅	壬	支干
秋立	暑大	暑小	至夏	種芒	滿小	夏立	雨穀	明清	分春	蟄驚	水雨	節
18時29分 廿八酉時	2時3分 十三丑時	8時43分 廿七辰時	15時6分 十一申時	22時22分 廿四亥時	7時0分 初九辰時	18時16分 廿二酉時	7時38分 初七辰時	11時29分 廿二夜子	20時22分 初六戌時	19時28分 二十戌時	21時12分 初五亥時	氣
曆國	支干	曆國	支干	曆國	支干	曆國	支干	曆國	支干	曆國	支干	曆農
7月11	卯癸	6月11	酉癸	5月13	辰甲	4月14	亥乙	3月15	巳乙	2月15	子丙	一初
7月12	辰甲	6月12	戌甲	5月14	巳乙	4月15	子丙	3月16	午丙	2月16	丑丁	二初
7月13	巳乙	6月13	亥乙	5月15	午丙	4月16	丑丁	3月17	未丁	2月17	寅戊	三初
7月14	午丙	6月14	子丙	5月16	未丁	4月17	寅戊	3月18	申戊	2月18	卯己	四初
7月15	未丁	6月15	丑丁	5月17	申戊	4月18	卯己	3月19	酉己	2月19	辰庚	五初
7月16	申戊	6月16	寅戊	5月18	酉己	4月19	辰庚	3月20	戌庚	2月20	巳辛	六初
7月17	酉己	6月17	卯己	5月19	戌庚	4月20	巳辛	3月21	亥辛	2月21	午壬	七初
7月18	戌庚	6月18	辰庚	5月20	亥辛	4月21	午壬	3月22	子壬	2月22	未癸	八初
7月19	亥辛	6月19	巳辛	5月21	子壬	4月22	未癸	3月23	丑癸	2月23	申甲	九初
7月20	子壬	6月20	午壬	5月22	丑癸	4月23	申甲	3月24	寅甲	2月24	酉乙	十初
7月21	丑癸	6月21	未癸	5月23	寅甲	4月24	酉乙	3月25	卯乙	2月25	戌丙	一十
7月22	寅甲	6月22	申甲	5月24	卯乙	4月25	戌丙	3月26	辰丙	2月26	亥丁	二十
7月23	卯乙	6月23	酉乙	5月25	辰丙	4月26	亥丁	3月27	巳丁	2月27	子戊	三十
7月24	辰丙	6月24	戌丙	5月26	巳丁	4月27	子戊	3月28	午戊	2月28	丑己	四十
7月25	巳丁	6月25	亥丁	5月27	午戊	4月28	丑己	3月29	未己	2月29	寅庚	五十
7月26	午戊	6月26	子戊	5月28	未己	4月29	寅庚	3月30	申庚	3月 1	卯辛	六十
7月27	未己	6月27	丑己	5月29	申庚	4月30	卯辛	3月31	酉辛	3月 2	辰壬	七十
7月28	申庚	6月28	寅庚	5月30	酉辛	5月 1	辰壬	4月 1	戌壬	3月 3	巳癸	八十
7月29	酉辛	6月29	卯辛	5月31	戌壬	5月 2	巳癸	4月 2	亥癸	3月 4	午甲	九十
7月30	戌壬	6月30	辰壬	6月 1	亥癸	5月 3	午甲	4月 3	子甲	3月 5	未乙	十二
7月31	亥癸	7月 1	巳癸	6月 2	子甲	5月 4	未乙	4月 4	丑乙	3月 6	申丙	一廿
8月 1	子甲	7月 2	午甲	6月 3	丑乙	5月 5	申丙	4月 5	寅丙	3月 7	酉丁	二廿
8月 2	丑乙	7月 3	未乙	6月 4	寅丙	5月 6	酉丁	4月 6	卯丁	3月 8	戌戊	三廿
8月 3	寅丙	7月 4	申丙	6月 5	卯丁	5月 7	戌戊	4月 7	辰戊	3月 9	亥己	四廿
8月 4	卯丁	7月 5	酉丁	6月 6	辰戊	5月 8	亥己	4月 8	巳己	3月10	子庚	五廿
8月 5	辰戊	7月 6	戌戊	6月 7	巳己	5月 9	子庚	4月 9	午庚	3月11	丑辛	六廿
8月 6	巳己	7月 7	亥己	6月 8	午庚	5月10	丑辛	4月10	未辛	3月12	寅壬	七廿
8月 7	午庚	7月 8	子庚	6月 9	未辛	5月11	寅壬	4月11	申壬	3月13	卯癸	八廿
8月 8	未辛	7月 9	丑辛	6月10	申壬	5月12	卯癸	4月12	酉癸	3月14	辰甲	九廿
		7月10	寅壬					4月13	戌甲			十三

西元1972年

月別	月二十曆農		月一十曆農		月十曆農		月九曆農		月八曆農		月七曆農	
干支	丑	癸	子	壬	亥	辛	戌	庚	酉	己	申	戊
節	寒大	寒小	至冬	雪大	雪小	冬立	降霜	露寒	分秋		露白	暑處
氣	12時48分 十七午時	19時26分 初二戌時	2時13分 十七丑時	8時19分 初二辰時	13時3分 十七未時	15時40分 初二申時	15時42分 十七申時	12時42分 初二午時	6時33分 十六卯時		21時15分 三十亥時	9時3分 十五巳時
農曆	曆國	支干	曆國	支干	曆國	支干	曆國	支干	曆國	支干	曆國	支干
初一	1月 4	子庚	12月 6	未辛	11月 6	丑辛	10月 7	未辛	9月 8	寅壬	8月 9	申壬
初二	1月 5	丑辛	12月 7	申壬	11月 7	寅壬	10月 8	申壬	9月 9	卯癸	8月10	酉癸
初三	1月 6	寅壬	12月 8	酉癸	11月 8	卯癸	10月 9	酉癸	9月10	辰甲	8月11	戌甲
初四	1月 7	卯癸	12月 9	戌甲	11月 9	辰甲	10月10	戌甲	9月11	巳乙	8月12	亥乙
初五	1月 8	辰甲	12月10	亥乙	11月10	巳乙	10月11	亥乙	9月12	午丙	8月13	子丙
初六	1月 9	巳乙	12月11	子丙	11月11	午丙	10月12	子丙	9月13	未丁	8月14	丑丁
初七	1月10	午丙	12月12	丑丁	11月12	未丁	10月13	丑丁	9月14	申戊	8月15	寅戊
初八	1月11	未丁	12月13	寅戊	11月13	申戊	10月14	寅戊	9月15	酉己	8月16	卯己
初九	1月12	申戊	12月14	卯己	11月14	酉己	10月15	卯己	9月16	戌庚	8月17	辰庚
初十	1月13	酉己	12月15	辰庚	11月15	戌庚	10月16	辰庚	9月17	亥辛	8月18	巳辛
十一	1月14	戌庚	12月16	巳辛	11月16	亥辛	10月17	巳辛	9月18	子壬	8月19	午壬
十二	1月15	亥辛	12月17	午壬	11月17	子壬	10月18	午壬	9月19	丑癸	8月20	未癸
十三	1月16	子壬	12月18	未癸	11月18	丑癸	10月19	未癸	9月20	寅甲	8月21	申甲
十四	1月17	丑癸	12月19	申甲	11月19	寅甲	10月20	申甲	9月21	卯乙	8月22	酉乙
十五	1月18	寅甲	12月20	酉乙	11月20	卯乙	10月21	酉乙	9月22	辰丙	8月23	戌丙
十六	1月19	卯乙	12月21	戌丙	11月21	辰丙	10月22	戌丙	9月23	巳丁	8月24	亥丁
十七	1月20	辰丙	12月22	亥丁	11月22	巳丁	10月23	亥丁	9月24	午戊	8月25	子戊
十八	1月21	巳丁	12月23	子戊	11月23	午戊	10月24	子戊	9月25	未己	8月26	丑己
十九	1月22	午戊	12月24	丑己	11月24	未己	10月25	丑己	9月26	申庚	8月27	寅庚
二十	1月23	未己	12月25	寅庚	11月25	申庚	10月26	寅庚	9月27	酉辛	8月28	卯辛
廿一	1月24	申庚	12月26	卯辛	11月26	酉辛	10月27	卯辛	9月28	戌壬	8月29	辰壬
廿二	1月25	酉辛	12月27	辰壬	11月27	戌壬	10月28	辰壬	9月29	亥癸	8月30	巳癸
廿三	1月26	戌壬	12月28	巳癸	11月28	亥癸	10月29	巳癸	9月30	子甲	8月31	午甲
廿四	1月27	亥癸	12月29	午甲	11月29	子甲	10月30	午甲	10月 1	丑乙	9月 1	未乙
廿五	1月28	子甲	12月30	未乙	11月30	丑乙	10月31	未乙	10月 2	寅丙	9月 2	申丙
廿六	1月29	丑乙	12月31	申丙	12月 1	寅丙	11月 1	申丙	10月 3	卯丁	9月 3	酉丁
廿七	1月30	寅丙	1月 1	酉丁	12月 2	卯丁	11月 2	酉丁	10月 4	辰戊	9月 4	戌戊
廿八	1月31	卯丁	1月 2	戌戊	12月 3	辰戊	11月 3	戌戊	10月 5	巳己	9月 5	亥己
廿九	2月 1	辰戊	1月 3	亥己	12月 4	巳己	11月 4	亥己	10月 6	午庚	9月 6	子庚
三十	2月 2	巳己			12月 5	午庚	11月 5	子庚			9月 7	丑辛

中華民國六十二年 歲次 癸丑《牛》

西元一九七三年 太歲 姓林名簿

月六曆農		月五曆農		月四曆農		月三曆農		月二曆農		月正曆農		別月
未	己	午	戊	巳	丁	辰	丙	卯	乙	寅	甲	支干
暑大	暑小	至夏	種芒	滿小	夏立	雨穀	明清	分春	蟄驚	水雨	春立	節氣
廿四辰時 7時56分	初八未時 14時28分	廿一亥時 21時1分	初六寅時 4時7分	十九午時 12時54分	初四夜子 23時47分	十八未時 13時30分	初三卯時 6時14分	十七丑時 2時13分	初二丑時 1時13分	十七寅時 3時1分	初二辰時 7時4分	
曆國	支干	曆國	支干	曆國	支干	曆國	支干	曆國	支干	曆國	支干	曆農
6月30	酉丁	6月1	辰戊	5月3	亥己	4月3	巳己	3月5	子庚	2月3	午庚	一初
7月1	戌戊	6月2	巳己	5月4	子庚	4月4	午庚	3月6	丑辛	2月4	未辛	二初
7月2	亥己	6月3	午庚	5月5	丑辛	4月5	未辛	3月7	寅壬	2月5	申壬	三初
7月3	子庚	6月4	未辛	5月6	寅壬	4月6	申壬	3月8	卯癸	2月6	酉癸	四初
7月4	丑辛	6月5	申壬	5月7	卯癸	4月7	酉癸	3月9	辰甲	2月7	戌甲	五初
7月5	寅壬	6月6	酉癸	5月8	辰甲	4月8	戌甲	3月10	巳乙	2月8	亥乙	六初
7月6	卯癸	6月7	戌甲	5月9	巳乙	4月9	亥乙	3月11	午丙	2月9	子丙	七初
7月7	辰甲	6月8	亥乙	5月10	午丙	4月10	子丙	3月12	未丁	2月10	丑丁	八初
7月8	巳乙	6月9	子丙	5月11	未丁	4月11	丑丁	3月13	申戊	2月11	寅戊	九初
7月9	午丙	6月10	丑丁	5月12	申戊	4月12	寅戊	3月14	酉己	2月12	卯己	十初
7月10	未丁	6月11	寅戊	5月13	酉己	4月13	卯己	3月15	戌庚	2月13	辰庚	一十
7月11	申戊	6月12	卯己	5月14	戌庚	4月14	辰庚	3月16	亥辛	2月14	巳辛	二十
7月12	酉己	6月13	辰庚	5月15	亥辛	4月15	巳辛	3月17	子壬	2月15	午壬	三十
7月13	戌庚	6月14	巳辛	5月16	子壬	4月16	午壬	3月18	丑癸	2月16	未癸	四十
7月14	亥辛	6月15	午壬	5月17	丑癸	4月17	未癸	3月19	寅甲	2月17	申甲	五十
7月15	子壬	6月16	未癸	5月18	寅甲	4月18	申甲	3月20	卯乙	2月18	酉乙	六十
7月16	丑癸	6月17	申甲	5月19	卯乙	4月19	酉乙	3月21	辰丙	2月19	戌丙	七十
7月17	寅甲	6月18	酉乙	5月20	辰丙	4月20	戌丙	3月22	巳丁	2月20	亥丁	八十
7月18	卯乙	6月19	戌丙	5月21	巳丁	4月21	亥丁	3月23	午戊	2月21	子戊	九十
7月19	辰丙	6月20	亥丁	5月22	午戊	4月22	子戊	3月24	未己	2月22	丑己	十二
7月20	巳丁	6月21	子戊	5月23	未己	4月23	丑己	3月25	申庚	2月23	寅庚	一廿
7月21	午戊	6月22	丑己	5月24	申庚	4月24	寅庚	3月26	酉辛	2月24	卯辛	二廿
7月22	未己	6月23	寅庚	5月25	酉辛	4月25	卯辛	3月27	戌壬	2月25	辰壬	三廿
7月23	申庚	6月24	卯辛	5月26	戌壬	4月26	辰壬	3月28	亥癸	2月26	巳癸	四廿
7月24	酉辛	6月25	辰壬	5月27	亥癸	4月27	巳癸	3月29	子甲	2月27	午甲	五廿
7月25	戌壬	6月26	巳癸	5月28	子甲	4月28	午甲	3月30	丑乙	2月28	未乙	六廿
7月26	亥癸	6月27	午甲	5月29	丑乙	4月29	未乙	3月31	寅丙	3月1	申丙	七廿
7月27	子甲	6月28	未乙	5月30	寅丙	4月30	申丙	4月1	卯丁	3月2	酉丁	八廿
7月28	丑乙	6月29	申丙	5月31	卯丁	5月1	酉丁	4月2	辰戊	3月3	戌戊	九廿
7月29	寅丙					5月2	戌戊			3月4	亥己	十三

西元1973年

月別	月二十曆農		月一十曆農		月十曆農		月九曆農		月八曆農		月七曆農	
干支	丑	乙	子	甲	亥	癸	戌	壬	酉	辛	申	庚
節	寒大	寒小	至冬	雪大	雪小	冬立	降霜	露寒	分秋	露白	暑處	秋立
氣	18時46分 廿八酉時	1時20分 十四丑時	8時8分 廿八辰時	14時11分 十三未時	18時54分 廿八酉時	21時28分 十三亥時	21時30分 廿八亥時	18時27分 十三酉時	12時21分 廿七午時	3時0分 十二寅時	14時54分 廿五未時	0時13分 初十子時
農曆	曆國	支干	曆國	支干	曆國	支干	曆國	支干	曆國	支干	曆國	支干
初一	12月24	午甲	11月25	丑乙	10月26	未乙	9月26	丑乙	8月28	申丙	7月30	卯丁
初二	12月25	未乙	11月26	寅丙	10月27	申丙	9月27	寅丙	8月29	酉丁	7月31	辰戊
初三	12月26	申丙	11月27	卯丁	10月28	酉丁	9月28	卯丁	8月30	戌戊	8月 1	巳己
初四	12月27	酉丁	11月28	辰戊	10月29	戌戊	9月29	辰戊	8月31	亥己	8月 2	午庚
初五	12月28	戌戊	11月29	巳己	10月30	亥己	9月30	巳己	9月 1	子庚	8月 3	未辛
初六	12月29	亥己	11月30	午庚	10月31	子庚	10月 1	午庚	9月 2	丑辛	8月 4	申壬
初七	12月30	子庚	12月 1	未辛	11月 1	丑辛	10月 2	未辛	9月 3	寅壬	8月 5	酉癸
初八	12月31	丑辛	12月 2	申壬	11月 2	寅壬	10月 3	申壬	9月 4	卯癸	8月 6	戌甲
初九	1月 1	寅壬	12月 3	酉癸	11月 3	卯癸	10月 4	酉癸	9月 5	辰甲	8月 7	亥乙
初十	1月 2	卯癸	12月 4	戌甲	11月 4	辰甲	10月 5	戌甲	9月 6	巳乙	8月 8	子丙
十一	1月 3	辰甲	12月 5	亥乙	11月 5	巳乙	10月 6	亥乙	9月 7	午丙	8月 9	丑丁
十二	1月 4	巳乙	12月 6	子丙	11月 6	午丙	10月 7	子丙	9月 8	未丁	8月10	寅戊
十三	1月 5	午丙	12月 7	丑丁	11月 7	未丁	10月 8	丑丁	9月 9	申戊	8月11	卯己
十四	1月 6	未丁	12月 8	寅戊	11月 8	申戊	10月 9	寅戊	9月10	酉己	8月12	辰庚
十五	1月 7	申戊	12月 9	卯己	11月 9	酉己	10月10	卯己	9月11	戌庚	8月13	巳辛
十六	1月 8	酉己	12月10	辰庚	11月10	戌庚	10月11	辰庚	9月12	亥辛	8月14	午壬
十七	1月 9	戌庚	12月11	巳辛	11月11	亥辛	10月12	巳辛	9月13	子壬	8月15	未癸
十八	1月10	亥辛	12月12	午壬	11月12	子壬	10月13	午壬	9月14	丑癸	8月16	申甲
十九	1月11	子壬	12月13	未癸	11月13	丑癸	10月14	未癸	9月15	寅甲	8月17	酉乙
二十	1月12	丑癸	12月14	申甲	11月14	寅甲	10月15	申甲	9月16	卯乙	8月18	戌丙
廿一	1月13	寅甲	12月15	酉乙	11月15	卯乙	10月16	酉乙	9月17	辰丙	8月19	亥丁
廿二	1月14	卯乙	12月16	戌丙	11月16	辰丙	10月17	戌丙	9月18	巳丁	8月20	子戊
廿三	1月15	辰丙	12月17	亥丁	11月17	巳丁	10月18	亥丁	9月19	午戊	8月21	丑己
廿四	1月16	巳丁	12月18	子戊	11月18	午戊	10月19	子戊	9月20	未己	8月22	寅庚
廿五	1月17	午戊	12月19	丑己	11月19	未己	10月20	丑己	9月21	申庚	8月23	卯辛
廿六	1月18	未己	12月20	寅庚	11月20	申庚	10月21	寅庚	9月22	酉辛	8月24	辰壬
廿七	1月19	申庚	12月21	卯辛	11月21	酉辛	10月22	卯辛	9月23	戌壬	8月25	巳癸
廿八	1月20	酉辛	12月22	辰壬	11月22	戌壬	10月23	辰壬	9月24	亥癸	8月26	午甲
廿九	1月21	戌壬	12月23	巳癸	11月23	亥癸	10月24	巳癸	9月25	子甲	8月27	未乙
三十	1月22	亥癸			11月24	子甲	10月25	午甲				

中華民國六十三年 歲次 甲寅《虎》

西元一九七四年 太歲 姓張名朝

月六曆農		月五曆農		月四閏曆農		月四曆農		月三曆農		月二曆農		月正曆農		別月
未	辛	午	庚			巳	己	辰	戊	卯	丁	寅	丙	支干
秋立	暑大	暑小	至夏	種芒		滿小	夏立	雨穀	明清	分春	蟄驚	水雨	春立	節
5時57分 廿一卯時	13時30分 初五未時	20時13分 十八戌時	2時38分 初三丑時	9時52分 十六巳時		18時36分 三十酉時	5時34分 十五卯時	19時19分 廿八戌時	12時5分 十三午時	8時7分 廿八辰時	7時7分 十三辰時	8時59分 廿八辰時	13時0分 十三未時	氣
曆國	支干	曆國	支干	曆國	支干	曆國	支干	曆國	支干	曆國	支干	曆國	支干	曆農
7月19	酉辛	6月20	辰壬	5月22	亥癸	4月22	巳癸	3月24	子甲	2月22	午甲	1月23	子甲	一初
7月20	戌壬	6月21	巳癸	5月23	子甲	4月23	午甲	3月25	丑乙	2月23	未乙	1月24	丑乙	二初
7月21	亥癸	6月22	午甲	5月24	丑乙	4月24	未乙	3月26	寅丙	2月24	申丙	1月25	寅丙	三初
7月22	子甲	6月23	未乙	5月25	寅丙	4月25	申丙	3月27	卯丁	2月25	酉丁	1月26	卯丁	四初
7月23	丑乙	6月24	申丙	5月26	卯丁	4月26	酉丁	3月28	辰戊	2月26	戌戊	1月27	辰戊	五初
7月24	寅丙	6月25	酉丁	5月27	辰戊	4月27	戌戊	3月29	巳己	2月27	亥己	1月28	巳己	六初
7月25	卯丁	6月26	戌戊	5月28	巳己	4月28	亥己	3月30	午庚	2月28	子庚	1月29	午庚	七初
7月26	辰戊	6月27	亥己	5月29	午庚	4月29	子庚	3月31	未辛	3月 1	丑辛	1月30	未辛	八初
7月27	巳己	6月28	子庚	5月30	未辛	4月30	丑辛	4月 1	申壬	3月 2	寅壬	1月31	申壬	九初
7月28	午庚	6月29	丑辛	5月31	申壬	5月 1	寅壬	4月 2	酉癸	3月 3	卯癸	2月 1	酉癸	十初
7月29	未辛	6月30	寅壬	6月 1	酉癸	5月 2	卯癸	4月 3	戌甲	3月 4	辰甲	2月 2	戌甲	一十
7月30	申壬	7月 1	卯癸	6月 2	戌甲	5月 3	辰甲	4月 4	亥乙	3月 5	巳乙	2月 3	亥乙	二十
7月31	酉癸	7月 2	辰甲	6月 3	亥乙	5月 4	巳乙	4月 5	子丙	3月 6	午丙	2月 4	子丙	三十
8月 1	戌甲	7月 3	巳乙	6月 4	子丙	5月 5	午丙	4月 6	丑丁	3月 7	未丁	2月 5	丑丁	四十
8月 2	亥乙	7月 4	午丙	6月 5	丑丁	5月 6	未丁	4月 7	寅戊	3月 8	申戊	2月 6	寅戊	五十
8月 3	子丙	7月 5	未丁	6月 6	寅戊	5月 7	申戊	4月 8	卯己	3月 9	酉己	2月 7	卯己	六十
8月 4	丑丁	7月 6	申戊	6月 7	卯己	5月 8	酉己	4月 9	辰庚	3月10	戌庚	2月 8	辰庚	七十
8月 5	寅戊	7月 7	酉己	6月 8	辰庚	5月 9	戌庚	4月10	巳辛	3月11	亥辛	2月 9	巳辛	八十
8月 6	卯己	7月 8	戌庚	6月 9	巳辛	5月10	亥辛	4月11	午壬	3月12	子壬	2月10	午壬	九十
8月 7	辰庚	7月 9	亥辛	6月10	午壬	5月11	子壬	4月12	未癸	3月13	丑癸	2月11	未癸	十二
8月 8	巳辛	7月10	子壬	6月11	未癸	5月12	丑癸	4月13	申甲	3月14	寅甲	2月12	申甲	一廿
8月 9	午壬	7月11	丑癸	6月12	申甲	5月13	寅甲	4月14	酉乙	3月15	卯乙	2月13	酉乙	二廿
8月10	未癸	7月12	寅甲	6月13	酉乙	5月14	卯乙	4月15	戌丙	3月16	辰丙	2月14	戌丙	三廿
8月11	申甲	7月13	卯乙	6月14	戌丙	5月15	辰丙	4月16	亥丁	3月17	巳丁	2月15	亥丁	四廿
8月12	酉乙	7月14	辰丙	6月15	亥丁	5月16	巳丁	4月17	子戊	3月18	午戊	2月16	子戊	五廿
8月13	戌丙	7月15	巳丁	6月16	子戊	5月17	午戊	4月18	丑己	3月19	未己	2月17	丑己	六廿
8月14	亥丁	7月16	午戊	6月17	丑己	5月18	未己	4月19	寅庚	3月20	申庚	2月18	寅庚	七廿
8月15	子戊	7月17	未己	6月18	寅庚	5月19	申庚	4月20	卯辛	3月21	酉辛	2月19	卯辛	八廿
8月16	丑己	7月18	申庚	6月19	卯辛	5月20	酉辛	4月21	辰壬	3月22	戌壬	2月20	辰壬	九廿
8月17	寅庚					5月21	戌壬			3月23	亥癸	2月21	巳癸	十三

西元1974年

月別	月二十曆農		月一十曆農		月十曆農		月九曆農		月八曆農		月七曆農	
干支	丑	丁	子	丙	亥	乙	戌	甲	酉	癸	申	壬
節	春立	寒大	寒小	至冬	雪大	雪小	冬立	降霜	露寒	分秋	露白	暑處
氣	18時59分 廿四酉時	0時36分 初十子時	7時18分 廿四辰時	13時56分 初九未時	20時5分 廿四戌時	0時39分 初十子時	3時18分 廿五寅時	3時11分 初十寅時	0時15分 廿四子時	17時59分 初八酉時	8時45分 廿二辰時	20時29分 初六戌時
農曆	曆國	支干	曆國	支干	曆國	支干	曆國	支干	曆國	支干	曆國	支干
初一	1月12	午戊	12月14	丑己	11月14	未己	10月15	丑己	9月16	申庚	8月18	卯辛
初二	1月13	未己	12月15	寅庚	11月15	申庚	10月16	寅庚	9月17	酉辛	8月19	辰壬
初三	1月14	申庚	12月16	卯辛	11月16	酉辛	10月17	卯辛	9月18	戌壬	8月20	巳癸
初四	1月15	酉辛	12月17	辰壬	11月17	戌壬	10月18	辰壬	9月19	亥癸	8月21	午甲
初五	1月16	戌壬	12月18	巳癸	11月18	亥癸	10月19	巳癸	9月20	子甲	8月22	未乙
初六	1月17	亥癸	12月19	午甲	11月19	子甲	10月20	午甲	9月21	丑乙	8月23	申丙
初七	1月18	子甲	12月20	未乙	11月20	丑乙	10月21	未乙	9月22	寅丙	8月24	酉丁
初八	1月19	丑乙	12月21	申丙	11月21	寅丙	10月22	申丙	9月23	卯丁	8月25	戌戊
初九	1月20	寅丙	12月22	酉丁	11月22	卯丁	10月23	酉丁	9月24	辰戊	8月26	亥己
初十	1月21	卯丁	12月23	戌戊	11月23	辰戊	10月24	戌戊	9月25	巳己	8月27	子庚
十一	1月22	辰戊	12月24	亥己	11月24	巳己	10月25	亥己	9月26	午庚	8月28	丑辛
十二	1月23	巳己	12月25	子庚	11月25	午庚	10月26	子庚	9月27	未辛	8月29	寅壬
十三	1月24	午庚	12月26	丑辛	11月26	未辛	10月27	丑辛	9月28	申壬	8月30	卯癸
十四	1月25	未辛	12月27	寅壬	11月27	申壬	10月28	寅壬	9月29	酉癸	8月31	辰甲
十五	1月26	申壬	12月28	卯癸	11月28	酉癸	10月29	卯癸	9月30	戌甲	9月 1	巳乙
十六	1月27	酉癸	12月29	辰甲	11月29	戌甲	10月30	辰甲	10月 1	亥乙	9月 2	午丙
十七	1月28	戌甲	12月30	巳乙	11月30	亥乙	10月31	巳乙	10月 2	子丙	9月 3	未丁
十八	1月29	亥乙	12月31	午丙	12月 1	子丙	11月 1	午丙	10月 3	丑丁	9月 4	申戊
十九	1月30	子丙	1月 1	未丁	12月 2	丑丁	11月 2	未丁	10月 4	寅戊	9月 5	酉己
二十	1月31	丑丁	1月 2	申戊	12月 3	寅戊	11月 3	申戊	10月 5	卯己	9月 6	戌庚
廿一	2月 1	寅戊	1月 3	酉己	12月 4	卯己	11月 4	酉己	10月 6	辰庚	9月 7	亥辛
廿二	2月 2	卯己	1月 4	戌庚	12月 5	辰庚	11月 5	戌庚	10月 7	巳辛	9月 8	子壬
廿三	2月 3	辰庚	1月 5	亥辛	12月 6	巳辛	11月 6	亥辛	10月 8	午壬	9月 9	丑癸
廿四	2月 4	巳辛	1月 6	子壬	12月 7	午壬	11月 7	子壬	10月 9	未癸	9月10	寅甲
廿五	2月 5	午壬	1月 7	丑癸	12月 8	未癸	11月 8	丑癸	10月10	申甲	9月11	卯乙
廿六	2月 6	未癸	1月 8	寅甲	12月 9	申甲	11月 9	寅甲	10月11	酉乙	9月12	辰丙
廿七	2月 7	申甲	1月 9	卯乙	12月10	酉乙	11月10	卯乙	10月12	戌丙	9月13	巳丁
廿八	2月 8	酉乙	1月10	辰丙	12月11	戌丙	11月11	辰丙	10月13	亥丁	9月14	午戊
廿九	2月 9	戌丙	1月11	巳丁	12月12	亥丁	11月12	巳丁	10月14	子戊	9月15	未己
三十	2月10	亥丁			12月13	子戊	11月13	午戊				

中華民國六十四年 歲次 乙卯《兔》

西元一九七五年 太歲 姓方名清

月六曆農		月五曆農		月四曆農		月三曆農		月二曆農		月正曆農		別月
未	癸	午	壬	巳	辛	辰	庚	卯	己	寅	戊	支干
暑大		暑小	至夏	種芒	滿小	夏立	雨穀	明清	分春	蟄驚	水雨	節
十五戌時 19時22分		廿九丑時 2時0分	十三辰時 8時27分	廿七申時 15時42分	十二子時 0時24分	廿五午時 11時27分	初十丑時 1時7分	廿四酉時 18時2分	初九未時 13時57分	廿四未時 13時6分	初九未時 14時52分	氣
曆國	支干	曆國	支干	曆國	支干	曆國	支干	曆國	支干	曆國	支干	曆農
7月 9	辰丙	6月10	亥丁	5月11	巳丁	4月12	子戊	3月13	午戊	2月11	子戊	一初
7月10	巳丁	6月11	子戊	5月12	午戊	4月13	丑己	3月14	未己	2月12	丑己	二初
7月11	午戊	6月12	丑己	5月13	未己	4月14	寅庚	3月15	申庚	2月13	寅庚	三初
7月12	未己	6月13	寅庚	5月14	申庚	4月15	卯辛	3月16	酉辛	2月14	卯辛	四初
7月13	申庚	6月14	卯辛	5月15	酉辛	4月16	辰壬	3月17	戌壬	2月15	辰壬	五初
7月14	酉辛	6月15	辰壬	5月16	戌壬	4月17	巳癸	3月18	亥癸	2月16	巳癸	六初
7月15	戌壬	6月16	巳癸	5月17	亥癸	4月18	午甲	3月19	子甲	2月17	午甲	七初
7月16	亥癸	6月17	午甲	5月18	子甲	4月19	未乙	3月20	丑乙	2月18	未乙	八初
7月17	子甲	6月18	未乙	5月19	丑乙	4月20	申丙	3月21	寅丙	2月19	申丙	九初
7月18	丑乙	6月19	申丙	5月20	寅丙	4月21	酉丁	3月22	卯丁	2月20	酉丁	十初
7月19	寅丙	6月20	酉丁	5月21	卯丁	4月22	戌戊	3月23	辰戊	2月21	戌戊	一十
7月20	卯丁	6月21	戌戊	5月22	辰戊	4月23	亥己	3月24	巳己	2月22	亥己	二十
7月21	辰戊	6月22	亥己	5月23	巳己	4月24	子庚	3月25	午庚	2月23	子庚	三十
7月22	巳己	6月23	子庚	5月24	午庚	4月25	丑辛	3月26	未辛	2月24	丑辛	四十
7月23	午庚	6月24	丑辛	5月25	未辛	4月26	寅壬	3月27	申壬	2月25	寅壬	五十
7月24	未辛	6月25	寅壬	5月26	申壬	4月27	卯癸	3月28	酉癸	2月26	卯癸	六十
7月25	申壬	6月26	卯癸	5月27	酉癸	4月28	辰甲	3月29	戌甲	2月27	辰甲	七十
7月26	酉癸	6月27	辰甲	5月28	戌甲	4月29	巳乙	3月30	亥乙	2月28	巳乙	八十
7月27	戌甲	6月28	巳乙	5月29	亥乙	4月30	午丙	3月31	子丙	3月 1	午丙	九十
7月28	亥乙	6月29	午丙	5月30	子丙	5月 1	未丁	4月 1	丑丁	3月 2	未丁	十二
7月29	子丙	6月30	未丁	5月31	丑丁	5月 2	申戊	4月 2	寅戊	3月 3	申戊	一廿
7月30	丑丁	7月 1	申戊	6月 1	寅戊	5月 3	酉己	4月 3	卯己	3月 4	酉己	二廿
7月31	寅戊	7月 2	酉己	6月 2	卯己	5月 4	戌庚	4月 4	辰庚	3月 5	戌庚	三廿
8月 1	卯己	7月 3	戌庚	6月 3	辰庚	5月 5	亥辛	4月 5	巳辛	3月 6	亥辛	四廿
8月 2	辰庚	7月 4	亥辛	6月 4	巳辛	5月 6	子壬	4月 6	午壬	3月 7	子壬	五廿
8月 3	巳辛	7月 5	子壬	6月 5	午壬	5月 7	丑癸	4月 7	未癸	3月 8	丑癸	六廿
8月 4	午壬	7月 6	丑癸	6月 6	未癸	5月 8	寅甲	4月 8	申甲	3月 9	寅甲	七廿
8月 5	未癸	7月 7	寅甲	6月 7	申甲	5月 9	卯乙	4月 9	酉乙	3月10	卯乙	八廿
8月 6	申甲	7月 8	卯乙	6月 8	酉乙	5月10	辰丙	4月10	戌丙	3月11	辰丙	九廿
				6月 9	戌丙			4月11	亥丁	3月12	巳丁	十三

西元1975年

月別	月二十曆農		月一十曆農		月十曆農		月九曆農		月八曆農		月七曆農	
干支	丑	己	子	戊	亥	丁	戌	丙	酉	乙	申	甲
節	寒大	寒小	至冬	雪大	雪小	冬立	降霜	露寒	分秋	露白	暑處	秋立
氣	6時25分 廿一卯時	12時58分 初六午時	19時46分 二十戌時	1時46分 初六丑時	6時31分 廿一卯時	9時3分 初六巳時	9時2分 二十巳時	6時2分 初五卯時	23時55分 十八夜子	14時33分 初三未時	2時24分 十八丑時	11時45分 初二午時
農曆	曆國	支干	曆國	支干	曆國	支干	曆國	支干	曆國	支干	曆國	支干
初一	1月 1	子壬	12月 3	未癸	11月 3	丑癸	10月 5	申甲	9月 6	卯乙	8月 7	酉乙
初二	1月 2	丑癸	12月 4	申甲	11月 4	寅甲	10月 6	酉乙	9月 7	辰丙	8月 8	戌丙
初三	1月 3	寅甲	12月 5	酉乙	11月 5	卯乙	10月 7	戌丙	9月 8	巳丁	8月 9	亥丁
初四	1月 4	卯乙	12月 6	戌丙	11月 6	辰丙	10月 8	亥丁	9月 9	午戊	8月10	子戊
初五	1月 5	辰丙	12月 7	亥丁	11月 7	巳丁	10月 9	子戊	9月10	未己	8月11	丑己
初六	1月 6	巳丁	12月 8	子戊	11月 8	午戊	10月10	丑己	9月11	申庚	8月12	寅庚
初七	1月 7	午戊	12月 9	丑己	11月 9	未己	10月11	寅庚	9月12	酉辛	8月13	卯辛
初八	1月 8	未己	12月10	寅庚	11月10	申庚	10月12	卯辛	9月13	戌壬	8月14	辰壬
初九	1月 9	申庚	12月11	卯辛	11月11	酉辛	10月13	辰壬	9月14	亥癸	8月15	巳癸
初十	1月10	酉辛	12月12	辰壬	11月12	戌壬	10月14	巳癸	9月15	子甲	8月16	午甲
十一	1月11	戌壬	12月13	巳癸	11月13	亥癸	10月15	午甲	9月16	丑乙	8月17	未乙
十二	1月12	亥癸	12月14	午甲	11月14	子甲	10月16	未乙	9月17	寅丙	8月18	申丙
十三	1月13	子甲	12月15	未乙	11月15	丑乙	10月17	申丙	9月18	卯丁	8月19	酉丁
十四	1月14	丑乙	12月16	申丙	11月16	寅丙	10月18	酉丁	9月19	辰戊	8月20	戌戊
十五	1月15	寅丙	12月17	酉丁	11月17	卯丁	10月19	戌戊	9月20	巳己	8月21	亥己
十六	1月16	卯丁	12月18	戌戊	11月18	辰戊	10月20	亥己	9月21	午庚	8月22	子庚
十七	1月17	辰戊	12月19	亥己	11月19	巳己	10月21	子庚	9月22	未辛	8月23	丑辛
十八	1月18	巳己	12月20	子庚	11月20	午庚	10月22	丑辛	9月23	申壬	8月24	寅壬
十九	1月19	午庚	12月21	丑辛	11月21	未辛	10月23	寅壬	9月24	酉癸	8月25	卯癸
二十	1月20	未辛	12月22	寅壬	11月22	申壬	10月24	卯癸	9月25	戌甲	8月26	辰甲
廿一	1月21	申壬	12月23	卯癸	11月23	酉癸	10月25	辰甲	9月26	亥乙	8月27	巳乙
廿二	1月22	酉癸	12月24	辰甲	11月24	戌甲	10月26	巳乙	9月27	子丙	8月28	午丙
廿三	1月23	戌甲	12月25	巳乙	11月25	亥乙	10月27	午丙	9月28	丑丁	8月29	未丁
廿四	1月24	亥乙	12月26	午丙	11月26	子丙	10月28	未丁	9月29	寅戊	8月30	申戊
廿五	1月25	子丙	12月27	未丁	11月27	丑丁	10月29	申戊	9月30	卯己	8月31	酉己
廿六	1月26	丑丁	12月28	申戊	11月28	寅戊	10月30	酉己	10月 1	辰庚	9月 1	戌庚
廿七	1月27	寅戊	12月29	酉己	11月29	卯己	10月31	戌庚	10月 2	巳辛	9月 2	亥辛
廿八	1月28	卯己	12月30	戌庚	11月30	辰庚	11月 1	亥辛	10月 3	午壬	9月 3	子壬
廿九	1月29	辰庚	12月31	亥辛	12月 1	巳辛	11月 2	子壬	10月 4	未癸	9月 4	丑癸
三十	1月30	巳辛			12月 2	午壬					9月 5	寅甲

西元1976年

中華民國六十五年 歲次 丙辰《龍》

西元一九七六年 太歲 姓辛名亞

月六曆農		月五曆農		月四曆農		月三曆農		月二曆農		月正曆農		別月
未	乙	午	甲	巳	癸	辰	壬	卯	辛	寅	庚	支干
暑大	暑小	至夏	種芒	滿小	夏立	雨穀	明清	分春	蟄驚	水雨	春立	節
1時18分 廿七丑時	7時51分 十一辰時	14時24分 廿四未時	21時31分 初八亥時	6時21分 廿三卯時	17時15分 初七酉時	7時3分 廿一辰時	23時47分 初五夜子	19時49分 二十戌時	18時51分 初五酉時	20時42分 二十戌時	0時40分 初六子時	氣
曆國	支干	曆國	支干	曆國	支干	曆國	支干	曆國	支干	曆國	支干	曆農
6月27	戌庚	5月29	巳辛	4月29	亥辛	3月31	午壬	3月 1	子壬	1月31	午壬	一初
6月28	亥辛	5月30	午壬	4月30	子壬	4月 1	未癸	3月 2	丑癸	2月 1	未癸	二初
6月29	子壬	5月31	未癸	5月 1	丑癸	4月 2	申甲	3月 3	寅甲	2月 2	申甲	三初
6月30	丑癸	6月 1	申甲	5月 2	寅甲	4月 3	酉乙	3月 4	卯乙	2月 3	酉乙	四初
7月 1	寅甲	6月 2	酉乙	5月 3	卯乙	4月 4	戌丙	3月 5	辰丙	2月 4	戌丙	五初
7月 2	卯乙	6月 3	戌丙	5月 4	辰丙	4月 5	亥丁	3月 6	巳丁	2月 5	亥丁	六初
7月 3	辰丙	6月 4	亥丁	5月 5	巳丁	4月 6	子戊	3月 7	午戊	2月 6	子戊	七初
7月 4	巳丁	6月 5	子戊	5月 6	午戊	4月 7	丑己	3月 8	未己	2月 7	丑己	八初
7月 5	午戊	6月 6	丑己	5月 7	未己	4月 8	寅庚	3月 9	申庚	2月 8	寅庚	九初
7月 6	未己	6月 7	寅庚	5月 8	申庚	4月 9	卯辛	3月10	酉辛	2月 9	卯辛	十初
7月 7	申庚	6月 8	卯辛	5月 9	酉辛	4月10	辰壬	3月11	戌壬	2月10	辰壬	一十
7月 8	酉辛	6月 9	辰壬	5月10	戌壬	4月11	巳癸	3月12	亥癸	2月11	巳癸	二十
7月 9	戌壬	6月10	巳癸	5月11	亥癸	4月12	午甲	3月13	子甲	2月12	午甲	三十
7月10	亥癸	6月11	午甲	5月12	子甲	4月13	未乙	3月14	丑乙	2月13	未乙	四十
7月11	子甲	6月12	未乙	5月13	丑乙	4月14	申丙	3月15	寅丙	2月14	申丙	五十
7月12	丑乙	6月13	申丙	5月14	寅丙	4月15	酉丁	3月16	卯丁	2月15	酉丁	六十
7月13	寅丙	6月14	酉丁	5月15	卯丁	4月16	戌戊	3月17	辰戊	2月16	戌戊	七十
7月14	卯丁	6月15	戌戊	5月16	辰戊	4月17	亥己	3月18	巳己	2月17	亥己	八十
7月15	辰戊	6月16	亥己	5月17	巳己	4月18	子庚	3月19	午庚	2月18	子庚	九十
7月16	巳己	6月17	子庚	5月18	午庚	4月19	丑辛	3月20	未辛	2月19	丑辛	十二
7月17	午庚	6月18	丑辛	5月19	未辛	4月20	寅壬	3月21	申壬	2月20	寅壬	一廿
7月18	未辛	6月19	寅壬	5月20	申壬	4月21	卯癸	3月22	酉癸	2月21	卯癸	二廿
7月19	申壬	6月20	卯癸	5月21	酉癸	4月22	辰甲	3月23	戌甲	2月22	辰甲	三廿
7月20	酉癸	6月21	辰甲	5月22	戌甲	4月23	巳乙	3月24	亥乙	2月23	巳乙	四廿
7月21	戌甲	6月22	巳乙	5月23	亥乙	4月24	午丙	3月25	子丙	2月24	午丙	五廿
7月22	亥乙	6月23	午丙	5月24	子丙	4月25	未丁	3月26	丑丁	2月25	未丁	六廿
7月23	子丙	6月24	未丁	5月25	丑丁	4月26	申戊	3月27	寅戊	2月26	申戊	七廿
7月24	丑丁	6月25	申戊	5月26	寅戊	4月27	酉己	3月28	卯己	2月27	酉己	八廿
7月25	寅戊	6月26	酉己	5月27	卯己	4月28	戌庚	3月29	辰庚	2月28	戌庚	九廿
7月26	卯己			5月28	辰庚			3月30	巳辛	2月29	亥辛	十三

西元1976年

月別	月二十曆農		月一十曆農		月十曆農		月九曆農		月八閏曆農		月八曆農		月七曆農	
干支	丑	辛	子	庚	亥	己	戌	戊			酉	丁	申	丙
節	春立	寒大	寒小	至冬	雪大	雪小	冬立	降霜	露寒		分秋	露白	暑處	秋立
氣	6時34分 十七卯時	12時15分 初二午時	18時51分 十六酉時	1時35分 初二丑時	7時41分 十七辰時	12時22分 初二午時	14時59分 十六未時	14時58分 初一未時	11時58分 十五午時		5時48分 三十卯時	20時28分 十四戌時	8時19分 廿八辰時	17時39分 十二酉時
農曆	曆國	支干	曆國	支干	曆國	支干	曆國	支干	曆國	支干	曆國	支干	曆國	支干
初一	1月19	子丙	12月21	未丁	11月21	丑丁	10月23	申戊	9月24	卯己	8月25	酉己	7月27	辰庚
初二	1月20	丑丁	12月22	申戊	11月22	寅戊	10月24	酉己	9月25	辰庚	8月26	戌庚	7月28	巳辛
初三	1月21	寅戊	12月23	酉己	11月23	卯己	10月25	戌庚	9月26	巳辛	8月27	亥辛	7月29	午壬
初四	1月22	卯己	12月24	戌庚	11月24	辰庚	10月26	亥辛	9月27	午壬	8月28	子壬	7月30	未癸
初五	1月23	辰庚	12月25	亥辛	11月25	巳辛	10月27	子壬	9月28	未癸	8月29	丑癸	7月31	申甲
初六	1月24	巳辛	12月26	子壬	11月26	午壬	10月28	丑癸	9月29	申甲	8月30	寅甲	8月 1	酉乙
初七	1月25	午壬	12月27	丑癸	11月27	未癸	10月29	寅甲	9月30	酉乙	8月31	卯乙	8月 2	戌丙
初八	1月26	未癸	12月28	寅甲	11月28	申甲	10月30	卯乙	10月 1	戌丙	9月 1	辰丙	8月 3	亥丁
初九	1月27	申甲	12月29	卯乙	11月29	酉乙	10月31	辰丙	10月 2	亥丁	9月 2	巳丁	8月 4	子戊
初十	1月28	酉乙	12月30	辰丙	11月30	戌丙	11月 1	巳丁	10月 3	子戊	9月 3	午戊	8月 5	丑己
十一	1月29	戌丙	12月31	巳丁	12月 1	亥丁	11月 2	午戊	10月 4	丑己	9月 4	未己	8月 6	寅庚
十二	1月30	亥丁	1月 1	午戊	12月 2	子戊	11月 3	未己	10月 5	寅庚	9月 5	申庚	8月 7	卯辛
十三	1月31	子戊	1月 2	未己	12月 3	丑己	11月 4	申庚	10月 6	卯辛	9月 6	酉辛	8月 8	辰壬
十四	2月 1	丑己	1月 3	申庚	12月 4	寅庚	11月 5	酉辛	10月 7	辰壬	9月 7	戌壬	8月 9	巳癸
十五	2月 2	寅庚	1月 4	酉辛	12月 5	卯辛	11月 6	戌壬	10月 8	巳癸	9月 8	亥癸	8月10	午甲
十六	2月 3	卯辛	1月 5	戌壬	12月 6	辰壬	11月 7	亥癸	10月 9	午甲	9月 9	子甲	8月11	未乙
十七	2月 4	辰壬	1月 6	亥癸	12月 7	巳癸	11月 8	子甲	10月10	未乙	9月10	丑乙	8月12	申丙
十八	2月 5	巳癸	1月 7	子甲	12月 8	午甲	11月 9	丑乙	10月11	申丙	9月11	寅丙	8月13	酉丁
十九	2月 6	午甲	1月 8	丑乙	12月 9	未乙	11月10	寅丙	10月12	酉丁	9月12	卯丁	8月14	戌戊
二十	2月 7	未乙	1月 9	寅丙	12月10	申丙	11月11	卯丁	10月13	戌戊	9月13	辰戊	8月15	亥己
廿一	2月 8	申丙	1月10	卯丁	12月11	酉丁	11月12	辰戊	10月14	亥己	9月14	巳己	8月16	子庚
廿二	2月 9	酉丁	1月11	辰戊	12月12	戌戊	11月13	巳己	10月15	子庚	9月15	午庚	8月17	丑辛
廿三	2月10	戌戊	1月12	巳己	12月13	亥己	11月14	午庚	10月16	丑辛	9月16	未辛	8月18	寅壬
廿四	2月11	亥己	1月13	午庚	12月14	子庚	11月15	未辛	10月17	寅壬	9月17	申壬	8月19	卯癸
廿五	2月12	子庚	1月14	未辛	12月15	丑辛	11月16	申壬	10月18	卯癸	9月18	酉癸	8月20	辰甲
廿六	2月13	丑辛	1月15	申壬	12月16	寅壬	11月17	酉癸	10月19	辰甲	9月19	戌甲	8月21	巳乙
廿七	2月14	寅壬	1月16	酉癸	12月17	卯癸	11月18	戌甲	10月20	巳乙	9月20	亥乙	8月22	午丙
廿八	2月15	卯癸	1月17	戌甲	12月18	辰甲	11月19	亥乙	10月21	午丙	9月21	子丙	8月23	未丁
廿九	2月16	辰甲	1月18	亥乙	12月19	巳乙	11月20	子丙	10月22	未丁	9月22	丑丁	8月24	申戊
三十	2月17	巳乙			12月20	午丙					9月23	寅戊		

中華民國六十六年 歲次 丁巳《蛇》

西元一九七七年 太歲 姓易名彥

月六曆農		月五曆農		月四曆農		月三曆農		月二曆農		月正曆農		別月
未	丁	午	丙	巳	乙	辰	甲	卯	癸	寅	壬	支干
秋立	暑大	暑小	至夏	種芒	滿小	夏立	雨穀	明清	春分	蟄驚	水雨	節氣
廿三夜子 23時30分	初八辰時 7時4分	廿一未時 13時48分	初五戌時 20時14分	二十寅時 3時32分	初四午時 12時15分	十八夜子 23時16分	初三午時 12時57分	十七卯時 5時46分	初二丑時 1時43分	十七子時 0時44分	初二丑時 2時31分	
曆國	支干	曆國	支干	曆國	支干	曆國	支干	曆國	支干	曆國	支干	曆農
7月16	戌甲	6月17	巳乙	5月18	亥乙	4月18	巳乙	3月20	子丙	2月18	午丙	一初
7月17	亥乙	6月18	午丙	5月19	子丙	4月19	午丙	3月21	丑丁	2月19	未丁	二初
7月18	子丙	6月19	未丁	5月20	丑丁	4月20	未丁	3月22	寅戊	2月20	申戊	三初
7月19	丑丁	6月20	申戊	5月21	寅戊	4月21	申戊	3月23	卯己	2月21	酉己	四初
7月20	寅戊	6月21	酉己	5月22	卯己	4月22	酉己	3月24	辰庚	2月22	戌庚	五初
7月21	卯己	6月22	戌庚	5月23	辰庚	4月23	戌庚	3月25	巳辛	2月23	亥辛	六初
7月22	辰庚	6月23	亥辛	5月24	巳辛	4月24	亥辛	3月26	午壬	2月24	子壬	七初
7月23	巳辛	6月24	子壬	5月25	午壬	4月25	子壬	3月27	未癸	2月25	丑癸	八初
7月24	午壬	6月25	丑癸	5月26	未癸	4月26	丑癸	3月28	申甲	2月26	寅甲	九初
7月25	未癸	6月26	寅甲	5月27	申甲	4月27	寅甲	3月29	酉乙	2月27	卯乙	十初
7月26	申甲	6月27	卯乙	5月28	酉乙	4月28	卯乙	3月30	戌丙	2月28	辰丙	一十
7月27	酉乙	6月28	辰丙	5月29	戌丙	4月29	辰丙	3月31	亥丁	3月 1	巳丁	二十
7月28	戌丙	6月29	巳丁	5月30	亥丁	4月30	巳丁	4月 1	子戊	3月 2	午戊	三十
7月29	亥丁	6月30	午戊	5月31	子戊	5月 1	午戊	4月 2	丑己	3月 3	未己	四十
7月30	子戊	7月 1	未己	6月 1	丑己	5月 2	未己	4月 3	寅庚	3月 4	申庚	五十
7月31	丑己	7月 2	申庚	6月 2	寅庚	5月 3	申庚	4月 4	卯辛	3月 5	酉辛	六十
8月 1	寅庚	7月 3	酉辛	6月 3	卯辛	5月 4	酉辛	4月 5	辰壬	3月 6	戌壬	七十
8月 2	卯辛	7月 4	戌壬	6月 4	辰壬	5月 5	戌壬	4月 6	巳癸	3月 7	亥癸	八十
8月 3	辰壬	7月 5	亥癸	6月 5	巳癸	5月 6	亥癸	4月 7	午甲	3月 8	子甲	九十
8月 4	巳癸	7月 6	子甲	6月 6	午甲	5月 7	子甲	4月 8	未乙	3月 9	丑乙	十二
8月 5	午甲	7月 7	丑乙	6月 7	未乙	5月 8	丑乙	4月 9	申丙	3月10	寅丙	一廿
8月 6	未乙	7月 8	寅丙	6月 8	申丙	5月 9	寅丙	4月10	酉丁	3月11	卯丁	二廿
8月 7	申丙	7月 9	卯丁	6月 9	酉丁	5月10	卯丁	4月11	戌戊	3月12	辰戊	三廿
8月 8	酉丁	7月10	辰戊	6月10	戌戊	5月11	辰戊	4月12	亥己	3月13	巳己	四廿
8月 9	戌戊	7月11	巳己	6月11	亥己	5月12	巳己	4月13	子庚	3月14	午庚	五廿
8月10	亥己	7月12	午庚	6月12	子庚	5月13	午庚	4月14	丑辛	3月15	未辛	六廿
8月11	子庚	7月13	未辛	6月13	丑辛	5月14	未辛	4月15	寅壬	3月16	申壬	七廿
8月12	丑辛	7月14	申壬	6月14	寅壬	5月15	申壬	4月16	卯癸	3月17	酉癸	八廿
8月13	寅壬	7月15	酉癸	6月15	卯癸	5月16	酉癸	4月17	辰甲	3月18	戌甲	九廿
8月14	卯癸			6月16	辰甲	5月17	戌甲			3月19	亥乙	十三

西元1977年

月別	月二十曆農		月一十曆農		月十曆農		月九曆農		月八曆農		月七曆農	
干支	丑	癸	子	壬	亥	辛	戌	庚	酉	己	申	戊
節氣	春立	寒大	寒小	至冬	雪大	雪小	冬立	降霜	露寒	分秋	露白	暑處
	廿七午時 12時27分	十二酉時 18時4分	廿七子時 0時43分	十二辰時 7時24分	廿七未時 13時24分	十二酉時 18時7分	廿六戌時 20時46分	十一戌時 20時41分	廿六酉時 15時44分	十一午時 11時30分	廿五丑時 2時16分	初九未時 14時0分
農曆	曆國	支干	曆國	支干	曆國	支干	曆國	支干	曆國	支干	曆國	支干
初一	1月9	未辛	12月11	寅壬	11月11	申壬	10月13	卯癸	9月13	酉癸	8月15	辰甲
初二	1月10	申壬	12月12	卯癸	11月12	酉癸	10月14	辰甲	9月14	戌甲	8月16	巳乙
初三	1月11	酉癸	12月13	辰甲	11月13	戌甲	10月15	巳乙	9月15	亥乙	8月17	午丙
初四	1月12	戌甲	12月14	巳乙	11月14	亥乙	10月16	午丙	9月16	子丙	8月18	未丁
初五	1月13	亥乙	12月15	午丙	11月15	子丙	10月17	未丁	9月17	丑丁	8月19	申戊
初六	1月14	子丙	12月16	未丁	11月16	丑丁	10月18	申戊	9月18	寅戊	8月20	酉己
初七	1月15	丑丁	12月17	申戊	11月17	寅戊	10月19	酉己	9月19	卯己	8月21	戌庚
初八	1月16	寅戊	12月18	酉己	11月18	卯己	10月20	戌庚	9月20	辰庚	8月22	亥辛
初九	1月17	卯己	12月19	戌庚	11月19	辰庚	10月21	亥辛	9月21	巳辛	8月23	子壬
初十	1月18	辰庚	12月20	亥辛	11月20	巳辛	10月22	子壬	9月22	午壬	8月24	丑癸
十一	1月19	巳辛	12月21	子壬	11月21	午壬	10月23	丑癸	9月23	未癸	8月25	寅甲
十二	1月20	午壬	12月22	丑癸	11月22	未癸	10月24	寅甲	9月24	申甲	8月26	卯乙
十三	1月21	未癸	12月23	寅甲	11月23	申甲	10月25	卯乙	9月25	酉乙	8月27	辰丙
十四	1月22	申甲	12月24	卯乙	11月24	酉乙	10月26	辰丙	9月26	戌丙	8月28	巳丁
十五	1月23	酉乙	12月25	辰丙	11月25	戌丙	10月27	巳丁	9月27	亥丁	8月29	午戊
十六	1月24	戌丙	12月26	巳丁	11月26	亥丁	10月28	午戊	9月28	子戊	8月30	未己
十七	1月25	亥丁	12月27	午戊	11月27	子戊	10月29	未己	9月29	丑己	8月31	申庚
十八	1月26	子戊	12月28	未己	11月28	丑己	10月30	申庚	9月30	寅庚	9月1	酉辛
十九	1月27	丑己	12月29	申庚	11月29	寅庚	10月31	酉辛	10月1	卯辛	9月2	戌壬
二十	1月28	寅庚	12月30	酉辛	11月30	卯辛	11月1	戌壬	10月2	辰壬	9月3	亥癸
廿一	1月29	卯辛	12月31	戌壬	12月1	辰壬	11月2	亥癸	10月3	巳癸	9月4	子甲
廿二	1月30	辰壬	1月1	亥癸	12月2	巳癸	11月3	子甲	10月4	午甲	9月5	丑乙
廿三	1月31	巳癸	1月2	子甲	12月3	午甲	11月4	丑乙	10月5	未乙	9月6	寅丙
廿四	2月1	午甲	1月3	丑乙	12月4	未乙	11月5	寅丙	10月6	申丙	9月7	卯丁
廿五	2月2	未乙	1月4	寅丙	12月5	申丙	11月6	卯丁	10月7	酉丁	9月8	辰戊
廿六	2月3	申丙	1月5	卯丁	12月6	酉丁	11月7	辰戊	10月8	戌戊	9月9	巳己
廿七	2月4	酉丁	1月6	辰戊	12月7	戌戊	11月8	巳己	10月9	亥己	9月10	午庚
廿八	2月5	戌戊	1月7	巳己	12月8	亥己	11月9	午庚	10月10	子庚	9月11	未辛
廿九	2月6	亥己	1月8	午庚	12月9	子庚	11月10	未辛	10月11	丑辛	9月12	申壬
三十					12月10	丑辛			10月12	寅壬		

中華民國六十七年　歲次　戊午《馬》

西元一九七八年　太歲　姓姚名黎

月六曆農		月五曆農		月四曆農		月三曆農		月二曆農		月正曆農		別月
未	己	午	戊	巳	丁	辰	丙	卯	乙	寅	甲	支干
暑大	暑小	至夏	種芒	滿小		夏立	雨穀	明清	分春	蟄驚	水雨	節
十九未時 13時0分	初三戌時 19時37分	十七丑時 2時10分	初一巳時 9時23分	十五酉時 18時9分		三十卯時 5時9分	十四酉時 18時49分	廿八午時 11時39分	十三辰時 7時34分	廿八卯時 6時38分	十三辰時 8時20分	氣
曆國	支干	曆國	支干	曆國	支干	曆國	支干	曆國	支干	曆國	支干	曆農
7月 5	辰戊	6月 6	亥己	5月 7	巳己	4月 7	亥己	3月 9	午庚	2月 7	子庚	一初
7月 6	巳己	6月 7	子庚	5月 8	午庚	4月 8	子庚	3月10	未辛	2月 8	丑辛	二初
7月 7	午庚	6月 8	丑辛	5月 9	未辛	4月 9	丑辛	3月11	申壬	2月 9	寅壬	三初
7月 8	未辛	6月 9	寅壬	5月10	申壬	4月10	寅壬	3月12	酉癸	2月10	卯癸	四初
7月 9	申壬	6月10	卯癸	5月11	酉癸	4月11	卯癸	3月13	戌甲	2月11	辰甲	五初
7月10	酉癸	6月11	辰甲	5月12	戌甲	4月12	辰甲	3月14	亥乙	2月12	巳乙	六初
7月11	戌甲	6月12	巳乙	5月13	亥乙	4月13	巳乙	3月15	子丙	2月13	午丙	七初
7月12	亥乙	6月13	午丙	5月14	子丙	4月14	午丙	3月16	丑丁	2月14	未丁	八初
7月13	子丙	6月14	未丁	5月15	丑丁	4月15	未丁	3月17	寅戊	2月15	申戊	九初
7月14	丑丁	6月15	申戊	5月16	寅戊	4月16	申戊	3月18	卯己	2月16	酉己	十初
7月15	寅戊	6月16	酉己	5月17	卯己	4月17	酉己	3月19	辰庚	2月17	戌庚	一十
7月16	卯己	6月17	戌庚	5月18	辰庚	4月18	戌庚	3月20	巳辛	2月18	亥辛	二十
7月17	辰庚	6月18	亥辛	5月19	巳辛	4月19	亥辛	3月21	午壬	2月19	子壬	三十
7月18	巳辛	6月19	子壬	5月20	午壬	4月20	子壬	3月22	未癸	2月20	丑癸	四十
7月19	午壬	6月20	丑癸	5月21	未癸	4月21	丑癸	3月23	申甲	2月21	寅甲	五十
7月20	未癸	6月21	寅甲	5月22	申甲	4月22	寅甲	3月24	酉乙	2月22	卯乙	六十
7月21	申甲	6月22	卯乙	5月23	酉乙	4月23	卯乙	3月25	戌丙	2月23	辰丙	七十
7月22	酉乙	6月23	辰丙	5月24	戌丙	4月24	辰丙	3月26	亥丁	2月24	巳丁	八十
7月23	戌丙	6月24	巳丁	5月25	亥丁	4月25	巳丁	3月27	子戊	2月25	午戊	九十
7月24	亥丁	6月25	午戊	5月26	子戊	4月26	午戊	3月28	丑己	2月26	未己	十二
7月25	子戊	6月26	未己	5月27	丑己	4月27	未己	3月29	寅庚	2月27	申庚	一廿
7月26	丑己	6月27	申庚	5月28	寅庚	4月28	申庚	3月30	卯辛	2月28	酉辛	二廿
7月27	寅庚	6月28	酉辛	5月29	卯辛	4月29	酉辛	3月31	辰壬	3月 1	戌壬	三廿
7月28	卯辛	6月29	戌壬	5月30	辰壬	4月30	戌壬	4月 1	巳癸	3月 2	亥癸	四廿
7月29	辰壬	6月30	亥癸	5月31	巳癸	5月 1	亥癸	4月 2	午甲	3月 3	子甲	五廿
7月30	巳癸	7月 1	子甲	6月 1	午甲	5月 2	子甲	4月 3	未乙	3月 4	丑乙	六廿
7月31	午甲	7月 2	丑乙	6月 2	未乙	5月 3	丑乙	4月 4	申丙	3月 5	寅丙	七廿
8月 1	未乙	7月 3	寅丙	6月 3	申丙	5月 4	寅丙	4月 5	酉丁	3月 6	卯丁	八廿
8月 2	申丙	7月 4	卯丁	6月 4	酉丁	5月 5	卯丁	4月 6	戌戊	3月 7	辰戊	九廿
8月 3	酉丁			6月 5	戌戊	5月 6	辰戊			3月 8	巳己	十三

西元1978年

月別	月二十曆農		月一十曆農		月十曆農		月九曆農		月八曆農		月七曆農	
干支	丑	乙	子	甲	亥	癸	戌	壬	酉	辛	申	庚
節	寒大	寒小	至冬	雪大	雪小	冬立	降霜	露寒	分秋	露白	暑處	秋立
氣	廿三早子 0時0分	初八卯時 6時32分	廿三未時 13時21分	初八戌時 19時20分	廿三子時 0時5分	初八丑時 2時34分	廿三丑時 2時37分	初七夜子 23時31分	廿一酉時 17時26分	初六辰時 8時3分	二十戌時 19時57分	初五卯時 5時18分
農曆	曆國	支干	曆國	支干	曆國	支干	曆國	支干	曆國	支干	曆國	支干
初一	12月30	寅丙	11月30	申丙	11月 1	卯丁	10月 2	酉丁	9月 3	辰戊	8月 4	戌戊
初二	12月31	卯丁	12月 1	酉丁	11月 2	辰戊	10月 3	戌戊	9月 4	巳己	8月 5	亥己
初三	1月 1	辰戊	12月 2	戌戊	11月 3	巳己	10月 4	亥己	9月 5	午庚	8月 6	子庚
初四	1月 2	巳己	12月 3	亥己	11月 4	午庚	10月 5	子庚	9月 6	未辛	8月 7	丑辛
初五	1月 3	午庚	12月 4	子庚	11月 5	未辛	10月 6	丑辛	9月 7	申壬	8月 8	寅壬
初六	1月 4	未辛	12月 5	丑辛	11月 6	申壬	10月 7	寅壬	9月 8	酉癸	8月 9	卯癸
初七	1月 5	申壬	12月 6	寅壬	11月 7	酉癸	10月 8	卯癸	9月 9	戌甲	8月10	辰甲
初八	1月 6	酉癸	12月 7	卯癸	11月 8	戌甲	10月 9	辰甲	9月10	亥乙	8月11	巳乙
初九	1月 7	戌甲	12月 8	辰甲	11月 9	亥乙	10月10	巳乙	9月11	子丙	8月12	午丙
初十	1月 8	亥乙	12月 9	巳乙	11月10	子丙	10月11	午丙	9月12	丑丁	8月13	未丁
十一	1月 9	子丙	12月10	午丙	11月11	丑丁	10月12	未丁	9月13	寅戊	8月14	申戊
十二	1月10	丑丁	12月11	未丁	11月12	寅戊	10月13	申戊	9月14	卯己	8月15	酉己
十三	1月11	寅戊	12月12	申戊	11月13	卯己	10月14	酉己	9月15	辰庚	8月16	戌庚
十四	1月12	卯己	12月13	酉己	11月14	辰庚	10月15	戌庚	9月16	巳辛	8月17	亥辛
十五	1月13	辰庚	12月14	戌庚	11月15	巳辛	10月16	亥辛	9月17	午壬	8月18	子壬
十六	1月14	巳辛	12月15	亥辛	11月16	午壬	10月17	子壬	9月18	未癸	8月19	丑癸
十七	1月15	午壬	12月16	子壬	11月17	未癸	10月18	丑癸	9月19	申甲	8月20	寅甲
十八	1月16	未癸	12月17	丑癸	11月18	申甲	10月19	寅甲	9月20	酉乙	8月21	卯乙
十九	1月17	申甲	12月18	寅甲	11月19	酉乙	10月20	卯乙	9月21	戌丙	8月22	辰丙
二十	1月18	酉乙	12月19	卯乙	11月20	戌丙	10月21	辰丙	9月22	亥丁	8月23	巳丁
廿一	1月19	戌丙	12月20	辰丙	11月21	亥丁	10月22	巳丁	9月23	子戊	8月24	午戊
廿二	1月20	亥丁	12月21	巳丁	11月22	子戊	10月23	午戊	9月24	丑己	8月25	未己
廿三	1月21	子戊	12月22	午戊	11月23	丑己	10月24	未己	9月25	寅庚	8月26	申庚
廿四	1月22	丑己	12月23	未己	11月24	寅庚	10月25	申庚	9月26	卯辛	8月27	酉辛
廿五	1月23	寅庚	12月24	申庚	11月25	卯辛	10月26	酉辛	9月27	辰壬	8月28	戌壬
廿六	1月24	卯辛	12月25	酉辛	11月26	辰壬	10月27	戌壬	9月28	巳癸	8月29	亥癸
廿七	1月25	辰壬	12月26	戌壬	11月27	巳癸	10月28	亥癸	9月29	午甲	8月30	子甲
廿八	1月26	巳癸	12月27	亥癸	11月28	午甲	10月29	子甲	9月30	未乙	8月31	丑乙
廿九	1月27	午甲	12月28	子甲	11月29	未乙	10月30	丑乙	10月 1	申丙	9月 1	寅丙
三十			12月29	丑乙			10月31	寅丙			9月 2	卯丁

中華民國六十八年 歲次 己未《羊》

西元一九七九年 太歲 姓傅名稅

月六曆農		月五曆農		月四曆農		月三曆農		月二曆農		月正曆農		別月
未	辛	午	庚	巳	己	辰	戊	卯	丁	寅	丙	支干
暑大	暑小	至夏	種芒	滿小	夏立	雨穀	明清	分春	蟄驚	水雨	春立	節氣
18時49分 三十酉時	1時25分 十五丑時	7時56分 廿八辰時	7時5分 十二申時	23時54分 廿六夜子	10時47分 十一巳時	0時38分 廿五子時	17時18分 初九酉時	13時22分 廿三未時	12時20分 初八午時	14時11分 廿三未時	18時13分 初八酉時	
曆國	支干	曆國	支干	曆國	支干	曆國	支干	曆國	支干	曆國	支干	曆農
6月24	戌壬	5月26	巳癸	4月26	亥癸	3月28	午甲	2月27	丑乙	1月28	未乙	一初
6月25	亥癸	5月27	午甲	4月27	子甲	3月29	未乙	2月28	寅丙	1月29	申丙	二初
6月26	子甲	5月28	未乙	4月28	丑乙	3月30	申丙	3月 1	卯丁	1月30	酉丁	三初
6月27	丑乙	5月29	申丙	4月29	寅丙	3月31	酉丁	3月 2	辰戊	1月31	戌戊	四初
6月28	寅丙	5月30	酉丁	4月30	卯丁	4月 1	戌戊	3月 3	巳己	2月 1	亥己	五初
6月29	卯丁	5月31	戌戊	5月 1	辰戊	4月 2	亥己	3月 4	午庚	2月 2	子庚	六初
6月30	辰戊	6月 1	亥己	5月 2	巳己	4月 3	子庚	3月 5	未辛	2月 3	丑辛	七初
7月 1	巳己	6月 2	子庚	5月 3	午庚	4月 4	丑辛	3月 6	申壬	2月 4	寅壬	八初
7月 2	午庚	6月 3	丑辛	5月 4	未辛	4月 5	寅壬	3月 7	酉癸	2月 5	卯癸	九初
7月 3	未辛	6月 4	寅壬	5月 5	申壬	4月 6	卯癸	3月 8	戌甲	2月 6	辰甲	十初
7月 4	申壬	6月 5	卯癸	5月 6	酉癸	4月 7	辰甲	3月 9	亥乙	2月 7	巳乙	一十
7月 5	酉癸	6月 6	辰甲	5月 7	戌甲	4月 8	巳乙	3月10	子丙	2月 8	午丙	二十
7月 6	戌甲	6月 7	巳乙	5月 8	亥乙	4月 9	午丙	3月11	丑丁	2月 9	未丁	三十
7月 7	亥乙	6月 8	午丙	5月 9	子丙	4月10	未丁	3月12	寅戊	2月10	申戊	四十
7月 8	子丙	6月 9	未丁	5月10	丑丁	4月11	申戊	3月13	卯己	2月11	酉己	五十
7月 9	丑丁	6月10	申戊	5月11	寅戊	4月12	酉己	3月14	辰庚	2月12	戌庚	六十
7月10	寅戊	6月11	酉己	5月12	卯己	4月13	戌庚	3月15	巳辛	2月13	亥辛	七十
7月11	卯己	6月12	戌庚	5月13	辰庚	4月14	亥辛	3月16	午壬	2月14	子壬	八十
7月12	辰庚	6月13	亥辛	5月14	巳辛	4月15	子壬	3月17	未癸	2月15	丑癸	九十
7月13	巳辛	6月14	子壬	5月15	午壬	4月16	丑癸	3月18	申甲	2月16	寅甲	十二
7月14	午壬	6月15	丑癸	5月16	未癸	4月17	寅甲	3月19	酉乙	2月17	卯乙	一廿
7月15	未癸	6月16	寅甲	5月17	申甲	4月18	卯乙	3月20	戌丙	2月18	辰丙	二廿
7月16	申甲	6月17	卯乙	5月18	酉乙	4月19	辰丙	3月21	亥丁	2月19	巳丁	三廿
7月17	酉乙	6月18	辰丙	5月19	戌丙	4月20	巳丁	3月22	子戊	2月20	午戊	四廿
7月18	戌丙	6月19	巳丁	5月20	亥丁	4月21	午戊	3月23	丑己	2月21	未己	五廿
7月19	亥丁	6月20	午戊	5月21	子戊	4月22	未己	3月24	寅庚	2月22	申庚	六廿
7月20	子戊	6月21	未己	5月22	丑己	4月23	申庚	3月25	卯辛	2月23	酉辛	七廿
7月21	丑己	6月22	申庚	5月23	寅庚	4月24	酉辛	3月26	辰壬	2月24	戌壬	八廿
7月22	寅庚	6月23	酉辛	5月24	卯辛	4月25	戌壬	3月27	巳癸	2月25	亥癸	九廿
7月23	卯辛			5月25	辰壬					2月26	子甲	十三

西元1979年

月別	月二十曆農		月一十曆農		月十曆農		月九曆農		月八曆農		月七曆農		月六閏曆農	
干支	丑	丁	子	丙	亥	乙	戌	甲	酉	癸	申	壬		
節	春立	寒大	寒小	至冬	雪大	雪小	冬立	降霜	露寒	分秋	露白	暑處	秋立	
氣	0時10分 十九子時	5時29分 初四卯時	12時29分 十九午時	19時10分 初四戌時	1時18分 十九丑時	5時54分 初四卯時	8時33分 十九辰時	8時28分 初四辰時	5時30分 十九卯時	23時17分 初三夜子	14時0分 十七未時	1時47分 初二丑時	11時11分 十六午時	
農曆	曆國	支干	曆國	支干	曆國	支干	曆國	支干	曆國	支干	曆國	支干	曆國	支干
初一	1月18	寅庚	12月19	申庚	11月20	卯辛	10月21	酉辛	9月21	卯辛	8月23	戌壬	7月24	辰壬
初二	1月19	卯辛	12月20	酉辛	11月21	辰壬	10月22	戌壬	9月22	辰壬	8月24	亥癸	7月25	巳癸
初三	1月20	辰壬	12月21	戌壬	11月22	巳癸	10月23	亥癸	9月23	巳癸	8月25	子甲	7月26	午甲
初四	1月21	巳癸	12月22	亥癸	11月23	午甲	10月24	子甲	9月24	午甲	8月26	丑乙	7月27	未乙
初五	1月22	午甲	12月23	子甲	11月24	未乙	10月25	丑乙	9月25	未乙	8月27	寅丙	7月28	申丙
初六	1月23	未乙	12月24	丑乙	11月25	申丙	10月26	寅丙	9月26	申丙	8月28	卯丁	7月29	酉丁
初七	1月24	申丙	12月25	寅丙	11月26	酉丁	10月27	卯丁	9月27	酉丁	8月29	辰戊	7月30	戌戊
初八	1月25	酉丁	12月26	卯丁	11月27	戌戊	10月28	辰戊	9月28	戌戊	8月30	巳己	7月31	亥己
初九	1月26	戌戊	12月27	辰戊	11月28	亥己	10月29	巳己	9月29	亥己	8月31	午庚	8月 1	子庚
初十	1月27	亥己	12月28	巳己	11月29	子庚	10月30	午庚	9月30	子庚	9月 1	未辛	8月 2	丑辛
十一	1月28	子庚	12月29	午庚	11月30	丑辛	10月31	未辛	10月 1	丑辛	9月 2	申壬	8月 3	寅壬
十二	1月29	丑辛	12月30	未辛	12月 1	寅壬	11月 1	申壬	10月 2	寅壬	9月 3	酉癸	8月 4	卯癸
十三	1月30	寅壬	12月31	申壬	12月 2	卯癸	11月 2	酉癸	10月 3	卯癸	9月 4	戌甲	8月 5	辰甲
十四	1月31	卯癸	1月 1	酉癸	12月 3	辰甲	11月 3	戌甲	10月 4	辰甲	9月 5	亥乙	8月 6	巳乙
十五	2月 1	辰甲	1月 2	戌甲	12月 4	巳乙	11月 4	亥乙	10月 5	巳乙	9月 6	子丙	8月 7	午丙
十六	2月 2	巳乙	1月 3	亥乙	12月 5	午丙	11月 5	子丙	10月 6	午丙	9月 7	丑丁	8月 8	未丁
十七	2月 3	午丙	1月 4	子丙	12月 6	未丁	11月 6	丑丁	10月 7	未丁	9月 8	寅戊	8月 9	申戊
十八	2月 4	未丁	1月 5	丑丁	12月 7	申戊	11月 7	寅戊	10月 8	申戊	9月 9	卯己	8月10	酉己
十九	2月 5	申戊	1月 6	寅戊	12月 8	酉己	11月 8	卯己	10月 9	酉己	9月10	辰庚	8月11	戌庚
二十	2月 6	酉己	1月 7	卯己	12月 9	戌庚	11月 9	辰庚	10月10	戌庚	9月11	巳辛	8月12	亥辛
廿一	2月 7	戌庚	1月 8	辰庚	12月10	亥辛	11月10	巳辛	10月11	亥辛	9月12	午壬	8月13	子壬
廿二	2月 8	亥辛	1月 9	巳辛	12月11	子壬	11月11	午壬	10月12	子壬	9月13	未癸	8月14	丑癸
廿三	2月 9	子壬	1月10	午壬	12月12	丑癸	11月12	未癸	10月13	丑癸	9月14	申甲	8月15	寅甲
廿四	2月10	丑癸	1月11	未癸	12月13	寅甲	11月13	申甲	10月14	寅甲	9月15	酉乙	8月16	卯乙
廿五	2月11	寅甲	1月12	申甲	12月14	卯乙	11月14	酉乙	10月15	卯乙	9月16	戌丙	8月17	辰丙
廿六	2月12	卯乙	1月13	酉乙	12月15	辰丙	11月15	戌丙	10月16	辰丙	9月17	亥丁	8月18	巳丁
廿七	2月13	辰丙	1月14	戌丙	12月16	巳丁	11月16	亥丁	10月17	巳丁	9月18	子戊	8月19	午戊
廿八	2月14	巳丁	1月15	亥丁	12月17	午戊	11月17	子戊	10月18	午戊	9月19	丑己	8月20	未己
廿九	2月15	午戊	1月16	子戊	12月18	未己	11月18	丑己	10月19	未己	9月20	寅庚	8月21	申庚
三十			1月17	丑己			11月19	寅庚	10月20	申庚			8月22	酉辛

西元1980年

中華民國六十九年 歲次 庚申《猴》

西元一九八〇年 太歲 姓毛名倖

月六曆農		月五曆農		月四曆農		月三曆農		月二曆農		月正曆農		別月
未	癸	午	壬	巳	辛	辰	庚	卯	己	寅	戊	支干
秋立	暑大	暑小	至夏	種芒	滿小	夏立	雨穀	明清	分春	蟄驚	水雨	節
廿七酉時 17時9分	十二子時 0時42分	廿五辰時 7時24分	初九未時 13時47分	廿三亥時 21時4分	初八卯時 5時42分	廿一申時 16時48分	初六卯時 6時23分	十九夜子 23時15分	初四戌時 19時10分	十九酉時 18時17分	初四戌時 20時2分	氣
曆國	支干	曆國	支干	曆國	支干	曆國	支干	曆國	支干	曆國	支干	曆農
7月12	戌丙	6月13	巳丁	5月14	亥丁	4月15	午戊	3月17	丑己	2月16	未己	一初
7月13	亥丁	6月14	午戊	5月15	子戊	4月16	未己	3月18	寅庚	2月17	申庚	二初
7月14	子戊	6月15	未己	5月16	丑己	4月17	申庚	3月19	卯辛	2月18	酉辛	三初
7月15	丑己	6月16	申庚	5月17	寅庚	4月18	酉辛	3月20	辰壬	2月19	戌壬	四初
7月16	寅庚	6月17	酉辛	5月18	卯辛	4月19	戌壬	3月21	巳癸	2月20	亥癸	五初
7月17	卯辛	6月18	戌壬	5月19	辰壬	4月20	亥癸	3月22	午甲	2月21	子甲	六初
7月18	辰壬	6月19	亥癸	5月20	巳癸	4月21	子甲	3月23	未乙	2月22	丑乙	七初
7月19	巳癸	6月20	子甲	5月21	午甲	4月22	丑乙	3月24	申丙	2月23	寅丙	八初
7月20	午甲	6月21	丑乙	5月22	未乙	4月23	寅丙	3月25	酉丁	2月24	卯丁	九初
7月21	未乙	6月22	寅丙	5月23	申丙	4月24	卯丁	3月26	戌戊	2月25	辰戊	十初
7月22	申丙	6月23	卯丁	5月24	酉丁	4月25	辰戊	3月27	亥己	2月26	巳己	一十
7月23	酉丁	6月24	辰戊	5月25	戌戊	4月26	巳己	3月28	子庚	2月27	午庚	二十
7月24	戌戊	6月25	巳己	5月26	亥己	4月27	午庚	3月29	丑辛	2月28	未辛	三十
7月25	亥己	6月26	午庚	5月27	子庚	4月28	未辛	3月30	寅壬	2月29	申壬	四十
7月26	子庚	6月27	未辛	5月28	丑辛	4月29	申壬	3月31	卯癸	3月 1	酉癸	五十
7月27	丑辛	6月28	申壬	5月29	寅壬	4月30	酉癸	4月 1	辰甲	3月 2	戌甲	六十
7月28	寅壬	6月29	酉癸	5月30	卯癸	5月 1	戌甲	4月 2	巳乙	3月 3	亥乙	七十
7月29	卯癸	6月30	戌甲	5月31	辰甲	5月 2	亥乙	4月 3	午丙	3月 4	子丙	八十
7月30	辰甲	7月 1	亥乙	6月 1	巳乙	5月 3	子丙	4月 4	未丁	3月 5	丑丁	九十
7月31	巳乙	7月 2	子丙	6月 2	午丙	5月 4	丑丁	4月 5	申戊	3月 6	寅戊	十二
8月 1	午丙	7月 3	丑丁	6月 3	未丁	5月 5	寅戊	4月 6	酉己	3月 7	卯己	一廿
8月 2	未丁	7月 4	寅戊	6月 4	申戊	5月 6	卯己	4月 7	戌庚	3月 8	辰庚	二廿
8月 3	申戊	7月 5	卯己	6月 5	酉己	5月 7	辰庚	4月 8	亥辛	3月 9	巳辛	三廿
8月 4	酉己	7月 6	辰庚	6月 6	戌庚	5月 8	巳辛	4月 9	子壬	3月10	午壬	四廿
8月 5	戌庚	7月 7	巳辛	6月 7	亥辛	5月 9	午壬	4月10	丑癸	3月11	未癸	五廿
8月 6	亥辛	7月 8	午壬	6月 8	子壬	5月10	未癸	4月11	寅甲	3月12	申甲	六廿
8月 7	子壬	7月 9	未癸	6月 9	丑癸	5月11	申甲	4月12	卯乙	3月13	酉乙	七廿
8月 8	丑癸	7月10	申甲	6月10	寅甲	5月12	酉乙	4月13	辰丙	3月14	戌丙	八廿
8月 9	寅甲	7月11	酉乙	6月11	卯乙	5月13	戌丙	4月14	巳丁	3月15	亥丁	九廿
8月10	卯乙			6月12	辰丙					3月16	子戊	十三

西元1980年

月別	月二十曆農		月一十曆農		月十曆農		月九曆農		月八曆農		月七曆農	
干支	丑	己	子	戊	亥	丁	戌	丙	酉	乙	申	甲
節	春立	寒大	寒小	至冬	雪大	雪小	冬立	降霜	露寒	分秋	露白	暑處
氣	三十卯時 5時56分	十五午時 11時36分	三十酉時 18時13分	十六子時 0時56分	初一辰時 7時2分	十五午時 11時42分	三十未時 14時19分	十五未時 14時18分	三十午時 11時19分	十五卯時 5時9分	廿八戌時 19時54分	十三辰時 7時41分
農曆	曆國	支干	曆國	支干	曆國	支干	曆國	支干	曆國	支干	曆國	支干
初一	1月6	申甲	12月7	寅甲	11月8	酉乙	10月9	卯乙	9月9	酉乙	8月11	辰丙
初二	1月7	酉乙	12月8	卯乙	11月9	戌丙	10月10	辰丙	9月10	戌丙	8月12	巳丁
初三	1月8	戌丙	12月9	辰丙	11月10	亥丁	10月11	巳丁	9月11	亥丁	8月13	午戊
初四	1月9	亥丁	12月10	巳丁	11月11	子戊	10月12	午戊	9月12	子戊	8月14	未己
初五	1月10	子戊	12月11	午戊	11月12	丑己	10月13	未己	9月13	丑己	8月15	申庚
初六	1月11	丑己	12月12	未己	11月13	寅庚	10月14	申庚	9月14	寅庚	8月16	酉辛
初七	1月12	寅庚	12月13	申庚	11月14	卯辛	10月15	酉辛	9月15	卯辛	8月17	戌壬
初八	1月13	卯辛	12月14	酉辛	11月15	辰壬	10月16	戌壬	9月16	辰壬	8月18	亥癸
初九	1月14	辰壬	12月15	戌壬	11月16	巳癸	10月17	亥癸	9月17	巳癸	8月19	子甲
初十	1月15	巳癸	12月16	亥癸	11月17	午甲	10月18	子甲	9月18	午甲	8月20	丑乙
十一	1月16	午甲	12月17	子甲	11月18	未乙	10月19	丑乙	9月19	未乙	8月21	寅丙
十二	1月17	未乙	12月18	丑乙	11月19	申丙	10月20	寅丙	9月20	申丙	8月22	卯丁
十三	1月18	申丙	12月19	寅丙	11月20	酉丁	10月21	卯丁	9月21	酉丁	8月23	辰戊
十四	1月19	酉丁	12月20	卯丁	11月21	戌戊	10月22	辰戊	9月22	戌戊	8月24	巳己
十五	1月20	戌戊	12月21	辰戊	11月22	亥己	10月23	巳己	9月23	亥己	8月25	午庚
十六	1月21	亥己	12月22	巳己	11月23	子庚	10月24	午庚	9月24	子庚	8月26	未辛
十七	1月22	子庚	12月23	午庚	11月24	丑辛	10月25	未辛	9月25	丑辛	8月27	申壬
十八	1月23	丑辛	12月24	未辛	11月25	寅壬	10月26	申壬	9月26	寅壬	8月28	酉癸
十九	1月24	寅壬	12月25	申壬	11月26	卯癸	10月27	酉癸	9月27	卯癸	8月29	戌甲
二十	1月25	卯癸	12月26	酉癸	11月27	辰甲	10月28	戌甲	9月28	辰甲	8月30	亥乙
廿一	1月26	辰甲	12月27	戌甲	11月28	巳乙	10月29	亥乙	9月29	巳乙	8月31	子丙
廿二	1月27	巳乙	12月28	亥乙	11月29	午丙	10月30	子丙	9月30	午丙	9月1	丑丁
廿三	1月28	午丙	12月29	子丙	11月30	未丁	10月31	丑丁	10月1	未丁	9月2	寅戊
廿四	1月29	未丁	12月30	丑丁	12月1	申戊	11月1	寅戊	10月2	申戊	9月3	卯己
廿五	1月30	申戊	12月31	寅戊	12月2	酉己	11月2	卯己	10月3	酉己	9月4	辰庚
廿六	1月31	酉己	1月1	卯己	12月3	戌庚	11月3	辰庚	10月4	戌庚	9月5	巳辛
廿七	2月1	戌庚	1月2	辰庚	12月4	亥辛	11月4	巳辛	10月5	亥辛	9月6	午壬
廿八	2月2	亥辛	1月3	巳辛	12月5	子壬	11月5	午壬	10月6	子壬	9月7	未癸
廿九	2月3	子壬	1月4	午壬	12月6	丑癸	11月6	未癸	10月7	丑癸	9月8	申甲
三十	2月4	丑癸	1月5	未癸			11月7	申甲	10月8	寅甲		

中華民國七十年 歲次 辛酉《雞》

西元一九八一年 太歲 姓文名政

月六曆農		月五曆農		月四曆農		月三曆農		月二曆農		月正曆農		別月
未	乙	午	甲	巳	癸	辰	壬	卯	辛	寅	庚	支干
暑大	暑小	至夏	種芒	滿小	夏立	雨穀	明清	分春		蟄驚	水雨	節氣
6時40分 廿二卯時	13時12分 初六未時	19時45分 二十戌時	2時53分 初五丑時	11時42分 十八午時	22時36分 初二亥時	12時19分 十六午時	5時5分 初一卯時	1時3分 十六丑時		0時5分 初一子時	1時52分 十五丑時	
曆國	支干	曆國	支干	曆國	支干	曆國	支干	曆國	支干	曆國	支干	曆農
7月 2	巳辛	6月 2	亥辛	5月 4	午壬	4月 5	丑癸	3月 6	未癸	2月 5	寅甲	一初
7月 3	午壬	6月 3	子壬	5月 5	未癸	4月 6	寅甲	3月 7	申甲	2月 6	卯乙	二初
7月 4	未癸	6月 4	丑癸	5月 6	申甲	4月 7	卯乙	3月 8	酉乙	2月 7	辰丙	三初
7月 5	申甲	6月 5	寅甲	5月 7	酉乙	4月 8	辰丙	3月 9	戌丙	2月 8	巳丁	四初
7月 6	酉乙	6月 6	卯乙	5月 8	戌丙	4月 9	巳丁	3月10	亥丁	2月 9	午戊	五初
7月 7	戌丙	6月 7	辰丙	5月 9	亥丁	4月10	午戊	3月11	子戊	2月10	未己	六初
7月 8	亥丁	6月 8	巳丁	5月10	子戊	4月11	未己	3月12	丑己	2月11	申庚	七初
7月 9	子戊	6月 9	午戊	5月11	丑己	4月12	申庚	3月13	寅庚	2月12	酉辛	八初
7月10	丑己	6月10	未己	5月12	寅庚	4月13	酉辛	3月14	卯辛	2月13	戌壬	九初
7月11	寅庚	6月11	申庚	5月13	卯辛	4月14	戌壬	3月15	辰壬	2月14	亥癸	十初
7月12	卯辛	6月12	酉辛	5月14	辰壬	4月15	亥癸	3月16	巳癸	2月15	子甲	一十
7月13	辰壬	6月13	戌壬	5月15	巳癸	4月16	子甲	3月17	午甲	2月16	丑乙	二十
7月14	巳癸	6月14	亥癸	5月16	午甲	4月17	丑乙	3月18	未乙	2月17	寅丙	三十
7月15	午甲	6月15	子甲	5月17	未乙	4月18	寅丙	3月19	申丙	2月18	卯丁	四十
7月16	未乙	6月16	丑乙	5月18	申丙	4月19	卯丁	3月20	酉丁	2月19	辰戊	五十
7月17	申丙	6月17	寅丙	5月19	酉丁	4月20	辰戊	3月21	戌戊	2月20	巳己	六十
7月18	酉丁	6月18	卯丁	5月20	戌戊	4月21	巳己	3月22	亥己	2月21	午庚	七十
7月19	戌戊	6月19	辰戊	5月21	亥己	4月22	午庚	3月23	子庚	2月22	未辛	八十
7月20	亥己	6月20	巳己	5月22	子庚	4月23	未辛	3月24	丑辛	2月23	申壬	九十
7月21	子庚	6月21	午庚	5月23	丑辛	4月24	申壬	3月25	寅壬	2月24	酉癸	十二
7月22	丑辛	6月22	未辛	5月24	寅壬	4月25	酉癸	3月26	卯癸	2月25	戌甲	一廿
7月23	寅壬	6月23	申壬	5月25	卯癸	4月26	戌甲	3月27	辰甲	2月26	亥乙	二廿
7月24	卯癸	6月24	酉癸	5月26	辰甲	4月27	亥乙	3月28	巳乙	2月27	子丙	三廿
7月25	辰甲	6月25	戌甲	5月27	巳乙	4月28	子丙	3月29	午丙	2月28	丑丁	四廿
7月26	巳乙	6月26	亥乙	5月28	午丙	4月29	丑丁	3月30	未丁	3月 1	寅戊	五廿
7月27	午丙	6月27	子丙	5月29	未丁	4月30	寅戊	3月31	申戊	3月 2	卯己	六廿
7月28	未丁	6月28	丑丁	5月30	申戊	5月 1	卯己	4月 1	酉己	3月 3	辰庚	七廿
7月29	申戊	6月29	寅戊	5月31	酉己	5月 2	辰庚	4月 2	戌庚	3月 4	巳辛	八廿
7月30	酉己	6月30	卯己	6月 1	戌庚	5月 3	巳辛	4月 3	亥辛	3月 5	午壬	九廿
		7月 1	辰庚					4月 4	子壬			十三

西元1981年

月別	月二十曆農		月一十曆農		月十曆農		月九曆農		月八曆農		月七曆農	
干支	丑	辛	子	庚	亥	己	戌	戊	酉	丁	申	丙
節	寒大	寒小	至冬	雪大	雪小	冬立	降霜	露寒	分秋	露白	暑處	秋立
氣	17時30分 廿六酉時	0時3分 十二子時	6時51分 廿七卯時	12時51分 十二午時	17時36分 廿六酉時	20時9分 十一戌時	20時13分 廿六戌時	17時10分 十一酉時	11時5分 廿六午時	1時43分 十一丑時	13時38分 廿四未時	22時57分 初八夜子
農曆	曆國	支干	曆國	支干	曆國	支干	曆國	支干	曆國	支干	曆國	支干
初一	12月26	寅戊	11月26	申戊	10月28	卯己	9月28	酉己	8月29	卯己	7月31	戌庚
初二	12月27	卯己	11月27	酉己	10月29	辰庚	9月29	戌庚	8月30	辰庚	8月 1	亥辛
初三	12月28	辰庚	11月28	戌庚	10月30	巳辛	9月30	亥辛	8月31	巳辛	8月 2	子壬
初四	12月29	巳辛	11月29	亥辛	10月31	午壬	10月 1	子壬	9月 1	午壬	8月 3	丑癸
初五	12月30	午壬	11月30	子壬	11月 1	未癸	10月 2	丑癸	9月 2	未癸	8月 4	寅甲
初六	12月31	未癸	12月 1	丑癸	11月 2	申甲	10月 3	寅甲	9月 3	申甲	8月 5	卯乙
初七	1月 1	申甲	12月 2	寅甲	11月 3	酉乙	10月 4	卯乙	9月 4	酉乙	8月 6	辰丙
初八	1月 2	酉乙	12月 3	卯乙	11月 4	戌丙	10月 5	辰丙	9月 5	戌丙	8月 7	巳丁
初九	1月 3	戌丙	12月 4	辰丙	11月 5	亥丁	10月 6	巳丁	9月 6	亥丁	8月 8	午戊
初十	1月 4	亥丁	12月 5	巳丁	11月 6	子戊	10月 7	午戊	9月 7	子戊	8月 9	未己
十一	1月 5	子戊	12月 6	午戊	11月 7	丑己	10月 8	未己	9月 8	丑己	8月10	申庚
十二	1月 6	丑己	12月 7	未己	11月 8	寅庚	10月 9	申庚	9月 9	寅庚	8月11	酉辛
十三	1月 7	寅庚	12月 8	申庚	11月 9	卯辛	10月10	酉辛	9月10	卯辛	8月12	戌壬
十四	1月 8	卯辛	12月 9	酉辛	11月10	辰壬	10月11	戌壬	9月11	辰壬	8月13	亥癸
十五	1月 9	辰壬	12月10	戌壬	11月11	巳癸	10月12	亥癸	9月12	巳癸	8月14	子甲
十六	1月10	巳癸	12月11	亥癸	11月12	午甲	10月13	子甲	9月13	午甲	8月15	丑乙
十七	1月11	午甲	12月12	子甲	11月13	未乙	10月14	丑乙	9月14	未乙	8月16	寅丙
十八	1月12	未乙	12月13	丑乙	11月14	申丙	10月15	寅丙	9月15	申丙	8月17	卯丁
十九	1月13	申丙	12月14	寅丙	11月15	酉丁	10月16	卯丁	9月16	酉丁	8月18	辰戊
二十	1月14	酉丁	12月15	卯丁	11月16	戌戊	10月17	辰戊	9月17	戌戊	8月19	巳己
廿一	1月15	戌戊	12月16	辰戊	11月17	亥己	10月18	巳己	9月18	亥己	8月20	午庚
廿二	1月16	亥己	12月17	巳己	11月18	子庚	10月19	午庚	9月19	子庚	8月21	未辛
廿三	1月17	子庚	12月18	午庚	11月19	丑辛	10月20	未辛	9月20	丑辛	8月22	申壬
廿四	1月18	丑辛	12月19	未辛	11月20	寅壬	10月21	申壬	9月21	寅壬	8月23	酉癸
廿五	1月19	寅壬	12月20	申壬	11月21	卯癸	10月22	酉癸	9月22	卯癸	8月24	戌甲
廿六	1月20	卯癸	12月21	酉癸	11月22	辰甲	10月23	戌甲	9月23	辰甲	8月25	亥乙
廿七	1月21	辰甲	12月22	戌甲	11月23	巳乙	10月24	亥乙	9月24	巳乙	8月26	子丙
廿八	1月22	巳乙	12月23	亥乙	11月24	午丙	10月25	子丙	9月25	午丙	8月27	丑丁
廿九	1月23	午丙	12月24	子丙	11月25	未丁	10月26	丑丁	9月26	未丁	8月28	寅戊
三十	1月24	未丁	12月25	丑丁			10月27	寅戊	9月27	申戊		

中華民國七十一年 歲次 庚戌《狗》

西元一九八二年 太歲 姓洪名范

月六曆農		月五曆農		月四閏曆農		月四曆農		月三曆農		月二曆農		月正曆農		別月
未	丁	午	丙			巳	乙	辰	甲	卯	癸	寅	壬	支干
秋立	暑大	暑小	至夏	種芒		滿小	夏立	雨穀	明清	分春	蟄驚	水雨	春立	節
4時42分 十九寅時	12時16分 初三午時	18時55分 十七戌時	1時23分 初二丑時	8時36分 十五辰時		17時23分 廿八酉時	4時20分 十三寅時	18時8分 廿七酉時	10時53分 十二巳時	6時56分 廿六卯時	5時55分 十一卯時	7時47分 廿六辰時	11時46分 十一午時	氣
曆國	支干	曆國	支干	曆國	支干	曆國	支干	曆國	支干	曆國	支干	曆國	支干	曆農
7月21	巳乙	6月21	亥乙	5月23	午丙	4月24	丑丁	3月25	未丁	2月24	寅戊	1月25	申戊	一初
7月22	午丙	6月22	子丙	5月24	未丁	4月25	寅戊	3月26	申戊	2月25	卯己	1月26	酉己	二初
7月23	未丁	6月23	丑丁	5月25	申戊	4月26	卯己	3月27	酉己	2月26	辰庚	1月27	戌庚	三初
7月24	申戊	6月24	寅戊	5月26	酉己	4月27	辰庚	3月28	戌庚	2月27	巳辛	1月28	亥辛	四初
7月25	酉己	6月25	卯己	5月27	戌庚	4月28	巳辛	3月29	亥辛	2月28	午壬	1月29	子壬	五初
7月26	戌庚	6月26	辰庚	5月28	亥辛	4月29	午壬	3月30	子壬	3月 1	未癸	1月30	丑癸	六初
7月27	亥辛	6月27	巳辛	5月29	子壬	4月30	未癸	3月31	丑癸	3月 2	申甲	1月31	寅甲	七初
7月28	子壬	6月28	午壬	5月30	丑癸	5月 1	申甲	4月 1	寅甲	3月 3	酉乙	2月 1	卯乙	八初
7月29	丑癸	6月29	未癸	5月31	寅甲	5月 2	酉乙	4月 2	卯乙	3月 4	戌丙	2月 2	辰丙	九初
7月30	寅甲	6月30	申甲	6月 1	卯乙	5月 3	戌丙	4月 3	辰丙	3月 5	亥丁	2月 3	巳丁	十初
7月31	卯乙	7月 1	酉乙	6月 2	辰丙	5月 4	亥丁	4月 4	巳丁	3月 6	子戊	2月 4	午戊	一十
8月 1	辰丙	7月 2	戌丙	6月 3	巳丁	5月 5	子戊	4月 5	午戊	3月 7	丑己	2月 5	未己	二十
8月 2	巳丁	7月 3	亥丁	6月 4	午戊	5月 6	丑己	4月 6	未己	3月 8	寅庚	2月 6	申庚	三十
8月 3	午戊	7月 4	子戊	6月 5	未己	5月 7	寅庚	4月 7	申庚	3月 9	卯辛	2月 7	酉辛	四十
8月 4	未己	7月 5	丑己	6月 6	申庚	5月 8	卯辛	4月 8	酉辛	3月10	辰壬	2月 8	戌壬	五十
8月 5	申庚	7月 6	寅庚	6月 7	酉辛	5月 9	辰壬	4月 9	戌壬	3月11	巳癸	2月 9	亥癸	六十
8月 6	酉辛	7月 7	卯辛	6月 8	戌壬	5月10	巳癸	4月10	亥癸	3月12	午甲	2月10	子甲	七十
8月 7	戌壬	7月 8	辰壬	6月 9	亥癸	5月11	午甲	4月11	子甲	3月13	未乙	2月11	丑乙	八十
8月 8	亥癸	7月 9	巳癸	6月10	子甲	5月12	未乙	4月12	丑乙	3月14	申丙	2月12	寅丙	九十
8月 9	子甲	7月10	午甲	6月11	丑乙	5月13	申丙	4月13	寅丙	3月15	酉丁	2月13	卯丁	十二
8月10	丑乙	7月11	未乙	6月12	寅丙	5月14	酉丁	4月14	卯丁	3月16	戌戊	2月14	辰戊	一廿
8月11	寅丙	7月12	申丙	6月13	卯丁	5月15	戌戊	4月15	辰戊	3月17	亥己	2月15	巳己	二廿
8月12	卯丁	7月13	酉丁	6月14	辰戊	5月16	亥己	4月16	巳己	3月18	子庚	2月16	午庚	三廿
8月13	辰戊	7月14	戌戊	6月15	巳己	5月17	子庚	4月17	午庚	3月19	丑辛	2月17	未辛	四廿
8月14	巳己	7月15	亥己	6月16	午庚	5月18	丑辛	4月18	未辛	3月20	寅壬	2月18	申壬	五廿
8月15	午庚	7月16	子庚	6月17	未辛	5月19	寅壬	4月19	申壬	3月21	卯癸	2月19	酉癸	六廿
8月16	未辛	7月17	丑辛	6月18	申壬	5月20	卯癸	4月20	酉癸	3月22	辰甲	2月20	戌甲	七廿
8月17	申壬	7月18	寅壬	6月19	酉癸	5月21	辰甲	4月21	戌甲	3月23	巳乙	2月21	亥乙	八廿
8月18	酉癸	7月19	卯癸	6月20	戌甲	5月22	巳乙	4月22	亥乙	3月24	午丙	2月22	子丙	九廿
		7月20	辰甲					4月23	子丙			2月23	丑丁	十三

西元1982年

月別	月二十曆農		月一十曆農		月十曆農		月九曆農		月八曆農		月七曆農	
干支	丑	癸	子	壬	亥	辛	戌	庚	酉	己	申	戊
節	春立	寒大	寒小	至冬	雪大	雪小	冬立	降霜	露寒	分秋	露白	暑處
氣	17時40分 廿二酉時	23時17分 初七夜子	5時59分 廿三卯時	12時39分 初八午時	18時48分 廿三酉時	23時24分 初八夜子	2時4分 廿三丑時	1時58分 初八丑時	23時2分 廿二夜子	16時46分 初七申時	7時32分 廿一辰時	19時15分 初五戌時
農曆	曆國	支干	曆國	支干	曆國	支干	曆國	支干	曆國	支干	曆國	支干
初一	1月14	寅壬	12月15	申壬	11月15	寅壬	10月17	酉癸	9月17	卯癸	8月19	戌甲
初二	1月15	卯癸	12月16	酉癸	11月16	卯癸	10月18	戌甲	9月18	辰甲	8月20	亥乙
初三	1月16	辰甲	12月17	戌甲	11月17	辰甲	10月19	亥乙	9月19	巳乙	8月21	子丙
初四	1月17	巳乙	12月18	亥乙	11月18	巳乙	10月20	子丙	9月20	午丙	8月22	丑丁
初五	1月18	午丙	12月19	子丙	11月19	午丙	10月21	丑丁	9月21	未丁	8月23	寅戊
初六	1月19	未丁	12月20	丑丁	11月20	未丁	10月22	寅戊	9月22	申戊	8月24	卯己
初七	1月20	申戊	12月21	寅戊	11月21	申戊	10月23	卯己	9月23	酉己	8月25	辰庚
初八	1月21	酉己	12月22	卯己	11月22	酉己	10月24	辰庚	9月24	戌庚	8月26	巳辛
初九	1月22	戌庚	12月23	辰庚	11月23	戌庚	10月25	巳辛	9月25	亥辛	8月27	午壬
初十	1月23	亥辛	12月24	巳辛	11月24	亥辛	10月26	午壬	9月26	子壬	8月28	未癸
十一	1月24	子壬	12月25	午壬	11月25	子壬	10月27	未癸	9月27	丑癸	8月29	申甲
十二	1月25	丑癸	12月26	未癸	11月26	丑癸	10月28	申甲	9月28	寅甲	8月30	酉乙
十三	1月26	寅甲	12月27	申甲	11月27	寅甲	10月29	酉乙	9月29	卯乙	8月31	戌丙
十四	1月27	卯乙	12月28	酉乙	11月28	卯乙	10月30	戌丙	9月30	辰丙	9月 1	亥丁
十五	1月28	辰丙	12月29	戌丙	11月29	辰丙	10月31	亥丁	10月 1	巳丁	9月 2	子戊
十六	1月29	巳丁	12月30	亥丁	11月30	巳丁	11月 1	子戊	10月 2	午戊	9月 3	丑己
十七	1月30	午戊	12月31	子戊	12月 1	午戊	11月 2	丑己	10月 3	未己	9月 4	寅庚
十八	1月31	未己	1月 1	丑己	12月 2	未己	11月 3	寅庚	10月 4	申庚	9月 5	卯辛
十九	2月 1	申庚	1月 2	寅庚	12月 3	申庚	11月 4	卯辛	10月 5	酉辛	9月 6	辰壬
二十	2月 2	酉辛	1月 3	卯辛	12月 4	酉辛	11月 5	辰壬	10月 6	戌壬	9月 7	巳癸
廿一	2月 3	戌壬	1月 4	辰壬	12月 5	戌壬	11月 6	巳癸	10月 7	亥癸	9月 8	午甲
廿二	2月 4	亥癸	1月 5	巳癸	12月 6	亥癸	11月 7	午甲	10月 8	子甲	9月 9	未乙
廿三	2月 5	子甲	1月 6	午甲	12月 7	子甲	11月 8	未乙	10月 9	丑乙	9月10	申丙
廿四	2月 6	丑乙	1月 7	未乙	12月 8	丑乙	11月 9	申丙	10月10	寅丙	9月11	酉丁
廿五	2月 7	寅丙	1月 8	申丙	12月 9	寅丙	11月10	酉丁	10月11	卯丁	9月12	戌戊
廿六	2月 8	卯丁	1月 9	酉丁	12月10	卯丁	11月11	戌戊	10月12	辰戊	9月13	亥己
廿七	2月 9	辰戊	1月10	戌戊	12月11	辰戊	11月12	亥己	10月13	巳己	9月14	子庚
廿八	2月10	巳己	1月11	亥己	12月12	巳己	11月13	子庚	10月14	午庚	9月15	丑辛
廿九	2月11	午庚	1月12	子庚	12月13	午庚	11月14	丑辛	10月15	未辛	9月16	寅壬
三十	2月12	未辛	1月13	丑辛	12月14	未辛			10月16	申壬		

中華民國七十二年 歲次 癸亥《豬》

西元一九八三年 太歲 姓虞名程

月六曆農		月五曆農		月四曆農		月三曆農		月二曆農		月正曆農		別月
未	己	午	戊	巳	丁	辰	丙	卯	乙	寅	甲	支干
秋立	暑大	暑小	至夏	種芒	滿小	夏立	雨穀	明清	分春	蟄驚	水雨	節
三十巳時 10時30分	十四酉時 18時4分	廿八子時 0時43分	十二辰時 7時9分	廿五未時 14時26分	初九夜子 23時7分	廿四巳時 10時11分	初八夜子 23時52分	廿二申時 16時45分	初七午時 12時39分	廿二午時 11時47分	初七未時 13時31分	氣
曆國	支干	曆國	支干	曆國	支干	曆國	支干	曆國	支干	曆國	支干	曆農
7月10	亥己	6月11	午庚	5月13	丑辛	4月13	未辛	3月15	寅壬	2月13	申壬	一初
7月11	子庚	6月12	未辛	5月14	寅壬	4月14	申壬	3月16	卯癸	2月14	酉癸	二初
7月12	丑辛	6月13	申壬	5月15	卯癸	4月15	酉癸	3月17	辰甲	2月15	戌甲	三初
7月13	寅壬	6月14	酉癸	5月16	辰甲	4月16	戌甲	3月18	巳乙	2月16	亥乙	四初
7月14	卯癸	6月15	戌甲	5月17	巳乙	4月17	亥乙	3月19	午丙	2月17	子丙	五初
7月15	辰甲	6月16	亥乙	5月18	午丙	4月18	子丙	3月20	未丁	2月18	丑丁	六初
7月16	巳乙	6月17	子丙	5月19	未丁	4月19	丑丁	3月21	申戊	2月19	寅戊	七初
7月17	午丙	6月18	丑丁	5月20	申戊	4月20	寅戊	3月22	酉己	2月20	卯己	八初
7月18	未丁	6月19	寅戊	5月21	酉己	4月21	卯己	3月23	戌庚	2月21	辰庚	九初
7月19	申戊	6月20	卯己	5月22	戌庚	4月22	辰庚	3月24	亥辛	2月22	巳辛	十初
7月20	酉己	6月21	辰庚	5月23	亥辛	4月23	巳辛	3月25	子壬	2月23	午壬	一十
7月21	戌庚	6月22	巳辛	5月24	子壬	4月24	午壬	3月26	丑癸	2月24	未癸	二十
7月22	亥辛	6月23	午壬	5月25	丑癸	4月25	未癸	3月27	寅甲	2月25	申甲	三十
7月23	子壬	6月24	未癸	5月26	寅甲	4月26	申甲	3月28	卯乙	2月26	酉乙	四十
7月24	丑癸	6月25	申甲	5月27	卯乙	4月27	酉乙	3月29	辰丙	2月27	戌丙	五十
7月25	寅甲	6月26	酉乙	5月28	辰丙	4月28	戌丙	3月30	巳丁	2月28	亥丁	六十
7月26	卯乙	6月27	戌丙	5月29	巳丁	4月29	亥丁	3月31	午戊	3月 1	子戊	七十
7月27	辰丙	6月28	亥丁	5月30	午戊	4月30	子戊	4月 1	未己	3月 2	丑己	八十
7月28	巳丁	6月29	子戊	5月31	未己	5月 1	丑己	4月 2	申庚	3月 3	寅庚	九十
7月29	午戊	6月30	丑己	6月 1	申庚	5月 2	寅庚	4月 3	酉辛	3月 4	卯辛	十二
7月30	未己	7月 1	寅庚	6月 2	酉辛	5月 3	卯辛	4月 4	戌壬	3月 5	辰壬	一廿
7月31	申庚	7月 2	卯辛	6月 3	戌壬	5月 4	辰壬	4月 5	亥癸	3月 6	巳癸	二廿
8月 1	酉辛	7月 3	辰壬	6月 4	亥癸	5月 5	巳癸	4月 6	子甲	3月 7	午甲	三廿
8月 2	戌壬	7月 4	巳癸	6月 5	子甲	5月 6	午甲	4月 7	丑乙	3月 8	未乙	四廿
8月 3	亥癸	7月 5	午甲	6月 6	丑乙	5月 7	未乙	4月 8	寅丙	3月 9	申丙	五廿
8月 4	子甲	7月 6	未乙	6月 7	寅丙	5月 8	申丙	4月 9	卯丁	3月10	酉丁	六廿
8月 5	丑乙	7月 7	申丙	6月 8	卯丁	5月 9	酉丁	4月10	辰戊	3月11	戌戊	七廿
8月 6	寅丙	7月 8	酉丁	6月 9	辰戊	5月10	戌戊	4月11	巳己	3月12	亥己	八廿
8月 7	卯丁	7月 9	戌戊	6月10	巳己	5月11	亥己	4月12	午庚	3月13	子庚	九廿
8月 8	辰戊					5月12	子庚			3月14	丑辛	十三

西元1983年

月別	月二十曆農		月一十曆農		月十曆農		月九曆農		月八曆農		月七曆農	
干支	丑	乙	子	甲	亥	癸	戌	壬	酉	辛	申	庚
節	寒大	寒小	至冬	雪大	雪小	冬立	降霜	露寒	分秋	露白	暑處	
氣	十九 卯時 5時5分	初四 午時 11時41分	十九 酉時 18時30分	初五 子時 0時34分	十九 卯時 5時19分	初四 辰時 7時53分	十九 辰時 7時55分	初四 寅時 4時51分	十七 亥時 22時42分	初二 未時 13時20分	十六 丑時 1時8分	
農曆	曆國	支干	曆國	支干	曆國	支干	曆國	支干	曆國	支干	曆國	支干
初一	1月 3	申丙	12月 4	寅丙	11月 5	酉丁	10月 6	卯丁	9月 7	戌戊	8月 9	巳己
初二	1月 4	酉丁	12月 5	卯丁	11月 6	戌戊	10月 7	辰戊	9月 8	亥己	8月10	午庚
初三	1月 5	戌戊	12月 6	辰戊	11月 7	亥己	10月 8	巳己	9月 9	子庚	8月11	未辛
初四	1月 6	亥己	12月 7	巳己	11月 8	子庚	10月 9	午庚	9月10	丑辛	8月12	申壬
初五	1月 7	子庚	12月 8	午庚	11月 9	丑辛	10月10	未辛	9月11	寅壬	8月13	酉癸
初六	1月 8	丑辛	12月 9	未辛	11月10	寅壬	10月11	申壬	9月12	卯癸	8月14	戌甲
初七	1月 9	寅壬	12月10	申壬	11月11	卯癸	10月12	酉癸	9月13	辰甲	8月15	亥乙
初八	1月10	卯癸	12月11	酉癸	11月12	辰甲	10月13	戌甲	9月14	巳乙	8月16	子丙
初九	1月11	辰甲	12月12	戌甲	11月13	巳乙	10月14	亥乙	9月15	午丙	8月17	丑丁
初十	1月12	巳乙	12月13	亥乙	11月14	午丙	10月15	子丙	9月16	未丁	8月18	寅戊
十一	1月13	午丙	12月14	子丙	11月15	未丁	10月16	丑丁	9月17	申戊	8月19	卯己
十二	1月14	未丁	12月15	丑丁	11月16	申戊	10月17	寅戊	9月18	酉己	8月20	辰庚
十三	1月15	申戊	12月16	寅戊	11月17	酉己	10月18	卯己	9月19	戌庚	8月21	巳辛
十四	1月16	酉己	12月17	卯己	11月18	戌庚	10月19	辰庚	9月20	亥辛	8月22	午壬
十五	1月17	戌庚	12月18	辰庚	11月19	亥辛	10月20	巳辛	9月21	子壬	8月23	未癸
十六	1月18	亥辛	12月19	巳辛	11月20	子壬	10月21	午壬	9月22	丑癸	8月24	申甲
十七	1月19	子壬	12月20	午壬	11月21	丑癸	10月22	未癸	9月23	寅甲	8月25	酉乙
十八	1月20	丑癸	12月21	未癸	11月22	寅甲	10月23	申甲	9月24	卯乙	8月26	戌丙
十九	1月21	寅甲	12月22	申甲	11月23	卯乙	10月24	酉乙	9月25	辰丙	8月27	亥丁
二十	1月22	卯乙	12月23	酉乙	11月24	辰丙	10月25	戌丙	9月26	巳丁	8月28	子戊
廿一	1月23	辰丙	12月24	戌丙	11月25	巳丁	10月26	亥丁	9月27	午戊	8月29	丑己
廿二	1月24	巳丁	12月25	亥丁	11月26	午戊	10月27	子戊	9月28	未己	8月30	寅庚
廿三	1月25	午戊	12月26	子戊	11月27	未己	10月28	丑己	9月29	申庚	8月31	卯辛
廿四	1月26	未己	12月27	丑己	11月28	申庚	10月29	寅庚	9月30	酉辛	9月 1	辰壬
廿五	1月27	申庚	12月28	寅庚	11月29	酉辛	10月30	卯辛	10月 1	戌壬	9月 2	巳癸
廿六	1月28	酉辛	12月29	卯辛	11月30	戌壬	10月31	辰壬	10月 2	亥癸	9月 3	午甲
廿七	1月29	戌壬	12月30	辰壬	12月 1	亥癸	11月 1	巳癸	10月 3	子甲	9月 4	未乙
廿八	1月30	亥癸	12月31	巳癸	12月 2	子甲	11月 2	午甲	10月 4	丑乙	9月 5	申丙
廿九	1月31	子甲	1月 1	午甲	12月 3	丑乙	11月 3	未乙	10月 5	寅丙	9月 6	酉丁
三十	2月 1	丑乙	1月 2	未乙			11月 4	申丙				

中華民國七十三年 歲次 甲子《鼠》

月六曆農		月五曆農		月四曆農		月三曆農		月二曆農		月正曆農		別月
未	辛	午	庚	巳	己	辰	戊	卯	丁	寅	丙	支干
暑大	暑小	至夏	種芒	滿小	夏立	雨穀	明清	分春	蟄驚	水雨	春立	節
23時58分 廿四夜子	6時29分 初九卯時	13時2分 廿二未時	20時9分 初六戌時	4時58分 廿一寅時	15時51分 初五申時	5時38分 二十卯時	22時22分 初四亥時	18時23分 十八酉時	17時26分 初三酉時	19時18分 十八戌時	23時19分 初三夜子	氣
曆國	支干	曆國	支干	曆國	支干	曆國	支干	曆國	支干	曆國	支干	曆農
6月29	午甲	5月31	丑乙	5月 1	未乙	4月 1	丑乙	3月 3	申丙	2月 2	寅丙	一初
6月30	未乙	6月 1	寅丙	5月 2	申丙	4月 2	寅丙	3月 4	酉丁	2月 3	卯丁	二初
7月 1	申丙	6月 2	卯丁	5月 3	酉丁	4月 3	卯丁	3月 5	戌戊	2月 4	辰戊	三初
7月 2	酉丁	6月 3	辰戊	5月 4	戌戊	4月 4	辰戊	3月 6	亥己	2月 5	巳己	四初
7月 3	戌戊	6月 4	巳己	5月 5	亥己	4月 5	巳己	3月 7	子庚	2月 6	午庚	五初
7月 4	亥己	6月 5	午庚	5月 6	子庚	4月 6	午庚	3月 8	丑辛	2月 7	未辛	六初
7月 5	子庚	6月 6	未辛	5月 7	丑辛	4月 7	未辛	3月 9	寅壬	2月 8	申壬	七初
7月 6	丑辛	6月 7	申壬	5月 8	寅壬	4月 8	申壬	3月10	卯癸	2月 9	酉癸	八初
7月 7	寅壬	6月 8	酉癸	5月 9	卯癸	4月 9	酉癸	3月11	辰甲	2月10	戌甲	九初
7月 8	卯癸	6月 9	戌甲	5月10	辰甲	4月10	戌甲	3月12	巳乙	2月11	亥乙	十初
7月 9	辰甲	6月10	亥乙	5月11	巳乙	4月11	亥乙	3月13	午丙	2月12	子丙	一十
7月10	巳乙	6月11	子丙	5月12	午丙	4月12	子丙	3月14	未丁	2月13	丑丁	二十
7月11	午丙	6月12	丑丁	5月13	未丁	4月13	丑丁	3月15	申戊	2月14	寅戊	三十
7月12	未丁	6月13	寅戊	5月14	申戊	4月14	寅戊	3月16	酉己	2月15	卯己	四十
7月13	申戊	6月14	卯己	5月15	酉己	4月15	卯己	3月17	戌庚	2月16	辰庚	五十
7月14	酉己	6月15	辰庚	5月16	戌庚	4月16	辰庚	3月18	亥辛	2月17	巳辛	六十
7月15	戌庚	6月16	巳辛	5月17	亥辛	4月17	巳辛	3月19	子壬	2月18	午壬	七十
7月16	亥辛	6月17	午壬	5月18	子壬	4月18	午壬	3月20	丑癸	2月19	未癸	八十
7月17	子壬	6月18	未癸	5月19	丑癸	4月19	未癸	3月21	寅甲	2月20	申甲	九十
7月18	丑癸	6月19	申甲	5月20	寅甲	4月20	申甲	3月22	卯乙	2月21	酉乙	十二
7月19	寅甲	6月20	酉乙	5月21	卯乙	4月21	酉乙	3月23	辰丙	2月22	戌丙	一廿
7月20	卯乙	6月21	戌丙	5月22	辰丙	4月22	戌丙	3月24	巳丁	2月23	亥丁	二廿
7月21	辰丙	6月22	亥丁	5月23	巳丁	4月23	亥丁	3月25	午戊	2月24	子戊	三廿
7月22	巳丁	6月23	子戊	5月24	午戊	4月24	子戊	3月26	未己	2月25	丑己	四廿
7月23	午戊	6月24	丑己	5月25	未己	4月25	丑己	3月27	申庚	2月26	寅庚	五廿
7月24	未己	6月25	寅庚	5月26	申庚	4月26	寅庚	3月28	酉辛	2月27	卯辛	六廿
7月25	申庚	6月26	卯辛	5月27	酉辛	4月27	卯辛	3月29	戌壬	2月28	辰壬	七廿
7月26	酉辛	6月27	辰壬	5月28	戌壬	4月28	辰壬	3月30	亥癸	2月29	巳癸	八廿
7月27	戌壬	6月28	巳癸	5月29	亥癸	4月29	巳癸	3月31	子甲	3月 1	午甲	九廿
				5月30	子甲	4月30	午甲			3月 2	未乙	十三

西元一九八四年 太歲 姓金名赤

西元1984年

月別	月二十曆農		月一十曆農		月十閏曆農		月十曆農		月九曆農		月八曆農		月七曆農	
干支	丑	丁	子	丙			亥	乙	戌	甲	酉	癸	申	壬
節	水雨	春立	寒大	寒小	至冬	雪大	雪小	冬立	降霜	露寒	分秋	露白	暑處	秋立
氣	0時55分 三十子時	5時12分 十五卯時	10時57分 三十巳時	17時35分 十五酉時	0時23分 初一子時	6時28分 十五卯時	11時11分 三十午時	13時45分 十五未時	13時45分 廿九未時	10時43分 十四巳時	4時33分 廿八寅時	19時10分 十二戌時	7時0分 廿七辰時	16時18分 十一申時
農曆	曆國	支干	曆國	支干	曆國	支干	曆國	支干	曆國	支干	曆國	支干	曆國	支干
初一	1月21	申庚	12月22	寅庚	11月23	酉辛	10月24	卯辛	9月25	戌壬	8月27	巳癸	7月28	亥癸
初二	1月22	酉辛	12月23	卯辛	11月24	戌壬	10月25	辰壬	9月26	亥癸	8月28	午甲	7月29	子甲
初三	1月23	戌壬	12月24	辰壬	11月25	亥癸	10月26	巳癸	9月27	子甲	8月29	未乙	7月30	丑乙
初四	1月24	亥癸	12月25	巳癸	11月26	子甲	10月27	午甲	9月28	丑乙	8月30	申丙	7月31	寅丙
初五	1月25	子甲	12月26	午甲	11月27	丑乙	10月28	未乙	9月29	寅丙	8月31	酉丁	8月 1	卯丁
初六	1月26	丑乙	12月27	未乙	11月28	寅丙	10月29	申丙	9月30	卯丁	9月 1	戌戊	8月 2	辰戊
初七	1月27	寅丙	12月28	申丙	11月29	卯丁	10月30	酉丁	10月 1	辰戊	9月 2	亥己	8月 3	巳己
初八	1月28	卯丁	12月29	酉丁	11月30	辰戊	10月31	戌戊	10月 2	巳己	9月 3	子庚	8月 4	午庚
初九	1月29	辰戊	12月30	戌戊	12月 1	巳己	11月 1	亥己	10月 3	午庚	9月 4	丑辛	8月 5	未辛
初十	1月30	巳己	12月31	亥己	12月 2	午庚	11月 2	子庚	10月 4	未辛	9月 5	寅壬	8月 6	申壬
十一	1月31	午庚	1月 1	子庚	12月 3	未辛	11月 3	丑辛	10月 5	申壬	9月 6	卯癸	8月 7	酉癸
十二	2月 1	未辛	1月 2	丑辛	12月 4	申壬	11月 4	寅壬	10月 6	酉癸	9月 7	辰甲	8月 8	戌甲
十三	2月 2	申壬	1月 3	寅壬	12月 5	酉癸	11月 5	卯癸	10月 7	戌甲	9月 8	巳乙	8月 9	亥乙
十四	2月 3	酉癸	1月 4	卯癸	12月 6	戌甲	11月 6	辰甲	10月 8	亥乙	9月 9	午丙	8月10	子丙
十五	2月 4	戌甲	1月 5	辰甲	12月 7	亥乙	11月 7	巳乙	10月 9	子丙	9月10	未丁	8月11	丑丁
十六	2月 5	亥乙	1月 6	巳乙	12月 8	子丙	11月 8	午丙	10月10	丑丁	9月11	申戊	8月12	寅戊
十七	2月 6	子丙	1月 7	午丙	12月 9	丑丁	11月 9	未丁	10月11	寅戊	9月12	酉己	8月13	卯己
十八	2月 7	丑丁	1月 8	未丁	12月10	寅戊	11月10	申戊	10月12	卯己	9月13	戌庚	8月14	辰庚
十九	2月 8	寅戊	1月 9	申戊	12月11	卯己	11月11	酉己	10月13	辰庚	9月14	亥辛	8月15	巳辛
二十	2月 9	卯己	1月10	酉己	12月12	辰庚	11月12	戌庚	10月14	巳辛	9月15	子壬	8月16	午壬
廿一	2月10	辰庚	1月11	戌庚	12月13	巳辛	11月13	亥辛	10月15	午壬	9月16	丑癸	8月17	未癸
廿二	2月11	巳辛	1月12	亥辛	12月14	午壬	11月14	子壬	10月16	未癸	9月17	寅甲	8月18	申甲
廿三	2月12	午壬	1月13	子壬	12月15	未癸	11月15	丑癸	10月17	申甲	9月18	卯乙	8月19	酉乙
廿四	2月13	未癸	1月14	丑癸	12月16	申甲	11月16	寅甲	10月18	酉乙	9月19	辰丙	8月20	戌丙
廿五	2月14	申甲	1月15	寅甲	12月17	酉乙	11月17	卯乙	10月19	戌丙	9月20	巳丁	8月21	亥丁
廿六	2月15	酉乙	1月16	卯乙	12月18	戌丙	11月18	辰丙	10月20	亥丁	9月21	午戊	8月22	子戊
廿七	2月16	戌丙	1月17	辰丙	12月19	亥丁	11月19	巳丁	10月21	子戊	9月22	未己	8月23	丑己
廿八	2月17	亥丁	1月18	巳丁	12月20	子戊	11月20	午戊	10月22	丑己	9月23	申庚	8月24	寅庚
廿九	2月18	子戊	1月19	午戊	12月21	丑己	11月21	未己	10月23	寅庚	9月24	酉辛	8月25	卯辛
三十	2月19	丑己	1月20	未己			11月22	申庚					8月26	辰壬

西元1985年

中華民國七十四年 歲次 乙丑《牛》

西元一九八五年 太歲 姓陳名泰

月六曆農		月五曆農		月四曆農		月三曆農		月二曆農		月正曆農		別月
未 癸		午 壬		巳 辛		辰 庚		卯 己		寅 戊		支干
秋立	暑大	暑小	至夏	種芒	滿小	夏立	雨穀	明清	分春	蟄驚		節
22時4分 廿一亥時	5時37分 初六卯時	12時19分 二十午時	18時44分 初四酉時	2時0分 十八丑時	10時43分 初二巳時	21時43分 十六亥時	11時26分 初一午時	4時16分 十六寅時	0時11分 初一子時	23時15分 十四夜子		氣
曆國	支干	曆國	支干	曆國	支干	曆國	支干	曆國	支干	曆國	支干	曆農
7月18	午戊	6月18	子戊	5月20	未己	4月20	丑己	3月21	未己	2月20	寅庚	一初
7月19	未己	6月19	丑己	5月21	申庚	4月21	寅庚	3月22	申庚	2月21	卯辛	二初
7月20	申庚	6月20	寅庚	5月22	酉辛	4月22	卯辛	3月23	酉辛	2月22	辰壬	三初
7月21	酉辛	6月21	卯辛	5月23	戌壬	4月23	辰壬	3月24	戌壬	2月23	巳癸	四初
7月22	戌壬	6月22	辰壬	5月24	亥癸	4月24	巳癸	3月25	亥癸	2月24	午甲	五初
7月23	亥癸	6月23	巳癸	5月25	子甲	4月25	午甲	3月26	子甲	2月25	未乙	六初
7月24	子甲	6月24	午甲	5月26	丑乙	4月26	未乙	3月27	丑乙	2月26	申丙	七初
7月25	丑乙	6月25	未乙	5月27	寅丙	4月27	申丙	3月28	寅丙	2月27	酉丁	八初
7月26	寅丙	6月26	申丙	5月28	卯丁	4月28	酉丁	3月29	卯丁	2月28	戌戊	九初
7月27	卯丁	6月27	酉丁	5月29	辰戊	4月29	戌戊	3月30	辰戊	3月 1	亥己	十初
7月28	辰戊	6月28	戌戊	5月30	巳己	4月30	亥己	3月31	巳己	3月 2	子庚	一十
7月29	巳己	6月29	亥己	5月31	午庚	5月 1	子庚	4月 1	午庚	3月 3	丑辛	二十
7月30	午庚	6月30	子庚	6月 1	未辛	5月 2	丑辛	4月 2	未辛	3月 4	寅壬	三十
7月31	未辛	7月 1	丑辛	6月 2	申壬	5月 3	寅壬	4月 3	申壬	3月 5	卯癸	四十
8月 1	申壬	7月 2	寅壬	6月 3	酉癸	5月 4	卯癸	4月 4	酉癸	3月 6	辰甲	五十
8月 2	酉癸	7月 3	卯癸	6月 4	戌甲	5月 5	辰甲	4月 5	戌甲	3月 7	巳乙	六十
8月 3	戌甲	7月 4	辰甲	6月 5	亥乙	5月 6	巳乙	4月 6	亥乙	3月 8	午丙	七十
8月 4	亥乙	7月 5	巳乙	6月 6	子丙	5月 7	午丙	4月 7	子丙	3月 9	未丁	八十
8月 5	子丙	7月 6	午丙	6月 7	丑丁	5月 8	未丁	4月 8	丑丁	3月10	申戊	九十
8月 6	丑丁	7月 7	未丁	6月 8	寅戊	5月 9	申戊	4月 9	寅戊	3月11	酉己	十二
8月 7	寅戊	7月 8	申戊	6月 9	卯己	5月10	酉己	4月10	卯己	3月12	戌庚	一廿
8月 8	卯己	7月 9	酉己	6月10	辰庚	5月11	戌庚	4月11	辰庚	3月13	亥辛	二廿
8月 9	辰庚	7月10	戌庚	6月11	巳辛	5月12	亥辛	4月12	巳辛	3月14	子壬	三廿
8月10	巳辛	7月11	亥辛	6月12	午壬	5月13	子壬	4月13	午壬	3月15	丑癸	四廿
8月11	午壬	7月12	子壬	6月13	未癸	5月14	丑癸	4月14	未癸	3月16	寅甲	五廿
8月12	未癸	7月13	丑癸	6月14	申甲	5月15	寅甲	4月15	申甲	3月17	卯乙	六廿
8月13	申甲	7月14	寅甲	6月15	酉乙	5月16	卯乙	4月16	酉乙	3月18	辰丙	七廿
8月14	酉乙	7月15	卯乙	6月16	戌丙	5月17	辰丙	4月17	戌丙	3月19	巳丁	八廿
8月15	戌丙	7月16	辰丙	6月17	亥丁	5月18	巳丁	4月18	亥丁	3月20	午戊	九廿
		7月17	巳丁			5月19	午戊	4月19	子戊			十三

元1985年

月別	月二十曆農		月一十曆農		月十曆農		月九曆農		月八曆農		月七曆農	
干支	丑	己	子	戊	亥	丁	戌	丙	酉	乙	申	甲
節	春立	寒大	寒小	至冬	雪大	雪小	冬立	降霜	露寒	分秋	露白	暑處
氣	11時9分 廿六午時	16時48分 十一申時	23時29分 廿五夜子	6時8分 十一卯時	12時16分 廿六午時	16時51分 十一申時	19時29分 廿五戌時	19時22分 初十戌時	16時24分 廿四申時	10時7分 初九巳時	0時53分 廿四子時	12時36分 初八午時
農曆	曆國	支干	曆國	支干	曆國	支干	曆國	支干	曆國	支干	曆國	支干
初一	1月10	寅甲	12月12	酉乙	11月12	卯乙	10月14	戌丙	9月15	巳丁	8月16	亥丁
初二	1月11	卯乙	12月13	戌丙	11月13	辰丙	10月15	亥丁	9月16	午戊	8月17	子戊
初三	1月12	辰丙	12月14	亥丁	11月14	巳丁	10月16	子戊	9月17	未己	8月18	丑己
初四	1月13	巳丁	12月15	子戊	11月15	午戊	10月17	丑己	9月18	申庚	8月19	寅庚
初五	1月14	午戊	12月16	丑己	11月16	未己	10月18	寅庚	9月19	酉辛	8月20	卯辛
初六	1月15	未己	12月17	寅庚	11月17	申庚	10月19	卯辛	9月20	戌壬	8月21	辰壬
初七	1月16	申庚	12月18	卯辛	11月18	酉辛	10月20	辰壬	9月21	亥癸	8月22	巳癸
初八	1月17	酉辛	12月19	辰壬	11月19	戌壬	10月21	巳癸	9月22	子甲	8月23	午甲
初九	1月18	戌壬	12月20	巳癸	11月20	亥癸	10月22	午甲	9月23	丑乙	8月24	未乙
初十	1月19	亥癸	12月21	午甲	11月21	子甲	10月23	未乙	9月24	寅丙	8月25	申丙
十一	1月20	子甲	12月22	未乙	11月22	丑乙	10月24	申丙	9月25	卯丁	8月26	酉丁
十二	1月21	丑乙	12月23	申丙	11月23	寅丙	10月25	酉丁	9月26	辰戊	8月27	戌戊
十三	1月22	寅丙	12月24	酉丁	11月24	卯丁	10月26	戌戊	9月27	巳己	8月28	亥己
十四	1月23	卯丁	12月25	戌戊	11月25	辰戊	10月27	亥己	9月28	午庚	8月29	子庚
十五	1月24	辰戊	12月26	亥己	11月26	巳己	10月28	子庚	9月29	未辛	8月30	丑辛
十六	1月25	巳己	12月27	子庚	11月27	午庚	10月29	丑辛	9月30	申壬	8月31	寅壬
十七	1月26	午庚	12月28	丑辛	11月28	未辛	10月30	寅壬	10月 1	酉癸	9月 1	卯癸
十八	1月27	未辛	12月29	寅壬	11月29	申壬	10月31	卯癸	10月 2	戌甲	9月 2	辰甲
十九	1月28	申壬	12月30	卯癸	11月30	酉癸	11月 1	辰甲	10月 3	亥乙	9月 3	巳乙
二十	1月29	酉癸	12月31	辰甲	12月 1	戌甲	11月 2	巳乙	10月 4	子丙	9月 4	午丙
廿一	1月30	戌甲	1月 1	巳乙	12月 2	亥乙	11月 3	午丙	10月 5	丑丁	9月 5	未丁
廿二	1月31	亥乙	1月 2	午丙	12月 3	子丙	11月 4	未丁	10月 6	寅戊	9月 6	申戊
廿三	2月 1	子丙	1月 3	未丁	12月 4	丑丁	11月 5	申戊	10月 7	卯己	9月 7	酉己
廿四	2月 2	丑丁	1月 4	申戊	12月 5	寅戊	11月 6	酉己	10月 8	辰庚	9月 8	戌庚
廿五	2月 3	寅戊	1月 5	酉己	12月 6	卯己	11月 7	戌庚	10月 9	巳辛	9月 9	亥辛
廿六	2月 4	卯己	1月 6	戌庚	12月 7	辰庚	11月 8	亥辛	10月10	午壬	9月10	子壬
廿七	2月 5	辰庚	1月 7	亥辛	12月 8	巳辛	11月 9	子壬	10月11	未癸	9月11	丑癸
廿八	2月 6	巳辛	1月 8	子壬	12月 9	午壬	11月10	丑癸	10月12	申甲	9月12	寅甲
廿九	2月 7	午壬	1月 9	丑癸	12月10	未癸	11月11	寅甲	10月13	酉乙	9月13	卯乙
三十	2月 8	未癸			12月11	申甲					9月14	辰丙

西元1986年

中華民國七十五年 歲次 丙寅《虎》

西元一九八六年 太歲 姓沈名興

月六曆農		月五曆農		月四曆農		月三曆農		月二曆農		月正曆農		別月
未	乙	午	甲	巳	癸	辰	壬	卯	辛	寅	庚	支干
暑大	暑小	至夏		種芒	滿小	夏立	雨穀	明清	分春	蟄驚	水雨	節氣
11時24分 十七午時	18時0分 初一酉時	0時30分 十六子時		7時44分 廿九辰時	16時28分 十三申時	3時30分 廿八寅時	17時12分 十二酉時	10時4分 廿七巳時	6時1分 十二卯時	5時11分 廿六卯時	6時57分 十一卯時	
曆國	支干	曆國	支干	曆國	支干	曆國	支干	曆國	支干	曆國	支干	曆農
7月 7	子壬	6月 7	午壬	5月 9	丑癸	4月 9	未癸	3月10	丑癸	2月 9	申甲	一初
7月 8	丑癸	6月 8	未癸	5月10	寅甲	4月10	申甲	3月11	寅甲	2月10	酉乙	二初
7月 9	寅甲	6月 9	申甲	5月11	卯乙	4月11	酉乙	3月12	卯乙	2月11	戌丙	三初
7月10	卯乙	6月10	酉乙	5月12	辰丙	4月12	戌丙	3月13	辰丙	2月12	亥丁	四初
7月11	辰丙	6月11	戌丙	5月13	巳丁	4月13	亥丁	3月14	巳丁	2月13	子戊	五初
7月12	巳丁	6月12	亥丁	5月14	午戊	4月14	子戊	3月15	午戊	2月14	丑己	六初
7月13	午戊	6月13	子戊	5月15	未己	4月15	丑己	3月16	未己	2月15	寅庚	七初
7月14	未己	6月14	丑己	5月16	申庚	4月16	寅庚	3月17	申庚	2月16	卯辛	八初
7月15	申庚	6月15	寅庚	5月17	酉辛	4月17	卯辛	3月18	酉辛	2月17	辰壬	九初
7月16	酉辛	6月16	卯辛	5月18	戌壬	4月18	辰壬	3月19	戌壬	2月18	巳癸	十初
7月17	戌壬	6月17	辰壬	5月19	亥癸	4月19	巳癸	3月20	亥癸	2月19	午甲	一十
7月18	亥癸	6月18	巳癸	5月20	子甲	4月20	午甲	3月21	子甲	2月20	未乙	二十
7月19	子甲	6月19	午甲	5月21	丑乙	4月21	未乙	3月22	丑乙	2月21	申丙	三十
7月20	丑乙	6月20	未乙	5月22	寅丙	4月22	申丙	3月23	寅丙	2月22	酉丁	四十
7月21	寅丙	6月21	申丙	5月23	卯丁	4月23	酉丁	3月24	卯丁	2月23	戌戊	五十
7月22	卯丁	6月22	酉丁	5月24	辰戊	4月24	戌戊	3月25	辰戊	2月24	亥己	六十
7月23	辰戊	6月23	戌戊	5月25	巳己	4月25	亥己	3月26	巳己	2月25	子庚	七十
7月24	巳己	6月24	亥己	5月26	午庚	4月26	子庚	3月27	午庚	2月26	丑辛	八十
7月25	午庚	6月25	子庚	5月27	未辛	4月27	丑辛	3月28	未辛	2月27	寅壬	九十
7月26	未辛	6月26	丑辛	5月28	申壬	4月28	寅壬	3月29	申壬	2月28	卯癸	十二
7月27	申壬	6月27	寅壬	5月29	酉癸	4月29	卯癸	3月30	酉癸	3月 1	辰甲	一廿
7月28	酉癸	6月28	卯癸	5月30	戌甲	4月30	辰甲	3月31	戌甲	3月 2	巳乙	二廿
7月29	戌甲	6月29	辰甲	5月31	亥乙	5月 1	巳乙	4月 1	亥乙	3月 3	午丙	三廿
7月30	亥乙	6月30	巳乙	6月 1	子丙	5月 2	午丙	4月 2	子丙	3月 4	未丁	四廿
7月31	子丙	7月 1	午丙	6月 2	丑丁	5月 3	未丁	4月 3	丑丁	3月 5	申戊	五廿
8月 1	丑丁	7月 2	未丁	6月 3	寅戊	5月 4	申戊	4月 4	寅戊	3月 6	酉己	六廿
8月 2	寅戊	7月 3	申戊	6月 4	卯己	5月 5	酉己	4月 5	卯己	3月 7	戌庚	七廿
8月 3	卯己	7月 4	酉己	6月 5	辰庚	5月 6	戌庚	4月 6	辰庚	3月 8	亥辛	八廿
8月 4	辰庚	7月 5	戌庚	6月 6	巳辛	5月 7	亥辛	4月 7	巳辛	3月 9	子壬	九廿
8月 5	巳辛	7月 6	亥辛			5月 8	子壬	4月 8	午壬			十三

西元1986年

月別	月二十曆農		月一十曆農		月十曆農		月九曆農		月八曆農		月七曆農	
干支	丑	辛	子	庚	亥	己	戌	戊	酉	丁	申	丙
節	寒大	寒小	至冬	雪大	雪小	冬立	降霜	露寒	分秋	露白	暑處	秋立
氣	廿一亥時 22時40分	初七卯時 5時13分	廿一午時 12時2分	初六酉時 18時2分	廿一亥時 22時44分	初七丑時 1時12分	廿一丑時 1時14分	初五亥時 22時8分	二十申時 15時59分	初五卯時 6時34分	十八酉時 18時26分	初三寅時 3時52分
農曆	曆國	支干	曆國	支干	曆國	支干	曆國	支干	曆國	支干	曆國	支干
初一	12月31	酉己	12月 2	辰庚	11月 2	戌庚	10月 4	巳辛	9月 4	亥辛	8月 6	午壬
初二	1月 1	戌庚	12月 3	巳辛	11月 3	亥辛	10月 5	午壬	9月 5	子壬	8月 7	未癸
初三	1月 2	亥辛	12月 4	午壬	11月 4	子壬	10月 6	未癸	9月 6	丑癸	8月 8	申甲
初四	1月 3	子壬	12月 5	未癸	11月 5	丑癸	10月 7	申甲	9月 7	寅甲	8月 9	酉乙
初五	1月 4	丑癸	12月 6	申甲	11月 6	寅甲	10月 8	酉乙	9月 8	卯乙	8月10	戌丙
初六	1月 5	寅甲	12月 7	酉乙	11月 7	卯乙	10月 9	戌丙	9月 9	辰丙	8月11	亥丁
初七	1月 6	卯乙	12月 8	戌丙	11月 8	辰丙	10月10	亥丁	9月10	巳丁	8月12	子戊
初八	1月 7	辰丙	12月 9	亥丁	11月 9	巳丁	10月11	子戊	9月11	午戊	8月13	丑己
初九	1月 8	巳丁	12月10	子戊	11月10	午戊	10月12	丑己	9月12	未己	8月14	寅庚
初十	1月 9	午戊	12月11	丑己	11月11	未己	10月13	寅庚	9月13	申庚	8月15	卯辛
十一	1月10	未己	12月12	寅庚	11月12	申庚	10月14	卯辛	9月14	酉辛	8月16	辰壬
十二	1月11	申庚	12月13	卯辛	11月13	酉辛	10月15	辰壬	9月15	戌壬	8月17	巳癸
十三	1月12	酉辛	12月14	辰壬	11月14	戌壬	10月16	巳癸	9月16	亥癸	8月18	午甲
十四	1月13	戌壬	12月15	巳癸	11月15	亥癸	10月17	午甲	9月17	子甲	8月19	未乙
十五	1月14	亥癸	12月16	午甲	11月16	子甲	10月18	未乙	9月18	丑乙	8月20	申丙
十六	1月15	子甲	12月17	未乙	11月17	丑乙	10月19	申丙	9月19	寅丙	8月21	酉丁
十七	1月16	丑乙	12月18	申丙	11月18	寅丙	10月20	酉丁	9月20	卯丁	8月22	戌戊
十八	1月17	寅丙	12月19	酉丁	11月19	卯丁	10月21	戌戊	9月21	辰戊	8月23	亥己
十九	1月18	卯丁	12月20	戌戊	11月20	辰戊	10月22	亥己	9月22	巳己	8月24	子庚
二十	1月19	辰戊	12月21	亥己	11月21	巳己	10月23	子庚	9月23	午庚	8月25	丑辛
廿一	1月20	巳己	12月22	子庚	11月22	午庚	10月24	丑辛	9月24	未辛	8月26	寅壬
廿二	1月21	午庚	12月23	丑辛	11月23	未辛	10月25	寅壬	9月25	申壬	8月27	卯癸
廿三	1月22	未辛	12月24	寅壬	11月24	申壬	10月26	卯癸	9月26	酉癸	8月28	辰甲
廿四	1月23	申壬	12月25	卯癸	11月25	酉癸	10月27	辰甲	9月27	戌甲	8月29	巳乙
廿五	1月24	酉癸	12月26	辰甲	11月26	戌甲	10月28	巳乙	9月28	亥乙	8月30	午丙
廿六	1月25	戌甲	12月27	巳乙	11月27	亥乙	10月29	午丙	9月29	子丙	8月31	未丁
廿七	1月26	亥乙	12月28	午丙	11月28	子丙	10月30	未丁	9月30	丑丁	9月 1	申戊
廿八	1月27	子丙	12月29	未丁	11月29	丑丁	10月31	申戊	10月 1	寅戊	9月 2	酉己
廿九	1月28	丑丁	12月30	申戊	11月30	寅戊	11月 1	酉己	10月 2	卯己	9月 3	戌庚
三十					12月 1	卯己			10月 3	辰庚		

中華民國七十六年 歲次 丁卯《兔》

西元一九八七年 太歲 姓耿名章

月六曆農		月五曆農		月四曆農		月三曆農		月二曆農		月正曆農		別月
未	丁	午	丙	巳	乙	辰	甲	卯	癸	寅	壬	支干
暑大	暑小	至夏	種芒	滿小	夏立	雨穀	明清	分春	蟄驚	水雨	春立	節
廿八酉時 17時6分	十二夜子時 23時40分	廿七卯時 6時10分	十一未時 13時20分	廿四亥時 22時10分	初九巳時 9時7分	廿三亥時 22時58分	初八申時 15時44分	廿二午時 11時49分	初七巳時 10時54分	廿二午時 12時47分	初七申時 16時52分	氣
曆國	支干	曆國	支干	曆國	支干	曆國	支干	曆國	支干	曆國	支干	曆農
6月26	午丙	5月27	子丙	4月28	未丁	3月29	丑丁	2月28	申戊	1月29	寅戊	一初
6月27	未丁	5月28	丑丁	4月29	申戊	3月30	寅戊	3月 1	酉己	1月30	卯己	二初
6月28	申戊	5月29	寅戊	4月30	酉己	3月31	卯己	3月 2	戌庚	1月31	辰庚	三初
6月29	酉己	5月30	卯己	5月 1	戌庚	4月 1	辰庚	3月 3	亥辛	2月 1	巳辛	四初
6月30	戌庚	5月31	辰庚	5月 2	亥辛	4月 2	巳辛	3月 4	子壬	2月 2	午壬	五初
7月 1	亥辛	6月 1	巳辛	5月 3	子壬	4月 3	午壬	3月 5	丑癸	2月 3	未癸	六初
7月 2	子壬	6月 2	午壬	5月 4	丑癸	4月 4	未癸	3月 6	寅甲	2月 4	申甲	七初
7月 3	丑癸	6月 3	未癸	5月 5	寅甲	4月 5	申甲	3月 7	卯乙	2月 5	酉乙	八初
7月 4	寅甲	6月 4	申甲	5月 6	卯乙	4月 6	酉乙	3月 8	辰丙	2月 6	戌丙	九初
7月 5	卯乙	6月 5	酉乙	5月 7	辰丙	4月 7	戌丙	3月 9	巳丁	2月 7	亥丁	十初
7月 6	辰丙	6月 6	戌丙	5月 8	巳丁	4月 8	亥丁	3月10	午戊	2月 8	子戊	一十
7月 7	巳丁	6月 7	亥丁	5月 9	午戊	4月 9	子戊	3月11	未己	2月 9	丑己	二十
7月 8	午戊	6月 8	子戊	5月10	未己	4月10	丑己	3月12	申庚	2月10	寅庚	三十
7月 9	未己	6月 9	丑己	5月11	申庚	4月11	寅庚	3月13	酉辛	2月11	卯辛	四十
7月10	申庚	6月10	寅庚	5月12	酉辛	4月12	卯辛	3月14	戌壬	2月12	辰壬	五十
7月11	酉辛	6月11	卯辛	5月13	戌壬	4月13	辰壬	3月15	亥癸	2月13	巳癸	六十
7月12	戌壬	6月12	辰壬	5月14	亥癸	4月14	巳癸	3月16	子甲	2月14	午甲	七十
7月13	亥癸	6月13	巳癸	5月15	子甲	4月15	午甲	3月17	丑乙	2月15	未乙	八十
7月14	子甲	6月14	午甲	5月16	丑乙	4月16	未乙	3月18	寅丙	2月16	申丙	九十
7月15	丑乙	6月15	未乙	5月17	寅丙	4月17	申丙	3月19	卯丁	2月17	酉丁	十二
7月16	寅丙	6月16	申丙	5月18	卯丁	4月18	酉丁	3月20	辰戊	2月18	戌戊	一廿
7月17	卯丁	6月17	酉丁	5月19	辰戊	4月19	戌戊	3月21	巳己	2月19	亥己	二廿
7月18	辰戊	6月18	戌戊	5月20	巳己	4月20	亥己	3月22	午庚	2月20	子庚	三廿
7月19	巳己	6月19	亥己	5月21	午庚	4月21	子庚	3月23	未辛	2月21	丑辛	四廿
7月20	午庚	6月20	子庚	5月22	未辛	4月22	丑辛	3月24	申壬	2月22	寅壬	五廿
7月21	未辛	6月21	丑辛	5月23	申壬	4月23	寅壬	3月25	酉癸	2月23	卯癸	六廿
7月22	申壬	6月22	寅壬	5月24	酉癸	4月24	卯癸	3月26	戌甲	2月24	辰甲	七廿
7月23	酉癸	6月23	卯癸	5月25	戌甲	4月25	辰甲	3月27	亥乙	2月25	巳乙	八廿
7月24	戌甲	6月24	辰甲	5月26	亥乙	4月26	巳乙	3月28	子丙	2月26	午丙	九廿
7月25	亥乙	6月25	巳乙			4月27	午丙			2月27	未丁	十三

西元1987年

月別	月二十曆農		月一十曆農		月十曆農		月九曆農		月八曆農		月七曆農		月六閏曆農	
干支	丑	癸	子	壬	亥	辛	戌	庚	酉	己	申	戊		
節	春立	寒大	寒小	至冬	雪大	雪小	冬立	降霜	露寒	分秋	露白	暑處	秋立	
氣	22時43分 十七亥時	4時24分 初三寅時	11時4分 十七午時	17時46分 初二酉時	23時51分 十七夜子	4時29分 初三寅時	7時5分 十七辰時	7時2分 初二辰時	3時59分 十七寅時	21時45分 初一亥時	12時25分 十六午時	0時10分 初一子時	9時30分 十四巳時	
農曆	曆國	支干	曆國	支干	曆國	支干	曆國	支干	曆國	支干	曆國	支干	曆國	支干
初一	1月19	酉癸	12月21	辰甲	11月21	戌甲	10月23	巳乙	9月23	亥乙	8月24	巳乙	7月26	子丙
初二	1月20	戌甲	12月22	巳乙	11月22	亥乙	10月24	午丙	9月24	子丙	8月25	午丙	7月27	丑丁
初三	1月21	亥乙	12月23	午丙	11月23	子丙	10月25	未丁	9月25	丑丁	8月26	未丁	7月28	寅戊
初四	1月22	子丙	12月24	未丁	11月24	丑丁	10月26	申戊	9月26	寅戊	8月27	申戊	7月29	卯己
初五	1月23	丑丁	12月25	申戊	11月25	寅戊	10月27	酉己	9月27	卯己	8月28	酉己	7月30	辰庚
初六	1月24	寅戊	12月26	酉己	11月26	卯己	10月28	戌庚	9月28	辰庚	8月29	戌庚	7月31	巳辛
初七	1月25	卯己	12月27	戌庚	11月27	辰庚	10月29	亥辛	9月29	巳辛	8月30	亥辛	8月 1	午壬
初八	1月26	辰庚	12月28	亥辛	11月28	巳辛	10月30	子壬	9月30	午壬	8月31	子壬	8月 2	未癸
初九	1月27	巳辛	12月29	子壬	11月29	午壬	10月31	丑癸	10月 1	未癸	9月 1	丑癸	8月 3	申甲
初十	1月28	午壬	12月30	丑癸	11月30	未癸	11月 1	寅甲	10月 2	申甲	9月 2	寅甲	8月 4	酉乙
十一	1月29	未癸	12月31	寅甲	12月 1	申甲	11月 2	卯乙	10月 3	酉乙	9月 3	卯乙	8月 5	戌丙
十二	1月30	申甲	1月 1	卯乙	12月 2	酉乙	11月 3	辰丙	10月 4	戌丙	9月 4	辰丙	8月 6	亥丁
十三	1月31	酉乙	1月 2	辰丙	12月 3	戌丙	11月 4	巳丁	10月 5	亥丁	9月 5	巳丁	8月 7	子戊
十四	2月 1	戌丙	1月 3	巳丁	12月 4	亥丁	11月 5	午戊	10月 6	子戊	9月 6	午戊	8月 8	丑己
十五	2月 2	亥丁	1月 4	午戊	12月 5	子戊	11月 6	未己	10月 7	丑己	9月 7	未己	8月 9	寅庚
十六	2月 3	子戊	1月 5	未己	12月 6	丑己	11月 7	申庚	10月 8	寅庚	9月 8	申庚	8月10	卯辛
十七	2月 4	丑己	1月 6	申庚	12月 7	寅庚	11月 8	酉辛	10月 9	卯辛	9月 9	酉辛	8月11	辰壬
十八	2月 5	寅庚	1月 7	酉辛	12月 8	卯辛	11月 9	戌壬	10月10	辰壬	9月10	戌壬	8月12	巳癸
十九	2月 6	卯辛	1月 8	戌壬	12月 9	辰壬	11月10	亥癸	10月11	巳癸	9月11	亥癸	8月13	午甲
二十	2月 7	辰壬	1月 9	亥癸	12月10	巳癸	11月11	子甲	10月12	午甲	9月12	子甲	8月14	未乙
廿一	2月 8	巳癸	1月10	子甲	12月11	午甲	11月12	丑乙	10月13	未乙	9月13	丑乙	8月15	申丙
廿二	2月 9	午甲	1月11	丑乙	12月12	未乙	11月13	寅丙	10月14	申丙	9月14	寅丙	8月16	酉丁
廿三	2月10	未乙	1月12	寅丙	12月13	申丙	11月14	卯丁	10月15	酉丁	9月15	卯丁	8月17	戌戊
廿四	2月11	申丙	1月13	卯丁	12月14	酉丁	11月15	辰戊	10月16	戌戊	9月16	辰戊	8月18	亥己
廿五	2月12	酉丁	1月14	辰戊	12月15	戌戊	11月16	巳己	10月17	亥己	9月17	巳己	8月19	子庚
廿六	2月13	戌戊	1月15	巳己	12月16	亥己	11月17	午庚	10月18	子庚	9月18	午庚	8月20	丑辛
廿七	2月14	亥己	1月16	午庚	12月17	子庚	11月18	未辛	10月19	丑辛	9月19	未辛	8月21	寅壬
廿八	2月15	子庚	1月17	未辛	12月18	丑辛	11月19	申壬	10月20	寅壬	9月20	申壬	8月22	卯癸
廿九	2月16	丑辛	1月18	申壬	12月19	寅壬	11月20	酉癸	10月21	卯癸	9月21	酉癸	8月23	辰甲
三十					12月20	卯癸			10月22	辰甲	9月22	戌甲		

西元1988年

中華民國七十七年 歲次 戊辰《龍》

西元一九八八年 太歲 姓趙名達

月六曆農		月五曆農		月四曆農		月三曆農		月二曆農		月正曆農		別月
未	己	午	戊	巳	丁	辰	丙	卯	乙	寅	甲	支干
秋立	暑大	暑小	至夏	種芒	滿小	夏立	雨穀	明清	分春	蟄驚	水雨	節
廿五申時 15時19分	初九亥時 22時51分	廿四卯時 5時33分	初八午時 11時56分	廿一戌時 19時13分	初六寅時 3時57分	二十申時 15時2分	初五寅時 4時45分	十八亥時 21時38分	初三酉時 17時39分	十八申時 16時43分	初三酉時 18時36分	氣
曆國	支干	曆國	支干	曆國	支干	曆國	支干	曆國	支干	曆國	支干	曆農
7月14	午庚	6月14	子庚	5月16	未辛	4月16	丑辛	3月18	申壬	2月17	寅壬	一初
7月15	未辛	6月15	丑辛	5月17	申壬	4月17	寅壬	3月19	酉癸	2月18	卯癸	二初
7月16	申壬	6月16	寅壬	5月18	酉癸	4月18	卯癸	3月20	戌甲	2月19	辰甲	三初
7月17	酉癸	6月17	卯癸	5月19	戌甲	4月19	辰甲	3月21	亥乙	2月20	巳乙	四初
7月18	戌甲	6月18	辰甲	5月20	亥乙	4月20	巳乙	3月22	子丙	2月21	午丙	五初
7月19	亥乙	6月19	巳乙	5月21	子丙	4月21	午丙	3月23	丑丁	2月22	未丁	六初
7月20	子丙	6月20	午丙	5月22	丑丁	4月22	未丁	3月24	寅戊	2月23	申戊	七初
7月21	丑丁	6月21	未丁	5月23	寅戊	4月23	申戊	3月25	卯己	2月24	酉己	八初
7月22	寅戊	6月22	申戊	5月24	卯己	4月24	酉己	3月26	辰庚	2月25	戌庚	九初
7月23	卯己	6月23	酉己	5月25	辰庚	4月25	戌庚	3月27	巳辛	2月26	亥辛	十初
7月24	辰庚	6月24	戌庚	5月26	巳辛	4月26	亥辛	3月28	午壬	2月27	子壬	一十
7月25	巳辛	6月25	亥辛	5月27	午壬	4月27	子壬	3月29	未癸	2月28	丑癸	二十
7月26	午壬	6月26	子壬	5月28	未癸	4月28	丑癸	3月30	申甲	2月29	寅甲	三十
7月27	未癸	6月27	丑癸	5月29	申甲	4月29	寅甲	3月31	酉乙	3月 1	卯乙	四十
7月28	申甲	6月28	寅甲	5月30	酉乙	4月30	卯乙	4月 1	戌丙	3月 2	辰丙	五十
7月29	酉乙	6月29	卯乙	5月31	戌丙	5月 1	辰丙	4月 2	亥丁	3月 3	巳丁	六十
7月30	戌丙	6月30	辰丙	6月 1	亥丁	5月 2	巳丁	4月 3	子戊	3月 4	午戊	七十
7月31	亥丁	7月 1	巳丁	6月 2	子戊	5月 3	午戊	4月 4	丑己	3月 5	未己	八十
8月 1	子戊	7月 2	午戊	6月 3	丑己	5月 4	未己	4月 5	寅庚	3月 6	申庚	九十
8月 2	丑己	7月 3	未己	6月 4	寅庚	5月 5	申庚	4月 6	卯辛	3月 7	酉辛	十二
8月 3	寅庚	7月 4	申庚	6月 5	卯辛	5月 6	酉辛	4月 7	辰壬	3月 8	戌壬	一廿
8月 4	卯辛	7月 5	酉辛	6月 6	辰壬	5月 7	戌壬	4月 8	巳癸	3月 9	亥癸	二廿
8月 5	辰壬	7月 6	戌壬	6月 7	巳癸	5月 8	亥癸	4月 9	午甲	3月10	子甲	三廿
8月 6	巳癸	7月 7	亥癸	6月 8	午甲	5月 9	子甲	4月10	未乙	3月11	丑乙	四廿
8月 7	午甲	7月 8	子甲	6月 9	未乙	5月10	丑乙	4月11	申丙	3月12	寅丙	五廿
8月 8	未乙	7月 9	丑乙	6月10	申丙	5月11	寅丙	4月12	酉丁	3月13	卯丁	六廿
8月 9	申丙	7月10	寅丙	6月11	酉丁	5月12	卯丁	4月13	戌戊	3月14	辰戊	七廿
8月10	酉丁	7月11	卯丁	6月12	戌戊	5月13	辰戊	4月14	亥己	3月15	巳己	八廿
8月11	戌戊	7月12	辰戊	6月13	亥己	5月14	巳己	4月15	子庚	3月16	午庚	九廿
		7月13	巳己			5月15	午庚			3月17	未辛	十三

西元1988年

月別	月二十曆農		月一十曆農		月十曆農		月九曆農		月八曆農		月七曆農	
干支	丑	乙	子	甲	亥	癸	戌	壬	酉	辛	申	庚
節	春立	寒大	寒小	至冬	雪大	雪小	冬立	降霜	露寒	分秋	露白	暑處
氣	廿八寅時 4時27分	十三巳時 10時7分	廿八申時 16時45分	十三夜子 23時29分	廿九卯時 5時34分	十四巳時 10時12分	廿八午時 12時48分	十三午時 12時45分	廿八巳時 9時44分	十三寅時 3時31分	廿七酉時 18時11分	十二卯時 5時55分
農曆	曆國	支干	曆國	支干	曆國	支干	曆國	支干	曆國	支干	曆國	支干
初一	1月 8	辰戊	12月 9	戌戊	11月 9	辰戊	10月11	亥己	9月11	巳己	8月12	亥己
初二	1月 9	巳己	12月10	亥己	11月10	巳己	10月12	子庚	9月12	午庚	8月13	子庚
初三	1月10	午庚	12月11	子庚	11月11	午庚	10月13	丑辛	9月13	未辛	8月14	丑辛
初四	1月11	未辛	12月12	丑辛	11月12	未辛	10月14	寅壬	9月14	申壬	8月15	寅壬
初五	1月12	申壬	12月13	寅壬	11月13	申壬	10月15	卯癸	9月15	酉癸	8月16	卯癸
初六	1月13	酉癸	12月14	卯癸	11月14	酉癸	10月16	辰甲	9月16	戌甲	8月17	辰甲
初七	1月14	戌甲	12月15	辰甲	11月15	戌甲	10月17	巳乙	9月17	亥乙	8月18	巳乙
初八	1月15	亥乙	12月16	巳乙	11月16	亥乙	10月18	午丙	9月18	子丙	8月19	午丙
初九	1月16	子丙	12月17	午丙	11月17	子丙	10月19	未丁	9月19	丑丁	8月20	未丁
初十	1月17	丑丁	12月18	未丁	11月18	丑丁	10月20	申戊	9月20	寅戊	8月21	申戊
十一	1月18	寅戊	12月19	申戊	11月19	寅戊	10月21	酉己	9月21	卯己	8月22	酉己
十二	1月19	卯己	12月20	酉己	11月20	卯己	10月22	戌庚	9月22	辰庚	8月23	戌庚
十三	1月20	辰庚	12月21	戌庚	11月21	辰庚	10月23	亥辛	9月23	巳辛	8月24	亥辛
十四	1月21	巳辛	12月22	亥辛	11月22	巳辛	10月24	子壬	9月24	午壬	8月25	子壬
十五	1月22	午壬	12月23	子壬	11月23	午壬	10月25	丑癸	9月25	未癸	8月26	丑癸
十六	1月23	未癸	12月24	丑癸	11月24	未癸	10月26	寅甲	9月26	申甲	8月27	寅甲
十七	1月24	申甲	12月25	寅甲	11月25	申甲	10月27	卯乙	9月27	酉乙	8月28	卯乙
十八	1月25	酉乙	12月26	卯乙	11月26	酉乙	10月28	辰丙	9月28	戌丙	8月29	辰丙
十九	1月26	戌丙	12月27	辰丙	11月27	戌丙	10月29	巳丁	9月29	亥丁	8月30	巳丁
二十	1月27	亥丁	12月28	巳丁	11月28	亥丁	10月30	午戊	9月30	子戊	8月31	午戊
廿一	1月28	子戊	12月29	午戊	11月29	子戊	10月31	未己	10月 1	丑己	9月 1	未己
廿二	1月29	丑己	12月30	未己	11月30	丑己	11月 1	申庚	10月 2	寅庚	9月 2	申庚
廿三	1月30	寅庚	12月31	申庚	12月 1	寅庚	11月 2	酉辛	10月 3	卯辛	9月 3	酉辛
廿四	1月31	卯辛	1月 1	酉辛	12月 2	卯辛	11月 3	戌壬	10月 4	辰壬	9月 4	戌壬
廿五	2月 1	辰壬	1月 2	戌壬	12月 3	辰壬	11月 4	亥癸	10月 5	巳癸	9月 5	亥癸
廿六	2月 2	巳癸	1月 3	亥癸	12月 4	巳癸	11月 5	子甲	10月 6	午甲	9月 6	子甲
廿七	2月 3	午甲	1月 4	子甲	12月 5	午甲	11月 6	丑乙	10月 7	未乙	9月 7	丑乙
廿八	2月 4	未乙	1月 5	丑乙	12月 6	未乙	11月 7	寅丙	10月 8	申丙	9月 8	寅丙
廿九	2月 5	申丙	1月 6	寅丙	12月 7	申丙	11月 8	卯丁	10月 9	酉丁	9月 9	卯丁
三十			1月 7	卯丁	12月 8	酉丁			10月10	戌戊	9月10	辰戊

中華民國七十八年　歲次　己巳《蛇》

西元一九八九年　太歲　姓郭名燦

月六曆農		月五曆農		月四曆農		月三曆農		月二曆農		月正曆農		別月
未	辛	午	庚	巳	己	辰	戊	卯	丁	寅	丙	支干
暑大	暑小	至夏	種芒	滿小	夏立	雨穀		明清	分春	蟄驚	水雨	節
4時46分 廿一寅時	11時20分 初五午時	17時53分 十八酉時	1時5分 初三丑時	9時54分 十七巳時	20時54分 初一戌時	10時38分 十五巳時		3時30分 廿九寅時	23時28分 十三夜子	22時33分 廿八亥時	0時20分 十四子時	氣
曆國	支干	曆國	支干	曆國	支干	曆國	支干	曆國	支干	曆國	支干	曆農
7月 3	子甲	6月 4	未乙	5月 5	丑乙	4月 6	申丙	3月 8	卯丁	2月 6	酉丁	一初
7月 4	丑乙	6月 5	申丙	5月 6	寅丙	4月 7	酉丁	3月 9	辰戊	2月 7	戌戊	二初
7月 5	寅丙	6月 6	酉丁	5月 7	卯丁	4月 8	戌戊	3月10	巳己	2月 8	亥己	三初
7月 6	卯丁	6月 7	戌戊	5月 8	辰戊	4月 9	亥己	3月11	午庚	2月 9	子庚	四初
7月 7	辰戊	6月 8	亥己	5月 9	巳己	4月10	子庚	3月12	未辛	2月10	丑辛	五初
7月 8	巳己	6月 9	子庚	5月10	午庚	4月11	丑辛	3月13	申壬	2月11	寅壬	六初
7月 9	午庚	6月10	丑辛	5月11	未辛	4月12	寅壬	3月14	酉癸	2月12	卯癸	七初
7月10	未辛	6月11	寅壬	5月12	申壬	4月13	卯癸	3月15	戌甲	2月13	辰甲	八初
7月11	申壬	6月12	卯癸	5月13	酉癸	4月14	辰甲	3月16	亥乙	2月14	巳乙	九初
7月12	酉癸	6月13	辰甲	5月14	戌甲	4月15	巳乙	3月17	子丙	2月15	午丙	十初
7月13	戌甲	6月14	巳乙	5月15	亥乙	4月16	午丙	3月18	丑丁	2月16	未丁	一十
7月14	亥乙	6月15	午丙	5月16	子丙	4月17	未丁	3月19	寅戊	2月17	申戊	二十
7月15	子丙	6月16	未丁	5月17	丑丁	4月18	申戊	3月20	卯己	2月18	酉己	三十
7月16	丑丁	6月17	申戊	5月18	寅戊	4月19	酉己	3月21	辰庚	2月19	戌庚	四十
7月17	寅戊	6月18	酉己	5月19	卯己	4月20	戌庚	3月22	巳辛	2月20	亥辛	五十
7月18	卯己	6月19	戌庚	5月20	辰庚	4月21	亥辛	3月23	午壬	2月21	子壬	六十
7月19	辰庚	6月20	亥辛	5月21	巳辛	4月22	子壬	3月24	未癸	2月22	丑癸	七十
7月20	巳辛	6月21	子壬	5月22	午壬	4月23	丑癸	3月25	申甲	2月23	寅甲	八十
7月21	午壬	6月22	丑癸	5月23	未癸	4月24	寅甲	3月26	酉乙	2月24	卯乙	九十
7月22	未癸	6月23	寅甲	5月24	申甲	4月25	卯乙	3月27	戌丙	2月25	辰丙	十二
7月23	申甲	6月24	卯乙	5月25	酉乙	4月26	辰丙	3月28	亥丁	2月26	巳丁	一廿
7月24	酉乙	6月25	辰丙	5月26	戌丙	4月27	巳丁	3月29	子戊	2月27	午戊	二廿
7月25	戌丙	6月26	巳丁	5月27	亥丁	4月28	午戊	3月30	丑己	2月28	未己	三廿
7月26	亥丁	6月27	午戊	5月28	子戊	4月29	未己	3月31	寅庚	3月 1	申庚	四廿
7月27	子戊	6月28	未己	5月29	丑己	4月30	申庚	4月 1	卯辛	3月 2	酉辛	五廿
7月28	丑己	6月29	申庚	5月30	寅庚	5月 1	酉辛	4月 2	辰壬	3月 3	戌壬	六廿
7月29	寅庚	6月30	酉辛	5月31	卯辛	5月 2	戌壬	4月 3	巳癸	3月 4	亥癸	七廿
7月30	卯辛	7月 1	戌壬	6月 1	辰壬	5月 3	亥癸	4月 4	午甲	3月 5	子甲	八廿
7月31	辰壬	7月 2	亥癸	6月 2	巳癸	5月 4	子甲	4月 5	未乙	3月 6	丑乙	九廿
8月 1	巳癸			6月 3	午甲					3月 7	寅丙	十三

西元1989年

月別	月二十曆農		月一十曆農		月十曆農		月九曆農		月八曆農		月七曆農	
干支	丑	丁	子	丙	亥	乙	戌	甲	酉	癸	申	壬
節氣	寒大	寒小	至冬	雪大	雪小	冬立	降霜	露寒	分秋	露白	暑處	秋立
	廿四申時 16時2分	初九亥時 22時34分	廿五卯時 5時22分	初十午時 11時21分	廿五申時 16時4分	初十酉時 18時34分	廿四酉時 18時34分	初九酉時 18時34分	廿四巳時 9時19分	初八夜子 23時54分	廿二午時 11時45分	初六亥時 21時5分
農曆	曆國	支干	曆國	支干	曆國	支干	曆國	支干	曆國	支干	曆國	支干
初一	12月28	戌壬	11月28	辰壬	10月29	戌壬	9月30	巳癸	8月31	亥癸	8月 2	午甲
初二	12月29	亥癸	11月29	巳癸	10月30	亥癸	10月 1	午甲	9月 1	子甲	8月 3	未乙
初三	12月30	子甲	11月30	午甲	10月31	子甲	10月 2	未乙	9月 2	丑乙	8月 4	申丙
初四	12月31	丑乙	12月 1	未乙	11月 1	丑乙	10月 3	申丙	9月 3	寅丙	8月 5	酉丁
初五	1月 1	寅丙	12月 2	申丙	11月 2	寅丙	10月 4	酉丁	9月 4	卯丁	8月 6	戌戊
初六	1月 2	卯丁	12月 3	酉丁	11月 3	卯丁	10月 5	戌戊	9月 5	辰戊	8月 7	亥己
初七	1月 3	辰戊	12月 4	戌戊	11月 4	辰戊	10月 6	亥己	9月 6	巳己	8月 8	子庚
初八	1月 4	巳己	12月 5	亥己	11月 5	巳己	10月 7	子庚	9月 7	午庚	8月 9	丑辛
初九	1月 5	午庚	12月 6	子庚	11月 6	午庚	10月 8	丑辛	9月 8	未辛	8月10	寅壬
初十	1月 6	未辛	12月 7	丑辛	11月 7	未辛	10月 9	寅壬	9月 9	申壬	8月11	卯癸
十一	1月 7	申壬	12月 8	寅壬	11月 8	申壬	10月10	卯癸	9月10	酉癸	8月12	辰甲
十二	1月 8	酉癸	12月 9	卯癸	11月 9	酉癸	10月11	辰甲	9月11	戌甲	8月13	巳乙
十三	1月 9	戌甲	12月10	辰甲	11月10	戌甲	10月12	巳乙	9月12	亥乙	8月14	午丙
十四	1月10	亥乙	12月11	巳乙	11月11	亥乙	10月13	午丙	9月13	子丙	8月15	未丁
十五	1月11	子丙	12月12	午丙	11月12	子丙	10月14	未丁	9月14	丑丁	8月16	申戊
十六	1月12	丑丁	12月13	未丁	11月13	丑丁	10月15	申戊	9月15	寅戊	8月17	酉己
十七	1月13	寅戊	12月14	申戊	11月14	寅戊	10月16	酉己	9月16	卯己	8月18	戌庚
十八	1月14	卯己	12月15	酉己	11月15	卯己	10月17	戌庚	9月17	辰庚	8月19	亥辛
十九	1月15	辰庚	12月16	戌庚	11月16	辰庚	10月18	亥辛	9月18	巳辛	8月20	子壬
二十	1月16	巳辛	12月17	亥辛	11月17	巳辛	10月19	子壬	9月19	午壬	8月21	丑癸
廿一	1月17	午壬	12月18	子壬	11月18	午壬	10月20	丑癸	9月20	未癸	8月22	寅甲
廿二	1月18	未癸	12月19	丑癸	11月19	未癸	10月21	寅甲	9月21	申甲	8月23	卯乙
廿三	1月19	申甲	12月20	寅甲	11月20	申甲	10月22	卯乙	9月22	酉乙	8月24	辰丙
廿四	1月20	酉乙	12月21	卯乙	11月21	酉乙	10月23	辰丙	9月23	戌丙	8月25	巳丁
廿五	1月21	戌丙	12月22	辰丙	11月22	戌丙	10月24	巳丁	9月24	亥丁	8月26	午戊
廿六	1月22	亥丁	12月23	巳丁	11月23	亥丁	10月25	午戊	9月25	子戊	8月27	未己
廿七	1月23	子戊	12月24	午戊	11月24	子戊	10月26	未己	9月26	丑己	8月28	申庚
廿八	1月24	丑己	12月25	未己	11月25	丑己	10月27	申庚	9月27	寅庚	8月29	酉辛
廿九	1月25	寅庚	12月26	申庚	11月26	寅庚	10月28	酉辛	9月28	卯辛	8月30	戌壬
三十	1月26	卯辛	12月27	酉辛	11月27	卯辛			9月29	辰壬		

中華民國七十九年　歲次　庚午《馬》

西元一九九〇年　太歲　姓王名清

月六曆農		月五閏曆農		月五曆農		月四曆農		月三曆農		月二曆農		月正曆農		別月
未	癸			午	壬	巳	辛	辰	庚	卯	己	寅	戊	支干
秋立	暑大	暑小		至夏	種芒	滿小	夏立	雨穀	明清	分春	蟄驚	水雨	春立	節
十八丑時 2時46分	初二巳時 10時21分	十五酉時 17時0分		廿九夜子 23時32分	十四卯時 6時47分	廿七申時 15時37分	十二丑時 2時36分	廿五申時 16時26分	初十巳時 9時14分	廿五卯時 5時17分	初十寅時 4時22分	廿四卯時 6時16分	初九巳時 10時15分	氣
曆國	支干	曆國	支干	曆國	支干	曆國	支干	曆國	支干	曆國	支干	曆國	支干	曆農
7月22	子戊	6月23	未己	5月24	丑己	4月25	申庚	3月27	卯辛	2月25	酉辛	1月27	辰壬	一初
7月23	丑己	6月24	申庚	5月25	寅庚	4月26	酉辛	3月28	辰壬	2月26	戌壬	1月28	巳癸	二初
7月24	寅庚	6月25	酉辛	5月26	卯辛	4月27	戌壬	3月29	巳癸	2月27	亥癸	1月29	午甲	三初
7月25	卯辛	6月26	戌壬	5月27	辰壬	4月28	亥癸	3月30	午甲	2月28	子甲	1月30	未乙	四初
7月26	辰壬	6月27	亥癸	5月28	巳癸	4月29	子甲	3月31	未乙	3月 1	丑乙	1月31	申丙	五初
7月27	巳癸	6月28	子甲	5月29	午甲	4月30	丑乙	4月 1	申丙	3月 2	寅丙	2月 1	酉丁	六初
7月28	午甲	6月29	丑乙	5月30	未乙	5月 1	寅丙	4月 2	酉丁	3月 3	卯丁	2月 2	戌戊	七初
7月29	未乙	6月30	寅丙	5月31	申丙	5月 2	卯丁	4月 3	戌戊	3月 4	辰戊	2月 3	亥己	八初
7月30	申丙	7月 1	卯丁	6月 1	酉丁	5月 3	辰戊	4月 4	亥己	3月 5	巳己	2月 4	子庚	九初
7月31	酉丁	7月 2	辰戊	6月 2	戌戊	5月 4	巳己	4月 5	子庚	3月 6	午庚	2月 5	丑辛	十初
8月 1	戌戊	7月 3	巳己	6月 3	亥己	5月 5	午庚	4月 6	丑辛	3月 7	未辛	2月 6	寅壬	一十
8月 2	亥己	7月 4	午庚	6月 4	子庚	5月 6	未辛	4月 7	寅壬	3月 8	申壬	2月 7	卯癸	二十
8月 3	子庚	7月 5	未辛	6月 5	丑辛	5月 7	申壬	4月 8	卯癸	3月 9	酉癸	2月 8	辰甲	三十
8月 4	丑辛	7月 6	申壬	6月 6	寅壬	5月 8	酉癸	4月 9	辰甲	3月10	戌甲	2月 9	巳乙	四十
8月 5	寅壬	7月 7	酉癸	6月 7	卯癸	5月 9	戌甲	4月10	巳乙	3月11	亥乙	2月10	午丙	五十
8月 6	卯癸	7月 8	戌甲	6月 8	辰甲	5月10	亥乙	4月11	午丙	3月12	子丙	2月11	未丁	六十
8月 7	辰甲	7月 9	亥乙	6月 9	巳乙	5月11	子丙	4月12	未丁	3月13	丑丁	2月12	申戊	七十
8月 8	巳乙	7月10	子丙	6月10	午丙	5月12	丑丁	4月13	申戊	3月14	寅戊	2月13	酉己	八十
8月 9	午丙	7月11	丑丁	6月11	未丁	5月13	寅戊	4月14	酉己	3月15	卯己	2月14	戌庚	九十
8月10	未丁	7月12	寅戊	6月12	申戊	5月14	卯己	4月15	戌庚	3月16	辰庚	2月15	亥辛	十二
8月11	申戊	7月13	卯己	6月13	酉己	5月15	辰庚	4月16	亥辛	3月17	巳辛	2月16	子壬	一廿
8月12	酉己	7月14	辰庚	6月14	戌庚	5月16	巳辛	4月17	子壬	3月18	午壬	2月17	丑癸	二廿
8月13	戌庚	7月15	巳辛	6月15	亥辛	5月17	午壬	4月18	丑癸	3月19	未癸	2月18	寅甲	三廿
8月14	亥辛	7月16	午壬	6月16	子壬	5月18	未癸	4月19	寅甲	3月20	申甲	2月19	卯乙	四廿
8月15	子壬	7月17	未癸	6月17	丑癸	5月19	申甲	4月20	卯乙	3月21	酉乙	2月20	辰丙	五廿
8月16	丑癸	7月18	申甲	6月18	寅甲	5月20	酉乙	4月21	辰丙	3月22	戌丙	2月21	巳丁	六廿
8月17	寅甲	7月19	酉乙	6月19	卯乙	5月21	戌丙	4月22	巳丁	3月23	亥丁	2月22	午戊	七廿
8月18	卯乙	7月20	戌丙	6月20	辰丙	5月22	亥丁	4月23	午戊	3月24	子戊	2月23	未己	八廿
8月19	辰丙	7月21	亥丁	6月21	巳丁	5月23	子戊	4月24	未己	3月25	丑己	2月24	申庚	九廿
				6月22	午戊					3月26	寅庚			十三

西元1990年

月別	月二十曆農		月一十曆農		月十曆農		月九曆農		月八曆農		月七曆農	
干支	丑	己	子	戊	亥	丁	戌	丙	酉	乙	申	甲
節	春立	寒大	寒小	至冬	雪大	雪小	冬立	降霜	露寒	分秋	露白	暑處
氣	二十申時 16時8分	初五亥時 21時48分	廿一寅時 4時28分	初六午時 11時8分	廿一酉時 17時14分	初六亥時 21時47分	廿二子時 0時23分	初七子時 0時14分	二十亥時 21時13分	初五未時 14時55分	二十卯時 5時38分	初四酉時 17時20分
農曆	曆國	支干	曆國	支干	曆國	支干	曆國	支干	曆國	支干	曆國	支干
初一	1月16	戌丙	12月17	辰丙	11月17	戌丙	10月18	辰丙	9月19	亥丁	8月20	巳丁
初二	1月17	亥丁	12月18	巳丁	11月18	亥丁	10月19	巳丁	9月20	子戊	8月21	午戊
初三	1月18	子戊	12月19	午戊	11月19	子戊	10月20	午戊	9月21	丑己	8月22	未己
初四	1月19	丑己	12月20	未己	11月20	丑己	10月21	未己	9月22	寅庚	8月23	申庚
初五	1月20	寅庚	12月21	申庚	11月21	寅庚	10月22	申庚	9月23	卯辛	8月24	酉辛
初六	1月21	卯辛	12月22	酉辛	11月22	卯辛	10月23	酉辛	9月24	辰壬	8月25	戌壬
初七	1月22	辰壬	12月23	戌壬	11月23	辰壬	10月24	戌壬	9月25	巳癸	8月26	亥癸
初八	1月23	巳癸	12月24	亥癸	11月24	巳癸	10月25	亥癸	9月26	午甲	8月27	子甲
初九	1月24	午甲	12月25	子甲	11月25	午甲	10月26	子甲	9月27	未乙	8月28	丑乙
初十	1月25	未乙	12月26	丑乙	11月26	未乙	10月27	丑乙	9月28	申丙	8月29	寅丙
十一	1月26	申丙	12月27	寅丙	11月27	申丙	10月28	寅丙	9月29	酉丁	8月30	卯丁
十二	1月27	酉丁	12月28	卯丁	11月28	酉丁	10月29	卯丁	9月30	戌戊	8月31	辰戊
十三	1月28	戌戊	12月29	辰戊	11月29	戌戊	10月30	辰戊	10月 1	亥己	9月 1	巳己
十四	1月29	亥己	12月30	巳己	11月30	亥己	10月31	巳己	10月 2	子庚	9月 2	午庚
十五	1月30	子庚	12月31	午庚	12月 1	子庚	11月 1	午庚	10月 3	丑辛	9月 3	未辛
十六	1月31	丑辛	1月 1	未辛	12月 2	丑辛	11月 2	未辛	10月 4	寅壬	9月 4	申壬
十七	2月 1	寅壬	1月 2	申壬	12月 3	寅壬	11月 3	申壬	10月 5	卯癸	9月 5	酉癸
十八	2月 2	卯癸	1月 3	酉癸	12月 4	卯癸	11月 4	酉癸	10月 6	辰甲	9月 6	戌甲
十九	2月 3	辰甲	1月 4	戌甲	12月 5	辰甲	11月 5	戌甲	10月 7	巳乙	9月 7	亥乙
二十	2月 4	巳乙	1月 5	亥乙	12月 6	巳乙	11月 6	亥乙	10月 8	午丙	9月 8	子丙
廿一	2月 5	午丙	1月 6	子丙	12月 7	午丙	11月 7	子丙	10月 9	未丁	9月 9	丑丁
廿二	2月 6	未丁	1月 7	丑丁	12月 8	未丁	11月 8	丑丁	10月10	申戊	9月10	寅戊
廿三	2月 7	申戊	1月 8	寅戊	12月 9	申戊	11月 9	寅戊	10月11	酉己	9月11	卯己
廿四	2月 8	酉己	1月 9	卯己	12月10	酉己	11月10	卯己	10月12	戌庚	9月12	辰庚
廿五	2月 9	戌庚	1月10	辰庚	12月11	戌庚	11月11	辰庚	10月13	亥辛	9月13	巳辛
廿六	2月10	亥辛	1月11	巳辛	12月12	亥辛	11月12	巳辛	10月14	子壬	9月14	午壬
廿七	2月11	子壬	1月12	午壬	12月13	子壬	11月13	午壬	10月15	丑癸	9月15	未癸
廿八	2月12	丑癸	1月13	未癸	12月14	丑癸	11月14	未癸	10月16	寅甲	9月16	申甲
廿九	2月13	寅甲	1月14	申甲	12月15	寅甲	11月15	申甲	10月17	卯乙	9月17	酉乙
三十	2月14	卯乙	1月15	酉乙	12月16	卯乙	11月16	酉乙			9月18	戌丙

西元1991年

中華民國八十年 歲次 辛未《羊》

西元一九九一年 太歲 姓李名素

月六曆農		月五曆農		月四曆農		月三曆農		月二曆農		月正曆農		別月
未	乙	午	甲	巳	癸	辰	壬	卯	辛	寅	庚	支干
秋立	暑大	暑小	至夏	種芒	滿小	夏立	雨穀	明清	分春	蟄驚	水雨	節
廿八辰時 8時36分	十二申時 16時11分	廿六亥時 22時52分	十一卯時 5時19分	廿四午時 12時37分	初八亥時 21時21分	廿二辰時 8時27分	初六亥時 22時9分	廿一申時 15時9分	初六午時 11時6分	二十巳時 10時12分	初五午時 11時59分	氣
曆國	支干	曆國	支干	曆國	支干	曆國	支干	曆國	支干	曆國	支干	曆農
7月12	未癸	6月12	丑癸	5月14	申甲	4月15	卯乙	3月16	酉乙	2月15	辰丙	一初
7月13	申甲	6月13	寅甲	5月15	酉乙	4月16	辰丙	3月17	戌丙	2月16	巳丁	二初
7月14	酉乙	6月14	卯乙	5月16	戌丙	4月17	巳丁	3月18	亥丁	2月17	午戊	三初
7月15	戌丙	6月15	辰丙	5月17	亥丁	4月18	午戊	3月19	子戊	2月18	未己	四初
7月16	亥丁	6月16	巳丁	5月18	子戊	4月19	未己	3月20	丑己	2月19	申庚	五初
7月17	子戊	6月17	午戊	5月19	丑己	4月20	申庚	3月21	寅庚	2月20	酉辛	六初
7月18	丑己	6月18	未己	5月20	寅庚	4月21	酉辛	3月22	卯辛	2月21	戌壬	七初
7月19	寅庚	6月19	申庚	5月21	卯辛	4月22	戌壬	3月23	辰壬	2月22	亥癸	八初
7月20	卯辛	6月20	酉辛	5月22	辰壬	4月23	亥癸	3月24	巳癸	2月23	子甲	九初
7月21	辰壬	6月21	戌壬	5月23	巳癸	4月24	子甲	3月25	午甲	2月24	丑乙	十初
7月22	巳癸	6月22	亥癸	5月24	午甲	4月25	丑乙	3月26	未乙	2月25	寅丙	一十
7月23	午甲	6月23	子甲	5月25	未乙	4月26	寅丙	3月27	申丙	2月26	卯丁	二十
7月24	未乙	6月24	丑乙	5月26	申丙	4月27	卯丁	3月28	酉丁	2月27	辰戊	三十
7月25	申丙	6月25	寅丙	5月27	酉丁	4月28	辰戊	3月29	戌戊	2月28	巳己	四十
7月26	酉丁	6月26	卯丁	5月28	戌戊	4月29	巳己	3月30	亥己	3月 1	午庚	五十
7月27	戌戊	6月27	辰戊	5月29	亥己	4月30	午庚	3月31	子庚	3月 2	未辛	六十
7月28	亥己	6月28	巳己	5月30	子庚	5月 1	未辛	4月 1	丑辛	3月 3	申壬	七十
7月29	子庚	6月29	午庚	5月31	丑辛	5月 2	申壬	4月 2	寅壬	3月 4	酉癸	八十
7月30	丑辛	6月30	未辛	6月 1	寅壬	5月 3	酉癸	4月 3	卯癸	3月 5	戌甲	九十
7月31	寅壬	7月 1	申壬	6月 2	卯癸	5月 4	戌甲	4月 4	辰甲	3月 6	亥乙	十二
8月 1	卯癸	7月 2	酉癸	6月 3	辰甲	5月 5	亥乙	4月 5	巳乙	3月 7	子丙	一廿
8月 2	辰甲	7月 3	戌甲	6月 4	巳乙	5月 6	子丙	4月 6	午丙	3月 8	丑丁	二廿
8月 3	巳乙	7月 4	亥乙	6月 5	午丙	5月 7	丑丁	4月 7	未丁	3月 9	寅戊	三廿
8月 4	午丙	7月 5	子丙	6月 6	未丁	5月 8	寅戊	4月 8	申戊	3月10	卯己	四廿
8月 5	未丁	7月 6	丑丁	6月 7	申戊	5月 9	卯己	4月 9	酉己	3月11	辰庚	五廿
8月 6	申戊	7月 7	寅戊	6月 8	酉己	5月10	辰庚	4月10	戌庚	3月12	巳辛	六廿
8月 7	酉己	7月 8	卯己	6月 9	戌庚	5月11	巳辛	4月11	亥辛	3月13	午壬	七廿
8月 8	戌庚	7月 9	辰庚	6月10	亥辛	5月12	午壬	4月12	子壬	3月14	未癸	八廿
8月 9	亥辛	7月10	巳辛	6月11	子壬	5月13	未癸	4月13	丑癸	3月15	申甲	九廿
		7月11	午壬					4月14	寅甲			十三

西元1991年

月別	月二十曆農		月一十曆農		月十曆農		月九曆農		月八曆農		月七曆農	
干支	丑	辛	子	庚	亥	己	戌	戊	酉	丁	申	丙
節	寒大	寒小	至冬	雪大	雪小	冬立	降霜	露寒	分秋	露白	暑處	
氣	十七寅時 3時32分	初二巳時 10時9分	十七申時 16時53分	初二亥時 22時56分	十八寅時 3時36分	初三卯時 6時8分	十七卯時 6時5分	初二寅時 3時1分	十六戌時 20時48分	初一午時 11時27分	十五夜子 23時14分	
農曆	曆國	支干	曆國	支干	曆國	支干	曆國	支干	曆國	支干	曆國	支干
初一	1月 5	辰庚	12月 6	戌庚	11月 6	辰庚	10月 8	亥辛	9月 8	巳辛	8月10	子壬
初二	1月 6	巳辛	12月 7	亥辛	11月 7	巳辛	10月 9	子壬	9月 9	午壬	8月11	丑癸
初三	1月 7	午壬	12月 8	子壬	11月 8	午壬	10月10	丑癸	9月10	未癸	8月12	寅甲
初四	1月 8	未癸	12月 9	丑癸	11月 9	未癸	10月11	寅甲	9月11	申甲	8月13	卯乙
初五	1月 9	申甲	12月10	寅甲	11月10	申甲	10月12	卯乙	9月12	酉乙	8月14	辰丙
初六	1月10	酉乙	12月11	卯乙	11月11	酉乙	10月13	辰丙	9月13	戌丙	8月15	巳丁
初七	1月11	戌丙	12月12	辰丙	11月12	戌丙	10月14	巳丁	9月14	亥丁	8月16	午戊
初八	1月12	亥丁	12月13	巳丁	11月13	亥丁	10月15	午戊	9月15	子戊	8月17	未己
初九	1月13	子戊	12月14	午戊	11月14	子戊	10月16	未己	9月16	丑己	8月18	申庚
初十	1月14	丑己	12月15	未己	11月15	丑己	10月17	申庚	9月17	寅庚	8月19	酉辛
十一	1月15	寅庚	12月16	申庚	11月16	寅庚	10月18	酉辛	9月18	卯辛	8月20	戌壬
十二	1月16	卯辛	12月17	酉辛	11月17	卯辛	10月19	戌壬	9月19	辰壬	8月21	亥癸
十三	1月17	辰壬	12月18	戌壬	11月18	辰壬	10月20	亥癸	9月20	巳癸	8月22	子甲
十四	1月18	巳癸	12月19	亥癸	11月19	巳癸	10月21	子甲	9月21	午甲	8月23	丑乙
十五	1月19	午甲	12月20	子甲	11月20	午甲	10月22	丑乙	9月22	未乙	8月24	寅丙
十六	1月20	未乙	12月21	丑乙	11月21	未乙	10月23	寅丙	9月23	申丙	8月25	卯丁
十七	1月21	申丙	12月22	寅丙	11月22	申丙	10月24	卯丁	9月24	酉丁	8月26	辰戊
十八	1月22	酉丁	12月23	卯丁	11月23	酉丁	10月25	辰戊	9月25	戌戊	8月27	巳己
十九	1月23	戌戊	12月24	辰戊	11月24	戌戊	10月26	巳己	9月26	亥己	8月28	午庚
二十	1月24	亥己	12月25	巳己	11月25	亥己	10月27	午庚	9月27	子庚	8月29	未辛
廿一	1月25	子庚	12月26	午庚	11月26	子庚	10月28	未辛	9月28	丑辛	8月30	申壬
廿二	1月26	丑辛	12月27	未辛	11月27	丑辛	10月29	申壬	9月29	寅壬	8月31	酉癸
廿三	1月27	寅壬	12月28	申壬	11月28	寅壬	10月30	酉癸	9月30	卯癸	9月 1	戌甲
廿四	1月28	卯癸	12月29	酉癸	11月29	卯癸	10月31	戌甲	10月 1	辰甲	9月 2	亥乙
廿五	1月29	辰甲	12月30	戌甲	11月30	辰甲	11月 1	亥乙	10月 2	巳乙	9月 3	子丙
廿六	1月30	巳乙	12月31	亥乙	12月 1	巳乙	11月 2	子丙	10月 3	午丙	9月 4	丑丁
廿七	1月31	午丙	1月 1	子丙	12月 2	午丙	11月 3	丑丁	10月 4	未丁	9月 5	寅戊
廿八	2月 1	未丁	1月 2	丑丁	12月 3	未丁	11月 4	寅戊	10月 5	申戊	9月 6	卯己
廿九	2月 2	申戊	1月 3	寅戊	12月 4	申戊	11月 5	卯己	10月 6	酉己	9月 7	辰庚
三十	2月 3	酉己	1月 4	卯己	12月 5	酉己			10月 7	戌庚		

中華民國八十一年 歲次 壬申《猴》

西元一九九二年 太歲 姓劉名旺

月六曆農		月五曆農		月四曆農		月三曆農		月二曆農		月正曆農		別月
未	丁	午	丙	巳	乙	辰	甲	卯	癸	寅	壬	支干
暑大	暑小	至夏	種芒	滿小	夏立	雨穀	明清	分春	蟄驚	水雨	春立	節氣
廿三亥時 22時9分	初八寅時 4時40分	廿一午時 11時14分	初五酉時 18時24分	十九寅時 3時12分	初三未時 14時9分	十八寅時 3時57分	初二戌時 20時45分	十七申時 16時49分	初二申時 15時52分	十六酉時 17時44分	初一亥時 21時48分	
曆國	支干	曆國	支干	曆國	支干	曆國	支干	曆國	支干	曆國	支干	曆農
6月30	丑丁	6月 1	申戊	5月 3	卯己	4月 3	酉己	3月 4	卯己	2月 4	戌庚	一初
7月 1	寅戊	6月 2	酉己	5月 4	辰庚	4月 4	戌庚	3月 5	辰庚	2月 5	亥辛	二初
7月 2	卯己	6月 3	戌庚	5月 5	巳辛	4月 5	亥辛	3月 6	巳辛	2月 6	子壬	三初
7月 3	辰庚	6月 4	亥辛	5月 6	午壬	4月 6	子壬	3月 7	午壬	2月 7	丑癸	四初
7月 4	巳辛	6月 5	子壬	5月 7	未癸	4月 7	丑癸	3月 8	未癸	2月 8	寅甲	五初
7月 5	午壬	6月 6	丑癸	5月 8	申甲	4月 8	寅甲	3月 9	申甲	2月 9	卯乙	六初
7月 6	未癸	6月 7	寅甲	5月 9	酉乙	4月 9	卯乙	3月10	酉乙	2月10	辰丙	七初
7月 7	申甲	6月 8	卯乙	5月10	戌丙	4月10	辰丙	3月11	戌丙	2月11	巳丁	八初
7月 8	酉乙	6月 9	辰丙	5月11	亥丁	4月11	巳丁	3月12	亥丁	2月12	午戊	九初
7月 9	戌丙	6月10	巳丁	5月12	子戊	4月12	午戊	3月13	子戊	2月13	未己	十初
7月10	亥丁	6月11	午戊	5月13	丑己	4月13	未己	3月14	丑己	2月14	申庚	一十
7月11	子戊	6月12	未己	5月14	寅庚	4月14	申庚	3月15	寅庚	2月15	酉辛	二十
7月12	丑己	6月13	申庚	5月15	卯辛	4月15	酉辛	3月16	卯辛	2月16	戌壬	三十
7月13	寅庚	6月14	酉辛	5月16	辰壬	4月16	戌壬	3月17	辰壬	2月17	亥癸	四十
7月14	卯辛	6月15	戌壬	5月17	巳癸	4月17	亥癸	3月18	巳癸	2月18	子甲	五十
7月15	辰壬	6月16	亥癸	5月18	午甲	4月18	子甲	3月19	午甲	2月19	丑乙	六十
7月16	巳癸	6月17	子甲	5月19	未乙	4月19	丑乙	3月20	未乙	2月20	寅丙	七十
7月17	午甲	6月18	丑乙	5月20	申丙	4月20	寅丙	3月21	申丙	2月21	卯丁	八十
7月18	未乙	6月19	寅丙	5月21	酉丁	4月21	卯丁	3月22	酉丁	2月22	辰戊	九十
7月19	申丙	6月20	卯丁	5月22	戌戊	4月22	辰戊	3月23	戌戊	2月23	巳己	十二
7月20	酉丁	6月21	辰戊	5月23	亥己	4月23	巳己	3月24	亥己	2月24	午庚	一廿
7月21	戌戊	6月22	巳己	5月24	子庚	4月24	午庚	3月25	子庚	2月25	未辛	二廿
7月22	亥己	6月23	午庚	5月25	丑辛	4月25	未辛	3月26	丑辛	2月26	申壬	三廿
7月23	子庚	6月24	未辛	5月26	寅壬	4月26	申壬	3月27	寅壬	2月27	酉癸	四廿
7月24	丑辛	6月25	申壬	5月27	卯癸	4月27	酉癸	3月28	卯癸	2月28	戌甲	五廿
7月25	寅壬	6月26	酉癸	5月28	辰甲	4月28	戌甲	3月29	辰甲	2月29	亥乙	六廿
7月26	卯癸	6月27	戌甲	5月29	巳乙	4月29	亥乙	3月30	巳乙	3月 1	子丙	七廿
7月27	辰甲	6月28	亥乙	5月30	午丙	4月30	子丙	3月31	午丙	3月 2	丑丁	八廿
7月28	巳乙	6月29	子丙	5月31	未丁	5月 1	丑丁	4月 1	未丁	3月 3	寅戊	九廿
7月29	午丙					5月 2	寅戊	4月 2	申戊			十三

西元1992年

月別	月二十曆農		月一十曆農		月十曆農		月九曆農		月八曆農		月七曆農	
干支	丑	癸	子	壬	亥	辛	戌	庚	酉	己	申	戊
節	寒大	寒小	至冬	雪大	雪小	冬立	降霜	露寒	分秋	露白	暑處	秋立
氣	廿八巳時 9時23分	十三申時 15時57分	廿八亥時 22時40分	十四寅時 4時44分	廿八巳時 9時27分	十三午時 11時57分	廿八午時 11時57分	十三辰時 8時52分	廿七丑時 2時42分	十一酉時 17時19分	廿五卯時 5時9分	初九申時 14時28分
農曆	曆國	支干	曆國	支干	曆國	支干	曆國	支干	曆國	支干	曆國	支干
初一	12月24	戌甲	11月24	辰甲	10月26	亥乙	9月26	巳乙	8月28	子丙	7月30	未丁
初二	12月25	亥乙	11月25	巳乙	10月27	子丙	9月27	午丙	8月29	丑丁	7月31	申戊
初三	12月26	子丙	11月26	午丙	10月28	丑丁	9月28	未丁	8月30	寅戊	8月 1	酉己
初四	12月27	丑丁	11月27	未丁	10月29	寅戊	9月29	申戊	8月31	卯己	8月 2	戌庚
初五	12月28	寅戊	11月28	申戊	10月30	卯己	9月30	酉己	9月 1	辰庚	8月 3	亥辛
初六	12月29	卯己	11月29	酉己	10月31	辰庚	10月 1	戌庚	9月 2	巳辛	8月 4	子壬
初七	12月30	辰庚	11月30	戌庚	11月 1	巳辛	10月 2	亥辛	9月 3	午壬	8月 5	丑癸
初八	12月31	巳辛	12月 1	亥辛	11月 2	午壬	10月 3	子壬	9月 4	未癸	8月 6	寅甲
初九	1月 1	午壬	12月 2	子壬	11月 3	未癸	10月 4	丑癸	9月 5	申甲	8月 7	卯乙
初十	1月 2	未癸	12月 3	丑癸	11月 4	申甲	10月 5	寅甲	9月 6	酉乙	8月 8	辰丙
十一	1月 3	申甲	12月 4	寅甲	11月 5	酉乙	10月 6	卯乙	9月 7	戌丙	8月 9	巳丁
十二	1月 4	酉乙	12月 5	卯乙	11月 6	戌丙	10月 7	辰丙	9月 8	亥丁	8月10	午戊
十三	1月 5	戌丙	12月 6	辰丙	11月 7	亥丁	10月 8	巳丁	9月 9	子戊	8月11	未己
十四	1月 6	亥丁	12月 7	巳丁	11月 8	子戊	10月 9	午戊	9月10	丑己	8月12	申庚
十五	1月 7	子戊	12月 8	午戊	11月 9	丑己	10月10	未己	9月11	寅庚	8月13	酉辛
十六	1月 8	丑己	12月 9	未己	11月10	寅庚	10月11	申庚	9月12	卯辛	8月14	戌壬
十七	1月 9	寅庚	12月10	申庚	11月11	卯辛	10月12	酉辛	9月13	辰壬	8月15	亥癸
十八	1月10	卯辛	12月11	酉辛	11月12	辰壬	10月13	戌壬	9月14	巳癸	8月16	子甲
十九	1月11	辰壬	12月12	戌壬	11月13	巳癸	10月14	亥癸	9月15	午甲	8月17	丑乙
二十	1月12	巳癸	12月13	亥癸	11月14	午甲	10月15	子甲	9月16	未乙	8月18	寅丙
廿一	1月13	午甲	12月14	子甲	11月15	未乙	10月16	丑乙	9月17	申丙	8月19	卯丁
廿二	1月14	未乙	12月15	丑乙	11月16	申丙	10月17	寅丙	9月18	酉丁	8月20	辰戊
廿三	1月15	申丙	12月16	寅丙	11月17	酉丁	10月18	卯丁	9月19	戌戊	8月21	巳己
廿四	1月16	酉丁	12月17	卯丁	11月18	戌戊	10月19	辰戊	9月20	亥己	8月22	午庚
廿五	1月17	戌戊	12月18	辰戊	11月19	亥己	10月20	巳己	9月21	子庚	8月23	未辛
廿六	1月18	亥己	12月19	巳己	11月20	子庚	10月21	午庚	9月22	丑辛	8月24	申壬
廿七	1月19	子庚	12月20	午庚	11月21	丑辛	10月22	未辛	9月23	寅壬	8月25	酉癸
廿八	1月20	丑辛	12月21	未辛	11月22	寅壬	10月23	申壬	9月24	卯癸	8月26	戌甲
廿九	1月21	寅壬	12月22	申壬	11月23	卯癸	10月24	酉癸	9月25	辰甲	8月27	亥乙
三十	1月22	卯癸	12月23	酉癸			10月25	戌甲				

中華民國八十二年 歲次 癸酉《雞》

西元一九九三年 太歲 姓康名忠

月六曆農		月五曆農		月四曆農		月三閏曆農		月三曆農		月二曆農		月正曆農		別月
未	己	午	戊	巳	丁			辰	丙	卯	乙	寅	甲	支干
秋立	暑大	暑小	至夏	種芒	滿小	夏立		雨穀	明清	分春	蟄驚	水雨	春立	節
二十戌時 20時17分	初五寅時 3時52分	十八巳時 10時31分	初二酉時 17時0分	十七子時 0時15分	初一巳時 9時2分	十四戌時 20時2分		廿九巳時 9時49分	十四丑時 2時36分	廿八亥時 22時41分	十三亥時 21時42分	廿七夜子時 23時35分	十三寅時 3時43分	氣
曆國	支干	曆國	支干	曆國	支干	曆國	支干	曆國	支干	曆國	支干	曆國	支干	曆農
7月19	丑辛	6月20	申壬	5月21	寅壬	4月22	酉癸	3月23	卯癸	2月21	酉癸	1月23	辰甲	一初
7月20	寅壬	6月21	酉癸	5月22	卯癸	4月23	戌甲	3月24	辰甲	2月22	戌甲	1月24	巳乙	二初
7月21	卯癸	6月22	戌甲	5月23	辰甲	4月24	亥乙	3月25	巳乙	2月23	亥乙	1月25	午丙	三初
7月22	辰甲	6月23	亥乙	5月24	巳乙	4月25	子丙	3月26	午丙	2月24	子丙	1月26	未丁	四初
7月23	巳乙	6月24	子丙	5月25	午丙	4月26	丑丁	3月27	未丁	2月25	丑丁	1月27	申戊	五初
7月24	午丙	6月25	丑丁	5月26	未丁	4月27	寅戊	3月28	申戊	2月26	寅戊	1月28	酉己	六初
7月25	未丁	6月26	寅戊	5月27	申戊	4月28	卯己	3月29	酉己	2月27	卯己	1月29	戌庚	七初
7月26	申戊	6月27	卯己	5月28	酉己	4月29	辰庚	3月30	戌庚	2月28	辰庚	1月30	亥辛	八初
7月27	酉己	6月28	辰庚	5月29	戌庚	4月30	巳辛	3月31	亥辛	3月 1	巳辛	1月31	子壬	九初
7月28	戌庚	6月29	巳辛	5月30	亥辛	5月 1	午壬	4月 1	子壬	3月 2	午壬	2月 1	丑癸	十初
7月29	亥辛	6月30	午壬	5月31	子壬	5月 2	未癸	4月 2	丑癸	3月 3	未癸	2月 2	寅甲	一十
7月30	子壬	7月 1	未癸	6月 1	丑癸	5月 3	申甲	4月 3	寅甲	3月 4	申甲	2月 3	卯乙	二十
7月31	丑癸	7月 2	申甲	6月 2	寅甲	5月 4	酉乙	4月 4	卯乙	3月 5	酉乙	2月 4	辰丙	三十
8月 1	寅甲	7月 3	酉乙	6月 3	卯乙	5月 5	戌丙	4月 5	辰丙	3月 6	戌丙	2月 5	巳丁	四十
8月 2	卯乙	7月 4	戌丙	6月 4	辰丙	5月 6	亥丁	4月 6	巳丁	3月 7	亥丁	2月 6	午戊	五十
8月 3	辰丙	7月 5	亥丁	6月 5	巳丁	5月 7	子戊	4月 7	午戊	3月 8	子戊	2月 7	未己	六十
8月 4	巳丁	7月 6	子戊	6月 6	午戊	5月 8	丑己	4月 8	未己	3月 9	丑己	2月 8	申庚	七十
8月 5	午戊	7月 7	丑己	6月 7	未己	5月 9	寅庚	4月 9	申庚	3月10	寅庚	2月 9	酉辛	八十
8月 6	未己	7月 8	寅庚	6月 8	申庚	5月10	卯辛	4月10	酉辛	3月11	卯辛	2月10	戌壬	九十
8月 7	申庚	7月 9	卯辛	6月 9	酉辛	5月11	辰壬	4月11	戌壬	3月12	辰壬	2月11	亥癸	十二
8月 8	酉辛	7月10	辰壬	6月10	戌壬	5月12	巳癸	4月12	亥癸	3月13	巳癸	2月12	子甲	一廿
8月 9	戌壬	7月11	巳癸	6月11	亥癸	5月13	午甲	4月13	子甲	3月14	午甲	2月13	丑乙	二廿
8月10	亥癸	7月12	午甲	6月12	子甲	5月14	未乙	4月14	丑乙	3月15	未乙	2月14	寅丙	三廿
8月11	子甲	7月13	未乙	6月13	丑乙	5月15	申丙	4月15	寅丙	3月16	申丙	2月15	卯丁	四廿
8月12	丑乙	7月14	申丙	6月14	寅丙	5月16	酉丁	4月16	卯丁	3月17	酉丁	2月16	辰戊	五廿
8月13	寅丙	7月15	酉丁	6月15	卯丁	5月17	戌戊	4月17	辰戊	3月18	戌戊	2月17	巳己	六廿
8月14	卯丁	7月16	戌戊	6月16	辰戊	5月18	亥己	4月18	巳己	3月19	亥己	2月18	午庚	七廿
8月15	辰戊	7月17	亥己	6月17	巳己	5月19	子庚	4月19	午庚	3月20	子庚	2月19	未辛	八廿
8月16	巳己	7月18	子庚	6月18	午庚	5月20	丑辛	4月20	未辛	3月21	丑辛	2月20	申壬	九廿
8月17	午庚			6月19	未辛			4月21	申壬	3月22	寅壬			十三

西元1993年

月別	月二十曆農		月一十曆農		月十曆農		月九曆農		月八曆農		月七曆農	
干支	丑	乙	子	甲	亥	癸	戌	壬	酉	辛	申	庚
節	春立	寒大	寒小	至冬	雪大	雪小	冬立	降霜	露寒	分秋	露白	暑處
氣	9 廿 時 四 33 巳 分 時	15 初 時 九 7 申 分 時	21 廿 時 四 46 亥 分 時	4 初 時 十 29 寅 分 時	10 廿 時 四 33 巳 分 時	15 初 時 九 7 申 分 時	17 廿 時 四 46 酉 分 時	17 初 時 九 37 酉 分 時	14 廿 時 三 41 未 分 時	8 初 時 八 23 辰 分 時	23 廿 時 一 7 夜 分 子	10 初 時 六 51 巳 分 時
農曆	曆國	支干	曆國	支干	曆國	支干	曆國	支干	曆國	支干	曆國	支干
初一	1月12	戌戊	12月13	辰戊	11月14	亥己	10月15	巳己	9月16	子庚	8月18	未辛
初二	1月13	亥己	12月14	巳己	11月15	子庚	10月16	午庚	9月17	丑辛	8月19	申壬
初三	1月14	子庚	12月15	午庚	11月16	丑辛	10月17	未辛	9月18	寅壬	8月20	酉癸
初四	1月15	丑辛	12月16	未辛	11月17	寅壬	10月18	申壬	9月19	卯癸	8月21	戌甲
初五	1月16	寅壬	12月17	申壬	11月18	卯癸	10月19	酉癸	9月20	辰甲	8月22	亥乙
初六	1月17	卯癸	12月18	酉癸	11月19	辰甲	10月20	戌甲	9月21	巳乙	8月23	子丙
初七	1月18	辰甲	12月19	戌甲	11月20	巳乙	10月21	亥乙	9月22	午丙	8月24	丑丁
初八	1月19	巳乙	12月20	亥乙	11月21	午丙	10月22	子丙	9月23	未丁	8月25	寅戊
初九	1月20	午丙	12月21	子丙	11月22	未丁	10月23	丑丁	9月24	申戊	8月26	卯己
初十	1月21	未丁	12月22	丑丁	11月23	申戊	10月24	寅戊	9月25	酉己	8月27	辰庚
十一	1月22	申戊	12月23	寅戊	11月24	酉己	10月25	卯己	9月26	戌庚	8月28	巳辛
十二	1月23	酉己	12月24	卯己	11月25	戌庚	10月26	辰庚	9月27	亥辛	8月29	午壬
十三	1月24	戌庚	12月25	辰庚	11月26	亥辛	10月27	巳辛	9月28	子壬	8月30	未癸
十四	1月25	亥辛	12月26	巳辛	11月27	子壬	10月28	午壬	9月29	丑癸	8月31	申甲
十五	1月26	子壬	12月27	午壬	11月28	丑癸	10月29	未癸	9月30	寅甲	9月 1	酉乙
十六	1月27	丑癸	12月28	未癸	11月29	寅甲	10月30	申甲	10月 1	卯乙	9月 2	戌丙
十七	1月28	寅甲	12月29	申甲	11月30	卯乙	10月31	酉乙	10月 2	辰丙	9月 3	亥丁
十八	1月29	卯乙	12月30	酉乙	12月 1	辰丙	11月 1	戌丙	10月 3	巳丁	9月 4	子戊
十九	1月30	辰丙	12月31	戌丙	12月 2	巳丁	11月 2	亥丁	10月 4	午戊	9月 5	丑己
二十	1月31	巳丁	1月 1	亥丁	12月 3	午戊	11月 3	子戊	10月 5	未己	9月 6	寅庚
廿一	2月 1	午戊	1月 2	子戊	12月 4	未己	11月 4	丑己	10月 6	申庚	9月 7	卯辛
廿二	2月 2	未己	1月 3	丑己	12月 5	申庚	11月 5	寅庚	10月 7	酉辛	9月 8	辰壬
廿三	2月 3	申庚	1月 4	寅庚	12月 6	酉辛	11月 6	卯辛	10月 8	戌壬	9月 9	巳癸
廿四	2月 4	酉辛	1月 5	卯辛	12月 7	戌壬	11月 7	辰壬	10月 9	亥癸	9月10	午甲
廿五	2月 5	戌壬	1月 6	辰壬	12月 8	亥癸	11月 8	巳癸	10月10	子甲	9月11	未乙
廿六	2月 6	亥癸	1月 7	巳癸	12月 9	子甲	11月 9	午甲	10月11	丑乙	9月12	申丙
廿七	2月 7	子甲	1月 8	午甲	12月10	丑乙	11月10	未乙	10月12	寅丙	9月13	酉丁
廿八	2月 8	丑乙	1月 9	未乙	12月11	寅丙	11月11	申丙	10月13	卯丁	9月14	戌戊
廿九	2月 9	寅丙	1月10	申丙	12月12	卯丁	11月12	酉丁	10月14	辰戊	9月15	亥己
三十			1月11	酉丁			11月13	戌戊				

中華民國八十三年 歲次 甲戌《狗》

西元一九九四年 太歲 姓誓名廣

月別	農曆正月		農曆二月		農曆三月		農曆四月		農曆五月		農曆六月	
干支	丙寅		丁卯		戊辰		己巳		庚午		辛未	
節氣	雨水	驚蟄	春分	清明	穀雨	立夏	小滿	芒種	夏至	小暑	大暑	
	初十卯時 5時21分	廿五寅時 3時37分	初十寅時 4時30分	廿五辰時 8時31分	初十申時 15時37分	廿六丑時 1時54分	十一未時 14時50分	廿七卯時 6時5分	十三亥時 22時48分	廿九申時 16時19分	十五巳時 9時41分	
農曆	干支	國曆	干支	國曆	干支	國曆	干支	國曆	干支	國曆	干支	國曆
初一	丁卯	2月10	丁酉	3月12	丁卯	4月11	丁酉	5月11	丙寅	6月9	丙申	7月9
初二	戊辰	2月11	戊戌	3月13	戊辰	4月12	戊戌	5月12	丁卯	6月10	丁酉	7月10
初三	己巳	2月12	己亥	3月14	己巳	4月13	己亥	5月13	戊辰	6月11	戊戌	7月11
初四	庚午	2月13	庚子	3月15	庚午	4月14	庚子	5月14	己巳	6月12	己亥	7月12
初五	辛未	2月14	辛丑	3月16	辛未	4月15	辛丑	5月15	庚午	6月13	庚子	7月13
初六	壬申	2月15	壬寅	3月17	壬申	4月16	壬寅	5月16	辛未	6月14	辛丑	7月14
初七	癸酉	2月16	癸卯	3月18	癸酉	4月17	癸卯	5月17	壬申	6月15	壬寅	7月15
初八	甲戌	2月17	甲辰	3月19	甲戌	4月18	甲辰	5月18	癸酉	6月16	癸卯	7月16
初九	乙亥	2月18	乙巳	3月20	乙亥	4月19	乙巳	5月19	甲戌	6月17	甲辰	7月17
初十	丙子	2月19	丙午	3月21	丙子	4月20	丙午	5月20	乙亥	6月18	乙巳	7月18
十一	丁丑	2月20	丁未	3月22	丁丑	4月21	丁未	5月21	丙子	6月19	丙午	7月19
十二	戊寅	2月21	戊申	3月23	戊寅	4月22	戊申	5月22	丁丑	6月20	丁未	7月20
十三	己卯	2月22	己酉	3月24	己卯	4月23	己酉	5月23	戊寅	6月21	戊申	7月21
十四	庚辰	2月23	庚戌	3月25	庚辰	4月24	庚戌	5月24	己卯	6月22	己酉	7月22
十五	辛巳	2月24	辛亥	3月26	辛巳	4月25	辛亥	5月25	庚辰	6月23	庚戌	7月23
十六	壬午	2月25	壬子	3月27	壬午	4月26	壬子	5月26	辛巳	6月24	辛亥	7月24
十七	癸未	2月26	癸丑	3月28	癸未	4月27	癸丑	5月27	壬午	6月25	壬子	7月25
十八	甲申	2月27	甲寅	3月29	甲申	4月28	甲寅	5月28	癸未	6月26	癸丑	7月26
十九	乙酉	2月28	乙卯	3月30	乙酉	4月29	乙卯	5月29	甲申	6月27	甲寅	7月27
二十	丙戌	3月1	丙辰	3月31	丙戌	4月30	丙辰	5月30	乙酉	6月28	乙卯	7月28
廿一	丁亥	3月2	丁巳	4月1	丁亥	5月1	丁巳	5月31	丙戌	6月29	丙辰	7月29
廿二	戊子	3月3	戊午	4月2	戊子	5月2	戊午	6月1	丁亥	6月30	丁巳	7月30
廿三	己丑	3月4	己未	4月3	己丑	5月3	己未	6月2	戊子	7月1	戊午	7月31
廿四	庚寅	3月5	庚申	4月4	庚寅	5月4	庚申	6月3	己丑	7月2	己未	8月1
廿五	辛卯	3月6	辛酉	4月5	辛卯	5月5	辛酉	6月4	庚寅	7月3	庚申	8月2
廿六	壬辰	3月7	壬戌	4月6	壬辰	5月6	壬戌	6月5	辛卯	7月4	辛酉	8月3
廿七	癸巳	3月8	癸亥	4月7	癸巳	5月7	癸亥	6月6	壬辰	7月5	壬戌	8月4
廿八	甲午	3月9	甲子	4月8	甲午	5月8	甲子	6月7	癸巳	7月6	癸亥	8月5
廿九	乙未	3月10	乙丑	4月9	乙未	5月9	乙丑	6月8	甲午	7月7	甲子	8月6
三十	丙申	3月11	丙寅	4月10	丙申	5月10			乙未	7月8		

西元1994年

月別	月二十曆農		月一十曆農		月十曆農		月九曆農		月八曆農		月七曆農	
干支	丑	丁	子	丙	亥	乙	戌	甲	酉	癸	申	壬
節	寒大	寒小	至冬	雪大	雪小	冬立	降霜	露寒	分秋	露白	暑處	秋立
氣	21時1分 二十戌時	3時34分 初六寅時	10時23分 二十巳時	16時24分 初五申時	21時6分 二十亥時	23時36分 初五夜子	23時36分 十九夜子	20時30分 初四戌時	14時19分 十八未時	4時55分 初三寅時	16時43分 十七申時	2時5分 初二丑時
農曆	曆國	支干	曆國	支干	曆國	支干	曆國	支干	曆國	支干	曆國	支干
初一	1月 1	辰壬	12月 3	亥癸	11月 3	巳癸	10月 5	子甲	9月 6	未乙	8月 7	丑乙
初二	1月 2	巳癸	12月 4	子甲	11月 4	午甲	10月 6	丑乙	9月 7	申丙	8月 8	寅丙
初三	1月 3	午甲	12月 5	丑乙	11月 5	未乙	10月 7	寅丙	9月 8	酉丁	8月 9	卯丁
初四	1月 4	未乙	12月 6	寅丙	11月 6	申丙	10月 8	卯丁	9月 9	戌戊	8月10	辰戊
初五	1月 5	申丙	12月 7	卯丁	11月 7	酉丁	10月 9	辰戊	9月10	亥己	8月11	巳己
初六	1月 6	酉丁	12月 8	辰戊	11月 8	戌戊	10月10	巳己	9月11	子庚	8月12	午庚
初七	1月 7	戌戊	12月 9	巳己	11月 9	亥己	10月11	午庚	9月12	丑辛	8月13	未辛
初八	1月 8	亥己	12月10	午庚	11月10	子庚	10月12	未辛	9月13	寅壬	8月14	申壬
初九	1月 9	子庚	12月11	未辛	11月11	丑辛	10月13	申壬	9月14	卯癸	8月15	酉癸
初十	1月10	丑辛	12月12	申壬	11月12	寅壬	10月14	酉癸	9月15	辰甲	8月16	戌甲
十一	1月11	寅壬	12月13	酉癸	11月13	卯癸	10月15	戌甲	9月16	巳乙	8月17	亥乙
十二	1月12	卯癸	12月14	戌甲	11月14	辰甲	10月16	亥乙	9月17	午丙	8月18	子丙
十三	1月13	辰甲	12月15	亥乙	11月15	巳乙	10月17	子丙	9月18	未丁	8月19	丑丁
十四	1月14	巳乙	12月16	子丙	11月16	午丙	10月18	丑丁	9月19	申戊	8月20	寅戊
十五	1月15	午丙	12月17	丑丁	11月17	未丁	10月19	寅戊	9月20	酉己	8月21	卯己
十六	1月16	未丁	12月18	寅戊	11月18	申戊	10月20	卯己	9月21	戌庚	8月22	辰庚
十七	1月17	申戊	12月19	卯己	11月19	酉己	10月21	辰庚	9月22	亥辛	8月23	巳辛
十八	1月18	酉己	12月20	辰庚	11月20	戌庚	10月22	巳辛	9月23	子壬	8月24	午壬
十九	1月19	戌庚	12月21	巳辛	11月21	亥辛	10月23	午壬	9月24	丑癸	8月25	未癸
二十	1月20	亥辛	12月22	午壬	11月22	子壬	10月24	未癸	9月25	寅甲	8月26	申甲
廿一	1月21	子壬	12月23	未癸	11月23	丑癸	10月25	申甲	9月26	卯乙	8月27	酉乙
廿二	1月22	丑癸	12月24	申甲	11月24	寅甲	10月26	酉乙	9月27	辰丙	8月28	戌丙
廿三	1月23	寅甲	12月25	酉乙	11月25	卯乙	10月27	戌丙	9月28	巳丁	8月29	亥丁
廿四	1月24	卯乙	12月26	戌丙	11月26	辰丙	10月28	亥丁	9月29	午戊	8月30	子戊
廿五	1月25	辰丙	12月27	亥丁	11月27	巳丁	10月29	子戊	9月30	未己	8月31	丑己
廿六	1月26	巳丁	12月28	子戊	11月28	午戊	10月30	丑己	10月 1	申庚	9月 1	寅庚
廿七	1月27	午戊	12月29	丑己	11月29	未己	10月31	寅庚	10月 2	酉辛	9月 2	卯辛
廿八	1月28	未己	12月30	寅庚	11月30	申庚	11月 1	卯辛	10月 3	戌壬	9月 3	辰壬
廿九	1月29	申庚	12月31	卯辛	12月 1	酉辛	11月 2	辰壬	10月 4	亥癸	9月 4	巳癸
三十	1月30	酉辛			12月 2	戌壬					9月 5	午甲

中華民國八十四年 歲次 乙亥《豬》

西元一九九五年 太歲 姓伍名保

月別	農曆正月		農曆二月		農曆三月		農曆四月		農曆五月		農曆六月	
干支	戊寅		己卯		庚辰		辛巳		壬午		癸未	
節氣	立春	雨水	驚蟄	春分	清明	穀雨	立夏	小滿	芒種	夏至	小暑	大暑
	初五申時15時14分	二十午時11時14分	初六巳時9時16分	廿一巳時10時13分	初六未時14時9分	廿一亥時21時22分	初七辰時7時31分	廿二戌時20時34分	初九午時11時43分	廿五寅時4時34分	初十亥時22時2分	廿六申時16時30分
農曆	干支	國曆	干支	國曆	干支	國曆	干支	國曆	干支	國曆	干支	國曆
初一	壬戌	1月31	辛卯	3月1	辛酉	3月31	辛卯	4月30	庚申	5月29	庚寅	6月28
初二	癸亥	2月1	壬辰	3月2	壬戌	4月1	壬辰	5月1	辛酉	5月30	辛卯	6月29
初三	甲子	2月2	癸巳	3月3	癸亥	4月2	癸巳	5月2	壬戌	5月31	壬辰	6月30
初四	乙丑	2月3	甲午	3月4	甲子	4月3	甲午	5月3	癸亥	6月1	癸巳	7月1
初五	丙寅	2月4	乙未	3月5	乙丑	4月4	乙未	5月4	甲子	6月2	甲午	7月2
初六	丁卯	2月5	丙申	3月6	丙寅	4月5	丙申	5月5	乙丑	6月3	乙未	7月3
初七	戊辰	2月6	丁酉	3月7	丁卯	4月6	丁酉	5月6	丙寅	6月4	丙申	7月4
初八	己巳	2月7	戊戌	3月8	戊辰	4月7	戊戌	5月7	丁卯	6月5	丁酉	7月5
初九	庚午	2月8	己亥	3月9	己巳	4月8	己亥	5月8	戊辰	6月6	戊戌	7月6
初十	辛未	2月9	庚子	3月10	庚午	4月9	庚子	5月9	己巳	6月7	己亥	7月7
十一	壬申	2月10	辛丑	3月11	辛未	4月10	辛丑	5月10	庚午	6月8	庚子	7月8
十二	癸酉	2月11	壬寅	3月12	壬申	4月11	壬寅	5月11	辛未	6月9	辛丑	7月9
十三	甲戌	2月12	癸卯	3月13	癸酉	4月12	癸卯	5月12	壬申	6月10	壬寅	7月10
十四	乙亥	2月13	甲辰	3月14	甲戌	4月13	甲辰	5月13	癸酉	6月11	癸卯	7月11
十五	丙子	2月14	乙巳	3月15	乙亥	4月14	乙巳	5月14	甲戌	6月12	甲辰	7月12
十六	丁丑	2月15	丙午	3月16	丙子	4月15	丙午	5月15	乙亥	6月13	乙巳	7月13
十七	戊寅	2月16	丁未	3月17	丁丑	4月16	丁未	5月16	丙子	6月14	丙午	7月14
十八	己卯	2月17	戊申	3月18	戊寅	4月17	戊申	5月17	丁丑	6月15	丁未	7月15
十九	庚辰	2月18	己酉	3月19	己卯	4月18	己酉	5月18	戊寅	6月16	戊申	7月16
二十	辛巳	2月19	庚戌	3月20	庚辰	4月19	庚戌	5月19	己卯	6月17	己酉	7月17
廿一	壬午	2月20	辛亥	3月21	辛巳	4月20	辛亥	5月20	庚辰	6月18	庚戌	7月18
廿二	癸未	2月21	壬子	3月22	壬午	4月21	壬子	5月21	辛巳	6月19	辛亥	7月19
廿三	甲申	2月22	癸丑	3月23	癸未	4月22	癸丑	5月22	壬午	6月20	壬子	7月20
廿四	乙酉	2月23	甲寅	3月24	甲申	4月23	甲寅	5月23	癸未	6月21	癸丑	7月21
廿五	丙戌	2月24	乙卯	3月25	乙酉	4月24	乙卯	5月24	甲申	6月22	甲寅	7月22
廿六	丁亥	2月25	丙辰	3月26	丙戌	4月25	丙辰	5月25	乙酉	6月23	乙卯	7月23
廿七	戊子	2月26	丁巳	3月27	丁亥	4月26	丁巳	5月26	丙戌	6月24	丙辰	7月24
廿八	己丑	2月27	戊午	3月28	戊子	4月27	戊午	5月27	丁亥	6月25	丁巳	7月25
廿九	庚寅	2月28	己未	3月29	己丑	4月28	己未	5月28	戊子	6月26	戊午	7月26
三十			庚申	3月30	庚寅	4月29			己丑	6月27		

西元1995年

月別	月二十曆農		月一十曆農		月十曆農		月九曆農		月八閏曆農		月八曆農		月七曆農	
干支	丑	己	子	戊	亥	丁	戌	丙			酉	乙	申	甲
節	春立	寒大	寒小	至冬	雪大	雪小	冬立	降霜	露寒		分秋	露白	暑處	秋立
氣	21時8分 十六亥時	2時53分 初二丑時	9時33分 十六巳時	16時17分 初一申時	22時24分 十六亥時	3時2分 初二寅時	5時35分 十六卯時	5時34分 初一卯時	2時27分 十五丑時		20時12分 廿九戌時	10時49分 十四巳時	22時35分 廿八亥時	7時53分 十三辰時
農曆	曆國	支干	曆國	支干	曆國	支干	曆國	支干	曆國	支干	曆國	支干	曆國	支干
初一	1月20	辰丙	12月22	亥丁	11月22	巳丁	10月24	子戊	9月25	未己	8月26	丑己	7月27	未己
初二	1月21	巳丁	12月23	子戊	11月23	午戊	10月25	丑己	9月26	申庚	8月27	寅庚	7月28	申庚
初三	1月22	午戊	12月24	丑己	11月24	未己	10月26	寅庚	9月27	酉辛	8月28	卯辛	7月29	酉辛
初四	1月23	未己	12月25	寅庚	11月25	申庚	10月27	卯辛	9月28	戌壬	8月29	辰壬	7月30	戌壬
初五	1月24	申庚	12月26	卯辛	11月26	酉辛	10月28	辰壬	9月29	亥癸	8月30	巳癸	7月31	亥癸
初六	1月25	酉辛	12月27	辰壬	11月27	戌壬	10月29	巳癸	9月30	子甲	8月31	午甲	8月 1	子甲
初七	1月26	戌壬	12月28	巳癸	11月28	亥癸	10月30	午甲	10月 1	丑乙	9月 1	未乙	8月 2	丑乙
初八	1月27	亥癸	12月29	午甲	11月29	子甲	10月31	未乙	10月 2	寅丙	9月 2	申丙	8月 3	寅丙
初九	1月28	子甲	12月30	未乙	11月30	丑乙	11月 1	申丙	10月 3	卯丁	9月 3	酉丁	8月 4	卯丁
初十	1月29	丑乙	12月31	申丙	12月 1	寅丙	11月 2	酉丁	10月 4	辰戊	9月 4	戌戊	8月 5	辰戊
十一	1月30	寅丙	1月 1	酉丁	12月 2	卯丁	11月 3	戌戊	10月 5	巳己	9月 5	亥己	8月 6	巳己
十二	1月31	卯丁	1月 2	戌戊	12月 3	辰戊	11月 4	亥己	10月 6	午庚	9月 6	子庚	8月 7	午庚
十三	2月 1	辰戊	1月 3	亥己	12月 4	巳己	11月 5	子庚	10月 7	未辛	9月 7	丑辛	8月 8	未辛
十四	2月 2	巳己	1月 4	子庚	12月 5	午庚	11月 6	丑辛	10月 8	申壬	9月 8	寅壬	8月 9	申壬
十五	2月 3	午庚	1月 5	丑辛	12月 6	未辛	11月 7	寅壬	10月 9	酉癸	9月 9	卯癸	8月10	酉癸
十六	2月 4	未辛	1月 6	寅壬	12月 7	申壬	11月 8	卯癸	10月10	戌甲	9月10	辰甲	8月11	戌甲
十七	2月 5	申壬	1月 7	卯癸	12月 8	酉癸	11月 9	辰甲	10月11	亥乙	9月11	巳乙	8月12	亥乙
十八	2月 6	酉癸	1月 8	辰甲	12月 9	戌甲	11月10	巳乙	10月12	子丙	9月12	午丙	8月13	子丙
十九	2月 7	戌甲	1月 9	巳乙	12月10	亥乙	11月11	午丙	10月13	丑丁	9月13	未丁	8月14	丑丁
二十	2月 8	亥乙	1月10	午丙	12月11	子丙	11月12	未丁	10月14	寅戊	9月14	申戊	8月15	寅戊
廿一	2月 9	子丙	1月11	未丁	12月12	丑丁	11月13	申戊	10月15	卯己	9月15	酉己	8月16	卯己
廿二	2月10	丑丁	1月12	申戊	12月13	寅戊	11月14	酉己	10月16	辰庚	9月16	戌庚	8月17	辰庚
廿三	2月11	寅戊	1月13	酉己	12月14	卯己	11月15	戌庚	10月17	巳辛	9月17	亥辛	8月18	巳辛
廿四	2月12	卯己	1月14	戌庚	12月15	辰庚	11月16	亥辛	10月18	午壬	9月18	子壬	8月19	午壬
廿五	2月13	辰庚	1月15	亥辛	12月16	巳辛	11月17	子壬	10月19	未癸	9月19	丑癸	8月20	未癸
廿六	2月14	巳辛	1月16	子壬	12月17	午壬	11月18	丑癸	10月20	申甲	9月20	寅甲	8月21	申甲
廿七	2月15	午壬	1月17	丑癸	12月18	未癸	11月19	寅甲	10月21	酉乙	9月21	卯乙	8月22	酉乙
廿八	2月16	未癸	1月18	寅甲	12月19	申甲	11月20	卯乙	10月22	戌丙	9月22	辰丙	8月23	戌丙
廿九	2月17	申甲	1月19	卯乙	12月20	酉乙	11月21	辰丙	10月23	亥丁	9月23	巳丁	8月24	亥丁
三十	2月18	酉乙			12月21	戌丙					9月24	午戊	8月25	子戊

中華民國八十五年 歲次 丙子《鼠》

西元一九九六年 太歲 姓郭名嘉

月六曆農		月五曆農		月四曆農		月三曆農		月二曆農		月正曆農		別月
未 乙		午 甲		巳 癸		辰 壬		卯 辛		寅 庚		支干
秋立	暑大	暑小	至夏	種芒	滿小	夏立	雨穀	明清	分春	蟄驚	水雨	節氣
13時49分 廿三未時	21時19分 初七亥時	4時0分 廿二寅時	10時25分 初六巳時	17時41分 二十酉時	2時23分 初五丑時	13時26分 十八未時	3時10分 初三寅時	20時3分 十七戌時	16時3分 初二申時	15時10分 十六申時	17時1分 初一酉時	
曆國	支干	曆國	支干	曆國	支干	曆國	支干	曆國	支干	曆國	支干	曆農
7月16	寅甲	6月16	申甲	5月17	寅甲	4月18	酉乙	3月19	卯乙	2月19	戌丙	一初
7月17	卯乙	6月17	酉乙	5月18	卯乙	4月19	戌丙	3月20	辰丙	2月20	亥丁	二初
7月18	辰丙	6月18	戌丙	5月19	辰丙	4月20	亥丁	3月21	巳丁	2月21	子戊	三初
7月19	巳丁	6月19	亥丁	5月20	巳丁	4月21	子戊	3月22	午戊	2月22	丑己	四初
7月20	午戊	6月20	子戊	5月21	午戊	4月22	丑己	3月23	未己	2月23	寅庚	五初
7月21	未己	6月21	丑己	5月22	未己	4月23	寅庚	3月24	申庚	2月24	卯辛	六初
7月22	申庚	6月22	寅庚	5月23	申庚	4月24	卯辛	3月25	酉辛	2月25	辰壬	七初
7月23	酉辛	6月23	卯辛	5月24	酉辛	4月25	辰壬	3月26	戌壬	2月26	巳癸	八初
7月24	戌壬	6月24	辰壬	5月25	戌壬	4月26	巳癸	3月27	亥癸	2月27	午甲	九初
7月25	亥癸	6月25	巳癸	5月26	亥癸	4月27	午甲	3月28	子甲	2月28	未乙	十初
7月26	子甲	6月26	午甲	5月27	子甲	4月28	未乙	3月29	丑乙	2月29	申丙	一十
7月27	丑乙	6月27	未乙	5月28	丑乙	4月29	申丙	3月30	寅丙	3月 1	酉丁	二十
7月28	寅丙	6月28	申丙	5月29	寅丙	4月30	酉丁	3月31	卯丁	3月 2	戌戊	三十
7月29	卯丁	6月29	酉丁	5月30	卯丁	5月 1	戌戊	4月 1	辰戊	3月 3	亥己	四十
7月30	辰戊	6月30	戌戊	5月31	辰戊	5月 2	亥己	4月 2	巳己	3月 4	子庚	五十
7月31	巳己	7月 1	亥己	6月 1	巳己	5月 3	子庚	4月 3	午庚	3月 5	丑辛	六十
8月 1	午庚	7月 2	子庚	6月 2	午庚	5月 4	丑辛	4月 4	未辛	3月 6	寅壬	七十
8月 2	未辛	7月 3	丑辛	6月 3	未辛	5月 5	寅壬	4月 5	申壬	3月 7	卯癸	八十
8月 3	申壬	7月 4	寅壬	6月 4	申壬	5月 6	卯癸	4月 6	酉癸	3月 8	辰甲	九十
8月 4	酉癸	7月 5	卯癸	6月 5	酉癸	5月 7	辰甲	4月 7	戌甲	3月 9	巳乙	十二
8月 5	戌甲	7月 6	辰甲	6月 6	戌甲	5月 8	巳乙	4月 8	亥乙	3月10	午丙	一廿
8月 6	亥乙	7月 7	巳乙	6月 7	亥乙	5月 9	午丙	4月 9	子丙	3月11	未丁	二廿
8月 7	子丙	7月 8	午丙	6月 8	子丙	5月10	未丁	4月10	丑丁	3月12	申戊	三廿
8月 8	丑丁	7月 9	未丁	6月 9	丑丁	5月11	申戊	4月11	寅戊	3月13	酉己	四廿
8月 9	寅戊	7月10	申戊	6月10	寅戊	5月12	酉己	4月12	卯己	3月14	戌庚	五廿
8月10	卯己	7月11	酉己	6月11	卯己	5月13	戌庚	4月13	辰庚	3月15	亥辛	六廿
8月11	辰庚	7月12	戌庚	6月12	辰庚	5月14	亥辛	4月14	巳辛	3月16	子壬	七廿
8月12	巳辛	7月13	亥辛	6月13	巳辛	5月15	子壬	4月15	午壬	3月17	丑癸	八廿
8月13	午壬	7月14	子壬	6月14	午壬	5月16	丑癸	4月16	未癸	3月18	寅甲	九廿
		7月15	丑癸	6月15	未癸			4月17	申甲			十三

西元1996年

月別	月二十曆農		月一十曆農		月十曆農		月九曆農		月八曆農		月七曆農	
干支	丑	辛	子	庚	亥	己	戌	戊	酉	丁	申	丙
節	春立	寒大	寒小	至冬	雪大	雪小	冬立	降霜	露寒	分秋	露白	暑處
氣	廿七寅時 3時4分	十二辰時 8時36分	廿六申時 15時22分	十一亥時 22時7分	廿七寅時 4時11分	十二辰時 8時50分	廿七午時 11時26分	十二午時 11時18分	廿六辰時 8時18分	十一丑時 2時1分	廿五申時 16時41分	初十寅時 4時23分
農曆	曆國	支干	曆國	支干	曆國	支干	曆國	支干	曆國	支干	曆國	支干
初一	1月 9	亥辛	12月11	午壬	11月11	子壬	10月12	午壬	9月13	丑癸	8月14	未癸
初二	1月10	子壬	12月12	未癸	11月12	丑癸	10月13	未癸	9月14	寅甲	8月15	申甲
初三	1月11	丑癸	12月13	申甲	11月13	寅甲	10月14	申甲	9月15	卯乙	8月16	酉乙
初四	1月12	寅甲	12月14	酉乙	11月14	卯乙	10月15	酉乙	9月16	辰丙	8月17	戌丙
初五	1月13	卯乙	12月15	戌丙	11月15	辰丙	10月16	戌丙	9月17	巳丁	8月18	亥丁
初六	1月14	辰丙	12月16	亥丁	11月16	巳丁	10月17	亥丁	9月18	午戊	8月19	子戊
初七	1月15	巳丁	12月17	子戊	11月17	午戊	10月18	子戊	9月19	未己	8月20	丑己
初八	1月16	午戊	12月18	丑己	11月18	未己	10月19	丑己	9月20	申庚	8月21	寅庚
初九	1月17	未己	12月19	寅庚	11月19	申庚	10月20	寅庚	9月21	酉辛	8月22	卯辛
初十	1月18	申庚	12月20	卯辛	11月20	酉辛	10月21	卯辛	9月22	戌壬	8月23	辰壬
十一	1月19	酉辛	12月21	辰壬	11月21	戌壬	10月22	辰壬	9月23	亥癸	8月24	巳癸
十二	1月20	戌壬	12月22	巳癸	11月22	亥癸	10月23	巳癸	9月24	子甲	8月25	午甲
十三	1月21	亥癸	12月23	午甲	11月23	子甲	10月24	午甲	9月25	丑乙	8月26	未乙
十四	1月22	子甲	12月24	未乙	11月24	丑乙	10月25	未乙	9月26	寅丙	8月27	申丙
十五	1月23	丑乙	12月25	申丙	11月25	寅丙	10月26	申丙	9月27	卯丁	8月28	酉丁
十六	1月24	寅丙	12月26	酉丁	11月26	卯丁	10月27	酉丁	9月28	辰戊	8月29	戌戊
十七	1月25	卯丁	12月27	戌戊	11月27	辰戊	10月28	戌戊	9月29	巳己	8月30	亥己
十八	1月26	辰戊	12月28	亥己	11月28	巳己	10月29	亥己	9月30	午庚	8月31	子庚
十九	1月27	巳己	12月29	子庚	11月29	午庚	10月30	子庚	10月 1	未辛	9月 1	丑辛
二十	1月28	午庚	12月30	丑辛	11月30	未辛	10月31	丑辛	10月 2	申壬	9月 2	寅壬
廿一	1月29	未辛	12月31	寅壬	12月 1	申壬	11月 1	寅壬	10月 3	酉癸	9月 3	卯癸
廿二	1月30	申壬	1月 1	卯癸	12月 2	酉癸	11月 2	卯癸	10月 4	戌甲	9月 4	辰甲
廿三	1月31	酉癸	1月 2	辰甲	12月 3	戌甲	11月 3	辰甲	10月 5	亥乙	9月 5	巳乙
廿四	2月 1	戌甲	1月 3	巳乙	12月 4	亥乙	11月 4	巳乙	10月 6	子丙	9月 6	午丙
廿五	2月 2	亥乙	1月 4	午丙	12月 5	子丙	11月 5	午丙	10月 7	丑丁	9月 7	未丁
廿六	2月 3	子丙	1月 5	未丁	12月 6	丑丁	11月 6	未丁	10月 8	寅戊	9月 8	申戊
廿七	2月 4	丑丁	1月 6	申戊	12月 7	寅戊	11月 7	申戊	10月 9	卯己	9月 9	酉己
廿八	2月 5	寅戊	1月 7	酉己	12月 8	卯己	11月 8	酉己	10月10	辰庚	9月10	戌庚
廿九	2月 6	卯己	1月 8	戌庚	12月 9	辰庚	11月 9	戌庚	10月11	巳辛	9月11	亥辛
三十					12月10	巳辛	11月10	亥辛			9月12	子壬

中華民國八十六年 歲次 丁丑《牛》

西元一九九七年 太歲 姓汪名文

月六曆農		月五曆農		月四曆農		月三曆農		月二曆農		月正曆農		別月
未	丁	午	丙	巳	乙	辰	甲	卯	癸	寅	壬	支干
暑大	暑小	至夏	種芒	滿小		夏立	雨穀	明清	分春	蟄驚	水雨	節
十九寅時 3時47分	初三巳時 10時36分	十七申時 16時54分	初二子時 0時13分	十五辰時 8時48分		廿九戌時 19時51分	十四巳時 9時25分	廿八丑時 2時17分	十二亥時 22時6分	廿七亥時 21時14分	十二亥時 22時53分	氣
曆國	支干	曆國	支干	曆國	支干	曆國	支干	曆國	支干	曆國	支干	曆農
7月 5	申戊	6月 5	寅戊	5月 7	酉己	4月 7	卯己	3月 9	戌庚	2月 7	辰庚	一初
7月 6	酉己	6月 6	卯己	5月 8	戌庚	4月 8	辰庚	3月10	亥辛	2月 8	巳辛	二初
7月 7	戌庚	6月 7	辰庚	5月 9	亥辛	4月 9	巳辛	3月11	子壬	2月 9	午壬	三初
7月 8	亥辛	6月 8	巳辛	5月10	子壬	4月10	午壬	3月12	丑癸	2月10	未癸	四初
7月 9	子壬	6月 9	午壬	5月11	丑癸	4月11	未癸	3月13	寅甲	2月11	申甲	五初
7月10	丑癸	6月10	未癸	5月12	寅甲	4月12	申甲	3月14	卯乙	2月12	酉乙	六初
7月11	寅甲	6月11	申甲	5月13	卯乙	4月13	酉乙	3月15	辰丙	2月13	戌丙	七初
7月12	卯乙	6月12	酉乙	5月14	辰丙	4月14	戌丙	3月16	巳丁	2月14	亥丁	八初
7月13	辰丙	6月13	戌丙	5月15	巳丁	4月15	亥丁	3月17	午戊	2月15	子戊	九初
7月14	巳丁	6月14	亥丁	5月16	午戊	4月16	子戊	3月18	未己	2月16	丑己	十初
7月15	午戊	6月15	子戊	5月17	未己	4月17	丑己	3月19	申庚	2月17	寅庚	一十
7月16	未己	6月16	丑己	5月18	申庚	4月18	寅庚	3月20	酉辛	2月18	卯辛	二十
7月17	申庚	6月17	寅庚	5月19	酉辛	4月19	卯辛	3月21	戌壬	2月19	辰壬	三十
7月18	酉辛	6月18	卯辛	5月20	戌壬	4月20	辰壬	3月22	亥癸	2月20	巳癸	四十
7月19	戌壬	6月19	辰壬	5月21	亥癸	4月21	巳癸	3月23	子甲	2月21	午甲	五十
7月20	亥癸	6月20	巳癸	5月22	子甲	4月22	午甲	3月24	丑乙	2月22	未乙	六十
7月21	子甲	6月21	午甲	5月23	丑乙	4月23	未乙	3月25	寅丙	2月23	申丙	七十
7月22	丑乙	6月22	未乙	5月24	寅丙	4月24	申丙	3月26	卯丁	2月24	酉丁	八十
7月23	寅丙	6月23	申丙	5月25	卯丁	4月25	酉丁	3月27	辰戊	2月25	戌戊	九十
7月24	卯丁	6月24	酉丁	5月26	辰戊	4月26	戌戊	3月28	巳己	2月26	亥己	十二
7月25	辰戊	6月25	戌戊	5月27	巳己	4月27	亥己	3月29	午庚	2月27	子庚	一廿
7月26	巳己	6月26	亥己	5月28	午庚	4月28	子庚	3月30	未辛	2月28	丑辛	二廿
7月27	午庚	6月27	子庚	5月29	未辛	4月29	丑辛	3月31	申壬	3月 1	寅壬	三廿
7月28	未辛	6月28	丑辛	5月30	申壬	4月30	寅壬	4月 1	酉癸	3月 2	卯癸	四廿
7月29	申壬	6月29	寅壬	5月31	酉癸	5月 1	卯癸	4月 2	戌甲	3月 3	辰甲	五廿
7月30	酉癸	6月30	卯癸	6月 1	戌甲	5月 2	辰甲	4月 3	亥乙	3月 4	巳乙	六廿
7月31	戌甲	7月 1	辰甲	6月 2	亥乙	5月 3	巳乙	4月 4	子丙	3月 5	午丙	七廿
8月 1	亥乙	7月 2	巳乙	6月 3	子丙	5月 4	午丙	4月 5	丑丁	3月 6	未丁	八廿
8月 2	子丙	7月 3	午丙	6月 4	丑丁	5月 5	未丁	4月 6	寅戊	3月 7	申戊	九廿
		7月 4	未丁			5月 6	申戊			3月 8	酉己	十三

西元1997年

月別	月二十曆農		月一十曆農		月十曆農		月九曆農		月八曆農		月七曆農	
干支	丑	癸	子	壬	亥	辛	戌	庚	酉	己	申	戊
節	寒大	寒小	至冬	雪大	雪小	冬立	降霜	露寒	分秋	露白	暑處	秋立
氣	14時26分 廿二未時	21時11分 初七亥時	3時48分 廿三寅時	10時2分 初八巳時	14時35分 廿三未時	17時22分 初八酉時	17時13分 廿二酉時	14時27分 初六未時	8時7分 廿二辰時	23時3分 初六夜子	10時43分 廿一巳時	20時19分 初五戌時
農曆	曆國	支干	曆國	支干	曆國	支干	曆國	支干	曆國	支干	曆國	支干
初一	12月30	午丙	11月30	子丙	10月31	午丙	10月 2	丑丁	9月 2	未丁	8月 3	丑丁
初二	12月31	未丁	12月 1	丑丁	11月 1	未丁	10月 3	寅戊	9月 3	申戊	8月 4	寅戊
初三	1月 1	申戊	12月 2	寅戊	11月 2	申戊	10月 4	卯己	9月 4	酉己	8月 5	卯己
初四	1月 2	酉己	12月 3	卯己	11月 3	酉己	10月 5	辰庚	9月 5	戌庚	8月 6	辰庚
初五	1月 3	戌庚	12月 4	辰庚	11月 4	戌庚	10月 6	巳辛	9月 6	亥辛	8月 7	巳辛
初六	1月 4	亥辛	12月 5	巳辛	11月 5	亥辛	10月 7	午壬	9月 7	子壬	8月 8	午壬
初七	1月 5	子壬	12月 6	午壬	11月 6	子壬	10月 8	未癸	9月 8	丑癸	8月 9	未癸
初八	1月 6	丑癸	12月 7	未癸	11月 7	丑癸	10月 9	申甲	9月 9	寅甲	8月10	申甲
初九	1月 7	寅甲	12月 8	申甲	11月 8	寅甲	10月10	酉乙	9月10	卯乙	8月11	酉乙
初十	1月 8	卯乙	12月 9	酉乙	11月 9	卯乙	10月11	戌丙	9月11	辰丙	8月12	戌丙
十一	1月 9	辰丙	12月10	戌丙	11月10	辰丙	10月12	亥丁	9月12	巳丁	8月13	亥丁
十二	1月10	巳丁	12月11	亥丁	11月11	巳丁	10月13	子戊	9月13	午戊	8月14	子戊
十三	1月11	午戊	12月12	子戊	11月12	午戊	10月14	丑己	9月14	未己	8月15	丑己
十四	1月12	未己	12月13	丑己	11月13	未己	10月15	寅庚	9月15	申庚	8月16	寅庚
十五	1月13	申庚	12月14	寅庚	11月14	申庚	10月16	卯辛	9月16	酉辛	8月17	卯辛
十六	1月14	酉辛	12月15	卯辛	11月15	酉辛	10月17	辰壬	9月17	戌壬	8月18	辰壬
十七	1月15	戌壬	12月16	辰壬	11月16	戌壬	10月18	巳癸	9月18	亥癸	8月19	巳癸
十八	1月16	亥癸	12月17	巳癸	11月17	亥癸	10月19	午甲	9月19	子甲	8月20	午甲
十九	1月17	子甲	12月18	午甲	11月18	子甲	10月20	未乙	9月20	丑乙	8月21	未乙
二十	1月18	丑乙	12月19	未乙	11月19	丑乙	10月21	申丙	9月21	寅丙	8月22	申丙
廿一	1月19	寅丙	12月20	申丙	11月20	寅丙	10月22	酉丁	9月22	卯丁	8月23	酉丁
廿二	1月20	卯丁	12月21	酉丁	11月21	卯丁	10月23	戌戊	9月23	辰戊	8月24	戌戊
廿三	1月21	辰戊	12月22	戌戊	11月22	辰戊	10月24	亥己	9月24	巳己	8月25	亥己
廿四	1月22	巳己	12月23	亥己	11月23	巳己	10月25	子庚	9月25	午庚	8月26	子庚
廿五	1月23	午庚	12月24	子庚	11月24	午庚	10月26	丑辛	9月26	未辛	8月27	丑辛
廿六	1月24	未辛	12月25	丑辛	11月25	未辛	10月27	寅壬	9月27	申壬	8月28	寅壬
廿七	1月25	申壬	12月26	寅壬	11月26	申壬	10月28	卯癸	9月28	酉癸	8月29	卯癸
廿八	1月26	酉癸	12月27	卯癸	11月27	酉癸	10月29	辰甲	9月29	戌甲	8月30	辰甲
廿九	1月27	戌甲	12月28	辰甲	11月28	戌甲	10月30	巳乙	9月30	亥乙	8月31	巳乙
三十			12月29	巳乙	11月29	亥乙			10月 1	子丙	9月 1	午丙

中華民國八十七年 歲次 戊寅《虎》

西元一九九八年 太歲 姓曾名光

月六曆農		月五閏曆農		月五曆農		月四曆農		月三曆農		月二曆農		月正曆農		別月
未	己			午	戊	巳	丁	辰	丙	卯	乙	寅	甲	支干
秋立	暑大	暑小		至夏	種芒	滿小	夏立	雨穀	明清	分春	蟄驚	水雨	春立	節
十七丑時 2時8分	初一巳時 9時37分	十四申時 16時25分		廿七亥時 22時44分	十二卯時 6時2分	廿六未時 14時38分	十一丑時 1時40分	廿四申時 15時16分	初九辰時 8時6分	廿三寅時 3時57分	初八寅時 3時3分	廿三寅時 4時43分	初八辰時 8時53分	氣
曆國	支干	曆國	支干	曆國	支干	曆國	支干	曆國	支干	曆國	支干	曆國	支干	曆農
7月23	未辛	6月24	寅壬	5月26	酉癸	4月26	卯癸	3月28	戌甲	2月27	巳乙	1月28	亥乙	一初
7月24	申壬	6月25	卯癸	5月27	戌甲	4月27	辰甲	3月29	亥乙	2月28	午丙	1月29	子丙	二初
7月25	酉癸	6月26	辰甲	5月28	亥乙	4月28	巳乙	3月30	子丙	3月 1	未丁	1月30	丑丁	三初
7月26	戌甲	6月27	巳乙	5月29	子丙	4月29	午丙	3月31	丑丁	3月 2	申戊	1月31	寅戊	四初
7月27	亥乙	6月28	午丙	5月30	丑丁	4月30	未丁	4月 1	寅戊	3月 3	酉己	2月 1	卯己	五初
7月28	子丙	6月29	未丁	5月31	寅戊	5月 1	申戊	4月 2	卯己	3月 4	戌庚	2月 2	辰庚	六初
7月29	丑丁	6月30	申戊	6月 1	卯己	5月 2	酉己	4月 3	辰庚	3月 5	亥辛	2月 3	巳辛	七初
7月30	寅戊	7月 1	酉己	6月 2	辰庚	5月 3	戌庚	4月 4	巳辛	3月 6	子壬	2月 4	午壬	八初
7月31	卯己	7月 2	戌庚	6月 3	巳辛	5月 4	亥辛	4月 5	午壬	3月 7	丑癸	2月 5	未癸	九初
8月 1	辰庚	7月 3	亥辛	6月 4	午壬	5月 5	子壬	4月 6	未癸	3月 8	寅甲	2月 6	申甲	十初
8月 2	巳辛	7月 4	子壬	6月 5	未癸	5月 6	丑癸	4月 7	申甲	3月 9	卯乙	2月 7	酉乙	一十
8月 3	午壬	7月 5	丑癸	6月 6	申甲	5月 7	寅甲	4月 8	酉乙	3月10	辰丙	2月 8	戌丙	二十
8月 4	未癸	7月 6	寅甲	6月 7	酉乙	5月 8	卯乙	4月 9	戌丙	3月11	巳丁	2月 9	亥丁	三十
8月 5	申甲	7月 7	卯乙	6月 8	戌丙	5月 9	辰丙	4月10	亥丁	3月12	午戊	2月10	子戊	四十
8月 6	酉乙	7月 8	辰丙	6月 9	亥丁	5月10	巳丁	4月11	子戊	3月13	未己	2月11	丑己	五十
8月 7	戌丙	7月 9	巳丁	6月10	子戊	5月11	午戊	4月12	丑己	3月14	申庚	2月12	寅庚	六十
8月 8	亥丁	7月10	午戊	6月11	丑己	5月12	未己	4月13	寅庚	3月15	酉辛	2月13	卯辛	七十
8月 9	子戊	7月11	未己	6月12	寅庚	5月13	申庚	4月14	卯辛	3月16	戌壬	2月14	辰壬	八十
8月10	丑己	7月12	申庚	6月13	卯辛	5月14	酉辛	4月15	辰壬	3月17	亥癸	2月15	巳癸	九十
8月11	寅庚	7月13	酉辛	6月14	辰壬	5月15	戌壬	4月16	巳癸	3月18	子甲	2月16	午甲	十二
8月12	卯辛	7月14	戌壬	6月15	巳癸	5月16	亥癸	4月17	午甲	3月19	丑乙	2月17	未乙	一廿
8月13	辰壬	7月15	亥癸	6月16	午甲	5月17	子甲	4月18	未乙	3月20	寅丙	2月18	申丙	二廿
8月14	巳癸	7月16	子甲	6月17	未乙	5月18	丑乙	4月19	申丙	3月21	卯丁	2月19	酉丁	三廿
8月15	午甲	7月17	丑乙	6月18	申丙	5月19	寅丙	4月20	酉丁	3月22	辰戊	2月20	戌戊	四廿
8月16	未乙	7月18	寅丙	6月19	酉丁	5月20	卯丁	4月21	戌戊	3月23	巳己	2月21	亥己	五廿
8月17	申丙	7月19	卯丁	6月20	戌戊	5月21	辰戊	4月22	亥己	3月24	午庚	2月22	子庚	六廿
8月18	酉丁	7月20	辰戊	6月21	亥己	5月22	巳己	4月23	子庚	3月25	未辛	2月23	丑辛	七廿
8月19	戌戊	7月21	巳己	6月22	子庚	5月23	午庚	4月24	丑辛	3月26	申壬	2月24	寅壬	八廿
8月20	亥己	7月22	午庚	6月23	丑辛	5月24	未辛	4月25	寅壬	3月27	酉癸	2月25	卯癸	九廿
8月21	子庚					5月25	申壬					2月26	辰甲	十三

西元1998年

月別	月二十曆農		月一十曆農		月十曆農		月九曆農		月八曆農		月七曆農	
干支	丑	乙	子	甲	亥	癸	戌	壬	酉	辛	申	庚
節	春立	寒大	寒小	至冬	雪大	雪小	冬立	降霜	露寒	分秋	露白	暑處
氣	14時42分 十九未時	20時16分 初四戌時	3時0分 十九寅時	9時38分 初四巳時	15時51分 十九申時	20時25分 初四戌時	23時11分 十九夜子	23時3分 初四夜子	20時16分 十八戌時	14時8分 初三未時	4時52分 十八寅時	16時33分 初二申時
農曆	曆國	支干	曆國	支干	曆國	支干	曆國	支干	曆國	支干	曆國	支干
初一	1月17	巳己	12月19	子庚	11月19	午庚	10月20	子庚	9月21	未辛	8月22	丑辛
初二	1月18	午庚	12月20	丑辛	11月20	未辛	10月21	丑辛	9月22	申壬	8月23	寅壬
初三	1月19	未辛	12月21	寅壬	11月21	申壬	10月22	寅壬	9月23	酉癸	8月24	卯癸
初四	1月20	申壬	12月22	卯癸	11月22	酉癸	10月23	卯癸	9月24	戌甲	8月25	辰甲
初五	1月21	酉癸	12月23	辰甲	11月23	戌甲	10月24	辰甲	9月25	亥乙	8月26	巳乙
初六	1月22	戌甲	12月24	巳乙	11月24	亥乙	10月25	巳乙	9月26	子丙	8月27	午丙
初七	1月23	亥乙	12月25	午丙	11月25	子丙	10月26	午丙	9月27	丑丁	8月28	未丁
初八	1月24	子丙	12月26	未丁	11月26	丑丁	10月27	未丁	9月28	寅戊	8月29	申戊
初九	1月25	丑丁	12月27	申戊	11月27	寅戊	10月28	申戊	9月29	卯己	8月30	酉己
初十	1月26	寅戊	12月28	酉己	11月28	卯己	10月29	酉己	9月30	辰庚	8月31	戌庚
十一	1月27	卯己	12月29	戌庚	11月29	辰庚	10月30	戌庚	10月 1	巳辛	9月 1	亥辛
十二	1月28	辰庚	12月30	亥辛	11月30	巳辛	10月31	亥辛	10月 2	午壬	9月 2	子壬
十三	1月29	巳辛	12月31	子壬	12月 1	午壬	11月 1	子壬	10月 3	未癸	9月 3	丑癸
十四	1月30	午壬	1月 1	丑癸	12月 2	未癸	11月 2	丑癸	10月 4	申甲	9月 4	寅甲
十五	1月31	未癸	1月 2	寅甲	12月 3	申甲	11月 3	寅甲	10月 5	酉乙	9月 5	卯乙
十六	2月 1	申甲	1月 3	卯乙	12月 4	酉乙	11月 4	卯乙	10月 6	戌丙	9月 6	辰丙
十七	2月 2	酉乙	1月 4	辰丙	12月 5	戌丙	11月 5	辰丙	10月 7	亥丁	9月 7	巳丁
十八	2月 3	戌丙	1月 5	巳丁	12月 6	亥丁	11月 6	巳丁	10月 8	子戊	9月 8	午戊
十九	2月 4	亥丁	1月 6	午戊	12月 7	子戊	11月 7	午戊	10月 9	丑己	9月 9	未己
二十	2月 5	子戊	1月 7	未己	12月 8	丑己	11月 8	未己	10月10	寅庚	9月10	申庚
廿一	2月 6	丑己	1月 8	申庚	12月 9	寅庚	11月 9	申庚	10月11	卯辛	9月11	酉辛
廿二	2月 7	寅庚	1月 9	酉辛	12月10	卯辛	11月10	酉辛	10月12	辰壬	9月12	戌壬
廿三	2月 8	卯辛	1月10	戌壬	12月11	辰壬	11月11	戌壬	10月13	巳癸	9月13	亥癸
廿四	2月 9	辰壬	1月11	亥癸	12月12	巳癸	11月12	亥癸	10月14	午甲	9月14	子甲
廿五	2月10	巳癸	1月12	子甲	12月13	午甲	11月13	子甲	10月15	未乙	9月15	丑乙
廿六	2月11	午甲	1月13	丑乙	12月14	未乙	11月14	丑乙	10月16	申丙	9月16	寅丙
廿七	2月12	未乙	1月14	寅丙	12月15	申丙	11月15	寅丙	10月17	酉丁	9月17	卯丁
廿八	2月13	申丙	1月15	卯丁	12月16	酉丁	11月16	卯丁	10月18	戌戊	9月18	辰戊
廿九	2月14	酉丁	1月16	辰戊	12月17	戌戊	11月17	辰戊	10月19	亥己	9月19	巳己
三十	2月15	戌戊			12月18	亥己	11月18	巳己			9月20	午庚

西元1999年

中華民國八十八年 歲次 己卯《兔》

西元一九九九年 太歲 姓伍名仲

月六曆農		月五曆農		月四曆農		月三曆農		月二曆農		月正曆農		別月
未	辛	午	庚	巳	己	辰	戊	卯	丁	寅	丙	支干
秋立	暑大	暑小	至夏	種芒	滿小	夏立	雨穀	明清	分春	蟄驚	水雨	節
廿七辰時 7時57分	十一申時 15時26分	廿四亥時 22時14分	初九寅時 4時33分	廿三午時 11時51分	初七戌時 20時27分	廿一辰時 7時29分	初五戌時 20時55分	十九未時 13時55分	初四巳時 9時46分	十九辰時 8時52分	初四巳時 10時33分	氣
曆國	支干	曆國	支干	曆國	支干	曆國	支干	曆國	支干	曆國	支干	曆農
7月13	寅丙	6月14	酉丁	5月15	卯丁	4月16	戌戊	3月18	巳己	2月16	亥己	一初
7月14	卯丁	6月15	戌戊	5月16	辰戊	4月17	亥己	3月19	午庚	2月17	子庚	二初
7月15	辰戊	6月16	亥己	5月17	巳己	4月18	子庚	3月20	未辛	2月18	丑辛	三初
7月16	巳己	6月17	子庚	5月18	午庚	4月19	丑辛	3月21	申壬	2月19	寅壬	四初
7月17	午庚	6月18	丑辛	5月19	未辛	4月20	寅壬	3月22	酉癸	2月20	卯癸	五初
7月18	未辛	6月19	寅壬	5月20	申壬	4月21	卯癸	3月23	戌甲	2月21	辰甲	六初
7月19	申壬	6月20	卯癸	5月21	酉癸	4月22	辰甲	3月24	亥乙	2月22	巳乙	七初
7月20	酉癸	6月21	辰甲	5月22	戌甲	4月23	巳乙	3月25	子丙	2月23	午丙	八初
7月21	戌甲	6月22	巳乙	5月23	亥乙	4月24	午丙	3月26	丑丁	2月24	未丁	九初
7月22	亥乙	6月23	午丙	5月24	子丙	4月25	未丁	3月27	寅戊	2月25	申戊	十初
7月23	子丙	6月24	未丁	5月25	丑丁	4月26	申戊	3月28	卯己	2月26	酉己	一十
7月24	丑丁	6月25	申戊	5月26	寅戊	4月27	酉己	3月29	辰庚	2月27	戌庚	二十
7月25	寅戊	6月26	酉己	5月27	卯己	4月28	戌庚	3月30	巳辛	2月28	亥辛	三十
7月26	卯己	6月27	戌庚	5月28	辰庚	4月29	亥辛	3月31	午壬	3月 1	子壬	四十
7月27	辰庚	6月28	亥辛	5月29	巳辛	4月30	子壬	4月 1	未癸	3月 2	丑癸	五十
7月28	巳辛	6月29	子壬	5月30	午壬	5月 1	丑癸	4月 2	申甲	3月 3	寅甲	六十
7月29	午壬	6月30	丑癸	5月31	未癸	5月 2	寅甲	4月 3	酉乙	3月 4	卯乙	七十
7月30	未癸	7月 1	寅甲	6月 1	申甲	5月 3	卯乙	4月 4	戌丙	3月 5	辰丙	八十
7月31	申甲	7月 2	卯乙	6月 2	酉乙	5月 4	辰丙	4月 5	亥丁	3月 6	巳丁	九十
8月 1	酉乙	7月 3	辰丙	6月 3	戌丙	5月 5	巳丁	4月 6	子戊	3月 7	午戊	十二
8月 2	戌丙	7月 4	巳丁	6月 4	亥丁	5月 6	午戊	4月 7	丑己	3月 8	未己	一廿
8月 3	亥丁	7月 5	午戊	6月 5	子戊	5月 7	未己	4月 8	寅庚	3月 9	申庚	二廿
8月 4	子戊	7月 6	未己	6月 6	丑己	5月 8	申庚	4月 9	卯辛	3月10	酉辛	三廿
8月 5	丑己	7月 7	申庚	6月 7	寅庚	5月 9	酉辛	4月10	辰壬	3月11	戌壬	四廿
8月 6	寅庚	7月 8	酉辛	6月 8	卯辛	5月10	戌壬	4月11	巳癸	3月12	亥癸	五廿
8月 7	卯辛	7月 9	戌壬	6月 9	辰壬	5月11	亥癸	4月12	午甲	3月13	子甲	六廿
8月 8	辰壬	7月10	亥癸	6月10	巳癸	5月12	子甲	4月13	未乙	3月14	丑乙	七廿
8月 9	巳癸	7月11	子甲	6月11	午甲	5月13	丑乙	4月14	申丙	3月15	寅丙	八廿
8月10	午甲	7月12	丑乙	6月12	未乙	5月14	寅丙	4月15	酉丁	3月16	卯丁	九廿
				6月13	申丙					3月17	辰戊	十三

西元1999年

月別	月二十曆農		月一十曆農		月十曆農		月九曆農		月八曆農		月七曆農	
干支	丑	丁	子	丙	亥	乙	戌	甲	酉	癸	申	壬
節	春立	寒大	寒小	至冬	雪大	雪小	冬立	降霜	露寒	分秋	露白	暑處
氣	20時32分 廿九戌時	2時5分 十五丑時	8時50分 三十辰時	15時27分 十五申時	21時14分 三十亥時	2時14分 十六丑時	5時1分 初一卯時	4時52分 十六寅時	2時5分 初一丑時	19時46分 十四戌時	10時41分 廿九巳時	22時22分 十三亥時
農曆	曆國	支干	曆國	支干	曆國	支干	曆國	支干	曆國	支干	曆國	支干
初一	1月 7	子甲	12月 8	午甲	11月 8	子甲	10月 9	午甲	9月10	丑乙	8月11	未乙
初二	1月 8	丑乙	12月 9	未乙	11月 9	丑乙	10月10	未乙	9月11	寅丙	8月12	申丙
初三	1月 9	寅丙	12月10	申丙	11月10	寅丙	10月11	申丙	9月12	卯丁	8月13	酉丁
初四	1月10	卯丁	12月11	酉丁	11月11	卯丁	10月12	酉丁	9月13	辰戊	8月14	戌戊
初五	1月11	辰戊	12月12	戌戊	11月12	辰戊	10月13	戌戊	9月14	巳己	8月15	亥己
初六	1月12	巳己	12月13	亥己	11月13	巳己	10月14	亥己	9月15	午庚	8月16	子庚
初七	1月13	午庚	12月14	子庚	11月14	午庚	10月15	子庚	9月16	未辛	8月17	丑辛
初八	1月14	未辛	12月15	丑辛	11月15	未辛	10月16	丑辛	9月17	申壬	8月18	寅壬
初九	1月15	申壬	12月16	寅壬	11月16	申壬	10月17	寅壬	9月18	酉癸	8月19	卯癸
初十	1月16	酉癸	12月17	卯癸	11月17	酉癸	10月18	卯癸	9月19	戌甲	8月20	辰甲
十一	1月17	戌甲	12月18	辰甲	11月18	戌甲	10月19	辰甲	9月20	亥乙	8月21	巳乙
十二	1月18	亥乙	12月19	巳乙	11月19	亥乙	10月20	巳乙	9月21	子丙	8月22	午丙
十三	1月19	子丙	12月20	午丙	11月20	子丙	10月21	午丙	9月22	丑丁	8月23	未丁
十四	1月20	丑丁	12月21	未丁	11月21	丑丁	10月22	未丁	9月23	寅戊	8月24	申戊
十五	1月21	寅戊	12月22	申戊	11月22	寅戊	10月23	申戊	9月24	卯己	8月25	酉己
十六	1月22	卯己	12月23	酉己	11月23	卯己	10月24	酉己	9月25	辰庚	8月26	戌庚
十七	1月23	辰庚	12月24	戌庚	11月24	辰庚	10月25	戌庚	9月26	巳辛	8月27	亥辛
十八	1月24	巳辛	12月25	亥辛	11月25	巳辛	10月26	亥辛	9月27	午壬	8月28	子壬
十九	1月25	午壬	12月26	子壬	11月26	午壬	10月27	子壬	9月28	未癸	8月29	丑癸
二十	1月26	未癸	12月27	丑癸	11月27	未癸	10月28	丑癸	9月29	申甲	8月30	寅甲
廿一	1月27	申甲	12月28	寅甲	11月28	申甲	10月29	寅甲	9月30	酉乙	8月31	卯乙
廿二	1月28	酉乙	12月29	卯乙	11月29	酉乙	10月30	卯乙	10月 1	戌丙	9月 1	辰丙
廿三	1月29	戌丙	12月30	辰丙	11月30	戌丙	10月31	辰丙	10月 2	亥丁	9月 2	巳丁
廿四	1月30	亥丁	12月31	巳丁	12月 1	亥丁	11月 1	巳丁	10月 3	子戊	9月 3	午戊
廿五	1月31	子戊	1月 1	午戊	12月 2	子戊	11月 2	午戊	10月 4	丑己	9月 4	未己
廿六	2月 1	丑己	1月 2	未己	12月 3	丑己	11月 3	未己	10月 5	寅庚	9月 5	申庚
廿七	2月 2	寅庚	1月 3	申庚	12月 4	寅庚	11月 4	申庚	10月 6	卯辛	9月 6	酉辛
廿八	2月 3	卯辛	1月 4	酉辛	12月 5	卯辛	11月 5	酉辛	10月 7	辰壬	9月 7	戌壬
廿九	2月 4	辰壬	1月 5	戌壬	12月 6	辰壬	11月 6	戌壬	10月 8	巳癸	9月 8	亥癸
三十			1月 6	亥癸	12月 7	巳癸	11月 7	亥癸			9月 9	子甲

中華民國八十九年 歲次 庚辰《龍》

西元二〇〇〇年 太歲 姓重名德

月六曆農		月五曆農		月四曆農		月三曆農		月二曆農		月正曆農		別月
未	癸	午	壬	巳	辛	辰	庚	卯	己	寅	戊	支干
暑大	暑小	至夏	種芒	滿小	夏立	雨穀		明清	分春	蟄驚	水雨	節
21時15分 廿一亥時	4時4分 初六寅時	10時22分 二十巳時	17時41分 初四酉時	2時16分 十八丑時	13時19分 初二未時	2時54分 十六丑時		19時45分 三十戌時	15時35分 十五申時	14時42分 三十未時	16時22分 十五申時	氣
曆國	支干	曆國	支干	曆國	支干	曆國	支干	曆國	支干	曆國	支干	曆農
7月 2	酉辛	6月 2	卯辛	5月 4	戌壬	4月 5	巳癸	3月 6	亥癸	2月 5	巳癸	一初
7月 3	戌壬	6月 3	辰壬	5月 5	亥癸	4月 6	午甲	3月 7	子甲	2月 6	午甲	二初
7月 4	亥癸	6月 4	巳癸	5月 6	子甲	4月 7	未乙	3月 8	丑乙	2月 7	未乙	三初
7月 5	子甲	6月 5	午甲	5月 7	丑乙	4月 8	申丙	3月 9	寅丙	2月 8	申丙	四初
7月 6	丑乙	6月 6	未乙	5月 8	寅丙	4月 9	酉丁	3月10	卯丁	2月 9	酉丁	五初
7月 7	寅丙	6月 7	申丙	5月 9	卯丁	4月10	戌戊	3月11	辰戊	2月10	戌戊	六初
7月 8	卯丁	6月 8	酉丁	5月10	辰戊	4月11	亥己	3月12	巳己	2月11	亥己	七初
7月 9	辰戊	6月 9	戌戊	5月11	巳己	4月12	子庚	3月13	午庚	2月12	子庚	八初
7月10	巳己	6月10	亥己	5月12	午庚	4月13	丑辛	3月14	未辛	2月13	丑辛	九初
7月11	午庚	6月11	子庚	5月13	未辛	4月14	寅壬	3月15	申壬	2月14	寅壬	十初
7月12	未辛	6月12	丑辛	5月14	申壬	4月15	卯癸	3月16	酉癸	2月15	卯癸	一十
7月13	申壬	6月13	寅壬	5月15	酉癸	4月16	辰甲	3月17	戌甲	2月16	辰甲	二十
7月14	酉癸	6月14	卯癸	5月16	戌甲	4月17	巳乙	3月18	亥乙	2月17	巳乙	三十
7月15	戌甲	6月15	辰甲	5月17	亥乙	4月18	午丙	3月19	子丙	2月18	午丙	四十
7月16	亥乙	6月16	巳乙	5月18	子丙	4月19	未丁	3月20	丑丁	2月19	未丁	五十
7月17	子丙	6月17	午丙	5月19	丑丁	4月20	申戊	3月21	寅戊	2月20	申戊	六十
7月18	丑丁	6月18	未丁	5月20	寅戊	4月21	酉己	3月22	卯己	2月21	酉己	七十
7月19	寅戊	6月19	申戊	5月21	卯己	4月22	戌庚	3月23	辰庚	2月22	戌庚	八十
7月20	卯己	6月20	酉己	5月22	辰庚	4月23	亥辛	3月24	巳辛	2月23	亥辛	九十
7月21	辰庚	6月21	戌庚	5月23	巳辛	4月24	子壬	3月25	午壬	2月24	子壬	十二
7月22	巳辛	6月22	亥辛	5月24	午壬	4月25	丑癸	3月26	未癸	2月25	丑癸	一廿
7月23	午壬	6月23	子壬	5月25	未癸	4月26	寅甲	3月27	申甲	2月26	寅甲	二廿
7月24	未癸	6月24	丑癸	5月26	申甲	4月27	卯乙	3月28	酉乙	2月27	卯乙	三廿
7月25	申甲	6月25	寅甲	5月27	酉乙	4月28	辰丙	3月29	戌丙	2月28	辰丙	四廿
7月26	酉乙	6月26	卯乙	5月28	戌丙	4月29	巳丁	3月30	亥丁	2月29	巳丁	五廿
7月27	戌丙	6月27	辰丙	5月29	亥丁	4月30	午戊	3月31	子戊	3月 1	午戊	六廿
7月28	亥丁	6月28	巳丁	5月30	子戊	5月 1	未己	4月 1	丑己	3月 2	未己	七廿
7月29	子戊	6月29	午戊	5月31	丑己	5月 2	申庚	4月 2	寅庚	3月 3	申庚	八廿
7月30	丑己	6月30	未己	6月 1	寅庚	5月 3	酉辛	4月 3	卯辛	3月 4	酉辛	九廿
		7月 1	申庚					4月 4	辰壬	3月 5	戌壬	十三

西元2000年

月別	月二十曆農		月一十曆農		月十曆農		月九曆農		月八曆農		月七曆農	
干支	丑	己	子	戊	亥	丁	戌	丙	酉	乙	申	甲
節	寒大	寒小	至冬	雪大	雪小	冬立	降霜	露寒	分秋	露白	暑處	秋立
氣	廿六辰時 7時54分	十一未時 14時38分	廿六亥時 21時16分	十二寅時 3時29分	廿七辰時 8時3分	十二巳時 10時49分	廿六巳時 10時41分	十一辰時 7時54分	廿六丑時 1時55分	初十申時 16時33分	廿四寅時 4時11分	初八未時 13時36分
農曆	曆國	支干	曆國	支干	曆國	支干	曆國	支干	曆國	支干	曆國	支干
初一	12月26	午戊	11月26	子戊	10月27	午戊	9月28	丑己	8月29	未己	7月31	寅庚
初二	12月27	未己	11月27	丑己	10月28	未己	9月29	寅庚	8月30	申庚	8月 1	卯辛
初三	12月28	申庚	11月28	寅庚	10月29	申庚	9月30	卯辛	8月31	酉辛	8月 2	辰壬
初四	12月29	酉辛	11月29	卯辛	10月30	酉辛	10月 1	辰壬	9月 1	戌壬	8月 3	巳癸
初五	12月30	戌壬	11月30	辰壬	10月31	戌壬	10月 2	巳癸	9月 2	亥癸	8月 4	午甲
初六	12月31	亥癸	12月 1	巳癸	11月 1	亥癸	10月 3	午甲	9月 3	子甲	8月 5	未乙
初七	1月 1	子甲	12月 2	午甲	11月 2	子甲	10月 4	未乙	9月 4	丑乙	8月 6	申丙
初八	1月 2	丑乙	12月 3	未乙	11月 3	丑乙	10月 5	申丙	9月 5	寅丙	8月 7	酉丁
初九	1月 3	寅丙	12月 4	申丙	11月 4	寅丙	10月 6	酉丁	9月 6	卯丁	8月 8	戌戊
初十	1月 4	卯丁	12月 5	酉丁	11月 5	卯丁	10月 7	戌戊	9月 7	辰戊	8月 9	亥己
十一	1月 5	辰戊	12月 6	戌戊	11月 6	辰戊	10月 8	亥己	9月 8	巳己	8月10	子庚
十二	1月 6	巳己	12月 7	亥己	11月 7	巳己	10月 9	子庚	9月 9	午庚	8月11	丑辛
十三	1月 7	午庚	12月 8	子庚	11月 8	午庚	10月10	丑辛	9月10	未辛	8月12	寅壬
十四	1月 8	未辛	12月 9	丑辛	11月 9	未辛	10月11	寅壬	9月11	申壬	8月13	卯癸
十五	1月 9	申壬	12月10	寅壬	11月10	申壬	10月12	卯癸	9月12	酉癸	8月14	辰甲
十六	1月10	酉癸	12月11	卯癸	11月11	酉癸	10月13	辰甲	9月13	戌甲	8月15	巳乙
十七	1月11	戌甲	12月12	辰甲	11月12	戌甲	10月14	巳乙	9月14	亥乙	8月16	午丙
十八	1月12	亥乙	12月13	巳乙	11月13	亥乙	10月15	午丙	9月15	子丙	8月17	未丁
十九	1月13	子丙	12月14	午丙	11月14	子丙	10月16	未丁	9月16	丑丁	8月18	申戊
二十	1月14	丑丁	12月15	未丁	11月15	丑丁	10月17	申戊	9月17	寅戊	8月19	酉己
廿一	1月15	寅戊	12月16	申戊	11月16	寅戊	10月18	酉己	9月18	卯己	8月20	戌庚
廿二	1月16	卯己	12月17	酉己	11月17	卯己	10月19	戌庚	9月19	辰庚	8月21	亥辛
廿三	1月17	辰庚	12月18	戌庚	11月18	辰庚	10月20	亥辛	9月20	巳辛	8月22	子壬
廿四	1月18	巳辛	12月19	亥辛	11月19	巳辛	10月21	子壬	9月21	午壬	8月23	丑癸
廿五	1月19	午壬	12月20	子壬	11月20	午壬	10月22	丑癸	9月22	未癸	8月24	寅甲
廿六	1月20	未癸	12月21	丑癸	11月21	未癸	10月23	寅甲	9月23	申甲	8月25	卯乙
廿七	1月21	申甲	12月22	寅甲	11月22	申甲	10月24	卯乙	9月24	酉乙	8月26	辰丙
廿八	1月22	酉乙	12月23	卯乙	11月23	酉乙	10月25	辰丙	9月25	戌丙	8月27	巳丁
廿九	1月23	戌丙	12月24	辰丙	11月24	戌丙	10月26	巳丁	9月26	亥丁	8月28	午戊
三十			12月25	巳丁	11月25	亥丁			9月27	子戊		

中華民國九十年 歲次辛巳《蛇》

西元二〇〇一年 太歲姓鄭名祖

月六曆農		月五曆農		月四閏曆農		月四曆農		月三曆農		月二曆農		月正曆農		別月
未 乙		午 甲				巳 癸		辰 壬		卯 辛		寅 庚		支干
秋立	暑大	暑小	至夏	種芒		滿小	夏立	雨穀	明清	分春	蟄驚	水雨	春立	節
19時34分 十八戌時	3時5分 初三寅時	9時52分 十七巳時	16時12分 初一申時	23時29分 十四夜子		8時6分 廿九辰時	19時7分 十三戌時	8時43分 廿七辰時	1時33分 十二丑時	21時24分 廿六亥時	20時30分 十一戌時	22時11分 廿六亥時	2時20分 十二丑時	氣
曆國	支干	曆國	支干	曆國	支干	曆國	支干	曆國	支干	曆國	支干	曆國	支干	曆農
7月21	酉乙	6月21	卯乙	5月23	戌丙	4月23	辰丙	3月25	亥丁	2月23	巳丁	1月24	亥丁	一初
7月22	戌丙	6月22	辰丙	5月24	亥丁	4月24	巳丁	3月26	子戊	2月24	午戊	1月25	子戊	二初
7月23	亥丁	6月23	巳丁	5月25	子戊	4月25	午戊	3月27	丑己	2月25	未己	1月26	丑己	三初
7月24	子戊	6月24	午戊	5月26	丑己	4月26	未己	3月28	寅庚	2月26	申庚	1月27	寅庚	四初
7月25	丑己	6月25	未己	5月27	寅庚	4月27	申庚	3月29	卯辛	2月27	酉辛	1月28	卯辛	五初
7月26	寅庚	6月26	申庚	5月28	卯辛	4月28	酉辛	3月30	辰壬	2月28	戌壬	1月29	辰壬	六初
7月27	卯辛	6月27	酉辛	5月29	辰壬	4月29	戌壬	3月31	巳癸	3月 1	亥癸	1月30	巳癸	七初
7月28	辰壬	6月28	戌壬	5月30	巳癸	4月30	亥癸	4月 1	午甲	3月 2	子甲	1月31	午甲	八初
7月29	巳癸	6月29	亥癸	5月31	午甲	5月 1	子甲	4月 2	未乙	3月 3	丑乙	2月 1	未乙	九初
7月30	午甲	6月30	子甲	6月 1	未乙	5月 2	丑乙	4月 3	申丙	3月 4	寅丙	2月 2	申丙	十初
7月31	未乙	7月 1	丑乙	6月 2	申丙	5月 3	寅丙	4月 4	酉丁	3月 5	卯丁	2月 3	酉丁	一十
8月 1	申丙	7月 2	寅丙	6月 3	酉丁	5月 4	卯丁	4月 5	戌戊	3月 6	辰戊	2月 4	戌戊	二十
8月 2	酉丁	7月 3	卯丁	6月 4	戌戊	5月 5	辰戊	4月 6	亥己	3月 7	巳己	2月 5	亥己	三十
8月 3	戌戊	7月 4	辰戊	6月 5	亥己	5月 6	巳己	4月 7	子庚	3月 8	午庚	2月 6	子庚	四十
8月 4	亥己	7月 5	巳己	6月 6	子庚	5月 7	午庚	4月 8	丑辛	3月 9	未辛	2月 7	丑辛	五十
8月 5	子庚	7月 6	午庚	6月 7	丑辛	5月 8	未辛	4月 9	寅壬	3月10	申壬	2月 8	寅壬	六十
8月 6	丑辛	7月 7	未辛	6月 8	寅壬	5月 9	申壬	4月10	卯癸	3月11	酉癸	2月 9	卯癸	七十
8月 7	寅壬	7月 8	申壬	6月 9	卯癸	5月10	酉癸	4月11	辰甲	3月12	戌甲	2月10	辰甲	八十
8月 8	卯癸	7月 9	酉癸	6月10	辰甲	5月11	戌甲	4月12	巳乙	3月13	亥乙	2月11	巳乙	九十
8月 9	辰甲	7月10	戌甲	6月11	巳乙	5月12	亥乙	4月13	午丙	3月14	子丙	2月12	午丙	十二
8月10	巳乙	7月11	亥乙	6月12	午丙	5月13	子丙	4月14	未丁	3月15	丑丁	2月13	未丁	一廿
8月11	午丙	7月12	子丙	6月13	未丁	5月14	丑丁	4月15	申戊	3月16	寅戊	2月14	申戊	二廿
8月12	未丁	7月13	丑丁	6月14	申戊	5月15	寅戊	4月16	酉己	3月17	卯己	2月15	酉己	三廿
8月13	申戊	7月14	寅戊	6月15	酉己	5月16	卯己	4月17	戌庚	3月18	辰庚	2月16	戌庚	四廿
8月14	酉己	7月15	卯己	6月16	戌庚	5月17	辰庚	4月18	亥辛	3月19	巳辛	2月17	亥辛	五廿
8月15	戌庚	7月16	辰庚	6月17	亥辛	5月18	巳辛	4月19	子壬	3月20	午壬	2月18	子壬	六廿
8月16	亥辛	7月17	巳辛	6月18	子壬	5月19	午壬	4月20	丑癸	3月21	未癸	2月19	丑癸	七廿
8月17	子壬	7月18	午壬	6月19	丑癸	5月20	未癸	4月21	寅甲	3月22	申甲	2月20	寅甲	八廿
8月18	丑癸	7月19	未癸	6月20	寅甲	5月21	申甲	4月22	卯乙	3月23	酉乙	2月21	卯乙	九廿
		7月20	申甲			5月22	酉乙			3月24	戌丙	2月22	辰丙	十三

西元2001年

月別	月二十曆農		月一十曆農		月十曆農		月九曆農		月八曆農		月七曆農	
干支	丑	辛	子	庚	亥	己	戌	戊	酉	丁	申	丙
節	春立	寒大	寒小	至冬	雪大	雪小	冬立	降霜	露寒	分秋	露白	暑處
氣	8時8分 廿三辰時	13時44分 初八未時	20時26分 廿二戌時	3時6分 初八寅時	9時17分 廿三巳時	13時53分 初八未時	16時37分 廿二申時	16時31分 初七申時	13時42分 廿二未時	7時25分 初七辰時	22時18分 二十亥時	10時1分 初五巳時
農曆	曆國	支干	曆國	支干	曆國	支干	曆國	支干	曆國	支干	曆國	支干
初一	1月13	巳辛	12月15	子壬	11月15	午壬	10月17	丑癸	9月17	未癸	8月19	寅甲
初二	1月14	午壬	12月16	丑癸	11月16	未癸	10月18	寅甲	9月18	申甲	8月20	卯乙
初三	1月15	未癸	12月17	寅甲	11月17	申甲	10月19	卯乙	9月19	酉乙	8月21	辰丙
初四	1月16	申甲	12月18	卯乙	11月18	酉乙	10月20	辰丙	9月20	戌丙	8月22	巳丁
初五	1月17	酉乙	12月19	辰丙	11月19	戌丙	10月21	巳丁	9月21	亥丁	8月23	午戊
初六	1月18	戌丙	12月20	巳丁	11月20	亥丁	10月22	午戊	9月22	子戊	8月24	未己
初七	1月19	亥丁	12月21	午戊	11月21	子戊	10月23	未己	9月23	丑己	8月25	申庚
初八	1月20	子戊	12月22	未己	11月22	丑己	10月24	申庚	9月24	寅庚	8月26	酉辛
初九	1月21	丑己	12月23	申庚	11月23	寅庚	10月25	酉辛	9月25	卯辛	8月27	戌壬
初十	1月22	寅庚	12月24	酉辛	11月24	卯辛	10月26	戌壬	9月26	辰壬	8月28	亥癸
十一	1月23	卯辛	12月25	戌壬	11月25	辰壬	10月27	亥癸	9月27	巳癸	8月29	子甲
十二	1月24	辰壬	12月26	亥癸	11月26	巳癸	10月28	子甲	9月28	午甲	8月30	丑乙
十三	1月25	巳癸	12月27	子甲	11月27	午甲	10月29	丑乙	9月29	未乙	8月31	寅丙
十四	1月26	午甲	12月28	丑乙	11月28	未乙	10月30	寅丙	9月30	申丙	9月 1	卯丁
十五	1月27	未乙	12月29	寅丙	11月29	申丙	10月31	卯丁	10月 1	酉丁	9月 2	辰戊
十六	1月28	申丙	12月30	卯丁	11月30	酉丁	11月 1	辰戊	10月 2	戌戊	9月 3	巳己
十七	1月29	酉丁	12月31	辰戊	12月 1	戌戊	11月 2	巳己	10月 3	亥己	9月 4	午庚
十八	1月30	戌戊	1月 1	巳己	12月 2	亥己	11月 3	午庚	10月 4	子庚	9月 5	未辛
十九	1月31	亥己	1月 2	午庚	12月 3	子庚	11月 4	未辛	10月 5	丑辛	9月 6	申壬
二十	2月 1	子庚	1月 3	未辛	12月 4	丑辛	11月 5	申壬	10月 6	寅壬	9月 7	酉癸
廿一	2月 2	丑辛	1月 4	申壬	12月 5	寅壬	11月 6	酉癸	10月 7	卯癸	9月 8	戌甲
廿二	2月 3	寅壬	1月 5	酉癸	12月 6	卯癸	11月 7	戌甲	10月 8	辰甲	9月 9	亥乙
廿三	2月 4	卯癸	1月 6	戌甲	12月 7	辰甲	11月 8	亥乙	10月 9	巳乙	9月10	子丙
廿四	2月 5	辰甲	1月 7	亥乙	12月 8	巳乙	11月 9	子丙	10月10	午丙	9月11	丑丁
廿五	2月 6	巳乙	1月 8	子丙	12月 9	午丙	11月10	丑丁	10月11	未丁	9月12	寅戊
廿六	2月 7	午丙	1月 9	丑丁	12月10	未丁	11月11	寅戊	10月12	申戊	9月13	卯己
廿七	2月 8	未丁	1月10	寅戊	12月11	申戊	11月12	卯己	10月13	酉己	9月14	辰庚
廿八	2月 9	申戊	1月11	卯己	12月12	酉己	11月13	辰庚	10月14	戌庚	9月15	巳辛
廿九	2月10	酉己	1月12	辰庚	12月13	戌庚	11月14	巳辛	10月15	亥辛	9月16	午壬
三十	2月11	戌庚			12月14	亥辛			10月16	子壬		

中華民國九十一年 歲次 壬午《馬》

西元二〇〇二年 太歲 姓路名明

月六曆農		月五曆農		月四曆農		月三曆農		月二曆農		月正曆農		別月
未	丁	午	丙	巳	乙	辰	甲	卯	癸	寅	壬	支干
秋立	暑大	暑小	至夏	種芒	滿小	夏立	雨穀	明清	分春	蟄驚	水雨	節・氣
1時23分 三十丑時	8時54分 十四辰時	15時40分 廿七申時	22時1分 十一亥時	5時17分 廿六卯時	13時55分 初十未時	0時55分 廿四子時	14時33分 初八未時	7時21分 廿三辰時	3時14分 初八寅時	2時18分 廿三丑時	4時1分 初八寅時	
曆國	支干	曆國	支干	曆國	支干	曆國	支干	曆國	支干	曆國	支干	曆農
7月10	卯己	6月11	戌庚	5月12	辰庚	4月13	亥辛	3月14	巳辛	2月12	亥辛	一初
7月11	辰庚	6月12	亥辛	5月13	巳辛	4月14	子壬	3月15	午壬	2月13	子壬	二初
7月12	巳辛	6月13	子壬	5月14	午壬	4月15	丑癸	3月16	未癸	2月14	丑癸	三初
7月13	午壬	6月14	丑癸	5月15	未癸	4月16	寅甲	3月17	申甲	2月15	寅甲	四初
7月14	未癸	6月15	寅甲	5月16	申甲	4月17	卯乙	3月18	酉乙	2月16	卯乙	五初
7月15	申甲	6月16	卯乙	5月17	酉乙	4月18	辰丙	3月19	戌丙	2月17	辰丙	六初
7月16	酉乙	6月17	辰丙	5月18	戌丙	4月19	巳丁	3月20	亥丁	2月18	巳丁	七初
7月17	戌丙	6月18	巳丁	5月19	亥丁	4月20	午戊	3月21	子戊	2月19	午戊	八初
7月18	亥丁	6月19	午戊	5月20	子戊	4月21	未己	3月22	丑己	2月20	未己	九初
7月19	子戊	6月20	未己	5月21	丑己	4月22	申庚	3月23	寅庚	2月21	申庚	十初
7月20	丑己	6月21	申庚	5月22	寅庚	4月23	酉辛	3月24	卯辛	2月22	酉辛	一十
7月21	寅庚	6月22	酉辛	5月23	卯辛	4月24	戌壬	3月25	辰壬	2月23	戌壬	二十
7月22	卯辛	6月23	戌壬	5月24	辰壬	4月25	亥癸	3月26	巳癸	2月24	亥癸	三十
7月23	辰壬	6月24	亥癸	5月25	巳癸	4月26	子甲	3月27	午甲	2月25	子甲	四十
7月24	巳癸	6月25	子甲	5月26	午甲	4月27	丑乙	3月28	未乙	2月26	丑乙	五十
7月25	午甲	6月26	丑乙	5月27	未乙	4月28	寅丙	3月29	申丙	2月27	寅丙	六十
7月26	未乙	6月27	寅丙	5月28	申丙	4月29	卯丁	3月30	酉丁	2月28	卯丁	七十
7月27	申丙	6月28	卯丁	5月29	酉丁	4月30	辰戊	3月31	戌戊	3月 1	辰戊	八十
7月28	酉丁	6月29	辰戊	5月30	戌戊	5月 1	巳己	4月 1	亥己	3月 2	巳己	九十
7月29	戌戊	6月30	巳己	5月31	亥己	5月 2	午庚	4月 2	子庚	3月 3	午庚	十二
7月30	亥己	7月 1	午庚	6月 1	子庚	5月 3	未辛	4月 3	丑辛	3月 4	未辛	一廿
7月31	子庚	7月 2	未辛	6月 2	丑辛	5月 4	申壬	4月 4	寅壬	3月 5	申壬	二廿
8月 1	丑辛	7月 3	申壬	6月 3	寅壬	5月 5	酉癸	4月 5	卯癸	3月 6	酉癸	三廿
8月 2	寅壬	7月 4	酉癸	6月 4	卯癸	5月 6	戌甲	4月 6	辰甲	3月 7	戌甲	四廿
8月 3	卯癸	7月 5	戌甲	6月 5	辰甲	5月 7	亥乙	4月 7	巳乙	3月 8	亥乙	五廿
8月 4	辰甲	7月 6	亥乙	6月 6	巳乙	5月 8	子丙	4月 8	午丙	3月 9	子丙	六廿
8月 5	巳乙	7月 7	子丙	6月 7	午丙	5月 9	丑丁	4月 9	未丁	3月10	丑丁	七廿
8月 6	午丙	7月 8	丑丁	6月 8	未丁	5月10	寅戊	4月10	申戊	3月11	寅戊	八廿
8月 7	未丁	7月 9	寅戊	6月 9	申戊	5月11	卯己	4月11	酉己	3月12	卯己	九廿
8月 8	申戊			6月10	酉己			4月12	戌庚	3月13	辰庚	十三

西元2002年

月別	月二十曆農		月一十曆農		月十曆農		月九曆農		月八曆農		月七曆農	
干支	丑	癸	子	壬	亥	辛	戌	庚	酉	己	申	戊
節	寒大	寒小	至冬	雪大	雪小	冬立	降霜	露寒	分秋	露白	暑處	
氣	19時33分 十八戌時	2時15分 初四丑時	8時55分 十九辰時	15時6分 初四申時	19時42分 十八戌時	22時26分 初三亥時	22時20分 十八亥時	19時31分 初三戌時	13時14分 十七未時	4時7分 初二寅時	15時50分 十五申時	
農曆	曆國	支干	曆國	支干	曆國	支干	曆國	支干	曆國	支干	曆國	支干
初一	1月 3	子丙	12月 4	午丙	11月 5	丑丁	10月 6	未丁	9月 7	寅戊	8月 9	酉己
初二	1月 4	丑丁	12月 5	未丁	11月 6	寅戊	10月 7	申戊	9月 8	卯己	8月10	戌庚
初三	1月 5	寅戊	12月 6	申戊	11月 7	卯己	10月 8	酉己	9月 9	辰庚	8月11	亥辛
初四	1月 6	卯己	12月 7	酉己	11月 8	辰庚	10月 9	戌庚	9月10	巳辛	8月12	子壬
初五	1月 7	辰庚	12月 8	戌庚	11月 9	巳辛	10月10	亥辛	9月11	午壬	8月13	丑癸
初六	1月 8	巳辛	12月 9	亥辛	11月10	午壬	10月11	子壬	9月12	未癸	8月14	寅甲
初七	1月 9	午壬	12月10	子壬	11月11	未癸	10月12	丑癸	9月13	申甲	8月15	卯乙
初八	1月10	未癸	12月11	丑癸	11月12	申甲	10月13	寅甲	9月14	酉乙	8月16	辰丙
初九	1月11	申甲	12月12	寅甲	11月13	酉乙	10月14	卯乙	9月15	戌丙	8月17	巳丁
初十	1月12	酉乙	12月13	卯乙	11月14	戌丙	10月15	辰丙	9月16	亥丁	8月18	午戊
十一	1月13	戌丙	12月14	辰丙	11月15	亥丁	10月16	巳丁	9月17	子戊	8月19	未己
十二	1月14	亥丁	12月15	巳丁	11月16	子戊	10月17	午戊	9月18	丑己	8月20	申庚
十三	1月15	子戊	12月16	午戊	11月17	丑己	10月18	未己	9月19	寅庚	8月21	酉辛
十四	1月16	丑己	12月17	未己	11月18	寅庚	10月19	申庚	9月20	卯辛	8月22	戌壬
十五	1月17	寅庚	12月18	申庚	11月19	卯辛	10月20	酉辛	9月21	辰壬	8月23	亥癸
十六	1月18	卯辛	12月19	酉辛	11月20	辰壬	10月21	戌壬	9月22	巳癸	8月24	子甲
十七	1月19	辰壬	12月20	戌壬	11月21	巳癸	10月22	亥癸	9月23	午甲	8月25	丑乙
十八	1月20	巳癸	12月21	亥癸	11月22	午甲	10月23	子甲	9月24	未乙	8月26	寅丙
十九	1月21	午甲	12月22	子甲	11月23	未乙	10月24	丑乙	9月25	申丙	8月27	卯丁
二十	1月22	未乙	12月23	丑乙	11月24	申丙	10月25	寅丙	9月26	酉丁	8月28	辰戊
廿一	1月23	申丙	12月24	寅丙	11月25	酉丁	10月26	卯丁	9月27	戌戊	8月29	巳己
廿二	1月24	酉丁	12月25	卯丁	11月26	戌戊	10月27	辰戊	9月28	亥己	8月30	午庚
廿三	1月25	戌戊	12月26	辰戊	11月27	亥己	10月28	巳己	9月29	子庚	8月31	未辛
廿四	1月26	亥己	12月27	巳己	11月28	子庚	10月29	午庚	9月30	丑辛	9月 1	申壬
廿五	1月27	子庚	12月28	午庚	11月29	丑辛	10月30	未辛	10月 1	寅壬	9月 2	酉癸
廿六	1月28	丑辛	12月29	未辛	11月30	寅壬	10月31	申壬	10月 2	卯癸	9月 3	戌甲
廿七	1月29	寅壬	12月30	申壬	12月 1	卯癸	11月 1	酉癸	10月 3	辰甲	9月 4	亥乙
廿八	1月30	卯癸	12月31	酉癸	12月 2	辰甲	11月 2	戌甲	10月 4	巳乙	9月 5	子丙
廿九	1月31	辰甲	1月 1	戌甲	12月 3	巳乙	11月 3	亥乙	10月 5	午丙	9月 6	丑丁
三十			1月 2	亥乙			11月 4	子丙				

中華民國九十二年 歲次 癸未《羊》

西元二〇〇三年 太歲 姓魏名明

月六曆農		月五曆農		月四曆農		月三曆農		月二曆農		月正曆農		別月
未	己	午	戊	巳	丁	辰	丙	卯	乙	寅	甲	支干
暑大	暑小	至夏	種芒	滿小	夏立	雨穀	明清	分春	蟄驚	水雨	春立	節
14時43分 廿四未時	21時29分 初八亥時	3時50分 廿三寅時	11時6分 初七午時	19時44分 廿一戌時	6時44分 初六卯時	20時22分 十九戌時	13時10分 初四未時	9時3分 十九巳時	8時7分 初四辰時	9時50分 十九巳時	13時57分 初四未時	氣
曆國	支干	曆國	支干	曆國	支干	曆國	支干	曆國	支干	曆國	支干	曆農
6月30	戌甲	5月31	辰甲	5月 1	戌甲	4月 2	巳乙	3月 3	亥乙	2月 1	巳乙	一初
7月 1	亥乙	6月 1	巳乙	5月 2	亥乙	4月 3	午丙	3月 4	子丙	2月 2	午丙	二初
7月 2	子丙	6月 2	午丙	5月 3	子丙	4月 4	未丁	3月 5	丑丁	2月 3	未丁	三初
7月 3	丑丁	6月 3	未丁	5月 4	丑丁	4月 5	申戊	3月 6	寅戊	2月 4	申戊	四初
7月 4	寅戊	6月 4	申戊	5月 5	寅戊	4月 6	酉己	3月 7	卯己	2月 5	酉己	五初
7月 5	卯己	6月 5	酉己	5月 6	卯己	4月 7	戌庚	3月 8	辰庚	2月 6	戌庚	六初
7月 6	辰庚	6月 6	戌庚	5月 7	辰庚	4月 8	亥辛	3月 9	巳辛	2月 7	亥辛	七初
7月 7	巳辛	6月 7	亥辛	5月 8	巳辛	4月 9	子壬	3月10	午壬	2月 8	子壬	八初
7月 8	午壬	6月 8	子壬	5月 9	午壬	4月10	丑癸	3月11	未癸	2月 9	丑癸	九初
7月 9	未癸	6月 9	丑癸	5月10	未癸	4月11	寅甲	3月12	申甲	2月10	寅甲	十初
7月10	申甲	6月10	寅甲	5月11	申甲	4月12	卯乙	3月13	酉乙	2月11	卯乙	一十
7月11	酉乙	6月11	卯乙	5月12	酉乙	4月13	辰丙	3月14	戌丙	2月12	辰丙	二十
7月12	戌丙	6月12	辰丙	5月13	戌丙	4月14	巳丁	3月15	亥丁	2月13	巳丁	三十
7月13	亥丁	6月13	巳丁	5月14	亥丁	4月15	午戊	3月16	子戊	2月14	午戊	四十
7月14	子戊	6月14	午戊	5月15	子戊	4月16	未己	3月17	丑己	2月15	未己	五十
7月15	丑己	6月15	未己	5月16	丑己	4月17	申庚	3月18	寅庚	2月16	申庚	六十
7月16	寅庚	6月16	申庚	5月17	寅庚	4月18	酉辛	3月19	卯辛	2月17	酉辛	七十
7月17	卯辛	6月17	酉辛	5月18	卯辛	4月19	戌壬	3月20	辰壬	2月18	戌壬	八十
7月18	辰壬	6月18	戌壬	5月19	辰壬	4月20	亥癸	3月21	巳癸	2月19	亥癸	九十
7月19	巳癸	6月19	亥癸	5月20	巳癸	4月21	子甲	3月22	午甲	2月20	子甲	十二
7月20	午甲	6月20	子甲	5月21	午甲	4月22	丑乙	3月23	未乙	2月21	丑乙	一廿
7月21	未乙	6月21	丑乙	5月22	未乙	4月23	寅丙	3月24	申丙	2月22	寅丙	二廿
7月22	申丙	6月22	寅丙	5月23	申丙	4月24	卯丁	3月25	酉丁	2月23	卯丁	三廿
7月23	酉丁	6月23	卯丁	5月24	酉丁	4月25	辰戊	3月26	戌戊	2月24	辰戊	四廿
7月24	戌戊	6月24	辰戊	5月25	戌戊	4月26	巳己	3月27	亥己	2月25	巳己	五廿
7月25	亥己	6月25	巳己	5月26	亥己	4月27	午庚	3月28	子庚	2月26	午庚	六廿
7月26	子庚	6月26	午庚	5月27	子庚	4月28	未辛	3月29	丑辛	2月27	未辛	七廿
7月27	丑辛	6月27	未辛	5月28	丑辛	4月29	申壬	3月30	寅壬	2月28	申千	八廿
7月28	寅壬	6月28	申壬	5月29	寅壬	4月30	酉癸	3月31	卯癸	3月 1	酉癸	九廿
		6月29	酉癸	5月30	卯癸			4月 1	辰甲	3月 2	戌甲	十三

西元2003年

月別	月二十曆農		月一十曆農		月十曆農		月九曆農		月八曆農		月七曆農	
干支	丑	乙	子	甲	亥	癸	戌	壬	酉	辛	申	庚
節	寒大	寒小	至冬	雪大	雪小	冬立	降霜	露寒	分秋	露白	暑處	秋立
氣	三十丑時 1時22分	十五辰時 8時4分	廿九未時 14時44分	十四戌時 20時55分	三十丑時 1時31分	十五寅時 4時15分	廿九寅時 4時9分	十四丑時 1時20分	廿七戌時 19時3分	十二巳時 9時56分	廿六亥時 21時39分	十一辰時 7時12分
農曆	曆國	支干	曆國	支干	曆國	支干	曆國	支干	曆國	支干	曆國	支干
初一	12月23	午庚	11月24	丑辛	10月25	未辛	9月26	寅壬	8月28	酉癸	7月29	卯癸
初二	12月24	未辛	11月25	寅壬	10月26	申壬	9月27	卯癸	8月29	戌甲	7月30	辰甲
初三	12月25	申壬	11月26	卯癸	10月27	酉癸	9月28	辰甲	8月30	亥乙	7月31	巳乙
初四	12月26	酉癸	11月27	辰甲	10月28	戌甲	9月29	巳乙	8月31	子丙	8月 1	午丙
初五	12月27	戌甲	11月28	巳乙	10月29	亥乙	9月30	午丙	9月 1	丑丁	8月 2	未丁
初六	12月28	亥乙	11月29	午丙	10月30	子丙	10月 1	未丁	9月 2	寅戊	8月 3	申戊
初七	12月29	子丙	11月30	未丁	10月31	丑丁	10月 2	申戊	9月 3	卯己	8月 4	酉己
初八	12月30	丑丁	12月 1	申戊	11月 1	寅戊	10月 3	酉己	9月 4	辰庚	8月 5	戌庚
初九	12月31	寅戊	12月 2	酉己	11月 2	卯己	10月 4	戌庚	9月 5	巳辛	8月 6	亥辛
初十	1月 1	卯己	12月 3	戌庚	11月 3	辰庚	10月 5	亥辛	9月 6	午壬	8月 7	子壬
十一	1月 2	辰庚	12月 4	亥辛	11月 4	巳辛	10月 6	子壬	9月 7	未癸	8月 8	丑癸
十二	1月 3	巳辛	12月 5	子壬	11月 5	午壬	10月 7	丑癸	9月 8	申甲	8月 9	寅甲
十三	1月 4	午壬	12月 6	丑癸	11月 6	未癸	10月 8	寅甲	9月 9	酉乙	8月10	卯乙
十四	1月 5	未癸	12月 7	寅甲	11月 7	申甲	10月 9	卯乙	9月10	戌丙	8月11	辰丙
十五	1月 6	申甲	12月 8	卯乙	11月 8	酉乙	10月10	辰丙	9月11	亥丁	8月12	巳丁
十六	1月 7	酉乙	12月 9	辰丙	11月 9	戌丙	10月11	巳丁	9月12	子戊	8月13	午戊
十七	1月 8	戌丙	12月10	巳丁	11月10	亥丁	10月12	午戊	9月13	丑己	8月14	未己
十八	1月 9	亥丁	12月11	午戊	11月11	子戊	10月13	未己	9月14	寅庚	8月15	申庚
十九	1月10	子戊	12月12	未己	11月12	丑己	10月14	申庚	9月15	卯辛	8月16	酉辛
二十	1月11	丑己	12月13	申庚	11月13	寅庚	10月15	酉辛	9月16	辰壬	8月17	戌壬
廿一	1月12	寅庚	12月14	酉辛	11月14	卯辛	10月16	戌壬	9月17	巳癸	8月18	亥癸
廿二	1月13	卯辛	12月15	戌壬	11月15	辰壬	10月17	亥癸	9月18	午甲	8月19	子甲
廿三	1月14	辰壬	12月16	亥癸	11月16	巳癸	10月18	子甲	9月19	未乙	8月20	丑乙
廿四	1月15	巳癸	12月17	子甲	11月17	午甲	10月19	丑乙	9月20	申丙	8月21	寅丙
廿五	1月16	午甲	12月18	丑乙	11月18	未乙	10月20	寅丙	9月21	酉丁	8月22	卯丁
廿六	1月17	未乙	12月19	寅丙	11月19	申丙	10月21	卯丁	9月22	戌戊	8月23	辰戊
廿七	1月18	申丙	12月20	卯丁	11月20	酉丁	10月22	辰戊	9月23	亥己	8月24	巳己
廿八	1月19	酉丁	12月21	辰戊	11月21	戌戊	10月23	巳己	9月24	子庚	8月25	午庚
廿九	1月20	戌戊	12月22	巳己	11月22	亥己	10月24	午庚	9月25	丑辛	8月26	未辛
三十	1月21	亥己			11月23	子庚					8月27	申壬

中華民國九十三年 歲次 甲申《猴》

西元二〇〇四年 太歲 姓方名公

月六曆農		月五曆農		月四曆農		月三曆農		月二閏曆農		月二曆農		月正曆農		別月
未	辛	午	庚	巳	己	辰	戊			卯	丁	寅	丙	支干
秋立	暑大	暑小	至夏	種芒	滿小	夏立	雨穀	明清		分春	蟄驚	水雨	春立	節
廿二午時 12時59分	初六戌時 20時32分	二十寅時 3時18分	初四巳時 9時39分	十八申時 16時55分	初三丑時 1時33分	十七午時 12時33分	初二丑時 2時11分	十五酉時 18時59分		三十未時 14時52分	十五未時 13時56分	廿九申時 15時39分	十四戌時 19時46分	氣
曆國	支干	曆國	支干	曆國	支干	曆國	支干	曆國	支干	曆國	支干	曆國	支干	曆農
7月17	酉丁	6月18	辰戊	5月19	戌戊	4月19	辰戊	3月21	亥己	2月20	巳己	1月22	子庚	一初
7月18	戌戊	6月19	巳己	5月20	亥己	4月20	巳己	3月22	子庚	2月21	午庚	1月23	丑辛	二初
7月19	亥己	6月20	午庚	5月21	子庚	4月21	午庚	3月23	丑辛	2月22	未辛	1月24	寅壬	三初
7月20	子庚	6月21	未辛	5月22	丑辛	4月22	未辛	3月24	寅壬	2月23	申壬	1月25	卯癸	四初
7月21	丑辛	6月22	申壬	5月23	寅壬	4月23	申壬	3月25	卯癸	2月24	酉癸	1月26	辰甲	五初
7月22	寅壬	6月23	酉癸	5月24	卯癸	4月24	酉癸	3月26	辰甲	2月25	戌甲	1月27	巳乙	六初
7月23	卯癸	6月24	戌甲	5月25	辰甲	4月25	戌甲	3月27	巳乙	2月26	亥乙	1月28	午丙	七初
7月24	辰甲	6月25	亥乙	5月26	巳乙	4月26	亥乙	3月28	午丙	2月27	子丙	1月29	未丁	八初
7月25	巳乙	6月26	子丙	5月27	午丙	4月27	子丙	3月29	未丁	2月28	丑丁	1月30	申戊	九初
7月26	午丙	6月27	丑丁	5月28	未丁	4月28	丑丁	3月30	申戊	2月29	寅戊	1月31	酉己	十初
7月27	未丁	6月28	寅戊	5月29	申戊	4月29	寅戊	3月31	酉己	3月 1	卯己	2月 1	戌庚	一十
7月28	申戊	6月29	卯己	5月30	酉己	4月30	卯己	4月 1	戌庚	3月 2	辰庚	2月 2	亥辛	二十
7月29	酉己	6月30	辰庚	5月31	戌庚	5月 1	辰庚	4月 2	亥辛	3月 3	巳辛	2月 3	子壬	三十
7月30	戌庚	7月 1	巳辛	6月 1	亥辛	5月 2	巳辛	4月 3	子壬	3月 4	午壬	2月 4	丑癸	四十
7月31	亥辛	7月 2	午壬	6月 2	子壬	5月 3	午壬	4月 4	丑癸	3月 5	未癸	2月 5	寅甲	五十
8月 1	子壬	7月 3	未癸	6月 3	丑癸	5月 4	未癸	4月 5	寅甲	3月 6	申甲	2月 6	卯乙	六十
8月 2	丑癸	7月 4	申甲	6月 4	寅甲	5月 5	申甲	4月 6	卯乙	3月 7	酉乙	2月 7	辰丙	七十
8月 3	寅甲	7月 5	酉乙	6月 5	卯乙	5月 6	酉乙	4月 7	辰丙	3月 8	戌丙	2月 8	巳丁	八十
8月 4	卯乙	7月 6	戌丙	6月 6	辰丙	5月 7	戌丙	4月 8	巳丁	3月 9	亥丁	2月 9	午戊	九十
8月 5	辰丙	7月 7	亥丁	6月 7	巳丁	5月 8	亥丁	4月 9	午戊	3月10	子戊	2月10	未己	十二
8月 6	巳丁	7月 8	子戊	6月 8	午戊	5月 9	子戊	4月10	未己	3月11	丑己	2月11	申庚	一廿
8月 7	午戊	7月 9	丑己	6月 9	未己	5月10	丑己	4月11	申庚	3月12	寅庚	2月12	酉辛	二廿
8月 8	未己	7月10	寅庚	6月10	申庚	5月11	寅庚	4月12	酉辛	3月13	卯辛	2月13	戌壬	三廿
8月 9	申庚	7月11	卯辛	6月11	酉辛	5月12	卯辛	4月13	戌壬	3月14	辰壬	2月14	亥癸	四廿
8月10	酉辛	7月12	辰壬	6月12	戌壬	5月13	辰壬	4月14	亥癸	3月15	巳癸	2月15	子甲	五廿
8月11	戌壬	7月13	巳癸	6月13	亥癸	5月14	巳癸	4月15	子甲	3月16	午甲	2月16	丑乙	六廿
8月12	亥癸	7月14	午甲	6月14	子甲	5月15	午甲	4月16	丑乙	3月17	未乙	2月17	寅丙	七廿
8月13	子甲	7月15	未乙	6月15	丑乙	5月16	未乙	4月17	寅丙	3月18	申丙	2月18	卯丁	八廿
8月14	丑乙	7月16	申丙	6月16	寅丙	5月17	申丙	4月18	卯丁	3月19	酉丁	2月19	辰戊	九廿
8月15	寅丙			6月17	卯丁	5月18	酉丁			3月20	戌戊			十三

西元2004年

月別	月二十曆農		月一十曆農		月十曆農		月九曆農		月八曆農		月七曆農	
干支	丑 丁		子 丙		亥 乙		戌 甲		酉 癸		申 壬	
節	春立	寒大	寒小	至冬	雪大	雪小	冬立	降霜	露寒	分秋	露白	暑處
氣	廿六丑時 1時34分	十一辰時 7時11分	廿五未時 13時52分	初十戌時 20時33分	廿六丑時 2時43分	十一辰時 7時20分	廿五巳時 10時3分	初十巳時 9時58分	廿五辰時 7時8分	初十子時 0時52分	廿三申時 15時44分	初八寅時 3時28分
農曆	曆國	支干	曆國	支干	曆國	支干	曆國	支干	曆國	支干	曆國	支干
初一	1月10	午甲	12月12	丑乙	11月12	未乙	10月14	寅丙	9月14	申丙	8月16	卯丁
初二	1月11	未乙	12月13	寅丙	11月13	申丙	10月15	卯丁	9月15	酉丁	8月17	辰戊
初三	1月12	申丙	12月14	卯丁	11月14	酉丁	10月16	辰戊	9月16	戌戊	8月18	巳己
初四	1月13	酉丁	12月15	辰戊	11月15	戌戊	10月17	巳己	9月17	亥己	8月19	午庚
初五	1月14	戌戊	12月16	巳己	11月16	亥己	10月18	午庚	9月18	子庚	8月20	未辛
初六	1月15	亥己	12月17	午庚	11月17	子庚	10月19	未辛	9月19	丑辛	8月21	申壬
初七	1月16	子庚	12月18	未辛	11月18	丑辛	10月20	申壬	9月20	寅壬	8月22	酉癸
初八	1月17	丑辛	12月19	申壬	11月19	寅壬	10月21	酉癸	9月21	卯癸	8月23	戌甲
初九	1月18	寅壬	12月20	酉癸	11月20	卯癸	10月22	戌甲	9月22	辰甲	8月24	亥乙
初十	1月19	卯癸	12月21	戌甲	11月21	辰甲	10月23	亥乙	9月23	巳乙	8月25	子丙
十一	1月20	辰甲	12月22	亥乙	11月22	巳乙	10月24	子丙	9月24	午丙	8月26	丑丁
十二	1月21	巳乙	12月23	子丙	11月23	午丙	10月25	丑丁	9月25	未丁	8月27	寅戊
十三	1月22	午丙	12月24	丑丁	11月24	未丁	10月26	寅戊	9月26	申戊	8月28	卯己
十四	1月23	未丁	12月25	寅戊	11月25	申戊	10月27	卯己	9月27	酉己	8月29	辰庚
十五	1月24	申戊	12月26	卯己	11月26	酉己	10月28	辰庚	9月28	戌庚	8月30	巳辛
十六	1月25	酉己	12月27	辰庚	11月27	戌庚	10月29	巳辛	9月29	亥辛	8月31	午壬
十七	1月26	戌庚	12月28	巳辛	11月28	亥辛	10月30	午壬	9月30	子壬	9月 1	未癸
十八	1月27	亥辛	12月29	午壬	11月29	子壬	10月31	未癸	10月 1	丑癸	9月 2	申甲
十九	1月28	子壬	12月30	未癸	11月30	丑癸	11月 1	申甲	10月 2	寅甲	9月 3	酉乙
二十	1月29	丑癸	12月31	申甲	12月 1	寅甲	11月 2	酉乙	10月 3	卯乙	9月 4	戌丙
廿一	1月30	寅甲	1月 1	酉乙	12月 2	卯乙	11月 3	戌丙	10月 4	辰丙	9月 5	亥丁
廿二	1月31	卯乙	1月 2	戌丙	12月 3	辰丙	11月 4	亥丁	10月 5	巳丁	9月 6	子戊
廿三	2月 1	辰丙	1月 3	亥丁	12月 4	巳丁	11月 5	子戊	10月 6	午戊	9月 7	丑己
廿四	2月 2	巳丁	1月 4	子戊	12月 5	午戊	11月 6	丑己	10月 7	未己	9月 8	寅庚
廿五	2月 3	午戊	1月 5	丑己	12月 6	未己	11月 7	寅庚	10月 8	申庚	9月 9	卯辛
廿六	2月 4	未己	1月 6	寅庚	12月 7	申庚	11月 8	卯辛	10月 9	酉辛	9月10	辰壬
廿七	2月 5	申庚	1月 7	卯辛	12月 8	酉辛	11月 9	辰壬	10月10	戌壬	9月11	巳癸
廿八	2月 6	酉辛	1月 8	辰壬	12月 9	戌壬	11月10	巳癸	10月11	亥癸	9月12	午甲
廿九	2月 7	戌壬	1月 9	巳癸	12月10	亥癸	11月11	午甲	10月12	子甲	9月13	未乙
三十	2月 8	亥癸			12月11	子甲			10月13	丑乙		

中華民國九十四年 歲次 乙酉《雞》

西元二〇〇五年 太歲 姓蔣名崇

月六曆農		月五曆農		月四曆農		月三曆農		月二曆農		月正曆農		別月
未	癸	午	壬	巳	辛	辰	庚	卯	己	寅	戊	支干
暑大	暑小	至夏		種芒	滿小	夏立	雨穀	明清	分春	蟄驚	水雨	節
十八丑時 2時21分	初二巳時 9時8分	十五申時 15時28分		廿九亥時 22時45分	十四辰時 7時22分	廿七酉時 18時23分	十二辰時 8時0分	廿七子時 0時48分	十一戌時 20時41分	廿五戌時 19時45分	初十亥時 21時28分	氣
曆國	支干	曆國	支干	曆國	支干	曆國	支干	曆國	支干	曆國	支干	曆農
7月 6	卯辛	6月 7	戌壬	5月 8	辰壬	4月 9	亥癸	3月10	巳癸	2月 9	子甲	一初
7月 7	辰壬	6月 8	亥癸	5月 9	巳癸	4月10	子甲	3月11	午甲	2月10	丑乙	二初
7月 8	巳癸	6月 9	子甲	5月10	午甲	4月11	丑乙	3月12	未乙	2月11	寅丙	三初
7月 9	午甲	6月10	丑乙	5月11	未乙	4月12	寅丙	3月13	申丙	2月12	卯丁	四初
7月10	未乙	6月11	寅丙	5月12	申丙	4月13	卯丁	3月14	酉丁	2月13	辰戊	五初
7月11	申丙	6月12	卯丁	5月13	酉丁	4月14	辰戊	3月15	戌戊	2月14	巳己	六初
7月12	酉丁	6月13	辰戊	5月14	戌戊	4月15	巳己	3月16	亥己	2月15	午庚	七初
7月13	戌戊	6月14	巳己	5月15	亥己	4月16	午庚	3月17	子庚	2月16	未辛	八初
7月14	亥己	6月15	午庚	5月16	子庚	4月17	未辛	3月18	丑辛	2月17	申壬	九初
7月15	子庚	6月16	未辛	5月17	丑辛	4月18	申壬	3月19	寅壬	2月18	酉癸	十初
7月16	丑辛	6月17	申壬	5月18	寅壬	4月19	酉癸	3月20	卯癸	2月19	戌甲	一十
7月17	寅壬	6月18	酉癸	5月19	卯癸	4月20	戌甲	3月21	辰甲	2月20	亥乙	二十
7月18	卯癸	6月19	戌甲	5月20	辰甲	4月21	亥乙	3月22	巳乙	2月21	子丙	三十
7月19	辰甲	6月20	亥乙	5月21	巳乙	4月22	子丙	3月23	午丙	2月22	丑丁	四十
7月20	巳乙	6月21	子丙	5月22	午丙	4月23	丑丁	3月24	未丁	2月23	寅戊	五十
7月21	午丙	6月22	丑丁	5月23	未丁	4月24	寅戊	3月25	申戊	2月24	卯己	六十
7月22	未丁	6月23	寅戊	5月24	申戊	4月25	卯己	3月26	酉己	2月25	辰庚	七十
7月23	申戊	6月24	卯己	5月25	酉己	4月26	辰庚	3月27	戌庚	2月26	巳辛	八十
7月24	酉己	6月25	辰庚	5月26	戌庚	4月27	巳辛	3月28	亥辛	2月27	午壬	九十
7月25	戌庚	6月26	巳辛	5月27	亥辛	4月28	午壬	3月29	子壬	2月28	未癸	十二
7月26	亥辛	6月27	午壬	5月28	子壬	4月29	未癸	3月30	丑癸	3月 1	申甲	一廿
7月27	子壬	6月28	未癸	5月29	丑癸	4月30	申甲	3月31	寅甲	3月 2	酉乙	二廿
7月28	丑癸	6月29	申甲	5月30	寅甲	5月 1	酉乙	4月 1	卯乙	3月 3	戌丙	三廿
7月29	寅甲	6月30	酉乙	5月31	卯乙	5月 2	戌丙	4月 2	辰丙	3月 4	亥丁	四廿
7月30	卯乙	7月 1	戌丙	6月 1	辰丙	5月 3	亥丁	4月 3	巳丁	3月 5	子戊	五廿
7月31	辰丙	7月 2	亥丁	6月 2	巳丁	5月 4	子戊	4月 4	午戊	3月 6	丑己	六廿
8月 1	巳丁	7月 3	子戊	6月 3	午戊	5月 5	丑己	4月 5	未己	3月 7	寅庚	七廿
8月 2	午戊	7月 4	丑己	6月 4	未己	5月 6	寅庚	4月 6	申庚	3月 8	卯辛	八廿
8月 3	未己	7月 5	寅庚	6月 5	申庚	5月 7	卯辛	4月 7	酉辛	3月 9	辰壬	九廿
8月 4	申庚			6月 6	酉辛			4月 8	戌壬			十三

西元2005年

月別	月二十曆農		月一十曆農		月十曆農		月九曆農		月八曆農		月七曆農	
干支	丑	己	子	戊	亥	丁	戌	丙	酉	乙	申	甲
節	寒大	寒小	至冬	雪大	雪小	冬立	降霜	露寒	分秋	露白	暑處	秋立
氣	廿一未時 13時0分	初六戌時 9時43分	廿二丑時 2時22分	初七辰時 8時34分	廿一未時 13時9分	初六申時 15時54分	廿一申時 15時47分	初六午時 12時59分	二十卯時 6時41分	初四亥時 21時35分	十九巳時 9時17分	初三酉時 18時51分
農曆	曆國	支干	曆國	支干	曆國	支干	曆國	支干	曆國	支干	曆國	支干
初一	12月31	丑己	12月 1	未己	11月 2	寅庚	10月 3	申庚	9月 4	卯辛	8月 5	酉辛
初二	1月 1	寅庚	12月 2	申庚	11月 3	卯辛	10月 4	酉辛	9月 5	辰壬	8月 6	戌壬
初三	1月 2	卯辛	12月 3	酉辛	11月 4	辰壬	10月 5	戌壬	9月 6	巳癸	8月 7	亥癸
初四	1月 3	辰壬	12月 4	戌壬	11月 5	巳癸	10月 6	亥癸	9月 7	午甲	8月 8	子甲
初五	1月 4	巳癸	12月 5	亥癸	11月 6	午甲	10月 7	子甲	9月 8	未乙	8月 9	丑乙
初六	1月 5	午甲	12月 6	子甲	11月 7	未乙	10月 8	丑乙	9月 9	申丙	8月10	寅丙
初七	1月 6	未乙	12月 7	丑乙	11月 8	申丙	10月 9	寅丙	9月10	酉丁	8月11	卯丁
初八	1月 7	申丙	12月 8	寅丙	11月 9	酉丁	10月10	卯丁	9月11	戌戊	8月12	辰戊
初九	1月 8	酉丁	12月 9	卯丁	11月10	戌戊	10月11	辰戊	9月12	亥己	8月13	巳己
初十	1月 9	戌戊	12月10	辰戊	11月11	亥己	10月12	巳己	9月13	子庚	8月14	午庚
十一	1月10	亥己	12月11	巳己	11月12	子庚	10月13	午庚	9月14	丑辛	8月15	未辛
十二	1月11	子庚	12月12	午庚	11月13	丑辛	10月14	未辛	9月15	寅壬	8月16	申壬
十三	1月12	丑辛	12月13	未辛	11月14	寅壬	10月15	申壬	9月16	卯癸	8月17	酉癸
十四	1月13	寅壬	12月14	申壬	11月15	卯癸	10月16	酉癸	9月17	辰甲	8月18	戌甲
十五	1月14	卯癸	12月15	酉癸	11月16	辰甲	10月17	戌甲	9月18	巳乙	8月19	亥乙
十六	1月15	辰甲	12月16	戌甲	11月17	巳乙	10月18	亥乙	9月19	午丙	8月20	子丙
十七	1月16	巳乙	12月17	亥乙	11月18	午丙	10月19	子丙	9月20	未丁	8月21	丑丁
十八	1月17	午丙	12月18	子丙	11月19	未丁	10月20	丑丁	9月21	申戊	8月22	寅戊
十九	1月18	未丁	12月19	丑丁	11月20	申戊	10月21	寅戊	9月22	酉己	8月23	卯己
二十	1月19	申戊	12月20	寅戊	11月21	酉己	10月22	卯己	9月23	戌庚	8月24	辰庚
廿一	1月20	酉己	12月21	卯己	11月22	戌庚	10月23	辰庚	9月24	亥辛	8月25	巳辛
廿二	1月21	戌庚	12月22	辰庚	11月23	亥辛	10月24	巳辛	9月25	子壬	8月26	午壬
廿三	1月22	亥辛	12月23	巳辛	11月24	子壬	10月25	午壬	9月26	丑癸	8月27	未癸
廿四	1月23	子壬	12月24	午壬	11月25	丑癸	10月26	未癸	9月27	寅甲	8月28	申甲
廿五	1月24	丑癸	12月25	未癸	11月26	寅甲	10月27	申甲	9月28	卯乙	8月29	酉乙
廿六	1月25	寅甲	12月26	申甲	11月27	卯乙	10月28	酉乙	9月29	辰丙	8月30	戌丙
廿七	1月26	卯乙	12月27	酉乙	11月28	辰丙	10月29	戌丙	9月30	巳丁	8月31	亥丁
廿八	1月27	辰丙	12月28	戌丙	11月29	巳丁	10月30	亥丁	10月 1	午戊	9月 1	子戊
廿九	1月28	巳丁	12月29	亥丁	11月30	午戊	10月31	子戊	10月 2	未己	9月 2	丑己
三十			12月30	子戊			11月 1	丑己			9月 3	寅庚

中華民國九十五年 歲次 丙戌《狗》

西元二〇〇六年 太歲 姓向名般

月六曆農		月五曆農		月四曆農		月三曆農		月二曆農		月正曆農		別月
未	乙	午	甲	巳	癸	辰	壬	卯	辛	寅	庚	支干
暑大	暑小	至夏	種芒	滿小	夏立	雨穀	明清	分春	蟄驚	水雨	春立	節
8時11分 廿八辰時	14時57分 十二未時	21時18分 廿六亥時	4時34分 十一寅時	13時12分 廿四未時	0時12分 初九子時	13時49分 廿三未時	6時38分 初八卯時	2時30分 廿二丑時	1時35分 初七丑時	3時17分 廿二寅時	7時25分 初七辰時	氣
曆國	支干	曆國	支干	曆國	支干	曆國	支干	曆國	支干	曆國	支干	曆農
6月26	戌丙	5月27	辰丙	4月28	亥丁	3月29	巳丁	2月28	子戊	1月29	午戊	一初
6月27	亥丁	5月28	巳丁	4月29	子戊	3月30	午戊	3月 1	丑己	1月30	未己	二初
6月28	子戊	5月29	午戊	4月30	丑己	3月31	未己	3月 2	寅庚	1月31	申庚	三初
6月29	丑己	5月30	未己	5月 1	寅庚	4月 1	申庚	3月 3	卯辛	2月 1	酉辛	四初
6月30	寅庚	5月31	申庚	5月 2	卯辛	4月 2	酉辛	3月 4	辰壬	2月 2	戌壬	五初
7月 1	卯辛	6月 1	酉辛	5月 3	辰壬	4月 3	戌壬	3月 5	巳癸	2月 3	亥癸	六初
7月 2	辰壬	6月 2	戌壬	5月 4	巳癸	4月 4	亥癸	3月 6	午甲	2月 4	子甲	七初
7月 3	巳癸	6月 3	亥癸	5月 5	午甲	4月 5	子甲	3月 7	未乙	2月 5	丑乙	八初
7月 4	午甲	6月 4	子甲	5月 6	未乙	4月 6	丑乙	3月 8	申丙	2月 6	寅丙	九初
7月 5	未乙	6月 5	丑乙	5月 7	申丙	4月 7	寅丙	3月 9	酉丁	2月 7	卯丁	十初
7月 6	申丙	6月 6	寅丙	5月 8	酉丁	4月 8	卯丁	3月10	戌戊	2月 8	辰戊	一十
7月 7	酉丁	6月 7	卯丁	5月 9	戌戊	4月 9	辰戊	3月11	亥己	2月 9	巳己	二十
7月 8	戌戊	6月 8	辰戊	5月10	亥己	4月10	巳己	3月12	子庚	2月10	午庚	三十
7月 9	亥己	6月 9	巳己	5月11	子庚	4月11	午庚	3月13	丑辛	2月11	未辛	四十
7月10	子庚	6月10	午庚	5月12	丑辛	4月12	未辛	3月14	寅壬	2月12	申壬	五十
7月11	丑辛	6月11	未辛	5月13	寅壬	4月13	申壬	3月15	卯癸	2月13	酉癸	六十
7月12	寅壬	6月12	申壬	5月14	卯癸	4月14	酉癸	3月16	辰甲	2月14	戌甲	七十
7月13	卯癸	6月13	酉癸	5月15	辰甲	4月15	戌甲	3月17	巳乙	2月15	亥乙	八十
7月14	辰甲	6月14	戌甲	5月16	巳乙	4月16	亥乙	3月18	午丙	2月16	子丙	九十
7月15	巳乙	6月15	亥乙	5月17	午丙	4月17	子丙	3月19	未丁	2月17	丑丁	十二
7月16	午丙	6月16	子丙	5月18	未丁	4月18	丑丁	3月20	申戊	2月18	寅戊	一廿
7月17	未丁	6月17	丑丁	5月19	申戊	4月19	寅戊	3月21	酉己	2月19	卯己	二廿
7月18	申戊	6月18	寅戊	5月20	酉己	4月20	卯己	3月22	戌庚	2月20	辰庚	三廿
7月19	酉己	6月19	卯己	5月21	戌庚	4月21	辰庚	3月23	亥辛	2月21	巳辛	四廿
7月20	戌庚	6月20	辰庚	5月22	亥辛	4月22	巳辛	3月24	子壬	2月22	午壬	五廿
7月21	亥辛	6月21	巳辛	5月23	子壬	4月23	午壬	3月25	丑癸	2月23	未癸	六廿
7月22	子壬	6月22	午壬	5月24	丑癸	4月24	未癸	3月26	寅甲	2月24	申甲	七廿
7月23	丑癸	6月23	未癸	5月25	寅甲	4月25	申甲	3月27	卯乙	2月25	酉乙	八廿
7月24	寅甲	6月24	申甲	5月26	卯乙	4月26	酉乙	3月28	辰丙	2月26	戌丙	九廿
		6月25	酉乙			4月27	戌丙			2月27	亥丁	十三

西元2006年

月別	月二十曆農		月一十曆農		月十曆農		月九曆農		月八曆農		月七閏曆農		月七曆農	
干支	丑	辛	子	庚	亥	己	戌	戊	酉	丁			申	丙
節	春立	寒大	寒小	至冬	雪大	雪小	冬立	降霜	露寒	分秋	露白		暑處	秋立
氣	13時14分 十七未時	18時51分 初二酉時	1時32分 十八丑時	8時13分 初三辰時	14時23分 十七未時	19時0分 初二戌時	21時43分 十七亥時	21時37分 初二亥時	18時48分 十七酉時	12時31分 初二午時	3時24分 十六寅時		15時7分 三十申時	0時40分 十五子時
農曆	曆國	支干	曆國	支干	曆國	支干	曆國	支干	曆國	支干	曆國	支干	曆國	支干
初一	1月19	丑癸	12月20	未癸	11月21	寅甲	10月22	申甲	9月22	寅甲	8月24	酉乙	7月25	卯乙
初二	1月20	寅甲	12月21	申甲	11月22	卯乙	10月23	酉乙	9月23	卯乙	8月25	戌丙	7月26	辰丙
初三	1月21	卯乙	12月22	酉乙	11月23	辰丙	10月24	戌丙	9月24	辰丙	8月26	亥丁	7月27	巳丁
初四	1月22	辰丙	12月23	戌丙	11月24	巳丁	10月25	亥丁	9月25	巳丁	8月27	子戊	7月28	午戊
初五	1月23	巳丁	12月24	亥丁	11月25	午戊	10月26	子戊	9月26	午戊	8月28	丑己	7月29	未己
初六	1月24	午戊	12月25	子戊	11月26	未己	10月27	丑己	9月27	未己	8月29	寅庚	7月30	申庚
初七	1月25	未己	12月26	丑己	11月27	申庚	10月28	寅庚	9月28	申庚	8月30	卯辛	7月31	酉辛
初八	1月26	申庚	12月27	寅庚	11月28	酉辛	10月29	卯辛	9月29	酉辛	8月31	辰壬	8月 1	戌壬
初九	1月27	酉辛	12月28	卯辛	11月29	戌壬	10月30	辰壬	9月30	戌壬	9月 1	巳癸	8月 2	亥癸
初十	1月28	戌壬	12月29	辰壬	11月30	亥癸	10月31	巳癸	10月 1	亥癸	9月 2	午甲	8月 3	子甲
十一	1月29	亥癸	12月30	巳癸	12月 1	子甲	11月 1	午甲	10月 2	子甲	9月 3	未乙	8月 4	丑乙
十二	1月30	子甲	12月31	午甲	12月 2	丑乙	11月 2	未乙	10月 3	丑乙	9月 4	申丙	8月 5	寅丙
十三	1月31	丑乙	1月 1	未乙	12月 3	寅丙	11月 3	申丙	10月 4	寅丙	9月 5	酉丁	8月 6	卯丁
十四	2月 1	寅丙	1月 2	申丙	12月 4	卯丁	11月 4	酉丁	10月 5	卯丁	9月 6	戌戊	8月 7	辰戊
十五	2月 2	卯丁	1月 3	酉丁	12月 5	辰戊	11月 5	戌戊	10月 6	辰戊	9月 7	亥己	8月 8	巳己
十六	2月 3	辰戊	1月 4	戌戊	12月 6	巳己	11月 6	亥己	10月 7	巳己	9月 8	子庚	8月 9	午庚
十七	2月 4	巳己	1月 5	亥己	12月 7	午庚	11月 7	子庚	10月 8	午庚	9月 9	丑辛	8月10	未辛
十八	2月 5	午庚	1月 6	子庚	12月 8	未辛	11月 8	丑辛	10月 9	未辛	9月10	寅壬	8月11	申壬
十九	2月 6	未辛	1月 7	丑辛	12月 9	申壬	11月 9	寅壬	10月10	申壬	9月11	卯癸	8月12	酉癸
二十	2月 7	申壬	1月 8	寅壬	12月10	酉癸	11月10	卯癸	10月11	酉癸	9月12	辰甲	8月13	戌甲
廿一	2月 8	酉癸	1月 9	卯癸	12月11	戌甲	11月11	辰甲	10月12	戌甲	9月13	巳乙	8月14	亥乙
廿二	2月 9	戌甲	1月10	辰甲	12月12	亥乙	11月12	巳乙	10月13	亥乙	9月14	午丙	8月15	子丙
廿三	2月10	亥乙	1月11	巳乙	12月13	子丙	11月13	午丙	10月14	子丙	9月15	未丁	8月16	丑丁
廿四	2月11	子丙	1月12	午丙	12月14	丑丁	11月14	未丁	10月15	丑丁	9月16	申戊	8月17	寅戊
廿五	2月12	丑丁	1月13	未丁	12月15	寅戊	11月15	申戊	10月16	寅戊	9月17	酉己	8月18	卯己
廿六	2月13	寅戊	1月14	申戊	12月16	卯己	11月16	酉己	10月17	卯己	9月18	戌庚	8月19	辰庚
廿七	2月14	卯己	1月15	酉己	12月17	辰庚	11月17	戌庚	10月18	辰庚	9月19	亥辛	8月20	巳辛
廿八	2月15	辰庚	1月16	戌庚	12月18	巳辛	11月18	亥辛	10月19	巳辛	9月20	子壬	8月21	午壬
廿九	2月16	巳辛	1月17	亥辛	12月19	午壬	11月19	子壬	10月20	午壬	9月21	丑癸	8月22	未癸
三十	2月17	午壬	1月18	子壬			11月20	丑癸	10月21	未癸			8月23	申甲

中華民國九十六年 歲次 丁亥《豬》

西元二〇〇七年 太歲 姓封名齊

月六曆農		月五曆農		月四曆農		月三曆農		月二曆農		月正曆農		別月
未 丁		午 丙		巳 乙		辰 甲		卯 癸		寅 壬		支干
秋立	暑大	暑小	至夏	種芒	滿小	夏立	雨穀	明清	分春	蟄驚	水雨	節氣
6時29分 廿六卯時	14時1分 初十未時	20時46分 廿三戌時	3時8分 初八寅時	10時23分 廿一巳時	19時2分 初五戌時	6時1分 二十卯時	19時40分 初四戌時	12時27分 十八午時	8時21分 初三辰時	7時24分 十七辰時	9時8分 初二巳時	
曆國	支干	曆國	支干	曆國	支干	曆國	支干	曆國	支干	曆國	支干	曆農
7月14	酉己	6月15	辰庚	5月17	亥辛	4月17	巳辛	3月19	子壬	2月18	未癸	一初
7月15	戌庚	6月16	巳辛	5月18	子壬	4月18	午壬	3月20	丑癸	2月19	申甲	二初
7月16	亥辛	6月17	午壬	5月19	丑癸	4月19	未癸	3月21	寅甲	2月20	酉乙	三初
7月17	子壬	6月18	未癸	5月20	寅甲	4月20	申甲	3月22	卯乙	2月21	戌丙	四初
7月18	丑癸	6月19	申甲	5月21	卯乙	4月21	酉乙	3月23	辰丙	2月22	亥丁	五初
7月19	寅甲	6月20	酉乙	5月22	辰丙	4月22	戌丙	3月24	巳丁	2月23	子戊	六初
7月20	卯乙	6月21	戌丙	5月23	巳丁	4月23	亥丁	3月25	午戊	2月24	丑己	七初
7月21	辰丙	6月22	亥丁	5月24	午戊	4月24	子戊	3月26	未己	2月25	寅庚	八初
7月22	巳丁	6月23	子戊	5月25	未己	4月25	丑己	3月27	申庚	2月26	卯辛	九初
7月23	午戊	6月24	丑己	5月26	申庚	4月26	寅庚	3月28	酉辛	2月27	辰壬	十初
7月24	未己	6月25	寅庚	5月27	酉辛	4月27	卯辛	3月29	戌壬	2月28	巳癸	一十
7月25	申庚	6月26	卯辛	5月28	戌壬	4月28	辰壬	3月30	亥癸	3月 1	午甲	二十
7月26	酉辛	6月27	辰壬	5月29	亥癸	4月29	巳癸	3月31	子甲	3月 2	未乙	三十
7月27	戌壬	6月28	巳癸	5月30	子甲	4月30	午甲	4月 1	丑乙	3月 3	申丙	四十
7月28	亥癸	6月29	午甲	5月31	丑乙	5月 1	未乙	4月 2	寅丙	3月 4	酉丁	五十
7月29	子甲	6月30	未乙	6月 1	寅丙	5月 2	申丙	4月 3	卯丁	3月 5	戌戊	六十
7月30	丑乙	7月 1	申丙	6月 2	卯丁	5月 3	酉丁	4月 4	辰戊	3月 6	亥己	七十
7月31	寅丙	7月 2	酉丁	6月 3	辰戊	5月 4	戌戊	4月 5	巳己	3月 7	子庚	八十
8月 1	卯丁	7月 3	戌戊	6月 4	巳己	5月 5	亥己	4月 6	午庚	3月 8	丑辛	九十
8月 2	辰戊	7月 4	亥己	6月 5	午庚	5月 6	子庚	4月 7	未辛	3月 9	寅壬	十二
8月 3	巳己	7月 5	子庚	6月 6	未辛	5月 7	丑辛	4月 8	申壬	3月10	卯癸	一廿
8月 4	午庚	7月 6	丑辛	6月 7	申壬	5月 8	寅壬	4月 9	酉癸	3月11	辰甲	二廿
8月 5	未辛	7月 7	寅壬	6月 8	酉癸	5月 9	卯癸	4月10	戌甲	3月12	巳乙	三廿
8月 6	申壬	7月 8	卯癸	6月 9	戌甲	5月10	辰甲	4月11	亥乙	3月13	午丙	四廿
8月 7	酉癸	7月 9	辰甲	6月10	亥乙	5月11	巳乙	4月12	子丙	3月14	未丁	五廿
8月 8	戌甲	7月10	巳乙	6月11	子丙	5月12	午丙	4月13	丑丁	3月15	申戊	六廿
8月 9	亥乙	7月11	午丙	6月12	丑丁	5月13	未丁	4月14	寅戊	3月16	酉己	七廿
8月10	子丙	7月12	未丁	6月13	寅戊	5月14	申戊	4月15	卯己	3月17	戌庚	八廿
8月11	丑丁	7月13	申戊	6月14	卯己	5月15	酉己	4月16	辰庚	3月18	亥辛	九廿
8月12	寅戊					5月16	戌庚					十三

西元2007年

月別	月二十曆農		月一十曆農		月十曆農		月九曆農		月八曆農		月七曆農	
干支	丑	癸	子	壬	亥	辛	戌	庚	酉	己	申	戊
節	春立	寒大	寒小	至冬	雪大	雪小	冬立	降霜	露寒	分秋	露白	暑處
氣	19時3分 廿八戌時	0時40分 十四子時	7時21分 廿八辰時	14時2分 十三未時	20時12分 廿八戌時	0時49分 十四子時	3時32分 廿九寅時	3時27分 十四寅時	0時37分 廿九子時	18時21分 十三酉時	9時13分 廿七巳時	20時57分 十一戌時
農曆	曆國	支干	曆國	支干	曆國	支干	曆國	支干	曆國	支干	曆國	支干
初一	1月 8	未丁	12月10	寅戊	11月10	申戊	10月11	寅戊	9月11	申戊	8月13	卯己
初二	1月 9	申戊	12月11	卯己	11月11	酉己	10月12	卯己	9月12	酉己	8月14	辰庚
初三	1月10	酉己	12月12	辰庚	11月12	戌庚	10月13	辰庚	9月13	戌庚	8月15	巳辛
初四	1月11	戌庚	12月13	巳辛	11月13	亥辛	10月14	巳辛	9月14	亥辛	8月16	午壬
初五	1月12	亥辛	12月14	午壬	11月14	子壬	10月15	午壬	9月15	子壬	8月17	未癸
初六	1月13	子壬	12月15	未癸	11月15	丑癸	10月16	未癸	9月16	丑癸	8月18	申甲
初七	1月14	丑癸	12月16	申甲	11月16	寅甲	10月17	申甲	9月17	寅甲	8月19	酉乙
初八	1月15	寅甲	12月17	酉乙	11月17	卯乙	10月18	酉乙	9月18	卯乙	8月20	戌丙
初九	1月16	卯乙	12月18	戌丙	11月18	辰丙	10月19	戌丙	9月19	辰丙	8月21	亥丁
初十	1月17	辰丙	12月19	亥丁	11月19	巳丁	10月20	亥丁	9月20	巳丁	8月22	子戊
十一	1月18	巳丁	12月20	子戊	11月20	午戊	10月21	子戊	9月21	午戊	8月23	丑己
十二	1月19	午戊	12月21	丑己	11月21	未己	10月22	丑己	9月22	未己	8月24	寅庚
十三	1月20	未己	12月22	寅庚	11月22	申庚	10月23	寅庚	9月23	申庚	8月25	卯辛
十四	1月21	申庚	12月23	卯辛	11月23	酉辛	10月24	卯辛	9月24	酉辛	8月26	辰壬
十五	1月22	酉辛	12月24	辰壬	11月24	戌壬	10月25	辰壬	9月25	戌壬	8月27	巳癸
十六	1月23	戌壬	12月25	巳癸	11月25	亥癸	10月26	巳癸	9月26	亥癸	8月28	午甲
十七	1月24	亥癸	12月26	午甲	11月26	子甲	10月27	午甲	9月27	子甲	8月29	未乙
十八	1月25	子甲	12月27	未乙	11月27	丑乙	10月28	未乙	9月28	丑乙	8月30	申丙
十九	1月26	丑乙	12月28	申丙	11月28	寅丙	10月29	申丙	9月29	寅丙	8月31	酉丁
二十	1月27	寅丙	12月29	酉丁	11月29	卯丁	10月30	酉丁	9月30	卯丁	9月 1	戌戊
廿一	1月28	卯丁	12月30	戌戊	11月30	辰戊	10月31	戌戊	10月 1	辰戊	9月 2	亥己
廿二	1月29	辰戊	12月31	亥己	12月 1	巳己	11月 1	亥己	10月 2	巳己	9月 3	子庚
廿三	1月30	巳己	1月 1	子庚	12月 2	午庚	11月 2	子庚	10月 3	午庚	9月 4	丑辛
廿四	1月31	午庚	1月 2	丑辛	12月 3	未辛	11月 3	丑辛	10月 4	未辛	9月 5	寅壬
廿五	2月 1	未辛	1月 3	寅壬	12月 4	申壬	11月 4	寅壬	10月 5	申壬	9月 6	卯癸
廿六	2月 2	申壬	1月 4	卯癸	12月 5	酉癸	11月 5	卯癸	10月 6	酉癸	9月 7	辰甲
廿七	2月 3	酉癸	1月 5	辰甲	12月 6	戌甲	11月 6	辰甲	10月 7	戌甲	9月 8	巳乙
廿八	2月 4	戌甲	1月 6	巳乙	12月 7	亥乙	11月 7	巳乙	10月 8	亥乙	9月 9	午丙
廿九	2月 5	亥乙	1月 7	午丙	12月 8	子丙	11月 8	午丙	10月 9	子丙	9月10	未丁
三十	2月 6	子丙			12月 9	丑丁	11月 9	未丁	10月10	丑丁		

中華民國九十七年 歲次 戊子《鼠》

西元二〇〇八年 太歲 姓郢名班

月六曆農		月五曆農		月四曆農		月三曆農		月二曆農		月正曆農		別月
未 己		午 戊		巳 丁		辰 丙		卯 乙		寅 甲		支干
暑大	暑小	至夏	種芒	滿小	夏立	雨穀		明清	分春	蟄驚	水雨	節
19時50分 二十戌時	2時35分 初五丑時	8時57分 十八辰時	16時12分 初二申時	0時51分 十七子時	11時50分 初一午時	1時29分 十五丑時		18時16分 廿八酉時	14時10分 十三未時	13時13分 廿八未時	14時57分 十三未時	氣
曆國	支干	曆國	支干	曆國	支干	曆國	支干	曆國	支干	曆國	支干	曆農
7月 3	辰甲	6月 4	亥乙	5月 5	巳乙	4月 6	子丙	3月 8	未丁	2月 7	丑丁	一初
7月 4	巳乙	6月 5	子丙	5月 6	午丙	4月 7	丑丁	3月 9	申戊	2月 8	寅戊	二初
7月 5	午丙	6月 6	丑丁	5月 7	未丁	4月 8	寅戊	3月10	酉己	2月 9	卯己	三初
7月 6	未丁	6月 7	寅戊	5月 8	申戊	4月 9	卯己	3月11	戌庚	2月10	辰庚	四初
7月 7	申戊	6月 8	卯己	5月 9	酉己	4月10	辰庚	3月12	亥辛	2月11	巳辛	五初
7月 8	酉己	6月 9	辰庚	5月10	戌庚	4月11	巳辛	3月13	子壬	2月12	午壬	六初
7月 9	戌庚	6月10	巳辛	5月11	亥辛	4月12	午壬	3月14	丑癸	2月13	未癸	七初
7月10	亥辛	6月11	午壬	5月12	子壬	4月13	未癸	3月15	寅甲	2月14	申甲	八初
7月11	子壬	6月12	未癸	5月13	丑癸	4月14	申甲	3月16	卯乙	2月15	酉乙	九初
7月12	丑癸	6月13	申甲	5月14	寅甲	4月15	酉乙	3月17	辰丙	2月16	戌丙	十初
7月13	寅甲	6月14	酉乙	5月15	卯乙	4月16	戌丙	3月18	巳丁	2月17	亥丁	一十
7月14	卯乙	6月15	戌丙	5月16	辰丙	4月17	亥丁	3月19	午戊	2月18	子戊	二十
7月15	辰丙	6月16	亥丁	5月17	巳丁	4月18	子戊	3月20	未己	2月19	丑己	三十
7月16	巳丁	6月17	子戊	5月18	午戊	4月19	丑己	3月21	申庚	2月20	寅庚	四十
7月17	午戊	6月18	丑己	5月19	未己	4月20	寅庚	3月22	酉辛	2月21	卯辛	五十
7月18	未己	6月19	寅庚	5月20	申庚	4月21	卯辛	3月23	戌壬	2月22	辰壬	六十
7月19	申庚	6月20	卯辛	5月21	酉辛	4月22	辰壬	3月24	亥癸	2月23	巳癸	七十
7月20	酉辛	6月21	辰壬	5月22	戌壬	4月23	巳癸	3月25	子甲	2月24	午甲	八十
7月21	戌壬	6月22	巳癸	5月23	亥癸	4月24	午甲	3月26	丑乙	2月25	未乙	九十
7月22	亥癸	6月23	午甲	5月24	子甲	4月25	未乙	3月27	寅丙	2月26	申丙	十二
7月23	子甲	6月24	未乙	5月25	丑乙	4月26	申丙	3月28	卯丁	2月27	酉丁	一廿
7月24	丑乙	6月25	申丙	5月26	寅丙	4月27	酉丁	3月29	辰戊	2月28	戌戊	二廿
7月25	寅丙	6月26	酉丁	5月27	卯丁	4月28	戌戊	3月30	巳己	2月29	亥己	三廿
7月26	卯丁	6月27	戌戊	5月28	辰戊	4月29	亥己	3月31	午庚	3月 1	子庚	四廿
7月27	辰戊	6月28	亥己	5月29	巳己	4月30	子庚	4月 1	未辛	3月 2	丑辛	五廿
7月28	巳己	6月29	子庚	5月30	午庚	5月 1	丑辛	4月 2	申壬	3月 3	寅壬	六廿
7月29	午庚	6月30	丑辛	5月31	未辛	5月 2	寅壬	4月 3	酉癸	3月 4	卯癸	七廿
7月30	未辛	7月 1	寅壬	6月 1	申壬	5月 3	卯癸	4月 4	戌甲	3月 5	辰甲	八廿
7月31	申壬	7月 2	卯癸	6月 2	酉癸	5月 4	辰甲	4月 5	亥乙	3月 6	巳乙	九廿
				6月 3	戌甲					3月 7	午丙	十三

西元2008年

月別	月二十曆農		月一十曆農		月十曆農		月九曆農		月八曆農		月七曆農	
干支	丑　乙		子　甲		亥　癸		戌　壬		酉　辛		申　庚	
節	寒大	寒小	至多	雪大	雪小	冬立	降霜	露寒	分秋	露白	暑處	秋立
氣	廿五卯時 6時29分	初十未時 13時10分	廿四戌時 19時51分	初十丑時 2時1分	廿五卯時 6時38分	初十巳時 9時21分	廿五巳時 9時16分	初十卯時 6時26分	廿四子時 0時10分	初八申時 15時2分	廿三丑時 2時46分	初七午時 12時18分
農曆	曆國	支干	曆國	支干	曆國	支干	曆國	支干	曆國	支干	曆國	支干
初一	12月27	丑辛	11月28	申壬	10月29	寅壬	9月29	申壬	8月31	卯癸	8月 1	酉癸
初二	12月28	寅壬	11月29	酉癸	10月30	卯癸	9月30	酉癸	9月 1	辰甲	8月 2	戌甲
初三	12月29	卯癸	11月30	戌甲	10月31	辰甲	10月 1	戌甲	9月 2	巳乙	8月 3	亥乙
初四	12月30	辰甲	12月 1	亥乙	11月 1	巳乙	10月 2	亥乙	9月 3	午丙	8月 4	子丙
初五	12月31	巳乙	12月 2	子丙	11月 2	午丙	10月 3	子丙	9月 4	未丁	8月 5	丑丁
初六	1月 1	午丙	12月 3	丑丁	11月 3	未丁	10月 4	丑丁	9月 5	申戊	8月 6	寅戊
初七	1月 2	未丁	12月 4	寅戊	11月 4	申戊	10月 5	寅戊	9月 6	酉己	8月 7	卯己
初八	1月 3	申戊	12月 5	卯己	11月 5	酉己	10月 6	卯己	9月 7	戌庚	8月 8	辰庚
初九	1月 4	酉己	12月 6	辰庚	11月 6	戌庚	10月 7	辰庚	9月 8	亥辛	8月 9	巳辛
初十	1月 5	戌庚	12月 7	巳辛	11月 7	亥辛	10月 8	巳辛	9月 9	子壬	8月10	午壬
十一	1月 6	亥辛	12月 8	午壬	11月 8	子壬	10月 9	午壬	9月10	丑癸	8月11	未癸
十二	1月 7	子壬	12月 9	未癸	11月 9	丑癸	10月10	未癸	9月11	寅甲	8月12	申甲
十三	1月 8	丑癸	12月10	申甲	11月10	寅甲	10月11	申甲	9月12	卯乙	8月13	酉乙
十四	1月 9	寅甲	12月11	酉乙	11月11	卯乙	10月12	酉乙	9月13	辰丙	8月14	戌丙
十五	1月10	卯乙	12月12	戌丙	11月12	辰丙	10月13	戌丙	9月14	巳丁	8月15	亥丁
十六	1月11	辰丙	12月13	亥丁	11月13	巳丁	10月14	亥丁	9月15	午戊	8月16	子戊
十七	1月12	巳丁	12月14	子戊	11月14	午戊	10月15	子戊	9月16	未己	8月17	丑己
十八	1月13	午戊	12月15	丑己	11月15	未己	10月16	丑己	9月17	申庚	8月18	寅庚
十九	1月14	未己	12月16	寅庚	11月16	申庚	10月17	寅庚	9月18	酉辛	8月19	卯辛
二十	1月15	申庚	12月17	卯辛	11月17	酉辛	10月18	卯辛	9月19	戌壬	8月20	辰壬
廿一	1月16	酉辛	12月18	辰壬	11月18	戌壬	10月19	辰壬	9月20	亥癸	8月21	巳癸
廿二	1月17	戌壬	12月19	巳癸	11月19	亥癸	10月20	巳癸	9月21	子甲	8月22	午甲
廿三	1月18	亥癸	12月20	午甲	11月20	子甲	10月21	午甲	9月22	丑乙	8月23	未乙
廿四	1月19	子甲	12月21	未乙	11月21	丑乙	10月22	未乙	9月23	寅丙	8月24	申丙
廿五	1月20	丑乙	12月22	申丙	11月22	寅丙	10月23	申丙	9月24	卯丁	8月25	酉丁
廿六	1月21	寅丙	12月23	酉丁	11月23	卯丁	10月24	酉丁	9月25	辰戊	8月26	戌戊
廿七	1月22	卯丁	12月24	戌戊	11月24	辰戊	10月25	戌戊	9月26	巳己	8月27	亥己
廿八	1月23	辰戊	12月25	亥己	11月25	巳己	10月26	亥己	9月27	午庚	8月28	子庚
廿九	1月24	巳己	12月26	子庚	11月26	午庚	10月27	子庚	9月28	未辛	8月29	丑辛
三十	1月25	午庚			11月27	未辛	10月28	丑辛			8月30	寅壬

中華民國九十八年 歲次 己丑《牛》

西元二〇〇九年 太歲 姓潘名佛

月六曆農		月五閏曆農		月五曆農		月四曆農		月三曆農		月二曆農		月正曆農		別月
未 辛				午 庚		巳 己		辰 戊		卯 丁		寅 丙		支干
秋立	暑大	暑小		至夏	種芒	滿小	夏立	雨穀	明清	分春	蟄驚	水雨	春立	節
十七酉時 18時7分	初二丑時 1時39分	十五辰時 8時24分		廿九未時 14時46分	十三亥時 22時1分	廿七卯時 6時40分	十一酉時 17時39分	廿五辰時 7時18分	初十子時 0時5分	廿四戌時 19時59分	初九戌時 19時2分	廿四戌時 20時46分	初十子時 0時52分	氣
曆國	支干	曆國	支干	曆國	支干	曆國	支干	曆國	支干	曆國	支干	曆國	支干	曆農
7月22	辰戊	6月23	亥己	5月24	巳己	4月25	子庚	3月27	未辛	2月25	丑辛	1月26	未辛	一初
7月23	巳己	6月24	子庚	5月25	午庚	4月26	丑辛	3月28	申壬	2月26	寅壬	1月27	申壬	二初
7月24	午庚	6月25	丑辛	5月26	未辛	4月27	寅壬	3月29	酉癸	2月27	卯癸	1月28	酉癸	三初
7月25	未辛	6月26	寅壬	5月27	申壬	4月28	卯癸	3月30	戌甲	2月28	辰甲	1月29	戌甲	四初
7月26	申壬	6月27	卯癸	5月28	酉癸	4月29	辰甲	3月31	亥乙	3月 1	巳乙	1月30	亥乙	五初
7月27	酉癸	6月28	辰甲	5月29	戌甲	4月30	巳乙	4月 1	子丙	3月 2	午丙	1月31	子丙	六初
7月28	戌甲	6月29	巳乙	5月30	亥乙	5月 1	午丙	4月 2	丑丁	3月 3	未丁	2月 1	丑丁	七初
7月29	亥乙	6月30	午丙	5月31	子丙	5月 2	未丁	4月 3	寅戊	3月 4	申戊	2月 2	寅戊	八初
7月30	子丙	7月 1	未丁	6月 1	丑丁	5月 3	申戊	4月 4	卯己	3月 5	酉己	2月 3	卯己	九初
7月31	丑丁	7月 2	申戊	6月 2	寅戊	5月 4	酉己	4月 5	辰庚	3月 6	戌庚	2月 4	辰庚	十初
8月 1	寅戊	7月 3	酉己	6月 3	卯己	5月 5	戌庚	4月 6	巳辛	3月 7	亥辛	2月 5	巳辛	一十
8月 2	卯己	7月 4	戌庚	6月 4	辰庚	5月 6	亥辛	4月 7	午壬	3月 8	子壬	2月 6	午壬	二十
8月 3	辰庚	7月 5	亥辛	6月 5	巳辛	5月 7	子壬	4月 8	未癸	3月 9	丑癸	2月 7	未癸	三十
8月 4	巳辛	7月 6	子壬	6月 6	午壬	5月 8	丑癸	4月 9	申甲	3月10	寅甲	2月 8	申甲	四十
8月 5	午壬	7月 7	丑癸	6月 7	未癸	5月 9	寅甲	4月10	酉乙	3月11	卯乙	2月 9	酉乙	五十
8月 6	未癸	7月 8	寅甲	6月 8	申甲	5月10	卯乙	4月11	戌丙	3月12	辰丙	2月10	戌丙	六十
8月 7	申甲	7月 9	卯乙	6月 9	酉乙	5月11	辰丙	4月12	亥丁	3月13	巳丁	2月11	亥丁	七十
8月 8	酉乙	7月10	辰丙	6月10	戌丙	5月12	巳丁	4月13	子戊	3月14	午戊	2月12	子戊	八十
8月 9	戌丙	7月11	巳丁	6月11	亥丁	5月13	午戊	4月14	丑己	3月15	未己	2月13	丑己	九十
8月10	亥丁	7月12	午戊	6月12	子戊	5月14	未己	4月15	寅庚	3月16	申庚	2月14	寅庚	十二
8月11	子戊	7月13	未己	6月13	丑己	5月15	申庚	4月16	卯辛	3月17	酉辛	2月15	卯辛	一廿
8月12	丑己	7月14	申庚	6月14	寅庚	5月16	酉辛	4月17	辰壬	3月18	戌壬	2月16	辰壬	二廿
8月13	寅庚	7月15	酉辛	6月15	卯辛	5月17	戌壬	4月18	巳癸	3月19	亥癸	2月17	巳癸	三廿
8月14	卯辛	7月16	戌壬	6月16	辰壬	5月18	亥癸	4月19	午甲	3月20	子甲	2月18	午甲	四廿
8月15	辰壬	7月17	亥癸	6月17	巳癸	5月19	子甲	4月20	未乙	3月21	丑乙	2月19	未乙	五廿
8月16	巳癸	7月18	子甲	6月18	午甲	5月20	丑乙	4月21	申丙	3月22	寅丙	2月20	申丙	六廿
8月17	午甲	7月19	丑乙	6月19	未乙	5月21	寅丙	4月22	酉丁	3月23	卯丁	2月21	酉丁	七廿
8月18	未乙	7月20	寅丙	6月20	申丙	5月22	卯丁	4月23	戌戊	3月24	辰戊	2月22	戌戊	八廿
8月19	申丙	7月21	卯丁	6月21	酉丁	5月23	辰戊	4月24	亥己	3月25	巳己	2月23	亥己	九廿
				6月22	戌戊					3月26	午庚	2月24	子庚	十三

西元2009年

月別	月二十曆農		月一十曆農		月十曆農		月九曆農		月八曆農		月七曆農	
干支	丑	丁	子	丙	亥	乙	戌	甲	酉	癸	申	壬
節	春立	寒大	寒小	至冬	雪大	雪小	冬立	降霜	露寒	分秋	露白	暑處
氣	6時42分 廿一卯時	12時18分 初六午時	19時0分 廿一戌時	1時40分 初七丑時	7時5分 廿一辰時	12時27分 初六午時	15時10分 廿一申時	15時5分 初六申時	12時15分 二十午時	5時59分 初五卯時	20時51分 十九戌時	8時35分 初四辰時
農曆	曆國	支干	曆國	支干	曆國	支干	曆國	支干	曆國	支干	曆國	支干
初一	1月15	丑乙	12月16	未乙	11月17	寅丙	10月18	申丙	9月19	卯丁	8月20	酉丁
初二	1月16	寅丙	12月17	申丙	11月18	卯丁	10月19	酉丁	9月20	辰戊	8月21	戌戊
初三	1月17	卯丁	12月18	酉丁	11月19	辰戊	10月20	戌戊	9月21	巳己	8月22	亥己
初四	1月18	辰戊	12月19	戌戊	11月20	巳己	10月21	亥己	9月22	午庚	8月23	子庚
初五	1月19	巳己	12月20	亥己	11月21	午庚	10月22	子庚	9月23	未辛	8月24	丑辛
初六	1月20	午庚	12月21	子庚	11月22	未辛	10月23	丑辛	9月24	申壬	8月25	寅壬
初七	1月21	未辛	12月22	丑辛	11月23	申壬	10月24	寅壬	9月25	酉癸	8月26	卯癸
初八	1月22	申壬	12月23	寅壬	11月24	酉癸	10月25	卯癸	9月26	戌甲	8月27	辰甲
初九	1月23	酉癸	12月24	卯癸	11月25	戌甲	10月26	辰甲	9月27	亥乙	8月28	巳乙
初十	1月24	戌甲	12月25	辰甲	11月26	亥乙	10月27	巳乙	9月28	子丙	8月29	午丙
十一	1月25	亥乙	12月26	巳乙	11月27	子丙	10月28	午丙	9月29	丑丁	8月30	未丁
十二	1月26	子丙	12月27	午丙	11月28	丑丁	10月29	未丁	9月30	寅戊	8月31	申戊
十三	1月27	丑丁	12月28	未丁	11月29	寅戊	10月30	申戊	10月 1	卯己	9月 1	酉己
十四	1月28	寅戊	12月29	申戊	11月30	卯己	10月31	酉己	10月 2	辰庚	9月 2	戌庚
十五	1月29	卯己	12月30	酉己	12月 1	辰庚	11月 1	戌庚	10月 3	巳辛	9月 3	亥辛
十六	1月30	辰庚	12月31	戌庚	12月 2	巳辛	11月 2	亥辛	10月 4	午壬	9月 4	子壬
十七	1月31	巳辛	1月 1	亥辛	12月 3	午壬	11月 3	子壬	10月 5	未癸	9月 5	丑癸
十八	2月 1	午壬	1月 2	子壬	12月 4	未癸	11月 4	丑癸	10月 6	申甲	9月 6	寅甲
十九	2月 2	未癸	1月 3	丑癸	12月 5	申甲	11月 5	寅甲	10月 7	酉乙	9月 7	卯乙
二十	2月 3	申甲	1月 4	寅甲	12月 6	酉乙	11月 6	卯乙	10月 8	戌丙	9月 8	辰丙
廿一	2月 4	酉乙	1月 5	卯乙	12月 7	戌丙	11月 7	辰丙	10月 9	亥丁	9月 9	巳丁
廿二	2月 5	戌丙	1月 6	辰丙	12月 8	亥丁	11月 8	巳丁	10月10	子戊	9月10	午戊
廿三	2月 6	亥丁	1月 7	巳丁	12月 9	子戊	11月 9	午戊	10月11	丑己	9月11	未己
廿四	2月 7	子戊	1月 8	午戊	12月10	丑己	11月10	未己	10月12	寅庚	9月12	申庚
廿五	2月 8	丑己	1月 9	未己	12月11	寅庚	11月11	申庚	10月13	卯辛	9月13	酉辛
廿六	2月 9	寅庚	1月10	申庚	12月12	卯辛	11月12	酉辛	10月14	辰壬	9月14	戌壬
廿七	2月10	卯辛	1月11	酉辛	12月13	辰壬	11月13	戌壬	10月15	巳癸	9月15	亥癸
廿八	2月11	辰壬	1月12	戌壬	12月14	巳癸	11月14	亥癸	10月16	午甲	9月16	子甲
廿九	2月12	巳癸	1月13	亥癸	12月15	午甲	11月15	子甲	10月17	未乙	9月17	丑乙
三十	2月13	午甲	1月14	子甲			11月16	丑乙			9月18	寅丙

中華民國九十九年 歲次 庚寅《虎》

西元二〇一〇年 太歲 姓鄔名桓

月六曆農		月五曆農		月四曆農		月三曆農		月二曆農		月正曆農		別月
未	癸	午	壬	巳	辛	辰	庚	卯	己	寅	戊	支干
秋立	暑大	暑小	至夏	種芒	滿小	夏立	雨穀	明清	分春	蟄驚	水雨	節
廿七夜子 23時57分	十二辰時 7時28分	廿六未時 14時14分	初十戌時 20時35分	廿四寅時 3時51分	初八午時 12時29分	廿二夜子 23時29分	初七未時 13時7分	廿一卯時 5時55分	初六丑時 1時48分	廿一子時 0時52分	初六丑時 2時35分	氣
曆國	支干	曆國	支干	曆國	支干	曆國	支干	曆國	支干	曆國	支干	曆農
7月12	亥癸	6月12	巳癸	5月14	子甲	4月14	午甲	3月16	丑乙	2月14	未乙	一初
7月13	子甲	6月13	午甲	5月15	丑乙	4月15	未乙	3月17	寅丙	2月15	申丙	二初
7月14	丑乙	6月14	未乙	5月16	寅丙	4月16	申丙	3月18	卯丁	2月16	酉丁	三初
7月15	寅丙	6月15	申丙	5月17	卯丁	4月17	酉丁	3月19	辰戊	2月17	戌戊	四初
7月16	卯丁	6月16	酉丁	5月18	辰戊	4月18	戌戊	3月20	巳己	2月18	亥己	五初
7月17	辰戊	6月17	戌戊	5月19	巳己	4月19	亥己	3月21	午庚	2月19	子庚	六初
7月18	巳己	6月18	亥己	5月20	午庚	4月20	子庚	3月22	未辛	2月20	丑辛	七初
7月19	午庚	6月19	子庚	5月21	未辛	4月21	丑辛	3月23	申壬	2月21	寅壬	八初
7月20	未辛	6月20	丑辛	5月22	申壬	4月22	寅壬	3月24	酉癸	2月22	卯癸	九初
7月21	申壬	6月21	寅壬	5月23	酉癸	4月23	卯癸	3月25	戌甲	2月23	辰甲	十初
7月22	酉癸	6月22	卯癸	5月24	戌甲	4月24	辰甲	3月26	亥乙	2月24	巳乙	一十
7月23	戌甲	6月23	辰甲	5月25	亥乙	4月25	巳乙	3月27	子丙	2月25	午丙	二十
7月24	亥乙	6月24	巳乙	5月26	子丙	4月26	午丙	3月28	丑丁	2月26	未丁	三十
7月25	子丙	6月25	午丙	5月27	丑丁	4月27	未丁	3月29	寅戊	2月27	申戊	四十
7月26	丑丁	6月26	未丁	5月28	寅戊	4月28	申戊	3月30	卯己	2月28	酉己	五十
7月27	寅戊	6月27	申戊	5月29	卯己	4月29	酉己	3月31	辰庚	3月 1	戌庚	六十
7月28	卯己	6月28	酉己	5月30	辰庚	4月30	戌庚	4月 1	巳辛	3月 2	亥辛	七十
7月29	辰庚	6月29	戌庚	5月31	巳辛	5月 1	亥辛	4月 2	午壬	3月 3	子壬	八十
7月30	巳辛	6月30	亥辛	6月 1	午壬	5月 2	子壬	4月 3	未癸	3月 4	丑癸	九十
7月31	午壬	7月 1	子壬	6月 2	未癸	5月 3	丑癸	4月 4	申甲	3月 5	寅甲	十二
8月 1	未癸	7月 2	丑癸	6月 3	申甲	5月 4	寅甲	4月 5	酉乙	3月 6	卯乙	一廿
8月 2	申甲	7月 3	寅甲	6月 4	酉乙	5月 5	卯乙	4月 6	戌丙	3月 7	辰丙	二廿
8月 3	酉乙	7月 4	卯乙	6月 5	戌丙	5月 6	辰丙	4月 7	亥丁	3月 8	巳丁	三廿
8月 4	戌丙	7月 5	辰丙	6月 6	亥丁	5月 7	巳丁	4月 8	子戊	3月 9	午戊	四廿
8月 5	亥丁	7月 6	巳丁	6月 7	子戊	5月 8	午戊	4月 9	丑己	3月10	未己	五廿
8月 6	子戊	7月 7	午戊	6月 8	丑己	5月 9	未己	4月10	寅庚	3月11	申庚	六廿
8月 7	丑己	7月 8	未己	6月 9	寅庚	5月10	申庚	4月11	卯辛	3月12	酉辛	七廿
8月 8	寅庚	7月 9	申庚	6月10	卯辛	5月11	酉辛	4月12	辰壬	3月13	戌壬	八廿
8月 9	卯辛	7月10	酉辛	6月11	辰壬	5月12	戌壬	4月13	巳癸	3月14	亥癸	九廿
		7月11	戌壬			5月13	亥癸			3月15	子甲	十三

西元2010年

月別	月二十曆農		月一十曆農		月十曆農		月九曆農		月八曆農		月七曆農	
干支	丑	己	子	戊	亥	丁	戌	丙	酉	乙	申	甲
節	寒大	寒小	至冬	雪大	雪小	冬立	降霜	露寒	分秋	露白	暑處	
氣	18時7分 十七酉時	0時50分 初三子時	7時28分 十七辰時	13時41分 初二未時	18時16分 十七酉時	21時1分 初二亥時	20時54分 十六戌時	18時5分 初一酉時	11時48分 十六午時	2時41分 初一丑時	14時24分 十四未時	
農曆	曆國	支干	曆國	支干	曆國	支干	曆國	支干	曆國	支干	曆國	支干
初一	1月4	未己	12月6	寅庚	11月6	申庚	10月8	卯辛	9月8	酉辛	8月10	辰壬
初二	1月5	申庚	12月7	卯辛	11月7	酉辛	10月9	辰壬	9月9	戌壬	8月11	巳癸
初三	1月6	酉辛	12月8	辰壬	11月8	戌壬	10月10	巳癸	9月10	亥癸	8月12	午甲
初四	1月7	戌壬	12月9	巳癸	11月9	亥癸	10月11	午甲	9月11	子甲	8月13	未乙
初五	1月8	亥癸	12月10	午甲	11月10	子甲	10月12	未乙	9月12	丑乙	8月14	申丙
初六	1月9	子甲	12月11	未乙	11月11	丑乙	10月13	申丙	9月13	寅丙	8月15	酉丁
初七	1月10	丑乙	12月12	申丙	11月12	寅丙	10月14	酉丁	9月14	卯丁	8月16	戌戊
初八	1月11	寅丙	12月13	酉丁	11月13	卯丁	10月15	戌戊	9月15	辰戊	8月17	亥己
初九	1月12	卯丁	12月14	戌戊	11月14	辰戊	10月16	亥己	9月16	巳己	8月18	子庚
初十	1月13	辰戊	12月15	亥己	11月15	巳己	10月17	子庚	9月17	午庚	8月19	丑辛
十一	1月14	巳己	12月16	子庚	11月16	午庚	10月18	丑辛	9月18	未辛	8月20	寅壬
十二	1月15	午庚	12月17	丑辛	11月17	未辛	10月19	寅壬	9月19	申壬	8月21	卯癸
十三	1月16	未辛	12月18	寅壬	11月18	申壬	10月20	卯癸	9月20	酉癸	8月22	辰甲
十四	1月17	申壬	12月19	卯癸	11月19	酉癸	10月21	辰甲	9月21	戌甲	8月23	巳乙
十五	1月18	酉癸	12月20	辰甲	11月20	戌甲	10月22	巳乙	9月22	亥乙	8月24	午丙
十六	1月19	戌甲	12月21	巳乙	11月21	亥乙	10月23	午丙	9月23	子丙	8月25	未丁
十七	1月20	亥乙	12月22	午丙	11月22	子丙	10月24	未丁	9月24	丑丁	8月26	申戊
十八	1月21	子丙	12月23	未丁	11月23	丑丁	10月25	申戊	9月25	寅戊	8月27	酉己
十九	1月22	丑丁	12月24	申戊	11月24	寅戊	10月26	酉己	9月26	卯己	8月28	戌庚
二十	1月23	寅戊	12月25	酉己	11月25	卯己	10月27	戌庚	9月27	辰庚	8月29	亥辛
廿一	1月24	卯己	12月26	戌庚	11月26	辰庚	10月28	亥辛	9月28	巳辛	8月30	子壬
廿二	1月25	辰庚	12月27	亥辛	11月27	巳辛	10月29	子壬	9月29	午壬	8月31	丑癸
廿三	1月26	巳辛	12月28	子壬	11月28	午壬	10月30	丑癸	9月30	未癸	9月1	寅甲
廿四	1月27	午壬	12月29	丑癸	11月29	未癸	10月31	寅甲	10月1	申甲	9月2	卯乙
廿五	1月28	未癸	12月30	寅甲	11月30	申甲	11月1	卯乙	10月2	酉乙	9月3	辰丙
廿六	1月29	申甲	12月31	卯乙	12月1	酉乙	11月2	辰丙	10月3	戌丙	9月4	巳丁
廿七	1月30	酉乙	1月1	辰丙	12月2	戌丙	11月3	巳丁	10月4	亥丁	9月5	午戊
廿八	1月31	戌丙	1月2	巳丁	12月3	亥丁	11月4	午戊	10月5	子戊	9月6	未己
廿九	2月1	亥丁	1月3	午戊	12月4	子戊	11月5	未己	10月6	丑己	9月7	申庚
三十	2月2	子戊			12月5	丑己			10月7	寅庚		

中華民國一百年 歲次 辛卯《兔》

西元二〇一一年 太歲 姓范名寧

月六曆農		月五曆農		月四曆農		月三曆農		月二曆農		月正曆農		別月
未	乙	午	甲	巳	癸	辰	壬	卯	辛	寅	庚	支干
暑大	暑小	至夏	種芒	滿小	夏立	雨穀	明清	分春	蟄驚	水雨	春立	節
13時17分 廿三未時	20時6分 初七戌時	2時24分 廿一丑時	9時43分 初五巳時	18時18分 十九酉時	5時20分 初四卯時	18時56分 十八酉時	11時46分 初三午時	7時37分 十七辰時	6時43分 初二卯時	8時24分 十七辰時	12時32分 初二午時	氣
曆國	支干	曆國	支干	曆國	支干	曆國	支干	曆國	支干	曆國	支干	曆農
7月 1	巳丁	6月 2	子戊	5月 3	午戊	4月 3	子戊	3月 5	未己	2月 3	丑己	一初
7月 2	午戊	6月 3	丑己	5月 4	未己	4月 4	丑己	3月 6	申庚	2月 4	寅庚	二初
7月 3	未己	6月 4	寅庚	5月 5	申庚	4月 5	寅庚	3月 7	酉辛	2月 5	卯辛	三初
7月 4	申庚	6月 5	卯辛	5月 6	酉辛	4月 6	卯辛	3月 8	戌壬	2月 6	辰壬	四初
7月 5	酉辛	6月 6	辰壬	5月 7	戌壬	4月 7	辰壬	3月 9	亥癸	2月 7	巳癸	五初
7月 6	戌壬	6月 7	巳癸	5月 8	亥癸	4月 8	巳癸	3月10	子甲	2月 8	午甲	六初
7月 7	亥癸	6月 8	午甲	5月 9	子甲	4月 9	午甲	3月11	丑乙	2月 9	未乙	七初
7月 8	子甲	6月 9	未乙	5月10	丑乙	4月10	未乙	3月12	寅丙	2月10	申丙	八初
7月 9	丑乙	6月10	申丙	5月11	寅丙	4月11	申丙	3月13	卯丁	2月11	酉丁	九初
7月10	寅丙	6月11	酉丁	5月12	卯丁	4月12	酉丁	3月14	辰戊	2月12	戌戊	十初
7月11	卯丁	6月12	戌戊	5月13	辰戊	4月13	戌戊	3月15	巳己	2月13	亥己	一十
7月12	辰戊	6月13	亥己	5月14	巳己	4月14	亥己	3月16	午庚	2月14	子庚	二十
7月13	巳己	6月14	子庚	5月15	午庚	4月15	子庚	3月17	未辛	2月15	丑辛	三十
7月14	午庚	6月15	丑辛	5月16	未辛	4月16	丑辛	3月18	申壬	2月16	寅壬	四十
7月15	未辛	6月16	寅壬	5月17	申壬	4月17	寅壬	3月19	酉癸	2月17	卯癸	五十
7月16	申壬	6月17	卯癸	5月18	酉癸	4月18	卯癸	3月20	戌甲	2月18	辰甲	六十
7月17	酉癸	6月18	辰甲	5月19	戌甲	4月19	辰甲	3月21	亥乙	2月19	巳乙	七十
7月18	戌甲	6月19	巳乙	5月20	亥乙	4月20	巳乙	3月22	子丙	2月20	午丙	八十
7月19	亥乙	6月20	午丙	5月21	子丙	4月21	午丙	3月23	丑丁	2月21	未丁	九十
7月20	子丙	6月21	未丁	5月22	丑丁	4月22	未丁	3月24	寅戊	2月22	申戊	十二
7月21	丑丁	6月22	申戊	5月23	寅戊	4月23	申戊	3月25	卯己	2月23	酉己	一廿
7月22	寅戊	6月23	酉己	5月24	卯己	4月24	酉己	3月26	辰庚	2月24	戌庚	二廿
7月23	卯己	6月24	戌庚	5月25	辰庚	4月25	戌庚	3月27	巳辛	2月25	亥辛	三廿
7月24	辰庚	6月25	亥辛	5月26	巳辛	4月26	亥辛	3月28	午壬	2月26	子壬	四廿
7月25	巳辛	6月26	子壬	5月27	午壬	4月27	子壬	3月29	未癸	2月27	丑癸	五廿
7月26	午壬	6月27	丑癸	5月28	未癸	4月28	丑癸	3月30	申甲	2月28	寅甲	六廿
7月27	未癸	6月28	寅甲	5月29	申甲	4月29	寅甲	3月31	酉乙	3月 1	卯乙	七廿
7月28	申甲	6月29	卯乙	5月30	酉乙	4月30	卯乙	4月 1	戌丙	3月 2	辰丙	八廿
7月29	酉乙	6月30	辰丙	5月31	戌丙	5月 1	辰丙	4月 2	亥丁	3月 3	巳丁	九廿
7月30	戌丙			6月 1	亥丁	5月 2	巳丁			3月 4	午戊	十三

西元2011年

月別	月二十曆農		月一十曆農		月十曆農		月九曆農		月八曆農		月七曆農	
干支	丑	辛	子	庚	亥	己	戌	戊	酉	丁	申	丙
節	寒大	寒小	至冬	雪大	雪小	冬立	降霜	露寒	分秋	露白	暑處	秋立
氣	23時56分 廿七夜子	6時41分 十三卯時	13時18分 廿八未時	19時32分 十三戌時	0時5分 廿八子時	2時52分 十三丑時	2時43分 廿八丑時	23時57分 十二夜子	17時37分 廿六酉時	8時33分 十一辰時	20時13分 廿四戌時	5時49分 初九卯時
農曆	曆國	支干	曆國	支干	曆國	支干	曆國	支干	曆國	支干	曆國	支干
初一	12月25	寅甲	11月25	申甲	10月27	卯乙	9月27	酉乙	8月29	辰丙	7月31	亥丁
初二	12月26	卯乙	11月26	酉乙	10月28	辰丙	9月28	戌丙	8月30	巳丁	8月 1	子戊
初三	12月27	辰丙	11月27	戌丙	10月29	巳丁	9月29	亥丁	8月31	午戊	8月 2	丑己
初四	12月28	巳丁	11月28	亥丁	10月30	午戊	9月30	子戊	9月 1	未己	8月 3	寅庚
初五	12月29	午戊	11月29	子戊	10月31	未己	10月 1	丑己	9月 2	申庚	8月 4	卯辛
初六	12月30	未己	11月30	丑己	11月 1	申庚	10月 2	寅庚	9月 3	酉辛	8月 5	辰壬
初七	12月31	申庚	12月 1	寅庚	11月 2	酉辛	10月 3	卯辛	9月 4	戌壬	8月 6	巳癸
初八	1月 1	酉辛	12月 2	卯辛	11月 3	戌壬	10月 4	辰壬	9月 5	亥癸	8月 7	午甲
初九	1月 2	戌壬	12月 3	辰壬	11月 4	亥癸	10月 5	巳癸	9月 6	子甲	8月 8	未乙
初十	1月 3	亥癸	12月 4	巳癸	11月 5	子甲	10月 6	午甲	9月 7	丑乙	8月 9	申丙
十一	1月 4	子甲	12月 5	午甲	11月 6	丑乙	10月 7	未乙	9月 8	寅丙	8月10	酉丁
十二	1月 5	丑乙	12月 6	未乙	11月 7	寅丙	10月 8	申丙	9月 9	卯丁	8月11	戌戊
十三	1月 6	寅丙	12月 7	申丙	11月 8	卯丁	10月 9	酉丁	9月10	辰戊	8月12	亥己
十四	1月 7	卯丁	12月 8	酉丁	11月 9	辰戊	10月10	戌戊	9月11	巳己	8月13	子庚
十五	1月 8	辰戊	12月 9	戌戊	11月10	巳己	10月11	亥己	9月12	午庚	8月14	丑辛
十六	1月 9	巳己	12月10	亥己	11月11	午庚	10月12	子庚	9月13	未辛	8月15	寅壬
十七	1月10	午庚	12月11	子庚	11月12	未辛	10月13	丑辛	9月14	申壬	8月16	卯癸
十八	1月11	未辛	12月12	丑辛	11月13	申壬	10月14	寅壬	9月15	酉癸	8月17	辰甲
十九	1月12	申壬	12月13	寅壬	11月14	酉癸	10月15	卯癸	9月16	戌甲	8月18	巳乙
二十	1月13	酉癸	12月14	卯癸	11月15	戌甲	10月16	辰甲	9月17	亥乙	8月19	午丙
廿一	1月14	戌甲	12月15	辰甲	11月16	亥乙	10月17	巳乙	9月18	子丙	8月20	未丁
廿二	1月15	亥乙	12月16	巳乙	11月17	子丙	10月18	午丙	9月19	丑丁	8月21	申戊
廿三	1月16	子丙	12月17	午丙	11月18	丑丁	10月19	未丁	9月20	寅戊	8月22	酉己
廿四	1月17	丑丁	12月18	未丁	11月19	寅戊	10月20	申戊	9月21	卯己	8月23	戌庚
廿五	1月18	寅戊	12月19	申戊	11月20	卯己	10月21	酉己	9月22	辰庚	8月24	亥辛
廿六	1月19	卯己	12月20	酉己	11月21	辰庚	10月22	戌庚	9月23	巳辛	8月25	子壬
廿七	1月20	辰庚	12月21	戌庚	11月22	巳辛	10月23	亥辛	9月24	午壬	8月26	丑癸
廿八	1月21	巳辛	12月22	亥辛	11月23	午壬	10月24	子壬	9月25	未癸	8月27	寅甲
廿九	1月22	午壬	12月23	子壬	11月24	未癸	10月25	丑癸	9月26	申甲	8月28	卯乙
三十			12月24	丑癸			10月26	寅甲				

中華民國一〇一年 歲次 壬辰《龍》

西元二〇一二年 太歲 姓彭名泰

月六曆農		月五曆農		月四閏曆農		月四曆農		月三曆農		月二曆農		月正曆農		別月
未 丁		午 丙				巳 乙		辰 甲		卯 癸		寅 壬		支干
秋立	暑大	暑小	至夏	種芒		滿小	夏立	雨穀	明清	分春	蟄驚	水雨	春立	節
二十午時 11時26分	初四酉時 18時51分	十九丑時 1時21分	初三辰時 7時45分	十六未時 14時50分		十三夜子 23時40分	十五巳時 10時40分	十二子時 0時25分	十四酉時 17時16分	廿八未時 13時20分	十三午時 12時28分	廿八未時 14時25分	十三酉時 18時40分	氣
曆國	支干	曆國	支干	曆國	支干	曆國	支干	曆國	支干	曆國	支干	曆國	支干	曆農
7月19	巳辛	6月19	亥辛	5月21	午壬	4月21	子壬	3月22	午壬	2月22	丑癸	1月23	未癸	一初
7月20	午壬	6月20	子壬	5月22	未癸	4月22	丑癸	3月23	未癸	2月23	寅甲	1月24	申甲	二初
7月21	未癸	6月21	丑癸	5月23	申甲	4月23	寅甲	3月24	申甲	2月24	卯乙	1月25	酉乙	三初
7月22	申甲	6月22	寅甲	5月24	酉乙	4月24	卯乙	3月25	酉乙	2月25	辰丙	1月26	戌丙	四初
7月23	酉乙	6月23	卯乙	5月25	戌丙	4月25	辰丙	3月26	戌丙	2月26	巳丁	1月27	亥丁	五初
7月24	戌丙	6月24	辰丙	5月26	亥丁	4月26	巳丁	3月27	亥丁	2月27	午戊	1月28	子戊	六初
7月25	亥丁	6月25	巳丁	5月27	子戊	4月27	午戊	3月28	子戊	2月28	未己	1月29	丑己	七初
7月26	子戊	6月26	午戊	5月28	丑己	4月28	未己	3月29	丑己	2月29	申庚	1月30	寅庚	八初
7月27	丑己	6月27	未己	5月29	寅庚	4月29	申庚	3月30	寅庚	3月 1	酉辛	1月31	卯辛	九初
7月28	寅庚	6月28	申庚	5月30	卯辛	4月30	酉辛	3月31	卯辛	3月 2	戌壬	2月 1	辰壬	十初
7月29	卯辛	6月29	酉辛	5月31	辰壬	5月 1	戌壬	4月 1	辰壬	3月 3	亥癸	2月 2	巳癸	一十
7月30	辰壬	6月30	戌壬	6月 1	巳癸	5月 2	亥癸	4月 2	巳癸	3月 4	子甲	2月 3	午甲	二十
7月31	巳癸	7月 1	亥癸	6月 2	午甲	5月 3	子甲	4月 3	午甲	3月 5	丑乙	2月 4	未乙	三十
8月 1	午甲	7月 2	子甲	6月 3	未乙	5月 4	丑乙	4月 4	未乙	3月 6	寅丙	2月 5	申丙	四十
8月 2	未乙	7月 3	丑乙	6月 4	申丙	5月 5	寅丙	4月 5	申丙	3月 7	卯丁	2月 6	酉丁	五十
8月 3	申丙	7月 4	寅丙	6月 5	酉丁	5月 6	卯丁	4月 6	酉丁	3月 8	辰戊	2月 7	戌戊	六十
8月 4	酉丁	7月 5	卯丁	6月 6	戌戊	5月 7	辰戊	4月 7	戌戊	3月 9	巳己	2月 8	亥己	七十
8月 5	戌戊	7月 6	辰戊	6月 7	亥己	5月 8	巳己	4月 8	亥己	3月10	午庚	2月 9	子庚	八十
8月 6	亥己	7月 7	巳己	6月 8	子庚	5月 9	午庚	4月 9	子庚	3月11	未辛	2月10	丑辛	九十
8月 7	子庚	7月 8	午庚	6月 9	丑辛	5月10	未辛	4月10	丑辛	3月12	申壬	2月11	寅壬	十二
8月 8	丑辛	7月 9	未辛	6月10	寅壬	5月11	申壬	4月11	寅壬	3月13	酉癸	2月12	卯癸	一廿
8月 9	寅壬	7月10	申壬	6月11	卯癸	5月12	酉癸	4月12	卯癸	3月14	戌甲	2月13	辰甲	二廿
8月10	卯癸	7月11	酉癸	6月12	辰甲	5月13	戌甲	4月13	辰甲	3月15	亥乙	2月14	巳乙	三廿
8月11	辰甲	7月12	戌甲	6月13	巳乙	5月14	亥乙	4月14	巳乙	3月16	子丙	2月15	午丙	四廿
8月12	巳乙	7月13	亥乙	6月14	午丙	5月15	子丙	4月15	午丙	3月17	丑丁	2月16	未丁	五廿
8月13	午丙	7月14	子丙	6月15	未丁	5月16	丑丁	4月16	未丁	3月18	寅戊	2月17	申戊	六廿
8月14	未丁	7月15	丑丁	6月16	申戊	5月17	寅戊	4月17	申戊	3月19	卯己	2月18	酉己	七廿
8月15	申戊	7月16	寅戊	6月17	酉己	5月18	卯己	4月18	酉己	3月20	辰庚	2月19	戌庚	八廿
8月16	酉己	7月17	卯己	6月18	戌庚	5月19	辰庚	4月19	戌庚	3月21	巳辛	2月20	亥辛	九廿
		7月18	辰庚			5月20	巳辛	4月20	亥辛			2月21	子壬	十三

西元2012年

月別	月二十曆農		月一十曆農		月十曆農		月九曆農		月八曆農		月七曆農	
干支	丑	癸	子	壬	亥	辛	戌	庚	酉	己	申	戊
節	春立	寒大	寒小	至冬	雪大	雪小	冬立	降霜	露寒	分秋	露白	暑處
氣	廿四子時 0時31分	初九卯時 6時26分	廿四未時 13時16分	初九戌時 20時16分	廿四丑時 2時32分	初九辰時 7時19分	廿四巳時 9時56分	初九巳時 9時52分	廿三卯時 6時42分	初八子時 0時18分	廿二未時 14時44分	初七丑時 2時16分
農曆	曆國	支干	曆國	支干	曆國	支干	曆國	支干	曆國	支干	曆國	支干
初一	1月12	寅戊	12月13	申戊	11月14	卯己	10月15	酉己	9月16	辰庚	8月17	戌庚
初二	1月13	卯己	12月14	酉己	11月15	辰庚	10月16	戌庚	9月17	巳辛	8月18	亥辛
初三	1月14	辰庚	12月15	戌庚	11月16	巳辛	10月17	亥辛	9月18	午壬	8月19	子壬
初四	1月15	巳辛	12月16	亥辛	11月17	午壬	10月18	子壬	9月19	未癸	8月20	丑癸
初五	1月16	午壬	12月17	子壬	11月18	未癸	10月19	丑癸	9月20	申甲	8月21	寅甲
初六	1月17	未癸	12月18	丑癸	11月19	申甲	10月20	寅甲	9月21	酉乙	8月22	卯乙
初七	1月18	申甲	12月19	寅甲	11月20	酉乙	10月21	卯乙	9月22	戌丙	8月23	辰丙
初八	1月19	酉乙	12月20	卯乙	11月21	戌丙	10月22	辰丙	9月23	亥丁	8月24	巳丁
初九	1月20	戌丙	12月21	辰丙	11月22	亥丁	10月23	巳丁	9月24	子戊	8月25	午戊
初十	1月21	亥丁	12月22	巳丁	11月23	子戊	10月24	午戊	9月25	丑己	8月26	未己
十一	1月22	子戊	12月23	午戊	11月24	丑己	10月25	未己	9月26	寅庚	8月27	申庚
十二	1月23	丑己	12月24	未己	11月25	寅庚	10月26	申庚	9月27	卯辛	8月28	酉辛
十三	1月24	寅庚	12月25	申庚	11月26	卯辛	10月27	酉辛	9月28	辰壬	8月29	戌壬
十四	1月25	卯辛	12月26	酉辛	11月27	辰壬	10月28	戌壬	9月29	巳癸	8月30	亥癸
十五	1月26	辰壬	12月27	戌壬	11月28	巳癸	10月29	亥癸	9月30	午甲	8月31	子甲
十六	1月27	巳癸	12月28	亥癸	11月29	午甲	10月30	子甲	10月 1	未乙	9月 1	丑乙
十七	1月28	午甲	12月29	子甲	11月30	未乙	10月31	丑乙	10月 2	申丙	9月 2	寅丙
十八	1月29	未乙	12月30	丑乙	12月 1	申丙	11月 1	寅丙	10月 3	酉丁	9月 3	卯丁
十九	1月30	申丙	12月31	寅丙	12月 2	酉丁	11月 2	卯丁	10月 4	戌戊	9月 4	辰戊
二十	1月31	酉丁	1月 1	卯丁	12月 3	戌戊	11月 3	辰戊	10月 5	亥己	9月 5	巳己
廿一	2月 1	戌戊	1月 2	辰戊	12月 4	亥己	11月 4	巳己	10月 6	子庚	9月 6	午庚
廿二	2月 2	亥己	1月 3	巳己	12月 5	子庚	11月 5	午庚	10月 7	丑辛	9月 7	未辛
廿三	2月 3	子庚	1月 4	午庚	12月 6	丑辛	11月 6	未辛	10月 8	寅壬	9月 8	申壬
廿四	2月 4	丑辛	1月 5	未辛	12月 7	寅壬	11月 7	申壬	10月 9	卯癸	9月 9	酉癸
廿五	2月 5	寅壬	1月 6	申壬	12月 8	卯癸	11月 8	酉癸	10月10	辰甲	9月10	戌甲
廿六	2月 6	卯癸	1月 7	酉癸	12月 9	辰甲	11月 9	戌甲	10月11	巳乙	9月11	亥乙
廿七	2月 7	辰甲	1月 8	戌甲	12月10	巳乙	11月10	亥乙	10月12	午丙	9月12	子丙
廿八	2月 8	巳乙	1月 9	亥乙	12月11	午丙	11月11	子丙	10月13	未丁	9月13	丑丁
廿九	2月 9	午丙	1月10	子丙	12月12	未丁	11月12	丑丁	10月14	申戊	9月14	寅戊
三十			1月11	丑丁			11月13	寅戊			9月15	卯己

中華民國一〇二年 歲次 癸巳《蛇》

西元二〇一三年 太歲 姓徐名舜

月六曆農		月五曆農		月四曆農		月三曆農		月二曆農		月正曆農		別月
未	己	午	戊	巳	丁	辰	丙	卯	乙	寅	甲	支干
暑大		暑小	至夏	種芒	滿小	夏立	雨穀	明清	分春	蟄驚	水雨	節
十六子時 0時40分		廿九辰時 7時9分	十三未時 13時33分	廿七戌時 20時44分	十二卯時 5時29分	廿六申時 16時28分	十一卯時 6時14分	廿四夜子 11時5分	初九戌時 19時9分	廿四酉時 18時19分	初九戌時 20時15分	氣
曆國	支干	曆國	支干	曆國	支干	曆國	支干	曆國	支干	曆國	支干	曆農
7月 8	亥乙	6月 9	午丙	5月10	子丙	4月10	午丙	3月12	丑丁	2月10	未丁	一初
7月 9	子丙	6月10	未丁	5月11	丑丁	4月11	未丁	3月13	寅戊	2月11	申戊	二初
7月10	丑丁	6月11	申戊	5月12	寅戊	4月12	申戊	3月14	卯己	2月12	酉己	三初
7月11	寅戊	6月12	酉己	5月13	卯己	4月13	酉己	3月15	辰庚	2月13	戌庚	四初
7月12	卯己	6月13	戌庚	5月14	辰庚	4月14	戌庚	3月16	巳辛	2月14	亥辛	五初
7月13	辰庚	6月14	亥辛	5月15	巳辛	4月15	亥辛	3月17	午壬	2月15	子壬	六初
7月14	巳辛	6月15	子壬	5月16	午壬	4月16	子壬	3月18	未癸	2月16	丑癸	七初
7月15	午壬	6月16	丑癸	5月17	未癸	4月17	丑癸	3月19	申甲	2月17	寅甲	八初
7月16	未癸	6月17	寅甲	5月18	申甲	4月18	寅甲	3月20	酉乙	2月18	卯乙	九初
7月17	申甲	6月18	卯乙	5月19	酉乙	4月19	卯乙	3月21	戌丙	2月19	辰丙	十初
7月18	酉乙	6月19	辰丙	5月20	戌丙	4月20	辰丙	3月22	亥丁	2月20	巳丁	一十
7月19	戌丙	6月20	巳丁	5月21	亥丁	4月21	巳丁	3月23	子戊	2月21	午戊	二十
7月20	亥丁	6月21	午戊	5月22	子戊	4月22	午戊	3月24	丑己	2月22	未己	三十
7月21	子戊	6月22	未己	5月23	丑己	4月23	未己	3月25	寅庚	2月23	申庚	四十
7月22	丑己	6月23	申庚	5月24	寅庚	4月24	申庚	3月26	卯辛	2月24	酉辛	五十
7月23	寅庚	6月24	酉辛	5月25	卯辛	4月25	酉辛	3月27	辰壬	2月25	戌壬	六十
7月24	卯辛	6月25	戌壬	5月26	辰壬	4月26	戌壬	3月28	巳癸	2月26	亥癸	七十
7月25	辰壬	6月26	亥癸	5月27	巳癸	4月27	亥癸	3月29	午甲	2月27	子甲	八十
7月26	巳癸	6月27	子甲	5月28	午甲	4月28	子甲	3月30	未乙	2月28	丑乙	九十
7月27	午甲	6月28	丑乙	5月29	未乙	4月29	丑乙	3月31	申丙	3月 1	寅丙	十二
7月28	未乙	6月29	寅丙	5月30	申丙	4月30	寅丙	4月 1	酉丁	3月 2	卯丁	一廿
7月29	申丙	6月30	卯丁	5月31	酉丁	5月 1	卯丁	4月 2	戌戊	3月 3	辰戊	二廿
7月30	酉丁	7月 1	辰戊	6月 1	戌戊	5月 2	辰戊	4月 3	亥己	3月 4	巳己	三廿
7月31	戌戊	7月 2	巳己	6月 2	亥己	5月 3	巳己	4月 4	子庚	3月 5	午庚	四廿
8月 1	亥己	7月 3	午庚	6月 3	子庚	5月 4	午庚	4月 5	丑辛	3月 6	未辛	五廿
8月 2	子庚	7月 4	未辛	6月 4	丑辛	5月 5	未辛	4月 6	寅壬	3月 7	申壬	六廿
8月 3	丑辛	7月 5	申壬	6月 5	寅壬	5月 6	申壬	4月 7	卯癸	3月 8	酉癸	七廿
8月 4	寅壬	7月 6	酉癸	6月 6	卯癸	5月 7	酉癸	4月 8	辰甲	3月 9	戌甲	八廿
8月 5	卯癸	7月 7	戌甲	6月 7	辰甲	5月 8	戌甲	4月 9	巳乙	3月10	亥乙	九廿
8月 6	辰甲			6月 8	巳乙	5月 9	亥乙			3月11	子丙	十三

西元2013年

月別	農曆十二月		農曆十一月		農曆十月		農曆九月		農曆八月		農曆七月	
干支	乙丑		甲子		癸亥		壬戌		辛酉		庚申	
節	大寒	小寒	冬至	大雪	小雪	立冬	霜降	寒露	秋分	白露	處暑	立秋
氣	二十午時 12時15分	初六戌時 20時7分	二十丑時 2時5分	初五辰時 8時21分	二十未時 13時8分	初五申時 15時45分	十九申時 15時41分	初四午時 12時31分	十九卯時 6時22分	初三戌時 20時33分	十七辰時 8時5分	初一酉時 17時14分
農曆	國曆	干支	國曆	干支	國曆	干支	國曆	干支	國曆	干支	國曆	干支
初一	1月 1	壬申	12月 3	癸卯	11月 3	癸酉	10月 5	甲辰	9月 5	甲戌	8月 7	乙巳
初二	1月 2	癸酉	12月 4	甲辰	11月 4	甲戌	10月 6	乙巳	9月 6	乙亥	8月 8	丙午
初三	1月 3	甲戌	12月 5	乙巳	11月 5	乙亥	10月 7	丙午	9月 7	丙子	8月 9	丁未
初四	1月 4	乙亥	12月 6	丙午	11月 6	丙子	10月 8	丁未	9月 8	丁丑	8月10	戊申
初五	1月 5	丙子	12月 7	丁未	11月 7	丁丑	10月 9	戊申	9月 9	戊寅	8月11	己酉
初六	1月 6	丁丑	12月 8	戊申	11月 8	戊寅	10月10	己酉	9月10	己卯	8月12	庚戌
初七	1月 7	戊寅	12月 9	己酉	11月 9	己卯	10月11	庚戌	9月11	庚辰	8月13	辛亥
初八	1月 8	己卯	12月10	庚戌	11月10	庚辰	10月12	辛亥	9月12	辛巳	8月14	壬子
初九	1月 9	庚辰	12月11	辛亥	11月11	辛巳	10月13	壬子	9月13	壬午	8月15	癸丑
初十	1月10	辛巳	12月12	壬子	11月12	壬午	10月14	癸丑	9月14	癸未	8月16	甲寅
十一	1月11	壬午	12月13	癸丑	11月13	癸未	10月15	甲寅	9月15	甲申	8月17	乙卯
十二	1月12	癸未	12月14	甲寅	11月14	甲申	10月16	乙卯	9月16	乙酉	8月18	丙辰
十三	1月13	甲申	12月15	乙卯	11月15	乙酉	10月17	丙辰	9月17	丙戌	8月19	丁巳
十四	1月14	乙酉	12月16	丙辰	11月16	丙戌	10月18	丁巳	9月18	丁亥	8月20	戊午
十五	1月15	丙戌	12月17	丁巳	11月17	丁亥	10月19	戊午	9月19	戊子	8月21	己未
十六	1月16	丁亥	12月18	戊午	11月18	戊子	10月20	己未	9月20	己丑	8月22	庚申
十七	1月17	戊子	12月19	己未	11月19	己丑	10月21	庚申	9月21	庚寅	8月23	辛酉
十八	1月18	己丑	12月20	庚申	11月20	庚寅	10月22	辛酉	9月22	辛卯	8月24	壬戌
十九	1月19	庚寅	12月21	辛酉	11月21	辛卯	10月23	壬戌	9月23	壬辰	8月25	癸亥
二十	1月20	辛卯	12月22	壬戌	11月22	壬辰	10月24	癸亥	9月24	癸巳	8月26	甲子
廿一	1月21	壬辰	12月23	癸亥	11月23	癸巳	10月25	甲子	9月25	甲午	8月27	乙丑
廿二	1月22	癸巳	12月24	甲子	11月24	甲午	10月26	乙丑	9月26	乙未	8月28	丙寅
廿三	1月23	甲午	12月25	乙丑	11月25	乙未	10月27	丙寅	9月27	丙申	8月29	丁卯
廿四	1月24	乙未	12月26	丙寅	11月26	丙申	10月28	丁卯	9月28	丁酉	8月30	戊辰
廿五	1月25	丙申	12月27	丁卯	11月27	丁酉	10月29	戊辰	9月29	戊戌	8月31	己巳
廿六	1月26	丁酉	12月28	戊辰	11月28	戊戌	10月30	己巳	9月30	己亥	9月 1	庚午
廿七	1月27	戊戌	12月29	己巳	11月29	己亥	10月31	庚午	10月 1	庚子	9月 2	辛未
廿八	1月28	己亥	12月30	庚午	11月30	庚子	11月 1	辛未	10月 2	辛丑	9月 3	壬申
廿九	1月29	庚子	12月31	辛未	12月 1	辛丑	11月 2	壬申	10月 3	壬寅	9月 4	癸酉
三十	1月30	辛丑			12月 2	壬寅			10月 4	癸卯		

中華民國一〇三年 歲次 甲午《馬》

西元二〇一四年 太歲 姓張名詞

月六曆農		月五曆農		月四曆農		月三曆農		月二曆農		月正曆農		別月
未	辛	午	庚	巳	己	辰	戊	卯	丁	寅	丙	支干
暑大	暑小	至夏	種芒	滿小	夏立	雨穀	明清	分春	蟄驚	水雨	春立	節
6時27分 廿七卯時	12時57分 十一午時	19時21分 廿四戌時	2時32分 初九丑時	12時17分 廿三午時	22時16分 初七亥時	12時12分 廿一午時	4時54分 初六寅時	0時57分 廿一子時	0時7分 初六子時	2時4分 二十丑時	6時21分 初五卯時	氣
曆國	支干	曆國	支干	曆國	支干	曆國	支干	曆國	支干	曆國	支干	曆農
6月27	巳己	5月29	子庚	4月29	午庚	3月31	丑辛	3月 1	未辛	1月31	寅壬	一初
6月28	午庚	5月30	丑辛	4月30	未辛	4月 1	寅壬	3月 2	申壬	2月 1	卯癸	二初
6月29	未辛	5月31	寅壬	5月 1	申壬	4月 2	卯癸	3月 3	酉癸	2月 2	辰甲	三初
6月30	申壬	6月 1	卯癸	5月 2	酉癸	4月 3	辰甲	3月 4	戌甲	2月 3	巳乙	四初
7月 1	酉癸	6月 2	辰甲	5月 3	戌甲	4月 4	巳乙	3月 5	亥乙	2月 4	午丙	五初
7月 2	戌甲	6月 3	巳乙	5月 4	亥乙	4月 5	午丙	3月 6	子丙	2月 5	未丁	六初
7月 3	亥乙	6月 4	午丙	5月 5	子丙	4月 6	未丁	3月 7	丑丁	2月 6	申戊	七初
7月 4	子丙	6月 5	未丁	5月 6	丑丁	4月 7	申戊	3月 8	寅戊	2月 7	酉己	八初
7月 5	丑丁	6月 6	申戊	5月 7	寅戊	4月 8	酉己	3月 9	卯己	2月 8	戌庚	九初
7月 6	寅戊	6月 7	酉己	5月 8	卯己	4月 9	戌庚	3月10	辰庚	2月 9	亥辛	十初
7月 7	卯己	6月 8	戌庚	5月 9	辰庚	4月10	亥辛	3月11	巳辛	2月10	子壬	一十
7月 8	辰庚	6月 9	亥辛	5月10	巳辛	4月11	子壬	3月12	午壬	2月11	丑癸	二十
7月 9	巳辛	6月10	子壬	5月11	午壬	4月12	丑癸	3月13	未癸	2月12	寅甲	三十
7月10	午壬	6月11	丑癸	5月12	未癸	4月13	寅甲	3月14	申甲	2月13	卯乙	四十
7月11	未癸	6月12	寅甲	5月13	申甲	4月14	卯乙	3月15	酉乙	2月14	辰丙	五十
7月12	申甲	6月13	卯乙	5月14	酉乙	4月15	辰丙	3月16	戌丙	2月15	巳丁	六十
7月13	酉乙	6月14	辰丙	5月15	戌丙	4月16	巳丁	3月17	亥丁	2月16	午戊	七十
7月14	戌丙	6月15	巳丁	5月16	亥丁	4月17	午戊	3月18	子戊	2月17	未己	八十
7月15	亥丁	6月16	午戊	5月17	子戊	4月18	未己	3月19	丑己	2月18	申庚	九十
7月16	子戊	6月17	未己	5月18	丑己	4月19	申庚	3月20	寅庚	2月19	酉辛	十二
7月17	丑己	6月18	申庚	5月19	寅庚	4月20	酉辛	3月21	卯辛	2月20	戌壬	一廿
7月18	寅庚	6月19	酉辛	5月20	卯辛	4月21	戌壬	3月22	辰壬	2月21	亥癸	二廿
7月19	卯辛	6月20	戌壬	5月21	辰壬	4月22	亥癸	3月23	巳癸	2月22	子甲	三廿
7月20	辰壬	6月21	亥癸	5月22	巳癸	4月23	子甲	3月24	午甲	2月23	丑乙	四廿
7月21	巳癸	6月22	子甲	5月23	午甲	4月24	丑乙	3月25	未乙	2月24	寅丙	五廿
7月22	午甲	6月23	丑乙	5月24	未乙	4月25	寅丙	3月26	申丙	2月25	卯丁	六廿
7月23	未乙	6月24	寅丙	5月25	申丙	4月26	卯丁	3月27	酉丁	2月26	辰戊	七廿
7月24	申丙	6月25	卯丁	5月26	酉丁	4月27	辰戊	3月28	戌戊	2月27	巳己	八廿
7月25	酉丁	6月26	辰戊	5月27	戌戊	4月28	巳己	3月29	亥己	2月28	午庚	九廿
7月26	戌戊			5月28	亥己			3月30	子庚			十三

西元2014年

月別	月二十曆農		月一十曆農		月十曆農		月九閏曆農		月九曆農		月八曆農		月七曆農	
干支	丑	丁	子	丙	亥	乙			戌	甲	酉	癸	申	壬
節	春立	寒大	寒小	至冬	雪大	雪小	冬立		降霜	露寒	分秋	露白	暑處	秋立
氣	12時9分 十六午時	18時5分 初一酉時	0時57分 十六子時	7時50分 初一辰時	14時11分 十六未時	18時58分 初一酉時	21時36分 十五亥時		21時30分 三十亥時	18時20分 十五酉時	11時51分 三十午時	2時21分 十五丑時	13時53分 廿八未時	23時2分 十二夜子
農曆	曆國	支干	曆國	支干	曆國	支干	曆國	支干	曆國	支干	曆國	支干	曆國	支干
初一	1月20	申丙	12月22	卯丁	11月22	酉丁	10月24	辰戊	9月24	戌戊	8月25	辰戊	7月27	亥己
初二	1月21	酉丁	12月23	辰戊	11月23	戌戊	10月25	巳己	9月25	亥己	8月26	巳己	7月28	子庚
初三	1月22	戌戊	12月24	巳己	11月24	亥己	10月26	午庚	9月26	子庚	8月27	午庚	7月29	丑辛
初四	1月23	亥己	12月25	午庚	11月25	子庚	10月27	未辛	9月27	丑辛	8月28	未辛	7月30	寅壬
初五	1月24	子庚	12月26	未辛	11月26	丑辛	10月28	申壬	9月28	寅壬	8月29	申壬	7月31	卯癸
初六	1月25	丑辛	12月27	申壬	11月27	寅壬	10月29	酉癸	9月29	卯癸	8月30	酉癸	8月 1	辰甲
初七	1月26	寅壬	12月28	酉癸	11月28	卯癸	10月30	戌甲	9月30	辰甲	8月31	戌甲	8月 2	巳乙
初八	1月27	卯癸	12月29	戌甲	11月29	辰甲	10月31	亥乙	10月 1	巳乙	9月 1	亥乙	8月 3	午丙
初九	1月28	辰甲	12月30	亥乙	11月30	巳乙	11月 1	子丙	10月 2	午丙	9月 2	子丙	8月 4	未丁
初十	1月29	巳乙	12月31	子丙	12月 1	午丙	11月 2	丑丁	10月 3	未丁	9月 3	丑丁	8月 5	申戊
十一	1月30	午丙	1月 1	丑丁	12月 2	未丁	11月 3	寅戊	10月 4	申戊	9月 4	寅戊	8月 6	酉己
十二	1月31	未丁	1月 2	寅戊	12月 3	申戊	11月 4	卯己	10月 5	酉己	9月 5	卯己	8月 7	戌庚
十三	2月 1	申戊	1月 3	卯己	12月 4	酉己	11月 5	辰庚	10月 6	戌庚	9月 6	辰庚	8月 8	亥辛
十四	2月 2	酉己	1月 4	辰庚	12月 5	戌庚	11月 6	巳辛	10月 7	亥辛	9月 7	巳辛	8月 9	子壬
十五	2月 3	戌庚	1月 5	巳辛	12月 6	亥辛	11月 7	午壬	10月 8	子壬	9月 8	午壬	8月10	丑癸
十六	2月 4	亥辛	1月 6	午壬	12月 7	子壬	11月 8	未癸	10月 9	丑癸	9月 9	未癸	8月11	寅甲
十七	2月 5	子壬	1月 7	未癸	12月 8	丑癸	11月 9	申甲	10月10	寅甲	9月10	申甲	8月12	卯乙
十八	2月 6	丑癸	1月 8	申甲	12月 9	寅甲	11月10	酉乙	10月11	卯乙	9月11	酉乙	8月13	辰丙
十九	2月 7	寅甲	1月 9	酉乙	12月10	卯乙	11月11	戌丙	10月12	辰丙	9月12	戌丙	8月14	巳丁
二十	2月 8	卯乙	1月10	戌丙	12月11	辰丙	11月12	亥丁	10月13	巳丁	9月13	亥丁	8月15	午戊
廿一	2月 9	辰丙	1月11	亥丁	12月12	巳丁	11月13	子戊	10月14	午戊	9月14	子戊	8月16	未己
廿二	2月10	巳丁	1月12	子戊	12月13	午戊	11月14	丑己	10月15	未己	9月15	丑己	8月17	申庚
廿三	2月11	午戊	1月13	丑己	12月14	未己	11月15	寅庚	10月16	申庚	9月16	寅庚	8月18	酉辛
廿四	2月12	未己	1月14	寅庚	12月15	申庚	11月16	卯辛	10月17	酉辛	9月17	卯辛	8月19	戌壬
廿五	2月13	申庚	1月15	卯辛	12月16	酉辛	11月17	辰壬	10月18	戌壬	9月18	辰壬	8月20	亥癸
廿六	2月14	酉辛	1月16	辰壬	12月17	戌壬	11月18	巳癸	10月19	亥癸	9月19	巳癸	8月21	子甲
廿七	2月15	戌壬	1月17	巳癸	12月18	亥癸	11月19	午甲	10月20	子甲	9月20	午甲	8月22	丑乙
廿八	2月16	亥癸	1月18	午甲	12月19	子甲	11月20	未乙	10月21	丑乙	9月21	未乙	8月23	寅丙
廿九	2月17	子甲	1月19	未乙	12月20	丑乙	11月21	申丙	10月22	寅丙	9月22	申丙	8月24	卯丁
三十	2月18	丑乙			12月21	寅丙			10月23	卯丁	9月23	酉丁		

中華民國一〇四年 歲次 乙未《羊》

西元二〇一五年 太歲 姓楊名賢

月別	農曆正月		農曆二月		農曆三月		農曆四月		農曆五月		農曆六月	
干支	戊寅		己卯		庚辰		辛巳		壬午		癸未	
節	雨水	驚蟄	春分	清明	穀雨	立夏	小滿	芒種	夏至	小暑	大暑	立秋
氣	初一辰時 7時54分	十六卯時 5時56分	初二卯時 6時47分	十七巳時 10時58分	初二酉時 17時52分	十八寅時 4時0分	初四酉時 17時5分	二十辰時 8時20分	初七丑時 2時9分	廿二酉時 18時30分	初八午時 12時16分	廿四寅時 4時51分
農曆	干支	國曆	干支	國曆	干支	國曆	干支	國曆	干支	國曆	干支	國曆
初一	丙寅	2月19	乙未	3月20	乙丑	4月19	甲午	5月18	癸亥	6月16	癸巳	7月16
初二	丁卯	2月20	丙申	3月21	丙寅	4月20	乙未	5月19	甲子	6月17	甲午	7月17
初三	戊辰	2月21	丁酉	3月22	丁卯	4月21	丙申	5月20	乙丑	6月18	乙未	7月18
初四	己巳	2月22	戊戌	3月23	戊辰	4月22	丁酉	5月21	丙寅	6月19	丙申	7月19
初五	庚午	2月23	己亥	3月24	己巳	4月23	戊戌	5月22	丁卯	6月20	丁酉	7月20
初六	辛未	2月24	庚子	3月25	庚午	4月24	己亥	5月23	戊辰	6月21	戊戌	7月21
初七	壬申	2月25	辛丑	3月26	辛未	4月25	庚子	5月24	己巳	6月22	己亥	7月22
初八	癸酉	2月26	壬寅	3月27	壬申	4月26	辛丑	5月25	庚午	6月23	庚子	7月23
初九	甲戌	2月27	癸卯	3月28	癸酉	4月27	壬寅	5月26	辛未	6月24	辛丑	7月24
初十	乙亥	2月28	甲辰	3月29	甲戌	4月28	癸卯	5月27	壬申	6月25	壬寅	7月25
十一	丙子	3月1	乙巳	3月30	乙亥	4月29	甲辰	5月28	癸酉	6月26	癸卯	7月26
十二	丁丑	3月2	丙午	3月31	丙子	4月30	乙巳	5月29	甲戌	6月27	甲辰	7月27
十三	戊寅	3月3	丁未	4月1	丁丑	5月1	丙午	5月30	乙亥	6月28	乙巳	7月28
十四	己卯	3月4	戊申	4月2	戊寅	5月2	丁未	5月31	丙子	6月29	丙午	7月29
十五	庚辰	3月5	己酉	4月3	己卯	5月3	戊申	6月1	丁丑	6月30	丁未	7月30
十六	辛巳	3月6	庚戌	4月4	庚辰	5月4	己酉	6月2	戊寅	7月1	戊申	7月31
十七	壬午	3月7	辛亥	4月5	辛巳	5月5	庚戌	6月3	己卯	7月2	己酉	8月1
十八	癸未	3月8	壬子	4月6	壬午	5月6	辛亥	6月4	庚辰	7月3	庚戌	8月2
十九	甲申	3月9	癸丑	4月7	癸未	5月7	壬子	6月5	辛巳	7月4	辛亥	8月3
二十	乙酉	3月10	甲寅	4月8	甲申	5月8	癸丑	6月6	壬午	7月5	壬子	8月4
廿一	丙戌	3月11	乙卯	4月9	乙酉	5月9	甲寅	6月7	癸未	7月6	癸丑	8月5
廿二	丁亥	3月12	丙辰	4月10	丙戌	5月10	乙卯	6月8	甲申	7月7	甲寅	8月6
廿三	戊子	3月13	丁巳	4月11	丁亥	5月11	丙辰	6月9	乙酉	7月8	乙卯	8月7
廿四	己丑	3月14	戊午	4月12	戊子	5月12	丁巳	6月10	丙戌	7月9	丙辰	8月8
廿五	庚寅	3月15	己未	4月13	己丑	5月13	戊午	6月11	丁亥	7月10	丁巳	8月9
廿六	辛卯	3月16	庚申	4月14	庚寅	5月14	己未	6月12	戊子	7月11	戊午	8月10
廿七	壬辰	3月17	辛酉	4月15	辛卯	5月15	庚申	6月13	己丑	7月12	己未	8月11
廿八	癸巳	3月18	壬戌	4月16	壬辰	5月16	辛酉	6月14	庚寅	7月13	庚申	8月12
廿九	甲午	3月19	癸亥	4月17	癸巳	5月17	壬戌	6月15	辛卯	7月14	辛酉	8月13
三十			甲子	4月18					壬辰	7月15		

西元2015年

月別	月二十曆農		月一十曆農		月十曆農		月九曆農		月八曆農		月七曆農	
干支	丑	己	子	戊	亥	丁	戌	丙	酉	乙	申	甲
節	春立	寒大	寒小	至冬	雪大	雪小	冬立	降霜	露寒	分秋	露白	暑處
氣	廿六酉時 18時0分	十一夜子 23時50分	廿七卯時 6時47分	十二夜子 13時45分	廿六戌時 20時1分	十二子時 0時48分	廿七寅時 3時25分	十二寅時 3時20分	廿七子時 0時9分	十一酉時 17時45分	廿六辰時 8時10分	初十戌時 19時51分
農曆	曆國	支干	曆國	支干	曆國	支干	曆國	支干	曆國	支干	曆國	支干
初一	1月10	卯辛	12月11	酉辛	11月12	辰壬	10月13	戌壬	9月13	辰壬	8月14	戌壬
初二	1月11	辰壬	12月12	戌壬	11月13	巳癸	10月14	亥癸	9月14	巳癸	8月15	亥癸
初三	1月12	巳癸	12月13	亥癸	11月14	午甲	10月15	子甲	9月15	午甲	8月16	子甲
初四	1月13	午甲	12月14	子甲	11月15	未乙	10月16	丑乙	9月16	未乙	8月17	丑乙
初五	1月14	未乙	12月15	丑乙	11月16	申丙	10月17	寅丙	9月17	申丙	8月18	寅丙
初六	1月15	申丙	12月16	寅丙	11月17	酉丁	10月18	卯丁	9月18	酉丁	8月19	卯丁
初七	1月16	酉丁	12月17	卯丁	11月18	戌戊	10月19	辰戊	9月19	戌戊	8月20	辰戊
初八	1月17	戌戊	12月18	辰戊	11月19	亥己	10月20	巳己	9月20	亥己	8月21	巳己
初九	1月18	亥己	12月19	巳己	11月20	子庚	10月21	午庚	9月21	子庚	8月22	午庚
初十	1月19	子庚	12月20	午庚	11月21	丑辛	10月22	未辛	9月22	丑辛	8月23	未辛
十一	1月20	丑辛	12月21	未辛	11月22	寅壬	10月23	申壬	9月23	寅壬	8月24	申壬
十二	1月21	寅壬	12月22	申壬	11月23	卯癸	10月24	酉癸	9月24	卯癸	8月25	酉癸
十三	1月22	卯癸	12月23	酉癸	11月24	辰甲	10月25	戌甲	9月25	辰甲	8月26	戌甲
十四	1月23	辰甲	12月24	戌甲	11月25	巳乙	10月26	亥乙	9月26	巳乙	8月27	亥乙
十五	1月24	巳乙	12月25	亥乙	11月26	午丙	10月27	子丙	9月27	午丙	8月28	子丙
十六	1月25	午丙	12月26	子丙	11月27	未丁	10月28	丑丁	9月28	未丁	8月29	丑丁
十七	1月26	未丁	12月27	丑丁	11月28	申戊	10月29	寅戊	9月29	申戊	8月30	寅戊
十八	1月27	申戊	12月28	寅戊	11月29	酉己	10月30	卯己	9月30	酉己	8月31	卯己
十九	1月28	酉己	12月29	卯己	11月30	戌庚	10月31	辰庚	10月 1	戌庚	9月 1	辰庚
二十	1月29	戌庚	12月30	辰庚	12月 1	亥辛	11月 1	巳辛	10月 2	亥辛	9月 2	巳辛
廿一	1月30	亥辛	12月31	巳辛	12月 2	子壬	11月 2	午壬	10月 3	子壬	9月 3	午壬
廿二	1月31	子壬	1月 1	午壬	12月 3	丑癸	11月 3	未癸	10月 4	丑癸	9月 4	未癸
廿三	2月 1	丑癸	1月 2	未癸	12月 4	寅甲	11月 4	申甲	10月 5	寅甲	9月 5	申甲
廿四	2月 2	寅甲	1月 3	申甲	12月 5	卯乙	11月 5	酉乙	10月 6	卯乙	9月 6	酉乙
廿五	2月 3	卯乙	1月 4	酉乙	12月 6	辰丙	11月 6	戌丙	10月 7	辰丙	9月 7	戌丙
廿六	2月 4	辰丙	1月 5	戌丙	12月 7	巳丁	11月 7	亥丁	10月 8	巳丁	9月 8	亥丁
廿七	2月 5	巳丁	1月 6	亥丁	12月 8	午戊	11月 8	子戊	10月 9	午戊	9月 9	子戊
廿八	2月 6	午戊	1月 7	子戊	12月 9	未己	11月 9	丑己	10月10	未己	9月10	丑己
廿九	2月 7	未己	1月 8	丑己	12月10	申庚	11月10	寅庚	10月11	申庚	9月11	寅庚
三十			1月 9	寅庚			11月11	卯辛	10月12	酉辛	9月12	卯辛

中華民國一〇五年 歲次 丙申《猴》

西元二〇一六年 太歲 姓管名仲

月別	農曆正月		農曆二月		農曆三月		農曆四月		農曆五月		農曆六月	
干支	庚寅		辛卯		壬辰		癸巳		甲午		乙未	
節	雨水	驚蟄	春分	清明	穀雨	立夏	小滿		芒種	夏至	小暑	大暑
氣	十二未時 13時44分	廿七午時 11時46分	十二午時 12時37分	廿七申時 16時32分	十三夜子 23時30分	廿九巳時 9時54分	十四亥時 22時54分		初一未時 14時9分	十七卯時 6時57分	初四子時 0時33分	十九酉時 18時3分
農曆	干支	國曆	干支	國曆	干支	國曆	干支	國曆	干支	國曆	干支	國曆
初一	庚申	2月8	庚寅	3月9	己未	4月7	己丑	5月7	戊午	6月5	丁亥	7月4
初二	辛酉	2月9	辛卯	3月10	庚申	4月8	庚寅	5月8	己未	6月6	戊子	7月5
初三	壬戌	2月10	壬辰	3月11	辛酉	4月9	辛卯	5月9	庚申	6月7	己丑	7月6
初四	癸亥	2月11	癸巳	3月12	壬戌	4月10	壬辰	5月10	辛酉	6月8	庚寅	7月7
初五	甲子	2月12	甲午	3月13	癸亥	4月11	癸巳	5月11	壬戌	6月9	辛卯	7月8
初六	乙丑	2月13	乙未	3月14	甲子	4月12	甲午	5月12	癸亥	6月10	壬辰	7月9
初七	丙寅	2月14	丙申	3月15	乙丑	4月13	乙未	5月13	甲子	6月11	癸巳	7月10
初八	丁卯	2月15	丁酉	3月16	丙寅	4月14	丙申	5月14	乙丑	6月12	甲午	7月11
初九	戊辰	2月16	戊戌	3月17	丁卯	4月15	丁酉	5月15	丙寅	6月13	乙未	7月12
初十	己巳	2月17	己亥	3月18	戊辰	4月16	戊戌	5月16	丁卯	6月14	丙申	7月13
十一	庚午	2月18	庚子	3月19	己巳	4月17	己亥	5月17	戊辰	6月15	丁酉	7月14
十二	辛未	2月19	辛丑	3月20	庚午	4月18	庚子	5月18	己巳	6月16	戊戌	7月15
十三	壬申	2月20	壬寅	3月21	辛未	4月19	辛丑	5月19	庚午	6月17	己亥	7月16
十四	癸酉	2月21	癸卯	3月22	壬申	4月20	壬寅	5月20	辛未	6月18	庚子	7月17
十五	甲戌	2月22	甲辰	3月23	癸酉	4月21	癸卯	5月21	壬申	6月19	辛丑	7月18
十六	乙亥	2月23	乙巳	3月24	甲戌	4月22	甲辰	5月22	癸酉	6月20	壬寅	7月19
十七	丙子	2月24	丙午	3月25	乙亥	4月23	乙巳	5月23	甲戌	6月21	癸卯	7月20
十八	丁丑	2月25	丁未	3月26	丙子	4月24	丙午	5月24	乙亥	6月22	甲辰	7月21
十九	戊寅	2月26	戊申	3月27	丁丑	4月25	丁未	5月25	丙子	6月23	乙巳	7月22
二十	己卯	2月27	己酉	3月28	戊寅	4月26	戊申	5月26	丁丑	6月24	丙午	7月23
廿一	庚辰	2月28	庚戌	3月29	己卯	4月27	己酉	5月27	戊寅	6月25	丁未	7月24
廿二	辛巳	2月29	辛亥	3月30	庚辰	4月28	庚戌	5月28	己卯	6月26	戊申	7月25
廿三	壬午	3月1	壬子	3月31	辛巳	4月29	辛亥	5月29	庚辰	6月27	己酉	7月26
廿四	癸未	3月2	癸丑	4月1	壬午	4月30	壬子	5月30	辛巳	6月28	庚戌	7月27
廿五	甲申	3月3	甲寅	4月2	癸未	5月1	癸丑	5月31	壬午	6月29	辛亥	7月28
廿六	乙酉	3月4	乙卯	4月3	甲申	5月2	甲寅	6月1	癸未	6月30	壬子	7月29
廿七	丙戌	3月5	丙辰	4月4	乙酉	5月3	乙卯	6月2	甲申	7月1	癸丑	7月30
廿八	丁亥	3月6	丁巳	4月5	丙戌	5月4	丙辰	6月3	乙酉	7月2	甲寅	7月31
廿九	戊子	3月7	戊午	4月6	丁亥	5月5	丁巳	6月4	丙戌	7月3	乙卯	8月1
三十	己丑	3月8			戊子	5月6					丙辰	8月2

西元2016年

月別	月二十曆農		月一十曆農		月十曆農		月九曆農		月八曆農		月七曆農	
干支	丑	辛	子	庚	亥	己	戌	戊	酉	丁	申	丙
節	寒大	寒小	至冬	雪大	雪小	冬立	降霜	露寒	分秋	露白	暑處	秋立
氣	廿三卯時 5時45分	初八午時 12時36分	廿三戌時 19時35分	初九丑時 1時54分	廿三卯時 6時38分	初八巳時 9時14分	廿三巳時 9時9分	初八卯時 5時59分	廿二夜子 23時34分	初七未時 13時48分	廿一丑時 1時30分	初五巳時 10時39分
農曆	曆國	支干	曆國	支干	曆國	支干	曆國	支干	曆國	支干	曆國	支干
初一	12月29	酉乙	11月29	卯乙	10月31	戌丙	10月 1	辰丙	9月 1	戌丙	8月 3	巳丁
初二	12月30	戌丙	11月30	辰丙	11月 1	亥丁	10月 2	巳丁	9月 2	亥丁	8月 4	午戊
初三	12月31	亥丁	12月 1	巳丁	11月 2	子戊	10月 3	午戊	9月 3	子戊	8月 5	未己
初四	1月 1	子戊	12月 2	午戊	11月 3	丑己	10月 4	未己	9月 4	丑己	8月 6	申庚
初五	1月 2	丑己	12月 3	未己	11月 4	寅庚	10月 5	申庚	9月 5	寅庚	8月 7	酉辛
初六	1月 3	寅庚	12月 4	申庚	11月 5	卯辛	10月 6	酉辛	9月 6	卯辛	8月 8	戌壬
初七	1月 4	卯辛	12月 5	酉辛	11月 6	辰壬	10月 7	戌壬	9月 7	辰壬	8月 9	亥癸
初八	1月 5	辰壬	12月 6	戌壬	11月 7	巳癸	10月 8	亥癸	9月 8	巳癸	8月10	子甲
初九	1月 6	巳癸	12月 7	亥癸	11月 8	午甲	10月 9	子甲	9月 9	午甲	8月11	丑乙
初十	1月 7	午甲	12月 8	子甲	11月 9	未乙	10月10	丑乙	9月10	未乙	8月12	寅丙
十一	1月 8	未乙	12月 9	丑乙	11月10	申丙	10月11	寅丙	9月11	申丙	8月13	卯丁
十二	1月 9	申丙	12月10	寅丙	11月11	酉丁	10月12	卯丁	9月12	酉丁	8月14	辰戊
十三	1月10	酉丁	12月11	卯丁	11月12	戌戊	10月13	辰戊	9月13	戌戊	8月15	巳己
十四	1月11	戌戊	12月12	辰戊	11月13	亥己	10月14	巳己	9月14	亥己	8月16	午庚
十五	1月12	亥己	12月13	巳己	11月14	子庚	10月15	午庚	9月15	子庚	8月17	未辛
十六	1月13	子庚	12月14	午庚	11月15	丑辛	10月16	未辛	9月16	丑辛	8月18	申壬
十七	1月14	丑辛	12月15	未辛	11月16	寅壬	10月17	申壬	9月17	寅壬	8月19	酉癸
十八	1月15	寅壬	12月16	申壬	11月17	卯癸	10月18	酉癸	9月18	卯癸	8月20	戌甲
十九	1月16	卯癸	12月17	酉癸	11月18	辰甲	10月19	戌甲	9月19	辰甲	8月21	亥乙
二十	1月17	辰甲	12月18	戌甲	11月19	巳乙	10月20	亥乙	9月20	巳乙	8月22	子丙
廿一	1月18	巳乙	12月19	亥乙	11月20	午丙	10月21	子丙	9月21	午丙	8月23	丑丁
廿二	1月19	午丙	12月20	子丙	11月21	未丁	10月22	丑丁	9月22	未丁	8月24	寅戊
廿三	1月20	未丁	12月21	丑丁	11月22	申戊	10月23	寅戊	9月23	申戊	8月25	卯己
廿四	1月21	申戊	12月22	寅戊	11月23	酉己	10月24	卯己	9月24	酉己	8月26	辰庚
廿五	1月22	酉己	12月23	卯己	11月24	戌庚	10月25	辰庚	9月25	戌庚	8月27	巳辛
廿六	1月23	戌庚	12月24	辰庚	11月25	亥辛	10月26	巳辛	9月26	亥辛	8月28	午壬
廿七	1月24	亥辛	12月25	巳辛	11月26	子壬	10月27	午壬	9月27	子壬	8月29	未癸
廿八	1月25	子壬	12月26	午壬	11月27	丑癸	10月28	未癸	9月28	丑癸	8月30	申甲
廿九	1月26	丑癸	12月27	未癸	11月28	寅甲	10月29	申甲	9月29	寅甲	8月31	酉乙
三十	1月27	寅甲	12月28	申甲			10月30	酉乙	9月30	卯乙		

中華民國一〇六年 歲次 丁酉《雞》

西元二〇一七年 太歲 姓康名傑

月六曆農		月五曆農		月四曆農		月三曆農		月二曆農		月正曆農		別月
未	丁	午	丙	巳	乙	辰	甲	卯	癸	寅	壬	支干
暑大	暑小	至夏	種芒	滿小	夏立	雨穀	明清	分春	蟄驚	水雨	春立	節
23時51分 廿九夜子	6時21分 十四卯時	12時46分 廿七午時	19時57分 十一戌時	4時42分 廿六寅時	15時42分 初十申時	5時29分 廿四卯時	22時20分 初八亥時	18時25分 廿三酉時	17時36分 初八酉時	19時31分 廿二戌時	23時49分 初七夜子	氣
曆國	支干	曆國	支干	曆國	支干	曆國	支干	曆國	支干	曆國	支干	曆農
6月24	午壬	5月26	丑癸	4月26	未癸	3月28	寅甲	2月26	申甲	1月28	卯乙	一初
6月25	未癸	5月27	寅甲	4月27	申甲	3月29	卯乙	2月27	酉乙	1月29	辰丙	二初
6月26	申甲	5月28	卯乙	4月28	酉乙	3月30	辰丙	2月28	戌丙	1月30	巳丁	三初
6月27	酉乙	5月29	辰丙	4月29	戌丙	3月31	巳丁	3月 1	亥丁	1月31	午戊	四初
6月28	戌丙	5月30	巳丁	4月30	亥丁	4月 1	午戊	3月 2	子戊	2月 1	未己	五初
6月29	亥丁	5月31	午戊	5月 1	子戊	4月 2	未己	3月 3	丑己	2月 2	申庚	六初
6月30	子戊	6月 1	未己	5月 2	丑己	4月 3	申庚	3月 4	寅庚	2月 3	酉辛	七初
7月 1	丑己	6月 2	申庚	5月 3	寅庚	4月 4	酉辛	3月 5	卯辛	2月 4	戌壬	八初
7月 2	寅庚	6月 3	酉辛	5月 4	卯辛	4月 5	戌壬	3月 6	辰壬	2月 5	亥癸	九初
7月 3	卯辛	6月 4	戌壬	5月 5	辰壬	4月 6	亥癸	3月 7	巳癸	2月 6	子甲	十初
7月 4	辰壬	6月 5	亥癸	5月 6	巳癸	4月 7	子甲	3月 8	午甲	2月 7	丑乙	一十
7月 5	巳癸	6月 6	子甲	5月 7	午甲	4月 8	丑乙	3月 9	未乙	2月 8	寅丙	二十
7月 6	午甲	6月 7	丑乙	5月 8	未乙	4月 9	寅丙	3月10	申丙	2月 9	卯丁	三十
7月 7	未乙	6月 8	寅丙	5月 9	申丙	4月10	卯丁	3月11	酉丁	2月10	辰戊	四十
7月 8	申丙	6月 9	卯丁	5月10	酉丁	4月11	辰戊	3月12	戌戊	2月11	巳己	五十
7月 9	酉丁	6月10	辰戊	5月11	戌戊	4月12	巳己	3月13	亥己	2月12	午庚	六十
7月10	戌戊	6月11	巳己	5月12	亥己	4月13	午庚	3月14	子庚	2月13	未辛	七十
7月11	亥己	6月12	午庚	5月13	子庚	4月14	未辛	3月15	丑辛	2月14	申壬	八十
7月12	子庚	6月13	未辛	5月14	丑辛	4月15	申壬	3月16	寅壬	2月15	酉癸	九十
7月13	丑辛	6月14	申壬	5月15	寅壬	4月16	酉癸	3月17	卯癸	2月16	戌甲	十二
7月14	寅壬	6月15	酉癸	5月16	卯癸	4月17	戌甲	3月18	辰甲	2月17	亥乙	一廿
7月15	卯癸	6月16	戌甲	5月17	辰甲	4月18	亥乙	3月19	巳乙	2月18	子丙	二廿
7月16	辰甲	6月17	亥乙	5月18	巳乙	4月19	子丙	3月20	午丙	2月19	丑丁	三廿
7月17	巳乙	6月18	子丙	5月19	午丙	4月20	丑丁	3月21	未丁	2月20	寅戊	四廿
7月18	午丙	6月19	丑丁	5月20	未丁	4月21	寅戊	3月22	申戊	2月21	卯己	五廿
7月19	未丁	6月20	寅戊	5月21	申戊	4月22	卯己	3月23	酉己	2月22	辰庚	六廿
7月20	申戊	6月21	卯己	5月22	酉己	4月23	辰庚	3月24	戌庚	2月23	巳辛	七廿
7月21	酉己	6月22	辰庚	5月23	戌庚	4月24	巳辛	3月25	亥辛	2月24	午壬	八廿
7月22	戌庚	6月23	巳辛	5月24	亥辛	4月25	午壬	3月26	子壬	2月25	未癸	九廿
				5月25	子壬			3月27	丑癸			十三

西元2017年

月別	月二十曆農		月一十曆農		月十曆農		月九曆農		月八曆農		月七曆農		月六閏曆農	
干支	丑	癸	子	壬	亥	辛	戌	庚	酉	己	申	戊		
節	春立	寒大	寒小	至冬	雪大	雪小	冬立	降霜	露寒	分秋	露白	暑處	秋立	
氣	5時38分 十九卯時	11時34分 初六午時	18時26分 十九酉時	1時24分 初五丑時	7時40分 二十辰時	12時26分 初五午時	15時3分 十九申時	14時58分 初四未時	11時47分 十九午時	5時22分 初四卯時	19時46分 十七戌時	7時18分 初二辰時	4時27分 十六申時	
農曆	曆國	支干	曆國	支干	曆國	支干	曆國	支干	曆國	支干	曆國	支干	曆國	支干
初一	1月17	酉己	12月18	卯己	11月18	酉己	10月20	辰庚	9月20	戌庚	8月22	巳辛	7月23	亥辛
初二	1月18	戌庚	12月19	辰庚	11月19	戌庚	10月21	巳辛	9月21	亥辛	8月23	午壬	7月24	子壬
初三	1月19	亥辛	12月20	巳辛	11月20	亥辛	10月22	午壬	9月22	子壬	8月24	未癸	7月25	丑癸
初四	1月20	子壬	12月21	午壬	11月21	子壬	10月23	未癸	9月23	丑癸	8月25	申甲	7月26	寅甲
初五	1月21	丑癸	12月22	未癸	11月22	丑癸	10月24	申甲	9月24	寅甲	8月26	酉乙	7月27	卯乙
初六	1月22	寅甲	12月23	申甲	11月23	寅甲	10月25	酉乙	9月25	卯乙	8月27	戌丙	7月28	辰丙
初七	1月23	卯乙	12月24	酉乙	11月24	卯乙	10月26	戌丙	9月26	辰丙	8月28	亥丁	7月29	巳丁
初八	1月24	辰丙	12月25	戌丙	11月25	辰丙	10月27	亥丁	9月27	巳丁	8月29	子戊	7月30	午戊
初九	1月25	巳丁	12月26	亥丁	11月26	巳丁	10月28	子戊	9月28	午戊	8月30	丑己	7月31	未己
初十	1月26	午戊	12月27	子戊	11月27	午戊	10月29	丑己	9月29	未己	8月31	寅庚	8月 1	申庚
十一	1月27	未己	12月28	丑己	11月28	未己	10月30	寅庚	9月30	申庚	9月 1	卯辛	8月 2	酉辛
十二	1月28	申庚	12月29	寅庚	11月29	申庚	10月31	卯辛	10月 1	酉辛	9月 2	辰壬	8月 3	戌壬
十三	1月29	酉辛	12月30	卯辛	11月30	酉辛	11月 1	辰壬	10月 2	戌壬	9月 3	巳癸	8月 4	亥癸
十四	1月30	戌壬	12月31	辰壬	12月 1	戌壬	11月 2	巳癸	10月 3	亥癸	9月 4	午甲	8月 5	子甲
十五	1月31	亥癸	1月 1	巳癸	12月 2	亥癸	11月 3	午甲	10月 4	子甲	9月 5	未乙	8月 6	丑乙
十六	2月 1	子甲	1月 2	午甲	12月 3	子甲	11月 4	未乙	10月 5	丑乙	9月 6	申丙	8月 7	寅丙
十七	2月 2	丑乙	1月 3	未乙	12月 4	丑乙	11月 5	申丙	10月 6	寅丙	9月 7	酉丁	8月 8	卯丁
十八	2月 3	寅丙	1月 4	申丙	12月 5	寅丙	11月 6	酉丁	10月 7	卯丁	9月 8	戌戊	8月 9	辰戊
十九	2月 4	卯丁	1月 5	酉丁	12月 6	卯丁	11月 7	戌戊	10月 8	辰戊	9月 9	亥己	8月10	巳己
二十	2月 5	辰戊	1月 6	戌戊	12月 7	辰戊	11月 8	亥己	10月 9	巳己	9月10	子庚	8月11	午庚
廿一	2月 6	巳己	1月 7	亥己	12月 8	巳己	11月 9	子庚	10月10	午庚	9月11	丑辛	8月12	未辛
廿二	2月 7	午庚	1月 8	子庚	12月 9	午庚	11月10	丑辛	10月11	未辛	9月12	寅壬	8月13	申壬
廿三	2月 8	未辛	1月 9	丑辛	12月10	未辛	11月11	寅壬	10月12	申壬	9月13	卯癸	8月14	酉癸
廿四	2月 9	申壬	1月10	寅壬	12月11	申壬	11月12	卯癸	10月13	酉癸	9月14	辰甲	8月15	戌甲
廿五	2月10	酉癸	1月11	卯癸	12月12	酉癸	11月13	辰甲	10月14	戌甲	9月15	巳乙	8月16	亥乙
廿六	2月11	戌甲	1月12	辰甲	12月13	戌甲	11月14	巳乙	10月15	亥乙	9月16	午丙	8月17	子丙
廿七	2月12	亥乙	1月13	巳乙	12月14	亥乙	11月15	午丙	10月16	子丙	9月17	未丁	8月18	丑丁
廿八	2月13	子丙	1月14	午丙	12月15	子丙	11月16	未丁	10月17	丑丁	9月18	申戊	8月19	寅戊
廿九	2月14	丑丁	1月15	未丁	12月16	丑丁	11月17	申戊	10月18	寅戊	9月19	酉己	8月20	卯[illegible]
三十	2月15	寅戊	1月16	申戊	12月17	寅戊			10月19	卯己			8月21	辰[illegible]

中華民國一〇七年 歲次 戊戌《狗》

西元二〇一八年 太歲 姓姜名武

月六曆農		月五曆農		月四曆農		月三曆農		月二曆農		月正曆農		別月
未	己	午	戊	巳	丁	辰	丙	卯	乙	寅	甲	支干
秋立	暑大	暑小	至夏	種芒	滿小	夏立	雨穀	明清	分春	蟄驚	水雨	節
廿六亥時 22時15分	十一卯時 5時40分	廿四午時 12時9分	初八酉時 18時33分	廿三丑時 1時29分	初七巳時 10時30分	二十亥時 21時31分	初五午時 11時18分	二十寅時 4時20分	初五子時 0時13分	十八夜子 23時25分	初四丑時 1時22分	氣
曆國	支干	曆國	支干	曆國	支干	曆國	支干	曆國	支干	曆國	支干	曆農
7月13	午丙	6月14	丑丁	5月15	未丁	4月16	寅戊	3月17	申戊	2月16	卯己	一初
7月14	未丁	6月15	寅戊	5月16	申戊	4月17	卯己	3月18	酉己	2月17	辰庚	二初
7月15	申戊	6月16	卯己	5月17	酉己	4月18	辰庚	3月19	戌庚	2月18	巳辛	三初
7月16	酉己	6月17	辰庚	5月18	戌庚	4月19	巳辛	3月20	亥辛	2月19	午壬	四初
7月17	戌庚	6月18	巳辛	5月19	亥辛	4月20	午壬	3月21	子壬	2月20	未癸	五初
7月18	亥辛	6月19	午壬	5月20	子壬	4月21	未癸	3月22	丑癸	2月21	申甲	六初
7月19	子壬	6月20	未癸	5月21	丑癸	4月22	申甲	3月23	寅甲	2月22	酉乙	七初
7月20	丑癸	6月21	申甲	5月22	寅甲	4月23	酉乙	3月24	卯乙	2月23	戌丙	八初
7月21	寅甲	6月22	酉乙	5月23	卯乙	4月24	戌丙	3月25	辰丙	2月24	亥丁	九初
7月22	卯乙	6月23	戌丙	5月24	辰丙	4月25	亥丁	3月26	巳丁	2月25	子戊	十初
7月23	辰丙	6月24	亥丁	5月25	巳丁	4月26	子戊	3月27	午戊	2月26	丑己	一十
7月24	巳丁	6月25	子戊	5月26	午戊	4月27	丑己	3月28	未己	2月27	寅庚	二十
7月25	午戊	6月26	丑己	5月27	未己	4月28	寅庚	3月29	申庚	2月28	卯辛	三十
7月26	未己	6月27	寅庚	5月28	申庚	4月29	卯辛	3月30	酉辛	3月 1	辰壬	四十
7月27	申庚	6月28	卯辛	5月29	酉辛	4月30	辰壬	3月31	戌壬	3月 2	巳癸	五十
7月28	酉辛	6月29	辰壬	5月30	戌壬	5月 1	巳癸	4月 1	亥癸	3月 3	午甲	六十
7月29	戌壬	6月30	巳癸	5月31	亥癸	5月 2	午甲	4月 2	子甲	3月 4	未乙	七十
7月30	亥癸	7月 1	午甲	6月 1	子甲	5月 3	未乙	4月 3	丑乙	3月 5	申丙	八十
7月31	子甲	7月 2	未乙	6月 2	丑乙	5月 4	申丙	4月 4	寅丙	3月 6	酉丁	九十
8月 1	丑乙	7月 3	申丙	6月 3	寅丙	5月 5	酉丁	4月 5	卯丁	3月 7	戌戊	十二
8月 2	寅丙	7月 4	酉丁	6月 4	卯丁	5月 6	戌戊	4月 6	辰戊	3月 8	亥己	一廿
8月 3	卯丁	7月 5	戌戊	6月 5	辰戊	5月 7	亥己	4月 7	巳己	3月 9	子庚	二廿
8月 4	辰戊	7月 6	亥己	6月 6	巳己	5月 8	子庚	4月 8	午庚	3月10	丑辛	三廿
8月 5	巳己	7月 7	子庚	6月 7	午庚	5月 9	丑辛	4月 9	未辛	3月11	寅壬	四廿
8月 6	午庚	7月 8	丑辛	6月 8	未辛	5月10	寅壬	4月10	申壬	3月12	卯癸	五廿
8月 7	未辛	7月 9	寅壬	6月 9	申壬	5月11	卯癸	4月11	酉癸	3月13	辰甲	六廿
8月 8	申壬	7月10	卯癸	6月10	酉癸	5月12	辰甲	4月12	戌甲	3月14	巳乙	七廿
8月 9	酉癸	7月11	辰甲	6月11	戌甲	5月13	巳乙	4月13	亥乙	3月15	午丙	八廿
8月10	戌甲	7月12	巳乙	6月12	亥乙	5月14	午丙	4月14	子丙	3月16	未丁	九廿
				6月13	子丙			4月15	丑丁			十三

月別	月二十曆農		月一十曆農		月十曆農		月九曆農		月八曆農		月七曆農	
干支	丑	乙	子	甲	亥	癸	戌	壬	酉	辛	申	庚
節	寒大	寒小	至冬	雪大	雪小		冬立	降霜	露寒	分秋	露白	暑處
氣	17時28分 十五酉時	0時16分 初一子時	7時14分 十六辰時	13時30分 初一未時	18時17分 十五酉時		20時54分 三十戌時	20時47分 十五戌時	17時36分 廿九酉時	11時11分 十四午時	1時35分 廿九丑時	13時7分 十三未時
農曆	曆國	支干	曆國	支干	曆國	支干	曆國	支干	曆國	支干	曆國	支干
初一	1月 6	卯癸	12月 7	酉癸	11月 8	辰甲	10月 9	戌甲	9月10	巳乙	8月11	亥乙
初二	1月 7	辰甲	12月 8	戌甲	11月 9	巳乙	10月10	亥乙	9月11	午丙	8月12	子丙
初三	1月 8	巳乙	12月 9	亥乙	11月10	午丙	10月11	子丙	9月12	未丁	8月13	丑丁
初四	1月 9	午丙	12月10	子丙	11月11	未丁	10月12	丑丁	9月13	申戊	8月14	寅戊
初五	1月10	未丁	12月11	丑丁	11月12	申戊	10月13	寅戊	9月14	酉己	8月15	卯己
初六	1月11	申戊	12月12	寅戊	11月13	酉己	10月14	卯己	9月15	戌庚	8月16	辰庚
初七	1月12	酉己	12月13	卯己	11月14	戌庚	10月15	辰庚	9月16	亥辛	8月17	巳辛
初八	1月13	戌庚	12月14	辰庚	11月15	亥辛	10月16	巳辛	9月17	子壬	8月18	午壬
初九	1月14	亥辛	12月15	巳辛	11月16	子壬	10月17	午壬	9月18	丑癸	8月19	未癸
初十	1月15	子壬	12月16	午壬	11月17	丑癸	10月18	未癸	9月19	寅甲	8月20	申甲
十一	1月16	丑癸	12月17	未癸	11月18	寅甲	10月19	申甲	9月20	卯乙	8月21	酉乙
十二	1月17	寅甲	12月18	申甲	11月19	卯乙	10月20	酉乙	9月21	辰丙	8月22	戌丙
十三	1月18	卯乙	12月19	酉乙	11月20	辰丙	10月21	戌丙	9月22	巳丁	8月23	亥丁
十四	1月19	辰丙	12月20	戌丙	11月21	巳丁	10月22	亥丁	9月23	午戊	8月24	子戊
十五	1月20	巳丁	12月21	亥丁	11月22	午戊	10月23	子戊	9月24	未己	8月25	丑己
十六	1月21	午戊	12月22	子戊	11月23	未己	10月24	丑己	9月25	申庚	8月26	寅庚
十七	1月22	未己	12月23	丑己	11月24	申庚	10月25	寅庚	9月26	酉辛	8月27	卯辛
十八	1月23	申庚	12月24	寅庚	11月25	酉辛	10月26	卯辛	9月27	戌壬	8月28	辰壬
十九	1月24	酉辛	12月25	卯辛	11月26	戌壬	10月27	辰壬	9月28	亥癸	8月29	巳癸
二十	1月25	戌壬	12月26	辰壬	11月27	亥癸	10月28	巳癸	9月29	子甲	8月30	午甲
廿一	1月26	亥癸	12月27	巳癸	11月28	子甲	10月29	午甲	9月30	丑乙	8月31	未乙
廿二	1月27	子甲	12月28	午甲	11月29	丑乙	10月30	未乙	10月 1	寅丙	9月 1	申丙
廿三	1月28	丑乙	12月29	未乙	11月30	寅丙	10月31	申丙	10月 2	卯丁	9月 2	酉丁
廿四	1月29	寅丙	12月30	申丙	12月 1	卯丁	11月 1	酉丁	10月 3	辰戊	9月 3	戌戊
廿五	1月30	卯丁	12月31	酉丁	12月 2	辰戊	11月 2	戌戊	10月 4	巳己	9月 4	亥己
廿六	1月31	辰戊	1月 1	戌戊	12月 3	巳己	11月 3	亥己	10月 5	午庚	9月 5	子庚
廿七	2月 1	巳己	1月 2	亥己	12月 4	午庚	11月 4	子庚	10月 6	未辛	9月 6	丑辛
廿八	2月 2	午庚	1月 3	子庚	12月 5	未辛	11月 5	丑辛	10月 7	申壬	9月 7	寅壬
廿九	2月 3	未辛	1月 4	丑辛	12月 6	申壬	11月 6	寅壬	10月 8	酉癸	9月 8	卯癸
三十	2月 4	申壬	1月 5	寅壬			11月 7	卯癸			9月 9	辰甲

中華民國一〇八年 歲次 己亥《豬》

西元二〇一九年 太歲 姓謝名壽

月六曆農		月五曆農		月四曆農		月三曆農		月二曆農		月正曆農		別月
未	辛	午	庚	巳	己	辰	戊	卯	丁	寅	丙	支干
暑大	暑小	至夏	種芒	滿小	夏立	雨穀	明清	分春	蟄驚	水雨	春立	節
廿一午時 11時28分	初五酉時 15時57分	二十子時 0時22分	初四辰時 7時33分	十七申時 16時19分	初二寅時 3時20分	十六酉時 17時7分	初一巳時 9時59分	十六卯時 6時4分	初一卯時 5時14分	十五辰時 7時12分	三十午時 11時28分	氣
曆國	支干	曆國	支干	曆國	支干	曆國	支干	曆國	支干	曆國	支干	曆農
7月 3	丑辛	6月 3	未辛	5月 5	寅壬	4月 5	申壬	3月 6	寅壬	2月 5	酉癸	一初
7月 4	寅壬	6月 4	申壬	5月 6	卯癸	4月 6	酉癸	3月 7	卯癸	2月 6	戌甲	二初
7月 5	卯癸	6月 5	酉癸	5月 7	辰甲	4月 7	戌甲	3月 8	辰甲	2月 7	亥乙	三初
7月 6	辰甲	6月 6	戌甲	5月 8	巳乙	4月 8	亥乙	3月 9	巳乙	2月 8	子丙	四初
7月 7	巳乙	6月 7	亥乙	5月 9	午丙	4月 9	子丙	3月10	午丙	2月 9	丑丁	五初
7月 8	午丙	6月 8	子丙	5月10	未丁	4月10	丑丁	3月11	未丁	2月10	寅戊	六初
7月 9	未丁	6月 9	丑丁	5月11	申戊	4月11	寅戊	3月12	申戊	2月11	卯己	七初
7月10	申戊	6月10	寅戊	5月12	酉己	4月12	卯己	3月13	酉己	2月12	辰庚	八初
7月11	酉己	6月11	卯己	5月13	戌庚	4月13	辰庚	3月14	戌庚	2月13	巳辛	九初
7月12	戌庚	6月12	辰庚	5月14	亥辛	4月14	巳辛	3月15	亥辛	2月14	午壬	十初
7月13	亥辛	6月13	巳辛	5月15	子壬	4月15	午壬	3月16	子壬	2月15	未癸	一十
7月14	子壬	6月14	午壬	5月16	丑癸	4月16	未癸	3月17	丑癸	2月16	申甲	二十
7月15	丑癸	6月15	未癸	5月17	寅甲	4月17	申甲	3月18	寅甲	2月17	酉乙	三十
7月16	寅甲	6月16	申甲	5月18	卯乙	4月18	酉乙	3月19	卯乙	2月18	戌丙	四十
7月17	卯乙	6月17	酉乙	5月19	辰丙	4月19	戌丙	3月20	辰丙	2月19	亥丁	五十
7月18	辰丙	6月18	戌丙	5月20	巳丁	4月20	亥丁	3月21	巳丁	2月20	子戊	六十
7月19	巳丁	6月19	亥丁	5月21	午戊	4月21	子戊	3月22	午戊	2月21	丑己	七十
7月20	午戊	6月20	子戊	5月22	未己	4月22	丑己	3月23	未己	2月22	寅庚	八十
7月21	未己	6月21	丑己	5月23	申庚	4月23	寅庚	3月24	申庚	2月23	卯辛	九十
7月22	申庚	6月22	寅庚	5月24	酉辛	4月24	卯辛	3月25	酉辛	2月24	辰壬	十二
7月23	酉辛	6月23	卯辛	5月25	戌壬	4月25	辰壬	3月26	戌壬	2月25	巳癸	一廿
7月24	戌壬	6月24	辰壬	5月26	亥癸	4月26	巳癸	3月27	亥癸	2月26	午甲	二廿
7月25	亥癸	6月25	巳癸	5月27	子甲	4月27	午甲	3月28	子甲	2月27	未乙	三廿
7月26	子甲	6月26	午甲	5月28	丑乙	4月28	未乙	3月29	丑乙	2月28	申丙	四廿
7月27	丑乙	6月27	未乙	5月29	寅丙	4月29	申丙	3月30	寅丙	3月 1	酉丁	五廿
7月28	寅丙	6月28	申丙	5月30	卯丁	4月30	酉丁	3月31	卯丁	3月 2	戌戊	六廿
7月29	卯丁	6月29	酉丁	5月31	辰戊	5月 1	戌戊	4月 1	辰戊	3月 3	亥己	七廿
7月30	辰戊	6月30	戌戊	6月 1	巳己	5月 2	亥己	4月 2	巳己	3月 4	子庚	八廿
7月31	巳己	7月 1	亥己	6月 2	午庚	5月 3	子庚	4月 3	午庚	3月 5	丑辛	九廿
		7月 2	子庚			5月 4	丑辛	4月 4	未辛			十三

西元2019年

月別	月二十曆農		月一十曆農		月十曆農		月九曆農		月八曆農		月七曆農	
干支	丑	丁	子	丙	亥	乙	戌	甲	酉	癸	申	壬
節	寒大	寒小	至冬	雪大	雪小	冬立	降霜	露寒	分秋	露白	暑處	秋立
氣	廿六夜子 23時10分	十二卯時 6時6分	廿七未時 13時4分	十二戌時 19時20分	廿七子時 0時6分	十二丑時 2時42分	廿六丑時 2時36分	初十夜子 23時25分	廿五酉時 17時0分	初十辰時 7時24分	廿三酉時 18時55分	初八寅時 4時3分
農曆	曆國	支干	曆國	支干	曆國	支干	曆國	支干	曆國	支干	曆國	支干
初一	12月26	酉丁	11月26	卯丁	10月28	戌戊	9月29	巳己	8月30	亥己	8月 1	午庚
初二	12月27	戌戊	11月27	辰戊	10月29	亥己	9月30	午庚	8月31	子庚	8月 2	未辛
初三	12月28	亥己	11月28	巳己	10月30	子庚	10月 1	未辛	9月 1	丑辛	8月 3	申壬
初四	12月29	子庚	11月29	午庚	10月31	丑辛	10月 2	申壬	9月 2	寅壬	8月 4	酉癸
初五	12月30	丑辛	11月30	未辛	11月 1	寅壬	10月 3	酉癸	9月 3	卯癸	8月 5	戌甲
初六	12月31	寅壬	12月 1	申壬	11月 2	卯癸	10月 4	戌甲	9月 4	辰甲	8月 6	亥乙
初七	1月 1	卯癸	12月 2	酉癸	11月 3	辰甲	10月 5	亥乙	9月 5	巳乙	8月 7	子丙
初八	1月 2	辰甲	12月 3	戌甲	11月 4	巳乙	10月 6	子丙	9月 6	午丙	8月 8	丑丁
初九	1月 3	巳乙	12月 4	亥乙	11月 5	午丙	10月 7	丑丁	9月 7	未丁	8月 9	寅戊
初十	1月 4	午丙	12月 5	子丙	11月 6	未丁	10月 8	寅戊	9月 8	申戊	8月10	卯己
十一	1月 5	未丁	12月 6	丑丁	11月 7	申戊	10月 9	卯己	9月 9	酉己	8月11	辰庚
十二	1月 6	申戊	12月 7	寅戊	11月 8	酉己	10月10	辰庚	9月10	戌庚	8月12	巳辛
十三	1月 7	酉己	12月 8	卯己	11月 9	戌庚	10月11	巳辛	9月11	亥辛	8月13	午壬
十四	1月 8	戌庚	12月 9	辰庚	11月10	亥辛	10月12	午壬	9月12	子壬	8月14	未癸
十五	1月 9	亥辛	12月10	巳辛	11月11	子壬	10月13	未癸	9月13	丑癸	8月15	申甲
十六	1月10	子壬	12月11	午壬	11月12	丑癸	10月14	申甲	9月14	寅甲	8月16	酉乙
十七	1月11	丑癸	12月12	未癸	11月13	寅甲	10月15	酉乙	9月15	卯乙	8月17	戌丙
十八	1月12	寅甲	12月13	申甲	11月14	卯乙	10月16	戌丙	9月16	辰丙	8月18	亥丁
十九	1月13	卯乙	12月14	酉乙	11月15	辰丙	10月17	亥丁	9月17	巳丁	8月19	子戊
二十	1月14	辰丙	12月15	戌丙	11月16	巳丁	10月18	子戊	9月18	午戊	8月20	丑己
廿一	1月15	巳丁	12月16	亥丁	11月17	午戊	10月19	丑己	9月19	未己	8月21	寅庚
廿二	1月16	午戊	12月17	子戊	11月18	未己	10月20	寅庚	9月20	申庚	8月22	卯辛
廿三	1月17	未己	12月18	丑己	11月19	申庚	10月21	卯辛	9月21	酉辛	8月23	辰壬
廿四	1月18	申庚	12月19	寅庚	11月20	酉辛	10月22	辰壬	9月22	戌壬	8月24	巳癸
廿五	1月19	酉辛	12月20	卯辛	11月21	戌壬	10月23	巳癸	9月23	亥癸	8月25	午甲
廿六	1月20	戌壬	12月21	辰壬	11月22	亥癸	10月24	午甲	9月24	子甲	8月26	未乙
廿七	1月21	亥癸	12月22	巳癸	11月23	子甲	10月25	未乙	9月25	丑乙	8月27	申丙
廿八	1月22	子甲	12月23	午甲	11月24	丑乙	10月26	申丙	9月26	寅丙	8月28	酉丁
廿九	1月23	丑乙	12月24	未乙	11月25	寅丙	10月27	酉丁	9月27	卯丁	8月29	戌戊
三十	1月24	寅丙	12月25	申丙					9月28	辰戊		

中華民國一〇九年 歲次 庚子《鼠》

西元二〇二〇年 太歲 姓虞名起

月六曆農		月五曆農		月四閏曆農		月四曆農		月三曆農		月二曆農		月正曆農		別月
未	癸	午	壬			巳	辛	辰	庚	卯	己	寅	戊	支干
秋立	暑大	暑小	至夏	種芒		滿小	夏立	雨穀	明清	分春	蟄驚	水雨	春立	節氣
十八巳時 9時51分	初二酉時 17時16分	十六夜子 23時46分	初一卯時 6時10分	十四未時 13時22分		廿八亥時 20時7分	十三巳時 9時8分	廿七亥時 22時55分	十二申時 15時48分	廿七午時 11時53分	十二午時 11時3分	十六未時 13時2分	十一酉時 17時18分	
曆國	支干	曆國	支干	曆國	支干	曆國	支干	曆國	支干	曆國	支干	曆國	支干	曆農
7月21	丑乙	6月21	未乙	5月23	寅丙	4月23	申丙	3月24	寅丙	2月23	申丙	1月25	卯丁	一初
7月22	寅丙	6月22	申丙	5月24	卯丁	4月24	酉丁	3月25	卯丁	2月24	酉丁	1月26	辰戊	二初
7月23	卯丁	6月23	酉丁	5月25	辰戊	4月25	戌戊	3月26	辰戊	2月25	戌戊	1月27	巳己	三初
7月24	辰戊	6月24	戌戊	5月26	巳己	4月26	亥己	3月27	巳己	2月26	亥己	1月28	午庚	四初
7月25	巳己	6月25	亥己	5月27	午庚	4月27	子庚	3月28	午庚	2月27	子庚	1月29	未辛	五初
7月26	午庚	6月26	子庚	5月28	未辛	4月28	丑辛	3月29	未辛	2月28	丑辛	1月30	申壬	六初
7月27	未辛	6月27	丑辛	5月29	申壬	4月29	寅壬	3月30	申壬	2月29	寅壬	1月31	酉癸	七初
7月28	申壬	6月28	寅壬	5月30	酉癸	4月30	卯癸	3月31	酉癸	3月 1	卯癸	2月 1	戌甲	八初
7月29	酉癸	6月29	卯癸	5月31	戌甲	5月 1	辰甲	4月 1	戌甲	3月 2	辰甲	2月 2	亥乙	九初
7月30	戌甲	6月30	辰甲	6月 1	亥乙	5月 2	巳乙	4月 2	亥乙	3月 3	巳乙	2月 3	子丙	十初
7月31	亥乙	7月 1	巳乙	6月 2	子丙	5月 3	午丙	4月 3	子丙	3月 4	午丙	2月 4	丑丁	一十
8月 1	子丙	7月 2	午丙	6月 3	丑丁	5月 4	未丁	4月 4	丑丁	3月 5	未丁	2月 5	寅戊	二十
8月 2	丑丁	7月 3	未丁	6月 4	寅戊	5月 5	申戊	4月 5	寅戊	3月 6	申戊	2月 6	卯己	三十
8月 3	寅戊	7月 4	申戊	6月 5	卯己	5月 6	酉己	4月 6	卯己	3月 7	酉己	2月 7	辰庚	四十
8月 4	卯己	7月 5	酉己	6月 6	辰庚	5月 7	戌庚	4月 7	辰庚	3月 8	戌庚	2月 8	巳辛	五十
8月 5	辰庚	7月 6	戌庚	6月 7	巳辛	5月 8	亥辛	4月 8	巳辛	3月 9	亥辛	2月 9	午壬	六十
8月 6	巳辛	7月 7	亥辛	6月 8	午壬	5月 9	子壬	4月 9	午壬	3月10	子壬	2月10	未癸	七十
8月 7	午壬	7月 8	子壬	6月 9	未癸	5月10	丑癸	4月10	未癸	3月11	丑癸	2月11	申甲	八十
8月 8	未癸	7月 9	丑癸	6月10	申甲	5月11	寅甲	4月11	申甲	3月12	寅甲	2月12	酉乙	九十
8月 9	申甲	7月10	寅甲	6月11	酉乙	5月12	卯乙	4月12	酉乙	3月13	卯乙	2月13	戌丙	十二
8月10	酉乙	7月11	卯乙	6月12	戌丙	5月13	辰丙	4月13	戌丙	3月14	辰丙	2月14	亥丁	一廿
8月11	戌丙	7月12	辰丙	6月13	亥丁	5月14	巳丁	4月14	亥丁	3月15	巳丁	2月15	子戊	二廿
8月12	亥丁	7月13	巳丁	6月14	子戊	5月15	午戊	4月15	子戊	3月16	午戊	2月16	丑己	三廿
8月13	子戊	7月14	午戊	6月15	丑己	5月16	未己	4月16	丑己	3月17	未己	2月17	寅庚	四廿
8月14	丑己	7月15	未己	6月16	寅庚	5月17	申庚	4月17	寅庚	3月18	申庚	2月18	卯辛	五廿
8月15	寅庚	7月16	申庚	6月17	卯辛	5月18	酉辛	4月18	卯辛	3月19	酉辛	2月19	辰壬	六廿
8月16	卯辛	7月17	酉辛	6月18	辰壬	5月19	戌壬	4月19	辰壬	3月20	戌壬	2月20	巳癸	七廿
8月17	辰壬	7月18	戌壬	6月19	巳癸	5月20	亥癸	4月20	巳癸	3月21	亥癸	2月21	午甲	八廿
8月18	巳癸	7月19	亥癸	6月20	午甲	5月21	子甲	4月21	午甲	3月22	子甲	2月22	未乙	九廿
		7月20	子甲			5月22	丑乙	4月22	未乙	3月23	丑乙			十三

西元2020年

月別	月二十曆農		月一十曆農		月十曆農		月九曆農		月八曆農		月七曆農	
干支	丑	己	子	戊	亥	丁	戌	丙	酉	乙	申	甲
節	春立	寒大	寒小	至冬	雪大	雪小	冬立	降霜	露寒	分秋	露白	暑處
氣	23時8分 廿二夜子	5時4分 初八卯時	11時55分 廿二午時	18時54分 初七酉時	1時9分 廿三丑時	5時56分 初八卯時	8時31分 廿二辰時	8時26分 初七辰時	5時15分 廿二卯時	20時49分 初六亥時	13時12分 二十未時	0時43分 初五子時
農曆	曆國	支干	曆國	支干	曆國	支干	曆國	支干	曆國	支干	曆國	支干
初一	1月13	酉辛	12月15	辰壬	11月15	戌壬	10月17	巳癸	9月17	亥癸	8月19	午甲
初二	1月14	戌壬	12月16	巳癸	11月16	亥癸	10月18	午甲	9月18	子甲	8月20	未乙
初三	1月15	亥癸	12月17	午甲	11月17	子甲	10月19	未乙	9月19	丑乙	8月21	申丙
初四	1月16	子甲	12月18	未乙	11月18	丑乙	10月20	申丙	9月20	寅丙	8月22	酉丁
初五	1月17	丑乙	12月19	申丙	11月19	寅丙	10月21	酉丁	9月21	卯丁	8月23	戌戊
初六	1月18	寅丙	12月20	酉丁	11月20	卯丁	10月22	戌戊	9月22	辰戊	8月24	亥己
初七	1月19	卯丁	12月21	戌戊	11月21	辰戊	10月23	亥己	9月23	巳己	8月25	子庚
初八	1月20	辰戊	12月22	亥己	11月22	巳己	10月24	子庚	9月24	午庚	8月26	丑辛
初九	1月21	巳己	12月23	子庚	11月23	午庚	10月25	丑辛	9月25	未辛	8月27	寅壬
初十	1月22	午庚	12月24	丑辛	11月24	未辛	10月26	寅壬	9月26	申壬	8月28	卯癸
十一	1月23	未辛	12月25	寅壬	11月25	申壬	10月27	卯癸	9月27	酉癸	8月29	辰甲
十二	1月24	申壬	12月26	卯癸	11月26	酉癸	10月28	辰甲	9月28	戌甲	8月30	巳乙
十三	1月25	酉癸	12月27	辰甲	11月27	戌甲	10月29	巳乙	9月29	亥乙	8月31	午丙
十四	1月26	戌甲	12月28	巳乙	11月28	亥乙	10月30	午丙	9月30	子丙	9月 1	未丁
十五	1月27	亥乙	12月29	午丙	11月29	子丙	10月31	未丁	10月 1	丑丁	9月 2	申戊
十六	1月28	子丙	12月30	未丁	11月30	丑丁	11月 1	申戊	10月 2	寅戊	9月 3	酉己
十七	1月29	丑丁	12月31	申戊	12月 1	寅戊	11月 2	酉己	10月 3	卯己	9月 4	戌庚
十八	1月30	寅戊	1月 1	酉己	12月 2	卯己	11月 3	戌庚	10月 4	辰庚	9月 5	亥辛
十九	1月31	卯己	1月 2	戌庚	12月 3	辰庚	11月 4	亥辛	10月 5	巳辛	9月 6	子壬
二十	2月 1	辰庚	1月 3	亥辛	12月 4	巳辛	11月 5	子壬	10月 6	午壬	9月 7	丑癸
廿一	2月 2	巳辛	1月 4	子壬	12月 5	午壬	11月 6	丑癸	10月 7	未癸	9月 8	寅甲
廿二	2月 3	午壬	1月 5	丑癸	12月 6	未癸	11月 7	寅甲	10月 8	申甲	9月 9	卯乙
廿三	2月 4	未癸	1月 6	寅甲	12月 7	申甲	11月 8	卯乙	10月 9	酉乙	9月10	辰丙
廿四	2月 5	申甲	1月 7	卯乙	12月 8	酉乙	11月 9	辰丙	10月10	戌丙	9月11	巳丁
廿五	2月 6	酉乙	1月 8	辰丙	12月 9	戌丙	11月10	巳丁	10月11	亥丁	9月12	午戊
廿六	2月 7	戌丙	1月 9	巳丁	12月10	亥丁	11月11	午戊	10月12	子戊	9月13	未己
廿七	2月 8	亥丁	1月10	午戊	12月11	子戊	11月12	未己	10月13	丑己	9月14	申庚
廿八	2月 9	子戊	1月11	未己	12月12	丑己	11月13	申庚	10月14	寅庚	9月15	酉辛
廿九	2月10	丑己	1月12	申庚	12月13	寅庚	11月14	酉辛	10月15	卯辛	9月16	戌壬
三十	2月11	寅庚			12月14	卯辛			10月16	辰壬		

中華民國一一〇年 歲次 辛丑《牛》

西元二〇二一年 太歲 姓湯名信

月六曆農		月五曆農		月四曆農		月三曆農		月二曆農		月正曆農		別月
未	乙	午	甲	巳	癸	辰	壬	卯	辛	寅	庚	支干
秋立	暑大	暑小	至夏	種芒	滿小	夏立	雨穀	明清	分春	蟄驚	水雨	節
廿九申時 15時40分	十三夜子 23時5分	廿八卯時 5時33分	十二午時 11時58分	廿五戌時 19時9分	初十寅時 3時56分	廿四未時 14時57分	初九寅時 4時44分	廿三亥時 21時37分	初八酉時 17時42分	廿二申時 16時54分	初七酉時 18時51分	氣
曆國	支干	曆國	支干	曆國	支干	曆國	支干	曆國	支干	曆國	支干	曆農
7月10	未己	6月10	丑己	5月12	申庚	4月12	寅庚	3月13	申庚	2月12	卯辛	一初
7月11	申庚	6月11	寅庚	5月13	酉辛	4月13	卯辛	3月14	酉辛	2月13	辰壬	二初
7月12	酉辛	6月12	卯辛	5月14	戌壬	4月14	辰壬	3月15	戌壬	2月14	巳癸	三初
7月13	戌壬	6月13	辰壬	5月15	亥癸	4月15	巳癸	3月16	亥癸	2月15	午甲	四初
7月14	亥癸	6月14	巳癸	5月16	子甲	4月16	午甲	3月17	子甲	2月16	未乙	五初
7月15	子甲	6月15	午甲	5月17	丑乙	4月17	未乙	3月18	丑乙	2月17	申丙	六初
7月16	丑乙	6月16	未乙	5月18	寅丙	4月18	申丙	3月19	寅丙	2月18	酉丁	七初
7月17	寅丙	6月17	申丙	5月19	卯丁	4月19	酉丁	3月20	卯丁	2月19	戌戊	八初
7月18	卯丁	6月18	酉丁	5月20	辰戊	4月20	戌戊	3月21	辰戊	2月20	亥己	九初
7月19	辰戊	6月19	戌戊	5月21	巳己	4月21	亥己	3月22	巳己	2月21	子庚	十初
7月20	巳己	6月20	亥己	5月22	午庚	4月22	子庚	3月23	午庚	2月22	丑辛	一十
7月21	午庚	6月21	子庚	5月23	未辛	4月23	丑辛	3月24	未辛	2月23	寅壬	二十
7月22	未辛	6月22	丑辛	5月24	申壬	4月24	寅壬	3月25	申壬	2月24	卯癸	三十
7月23	申壬	6月23	寅壬	5月25	酉癸	4月25	卯癸	3月26	酉癸	2月25	辰甲	四十
7月24	酉癸	6月24	卯癸	5月26	戌甲	4月26	辰甲	3月27	戌甲	2月26	巳乙	五十
7月25	戌甲	6月25	辰甲	5月27	亥乙	4月27	巳乙	3月28	亥乙	2月27	午丙	六十
7月26	亥乙	6月26	巳乙	5月28	子丙	4月28	午丙	3月29	子丙	2月28	未丁	七十
7月27	子丙	6月27	午丙	5月29	丑丁	4月29	未丁	3月30	丑丁	3月 1	申戊	八十
7月28	丑丁	6月28	未丁	5月30	寅戊	4月30	申戊	3月31	寅戊	3月 2	酉己	九十
7月29	寅戊	6月29	申戊	5月31	卯己	5月 1	酉己	4月 1	卯己	3月 3	戌庚	十二
7月30	卯己	6月30	酉己	6月 1	辰庚	5月 2	戌庚	4月 2	辰庚	3月 4	亥辛	一廿
7月31	辰庚	7月 1	戌庚	6月 2	巳辛	5月 3	亥辛	4月 3	巳辛	3月 5	子壬	二廿
8月 1	巳辛	7月 2	亥辛	6月 3	午壬	5月 4	子壬	4月 4	午壬	3月 6	丑癸	三廿
8月 2	午壬	7月 3	子壬	6月 4	未癸	5月 5	丑癸	4月 5	未癸	3月 7	寅甲	四廿
8月 3	未癸	7月 4	丑癸	6月 5	申甲	5月 6	寅甲	4月 6	申甲	3月 8	卯乙	五廿
8月 4	申甲	7月 5	寅甲	6月 6	酉乙	5月 7	卯乙	4月 7	酉乙	3月 9	辰丙	六廿
8月 5	酉乙	7月 6	卯乙	6月 7	戌丙	5月 8	辰丙	4月 8	戌丙	3月10	巳丁	七廿
8月 6	戌丙	7月 7	辰丙	6月 8	亥丁	5月 9	巳丁	4月 9	亥丁	3月11	午戊	八廿
8月 7	亥丁	7月 8	巳丁	6月 9	子戊	5月10	午戊	4月10	子戊	3月12	未己	九廿
		7月 9	午戊			5月11	未己	4月11	丑己			十三

西元2021年

月別	月二十曆農		月一十曆農		月十曆農		月九曆農		月八曆農		月七曆農	
干支	丑	辛	子	庚	亥	己	戌	戊	酉	丁	申	丙
節	寒大	寒小	至冬	雪大	雪小	冬立	降霜	露寒	分秋	露白	暑處	
氣	10時54分 十八巳時	17時46分 初三酉時	0時44分 十九子時	7時0分 初四辰時	11時46分 十八午時	14時21分 初三未時	14時15分 十八未時	11時4分 初三午時	4時37分 十七寅時	19時1分 初一戌時	6時32分 十六卯時	
農曆	曆國	支干	曆國	支干	曆國	支干	曆國	支干	曆國	支干	曆國	支干
初一	1月 3	辰丙	12月 4	戌丙	11月 5	巳丁	10月 6	亥丁	9月 7	午戊	8月 8	子戊
初二	1月 4	巳丁	12月 5	亥丁	11月 6	午戊	10月 7	子戊	9月 8	未己	8月 9	丑己
初三	1月 5	午戊	12月 6	子戊	11月 7	未己	10月 8	丑己	9月 9	申庚	8月10	寅庚
初四	1月 6	未己	12月 7	丑己	11月 8	申庚	10月 9	寅庚	9月10	酉辛	8月11	卯辛
初五	1月 7	申庚	12月 8	寅庚	11月 9	酉辛	10月10	卯辛	9月11	戌壬	8月12	辰壬
初六	1月 8	酉辛	12月 9	卯辛	11月10	戌壬	10月11	辰壬	9月12	亥癸	8月13	巳癸
初七	1月 9	戌壬	12月10	辰壬	11月11	亥癸	10月12	巳癸	9月13	子甲	8月14	午甲
初八	1月10	亥癸	12月11	巳癸	11月12	子甲	10月13	午甲	9月14	丑乙	8月15	未乙
初九	1月11	子甲	12月12	午甲	11月13	丑乙	10月14	未乙	9月15	寅丙	8月16	申丙
初十	1月12	丑乙	12月13	未乙	11月14	寅丙	10月15	申丙	9月16	卯丁	8月17	酉丁
十一	1月13	寅丙	12月14	申丙	11月15	卯丁	10月16	酉丁	9月17	辰戊	8月18	戌戊
十二	1月14	卯丁	12月15	酉丁	11月16	辰戊	10月17	戌戊	9月18	巳己	8月19	亥己
十三	1月15	辰戊	12月16	戌戊	11月17	巳己	10月18	亥己	9月19	午庚	8月20	子庚
十四	1月16	巳己	12月17	亥己	11月18	午庚	10月19	子庚	9月20	未辛	8月21	丑辛
十五	1月17	午庚	12月18	子庚	11月19	未辛	10月20	丑辛	9月21	申壬	8月22	寅壬
十六	1月18	未辛	12月19	丑辛	11月20	申壬	10月21	寅壬	9月22	酉癸	8月23	卯癸
十七	1月19	申壬	12月20	寅壬	11月21	酉癸	10月22	卯癸	9月23	戌甲	8月24	辰甲
十八	1月20	酉癸	12月21	卯癸	11月22	戌甲	10月23	辰甲	9月24	亥乙	8月25	巳乙
十九	1月21	戌甲	12月22	辰甲	11月23	亥乙	10月24	巳乙	9月25	子丙	8月26	午丙
二十	1月22	亥乙	12月23	巳乙	11月24	子丙	10月25	午丙	9月26	丑丁	8月27	未丁
廿一	1月23	子丙	12月24	午丙	11月25	丑丁	10月26	未丁	9月27	寅戊	8月28	申戊
廿二	1月24	丑丁	12月25	未丁	11月26	寅戊	10月27	申戊	9月28	卯己	8月29	酉己
廿三	1月25	寅戊	12月26	申戊	11月27	卯己	10月28	酉己	9月29	辰庚	8月30	戌庚
廿四	1月26	卯己	12月27	酉己	11月28	辰庚	10月29	戌庚	9月30	巳辛	8月31	亥辛
廿五	1月27	辰庚	12月28	戌庚	11月29	巳辛	10月30	亥辛	10月 1	午壬	9月 1	子壬
廿六	1月28	巳辛	12月29	亥辛	11月30	午壬	10月31	子壬	10月 2	未癸	9月 2	丑癸
廿七	1月29	午壬	12月30	子壬	12月 1	未癸	11月 1	丑癸	10月 3	申甲	9月 3	寅甲
廿八	1月30	未癸	12月31	丑癸	12月 2	申甲	11月 2	寅甲	10月 4	酉乙	9月 4	卯乙
廿九	1月31	申甲	1月 1	寅甲	12月 3	酉乙	11月 3	卯乙	10月 5	戌丙	9月 5	辰丙
三十			1月 2	卯乙			11月 4	辰丙			9月 6	巳丁

中華民國一一一年 歲次 壬寅《虎》

西元二〇二二年 太歲 姓賀名諤

月六曆農		月五曆農		月四曆農		月三曆農		月二曆農		月正曆農		別月
未	丁	午	丙	巳	乙	辰	甲	卯	癸	寅	壬	支干
暑大	暑小	至夏	種芒	滿小	夏立	雨穀	明清	分春	蟄驚	水雨	春立	節
4時52分 廿五寅時	11時22分 初九午時	17時46分 廿三酉時	0時58分 初八子時	9時44分 廿一巳時	20時45分 初五戌時	10時33分 二十巳時	3時22分 初五寅時	23時32分 十八夜子	22時42分 初三亥時	0時42分 十九子時	4時58分 初四寅時	氣
曆國	支干	曆國	支干	曆國	支干	曆國	支干	曆國	支干	曆國	支干	曆農
6月29	丑癸	5月30	未癸	5月 1	寅甲	4月 1	申甲	3月 3	卯乙	2月 1	酉乙	一初
6月30	寅甲	5月31	申甲	5月 2	卯乙	4月 2	酉乙	3月 4	辰丙	2月 2	戌丙	二初
7月 1	卯乙	6月 1	酉乙	5月 3	辰丙	4月 3	戌丙	3月 5	巳丁	2月 3	亥丁	三初
7月 2	辰丙	6月 2	戌丙	5月 4	巳丁	4月 4	亥丁	3月 6	午戊	2月 4	子戊	四初
7月 3	巳丁	6月 3	亥丁	5月 5	午戊	4月 5	子戊	3月 7	未己	2月 5	丑己	五初
7月 4	午戊	6月 4	子戊	5月 6	未己	4月 6	丑己	3月 8	申庚	2月 6	寅庚	六初
7月 5	未己	6月 5	丑己	5月 7	申庚	4月 7	寅庚	3月 9	酉辛	2月 7	卯辛	七初
7月 6	申庚	6月 6	寅庚	5月 8	酉辛	4月 8	卯辛	3月10	戌壬	2月 8	辰壬	八初
7月 7	酉辛	6月 7	卯辛	5月 9	戌壬	4月 9	辰壬	3月11	亥癸	2月 9	巳癸	九初
7月 8	戌壬	6月 8	辰壬	5月10	亥癸	4月10	巳癸	3月12	子甲	2月10	午甲	十初
7月 9	亥癸	6月 9	巳癸	5月11	子甲	4月11	午甲	3月13	丑乙	2月11	未乙	一十
7月10	子甲	6月10	午甲	5月12	丑乙	4月12	未乙	3月14	寅丙	2月12	申丙	二十
7月11	丑乙	6月11	未乙	5月13	寅丙	4月13	申丙	3月15	卯丁	2月13	酉丁	三十
7月12	寅丙	6月12	申丙	5月14	卯丁	4月14	酉丁	3月16	辰戊	2月14	戌戊	四十
7月13	卯丁	6月13	酉丁	5月15	辰戊	4月15	戌戊	3月17	巳己	2月15	亥己	五十
7月14	辰戊	6月14	戌戊	5月16	巳己	4月16	亥己	3月18	午庚	2月16	子庚	六十
7月15	巳己	6月15	亥己	5月17	午庚	4月17	子庚	3月19	未辛	2月17	丑辛	七十
7月16	午庚	6月16	子庚	5月18	未辛	4月18	丑辛	3月20	申壬	2月18	寅壬	八十
7月17	未辛	6月17	丑辛	5月19	申壬	4月19	寅壬	3月21	酉癸	2月19	卯癸	九十
7月18	申壬	6月18	寅壬	5月20	酉癸	4月20	卯癸	3月22	戌甲	2月20	辰甲	十二
7月19	酉癸	6月19	卯癸	5月21	戌甲	4月21	辰甲	3月23	亥乙	2月21	巳乙	一廿
7月20	戌甲	6月20	辰甲	5月22	亥乙	4月22	巳乙	3月24	子丙	2月22	午丙	二廿
7月21	亥乙	6月21	巳乙	5月23	子丙	4月23	午丙	3月25	丑丁	2月23	未丁	三廿
7月22	子丙	6月22	午丙	5月24	丑丁	4月24	未丁	3月26	寅戊	2月24	申戊	四廿
7月23	丑丁	6月23	未丁	5月25	寅戊	4月25	申戊	3月27	卯己	2月25	酉己	五廿
7月24	寅戊	6月24	申戊	5月26	卯己	4月26	酉己	3月28	辰庚	2月26	戌庚	六廿
7月25	卯己	6月25	酉己	5月27	辰庚	4月27	戌庚	3月29	巳辛	2月27	亥辛	七廿
7月26	辰庚	6月26	戌庚	5月28	巳辛	4月28	亥辛	3月30	午壬	2月28	子壬	八廿
7月27	巳辛	6月27	亥辛	5月29	午壬	4月29	子壬	3月31	未癸	3月 1	丑癸	九廿
7月28	午壬	6月28	子壬			4月30	丑癸			3月 2	寅甲	十三

西元2022年

月別	月二十曆農		月一十曆農		月十曆農		月九曆農		月八曆農		月七曆農	
干支	丑	癸	子	壬	亥	辛	戌	庚	酉	己	申	戊
節	寒大	寒小	至冬	雪大	雪小	冬立	降霜	露寒	分秋	露白	暑處	秋立
氣	廿九申時16時43分	十四夜子23時35分	廿九卯時6時33分	十四午時12時49分	廿九酉時17時35分	十四戌時20時11分	廿八戌時20時4分	十三申時16時53分	廿八巳時10時27分	十三子時0時50分	廿六午時12時20分	初十亥時19時28分
農曆	曆國	支干	曆國	支干	曆國	支干	曆國	支干	曆國	支干	曆國	支干
初一	12月23	戌庚	11月24	巳辛	10月25	亥辛	9月26	午壬	8月27	子壬	7月29	未癸
初二	12月24	亥辛	11月25	午壬	10月26	子壬	9月27	未癸	8月28	丑癸	7月30	申甲
初三	12月25	子壬	11月26	未癸	10月27	丑癸	9月28	申甲	8月29	寅甲	7月31	酉乙
初四	12月26	丑癸	11月27	申甲	10月28	寅甲	9月29	酉乙	8月30	卯乙	8月 1	戌丙
初五	12月27	寅甲	11月28	酉乙	10月29	卯乙	9月30	戌丙	8月31	辰丙	8月 2	亥丁
初六	12月28	卯乙	11月29	戌丙	10月30	辰丙	10月 1	亥丁	9月 1	巳丁	8月 3	子戊
初七	12月29	辰丙	11月30	亥丁	10月31	巳丁	10月 2	子戊	9月 2	午戊	8月 4	丑己
初八	12月30	巳丁	12月 1	子戊	11月 1	午戊	10月 3	丑己	9月 3	未己	8月 5	寅庚
初九	12月31	午戊	12月 2	丑己	11月 2	未己	10月 4	寅庚	9月 4	申庚	8月 6	卯辛
初十	1月 1	未己	12月 3	寅庚	11月 3	申庚	10月 5	卯辛	9月 5	酉辛	8月 7	辰壬
十一	1月 2	申庚	12月 4	卯辛	11月 4	酉辛	10月 6	辰壬	9月 6	戌壬	8月 8	巳癸
十二	1月 3	酉辛	12月 5	辰壬	11月 5	戌壬	10月 7	巳癸	9月 7	亥癸	8月 9	午甲
十三	1月 4	戌壬	12月 6	巳癸	11月 6	亥癸	10月 8	午甲	9月 8	子甲	8月10	未乙
十四	1月 5	亥癸	12月 7	午甲	11月 7	子甲	10月 9	未乙	9月 9	丑乙	8月11	申丙
十五	1月 6	子甲	12月 8	未乙	11月 8	丑乙	10月10	申丙	9月10	寅丙	8月12	酉丁
十六	1月 7	丑乙	12月 9	申丙	11月 9	寅丙	10月11	酉丁	9月11	卯丁	8月13	戌戊
十七	1月 8	寅丙	12月10	酉丁	11月10	卯丁	10月12	戌戊	9月12	辰戊	8月14	亥己
十八	1月 9	卯丁	12月11	戌戊	11月11	辰戊	10月13	亥己	9月13	巳己	8月15	子庚
十九	1月10	辰戊	12月12	亥己	11月12	巳己	10月14	子庚	9月14	午庚	8月16	丑辛
二十	1月11	巳己	12月13	子庚	11月13	午庚	10月15	丑辛	9月15	未辛	8月17	寅壬
廿一	1月12	午庚	12月14	丑辛	11月14	未辛	10月16	寅壬	9月16	申壬	8月18	卯癸
廿二	1月13	未辛	12月15	寅壬	11月15	申壬	10月17	卯癸	9月17	酉癸	8月19	辰甲
廿三	1月14	申壬	12月16	卯癸	11月16	酉癸	10月18	辰甲	9月18	戌甲	8月20	巳乙
廿四	1月15	酉癸	12月17	辰甲	11月17	戌甲	10月19	巳乙	9月19	亥乙	8月21	午丙
廿五	1月16	戌甲	12月18	巳乙	11月18	亥乙	10月20	午丙	9月20	子丙	8月22	未丁
廿六	1月17	亥乙	12月19	午丙	11月19	子丙	10月21	未丁	9月21	丑丁	8月23	申戊
廿七	1月18	子丙	12月20	未丁	11月20	丑丁	10月22	申戊	9月22	寅戊	8月24	酉己
廿八	1月19	丑丁	12月21	申戊	11月21	寅戊	10月23	酉己	9月23	卯己	8月25	戌庚
廿九	1月20	寅戊	12月22	酉己	11月22	卯己	10月24	戌庚	9月24	辰庚	8月26	亥辛
三十	1月21	卯己			11月23	辰庚			9月25	巳辛		

中華民國一一二年 歲次 癸卯《兔》

西元二〇二三年 太歲 姓皮名時

月六曆農		月五曆農		月四曆農		月三曆農		月二閏曆農		月二曆農		月正曆農		別月
未	己	午	戊	巳	丁	辰	丙			卯	乙	寅	甲	支干
秋立	暑大	暑小	至夏	種芒	滿小	夏立	雨穀	明清		分春	蟄驚	水雨	春立	節
3時16分 廿二寅時	10時40分 初六巳時	18時10分 二十酉時	23時35分 初四夜子	6時46分 十八卯時	15時32分 初二申時	2時33分 十七丑時	16時21分 初一申時	9時14分 十五巳時		5時20分 三十卯時	4時31分 十五寅時	6時30分 廿九卯時	10時47分 十四巳時	氣
曆國	支干	曆國	支干	曆國	支干	曆國	支干	曆國	支干	曆國	支干	曆國	支干	曆農
7月18	丑丁	6月18	未丁	5月20	寅戊	4月20	申戊	3月22	卯己	2月20	酉己	1月22	辰庚	一初
7月19	寅戊	6月19	申戊	5月21	卯己	4月21	酉己	3月23	辰庚	2月21	戌庚	1月23	巳辛	二初
7月20	卯己	6月20	酉己	5月22	辰庚	4月22	戌庚	3月24	巳辛	2月22	亥辛	1月24	午壬	三初
7月21	辰庚	6月21	戌庚	5月23	巳辛	4月23	亥辛	3月25	午壬	2月23	子壬	1月25	未癸	四初
7月22	巳辛	6月22	亥辛	5月24	午壬	4月24	子壬	3月26	未癸	2月24	丑癸	1月26	申甲	五初
7月23	午壬	6月23	子壬	5月25	未癸	4月25	丑癸	3月27	申甲	2月25	寅甲	1月27	酉乙	六初
7月24	未癸	6月24	丑癸	5月26	申甲	4月26	寅甲	3月28	酉乙	2月26	卯乙	1月28	戌丙	七初
7月25	申甲	6月25	寅甲	5月27	酉乙	4月27	卯乙	3月29	戌丙	2月27	辰丙	1月29	亥丁	八初
7月26	酉乙	6月26	卯乙	5月28	戌丙	4月28	辰丙	3月30	亥丁	2月28	巳丁	1月30	子戊	九初
7月27	戌丙	6月27	辰丙	5月29	亥丁	4月29	巳丁	3月31	子戊	3月 1	午戊	1月31	丑己	十初
7月28	亥丁	6月28	巳丁	5月30	子戊	4月30	午戊	4月 1	丑己	3月 2	未己	2月 1	寅庚	一十
7月29	子戊	6月29	午戊	5月31	丑己	5月 1	未己	4月 2	寅庚	3月 3	申庚	2月 2	卯辛	二十
7月30	丑己	6月30	未己	6月 1	寅庚	5月 2	申庚	4月 3	卯辛	3月 4	酉辛	2月 3	辰壬	三十
7月31	寅庚	7月 1	申庚	6月 2	卯辛	5月 3	酉辛	4月 4	辰壬	3月 5	戌壬	2月 4	巳癸	四十
8月 1	卯辛	7月 2	酉辛	6月 3	辰壬	5月 4	戌壬	4月 5	巳癸	3月 6	亥癸	2月 5	午甲	五十
8月 2	辰壬	7月 3	戌壬	6月 4	巳癸	5月 5	亥癸	4月 6	午甲	3月 7	子甲	2月 6	未乙	六十
8月 3	巳癸	7月 4	亥癸	6月 5	午甲	5月 6	子甲	4月 7	未乙	3月 8	丑乙	2月 7	申丙	七十
8月 4	午甲	7月 5	子甲	6月 6	未乙	5月 7	丑乙	4月 8	申丙	3月 9	寅丙	2月 8	酉丁	八十
8月 5	未乙	7月 6	丑乙	6月 7	申丙	5月 8	寅丙	4月 9	酉丁	3月10	卯丁	2月 9	戌戊	九十
8月 6	申丙	7月 7	寅丙	6月 8	酉丁	5月 9	卯丁	4月10	戌戊	3月11	辰戊	2月10	亥己	十二
8月 7	酉丁	7月 8	卯丁	6月 9	戌戊	5月10	辰戊	4月11	亥己	3月12	巳己	2月11	子庚	一廿
8月 8	戌戊	7月 9	辰戊	6月10	亥己	5月11	巳己	4月12	子庚	3月13	午庚	2月12	丑辛	二廿
8月 9	亥己	7月10	巳己	6月11	子庚	5月12	午庚	4月13	丑辛	3月14	未辛	2月13	寅壬	三廿
8月10	子庚	7月11	午庚	6月12	丑辛	5月13	未辛	4月14	寅壬	3月15	申壬	2月14	卯癸	四廿
8月11	丑辛	7月12	未辛	6月13	寅壬	5月14	申壬	4月15	卯癸	3月16	酉癸	2月15	辰甲	五廿
8月12	寅壬	7月13	申壬	6月14	卯癸	5月15	酉癸	4月16	辰甲	3月17	戌甲	2月16	巳乙	六廿
8月13	卯癸	7月14	酉癸	6月15	辰甲	5月16	戌甲	4月17	巳乙	3月18	亥乙	2月17	午丙	七廿
8月14	辰甲	7月15	戌甲	6月16	巳乙	5月17	亥乙	4月18	午丙	3月19	子丙	2月18	未丁	八廿
8月15	巳乙	7月16	亥乙	6月17	午丙	5月18	子丙	4月19	未丁	3月20	丑丁	2月19	申戊	九廿
		7月17	子丙			5月19	丑丁			3月21	寅戊			十三

西元2023年

月別	月二十曆農		月一十曆農		月十曆農		月九曆農		月八曆農		月七曆農	
干支	丑	乙	子	甲	亥	癸	戌	壬	酉	辛	申	庚
節	春立	寒大	寒小	至冬	雪大	雪小	冬立	降霜	露寒	分秋	露白	暑處
氣	16時37分 廿五申時	22時33分 初十亥時	5時25分 廿五卯時	12時23分 初十午時	18時38分 廿五酉時	23時24分 初十夜子	2時0分 廿五丑時	1時53分 初十丑時	23時41分 廿四亥時	16時15分 初九申時	6時38分 廿四卯時	2時23分 初八丑時
農曆	曆國	支干	曆國	支干	曆國	支干	曆國	支干	曆國	支干	曆國	支干
初一	1月11	戌甲	12月13	巳乙	11月13	亥乙	10月15	午丙	9月15	子丙	8月16	午丙
初二	1月12	亥乙	12月14	午丙	11月14	子丙	10月16	未丁	9月16	丑丁	8月17	未丁
初三	1月13	子丙	12月15	未丁	11月15	丑丁	10月17	申戊	9月17	寅戊	8月18	申戊
初四	1月14	丑丁	12月16	申戊	11月16	寅戊	10月18	酉己	9月18	卯己	8月19	酉己
初五	1月15	寅戊	12月17	酉己	11月17	卯己	10月19	戌庚	9月19	辰庚	8月20	戌庚
初六	1月16	卯己	12月18	戌庚	11月18	辰庚	10月20	亥辛	9月20	巳辛	8月21	亥辛
初七	1月17	辰庚	12月19	亥辛	11月19	巳辛	10月21	子壬	9月21	午壬	8月22	子壬
初八	1月18	巳辛	12月20	子壬	11月20	午壬	10月22	丑癸	9月22	未癸	8月23	丑癸
初九	1月19	午壬	12月21	丑癸	11月21	未癸	10月23	寅甲	9月23	申甲	8月24	寅甲
初十	1月20	未癸	12月22	寅甲	11月22	申甲	10月24	卯乙	9月24	酉乙	8月25	卯乙
十一	1月21	申甲	12月23	卯乙	11月23	酉乙	10月25	辰丙	9月25	戌丙	8月26	辰丙
十二	1月22	酉乙	12月24	辰丙	11月24	戌丙	10月26	巳丁	9月26	亥丁	8月27	巳丁
十三	1月23	戌丙	12月25	巳丁	11月25	亥丁	10月27	午戊	9月27	子戊	8月28	午戊
十四	1月24	亥丁	12月26	午戊	11月26	子戊	10月28	未己	9月28	丑己	8月29	未己
十五	1月25	子戊	12月27	未己	11月27	丑己	10月29	申庚	9月29	寅庚	8月30	申庚
十六	1月26	丑己	12月28	申庚	11月28	寅庚	10月30	酉辛	9月30	卯辛	8月31	酉辛
十七	1月27	寅庚	12月29	酉辛	11月29	卯辛	10月31	戌壬	10月1	辰壬	9月1	戌壬
十八	1月28	卯辛	12月30	戌壬	11月30	辰壬	11月1	亥癸	10月2	巳癸	9月2	亥癸
十九	1月29	辰壬	12月31	亥癸	12月1	巳癸	11月2	子甲	10月3	午甲	9月3	子甲
二十	1月30	巳癸	1月1	子甲	12月2	午甲	11月3	丑乙	10月4	未乙	9月4	丑乙
廿一	1月31	午甲	1月2	丑乙	12月3	未乙	11月4	寅丙	10月5	申丙	9月5	寅丙
廿二	2月1	未乙	1月3	寅丙	12月4	申丙	11月5	卯丁	10月6	酉丁	9月6	卯丁
廿三	2月2	申丙	1月4	卯丁	12月5	酉丁	11月6	辰戊	10月7	戌戊	9月7	辰戊
廿四	2月3	酉丁	1月5	辰戊	12月6	戌戊	11月7	巳己	10月8	亥己	9月8	巳己
廿五	2月4	戌戊	1月6	巳己	12月7	亥己	11月8	午庚	10月9	子庚	9月9	午庚
廿六	2月5	亥己	1月7	午庚	12月8	子庚	11月9	未辛	10月10	丑辛	9月10	未辛
廿七	2月6	子庚	1月8	未辛	12月9	丑辛	11月10	申壬	10月11	寅壬	9月11	申壬
廿八	2月7	丑辛	1月9	申壬	12月10	寅壬	11月11	酉癸	10月12	卯癸	9月12	酉癸
廿九	2月8	寅壬	1月10	酉癸	12月11	卯癸	11月12	戌甲	10月13	辰甲	9月13	戌甲
三十	2月9	卯癸			12月12	辰甲			10月14	巳乙	9月14	亥乙

西元2024年

中華民國一一三年 歲次 甲辰《龍》

西元二〇二四年 太歲 姓李名成

<table>
<tr><td colspan="2">月六曆農</td><td colspan="2">月五曆農</td><td colspan="2">月四曆農</td><td colspan="2">月三曆農</td><td colspan="2">月二曆農</td><td colspan="2">月正曆農</td><td>別月</td></tr>
<tr><td colspan="2">未 辛</td><td colspan="2">午 庚</td><td colspan="2">巳 己</td><td colspan="2">辰 戊</td><td colspan="2">卯 丁</td><td colspan="2">寅 丙</td><td>支干</td></tr>
<tr><td>暑大</td><td>暑小</td><td colspan="2">至夏</td><td>種芒</td><td>滿小</td><td>夏立</td><td>雨穀</td><td>明清</td><td>分春</td><td>蟄驚</td><td>水雨</td><td rowspan="2">節
氣</td></tr>
<tr><td>十七申時
16時29分</td><td>初一亥時
22時58分</td><td colspan="2">十六卯時
5時22分</td><td>廿九午時
12時34分</td><td>十三亥時
21時20分</td><td>廿七辰時
8時22分</td><td>十一亥時
22時10分</td><td>廿六申時
15時3分</td><td>十一午時
11時10分</td><td>廿五巳時
10時21分</td><td>初十午時
12時20分</td></tr>
<tr><td>曆國</td><td>支干</td><td>曆國</td><td>支干</td><td>曆國</td><td>支干</td><td>曆國</td><td>支干</td><td>曆國</td><td>支干</td><td>曆國</td><td>支干</td><td>曆農</td></tr>
<tr><td>7月 6</td><td>未辛</td><td>6月 6</td><td>丑辛</td><td>5月 8</td><td>申壬</td><td>4月 9</td><td>卯癸</td><td>3月10</td><td>酉癸</td><td>2月10</td><td>辰甲</td><td>一初</td></tr>
<tr><td>7月 7</td><td>申壬</td><td>6月 7</td><td>寅壬</td><td>5月 9</td><td>酉癸</td><td>4月10</td><td>辰甲</td><td>3月11</td><td>戌甲</td><td>2月11</td><td>巳乙</td><td>二初</td></tr>
<tr><td>7月 8</td><td>酉癸</td><td>6月 8</td><td>卯癸</td><td>5月10</td><td>戌甲</td><td>4月11</td><td>巳乙</td><td>3月12</td><td>亥乙</td><td>2月12</td><td>午丙</td><td>三初</td></tr>
<tr><td>7月 9</td><td>戌甲</td><td>6月 9</td><td>辰甲</td><td>5月11</td><td>亥乙</td><td>4月12</td><td>午丙</td><td>3月13</td><td>子丙</td><td>2月13</td><td>未丁</td><td>四初</td></tr>
<tr><td>7月10</td><td>亥乙</td><td>6月10</td><td>巳乙</td><td>5月12</td><td>子丙</td><td>4月13</td><td>未丁</td><td>3月14</td><td>丑丁</td><td>2月14</td><td>申戊</td><td>五初</td></tr>
<tr><td>7月11</td><td>子丙</td><td>6月11</td><td>午丙</td><td>5月13</td><td>丑丁</td><td>4月14</td><td>申戊</td><td>3月15</td><td>寅戊</td><td>2月15</td><td>酉己</td><td>六初</td></tr>
<tr><td>7月12</td><td>丑丁</td><td>6月12</td><td>未丁</td><td>5月14</td><td>寅戊</td><td>4月15</td><td>酉己</td><td>3月16</td><td>卯己</td><td>2月16</td><td>戌庚</td><td>七初</td></tr>
<tr><td>7月13</td><td>寅戊</td><td>6月13</td><td>申戊</td><td>5月15</td><td>卯己</td><td>4月16</td><td>戌庚</td><td>3月17</td><td>辰庚</td><td>2月17</td><td>亥辛</td><td>八初</td></tr>
<tr><td>7月14</td><td>卯己</td><td>6月14</td><td>酉己</td><td>5月16</td><td>辰庚</td><td>4月17</td><td>亥辛</td><td>3月18</td><td>巳辛</td><td>2月18</td><td>子壬</td><td>九初</td></tr>
<tr><td>7月15</td><td>辰庚</td><td>6月15</td><td>戌庚</td><td>5月17</td><td>巳辛</td><td>4月18</td><td>子壬</td><td>3月19</td><td>午壬</td><td>2月19</td><td>丑癸</td><td>十初</td></tr>
<tr><td>7月16</td><td>巳辛</td><td>6月16</td><td>亥辛</td><td>5月18</td><td>午壬</td><td>4月19</td><td>丑癸</td><td>3月20</td><td>未癸</td><td>2月20</td><td>寅甲</td><td>一十</td></tr>
<tr><td>7月17</td><td>午壬</td><td>6月17</td><td>子壬</td><td>5月19</td><td>未癸</td><td>4月20</td><td>寅甲</td><td>3月21</td><td>申甲</td><td>2月21</td><td>卯乙</td><td>二十</td></tr>
<tr><td>7月18</td><td>未癸</td><td>6月18</td><td>丑癸</td><td>5月20</td><td>申甲</td><td>4月21</td><td>卯乙</td><td>3月22</td><td>酉乙</td><td>2月22</td><td>辰丙</td><td>三十</td></tr>
<tr><td>7月19</td><td>申甲</td><td>6月19</td><td>寅甲</td><td>5月21</td><td>酉乙</td><td>4月22</td><td>辰丙</td><td>3月23</td><td>戌丙</td><td>2月23</td><td>巳丁</td><td>四十</td></tr>
<tr><td>7月20</td><td>酉乙</td><td>6月20</td><td>卯乙</td><td>5月22</td><td>戌丙</td><td>4月23</td><td>巳丁</td><td>3月24</td><td>亥丁</td><td>2月24</td><td>午戊</td><td>五十</td></tr>
<tr><td>7月21</td><td>戌丙</td><td>6月21</td><td>辰丙</td><td>5月23</td><td>亥丁</td><td>4月24</td><td>午戊</td><td>3月25</td><td>子戊</td><td>2月25</td><td>未己</td><td>六十</td></tr>
<tr><td>7月22</td><td>亥丁</td><td>6月22</td><td>巳丁</td><td>5月24</td><td>子戊</td><td>4月25</td><td>未己</td><td>3月26</td><td>丑己</td><td>2月26</td><td>申庚</td><td>七十</td></tr>
<tr><td>7月23</td><td>子戊</td><td>6月23</td><td>午戊</td><td>5月25</td><td>丑己</td><td>4月26</td><td>申庚</td><td>3月27</td><td>寅庚</td><td>2月27</td><td>酉辛</td><td>八十</td></tr>
<tr><td>7月24</td><td>丑己</td><td>6月24</td><td>未己</td><td>5月26</td><td>寅庚</td><td>4月27</td><td>酉辛</td><td>3月28</td><td>卯辛</td><td>2月28</td><td>戌壬</td><td>九十</td></tr>
<tr><td>7月25</td><td>寅庚</td><td>6月25</td><td>申庚</td><td>5月27</td><td>卯辛</td><td>4月28</td><td>戌壬</td><td>3月29</td><td>辰壬</td><td>2月29</td><td>亥癸</td><td>十二</td></tr>
<tr><td>7月26</td><td>卯辛</td><td>6月26</td><td>酉辛</td><td>5月28</td><td>辰壬</td><td>4月29</td><td>亥癸</td><td>3月30</td><td>巳癸</td><td>3月 1</td><td>子甲</td><td>一廿</td></tr>
<tr><td>7月27</td><td>辰壬</td><td>6月27</td><td>戌壬</td><td>5月29</td><td>巳癸</td><td>4月30</td><td>子甲</td><td>3月31</td><td>午甲</td><td>3月 2</td><td>丑乙</td><td>二廿</td></tr>
<tr><td>7月28</td><td>巳癸</td><td>6月28</td><td>亥癸</td><td>5月30</td><td>午甲</td><td>5月 1</td><td>丑乙</td><td>4月 1</td><td>未乙</td><td>3月 3</td><td>寅丙</td><td>三廿</td></tr>
<tr><td>7月29</td><td>午甲</td><td>6月29</td><td>子甲</td><td>5月31</td><td>未乙</td><td>5月 2</td><td>寅丙</td><td>4月 2</td><td>申丙</td><td>3月 4</td><td>卯丁</td><td>四廿</td></tr>
<tr><td>7月30</td><td>未乙</td><td>6月30</td><td>丑乙</td><td>6月 1</td><td>申丙</td><td>5月 3</td><td>卯丁</td><td>4月 3</td><td>酉丁</td><td>3月 5</td><td>辰戊</td><td>五廿</td></tr>
<tr><td>7月31</td><td>申丙</td><td>7月 1</td><td>寅丙</td><td>6月 2</td><td>酉丁</td><td>5月 4</td><td>辰戊</td><td>4月 4</td><td>戌戊</td><td>3月 6</td><td>巳己</td><td>六廿</td></tr>
<tr><td>8月 1</td><td>酉丁</td><td>7月 2</td><td>卯丁</td><td>6月 3</td><td>戌戊</td><td>5月 5</td><td>巳己</td><td>4月 5</td><td>亥己</td><td>3月 7</td><td>午庚</td><td>七廿</td></tr>
<tr><td>8月 2</td><td>戌戊</td><td>7月 3</td><td>辰戊</td><td>6月 4</td><td>亥己</td><td>5月 6</td><td>午庚</td><td>4月 6</td><td>子庚</td><td>3月 8</td><td>未辛</td><td>八廿</td></tr>
<tr><td>8月 3</td><td>亥己</td><td>7月 4</td><td>巳己</td><td>6月 5</td><td>子庚</td><td>5月 7</td><td>未辛</td><td>4月 7</td><td>丑辛</td><td>3月 9</td><td>申壬</td><td>九廿</td></tr>
<tr><td></td><td></td><td>7月 5</td><td>午庚</td><td></td><td></td><td></td><td></td><td>4月 8</td><td>寅壬</td><td></td><td></td><td>十三</td></tr>
</table>

西元2024年

月別	月二十曆農		月一十曆農		月十曆農		月九曆農		月八曆農		月七曆農	
干支	丑	丁	子	丙	亥	乙	戌	甲	酉	癸	申	壬
節	寒大	寒小	至冬	雪大	雪小	冬立	降霜	露寒	分秋	露白	暑處	秋立
氣	廿一寅時 4時23分	初六午時 11時15分	廿一酉時 18時13分	初七子時 0時29分	廿二卯時 5時14分	初七辰時 7時49分	廿一辰時 7時43分	初六寅時 4時31分	十二亥時 22時4分	初五午時 12時27分	十九夜子 23時57分	初四巳時 9時5分
農曆	曆國	支干	曆國	支干	曆國	支干	曆國	支干	曆國	支干	曆國	支干
初一	12月31	巳己	12月 1	亥己	11月 1	巳己	10月 3	子庚	9月 3	午庚	8月 4	子庚
初二	1月 1	午庚	12月 2	子庚	11月 2	午庚	10月 4	丑辛	9月 4	未辛	8月 5	丑辛
初三	1月 2	未辛	12月 3	丑辛	11月 3	未辛	10月 5	寅壬	9月 5	申壬	8月 6	寅壬
初四	1月 3	申壬	12月 4	寅壬	11月 4	申壬	10月 6	卯癸	9月 6	酉癸	8月 7	卯癸
初五	1月 4	酉癸	12月 5	卯癸	11月 5	酉癸	10月 7	辰甲	9月 7	戌甲	8月 8	辰甲
初六	1月 5	戌甲	12月 6	辰甲	11月 6	戌甲	10月 8	巳乙	9月 8	亥乙	8月 9	巳乙
初七	1月 6	亥乙	12月 7	巳乙	11月 7	亥乙	10月 9	午丙	9月 9	子丙	8月10	午丙
初八	1月 7	子丙	12月 8	午丙	11月 8	子丙	10月10	未丁	9月10	丑丁	8月11	未丁
初九	1月 8	丑丁	12月 9	未丁	11月 9	丑丁	10月11	申戊	9月11	寅戊	8月12	申戊
初十	1月 9	寅戊	12月10	申戊	11月10	寅戊	10月12	酉己	9月12	卯己	8月13	酉己
十一	1月10	卯己	12月11	酉己	11月11	卯己	10月13	戌庚	9月13	辰庚	8月14	戌庚
十二	1月11	辰庚	12月12	戌庚	11月12	辰庚	10月14	亥辛	9月14	巳辛	8月15	亥辛
十三	1月12	巳辛	12月13	亥辛	11月13	巳辛	10月15	子壬	9月15	午壬	8月16	子壬
十四	1月13	午壬	12月14	子壬	11月14	午壬	10月16	丑癸	9月16	未癸	8月17	丑癸
十五	1月14	未癸	12月15	丑癸	11月15	未癸	10月17	寅甲	9月17	申甲	8月18	寅甲
十六	1月15	申甲	12月16	寅甲	11月16	申甲	10月18	卯乙	9月18	酉乙	8月19	卯乙
十七	1月16	酉乙	12月17	卯乙	11月17	酉乙	10月19	辰丙	9月19	戌丙	8月20	辰丙
十八	1月17	戌丙	12月18	辰丙	11月18	戌丙	10月20	巳丁	9月20	亥丁	8月21	巳丁
十九	1月18	亥丁	12月19	巳丁	11月19	亥丁	10月21	午戊	9月21	子戊	8月22	午戊
二十	1月19	子戊	12月20	午戊	11月20	子戊	10月22	未己	9月22	丑己	8月23	未己
廿一	1月20	丑己	12月21	未己	11月21	丑己	10月23	申庚	9月23	寅庚	8月24	申庚
廿二	1月21	寅庚	12月22	申庚	11月22	寅庚	10月24	酉辛	9月24	卯辛	8月25	酉辛
廿三	1月22	卯辛	12月23	酉辛	11月23	卯辛	10月25	戌壬	9月25	辰壬	8月26	戌壬
廿四	1月23	辰壬	12月24	戌壬	11月24	辰壬	10月26	亥癸	9月26	巳癸	8月27	亥癸
廿五	1月24	巳癸	12月25	亥癸	11月25	巳癸	10月27	子甲	9月27	午甲	8月28	子甲
廿六	1月25	午甲	12月26	子甲	11月26	午甲	10月28	丑乙	9月28	未乙	8月29	丑乙
廿七	1月26	未乙	12月27	丑乙	11月27	未乙	10月29	寅丙	9月29	申丙	8月30	寅丙
廿八	1月27	申丙	12月28	寅丙	11月28	申丙	10月30	卯丁	9月30	酉丁	8月31	卯丁
廿九	1月28	酉丁	12月29	卯丁	11月29	酉丁	10月31	辰戊	10月 1	戌戊	9月 1	辰戊
三十			12月30	辰戊	11月30	戌戊			10月 2	亥己	9月 2	巳己

中華民國一一四年 歲次 乙巳《蛇》

西元二〇二五年 太歲 姓吳名遂

月別	農曆正月		農曆二月		農曆三月		農曆四月		農曆五月		農曆六月	
干支	戊寅		己卯		庚辰		辛巳		壬午		癸未	
節氣	立春	雨水	驚蟄	春分	清明	穀雨	立夏	小滿	芒種	夏至	小暑	大暑
	初六亥時 22時27分	廿一酉時 18時10分	初六申時 16時11分	廿一申時 16時59分	初七戌時 20時52分	廿三寅時 3時57分	初八未時 14時11分	廿四寅時 3時9分	初十酉時 18時22分	廿六午時 11時11分	十三寅時 4時46分	廿八亥時 22時17分
農曆	干支	國曆	干支	國曆	干支	國曆	干支	國曆	干支	國曆	干支	國曆
初一	戊戌	1月29	戊辰	2月28	丁酉	3月29	丁卯	4月28	丙申	5月27	乙丑	6月25
初二	己亥	1月30	己巳	3月 1	戊戌	3月30	戊辰	4月29	丁酉	5月28	丙寅	6月26
初三	庚子	1月31	庚午	3月 2	己亥	3月31	己巳	4月30	戊戌	5月29	丁卯	6月27
初四	辛丑	2月 1	辛未	3月 3	庚子	4月 1	庚午	5月 1	己亥	5月30	戊辰	6月28
初五	壬寅	2月 2	壬申	3月 4	辛丑	4月 2	辛未	5月 2	庚子	5月31	己巳	6月29
初六	癸卯	2月 3	癸酉	3月 5	壬寅	4月 3	壬申	5月 3	辛丑	6月 1	庚午	6月30
初七	甲辰	2月 4	甲戌	3月 6	癸卯	4月 4	癸酉	5月 4	壬寅	6月 2	辛未	7月 1
初八	乙巳	2月 5	乙亥	3月 7	甲辰	4月 5	甲戌	5月 5	癸卯	6月 3	壬申	7月 2
初九	丙午	2月 6	丙子	3月 8	乙巳	4月 6	乙亥	5月 6	甲辰	6月 4	癸酉	7月 3
初十	丁未	2月 7	丁丑	3月 9	丙午	4月 7	丙子	5月 7	乙巳	6月 5	甲戌	7月 4
十一	戊申	2月 8	戊寅	3月10	丁未	4月 8	丁丑	5月 8	丙午	6月 6	乙亥	7月 5
十二	己酉	2月 9	己卯	3月11	戊申	4月 9	戊寅	5月 9	丁未	6月 7	丙子	7月 6
十三	庚戌	2月10	庚辰	3月12	己酉	4月10	己卯	5月10	戊申	6月 8	丁丑	7月 7
十四	辛亥	2月11	辛巳	3月13	庚戌	4月11	庚辰	5月11	己酉	6月 9	戊寅	7月 8
十五	壬子	2月12	壬午	3月14	辛亥	4月12	辛巳	5月12	庚戌	6月10	己卯	7月 9
十六	癸丑	2月13	癸未	3月15	壬子	4月13	壬午	5月13	辛亥	6月11	庚辰	7月10
十七	甲寅	2月14	甲申	3月16	癸丑	4月14	癸未	5月14	壬子	6月12	辛巳	7月11
十八	乙卯	2月15	乙酉	3月17	甲寅	4月15	甲申	5月15	癸丑	6月13	壬午	7月12
十九	丙辰	2月16	丙戌	3月18	乙卯	4月16	乙酉	5月16	甲寅	6月14	癸未	7月13
二十	丁巳	2月17	丁亥	3月19	丙辰	4月17	丙戌	5月17	乙卯	6月15	甲申	7月14
廿一	戊午	2月18	戊子	3月20	丁巳	4月18	丁亥	5月18	丙辰	6月16	乙酉	7月15
廿二	己未	2月19	己丑	3月21	戊午	4月19	戊子	5月19	丁巳	6月17	丙戌	7月16
廿三	庚申	2月20	庚寅	3月22	己未	4月20	己丑	5月20	戊午	6月18	丁亥	7月17
廿四	辛酉	2月21	辛卯	3月23	庚申	4月21	庚寅	5月21	己未	6月19	戊子	7月18
廿五	壬戌	2月22	壬辰	3月24	辛酉	4月22	辛卯	5月22	庚申	6月20	己丑	7月19
廿六	癸亥	2月23	癸巳	3月25	壬戌	4月23	壬辰	5月23	辛酉	6月21	庚寅	7月20
廿七	甲子	2月24	甲午	3月26	癸亥	4月24	癸巳	5月24	壬戌	6月22	辛卯	7月21
廿八	乙丑	2月25	乙未	3月27	甲子	4月25	甲午	5月25	癸亥	6月23	壬辰	7月22
廿九	丙寅	2月26	丙申	3月28	乙丑	4月26	乙未	5月26	甲子	6月24	癸巳	7月23
三十	丁卯	2月27			丙寅	4月27					甲午	7月24

西元2025年

月別	月二十曆農		月一十曆農		月十曆農		月九曆農		月八曆農		月七曆農		月六閏曆農	
干支	丑	己	子	戊	亥	丁	戌	丙	酉	乙	申	甲		
節	春立	寒大	寒小	至冬	雪大	雪小	冬立	降霜	露寒	分秋	露白	暑處	秋立	
氣	十七寅時 4時16分	初二巳時 10時13分	十七酉時 17時5分	初三子時 0時3分	十八卯時 6時18分	初三午時 11時4分	十八未時 13時40分	初三未時 13時32分	十七巳時 10時19分	初二寅時 3時53分	十六酉時 18時15分	初一卯時 5時45分	十四未時 14時53分	
農曆	曆國	支干	曆國	支干	曆國	支干	曆國	支干	曆國	支干	曆國	支干	曆國	支干
初一	1月19	巳癸	12月20	亥癸	11月20	巳癸	10月21	亥癸	9月22	午甲	8月23	子甲	7月25	未乙
初二	1月20	午甲	12月21	子甲	11月21	午甲	10月22	子甲	9月23	未乙	8月24	丑乙	7月26	申丙
初三	1月21	未乙	12月22	丑乙	11月22	未乙	10月23	丑乙	9月24	申丙	8月25	寅丙	7月27	酉丁
初四	1月22	申丙	12月23	寅丙	11月23	申丙	10月24	寅丙	9月25	酉丁	8月26	卯丁	7月28	戌戊
初五	1月23	酉丁	12月24	卯丁	11月24	酉丁	10月25	卯丁	9月26	戌戊	8月27	辰戊	7月29	亥己
初六	1月24	戌戊	12月25	辰戊	11月25	戌戊	10月26	辰戊	9月27	亥己	8月28	巳己	7月30	子庚
初七	1月25	亥己	12月26	巳己	11月26	亥己	10月27	巳己	9月28	子庚	8月29	午庚	7月31	丑辛
初八	1月26	子庚	12月27	午庚	11月27	子庚	10月28	午庚	9月29	丑辛	8月30	未辛	8月 1	寅壬
初九	1月27	丑辛	12月28	未辛	11月28	丑辛	10月29	未辛	9月30	寅壬	8月31	申壬	8月 2	卯癸
初十	1月28	寅壬	12月29	申壬	11月29	寅壬	10月30	申壬	10月 1	卯癸	9月 1	酉癸	8月 3	辰甲
十一	1月29	卯癸	12月30	酉癸	11月30	卯癸	10月31	酉癸	10月 2	辰甲	9月 2	戌甲	8月 4	巳乙
十二	1月30	辰甲	12月31	戌甲	12月 1	辰甲	11月 1	戌甲	10月 3	巳乙	9月 3	亥乙	8月 5	午丙
十三	1月31	巳乙	1月 1	亥乙	12月 2	巳乙	11月 2	亥乙	10月 4	午丙	9月 4	子丙	8月 6	未丁
十四	2月 1	午丙	1月 2	子丙	12月 3	午丙	11月 3	子丙	10月 5	未丁	9月 5	丑丁	8月 7	申戊
十五	2月 2	未丁	1月 3	丑丁	12月 4	未丁	11月 4	丑丁	10月 6	申戊	9月 6	寅戊	8月 8	酉己
十六	2月 3	申戊	1月 4	寅戊	12月 5	申戊	11月 5	寅戊	10月 7	酉己	9月 7	卯己	8月 9	戌庚
十七	2月 4	酉己	1月 5	卯己	12月 6	酉己	11月 6	卯己	10月 8	戌庚	9月 8	辰庚	8月10	亥辛
十八	2月 5	戌庚	1月 6	辰庚	12月 7	戌庚	11月 7	辰庚	10月 9	亥辛	9月 9	巳辛	8月11	子壬
十九	2月 6	亥辛	1月 7	巳辛	12月 8	亥辛	11月 8	巳辛	10月10	子壬	9月10	午壬	8月12	丑癸
二十	2月 7	子壬	1月 8	午壬	12月 9	子壬	11月 9	午壬	10月11	丑癸	9月11	未癸	8月13	寅甲
廿一	2月 8	丑癸	1月 9	未癸	12月10	丑癸	11月10	未癸	10月12	寅甲	9月12	申甲	8月14	卯乙
廿二	2月 9	寅甲	1月10	申甲	12月11	寅甲	11月11	申甲	10月13	卯乙	9月13	酉乙	8月15	辰丙
廿三	2月10	卯乙	1月11	酉乙	12月12	卯乙	11月12	酉乙	10月14	辰丙	9月14	戌丙	8月16	巳丁
廿四	2月11	辰丙	1月12	戌丙	12月13	辰丙	11月13	戌丙	10月15	巳丁	9月15	亥丁	8月17	午戊
廿五	2月12	巳丁	1月13	亥丁	12月14	巳丁	11月14	亥丁	10月16	午戊	9月16	子戊	8月18	未己
廿六	2月13	午戊	1月14	子戊	12月15	午戊	11月15	子戊	10月17	未己	9月17	丑己	8月19	申庚
廿七	2月14	未己	1月15	丑己	12月16	未己	11月16	丑己	10月18	申庚	9月18	寅庚	8月20	酉辛
廿八	2月15	申庚	1月16	寅庚	12月17	申庚	11月17	寅庚	10月19	酉辛	9月19	卯辛	8月21	戌壬
廿九	2月16	酉辛	1月17	卯辛	12月18	酉辛	11月18	卯辛	10月20	戌壬	9月20	辰壬	8月22	亥癸
三十			1月18	辰壬	12月19	戌壬	11月19	辰壬			9月21	巳癸		

中華民國一一五年 歲次 丙午《馬》

西元二〇二六年 太歲 姓文名折

月六曆農		月五曆農		月四曆農		月三曆農		月二曆農		月正曆農		別月
未	乙	午	甲	巳	癸	辰	壬	卯	辛	寅	庚	支干
秋立	暑大	暑小	至夏	種芒	滿小	夏立	雨穀	明清	分春	蟄驚	水雨	節
20時41分 廿五戌時	4時5分 初十寅時	10時34分 廿三巳時	16時59分 初七申時	12時11分 廿一子時	8時57分 初五辰時	19時59分 十九戌時	9時48分 初四巳時	2時41分 十八丑時	22時48分 初二亥時	22時0分 十七亥時	23時59分 初二夜子	氣
曆國	支干	曆國	支干	曆國	支干	曆國	支干	曆國	支干	曆國	支干	曆農
7月14	丑己	6月15	申庚	5月17	卯辛	4月17	酉辛	3月19	辰壬	2月17	戌壬	一初
7月15	寅庚	6月16	酉辛	5月18	辰壬	4月18	戌壬	3月20	巳癸	2月18	亥癸	二初
7月16	卯辛	6月17	戌壬	5月19	巳癸	4月19	亥癸	3月21	午甲	2月19	子甲	三初
7月17	辰壬	6月18	亥癸	5月20	午甲	4月20	子甲	3月22	未乙	2月20	丑乙	四初
7月18	巳癸	6月19	子甲	5月21	未乙	4月21	丑乙	3月23	申丙	2月21	寅丙	五初
7月19	午甲	6月20	丑乙	5月22	申丙	4月22	寅丙	3月24	酉丁	2月22	卯丁	六初
7月20	未乙	6月21	寅丙	5月23	酉丁	4月23	卯丁	3月25	戌戊	2月23	辰戊	七初
7月21	申丙	6月22	卯丁	5月24	戌戊	4月24	辰戊	3月26	亥己	2月24	巳己	八初
7月22	酉丁	6月23	辰戊	5月25	亥己	4月25	巳己	3月27	子庚	2月25	午庚	九初
7月23	戌戊	6月24	巳己	5月26	子庚	4月26	午庚	3月28	丑辛	2月26	未辛	十初
7月24	亥己	6月25	午庚	5月27	丑辛	4月27	未辛	3月29	寅壬	2月27	申壬	一十
7月25	子庚	6月26	未辛	5月28	寅壬	4月28	申壬	3月30	卯癸	2月28	酉癸	二十
7月26	丑辛	6月27	申壬	5月29	卯癸	4月29	酉癸	3月31	辰甲	3月 1	戌甲	三十
7月27	寅壬	6月28	酉癸	5月30	辰甲	4月30	戌甲	4月 1	巳乙	3月 2	亥乙	四十
7月28	卯癸	6月29	戌甲	5月31	巳乙	5月 1	亥乙	4月 2	午丙	3月 3	子丙	五十
7月29	辰甲	6月30	亥乙	6月 1	午丙	5月 2	子丙	4月 3	未丁	3月 4	丑丁	六十
7月30	巳乙	7月 1	子丙	6月 2	未丁	5月 3	丑丁	4月 4	申戊	3月 5	寅戊	七十
7月31	午丙	7月 2	丑丁	6月 3	申戊	5月 4	寅戊	4月 5	酉己	3月 6	卯己	八十
8月 1	未丁	7月 3	寅戊	6月 4	酉己	5月 5	卯己	4月 6	戌庚	3月 7	辰庚	九十
8月 2	申戊	7月 4	卯己	6月 5	戌庚	5月 6	辰庚	4月 7	亥辛	3月 8	巳辛	十二
8月 3	酉己	7月 5	辰庚	6月 6	亥辛	5月 7	巳辛	4月 8	子壬	3月 9	午壬	一廿
8月 4	戌庚	7月 6	巳辛	6月 7	子壬	5月 8	午壬	4月 9	丑癸	3月10	未癸	二廿
8月 5	亥辛	7月 7	午壬	6月 8	丑癸	5月 9	未癸	4月10	寅甲	3月11	申甲	三廿
8月 6	子壬	7月 8	未癸	6月 9	寅甲	5月10	申甲	4月11	卯乙	3月12	酉乙	四廿
8月 7	丑癸	7月 9	申甲	6月10	卯乙	5月11	酉乙	4月12	辰丙	3月13	戌丙	五廿
8月 8	寅甲	7月10	酉乙	6月11	辰丙	5月12	戌丙	4月13	巳丁	3月14	亥丁	六廿
8月 9	卯乙	7月11	戌丙	6月12	巳丁	5月13	亥丁	4月14	午戊	3月15	子戊	七廿
8月10	辰丙	7月12	亥丁	6月13	午戊	5月14	子戊	4月15	未己	3月16	丑己	八廿
8月11	巳丁	7月13	子戊	6月14	未己	5月15	丑己	4月16	申庚	3月17	寅庚	九廿
8月12	午戊					5月16	寅庚			3月18	卯辛	十三

西元2026年

月別	月二十曆農		月一十曆農		月十曆農		月九曆農		月八曆農		月七曆農	
干支	丑	辛	子	庚	亥	己	戌	戊	酉	丁	申	丙
節	春立	寒大	寒小	至冬	雪大	雪小	冬立	降霜	露寒	分秋	露白	暑處
氣	10時6分 廿八巳時	16時2分 十三申時	22時55分 廿八亥時	5時52分 十四卯時	12時8分 廿九午時	16時53分 十四申時	19時29分 廿九戌時	19時21分 十四戌時	16時8分 廿八申時	9時42分 十三巳時	0時4分 廿七子時	11時34分 十一午時
農曆	曆國	支干	曆國	支干	曆國	支干	曆國	支干	曆國	支干	曆國	支干
初一	1月 8	亥丁	12月 9	巳丁	11月 9	亥丁	10月10	巳丁	9月11	子戊	8月13	未己
初二	1月 9	子戊	12月10	午戊	11月10	子戊	10月11	午戊	9月12	丑己	8月14	申庚
初三	1月10	丑己	12月11	未己	11月11	丑己	10月12	未己	9月13	寅庚	8月15	酉辛
初四	1月11	寅庚	12月12	申庚	11月12	寅庚	10月13	申庚	9月14	卯辛	8月16	戌壬
初五	1月12	卯辛	12月13	酉辛	11月13	卯辛	10月14	酉辛	9月15	辰壬	8月17	亥癸
初六	1月13	辰壬	12月14	戌壬	11月14	辰壬	10月15	戌壬	9月16	巳癸	8月18	子甲
初七	1月14	巳癸	12月15	亥癸	11月15	巳癸	10月16	亥癸	9月17	午甲	8月19	丑乙
初八	1月15	午甲	12月16	子甲	11月16	午甲	10月17	子甲	9月18	未乙	8月20	寅丙
初九	1月16	未乙	12月17	丑乙	11月17	未乙	10月18	丑乙	9月19	申丙	8月21	卯丁
初十	1月17	申丙	12月18	寅丙	11月18	申丙	10月19	寅丙	9月20	酉丁	8月22	辰戊
十一	1月18	酉丁	12月19	卯丁	11月19	酉丁	10月20	卯丁	9月21	戌戊	8月23	巳己
十二	1月19	戌戊	12月20	辰戊	11月20	戌戊	10月21	辰戊	9月22	亥己	8月24	午庚
十三	1月20	亥己	12月21	巳己	11月21	亥己	10月22	巳己	9月23	子庚	8月25	未辛
十四	1月21	子庚	12月22	午庚	11月22	子庚	10月23	午庚	9月24	丑辛	8月26	申壬
十五	1月22	丑辛	12月23	未辛	11月23	丑辛	10月24	未辛	9月25	寅壬	8月27	酉癸
十六	1月23	寅壬	12月24	申壬	11月24	寅壬	10月25	申壬	9月26	卯癸	8月28	戌甲
十七	1月24	卯癸	12月25	酉癸	11月25	卯癸	10月26	酉癸	9月27	辰甲	8月29	亥乙
十八	1月25	辰甲	12月26	戌甲	11月26	辰甲	10月27	戌甲	9月28	巳乙	8月30	子丙
十九	1月26	巳乙	12月27	亥乙	11月27	巳乙	10月28	亥乙	9月29	午丙	8月31	丑丁
二十	1月27	午丙	12月28	子丙	11月28	午丙	10月29	子丙	9月30	未丁	9月 1	寅戊
廿一	1月28	未丁	12月29	丑丁	11月29	未丁	10月30	丑丁	10月 1	申戊	9月 2	卯己
廿二	1月29	申戊	12月30	寅戊	11月30	申戊	10月31	寅戊	10月 2	酉己	9月 3	辰庚
廿三	1月30	酉己	12月31	卯己	12月 1	酉己	11月 1	卯己	10月 3	戌庚	9月 4	巳辛
廿四	1月31	戌庚	1月 1	辰庚	12月 2	戌庚	11月 2	辰庚	10月 4	亥辛	9月 5	午壬
廿五	2月 1	亥辛	1月 2	巳辛	12月 3	亥辛	11月 3	巳辛	10月 5	子壬	9月 6	未癸
廿六	2月 2	子壬	1月 3	午壬	12月 4	子壬	11月 4	午壬	10月 6	丑癸	9月 7	申甲
廿七	2月 3	丑癸	1月 4	未癸	12月 5	丑癸	11月 5	未癸	10月 7	寅甲	9月 8	酉乙
廿八	2月 4	寅甲	1月 5	申甲	12月 6	寅甲	11月 6	申甲	10月 8	卯乙	9月 9	戌丙
廿九	2月 5	卯乙	1月 6	酉乙	12月 7	卯乙	11月 7	酉乙	10月 9	辰丙	9月10	亥丁
三十			1月 7	戌丙	12月 8	辰丙	11月 8	戌丙				

中華民國一一六年 歲次 丁未《羊》

西元二〇二七年 太歲 姓傪名丙

月六曆農		月五曆農		月四曆農		月三曆農		月二曆農		月正曆農		別月
未	丁	午	丙	巳	乙	辰	甲	卯	癸	寅	壬	支干
暑大	暑小	至夏	種芒	滿小	夏立	雨穀		明清	分春	蟄驚	水雨	節
二十巳時 9時54分	初四申時 16時22分	十七亥時 22時47分	初二卯時 5時58分	十六未時 14時46分	初一丑時 1時48分	十四申時 15時36分		廿九辰時 8時31分	十四寅時 4時37分	廿九寅時 3時49分	十四卯時 5時49分	氣
曆國	支干	曆國	支干	曆國	支干	曆國	支干	曆國	支干	曆國	支干	曆農
7月 4	申甲	6月 5	卯乙	5月 6	酉乙	4月 7	辰丙	3月 8	戌丙	2月 6	辰丙	一初
7月 5	酉乙	6月 6	辰丙	5月 7	戌丙	4月 8	巳丁	3月 9	亥丁	2月 7	巳丁	二初
7月 6	戌丙	6月 7	巳丁	5月 8	亥丁	4月 9	午戊	3月10	子戊	2月 8	午戊	三初
7月 7	亥丁	6月 8	午戊	5月 9	子戊	4月10	未己	3月11	丑己	2月 9	未己	四初
7月 8	子戊	6月 9	未己	5月10	丑己	4月11	申庚	3月12	寅庚	2月10	申庚	五初
7月 9	丑己	6月10	申庚	5月11	寅庚	4月12	酉辛	3月13	卯辛	2月11	酉辛	六初
7月10	寅庚	6月11	酉辛	5月12	卯辛	4月13	戌壬	3月14	辰壬	2月12	戌壬	七初
7月11	卯辛	6月12	戌壬	5月13	辰壬	4月14	亥癸	3月15	巳癸	2月13	亥癸	八初
7月12	辰壬	6月13	亥癸	5月14	巳癸	4月15	子甲	3月16	午甲	2月14	子甲	九初
7月13	巳癸	6月14	子甲	5月15	午甲	4月16	丑乙	3月17	未乙	2月15	丑乙	十初
7月14	午甲	6月15	丑乙	5月16	未乙	4月17	寅丙	3月18	申丙	2月16	寅丙	一十
7月15	未乙	6月16	寅丙	5月17	申丙	4月18	卯丁	3月19	酉丁	2月17	卯丁	二十
7月16	申丙	6月17	卯丁	5月18	酉丁	4月19	辰戊	3月20	戌戊	2月18	辰戊	三十
7月17	酉丁	6月18	辰戊	5月19	戌戊	4月20	巳己	3月21	亥己	2月19	巳己	四十
7月18	戌戊	6月19	巳己	5月20	亥己	4月21	午庚	3月22	子庚	2月20	午庚	五十
7月19	亥己	6月20	午庚	5月21	子庚	4月22	未辛	3月23	丑辛	2月21	未辛	六十
7月20	子庚	6月21	未辛	5月22	丑辛	4月23	申壬	3月24	寅壬	2月22	申壬	七十
7月21	丑辛	6月22	申壬	5月23	寅壬	4月24	酉癸	3月25	卯癸	2月23	酉癸	八十
7月22	寅壬	6月23	酉癸	5月24	卯癸	4月25	戌甲	3月26	辰甲	2月24	戌甲	九十
7月23	卯癸	6月24	戌甲	5月25	辰甲	4月26	亥乙	3月27	巳乙	2月25	亥乙	十二
7月24	辰甲	6月25	亥乙	5月26	巳乙	4月27	子丙	3月28	午丙	2月26	子丙	一廿
7月25	巳乙	6月26	子丙	5月27	午丙	4月28	丑丁	3月29	未丁	2月27	丑丁	二廿
7月26	午丙	6月27	丑丁	5月28	未丁	4月29	寅戊	3月30	申戊	2月28	寅戊	三廿
7月27	未丁	6月28	寅戊	5月29	申戊	4月30	卯己	3月31	酉己	3月 1	卯己	四廿
7月28	申戊	6月29	卯己	5月30	酉己	5月 1	辰庚	4月 1	戌庚	3月 2	辰庚	五廿
7月29	酉己	6月30	辰庚	5月31	戌庚	5月 2	巳辛	4月 2	亥辛	3月 3	巳辛	六廿
7月30	戌庚	7月 1	巳辛	6月 1	亥辛	5月 3	午壬	4月 3	子壬	3月 4	午壬	七廿
7月31	亥辛	7月 2	午壬	6月 2	子壬	5月 4	未癸	4月 4	丑癸	3月 5	未癸	八廿
8月 1	子壬	7月 3	未癸	6月 3	丑癸	5月 5	申甲	4月 5	寅甲	3月 6	申甲	九廿
				6月 4	寅甲			4月 6	卯乙	3月 7	酉乙	十三

西元2027年

月別	月二十曆農		月一十曆農		月十曆農		月九曆農		月八曆農		月七曆農	
干支	丑	癸	子	壬	亥	辛	戌	庚	酉	己	申	戊
節	寒大	寒小	至冬	雪大	雪小	冬立	降霜	露寒	分秋	露白	暑處	秋立
氣	21時52分 廿四亥時	4時44分 初十寅時	11時43分 廿五午時	17時58分 初十酉時	22時43分 廿五亥時	1時18分 十一丑時	1時10分 廿五丑時	21時58分 初九亥時	15時30分 廿三申時	5時52分 初八卯時	17時22分 廿二酉時	2時30分 初七丑時
農曆	曆國	支干	曆國	支干	曆國	支干	曆國	支干	曆國	支干	曆國	支干
初一	12月28	巳辛	11月28	亥辛	10月29	巳辛	9月30	子壬	9月 1	未癸	8月 2	丑癸
初二	12月29	午壬	11月29	子壬	10月30	午壬	10月 1	丑癸	9月 2	申甲	8月 3	寅甲
初三	12月30	未癸	11月30	丑癸	10月31	未癸	10月 2	寅甲	9月 3	酉乙	8月 4	卯乙
初四	12月31	申甲	12月 1	寅甲	11月 1	申甲	10月 3	卯乙	9月 4	戌丙	8月 5	辰丙
初五	1月 1	酉乙	12月 2	卯乙	11月 2	酉乙	10月 4	辰丙	9月 5	亥丁	8月 6	巳丁
初六	1月 2	戌丙	12月 3	辰丙	11月 3	戌丙	10月 5	巳丁	9月 6	子戊	8月 7	午戊
初七	1月 3	亥丁	12月 4	巳丁	11月 4	亥丁	10月 6	午戊	9月 7	丑己	8月 8	未己
初八	1月 4	子戊	12月 5	午戊	11月 5	子戊	10月 7	未己	9月 8	寅庚	8月 9	申庚
初九	1月 5	丑己	12月 6	未己	11月 6	丑己	10月 8	申庚	9月 9	卯辛	8月10	酉辛
初十	1月 6	寅庚	12月 7	申庚	11月 7	寅庚	10月 9	酉辛	9月10	辰壬	8月11	戌壬
十一	1月 7	卯辛	12月 8	酉辛	11月 8	卯辛	10月10	戌壬	9月11	巳癸	8月12	亥癸
十二	1月 8	辰壬	12月 9	戌壬	11月 9	辰壬	10月11	亥癸	9月12	午甲	8月13	子甲
十三	1月 9	巳癸	12月10	亥癸	11月10	巳癸	10月12	子甲	9月13	未乙	8月14	丑乙
十四	1月10	午甲	12月11	子甲	11月11	午甲	10月13	丑乙	9月14	申丙	8月15	寅丙
十五	1月11	未乙	12月12	丑乙	11月12	未乙	10月14	寅丙	9月15	酉丁	8月16	卯丁
十六	1月12	申丙	12月13	寅丙	11月13	申丙	10月15	卯丁	9月16	戌戊	8月17	辰戊
十七	1月13	酉丁	12月14	卯丁	11月14	酉丁	10月16	辰戊	9月17	亥己	8月18	巳己
十八	1月14	戌戊	12月15	辰戊	11月15	戌戊	10月17	巳己	9月18	子庚	8月19	午庚
十九	1月15	亥己	12月16	巳己	11月16	亥己	10月18	午庚	9月19	丑辛	8月20	未辛
二十	1月16	子庚	12月17	午庚	11月17	子庚	10月19	未辛	9月20	寅壬	8月21	申壬
廿一	1月17	丑辛	12月18	未辛	11月18	丑辛	10月20	申壬	9月21	卯癸	8月22	酉癸
廿二	1月18	寅壬	12月19	申壬	11月19	寅壬	10月21	酉癸	9月22	辰甲	8月23	戌甲
廿三	1月19	卯癸	12月20	酉癸	11月20	卯癸	10月22	戌甲	9月23	巳乙	8月24	亥乙
廿四	1月20	辰甲	12月21	戌甲	11月21	辰甲	10月23	亥乙	9月24	午丙	8月25	子丙
廿五	1月21	巳乙	12月22	亥乙	11月22	巳乙	10月24	子丙	9月25	未丁	8月26	丑丁
廿六	1月22	午丙	12月23	子丙	11月23	午丙	10月25	丑丁	9月26	申戊	8月27	寅戊
廿七	1月23	未丁	12月24	丑丁	11月24	未丁	10月26	寅戊	9月27	酉己	8月28	卯己
廿八	1月24	申戊	12月25	寅戊	11月25	申戊	10月27	卯己	9月28	戌庚	8月29	辰庚
廿九	1月25	酉己	12月26	卯己	11月26	酉己	10月28	辰庚	9月29	亥辛	8月30	巳辛
三十			12月27	辰庚	11月27	戌庚					8月31	午壬

中華民國一一七年 歲次 戊申《猴》

西元二〇二八年 太歲 姓愈名志

月六曆農		月五閏曆農		月五曆農		月四曆農		月三曆農		月二曆農		月正曆農		別月
未	己			午	戊	巳	丁	辰	丙	卯	乙	寅	甲	支干
秋立	暑大	暑小		至夏	種芒	滿小	夏立	雨穀	明清	分春	蟄驚	水雨	春立	節
8時17分 廿七辰時	15時41分 初一申時	22時10分 十四亥時		4時35分 廿九寅時	11時47分 十三午時	20時34分 廿六戌時	7時36分 十一辰時	21時25分 廿五亥時	14時19分 初十未時	10時27分 廿五巳時	9時38分 初十巳時	11時38分 廿五午時	15時56分 初十申時	氣
曆國	支干	曆國	支干	曆國	支干	曆國	支干	曆國	支干	曆國	支干	曆國	支干	曆農
7月22	申戊	6月23	卯己	5月24	酉己	4月25	辰庚	3月26	戌庚	2月25	辰庚	1月26	戌庚	一初
7月23	酉己	6月24	辰庚	5月25	戌庚	4月26	巳辛	3月27	亥辛	2月26	巳辛	1月27	亥辛	二初
7月24	戌庚	6月25	巳辛	5月26	亥辛	4月27	午壬	3月28	子壬	2月27	午壬	1月28	子壬	三初
7月25	亥辛	6月26	午壬	5月27	子壬	4月28	未癸	3月29	丑癸	2月28	未癸	1月29	丑癸	四初
7月26	子壬	6月27	未癸	5月28	丑癸	4月29	申甲	3月30	寅甲	2月29	申甲	1月30	寅甲	五初
7月27	丑癸	6月28	申甲	5月29	寅甲	4月30	酉乙	3月31	卯乙	3月 1	酉乙	1月31	卯乙	六初
7月28	寅甲	6月29	酉乙	5月30	卯乙	5月 1	戌丙	4月 1	辰丙	3月 2	戌丙	2月 1	辰丙	七初
7月29	卯乙	6月30	戌丙	5月31	辰丙	5月 2	亥丁	4月 2	巳丁	3月 3	亥丁	2月 2	巳丁	八初
7月30	辰丙	7月 1	亥丁	6月 1	巳丁	5月 3	子戊	4月 3	午戊	3月 4	子戊	2月 3	午戊	九初
7月31	巳丁	7月 2	子戊	6月 2	午戊	5月 4	丑己	4月 4	未己	3月 5	丑己	2月 4	未己	十初
8月 1	午戊	7月 3	丑己	6月 3	未己	5月 5	寅庚	4月 5	申庚	3月 6	寅庚	2月 5	申庚	一十
8月 2	未己	7月 4	寅庚	6月 4	申庚	5月 6	卯辛	4月 6	酉辛	3月 7	卯辛	2月 6	酉辛	二十
8月 3	申庚	7月 5	卯辛	6月 5	酉辛	5月 7	辰壬	4月 7	戌壬	3月 8	辰壬	2月 7	戌壬	三十
8月 4	酉辛	7月 6	辰壬	6月 6	戌壬	5月 8	巳癸	4月 8	亥癸	3月 9	巳癸	2月 8	亥癸	四十
8月 5	戌壬	7月 7	巳癸	6月 7	亥癸	5月 9	午甲	4月 9	子甲	3月10	午甲	2月 9	子甲	五十
8月 6	亥癸	7月 8	午甲	6月 8	子甲	5月10	未乙	4月10	丑乙	3月11	未乙	2月10	丑乙	六十
8月 7	子甲	7月 9	未乙	6月 9	丑乙	5月11	申丙	4月11	寅丙	3月12	申丙	2月11	寅丙	七十
8月 8	丑乙	7月10	申丙	6月10	寅丙	5月12	酉丁	4月12	卯丁	3月13	酉丁	2月12	卯丁	八十
8月 9	寅丙	7月11	酉丁	6月11	卯丁	5月13	戌戊	4月13	辰戊	3月14	戌戊	2月13	辰戊	九十
8月10	卯丁	7月12	戌戊	6月12	辰戊	5月14	亥己	4月14	巳己	3月15	亥己	2月14	巳己	十二
8月11	辰戊	7月13	亥己	6月13	巳己	5月15	子庚	4月15	午庚	3月16	子庚	2月15	午庚	一廿
8月12	巳己	7月14	子庚	6月14	午庚	5月16	丑辛	4月16	未辛	3月17	丑辛	2月16	未辛	二廿
8月13	午庚	7月15	丑辛	6月15	未辛	5月17	寅壬	4月17	申壬	3月18	寅壬	2月17	申壬	三廿
8月14	未辛	7月16	寅壬	6月16	申壬	5月18	卯癸	4月18	酉癸	3月19	卯癸	2月18	酉癸	四廿
8月15	申壬	7月17	卯癸	6月17	酉癸	5月19	辰甲	4月19	戌甲	3月20	辰甲	2月19	戌甲	五廿
8月16	酉癸	7月18	辰甲	6月18	戌甲	5月20	巳乙	4月20	亥乙	3月21	巳乙	2月20	亥乙	六廿
8月17	戌甲	7月19	巳乙	6月19	亥乙	5月21	午丙	4月21	子丙	3月22	午丙	2月21	子丙	七廿
8月18	亥乙	7月20	午丙	6月20	子丙	5月22	未丁	4月22	丑丁	3月23	未丁	2月22	丑丁	八廿
8月19	子丙	7月21	未丁	6月21	丑丁	5月23	申戊	4月23	寅戊	3月24	申戊	2月23	寅戊	九廿
				6月22	寅戊			4月24	卯己	3月25	酉己	2月24	卯己	十三

西元2028年

月別	月二十曆農		月一十曆農		月十曆農		月九曆農		月八曆農		月七曆農	
干支	丑	乙	子	甲	亥	癸	戌	壬	酉	辛	申	庚
節	春立	寒大	寒小	至冬	雪大	雪小	冬立	降霜	露寒	分秋	露白	暑處
氣	21時45分 二十亥時	3時42分 初六寅時	10時34分 廿一巳時	17時32分 初六酉時	23時47分 廿一夜子	4時32分 初七寅時	7時7分 廿一辰時	6時59分 初六卯時	3時46分 二十寅時	21時19分 初四亥時	11時41分 十九午時	23時10分 初三夜子
農曆	曆國	支干	曆國	支干	曆國	支干	曆國	支干	曆國	支干	曆國	支干
初一	1月15	巳乙	12月16	亥乙	11月16	巳乙	10月18	子丙	9月19	未丁	8月20	丑丁
初二	1月16	午丙	12月17	子丙	11月17	午丙	10月19	丑丁	9月20	申戊	8月21	寅戊
初三	1月17	未丁	12月18	丑丁	11月18	未丁	10月20	寅戊	9月21	酉己	8月22	卯己
初四	1月18	申戊	12月19	寅戊	11月19	申戊	10月21	卯己	9月22	戌庚	8月23	辰庚
初五	1月19	酉己	12月20	卯己	11月20	酉己	10月22	辰庚	9月23	亥辛	8月24	巳辛
初六	1月20	戌庚	12月21	辰庚	11月21	戌庚	10月23	巳辛	9月24	子壬	8月25	午壬
初七	1月21	亥辛	12月22	巳辛	11月22	亥辛	10月24	午壬	9月25	丑癸	8月26	未癸
初八	1月22	子壬	12月23	午壬	11月23	子壬	10月25	未癸	9月26	寅甲	8月27	申甲
初九	1月23	丑癸	12月24	未癸	11月24	丑癸	10月26	申甲	9月27	卯乙	8月28	酉乙
初十	1月24	寅甲	12月25	申甲	11月25	寅甲	10月27	酉乙	9月28	辰丙	8月29	戌丙
十一	1月25	卯乙	12月26	酉乙	11月26	卯乙	10月28	戌丙	9月29	巳丁	8月30	亥丁
十二	1月26	辰丙	12月27	戌丙	11月27	辰丙	10月29	亥丁	9月30	午戊	8月31	子戊
十三	1月27	巳丁	12月28	亥丁	11月28	巳丁	10月30	子戊	10月 1	未己	9月 1	丑己
十四	1月28	午戊	12月29	子戊	11月29	午戊	10月31	丑己	10月 2	申庚	9月 2	寅庚
十五	1月29	未己	12月30	丑己	11月30	未己	11月 1	寅庚	10月 3	酉辛	9月 3	卯辛
十六	1月30	申庚	12月31	寅庚	12月 1	申庚	11月 2	卯辛	10月 4	戌壬	9月 4	辰壬
十七	1月31	酉辛	1月 1	卯辛	12月 2	酉辛	11月 3	辰壬	10月 5	亥癸	9月 5	巳癸
十八	2月 1	戌壬	1月 2	辰壬	12月 3	戌壬	11月 4	巳癸	10月 6	子甲	9月 6	午甲
十九	2月 2	亥癸	1月 3	巳癸	12月 4	亥癸	11月 5	午甲	10月 7	丑乙	9月 7	未乙
二十	2月 3	子甲	1月 4	午甲	12月 5	子甲	11月 6	未乙	10月 8	寅丙	9月 8	申丙
廿一	2月 4	丑乙	1月 5	未乙	12月 6	丑乙	11月 7	申丙	10月 9	卯丁	9月 9	酉丁
廿二	2月 5	寅丙	1月 6	申丙	12月 7	寅丙	11月 8	酉丁	10月10	辰戊	9月10	戌戊
廿三	2月 6	卯丁	1月 7	酉丁	12月 8	卯丁	11月 9	戌戊	10月11	巳己	9月11	亥己
廿四	2月 7	辰戊	1月 8	戌戊	12月 9	辰戊	11月10	亥己	10月12	午庚	9月12	子庚
廿五	2月 8	巳己	1月 9	亥己	12月10	巳己	11月11	子庚	10月13	未辛	9月13	丑辛
廿六	2月 9	午庚	1月10	子庚	12月11	午庚	11月12	丑辛	10月14	申壬	9月14	寅壬
廿七	2月10	未辛	1月11	丑辛	12月12	未辛	11月13	寅壬	10月15	酉癸	9月15	卯癸
廿八	2月11	申壬	1月12	寅壬	12月13	申壬	11月14	卯癸	10月16	戌甲	9月16	辰甲
廿九	2月12	酉癸	1月13	卯癸	12月14	酉癸	11月15	辰甲	10月17	亥乙	9月17	巳乙
三十			1月14	辰甲	12月15	戌甲					9月18	午丙

中華民國一一八年 歲次 己酉《雞》

西元二〇二九年 太歲 姓程名寅

月六曆農		月五曆農		月四曆農		月三曆農		月二曆農		月正曆農		別月
未 辛		午 庚		巳 己		辰 戊		卯 丁		寅 丙		支干
秋立	暑大	暑小	至夏	種芒	滿小	夏立	雨穀	明清	分春	蟄驚	水雨	節
14時6分 廿八未時	21時29分 十二亥時	3時58分 廿六寅時	10時23分 初十巳時	17時35分 廿四酉時	2時44分 初九丑時	13時26分 廿二未時	3時14分 初七申時	20時8分 廿一戌時	16時16分 初六申時	15時29分 廿一申時	17時28分 初六酉時	氣

曆國	支干	曆國	支干	曆國	支干	曆國	支干	曆國	支干	曆國	支干	曆農
7月11	寅壬	6月12	酉癸	5月13	卯癸	4月14	戌甲	3月15	辰甲	2月13	戌甲	一初
7月12	卯癸	6月13	戌甲	5月14	辰甲	4月15	亥乙	3月16	巳乙	2月14	亥乙	二初
7月13	辰甲	6月14	亥乙	5月15	巳乙	4月16	子丙	3月17	午丙	2月15	子丙	三初
7月14	巳乙	6月15	子丙	5月16	午丙	4月17	丑丁	3月18	未丁	2月16	丑丁	四初
7月15	午丙	6月16	丑丁	5月17	未丁	4月18	寅戊	3月19	申戊	2月17	寅戊	五初
7月16	未丁	6月17	寅戊	5月18	申戊	4月19	卯己	3月20	酉己	2月18	卯己	六初
7月17	申戊	6月18	卯己	5月19	酉己	4月20	辰庚	3月21	戌庚	2月19	辰庚	七初
7月18	酉己	6月19	辰庚	5月20	戌庚	4月21	巳辛	3月22	亥辛	2月20	巳辛	八初
7月19	戌庚	6月20	巳辛	5月21	亥辛	4月22	午壬	3月23	子壬	2月21	午壬	九初
7月20	亥辛	6月21	午壬	5月22	子壬	4月23	未癸	3月24	丑癸	2月22	未癸	十初
7月21	子壬	6月22	未癸	5月23	丑癸	4月24	申甲	3月25	寅甲	2月23	申甲	一十
7月22	丑癸	6月23	申甲	5月24	寅甲	4月25	酉乙	3月26	卯乙	2月24	酉乙	二十
7月23	寅甲	6月24	酉乙	5月25	卯乙	4月26	戌丙	3月27	辰丙	2月25	戌丙	三十
7月24	卯乙	6月25	戌丙	5月26	辰丙	4月27	亥丁	3月28	巳丁	2月26	亥丁	四十
7月25	辰丙	6月26	亥丁	5月27	巳丁	4月28	子戊	3月29	午戊	2月27	子戊	五十
7月26	巳丁	6月27	子戊	5月28	午戊	4月29	丑己	3月30	未己	2月28	丑己	六十
7月27	午戊	6月28	丑己	5月29	未己	4月30	寅庚	3月31	申庚	3月 1	寅庚	七十
7月28	未己	6月29	寅庚	5月30	申庚	5月 1	卯辛	4月 1	酉辛	3月 2	卯辛	八十
7月29	申庚	6月30	卯辛	5月31	酉辛	5月 2	辰壬	4月 2	戌壬	3月 3	辰壬	九十
7月30	酉辛	7月 1	辰壬	6月 1	戌壬	5月 3	巳癸	4月 3	亥癸	3月 4	巳癸	十二
7月31	戌壬	7月 2	巳癸	6月 2	亥癸	5月 4	午甲	4月 4	子甲	3月 5	午甲	一廿
8月 1	亥癸	7月 3	午甲	6月 3	子甲	5月 5	未乙	4月 5	丑乙	3月 6	未乙	二廿
8月 2	子甲	7月 4	未乙	6月 4	丑乙	5月 6	申丙	4月 6	寅丙	3月 7	申丙	三廿
8月 3	丑乙	7月 5	申丙	6月 5	寅丙	5月 7	酉丁	4月 7	卯丁	3月 8	酉丁	四廿
8月 4	寅丙	7月 6	酉丁	6月 6	卯丁	5月 8	戌戊	4月 8	辰戊	3月 9	戌戊	五廿
8月 5	卯丁	7月 7	戌戊	6月 7	辰戊	5月 9	亥己	4月 9	巳己	3月10	亥己	六廿
8月 6	辰戊	7月 8	亥己	6月 8	巳己	5月10	子庚	4月10	午庚	3月11	子庚	七廿
8月 7	巳己	7月 9	子庚	6月 9	午庚	5月11	丑辛	4月11	未辛	3月12	丑辛	八廿
8月 8	午庚	7月10	丑辛	6月10	未辛	5月12	寅壬	4月12	申壬	3月13	寅壬	九廿
8月 9	未辛			6月11	申壬			4月13	酉癸	3月14	卯癸	十三

西元2029年

月別	月二十曆農		月一十曆農		月十曆農		月九曆農		月八曆農		月七曆農	
干支	丑	丁	子	丙	亥	乙	戌	甲	酉	癸	申	壬
節	寒大	寒小	至冬	雪大	雪小	冬立	降霜	露寒	分秋		露白	暑處
氣	十七巳時 9時31分	初二申時 16時24分	十七夜子 23時22分	初三卯時 5時37分	十七巳時 10時22分	初二午時 12時57分	十六午時 12時33分	初一巳時 9時35分	十六寅時 3時7分		廿九酉時 17時29分	十四寅時 4時59分
農曆	曆國	支干	曆國	支干	曆國	支干	曆國	支干	曆國	支干	曆國	支干
初一	1月 4	亥己	12月 5	巳己	11月 6	子庚	10月 8	未辛	9月 8	丑辛	8月10	申壬
初二	1月 5	子庚	12月 6	午庚	11月 7	丑辛	10月 9	申壬	9月 9	寅壬	8月11	酉癸
初三	1月 6	丑辛	12月 7	未辛	11月 8	寅壬	10月10	酉癸	9月10	卯癸	8月12	戌甲
初四	1月 7	寅壬	12月 8	申壬	11月 9	卯癸	10月11	戌甲	9月11	辰甲	8月13	亥乙
初五	1月 8	卯癸	12月 9	酉癸	11月10	辰甲	10月12	亥乙	9月12	巳乙	8月14	子丙
初六	1月 9	辰甲	12月10	戌甲	11月11	巳乙	10月13	子丙	9月13	午丙	8月15	丑丁
初七	1月10	巳乙	12月11	亥乙	11月12	午丙	10月14	丑丁	9月14	未丁	8月16	寅戊
初八	1月11	午丙	12月12	子丙	11月13	未丁	10月15	寅戊	9月15	申戊	8月17	卯己
初九	1月12	未丁	12月13	丑丁	11月14	申戊	10月16	卯己	9月16	酉己	8月18	辰庚
初十	1月13	申戊	12月14	寅戊	11月15	酉己	10月17	辰庚	9月17	戌庚	8月19	巳辛
十一	1月14	酉己	12月15	卯己	11月16	戌庚	10月18	巳辛	9月18	亥辛	8月20	午壬
十二	1月15	戌庚	12月16	辰庚	11月17	亥辛	10月19	午壬	9月19	子壬	8月21	未癸
十三	1月16	亥辛	12月17	巳辛	11月18	子壬	10月20	未癸	9月20	丑癸	8月22	申甲
十四	1月17	子壬	12月18	午壬	11月19	丑癸	10月21	申甲	9月21	寅甲	8月23	酉乙
十五	1月18	丑癸	12月19	未癸	11月20	寅甲	10月22	酉乙	9月22	卯乙	8月24	戌丙
十六	1月19	寅甲	12月20	申甲	11月21	卯乙	10月23	戌丙	9月23	辰丙	8月25	亥丁
十七	1月20	卯乙	12月21	酉乙	11月22	辰丙	10月24	亥丁	9月24	巳丁	8月26	子戊
十八	1月21	辰丙	12月22	戌丙	11月23	巳丁	10月25	子戊	9月25	午戊	8月27	丑己
十九	1月22	巳丁	12月23	亥丁	11月24	午戊	10月26	丑己	9月26	未己	8月28	寅庚
二十	1月23	午戊	12月24	子戊	11月25	未己	10月27	寅庚	9月27	申庚	8月29	卯辛
廿一	1月24	未己	12月25	丑己	11月26	申庚	10月28	卯辛	9月28	酉辛	8月30	辰壬
廿二	1月25	申庚	12月26	寅庚	11月27	酉辛	10月29	辰壬	9月29	戌壬	8月31	巳癸
廿三	1月26	酉辛	12月27	卯辛	11月28	戌壬	10月30	巳癸	9月30	亥癸	9月 1	午甲
廿四	1月27	戌壬	12月28	辰壬	11月29	亥癸	10月31	午甲	10月 1	子甲	9月 2	未乙
廿五	1月28	亥癸	12月29	巳癸	11月30	子甲	11月 1	未乙	10月 2	丑乙	9月 3	申丙
廿六	1月29	子甲	12月30	午甲	12月 1	丑乙	11月 2	申丙	10月 3	寅丙	9月 4	酉丁
廿七	1月30	丑乙	12月31	未乙	12月 2	寅丙	11月 3	酉丁	10月 4	卯丁	9月 5	戌戊
廿八	1月31	寅丙	1月 1	申丙	12月 3	卯丁	11月 4	戌戊	10月 5	辰戊	9月 6	亥己
廿九	2月 1	卯丁	1月 2	酉丁	12月 4	辰戊	11月 5	亥己	10月 6	巳己	9月 7	子庚
三十			1月 3	戌戊					10月 7	午庚		

中華民國一一九年 歲次 庚戌《狗》

西元二〇三〇年 太歲 姓化名秋

月六曆農		月五曆農		月四曆農		月三曆農		月二曆農		月正曆農		別月
未	癸	午	壬	巳	辛	辰	庚	卯	己	寅	戊	支干
暑大	暑小	至夏	種芒	滿小	夏立	雨穀	明清	分春	蟄驚	水雨	春立	節
3時18分 廿三寅時	9時46分 初七巳時	16時11分 廿一申時	23時23分 初五夜子	8時10分 二十辰時	19時13分 初四戌時	9時3分 十八巳時	1時57分 初三丑時	22時5分 十七亥時	21時18分 初二亥時	23時17分 十七夜子	3時35分 初三寅時	氣
曆國	支干	曆國	支干	曆國	支干	曆國	支干	曆國	支干	曆國	支干	曆農
7月 1	酉丁	6月 1	卯丁	5月 2	酉丁	4月 3	辰戊	3月 4	戌戊	2月 2	辰戊	一初
7月 2	戌戊	6月 2	辰戊	5月 3	戌戊	4月 4	巳己	3月 5	亥己	2月 3	巳己	二初
7月 3	亥己	6月 3	巳己	5月 4	亥己	4月 5	午庚	3月 6	子庚	2月 4	午庚	三初
7月 4	子庚	6月 4	午庚	5月 5	子庚	4月 6	未辛	3月 7	丑辛	2月 5	未辛	四初
7月 5	丑辛	6月 5	未辛	5月 6	丑辛	4月 7	申壬	3月 8	寅壬	2月 6	申壬	五初
7月 6	寅壬	6月 6	申壬	5月 7	寅壬	4月 8	酉癸	3月 9	卯癸	2月 7	酉癸	六初
7月 7	卯癸	6月 7	酉癸	5月 8	卯癸	4月 9	戌甲	3月10	辰甲	2月 8	戌甲	七初
7月 8	辰甲	6月 8	戌甲	5月 9	辰甲	4月10	亥乙	3月11	巳乙	2月 9	亥乙	八初
7月 9	巳乙	6月 9	亥乙	5月10	巳乙	4月11	子丙	3月12	午丙	2月10	子丙	九初
7月10	午丙	6月10	子丙	5月11	午丙	4月12	丑丁	3月13	未丁	2月11	丑丁	十初
7月11	未丁	6月11	丑丁	5月12	未丁	4月13	寅戊	3月14	申戊	2月12	寅戊	一十
7月12	申戊	6月12	寅戊	5月13	申戊	4月14	卯己	3月15	酉己	2月13	卯己	二十
7月13	酉己	6月13	卯己	5月14	酉己	4月15	辰庚	3月16	戌庚	2月14	辰庚	三十
7月14	戌庚	6月14	辰庚	5月15	戌庚	4月16	巳辛	3月17	亥辛	2月15	巳辛	四十
7月15	亥辛	6月15	巳辛	5月16	亥辛	4月17	午壬	3月18	子壬	2月16	午壬	五十
7月16	子壬	6月16	午壬	5月17	子壬	4月18	未癸	3月19	丑癸	2月17	未癸	六十
7月17	丑癸	6月17	未癸	5月18	丑癸	4月19	申甲	3月20	寅甲	2月18	申甲	七十
7月18	寅甲	6月18	申甲	5月19	寅甲	4月20	酉乙	3月21	卯乙	2月19	酉乙	八十
7月19	卯乙	6月19	酉乙	5月20	卯乙	4月21	戌丙	3月22	辰丙	2月20	戌丙	九十
7月20	辰丙	6月20	戌丙	5月21	辰丙	4月22	亥丁	3月23	巳丁	2月21	亥丁	十二
7月21	巳丁	6月21	亥丁	5月22	巳丁	4月23	子戊	3月24	午戊	2月22	子戊	一廿
7月22	午戊	6月22	子戊	5月23	午戊	4月24	丑己	3月25	未己	2月23	丑己	二廿
7月23	未己	6月23	丑己	5月24	未己	4月25	寅庚	3月26	申庚	2月24	寅庚	三廿
7月24	申庚	6月24	寅庚	5月25	申庚	4月26	卯辛	3月27	酉辛	2月25	卯辛	四廿
7月25	酉辛	6月25	卯辛	5月26	酉辛	4月27	辰壬	3月28	戌壬	2月26	辰壬	五廿
7月26	戌壬	6月26	辰壬	5月27	戌壬	4月28	巳癸	3月29	亥癸	2月27	巳癸	六廿
7月27	亥癸	6月27	巳癸	5月28	亥癸	4月29	午甲	3月30	子甲	2月28	午甲	七廿
7月28	子甲	6月28	午甲	5月29	子甲	4月30	未乙	3月31	丑乙	3月 1	未乙	八廿
7月29	丑乙	6月29	未乙	5月30	丑乙	5月 1	申丙	4月 1	寅丙	3月 2	申丙	九廿
		6月30	申丙	5月31	寅丙			4月 2	卯丁	3月 3	酉丁	十三

西元2030年

月別	農曆十二月		農曆十一月		農曆十月		農曆九月		農曆八月		農曆七月	
干支	己丑		戊子		丁亥		丙戌		乙酉		甲申	
節	大寒	小寒	冬至	大雪	小雪	立冬	霜降	寒露	秋分	白露	處暑	立秋
氣	廿七申時 15時22分	十七亥時 22時14分	廿八卯時 5時12分	十三午時 11時27分	廿七申時 16時12分	十二酉時 18時47分	廿七酉時 18時38分	十二申時 15時24分	廿六辰時 8時57分	初十夜子 23時18分	廿五巳時 10時47分	初九戌時 19時54分
農曆	國曆	干支	國曆	干支	國曆	干支	國曆	干支	國曆	干支	國曆	干支
初一	12月25	甲午	11月25	甲子	10月27	乙未	9月27	乙丑	8月29	丙申	7月30	丙寅
初二	12月26	乙未	11月26	乙丑	10月28	丙申	9月28	丙寅	8月30	丁酉	7月31	丁卯
初三	12月27	丙申	11月27	丙寅	10月29	丁酉	9月29	丁卯	8月31	戊戌	8月1	戊辰
初四	12月28	丁酉	11月28	丁卯	10月30	戊戌	9月30	戊辰	9月1	己亥	8月2	己巳
初五	12月29	戊戌	11月29	戊辰	10月31	己亥	10月1	己巳	9月2	庚子	8月3	庚午
初六	12月30	己亥	11月30	己巳	11月1	庚子	10月2	庚午	9月3	辛丑	8月4	辛未
初七	12月31	庚子	12月1	庚午	11月2	辛丑	10月3	辛未	9月4	壬寅	8月5	壬申
初八	1月1	辛丑	12月2	辛未	11月3	壬寅	10月4	壬申	9月5	癸卯	8月6	癸酉
初九	1月2	壬寅	12月3	壬申	11月4	癸卯	10月5	癸酉	9月6	甲辰	8月7	甲戌
初十	1月3	癸卯	12月4	癸酉	11月5	甲辰	10月6	甲戌	9月7	乙巳	8月8	乙亥
十一	1月4	甲辰	12月5	甲戌	11月6	乙巳	10月7	乙亥	9月8	丙午	8月9	丙子
十二	1月5	乙巳	12月6	乙亥	11月7	丙午	10月8	丙子	9月9	丁未	8月10	丁丑
十三	1月6	丙午	12月7	丙子	11月8	丁未	10月9	丁丑	9月10	戊申	8月11	戊寅
十四	1月7	丁未	12月8	丁丑	11月9	戊申	10月10	戊寅	9月11	己酉	8月12	己卯
十五	1月8	戊申	12月9	戊寅	11月10	己酉	10月11	己卯	9月12	庚戌	8月13	庚辰
十六	1月9	己酉	12月10	己卯	11月11	庚戌	10月12	庚辰	9月13	辛亥	8月14	辛巳
十七	1月10	庚戌	12月11	庚辰	11月12	辛亥	10月13	辛巳	9月14	壬子	8月15	壬午
十八	1月11	辛亥	12月12	辛巳	11月13	壬子	10月14	壬午	9月15	癸丑	8月16	癸未
十九	1月12	壬子	12月13	壬午	11月14	癸丑	10月15	癸未	9月16	甲寅	8月17	甲申
二十	1月13	癸丑	12月14	癸未	11月15	甲寅	10月16	甲申	9月17	乙卯	8月18	乙酉
廿一	1月14	甲寅	12月15	甲申	11月16	乙卯	10月17	乙酉	9月18	丙辰	8月19	丙戌
廿二	1月15	乙卯	12月16	乙酉	11月17	丙辰	10月18	丙戌	9月19	丁巳	8月20	丁亥
廿三	1月16	丙辰	12月17	丙戌	11月18	丁巳	10月19	丁亥	9月20	戊午	8月21	戊子
廿四	1月17	丁巳	12月18	丁亥	11月19	戊午	10月20	戊子	9月21	己未	8月22	己丑
廿五	1月18	戊午	12月19	戊子	11月20	己未	10月21	己丑	9月22	庚申	8月23	庚寅
廿六	1月19	己未	12月20	己丑	11月21	庚申	10月22	庚寅	9月23	辛酉	8月24	辛卯
廿七	1月20	庚申	12月21	庚寅	11月22	辛酉	10月23	辛卯	9月24	壬戌	8月25	壬辰
廿八	1月21	辛酉	12月22	辛卯	11月23	壬戌	10月24	壬辰	9月25	癸亥	8月26	癸巳
廿九	1月22	壬戌	12月23	壬辰	11月24	癸亥	10月25	癸巳	9月26	甲子	8月27	甲午
三十			12月24	癸巳			10月26	甲午			8月28	乙未

中華民國一二〇年 歲次 辛亥《豬》

西元二〇三一年 太歲 姓葉名堅

月六曆農		月五曆農		月四曆農		月三閏曆農		月三曆農		月二曆農		月正曆農		別月
未	乙	午	甲	巳	癸			辰	壬	卯	辛	寅	庚	支干
秋立	暑大	暑小	至夏	種芒	滿小	夏立		雨穀	明清	分春	蟄驚	水雨	春立	節
1時42分 廿一丑時	9時5分 初五巳時	15時35分 十八申時	21時59分 初二亥時	5時12分 十七卯時	13時59分 初一未時	1時2分 十五丑時		12時51分 廿九未時	7時46分 十四辰時	3時54分 廿九寅時	3時6分 十四亥時	5時7分 廿八卯時	9時25分 十三巳時	氣
曆國	支干	曆國	支干	曆國	支干	曆國	支干	曆國	支干	曆國	支干	曆國	支干	曆農
7月19	申庚	6月20	卯辛	5月21	酉辛	4月22	辰壬	3月23	戌壬	2月21	辰壬	1月23	亥癸	一初
7月20	酉辛	6月21	辰壬	5月22	戌壬	4月23	巳癸	3月24	亥癸	2月22	巳癸	1月24	子甲	二初
7月21	戌壬	6月22	巳癸	5月23	亥癸	4月24	午甲	3月25	子甲	2月23	午甲	1月25	丑乙	三初
7月22	亥癸	6月23	午甲	5月24	子甲	4月25	未乙	3月26	丑乙	2月24	未乙	1月26	寅丙	四初
7月23	子甲	6月24	未乙	5月25	丑乙	4月26	申丙	3月27	寅丙	2月25	申丙	1月27	卯丁	五初
7月24	丑乙	6月25	申丙	5月26	寅丙	4月27	酉丁	3月28	卯丁	2月26	酉丁	1月28	辰戊	六初
7月25	寅丙	6月26	酉丁	5月27	卯丁	4月28	戌戊	3月29	辰戊	2月27	戌戊	1月29	巳己	七初
7月26	卯丁	6月27	戌戊	5月28	辰戊	4月29	亥己	3月30	巳己	2月28	亥己	1月30	午庚	八初
7月27	辰戊	6月28	亥己	5月29	巳己	4月30	子庚	3月31	午庚	3月 1	子庚	1月31	未辛	九初
7月28	巳己	6月29	子庚	5月30	午庚	5月 1	丑辛	4月 1	未辛	3月 2	丑辛	2月 1	申壬	十初
7月29	午庚	6月30	丑辛	5月31	未辛	5月 2	寅壬	4月 2	申壬	3月 3	寅壬	2月 2	酉癸	一十
7月30	未辛	7月 1	寅壬	6月 1	申壬	5月 3	卯癸	4月 3	酉癸	3月 4	卯癸	2月 3	戌甲	二十
7月31	申壬	7月 2	卯癸	6月 2	酉癸	5月 4	辰甲	4月 4	戌甲	3月 5	辰甲	2月 4	亥乙	三十
8月 1	酉癸	7月 3	辰甲	6月 3	戌甲	5月 5	巳乙	4月 5	亥乙	3月 6	巳乙	2月 5	子丙	四十
8月 2	戌甲	7月 4	巳乙	6月 4	亥乙	5月 6	午丙	4月 6	子丙	3月 7	午丙	2月 6	丑丁	五十
8月 3	亥乙	7月 5	午丙	6月 5	子丙	5月 7	未丁	4月 7	丑丁	3月 8	未丁	2月 7	寅戊	六十
8月 4	子丙	7月 6	未丁	6月 6	丑丁	5月 8	申戊	4月 8	寅戊	3月 9	申戊	2月 8	卯己	七十
8月 5	丑丁	7月 7	申戊	6月 7	寅戊	5月 9	酉己	4月 9	卯己	3月10	酉己	2月 9	辰庚	八十
8月 6	寅戊	7月 8	酉己	6月 8	卯己	5月10	戌庚	4月10	辰庚	3月11	戌庚	2月10	巳辛	九十
8月 7	卯己	7月 9	戌庚	6月 9	辰庚	5月11	亥辛	4月11	巳辛	3月12	亥辛	2月11	午壬	十二
8月 8	辰庚	7月10	亥辛	6月10	巳辛	5月12	子壬	4月12	午壬	3月13	子壬	2月12	未癸	一廿
8月 9	巳辛	7月11	子壬	6月11	午壬	5月13	丑癸	4月13	未癸	3月14	丑癸	2月13	申甲	二廿
8月10	午壬	7月12	丑癸	6月12	未癸	5月14	寅甲	4月14	申甲	3月15	寅甲	2月14	酉乙	三廿
8月11	未癸	7月13	寅甲	6月13	申甲	5月15	卯乙	4月15	酉乙	3月16	卯乙	2月15	戌丙	四廿
8月12	申甲	7月14	卯乙	6月14	酉乙	5月16	辰丙	4月16	戌丙	3月17	辰丙	2月16	亥丁	五廿
8月13	酉乙	7月15	辰丙	6月15	戌丙	5月17	巳丁	4月17	亥丁	3月18	巳丁	2月17	子戊	六廿
8月14	戌丙	7月16	巳丁	6月16	亥丁	5月18	午戊	4月18	子戊	3月19	午戊	2月18	丑己	七廿
8月15	亥丁	7月17	午戊	6月17	子戊	5月19	未己	4月19	丑己	3月20	未己	2月19	寅庚	八廿
8月16	子戊	7月18	未己	6月18	丑己	5月20	申庚	4月20	寅庚	3月21	申庚	2月20	卯辛	九廿
8月17	丑己			6月19	寅庚			4月21	卯辛	3月22	酉辛			十三

西元2031年

月別	月二十曆農		月一十曆農		月十曆農		月九曆農		月八曆農		月七曆農	
干支	丑	辛	子	庚	亥	己	戌	戊	酉	丁	申	丙
節	春立	寒大	寒小	至冬	雪大	雪小	冬立	降霜	露寒	分秋	露白	暑處
氣	廿三申時 15時14分	初八亥時 21時11分	廿四寅時 4時3分	初九午時 11時1分	廿三酉時 17時16分	初八亥時 22時1分	廿四子時 0時35分	初九子時 0時27分	廿二亥時 21時13分	初七未時 14時45分	廿二卯時 5時7分	初六申時 16時35分
農曆	曆國	支干	曆國	支干	曆國	支干	曆國	支干	曆國	支干	曆國	支干
初一	1月13	午戊	12月14	子戊	11月15	未己	10月16	丑己	9月17	申庚	8月18	寅庚
初二	1月14	未己	12月15	丑己	11月16	申庚	10月17	寅庚	9月18	酉辛	8月19	卯辛
初三	1月15	申庚	12月16	寅庚	11月17	酉辛	10月18	卯辛	9月19	戌壬	8月20	辰壬
初四	1月16	酉辛	12月17	卯辛	11月18	戌壬	10月19	辰壬	9月20	亥癸	8月21	巳癸
初五	1月17	戌壬	12月18	辰壬	11月19	亥癸	10月20	巳癸	9月21	子甲	8月22	午甲
初六	1月18	亥癸	12月19	巳癸	11月20	子甲	10月21	午甲	9月22	丑乙	8月23	未乙
初七	1月19	子甲	12月20	午甲	11月21	丑乙	10月22	未乙	9月23	寅丙	8月24	申丙
初八	1月20	丑乙	12月21	未乙	11月22	寅丙	10月23	申丙	9月24	卯丁	8月25	酉丁
初九	1月21	寅丙	12月22	申丙	11月23	卯丁	10月24	酉丁	9月25	辰戊	8月26	戌戊
初十	1月22	卯丁	12月23	酉丁	11月24	辰戊	10月25	戌戊	9月26	巳己	8月27	亥己
十一	1月23	辰戊	12月24	戌戊	11月25	巳己	10月26	亥己	9月27	午庚	8月28	子庚
十二	1月24	巳己	12月25	亥己	11月26	午庚	10月27	子庚	9月28	未辛	8月29	丑辛
十三	1月25	午庚	12月26	子庚	11月27	未辛	10月28	丑辛	9月29	申壬	8月30	寅壬
十四	1月26	未辛	12月27	丑辛	11月28	申壬	10月29	寅壬	9月30	酉癸	8月31	卯癸
十五	1月27	申壬	12月28	寅壬	11月29	酉癸	10月30	卯癸	10月 1	戌甲	9月 1	辰甲
十六	1月28	酉癸	12月29	卯癸	11月30	戌甲	10月31	辰甲	10月 2	亥乙	9月 2	巳乙
十七	1月29	戌甲	12月30	辰甲	12月 1	亥乙	11月 1	巳乙	10月 3	子丙	9月 3	午丙
十八	1月30	亥乙	12月31	巳乙	12月 2	子丙	11月 2	午丙	10月 4	丑丁	9月 4	未丁
十九	1月31	子丙	1月 1	午丙	12月 3	丑丁	11月 3	未丁	10月 5	寅戊	9月 5	申戊
二十	2月 1	丑丁	1月 2	未丁	12月 4	寅戊	11月 4	申戊	10月 6	卯己	9月 6	酉己
廿一	2月 2	寅戊	1月 3	申戊	12月 5	卯己	11月 5	酉己	10月 7	辰庚	9月 7	戌庚
廿二	2月 3	卯己	1月 4	酉己	12月 6	辰庚	11月 6	戌庚	10月 8	巳辛	9月 8	亥辛
廿三	2月 4	辰庚	1月 5	戌庚	12月 7	巳辛	11月 7	亥辛	10月 9	午壬	9月 9	子壬
廿四	2月 5	巳辛	1月 6	亥辛	12月 8	午壬	11月 8	子壬	10月10	未癸	9月10	丑癸
廿五	2月 6	午壬	1月 7	子壬	12月 9	未癸	11月 9	丑癸	10月11	申甲	9月11	寅甲
廿六	2月 7	未癸	1月 8	丑癸	12月10	申甲	11月10	寅甲	10月12	酉乙	9月12	卯乙
廿七	2月 8	申甲	1月 9	寅甲	12月11	酉乙	11月11	卯乙	10月13	戌丙	9月13	辰丙
廿八	2月 9	酉乙	1月10	卯乙	12月12	戌丙	11月12	辰丙	10月14	亥丁	9月14	巳丁
廿九	2月10	戌丙	1月11	辰丙	12月13	亥丁	11月13	巳丁	10月15	子戊	9月15	午戊
三十			1月12	巳丁			11月14	午戊			9月16	未己

⊙中西曆對照表

民國前	西曆紀元	歲次干支
四七	1865	乙丑
四六	1866	丙寅
四五	1867	丁卯
四四	1868	戊辰
四三	1869	己巳
四二	1870	庚午
四一	1871	辛未
四〇	1872	壬申
三九	1873	癸酉
三八	1874	甲戌
三七	1875	乙亥
三六	1876	丙子
三五	1877	丁丑
三四	1878	戊寅
三三	1879	己卯
三二	1880	庚辰
三一	1881	辛巳
三〇	1882	壬午
二九	1883	癸未
二八	1884	甲申
二七	1885	乙酉
二六	1886	丙戌
二五	1887	丁亥
二四	1888	戊子
二三	1889	己丑
二二	1890	庚寅
二一	1891	辛卯
二〇	1892	壬辰
一九	1893	癸巳
一八	1894	甲午

民國前	西曆紀元	歲次干支
一七	1895	乙未
一六	1896	丙申
一五	1897	丁酉
一四	1898	戊戌
一三	1899	己亥
一二	1900	庚子
一一	1901	辛丑
一〇	1902	壬寅
九	1903	癸卯
八	1904	甲辰
七	1905	乙巳
六	1906	丙午
五	1907	丁未
四	1908	戊申
三	1909	己酉
二	1910	庚戌
一	1911	辛亥
民國元	1912	壬子
二	1913	癸丑
三	1914	甲寅
四	1915	乙卯
五	1916	丙辰
六	1917	丁巳
七	1918	戊午
八	1919	己未
九	1920	庚申
十	1921	辛酉
十一	1922	壬戌
十二	1923	癸亥
十三	1924	甲子

民國	西曆紀元	歲次干支
十四	1925	乙丑
十五	1926	丙寅
十六	1927	丁卯
十七	1928	戊辰
十八	1929	己巳
十九	1930	庚午
二十	1931	辛未
二一	1932	壬申
二二	1933	癸酉
二三	1934	甲戌
二四	1935	乙亥
二五	1936	丙子
二六	1937	丁丑
二七	1938	戊寅
二八	1939	己卯
二九	1940	庚辰
三〇	1941	辛巳
三一	1942	壬午
三二	1943	癸未
三三	1944	甲申
三四	1945	乙酉
三五	1946	丙戌
三六	1947	丁亥
三七	1948	戊子
三八	1949	己丑
三九	1950	庚寅
四〇	1951	辛卯
四一	1952	壬辰
四二	1953	癸巳
四三	1954	甲午

民國	西曆紀元	歲次干支
四四	1955	乙未
四五	1956	丙申
四六	1957	丁酉
四七	1958	戊戌
四八	1959	己亥
四九	1960	庚子
五〇	1961	辛丑
五一	1962	壬寅
五二	1963	癸卯
五三	1964	甲辰
五四	1965	乙巳
五五	1966	丙午
五六	1967	丁未
五七	1968	戊申
五八	1969	己酉
五九	1970	庚戌
六〇	1971	辛亥
六一	1972	壬子
六二	1973	癸丑
六三	1974	甲寅
六四	1975	乙卯
六五	1976	丙辰
六六	1977	丁巳
六七	1978	戊午
六八	1979	己未
六九	1980	庚申
七〇	1981	辛酉
七一	1982	壬戌
七二	1983	癸亥
七三	1984	甲子

民國	西曆紀元	歲次干支
七四	1985	乙丑
七五	1986	丙寅
七六	1987	丁卯
七七	1988	戊辰
七八	1989	己巳
七九	1990	庚午
八〇	1991	辛未
八一	1992	壬申
八二	1993	癸酉
八三	1994	甲戌
八四	1995	乙亥
八五	1996	丙子
八六	1997	丁丑
八七	1998	戊寅
八八	1999	己卯
八九	2000	庚辰
九〇	2001	辛巳
九一	2002	壬午
九二	2003	癸未
九三	2004	甲申
九四	2005	乙酉
九五	2006	丙戌
九六	2007	丁亥
九七	2008	戊子
九八	2009	己丑
九九	2010	庚寅
一〇〇	2011	辛卯
一〇一	2012	壬辰
一〇二	2013	癸巳
一〇三	2014	甲午

民國	西曆紀元	歲次干支
一〇四	2015	乙未
一〇五	2016	丙申
一〇六	2017	丁酉
一〇七	2018	戊戌
一〇八	2019	己亥
一〇九	2020	庚子
一一〇	2021	辛丑
一一一	2022	壬寅
一一二	2023	癸卯
一一三	2024	甲辰
一一四	2025	乙巳
一一五	2026	丙午
一一六	2027	丁未
一一七	2028	戊申
一一八	2029	己酉
一一九	2030	庚戌
一二〇	2031	辛亥
一二一	2032	壬子
一二二	2033	癸丑
一二三	2034	甲寅
一二四	2035	乙卯
一二五	2036	丙辰
一二六	2037	丁巳
一二七	2038	戊午
一二八	2039	己未
一二九	2040	庚申
一三〇	2041	辛酉
一三一	2042	壬戌
一三二	2043	癸亥
一三三	2044	甲子

命理生活新智慧・叢書23

從歷史的經驗裡，告訴我們
命格的好壞和生辰的時間有密切關係，
命格的高低又和誕生環境有密切關係，
這就是自古至今，做官的、政界首腦人物、精明富有的老闆，永享富貴及高知識文化。
而平民百姓永遠在清苦的生活中與低文化的水平裡輪迴的原因。
人生辰的時間，決定命格的形成。
命格又決定人一生的成敗、運途與成就，每一個人在受孕及出生的那一剎那已然決定了一生！
很多父母疼愛子女，想給他一切世間最美好的東西，但是為什麼不給他『好命』呢？
『幫子女找一個好生辰』就是父母能為子女所做，而很多人卻沒有做的事，有智慧的父母們！驚醒吧！
請不要讓子女一開始就輸在命運的起跑點上！

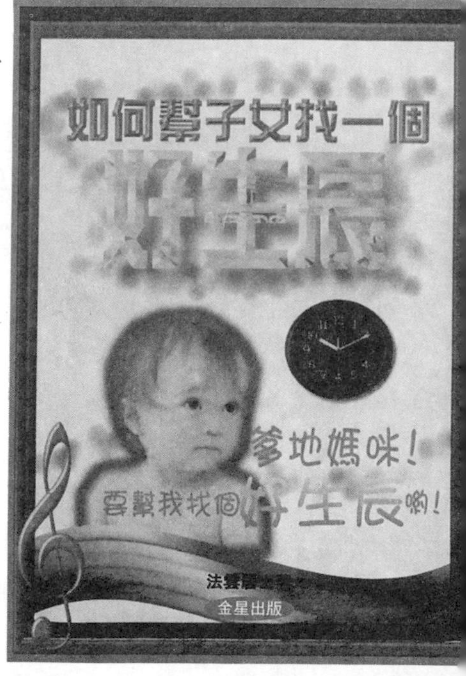

●金星出版●
電話：(02)25630620・28940292
傳真：(02)28942014
郵撥：18912942 金星出版社帳戶

命理生活新智慧・叢書

如何掌握婚姻運

在全世界的人口中，只有三分之一的人，是婚姻幸
美滿的人，可以掌握到婚姻運。這和具有偏財運命
之人的比例是一樣的。

你是不是很驚訝！婚姻和事業是人生主要的兩大架構
掌握婚姻運就是掌握了人生中感情方面的順利幸福
這是除了錢財之外，人人都想得到的東西。

誰又是主宰人們婚姻運的舵手呢？婚姻運會影響事
運，可不可能改好呢？

每個人的婚姻運玄機都藏在自己的紫微命盤之中，
法雲居士以紫微命理的方式，幫你找出婚姻運的癥
所在，再以時間上的特性，教你掌握自己的婚姻運
並且幫助你檢驗人生和自己ＥＱ的智商，從而發展
情感、財利兼備的美滿人生。

法雲居士⊙著

金星出版

電話：(02)25630620・28940292
傳真：(02)28942014
郵撥：18912942 金星出版社帳戶

命理生活新智慧・叢書04

你一輩子有多少財

教你預估命中財富的方法

法雲居士◉著

◉有人含金鑰匙出生，
有人終身平淡無奇，
老天爺眞的是那麼不公平嗎？
你的命裡到底有多少財？
讓這本書告訴你！

命理生活新智慧・叢書

•金星出版•

社址：台北市林森北路380號901室
電話：(02)25630620・28940292
郵撥：18912942金星出版社帳戶

這個混沌的世界裡
不如意有十之八九
運時，什麼事都會發生！
什麼賺不到錢？
什麼愛情不如意？
什麼發生車禍、傷災、血光？
什麼遇劫遭搶？
什麼有劫難？

爲什麼事事不如意？
要想改變命運重新塑造自己
『紫微改運術』幫你從困厄中
找出原由

這是一本幫助你思考，
並幫助你戰勝『惡運』的一本書

如何創造事業運

人生中有千百條的道路，
但只有一條，是最最適合你的，
也無風浪，也無坎坷，可以順暢行走的道路
那就是事業運！
有些人一開始就找對了門徑，
因此很早、很年輕的便達到了目的地，
成為事業成功的菁英份子。
有些人卻一直在茫然中摸索，進進退退，虛度了光陰。
屬於每個人的人生道路不一樣，屬於每個人的事業運也不一樣
要如何判斷自己是否走對了路？
一生的志業是否可以達成？
地位和財富能否得到？在何時可得到？
每個人一生的成就，在紫微命盤中都有顯示，
法雲居士以紫微命理的方式，幫助你檢驗人生，
找出順暢的路途，完成創造事業運的偉大工程！

成功的人都有成功的好朋友！
失敗的人也都有運程晦暗的朋友！
好朋友能幫助你在人生中『大躍進』！
壞朋友只能為你『扯後腿』！
如何交到好朋友？
好提升自己人生的層次，進入成功者的行列！
『交友成功術』教你掌握『每一個交到益友的企機』！
讓你此生不虛此行！

你的財要怎麼賺

這是一本教你如何看到自己財路的書。
人活在世界上就是來求財的！
財能養命，也會支配所有人的人生起伏和經歷。
心裡窮困的人，是看不到財路的。
你的財要怎麼賺？人生的路要怎麼走？
完全在於自己的人生架構和領會之中，
法雲居士利用紫微命理為你解開了這個
人類命運的方程式，
劈荊斬棘，為您顯現出你面前的財路，
你的財要怎麼賺？
盡在其中！

此書為法雲居士重要著作之一，主要論述紫微斗數中的科學觀點，在大宇宙中，天文科學中的星和紫微斗數中的星曜實則只是中西名稱不一樣，全數皆為真實存在的事實。

在紫微命理中的星曜，各自代表不同的意義，在不同的宮位也有不同的意義，旺弱不同也有不同的意義。在此書中讀者可從法雲居士清晰的規劃與解釋中對每一顆紫微斗數中的星曜有清楚確切的瞭解，因此而能對命理有更深一層的認識和判斷。

此書為法雲居士教授紫微斗數之講義資料，更可為誓願學習紫微命理者之最佳教科書。

VENUS PUBLISHING CO.
金星出版
命理生活新智慧・叢書